La statistique :
démarche pédagogique programmée

Howard B. Christensen
traduit de l'anglais par Françoys Gagné et Robert Proulx

La statistique : démarche pédagogique programmée

gaëtan morin
éditeur

Tableau de la page couverture : ***Pleine lune***
Œuvre de **Louis Desaulniers**

Né au Québec en 1935, Louis Desaulniers a fait carrière en arts graphiques avant de s'adonner à l'enseignement dans diverses universités canadiennes.

Il est l'auteur du livre **L'art de la sérigraphie**, publié en 1973, où sont reproduites des sérigraphies de plusieurs artistes québécois.

Ses œuvres lui ont valu plusieurs prix et font partie d'importantes collections privées et publiques comme celles du Musée d'art contemporain de Montréal, du Musée de Québec, du Conseil des arts du Canada, de l'Université de Montréal, de la Banque Nationale et du California College of Arts.

Louis Desaulniers habite au bord du lac Gareau en Mauricie où il se consacre exclusivement à la peinture.

Gaëtan Morin Éditeur ltée
171, boul. de Mortagne, Boucherville (Québec), Canada J4B 6G4
Tél. : (450) 449-2369

Nous reconnaissons l'aide financière du gouvernement du Canada par l'entremise du Programme d'aide au développement de l'industrie de l'édition (PADIÉ) pour nos activités d'édition.

La statistique: démarche pédagogique programmée
ISBN 2-89105-182-3

Imprimé au Canada 6 7 8 9 0 1 2 3 4 5 12 11 10 09 08 07 06 05 04 03

Dépôt légal 1er trimestre 1986 – Bibliothèque nationale du Québec – Bibliothèque nationale du Canada

Statistics step by step

TABLE DES MATIÈRES

CHAPITRE ONZE : RÉGRESSION LINÉAIRE ET CORRÉLATION

CHAPITRE DOUZE : MÉTHODES NON PARAMÉTRIQUES

PRÉFACE

Ce texte fut rédigé dans le but d'offrir aux étudiants une méthode simple pour maîtriser les concepts fondamentaux de la statistique. Ce manuel a ceci d'unique que le format et les contenus du texte furent préparés sous la supervision de « concepteurs pédagogiques » (*instructional designers*) et de psychologues de l'Université Brigham Young. L'objectif poursuivi consistait à présenter les concepts de la statistique de façon telle qu'un étudiant qui aborde cette discipline pour la première fois puisse, s'il le désire, maîtriser les notions sans l'aide d'un professeur. Cet objectif exigeait le recours à une approche bien structurée. De plus, il devenait nécessaire d'inclure dans les contenus présentés plus de détails qu'on n'en retrouve normalement dans les manuels destinés à un cours de base en statistique. C'est là la raison du nombre plus grand de pages que dans la plupart des manuels de ce type.

L'approche que nous avons adoptée découpe le contenu du cours en modules de façon à permettre aux étudiants une certaine liberté d'accès aux divers contenus au cours de leur apprentissage à leur propre rythme. Cette approche flexible de type modulaire se concrétise par un découpage des concepts fondamentaux de la statistique en chapitres et en leçons. À l'intérieur de chaque leçon d'un chapitre, nous avons introduit les concepts selon une séquence logique, d'abord en les nommant systématiquement, pour ensuite les définir, les discuter et les illustrer.

Bien que les chapitres et leçons soient agencés séquentiellement, les contenus qui composent chaque leçon ne le sont pas. L'étudiant qui aborde une nouvelle leçon peut, à sa guise, lire n'importe quel module ou faire les exercices proposés. On trouve à la fin de chaque leçon plusieurs exemples de problèmes statistiques tirés de situations réelles. Ils sont offerts à titre de modèles auxquels l'étudiant peut se référer pour ancrer encore plus solidement ses apprentissages des diverses notions et techniques.

Suite à cette préface, on trouvera une section intitulée *Comment utiliser ce manuel*; elle fournit de nombreux points de repère pour mieux exploiter les caractéristiques particulières du manuel, notamment sa structure modulaire.

Ce manuel, en version préliminaire, a subi des essais fructueux à l'Université Brigham Young au cours des trois dernières années, à la fois dans des cours magistraux et dans un cadre d'apprentissage individualisé à rythme autogéré. Il contient suffisamment de notions, à la fois pour un cours de trois crédits (45 heures) et pour un cours de quatre crédits (60 heures). Il offre des problèmes tirés de multiples domaines d'application de la statistique, de façon à soutenir l'intérêt des étudiants quel que soit leur champ de spécialisation.

Afin de faciliter l'apprentissage, nous avons placé à la fin de chaque chapitre les réponses aux problèmes impairs de chaque leçon; les réponses aux problèmes pairs se trouvent dans le *Manuel du professeur.* [1] Ce manuel du

---

1 *Note des traducteurs:* en raison de l'épuisement des traducteurs, ce manuel est disponible en anglais seulement auprès du distributeur canadien de Houghton Mifflin.

professeur présente également une explication de la structure du cours, divers syllabus de cours (choix de contenus et séquences différents), des objectifs spécifiques, deux exemples d'examens objectifs pour chaque chapitre, un éventail de démonstrations et de lectures suggérées, de même que des références à des documents d'appui écrits ou visuels.

REMERCIEMENTS

La stratégie pédagogique, la mise au point des contenus de cours, l'agencement et la rédaction du texte et des documents d'appoint, de même que l'appariement des exemples et des exercices du texte aux questions de vérification des apprentissages, sont le fruit du travail de toute une équipe. Nous tenons d'abord à exprimer notre reconnaissance pour leurs encouragements et leur appui, au Dr H. Gill Hilton, directeur du département de statistique, au Dr. R. Irwin Goodman, responsable de la division de la recherche, du développement et de l'évaluation pédagogique, de même qu'aux membres de leurs équipes qui ont collaboré à la rédaction de ce manuel. Nous sommes également redevables à Jerry Hintze, Gary Beus et J. Earl Faulkner, qui ont joué le rôle de conseillers au plan du contenu lors de la préparation du manuscrit pour la dactylographie.

Nous tenons à remercier bien sincèrement Philip J. Hippensteel (du Harrisburg Area Community College), David S. Moore (de l'Université Purdue), John S. Ramberg (de l'Université de l'Iowa), L. Thomas Shiflett (de l'Université d'État Southwest Missouri), Gerald Sievers (de l'Université Western Michigan), Ara B. Sullenberger (du Tarrant County Junior College), et Kenneth Wantling (du Montgomery College) qui ont agi en tant que réviseurs du matériel.

Nous désirons également exprimer notre gratitude à l'exécuteur testamentaire (droits littéraires) de feu Sir Ronald A. Fisher, F.R.S., au Dr Frank Yates, F.R.S., et au Groupe Longmans de Londres, pour leur autorisation de reproduire les tables I, IV, V et VI (dans l'*annexe*) de leur volume *Statistical Tables for Biological, Agricultural and Medical Research*; à l'Institut de statistique mathématique pour son autorisation de reproduire sous forme adaptée des tables tirées du texte «Critical Values of r_S.» (*Annals of Mathematical Statistics*, vol. 20, pp. 117 - 119) de E.G. Olds (1949), et les tables adaptées tirées de «Tables for Testing Randomness of Grouping in a Sequence of Alternatives» (*Annals of Mathematical Statistics*, vol. 14, pp. 83 - 86) de Frieda S. Swed et C. Einsenhart (1943) ; à E.S. Pearson et aux curateurs de *Biometrika* pour leur autorisation d'adapter les tables VI et VII de *Biometrika Tables for Statisticians*, vol. 1, 1970 (troisième édition) ; aux Laboratoires Lederle pour leur autorisation d'utiliser la table IX extraite du volume *Some Rapid Approximate Statistical Procedures* de F. Wilcoxon et R.A. Wilcox (1964) : et à la maison d'édition McGraw-Hill pour son autorisation d'adapter la table X extraite du volume *Introduction to Statistical Analysis* (troisième édition) de Dixon et Massey (1969).

INFORMATIONS DESTINÉES Á L'ÉTUDIANT

Il ne se passe pas une journée sans que nous ne soyons confrontés à un large éventail de données statistiques: la probabilité de pluie, l'incidence d'actes criminels, l'indice du coût de la vie, l'indice boursier Dow-Jones ou la proportion des votants qui appuient un candidat. Ces statistiques nous sont très utiles dans le cadre d'un nombre varié de situations de prises de décisions: devrait-on porter un imperméable aujourd'hui, devrait-on affecter une plus grande proportion des revenus d'impôts à la prévention du crime, devrait-on vendre ou acheter des actions boursières, et ainsi de suite.

Si nous sommes à ce point dépendants des statistiques, c'est que les nombres constituent l'un des moyens les plus commodes pour représenter des faits. Aussi, une proportion croissante des informations que le public demande est synthétisée sous forme numérique et statistique.

Par exemple, pour planifier les besoins en eau et en égoûts d'une communauté, les planificateurs urbains ont besoin de toutes sortes d'information: la grandeur de la population, le taux de croissance prévu de cette population, les patrons de migration, la consommation moyenne d'eau, etc. Des informations similaires seront également précieuses pour prendre des décisions concernant le zonage, la localisation des centres d'achats ou des parcs industriels.

Avant de mettre sur le marché un nouveau produit, une compagnie pharmaceutique a besoin de recueillir des données sur les effets secondaires à court et à long terme, sur la demande actuelle des consommateurs pour des médicaments similaires, sur les coûts de fabrication de ce médicament, ainsi que sur les coûts de distribution et de publicité.

Ces exemples n'illustrent que quelques-unes des nombreuses façons d'utiliser des données numériques pour prendre de meilleures décisions. Cependant, lorsque nous tentons de compiler des statistiques, nous nous heurtons à un certain nombre de problèmes. Par exemple, il peut s'avérer trop coûteux de mesurer la consommation d'eau de chaque ménage dans une ville. De même, il serait impossible de mesurer les effets secondaires d'un médicament sur tous ses usagers éventuels. Plutôt que de bloquer devant l'impossible, nous acceptons une alternative réalisable: nous étudions un petit échantillon des utilisateurs d'eau ou de médicaments, pour ensuite généraliser nos conclusions à la population plus large.

S'il est mis en pratique avec soin, ce processus d'utilisation d'informations recueillies auprès d'échantillons dans le but de généraliser ou d'inférer les conclusions à des populations plus étendues constitue une approche tout à fait valable à la cueillette d'informations. Et c'est justement ce processus qui sert de trame au contenu du présent manuel.

Le processus en question comprend trois grandes étapes fondamentales: 1) la sélection de l'échantillon; 2) la réduction ou synthèse des données pour les rendre plus aisément utilisables ou interprétables; 3) la généralisation de l'échantillon à la population, processus que nous appelons *inférence statistique*. La figure 1.1 illustre ces trois étapes de façon schématique. Vous serez à même de constater que n'importe quel contenu de ce manuel peut être associé à l'une ou l'autre de ces trois étapes.

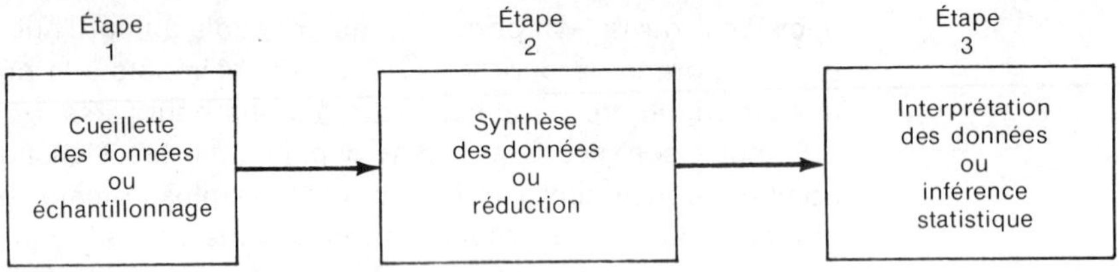

FIGURE 1.1 Les trois étapes d'une étude statistique

Dans le chapitre UN (survol de la statistique), nous introduisons la terminologie de base nécessaire au démarrage du cours, en mettant l'accent sur la première étape: la cueillette des données échantillonnales.

Dans les chapitres DEUX et TROIS (organisation et synthèse des données), nous présentons des techniques de regroupement qui s'appliquent tout aussi bien à des données échantillonnales qu'à celles recueillies auprès de populations entières. Nous montrons comment il est possible de condenser un large ensemble de données sous une forme plus restreinte, plus aisément utilisable et interprétable. Les chapitres QUATRE (probabilités) et CINQ (distributions de probabilités) appartiennent à l'étape 2, la synthèse des données, mais vue d'une façon plus théorique. De plus, ces chapitres présentent divers concepts fondamentaux qui permettront d'effectuer le passage de l'étape 2 à l'étape 3, consacrée à l'inférence statistique.

Tous les autres chapitres sont reliés à l'étape 3. Ainsi, le chapitre SIX (distributions échantillonnales) montre comment utiliser les probabilités pour formuler des inférences ou généralisations de l'échantillon à la population. Le chapitre SEPT (estimation), les chapitres HUIT et NEUF (tests d'hypothèses), le chapitre DIX (analyse de la variance), le chapitre ONZE (régression linéaire simple et corrélation) et le chapitre DOUZE (tests non paramétriques) sont tous reliés à l'étape 3, c'est-à-dire à l'analyse de données et à l'inférence statistique. Bref, l'étape 3 représente notre ultime objectif: formuler des inférences statistiques justes à propos d'une population sur la base d'informations recueillies auprès d'un simple échantillon de cette population.

Au cours de votre progression à travers ce manuel, gardez à l'esprit ces trois étapes: 1) cueillette des données, 2) synthèse des données et 3) interprétation des données. Si vous faites l'effort conscient d'insérer chaque nouveau concept dans ce moule en trois parties, vous acquerrez une meilleure vue d'ensemble de l'objectif général de la statistique et des parties principales de ce champ de connaissances.

COMMENT UTILISER CE MANUEL

Ce manuel a été conçu, bien sûr, pour vous donner accès à ses contenus d'apprentissage, mais surtout pour vous permettre un maximum de souplesse dans l'ajustement de votre rythme de progression à travers ce cours. Les divers chapitres du manuel se subdivisent en un nombre variable de leçons. Les leçons d'un chapitre sont étroitement reliées les unes aux autres, de telle sorte que vous devrez les aborder séquentiellement. Cependant, les modules qui composent chaque leçon ne sont pas ordonnés séquentiellement. Lorsque vous aurez amorcé l'étude d'une leçon donnée, vous serez libre de parcourir toutes les activités d'apprentissage ou seulement quelques-unes d'entre elles, selon ce que vous jugerez nécessaire.

Chaque chapitre débute par une introduction, suivie des leçons: il se termine par un résumé, par une section qui illustre diverses applications concrètes des notions apprises, ainsi que par les réponses aux exercices impairs de chaque leçon. Les sections *résumé* et *utilité de ces notions* ont aidé beaucoup d'étudiants à prendre conscience de la pertinence des statistiques dans leur vie quotidienne.

Chaque leçon se décompose en un certain nombre de modules, qui constituent les composantes principales de ce manuel. Dans la plupart des cas, on retrouve les modules suivants: *titre, tâche, définitions, discussion, discussion simplifiée* (optionnelle), *exemples* et *exercices.*

Il n'est pas nécessaire de lire entièrement chacun des modules. Vous pourriez par exemple extraire du module *définitions* toute l'information nécessaire pour accomplir la tâche prescrite. Par ailleurs, pour accroître votre compréhension du sujet, vous pourriez juger nécessaire de lire la *discussion* et la *discussion simplifiée*. Plusieurs étudiants qui ont travaillé avec ce manuel durant sa période de mise au point ont découvert qu'un simple survol des *exemples* et des *exercices* suffisait bien souvent à ancrer fermement dans leur esprit bon nombre des concepts statistiques présentés. Puisque chaque module aborde un même contenu de façon différente, examinons-les individuellement.

TITRE Le titre de chaque leçon se trouve toujours sur la même page que les *définitions*.

TÂCHE La tâche présente l'objectif de la leçon et précise le type de problèmes que vous devrez pouvoir résoudre au terme de la leçon.

DÉFINITIONS Sous cet en-tête, vous trouverez une définition concise des principaux concepts. À moins que vous ayez de la facilité à saisir le sens de définitions peu élaborées, ce module ne vous aidera probablement pas beaucoup au début. Cependant, après avoir bien «digéré» le contenu des autres modules, cette section devrait suffire à vous remettre en mémoire les notions apprises dans la leçon.

DISCUSSION Sous cet en-tête, vous trouverez une explication directe, parfois quelque peu technique, du thème de la leçon. Nous avons tenté dans ce module de nous exprimer clairement, en utilisant le langage mathématique chaque fois que cela s'avérait pratique. De façon générale, les discussions sont quelque peu abstraites et contiennent peu d'exemples. Ce module sera jugé particulièrement utile par les étudiants qui possèdent de bonnes bases mathématiques ou techniques.

DISCUSSION SIMPLIFIÉE La plupart des étudiants qui ne sont pas très attirés par les mathématiques s'expriment dans un langage moins technique. Aussi, les informations placées dans la *discussion simplifiée* utilisent-elles un langage beaucoup plus terre à terre. Chaque fois que cela était possible, nous avons introduit des exemples clairement expliqués. Notons toutefois que ce module est optionnel : il n'apparaît que dans les leçons où le sujet discuté rend sa présence nécessaire.

EXEMPLES Dans ce module, nous présentons un ou plusieurs problèmes correctement solutionnés, de façon à illustrer des contextes variés d'application des techniques statistiques présentées dans la leçon. Les étudiants trouvent fort utile ce module, à la fois comme outil de révision et comme préparation aux *exercices* qui le suivent.

EXERCICES Ce module présente une série de problèmes à solutionner. Ils sont de même type que ceux qui se trouvent dans le module précédent. À la fin de chaque chapitre, on trouvera les solutions aux exercices qui portent les numéros impairs.

Nous avons rédigé à la fin de chaque chapitre un court résumé qui relie en un ensemble logique tous les concepts présentés dans les diverses leçons. Vous y trouverez également un *test personnel* de compréhension du chapitre pour vous permettre de vérifier si vous avez bien maîtrisé les contenus du chapitre. Les réponses à ces contrôles « officieux » se trouvent à la fin du manuel (page 656).

LA STATISTIQUE: DÉMARCHE PÉDAGOGIQUE PROGRAMMÉE

Traduit de l'anglais par
Françoys Gagné
Robert Proulx
Université du Québec
à Montréal.

CHAPITRE UN: CUEILLETTE DES DONNÉES

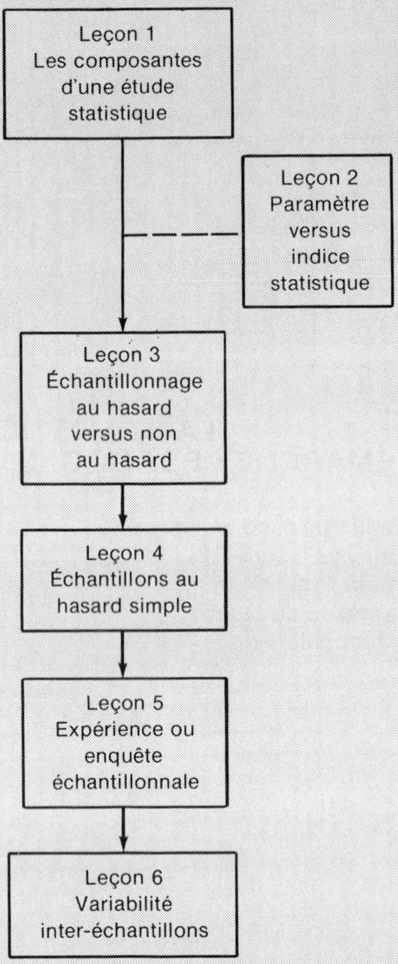

INTRODUCTION Pour recueillir des informations à propos d'une population bien circonscrite, on peut procéder soit par énumération complète, soit par échantillonnage. L'énumération complète exige l'examen de tous les membres de la population. Cette méthode s'avère généralement peu pratique et coûteuse; on lui préfère habituellement l'enquête échantillonnale.

Cette dernière consiste en une étude, non pas de la population totale, mais d'un échantillon soigneusement sélectionné. Sur la base des données échantillonnales, il est possible de tirer des conclusions valables à propos de la population.

Le champ de la statistique inclut l'ensemble des techniques qui permettent d'identifier la population, de choisir l'échantillon, d'identifier les éléments de cet échantillon, c'est-à-dire les unités d'observation, de déterminer les mesures appropriées et, finalement, d'interpréter correctement les résultats de façon à ce qu'ils puissent servir de base solide au processus de prise de décision.

Dans ce premier chapitre, nous allons définir *l'enquête statistique* comme l'étude d'une population à partir d'informations puisées auprès d'un échantillon, par opposition à une cueillette d'informations par voie de complète énumération de la population. Nous allons identifier les principales composantes d'une telle étude et aborder le problème général de la sélection d'un échantillon. Plus spécifiquement, nous examinerons les modalités de sélection d'un type particulier d'échantillon: *l'échantillon au hasard simple*. Enfin, nous introduirons l'important concept de variabilité inter-échantillons, qui joue un rôle central dans tous les domaines de la statistique.

VOCABULAIRE

Échantillon au hasard
Échantillon au hasard simple
Échantillon non au hasard
Enquête échantillonnale
Expérience
Inférence statistique
Mesure qualitative
Mesure quantitative
Paramètre
Population
Statistique
Table de nombres aléatoires
Unité d'observation
Univers
Variabilité inter-échantillons
Variabilité inter-unités

LEÇON 1 LES COMPOSANTES D'UNE ÉTUDE STATISTIQUE

Tâche: pouvoir identifier dans la démarche d'une étude statistique la population, l'échantillon, l'unité d'observation et la mesure à effectuer.

DÉFINITIONS

Population: tout ensemble d'unités que nous désirons étudier. Cet ensemble doit être clairement circonscrit, afin que nous puissions distinguer qui fait ou ne fait pas partie de l'ensemble.

Échantillon: tout sous-ensemble de la population étudiée.

Unité d'observation: tout membre individuel de la population étudiée.

Mesure (qualitative et quantitative): la mesure est un nombre ou une étiquette attribuée à une unité d'observation. Si ce nombre représente des dimensions ou d'autres indices de capacité, on parle de mesure *quantitative*. Si l'étiquette représente des qualités, attributs, attitudes, etc., il s'agit d'une mesure *qualitative*.

Inférence statistique: toute conclusion formulée à propos d'une population à partir d'informations recueillies auprès d'un échantillon.

DISCUSSION

POPULATION

La première étape d'une étude statistique consiste à identifier la population étudiée. Il est essentiel de circonscrire clairement les frontières de cette population de façon à pouvoir distinguer ses membres de ceux qui ne le sont pas.

Par exemple, il serait futile d'effectuer une étude auprès de la population des adultes canadiens. Qu'est-ce qu'un adulte canadien? Toute personne de 21 ans ou plus? Que fera-t-on des couples mariés de moins de 21 ans? Ou encore des débiles mentaux de plus de 21 ans? Le terme *adulte* est trop ambigu: il ne définit pas spécifiquement une population, à moins d'ajouter d'autres précisions.

Cependant, on pourrait à juste titre étudier la population de tous les citoyens canadiens de plus de 21 ans qui ne vivent pas dans des institutions pour malades mentaux. On pourrait également étudier la population des ampoules Éclair fabriquées le 26 novembre, ou celle des fermiers du Manitoba qui ont cultivé au moins 5 acres de blé en 1979, ou celle des personnes qui ont obtenu un baccalauréat dans une université du Québec. Il s'agit dans tous ces cas de populations clairement délimitées.

UNITÉ D'OBSERVATION

La description de l'unité d'observation fait implicitement partie de la définition de la population. Un citoyen canadien mentalement compétent de plus de 21 ans, une ferme du Manitoba qui a produit au moins 5 acres de blé, une ampoule Éclair fabriquée le 26 novembre, un bachelier d'une université québécoise, voilà autant d'unités d'observation reliées à leur population respective.

MESURES

Dans une étude statistique, les mesures sont prises au niveau des unités d'observation. Ces mesures peuvent être quantitatives ou qualitatives.

Les mesures quantitatives portent sur des dimensions ou des capacités; par exemple, la grandeur, le poids, la profondeur, la longueur, la durée, le volume, la surface, etc.

Le terme qualitatif réfère à des mesures de caractéristiques, d'attributs ou d'attitudes, qui ne se présentent pas naturellement sous forme numérique. Mentionnons par exemple l'enregistrement d'opinions; la catégorisation des individus selon la race, l'habitation, la présence ou l'absence de dépendants ou le lieu de naissance; la classification d'une marchandise comme défectueuse ou en bon état; etc. Aussi, si la mesure obtenue pour une quelconque unité d'observation est descriptive plutôt que numérique, cette mesure sera dite qualitative plutôt que quantitative. L'âge, la grandeur, le poids et le revenu d'une personne constituent des mesures quantitatives, cependant que la race, la religion et l'affiliation politique sont qualitatives.

ÉCHANTILLON

Comme il s'avère rarement possible ou pratique de mesurer tous les membres d'une population, la seconde étape d'une étude statistique consiste à sélectionner un échantillon de la population étudiée. La précision de l'étude dépendra en grande partie de la façon dont cet échantillon sera choisi. Voici quelques méthodes qui engendrent habituellement des résultats biaisés et peu fiables: effectuer un sondage de coin de rue, solliciter des réponses par la voie des journaux, compléter des quotas de répondants ou choisir des échantillons en s'appuyant sur l'avis d'experts. Les *meilleurs* échantillons sont issus d'une technique qui garantit que chaque membre de la population a une chance de faire partie de l'échantillon. Cette garantie peut être assurée par une procédure au hasard, par exemple en tirant des noms d'un chapeau qui contient les noms de tous les membres de la population, ou encore en utilisant une table de nombres aléatoires, où chaque nombre extrait représente un membre de la population.

INFÉRENCE STATISTIQUE

Après avoir identifié la population, défini l'unité d'observation, choisi l'échantillon et enregistré les mesures, nous arrivons à la dernière et la plus importante étape de l'étude statistique: l'interprétation et l'*inférence statistique*. Il s'agit d'un processus par lequel on attribue à la population totale les caractéristiques significatives observées et mesurées au niveau de l'échantillon. Il est évident que ce processus d'inférence n'est pas infaillible; mais, dans la majorité des cas, nous pouvons prédire la marge d'erreur et déterminer en conséquence la valeur d'ensemble de l'étude. Une étude statistique réalisée avec soin engendre généralement des informations très fiables. Ces informations pourront s'avérer très utiles aux personnes qui ont à prendre diverses décisions.

DISCUSSION SIMPLIFIÉE

Imaginons qu'un sociologue désire effectuer une étude portant sur le lien entre la santé et le revenu. La population étudiée pourrait être composée de tous les couples mariés, avec ou sans enfants. Après avoir sélectionné un échantillon de couples, ce sociologue pourrait mesurer pour chaque couple le revenu total annuel, l'état de santé actuel, les maladies des enfants, les conditions d'hygiène, les dossiers de vaccination, les dépenses médicales annuelles, les visites chez le médecin, le nombre d'absences à l'école pour cause de maladie, etc. Au moment de formuler son inférence statistique, ce sociologue traduirait les résultats de ces diverses mesures en jugements portant sur la population totale.

EXEMPLES

Identifier dans chacun des exemples ci-dessous: 1) la population, 2) l'échantillon, 3) l'unité d'observation, 4) la mesure à effectuer, de même que 5) le type (quantitatif ou qualitatif) de mesure utilisé.

1. À divers moments au cours d'une journée, un spécialiste du contrôle de la qualité au service d'une filature sélectionne divers échantillons de tissus d'un mètre carré, les examine et note le nombre de défectuosités.

Solution.

1) *Population :* le nombre total quotidien de mètres carrés de tissu produits par la filature.
2) *Échantillon:* le nombre total de mètres carrés extraits pour inspection.
3) *Unité d'observation:* chaque pièce de tissu d'un mètre carré mise de côté pour inspection.
4) *Mesure:* le nombre de défectuosités dans chaque mètre carré de tissu.

5) La mesure est quantitative. On pourrait énoncer *l'inférence statistique* suivante: le nombre de défectuosités dans l'échantillon est proportionnel au nombre de défectuosités dans la population totale. Un nombre excessif de défectuosités au sein de l'échantillon pourrait exiger un ajustement des métiers à tisser.

2. Un chercheur en médecine étudie les effets d'un agent qui produit des tumeurs cancéreuses chez les rats. Trois semaines après l'injection de cet agent, le chercheur opère chaque rat, puis excise et pèse les tumeurs.

Solution.

1) *Population:* le groupe de rats parmi lesquels l'échantillon fut sélectionne.
2) *L'échantillon:* le groupe de rats choisi pour réaliser l'expérience.
3) *Unité d'observation:* chaque rat traité avec l'agent cancérigène.
4) *Mesure:* le poids de la tumeur produite par l'agent et excisée de chaque rat.
5) La mesure est quantitative.

3. À l'occasion d'une vérification comptable, on sélectionne au hasard 16 comptes d'une compagnie pour vérifier la présence d'erreurs.

Solution.

1) *Population:* tous les comptes de l'entreprise.
2) *Échantillon:* les 16 comptes choisis pour examen.
3) *Unité d'observation:* un compte individuel.
4) *Mesure:* vérifier la présence ou l'absence d'erreurs dans chaque compte.
5) Cette procédure de classification constitue une mesure qualitative.

4. On se propose d'administrer un test d'intelligence standardisé à un groupe d'enfants de classes spéciales. Ces enfants, tous en deuxième année, doivent recevoir un nouveau programme d'enseignement mis sur pied par la commission scolaire locale. Le test sera administré au début et à la fin du programme.

Solution.

1) *Population:* l'ensemble des enfants de deuxième année placés en classes spéciales dans la commission scolaire en question.
2) *Échantillon:* le groupe d'enfants choisi pour recevoir le nouveau programme.
3) *Unité d'observation:* chaque enfant de deuxième année qui participe au programme.
4) *Mesure:* la différence entre le score de chaque enfant au pré-test et au post-test.
5) Il s'agit d'une mesure quantitative.

5. On se propose de vérifier l'efficacité d'un nouveau traitement biologique destiné à contrôler la pyrale des pommes; le test sera fait dans dix vergers d'une même région. Cinq de ces vergers seront traités, tandis que les cinq autres serviront de groupe de contrôle non traité. Une mesure standard servira à vérifier le degré d'infestation par les pyrales dans chaque groupe.

Solution.

1) *Population:* tous les vergers commerciaux de la région.
2) *Échantillon:* les dix vergers retenus pour l'expérience.
3) *Unité d'observation:* un verger quelconque de l'échantillon.
4) *Mesure:* indice standard d'infestation.
5) Un tel indice est généralement considéré comme quantitatif, puisqu'il reflète le degré d'infestation.

EXERCICES

Pour chacun des problèmes ci-dessous, identifier:
a) la population, b) l'unité d'observation, c) la mesure utilisée,
d) le type de mesure (quantitatif ou qualitatif).

1. Une zoologiste s'intéresse au nombre de protozoaires par mètre cube de boue sur le rivage du lac des Écorces.

a) La population: ______________________
b) L'unité d'observation: ______________________
c) La mesure: ______________________
d) Quantitative ou qualitative? ______________________

2. Un chef d'entreprise désire vérifier la productivité au cours de l'année des employés qui obtiennent 25 jours de vacances payées par opposition à ceux qui n'ont que 15 jours. Il sélectionne un échantillon de 40 travailleurs et note régulièrement leur niveau de productivité.

a) La population: ______________________
b) L'unité d'observation: ______________________
c) La mesure: ______________________
d) Quantitative ou qualitative? ______________________

3. Une enquêteuse désire vérifier quelle proportion des électeurs voteront pour le député Doigtsfourchus lors de la prochaine élection.

a) La population: ______________________
b) L'unité d'observation: ______________________
c) La mesure: ______________________
d) Quantitative ou qualitative? ______________________

4. Le docteur Lapilule désire vérifier quelle proportion des adolescents d'une localité donnée ont fumé de la marijuana.

a) La population: ______________________
b) L'unité d'observation: ______________________

c) La mesure: ______________________________

d) Quantitative ou qualitative? ______________________________

5. Le fermier Lagrange possède 1 000 vaches; il désire vérifier le nombre moyen de kilogrammes de lait produits, par vache et par jour.

a) La population: ______________________________

b) L'unité d'observation: ______________________________

c) La mesure: ______________________________

d) Quantitative ou qualitative? ______________________________

LEÇON 2 PARAMÈTRE VERSUS INDICE STATISTIQUE

Tâche: distinguer un paramètre d'un indice statistique.

DÉFINITIONS

Paramètre : un nombre qui décrit une propriété quelconque d'une population.

Indice statistique : un nombre qui décrit une propriété quelconque d'un échantillon. Les indices statistiques servent à formuler des inférences à propos des paramètres de la population dont l'échantillon est extrait.

DISCUSSION

Lorsqu'on fait appel à l'énumération complète pour mesurer une population entière, les données numériques qui synthétisent cette cueillette de données se nomment *paramètres*. Lorsque la mesure porte sur un échantillon d'une population, les données numériques portent le nom d'*indices statistiques*. En bref, l'indice statistique est à l'échantillon ce que le paramètre est à la population.

Il est souvent impossible, trop compliqué ou trop coûteux de mesurer des paramètres. Une telle approche peut même s'avérer destructrice. Par exemple, le fait de vérifier une population entière d'ampoules pour déterminer quelle proportion d'entre elles ne s'allume pas risquerait non seulement de mettre en faillite la compagnie d'ampoules, mais ternirait sûrement la réputation du statisticien impliqué.

L'alternative évidente à cette procédure d'énumération complète consiste à obtenir, par le biais d'un échantillon, les indices statistiques nécessaires pour estimer les paramètres de la population.

DISCUSSION SIMPLIFIÉE

Imaginons que le gardien d'un parc national désire connaître le pourcentage d'ours dangereux ou qui ont «mauvais caractère» dans son parc. Le paramètre de population pertinent correspond au pourcentage d'ours dangereux dans le parc. Ce gardien décide de tirer un échantillon d'ours pour vérifier quel pourcentage d'entre eux sont dangereux. De cette façon, il pourra obtenir un indice statistique qu'il utilisera pour estimer le paramètre de la population (voir la figure 1.1).

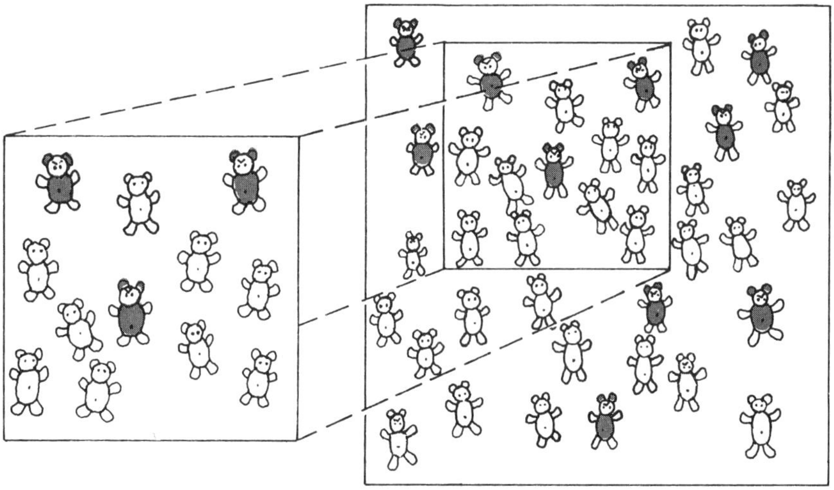

FIGURE 1.1 Échantillon tiré d'une population

Indice statistique: 25% des ours échantillonnés sont dangereux.

Paramètre: par inférence, environ 25% de la population totale des ours sont dangereux.

EXEMPLES

Identifier pour chacun des exemples ci-dessous: 1) le paramètre et 2) l'indice statistique.

1. Supposons que vous êtes intéressé au temps pris par des étudiants de milieu collégial pour mémoriser un texte donné. Vous mesurez un échantillon de 300 étudiants.

Solution.

1) *Paramètre:* le temps moyen pris par l'ensemble des étudiants de niveau collégial pour mémoriser le texte en question.
2) *Indice statistique:* le temps moyen pris par l'échantillon de 300 étudiants pour mémoriser le texte.

2. Le ministère de la Justice désire vérifier s'il existe un lien entre la criminalité et les ménages désunis. Une psychologue du ministère enregistre l'information pertinente auprès d'un échantillon de 500 criminels.

Solution.

1) *Paramètre:* la proportion de tous les criminels provenant de ménages désunis.

2) *Indice statistique:* la proportion des criminels qui, parmi l'échantillon de 500, proviennent de ménages désunis.

3. Supposons qu'une équipe de travailleurs sociaux désire vérifier la proportion des fumeurs dans une localité. Ils planifient une enquête, choisissent un échantillon au hasard des résidents et vérifient la proportion des fumeurs.

Solution.

1) *Paramètre:* la proportion de tous les fumeurs dans la localité.
2) *Indice statistique:* la proportion des fumeurs au sein de l'échantillon au hasard.

4. Des chercheurs au service d'une ferme expérimentale ont créé une nouvelle variété de tomate. Ils désirent vérifier le poids moyen des tomates par plant.

Solution.

1) *Paramètre:* le poids réel moyen des tomates produites par plant durant une saison donnée.
2) *Indice statistique:* le poids moyen des tomates par plant au sein d'un échantillon de plants de tomates provenant d'un échantillon au hasard de parcelles de culture à l'intérieur d'une région donnée.

EXERCICES

Identifier pour chacun des problèmes ci-dessous le paramètre (P) et l'indice statistique (IS).

1. Le ministère du Revenu désire connaître le montant total des taxes payées dans une localité au cours d'une année quelconque. L'étude statistique a produit les informations ci-dessous.

______a) Le compte de taxes moyen, tel que fourni par la vérification d'un échantillon au hasard de 20 résidents de la localité.

______b) La proportion des résidents qui ont reçu un remboursement au cours de l'année.

______c) Le revenu total provenant des taxes perçues dans la localité au cours de l'année.

2. La directrice générale d'un collège prépare son rapport à l'intention du Conseil d'administration. Elle désire connaître le nombre moyen d'étudiants par classe à l'intérieur de l'institution. Elle découvre ce qui suit.

______a) Dans un échantillon de 20 classes, le nombre moyen d'étudiants par classe se chiffre à 77.

______b) Dans une étude à l'échelle de l'institution, le nombre moyen d'étudiants par classe est 84.

3. Intéressé à vérifier la moyenne des chutes de pluie en septembre, un météorologue note ce qui suit.

______a) La moyenne des chutes de pluie pour septembre 1972 et 1973.

______b) La moyenne des chutes de pluie pour tous les mois de septembre depuis le début de l'enregistrement de telles statistiques jusqu'à maintenant.

4. Une physiologiste étudie le rythme cardiaque des individus au terme d'exercices d'intensité variée. Elle s'intéresse aux informations suivantes.

______a) Le rythme cardiaque moyen de 20 personnes après un exercice modéré.

______b) Le rythme cardiaque moyen de tous les individus avant la période d'exercice.

______c) Le rythme cardiaque maximum de 100 personnes au terme d'un exercice violent.

LEÇON 3 ÉCHANTILLONNAGE AU HASARD VERSUS NON HASARD

Tâche: pouvoir déterminer si le processus d'échantillonnage est au hasard ou non.

DÉFINITIONS

Échantillonnage au hasard: l'échantillonnage est dit au hasard lorsqu'un échantillon est sélectionné de façon telle que chaque élément de la population a une probabilité connue et non nulle d'être choisi.

Échantillonnage non au hasard: l'échantillonnage n'est pas au hasard lorsqu'un échantillon est sélectionné par une procédure subjective ou arbitraire, de telle sorte que les probabilités de choix des éléments ne peuvent être clairement établies. Dans cette situation, divers biais peuvent enlever à certains membres de la population la possibilité d'être choisis.

DISCUSSION

Pour pouvoir effectuer des inférences fiables à propos d'une population, il faut s'assurer que l'échantillon tiré représente bien la population de référence. En termes statistiques, ceci signifie que chaque membre de la population doit avoir une chance connue d'être sélectionné comme membre de l'échantillon. On nomme *échantillon au hasard* ce type d'échantillon sélectionné avec soin, avec l'aide de techniques de sélection telles que: (1) le lancement d'une pièce de monnaie, (2) l'utilisation de boules numérotées, chacune représentant un membre de la population, qui sont bien brassées dans une urne avant chaque pige, (3) la génération de nombres aléatoires par ordinateur, (4) l'extraction de nombres aléatoires d'un tableau où chaque nombre représente un membre de la population. Toute technique qui respecte les lois usuelles du hasard constitue un moyen approprié pour sélectionner un échantillon au hasard.

Les us et coutumes de la statistique ne permettent pas qu'on utilise le terme «échantillon au hasard» pour décrire diverses procédures d'échantillonnage courantes telles que l'entrevue de coin de rue, le questionnaire à poster placé dans les journaux et revues, l'échantillon par quotas où les intervieweurs reçoivent comme consigne de compléter certains quotas d'entrevues de quelque façon qu'ils le désirent, ou encore l'échantillon par jugement où un expert sélectionne un groupe «représentatif» de la population. Dans tous ces cas, de sérieux biais peuvent intervenir, puisque certains membres de la population ont peu ou pas de chances d'être sélectionnés. Par exemple, dans le cas de l'entrevue de coin de rue, les personnes qui ne peuvent pas sortir ou qui sont alitées se trouvent automatiquement exclues de l'échantillon. On pourrait également relever d'autres oublis ou problèmes majeurs associés aux autres techniques mentionnées ci-haut. Le point crucial est le suivant: ce que nous définissons comme échantillon au hasard diffère considérablement dans la majorité des cas de ce que le grand public juge être un échantillon au hasard.

N'oubliez pas ce qui suit: pour extraire un échantillon au hasard, (1) vous devez employer une technique de hasard et (2) chaque membre de la population de référence doit avoir une chance connue et non nulle de faire partie de l'échantillon. Si l'un ou l'autre de ces deux critères n'est pas respecté, l'échantillon ne peut pas, statistiquement parlant, être appelé «au hasard».

DISCUSSION SIMPLIFIÉE

Un indice précieux pour identifier un échantillon au hasard consiste à vérifier si une technique de hasard a été utilisée pour sélectionner l'échantillon. *Cette technique de hasard doit donner une chance connue à chaque membre de la population d'être sélectionné.* Parmi les techniques possibles, mentionnons (1) le lancement d'une pièce de monnaie, (2) le tirage de boules numérotées d'une urne soigneusement brassée, où les boules représentent les membres de la population, (3) la génération de nombres aléatoires par ordinateur ou (4) la sélection de nombres aléatoires dans une table de tels nombres.

Toutefois, l'adoption d'une technique de sélection au hasard ne garantit pas automatiquement l'obtention d'un échantillon au hasard. Par exemple, si vous vous tenez sur le coin d'une rue et lancez une pièce de monnaie pour décider si vous interviewerez la prochaine personne qui passera, vous n'aurez pas pour autant un échantillon au hasard (à moins que votre population soit définie de façon si restreinte qu'elle ne soit constituée que des personnes passant par ce coin de rue précis durant la période du jour où vous serez présent). Si la définition de votre population est plus large, l'entrevue de coin de rue vous empêchera de pouvoir sélectionner, par exemple, les personnes alitées ou infirmes, ceux qui n'ont pas eu à sortir ce jour-là durant la période de vos entrevues, ou encore, selon le coin de rue choisi, certaines catégories de personnes (par exemple, on ne rencontre pas en banlieue le même type de passants qu'au centre-ville).

Donc, la technique de hasard doit donner l'occasion à chaque membre de la population définie d'être choisi et cette probabilité de choix doit être précisée.

Voici un exemple. Un maraîcher qui cultive des oignons prévoit une très bonne récolte. Six semaines avant la récolte, le fermier ne peut plus attendre pour vérifier à quel point celle-ci sera bonne. Il choisit un échantillon de façon à obtenir un estimé. Or, il s'avère que les oignons situés dans le haut de son champ ont reçu plus d'eau durant l'été et sont par conséquent plus gros que ceux qui se trouvent dans le bas du champ. Avec cette information en tête, analysez les deux échantillons ci-dessous que le fermier pourrait extraire.

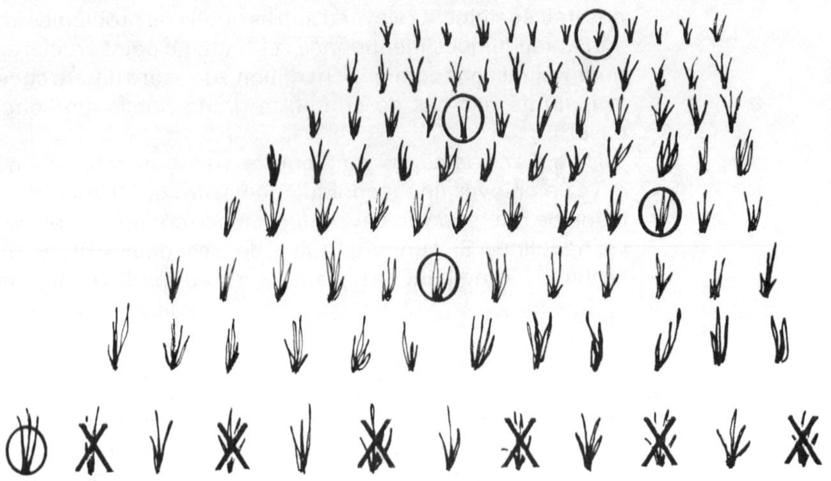

FIGURE 1.2 Échantillonnage au hasard versus non au hasard

Échantillon 1: le fermier se promène dans le haut de son champ et cueille un oignon à tous les deux rangs. La localisation de ces échantillons est représentée par des *X* dans la figure 1.2.

Échantillon 2: le fermier utilise une technique de hasard pour choisir les oignons de son échantillon. Le champ compte 12 rangs d'oignons; aussi, le fermier prend-il 12 petits papiers qu'il numérote de 1 à 12. Chaque papier correspond à un rang. Puis, le fermier place ces papiers dans son chapeau de paille, les mélange soigneusement et en pige 5. Il utilise une procédure similaire pour déterminer à quel endroit dans chaque rang il cueillera un oignon. Les oignons ainsi choisis sont représentés par la lettre *O* dans la figure 1.2.

L'échantillon 1 illustre une technique d'échantillonnage non au hasard, car le fermier ne choisit que les plus gros oignons de sa population, soit ceux qui se trouvent dans le haut du champ. Les plus petits qui se trouvaient au bas du champ n'avaient aucune chance d'être sélectionnés. Un échantillon extrait de cette façon sera systématiquement non représentatif de la population, car la grosseur moyenne des oignons sera constamment surestimée.

L'échantillon 2 illustre un échantillonnage au hasard. Chaque oignon dans le champ a une chance calculable de faire partie de l'échantillon. Dans le cas de tels échantillons, il n'existe aucune tendance intrinsèque à surestimer ou à sous-estimer la grosseur moyenne des oignons.

EXEMPLES

Vous devez distinguer dans les exemples ci-dessous les échantillons au hasard de ceux qui ne le sont pas.

1. Un manufacturier de téléviseurs veut s'assurer que moins de 2% des lampes-écrans reçues dans un même lot sont défectueuses. Il vérifie 4 lampes-écrans prises sur le dessus du lot.

Solution. Il s'agit d'un échantillon *non au hasard*, car les lampes-écrans qui se trouvent au fond de la pile n'ont aucune chance d'être examinées.

2. Une sociologue désire vérifier la proportion des électeurs qui voteront pour un candidat donné lors d'une prochaine élection. Elle réalise son enquête au centre socio-culturel du syndicat des travailleurs.

Solution. Elle a choisi un échantillon *non au hasard*, puisque seuls les membres du syndicat ont la possibilité de faire partie de l'échantillon.

3. Un journal de collège veut mesurer les attitudes des étudiants envers le programme athlétique du collège. Les éditeurs du journal obtiennent la liste informatisée de tous les étudiants de l'institution et assignent à chacun un numéro. Tous les numéros sont placés dans un chapeau et bien mêlés; puis on trie un échantillon de numéros. Les étudiants ainsi identifiés seront interviewés.

Solution. Cet échantillon est au hasard, puisque chaque étudiant de cette institution possède une chance égale, ou du moins connue, de faire partie de l'échantillon.

4. Un éleveur de volailles s'inquiète de l'infestation de ses poules par des poux. Il examine les cinq premières poules qu'il réussit à capturer.

Solution. Ce fermier a construit un échantillon *non au hasard*. Les poules les plus rapides ont probablement peu de chances d'être choisies.

EXERCICES

Préciser si les procédures de sélection décrites dans les problèmes ci-dessous engendrent des échantillons au hasard ou non.

1. Un botaniste s'intéresse à la longueur moyenne des étamines dans une cerisaie. Il échantillonne des fleurs dans le premier arbre de chaque rangée.

2. Une compagnie de téléphone désire estimer le nombre moyen d'appels «personne-à-personne» acheminés par une centrale donnée au cours d'une journée. On demande au téléphoniste de l'interurbain de noter le nombre d'appels de ce type acheminés durant chaque journée d'un échantillon au hasard de 30 journées, échantillon choisi à l'aide d'une table de nombres aléatoires.

3. Un inspecteur du service de santé publique désire vérifier si une laiterie donnée respecte les normes du code de salubrité. Pour ce faire, il décide de visiter la laiterie le cinquième jour de chaque mois.

4. Le ministère de la Défense désire estimer l'endurance physique des soldats aussitôt après l'achèvement de l'entraînement de base. Tous les soldats d'un bataillon qui vient de terminer cet entraînement subissent un test d'endurance.

LEÇON 4 ÉCHANTILLONS AU HASARD SIMPLE

Tâche: pouvoir utiliser une table de nombres aléatoires pour sélectionner un échantillon au hasard simple; ou, étant donné une procédure d'échantillonnage, pouvoir déterminer si elle produira un échantillon au hasard simple.

DÉFINITIONS

Échantillon au hasard simple : échantillon tiré d'une population de façon telle qu'à chaque étape successive de l'échantillonnage chaque élément restant dans l'univers de la population aura une chance égale d'être choisi.

Univers : liste de tous les membres ou unités de la population.

Table de nombres aléatoires : c'est un ensemble non ordonné de nombres entiers, habituellement agencés en colonnes et en lignes de deux, cinq ou dix chiffres. Une telle table devrait être composée de tous les nombres entiers, selon une fréquence d'apparition à peu près égale, mais sans qu'on puisse déceler une séquence systématique ou prévisible. Les chances d'apparition d'un entier quelconque à un endroit donné de la table sont toujours de 1 sur 10. Théoriquement, il est possible de construire une telle table en tirant successivement d'un chapeau des papiers numérotés de 0 à 9.

DISCUSSION

Dans la leçon 3, nous avons parlé de l'importance de choisir des échantillons au hasard de façon à pouvoir formuler des inférences fiables à propos d'une population de référence. Il existe une grande variété de procédures d'échantillonnage au hasard qui respectent notre définition. Toutefois, nous n'allons examiner plus en détail qu'une seule technique, celle qui sert à construire des échantillons au hasard *simple*. Une technique d'échantillonnage au hasard simple donne à tous les membres de la population une chance égale d'être choisis, nonobstant le fait que cette technique puisse s'avérer souvent d'application difficile dans le concret. Dans toutes nos discussions ultérieures sur les méthodes d'inférence, nous présumerons qu'une telle procédure d'échantillonnage aura été adoptée.

Pour sélectionner un échantillon au hasard simple, il nous faut d'abord construire un *univers*, c'est-à-dire une liste de toutes les unités de la population. Il s'agit là d'une tâche bien plus facile à énoncer qu'à réaliser, car la plupart des populations concrètes évoluent constamment, en raison de l'entrée ou de la sortie de membres, ou encore du jeu des naissances et des décès. Aussi, dans le cas de populations complexes, il devient très onéreux de construire et de tenir à jour un univers complet.

Toutefois, si l'on suppose qu'un univers approprié a été obtenu, il est possible de numéroter chaque membre de la population de 1 à N, où N représente le nombre total de membres dans la population en question. On écrit alors ces N nombres sur des petits papiers, on les place dans un chapeau en les mêlant bien, puis on y pige un nombre prédéterminé de papiers. Les membres de la population auxquels correspondent les nombres inscrits sur les papiers pigés deviendront les membres de l'échantillon au hasard simple. Un tel procédé donnera à chaque membre de la population une chance égale d'être choisi: c'est là le critère spécifique qui définit l'échantillon au hasard simple.

On peut simplifier un tant soit peu cette procédure en remplaçant le chapeau et les bouts de papier par une table de nombres aléatoires.

Les tables de nombres aléatoires sont souvent générées par ordinateur, bien qu'elles puissent être simplement construites par une personne qui place dans un chapeau des bouts de papier numérotés de 0 à 9, puis qui les pige tour à tour, en replaçant dans le chapeau chaque papier pigé et en les rebrassant soigneusement. Chaque fois qu'un nombre est tiré, il sera inscrit dans une table composée d'un nombre arbitraire de lignes et de colonnes. La personne qui effectue ce tirage peut, à sa discrétion, inscrire les nombres comme chiffres séparés ou les regrouper en nombres de deux, cinq ou dix chiffres. On trouvera dans l'*annexe* une table de nombres aléatoires (table I) suffisamment étendue pour répondre aux besoins de ce manuel. Cette table constitue un outil très utile pour tirer des échantillons au hasard d'une population.

Voici les étapes à suivre pour sélectionner un échantillon au hasard simple de l'univers d'une population.

ÉTAPE 1 Numérotez tous les membres de l'univers de la population de 0 à $N—1$ si $N \leqslant 10$, de 00 à $N—1$ si $N \leqslant 100$, de 000 à $N—1$ si $N \leqslant 1000$, et ainsi de suite.

ÉTAPE 2 Fermez-vous les yeux et placez la pointe d'un crayon quelque part sur la table de nombres aléatoires. Choisissez les 4 chiffres les plus proches; utilisez-en un ou deux pour identifier la colonne de la table et un ou deux autres pour identifier la ligne.

ÉTAPE 3 Amorcez votre sélection de nombres aléatoires à l'intersection de la colonne et de la ligne identifiées dans l'étape 2; déplacez votre crayon vers le haut ou le bas de la colonne, vers la gauche ou la droite de la ligne, ou encore diagonalement.

ÉTAPE 4 Choisissez dans l'univers de votre population les unités auxquelles correspondent les nombres choisis dans la table de nombres aléatoires. Au terme de ce travail, vous aurez construit un échantillon au hasard simple.

DISCUSSION SIMPLIFIÉE

Supposons que nous désirons extraire un échantillon au hasard simple de cinq sujets à partir d'une population de dix sujets. Nous construirons d'abord l'univers des dix membres de la population. Puis, nous numéroterons chaque membre, comme suit.

UNIVERS	NUMÉRO	UNIVERS	NUMÉRO
Anne	0	François	5
Benoît	1	Ghislaine	6
Charlotte	2	Hugues	7
Daniel	3	Isabelle	8
Éloyse	4	Jean	9

Ensuite, nous irons chercher la table de nombres aléatoires et nous trouverons un point de départ. Il s'agit là d'une tâche facile: fermez simplement les yeux, placez la pointe de votre crayon quelque part sur la table de nombres aléatoires et choisissez les quatre chiffres les plus proches de votre crayon. Prenez un ou deux de ces chiffres comme indicateurs de la ligne de départ et un ou deux autres pour identifier la colonne de départ. Par exemple, si la pointe de votre crayon se trouve entre 03 et 15, alors vous commenceriez votre sélection de nombres aléatoires à la ligne 3, colonne 1 ou 5, ou encore à la ligne 1 ou 5, colonne 3 (consultez le tableau 1.1 où, pour vous faciliter la tâche, les colonnes et les lignes sont numérotées).

Tirez les nombres de la table séquentiellement: déplacez votre crayon vers le haut, le bas, la gauche, la droite ou en diagonale, mais assurez-vous que vos biais personnels n'influencent pas les nombres choisis. (*Notez bien:* deux personnes quelconques, travaillant avec une même table de nombres aléatoires, ne devraient jamais choisir le même ensemble de nombres.)

Supposons que la pointe de notre crayon tombe sur 01 et 01. Nous amorcerions alors notre sélection à l'intersection de la ligne 1 et de la colonne 1. Si nous prenions le premier chiffre des cinq premiers nombres en descendant la première colonne du tableau 1.1, nous aurions 0, 7, 1, 7, 2. Alors, en sélectionnant de l'univers les noms qui correspondent à ces nombres, nous aurions construit un échantillon au hasard simple de cinq individus à partir de notre population de dix: Anne, Hugues, Benoît, Hugues, Charlotte. Notez que cet échantillon a été tiré *avec remise*, puisque Hugues a été choisi deux fois. Si nous voulions échantillonner *sans remise*, nous sauterions le second 7 et passerions au nombre suivant, ce qui donnerait 0, 7, 1, 2, 8: Anne, Hugues, Benoît, Charlotte et Isabelle.

Supposons maintenant que nous voulons choisir un échantillon de 8 personnes à partir d'une population de 586 membres. D'abord, nous assignons à chaque sujet un nombre allant de 000 à 585. Ensuite, nous entrons au hasard dans le tableau 1.1 en utilisant les deux dernières colonnes (car la population est plus grande que les deux chiffres de la seule dernière colonne) et nous descendons le long de ces deux colonnes; les huit nombres retenus séquentiellement seront 231, 065, 253, 913, 159, 121, 508 et 380. Étant donné que le nombre 913 ne fait pas partie de notre population, nous le rejetons pour

TABLEAU 1.1 EXEMPLE D'UNE TABLE DE NOMBRES ALÉATOIRES

COLONNE / LIGNE	1	2	3	4	5	6	7	8	9	10
1	01	91	82	83	16	98	95	37	32	31
2	70	07	11	47	36	09	95	81	80	65
3	11	13	30	75	86	15	91	70	62	53
4	78	13	86	65	59	19	64	09	49	13
5	27	48	24	54	76	85	24	43	51	59
6	88	65	12	25	96	03	15	21	91	21
7	74	84	39	34	13	22	10	97	85	08
8	28	59	72	04	05	94	20	52	03	80
9	74	02	28	46	17	82	03	71	02	68
10	65	74	11	40	14	87	48	13	72	20

le remplacer par le nombre suivant dans la liste, soit 268. En choisissant dans la population les huit sujets qui portent ces numéros, nous aurons un échantillon au hasard simple.

Note. Si la procédure ci-dessus était suivie intégralement, elle donnerait lieu dans beaucoup de cas à des taux importants de rejets et deviendrait inefficace. Ceci s'explique par la possibilité de devoir rejeter plusieurs nombres qui ne se situent pas entre nos limites de 0 et N—1. Par exemple, supposons que notre population compte 15 membres numérotés de 00 à 14; nous devrons alors sauter tous les nombres compris entre 15 et 99, soit une perte de près de 85% des nombres dans le tableau. Il est possible de réduire considérablement cette perte, avec un peu d'ingéniosité et d'attention. Supposons que nous numérotons la première unité de la population 00, *et* 15, *et* 30, *et* 45, etc... jusqu'à 75; de même, nous numérotons la seconde unité 01, 16, 31, 46, etc., jusqu'à 76; et ainsi de suite. Si le nombre aléatoire trouvé dans la table est 45, alors plutôt que de le sauter on pourra le faire correspondre au premier sujet de la population. On utilisera la même procédure pour toutes les unités de la population. En l'appliquant soigneusement, cette procédure permet d'éliminer la plupart des rejets que peut engendrer l'utilisation d'une table de nombres aléatoires.

EXEMPLES

Dans le cas des exemples ci-dessous, vous devez préciser la meilleure procédure pour sélectionner un échantillon au hasard simple, ou encore déterminer si la procédure décrite engendre un tel type d'échantillon.

1. Supposons que vous êtes responsable du nouveau programme Jupiter de la NASA. Vous êtes en possession de 23 missiles, dont quatre doivent être mis à feu dans le but d'en vérifier le bon fonctionnement. Afin que vos 4 missiles constituent un échantillon au hasard de la population des 23 missiles, vous décidez d'utiliser une table de nombres aléatoires.

Solution. Après avoir numéroté les missiles de 00 à 22, choisissez un point de départ à l'intérieur d'une table de nombres aléatoires. Si la pointe de votre crayon tombe par exemple sur les nombres 07 et 09, vous démarrez à l'intersection de la ligne 7 et de la colonne 9 ; puis en vous déplaçant dans n'importe quelle direction, vous identifiez les nombres plus petits que 23. Les quatre premiers nombres ainsi identifiés, par exemple 06, 07, 19, 12, identifieront les missiles qui doivent être mis à feu.

2. Supposons qu'en tant que vétérinaire, vous devez effectuer une longue série de tests au sein d'un troupeau de 300 vaches laitières. Plutôt que d'examiner toute cette population, vous optez pour la sélection d'un échantillon de 10 vaches. Vous suggérez l'utilisation d'une table de nombres aléatoires, afin d'éliminer toute possibilité de biais subconscients dans la procédure de sélection. Décrivez la procédure à utiliser et donnez la liste des 10 vaches de l'échantillon. (Supposons que les vaches portent des médaillons numérotés de 1 à 300.)

Solution. Les médaillons numérotés peuvent servir de correspondance avec les nombres de la table de nombres aléatoires. Supposons que vous avez pointé au hasard les nombres 17 et 8 dans la table I de l'*annexe*, vous débuterez votre recherche de nombres à l'intersection de la ligne 17 et de la colonne 8. Étant donné que cette table est constituée de nombres de deux chiffres, alors qu'il vous faut des nombres de trois chiffres, ajoutez aux deux chiffres de la colonne 8 un troisième chiffre tiré d'une colonne adjacente (à gauche ou à droite). Puis en vous déplaçant dans n'importe quelle direction, relevez les 10 premiers nombres plus petits que 301, ce qui vous fournira l'échantillon des 10 vaches à examiner.

3. Un groupe de 50 enfants, 30 filles et 20 garçons, est subdivisé en deux sous-groupes, les garçons d'une part et les filles de l'autre. Chacun des deux sous-groupes constitue un bassin d'échantillonnage dans lequel on puise un nombre égal de sujets à l'aide d'une table de nombres aléatoires. S'agit-il d'un échantillon au hasard simple ?

Solution. Non, car les sujets du plus petit groupe n'ont pas une même probabilité d'être choisis que ceux du plus grand groupe. On parlera plutôt dans ce cas d'un échantillon au hasard *stratifié*.

4. Un théâtre mène une enquête qui a pour sujet la popularité relative des restaurants fréquentés par les spectateurs un soir donné. On demande à chaque cinquième personne qui se présente au spectacle de remplir un court questionnaire. S'agit-il là d'un échantillonnage au hasard simple?

Solution. Non, car les quatre personnes qui suivent immédiatement chaque personne interrogée n'ont aucune chance d'être choisies. Cette procédure porte le nom d'échantillonnage *systématique*.

EXERCICES

Pour chacun des problèmes ci-dessous, énoncer la procédure appropriée pour constituer un échantillon au hasard simple. N'oubliez pas que les échantillons obtenus devraient être différents d'un étudiant à l'autre.

1. Dans le but de comparer deux techniques d'assemblage, I et II, vous devez choisir au hasard 30 ouvriers parmi les 367 employés d'une compagnie. Après avoir arbitrairement numéroté ceux-ci de 1 à 367, vous devez identifier les 30 membres de l'échantillon à l'aide d'une table de nombres aléatoires. Puis, faites de nouveau appel à la table pour scinder l'échantillon en deux sous-groupes égaux, I et II, en associant l'un des groupes aux nombres pairs et l'autre aux nombres impairs, jusqu'à ce que l'un des deux groupes soit complet.

2. On connaît 15 variétés distinctes de «grouk», un oiseau australien très rare. Utiliser une table de nombres aléatoires pour échantillonner cinq variétés dans la liste ci-dessous.

borgne	boiteux	à bec cornu
clignoteur	tasmanien	chercheur
à ventre jaune	à trois pattes	anthropophage
sauvage	nerveux	kangourou
royal	guetteur	cul-noir

3. Une professeure de statistique désire estimer le nombre d'étudiants qui ont lu le journal étudiant avant de se présenter au cours. Le groupe compte 33 étudiants. L'enseignante décide qu'un échantillon de 10 sujets devrait suffire. Tirer l'échantillon en question à l'aide d'une table de nombres aléatoires.

4. Supposons que vous désirez comparer les effets de trois différentes doses d'un nouveau médicament. Votre échantillon est composé de 30 rats. Utilisez une table de nombres aléatoires pour répartir les 30 rats en trois sous-groupes expérimentaux.

5. Supposons que vous désirez connaître les opinions des étudiants d'une certaine université vis-à-vis de la politique étrangère du gouvernement. Décrivez brièvement la procédure à adopter pour mener cette enquête.

6. Aux fins d'une étude sur l'incidence relative des mots dans le texte écrit, il vous faut échantillonner un certain nombre de pages dans un volume. Décrivez la technique que vous utiliseriez. Que feriez-vous dans le cas de pages non remplies ou de pages qui comportent des images ou dessins ?

7. Des démographes effectuent une étude sur l'habitation dans une ville donnée. Pour ce faire, ils visitent toutes les maisons qui composent des pâtés de maisons échantillonnés au hasard. S'agit-il là d'un échantillonnage au hasard simple des maisons de la ville?

LEÇON 5 EXPÉRIENCE OU ENQUÊTE ÉCHANTILLONNALE

Tâche: pouvoir déterminer si une technique de cueillette de données correspond à une expérience ou à une enquête échantillonnale.

DÉFINITIONS

Cueillette de données dans une expérience: dans le cas d'une expérience, la cueillette des données implique que certaines manipulations ou «traitements», définis avec précision et soigneusement contrôlés, sont effectués sur les unités échantillonnées. Des mesures sont enregistrées pour chaque unité dans le but de vérifier l'effet de ces «traitements». Souvent, un certain nombre d'unités ne subissent aucun traitement: elles servent de groupe de contrôle, c'est-à-dire de point de référence ou de base de comparaison pour ceux qui subissent le traitement.

Cueillette de données dans une enquête échantillonnale: dans le cas d'une enquête échantillonnale, la cueillette des données porte sur un échantillon tiré au hasard d'une population bien circonscrite. Cependant, par opposition à l'expérience, l'enquête échantillonnale n'implique pas l'application de manipulations ou traitements aux unités échantillonnées. Suite à l'échantillonnage, on peut donc mesurer les caractéristiques qui nous intéressent sans qu'aucun agent extérieur ne soit introduit pour influencer le comportement des unités échantillonnées.

DISCUSSION

Nous avons mentionné antérieurement que l'un des objectifs prioritaires de ce manuel consiste à étudier les procédures de cueillette de données et d'informations au sein d'une population par le biais d'un échantillon. Les techniques de cueillette de données peuvent être classées en deux grandes catégories: les *expériences* et les *enquêtes échantillonnales*.

CUEILLETTE DE DONNÉES SOUS FORME D'EXPÉRIENCE

L'expérience suppose que les unités d'observation sont soumises à l'action d'un agent extérieur (le traitement) avant l'enregistrement des mesures. Le but visé est évidemment de vérifier l'impact de ce traitement sur les mesures obtenues.

Prenons par exemple le cas d'une expérience où diverses quantités d'engrais sont épandues pour vérifier si elles accroissent la récolte. D'abord, un certain nombre de surfaces de culture sont identifiées; puis, les divers traitements à l'engrais sont distribués au hasard entre les surfaces de culture. Dans cet exemple, le traitement consiste en l'épandage d'une quantité précise d'engrais, différente d'une surface à l'autre; les unités d'observation sont les surfaces de culture, cependant que la mesure enregistrée sera le rendement par surface de culture.

Les journaux parlaient récemment d'une expérience portant sur les effets de la vitamine C sur les rhumes. On avait subdivisé au hasard un groupe d'écoliers en trois sous-groupes. Chaque jour, les chercheurs administraient une dose de deux grammes de vitamine C au premier groupe, une dose d'un gramme au second groupe et un placebo (une pilule inerte qui ne contenait pas de vitamine C) au troisième groupe. Les trois traitements furent assignés au hasard; les sujets de chaque groupe ne savaient pas quel traitement particulier leur était administré. Dans cette expérience, le traitement était la quantité de vitamine C administrée; l'unité d'observation était l'étudiant qui recevait l'un ou l'autre des trois traitements; la mesure enregistrée était le nombre moyen de rhumes par personne dans chacun des trois groupes.

CUEILLETTE DE DONNÉES SOUS FORME D'ENQUÊTE ÉCHANTILLONNALE

Dans le cas d'une enquête échantillonnale, chaque unité sélectionnée dans l'échantillon au hasard est mesurée sans que l'on ait fait intervenir préalablement un agent extérieur ou traitement. Les exemples suivants représentent tous des enquêtes échantillonnales et non des expériences: les enquêtes gouvernementales sur le chômage, les sondages d'opinions, les vérifications de rapports d'impôts, les contrôles de qualité de produits manufacturiers, la vérification d'un échantillon de transistors, etc...

Pour différencier l'enquête de l'expérience, il s'agit simplement de vérifier s'il y a eu application d'un traitement quelconque aux unités d'observation avant l'enregistrement des mesures. Sinon, il s'agit d'une enquête; si oui, c'est une expérience.

EXEMPLES

Pour chacun des exemples ci-dessous, indiquez si la procédure de cueillette des données présentée correspond à une expérience ou à une enquête échantillonnale.

1. L'association des planteurs de coton du Ruanda a sélectionné dix champs homogènes pour y planter du coton. Cinq de ces champs, choisis au hasard, seront plantés en janvier, tandis que les cinq autres seront plantés en septembre. Au moment de la récolte, on notera la productivité de chaque groupe de champs.

Solution. Il s'agit là d'une expérience. Le traitement correspond aux diverses périodes de l'année où se produit la plantation.

2. Une technicienne en contrôle de qualité sélectionne des coussinets à bille sur une chaîne de production et mesure leur diamètre intérieur.

Solution. Il s'agit ici d'une enquête échantillonnale. On n'applique aucun traitement aux unités d'observation avant l'enregistrement des mesures.

3. Des chercheurs étudient les déficiences protéiques chez le rat. Ils subdivisent au hasard en quatre groupes un ensemble de 100 rates enceintes. Chaque groupe subit un traitement différent.
Groupe 1: ces rates reçoivent un régime déficient en protéines, tant avant qu'après avoir mis bas.
Groupe 2: ces rates reçoivent un régime déficient en protéines durant leur grossesse, mais cette déficience est éliminée après la parturition.
Groupe 3: ces rates reçoivent un régime normal durant leur grossesse, mais un régime déficient en protéines après avoir mis bas.
Groupe 4: ces rates reçoivent un régime normal, tant avant qu'après avoir mis bas.

Lorsque les jeunes rats, jusque-là allaités, atteignent l'âge de six semaines, les chercheurs les soumettent à l'expérience du labyrinthe en T pour vérifier leur habileté à apprendre.

Solution. Il s'agit là d'une expérience. Ici, les traitements sont clairement précisés et sont appliqués aux diverses unités d'observation (rates) avant que les mesures soient enregistrées.

4. Le ministère des Transports décide de mener une étude pour vérifier l'opinion publique concernant la prolongation d'une voie rapide en plein coeur d'une ville. Les chercheurs affectés à ce projet sélectionnent un échantillon au hasard de pâtés de maisons. Puis, dans chaque pâté, ils sélectionnent au hasard des maisons individuelles et demandent au chef de famille si il (ou elle) appuie le projet de prolongation.

Solution. Il s'agit ici d'une enquête échantillonnale. On n'applique aucun traitement aux unités d'observation (ménages) avant la prise des mesures.

EXERCICES

Pour chacun des problèmes ci-dessous, indiquer si la procédure de cueillette de données présentée correspond à une expérience ou à une enquête échantillonnale.

1. Dans le but d'estimer la grandeur d'une population de souris des champs, un zoologiste pose des trappes en des points précis d'un quadrillage qu'il a fait de la zone qui l'intéresse. Grâce au nombre de souris capturées dans les pièges, ce zoologiste peut estimer la grandeur de la population des souris.

2. Un projet de recherche est entrepris pour étudier l'effet produit sur la surface d'un métal lorsqu'on varie les proportions relatives de deux catalyseurs. On fabrique quatre lots de tiges métalliques selon les

combinaisons illustrées dans le tableau 1.2 (les termes «élevé» et «faible» réfèrent aux proportions de chaque catalyseur). On mesure ensuite la force des tiges métalliques produites selon chacune des quatre combinaisons.

TABLEAU 1.2

		CATALYSEUR 2	
		Élevé (2)	Faible (2)
CATALYSEUR 1	Élevé (1)	$E_1 E_2$	$E_1 F_2$
	Faible (1)	$F_1 E_2$	$F_1 F_2$

3. Afin de comparer la résistance d'une fibre de dacron à celle d'une nouvelle fibre d'acétate, un centre de recherche analyse 20 fibres de chaque type à l'aide d'un appareil qui étire les fibres jusqu'au point de bris. On enregistre alors pour chaque fibre la force atteinte au point de bris.

4. Une compagnie spécialisée dans la mesure des cotes d'écoute d'émissions télévisées sélectionne au hasard des domiciles à travers le pays selon un modèle d'échantillonnage précis. Cette compagnie installe dans chaque domicile un appareil qui enregistre à la fois les heures durant lesquelles l'appareil fonctionne et les canaux écoutés. Cette information sert ensuite à vérifier la popularité relative des émissions des divers réseaux.

5. Après avoir choisi un échantillon au hasard de patients, une dentiste utilise l'hypnose comme agent anesthésique avec un groupe de patients, tandis qu'un autre groupe reçoit une anesthésie chimique. Chaque patient doit ensuite noter sur une échelle en dix points le degré de douleur ressenti.

LEÇON 6 VARIABILITÉ INTER-ÉCHANTILLONS

Tâche: pouvoir décrire et illustrer le concept de variabilité inter-échantillons.

DÉFINITIONS

Variabilité inter-échantillons: phénomène qui fait intrinsèquement partie de toute étude statistique. Il a pour cause le processus d'échantillonnage. Cette variabilité se manifeste lorsque les indices statistiques calculés au niveau d'un échantillon au hasard ne coïncident pas exactement avec les paramètres de la population d'où l'échantillon fut extrait.
Variabilité inter-unités: variation des mesures qu'on observe d'une unité à l'autre au sein d'une population.

DISCUSSION

Il arrive très rarement, pour ne pas dire jamais, que les indices statistiques calculés sur un échantillon au hasard coïncident précisément avec les paramètres de la population correspondante. De plus, il est tout aussi rare que les indices statistiques provenant d'un échantillon d'une population donnée coïncident précisément avec les indices statistiques provenant d'un autre échantillon aléatoire de cette même population. Cet écart tient au fait que le mécanisme de hasard mis en jeu dans la sélection d'un échantillon produira un ensemble partiellement différent d'unités à chaque nouvelle sélection.

DISCUSSION SIMPLIFIÉE

Imaginons qu'un professeur de littérature a demandé à chaque étudiant d'une de ses classes d'estimer le nombre moyen de pages par livre dans une section quelconque de la bibliothèque. Les étudiants devaient choisir un échantillon au hasard des volumes qui se trouvaient à ce moment-là sur les tablettes de la section retenue. Le professeur a défini la population cible comme suit: les livres qui seront présents sur les tablettes au moment de la cueillette des données. Chaque étudiant devait choisir un échantillon de 50 volumes.

Lorsque les étudiants revinrent en classe, il s'avéra que non seulement leurs résultats différaient légèrement les uns des autres, mais qu'ils différaient également légèrement d'une énumération complète effectuée par le professeur. Toutefois, les étudiants firent remarquer qu'ils avaient tous respecté scrupuleusement la consigne donnée par le professeur. En comparant leurs notes, les étudiants remarquèrent qu'en raison de la technique de sélection au hasard utilisée, ils avaient tous choisi des ensembles différents de volumes sur les tablettes. En conséquence, les écarts observés n'étaient pas attribuables à des applications différentes de la technique d'échantillonnage, mais à la variabilité inter-échantillons.

Examinons un autre exemple. Un journaliste prépare un article sur la plus récente augmentation du coût de l'essence dans le centre-ville de Saint-Aléatoire. Les stations de service sont représentées par des petits carrés sur la carte qui se trouve dans la figure 1.3. Les nombres qui apparaissent à l'intérieur de chaque carré représentent le montant de l'augmentation de l'essence régulière dans cette station. L'augmentation moyenne pour l'ensemble des stations est de 6,4 cents.

Le journaliste, qui ne connaît pas cette augmentation moyenne du prix de l'essence et qui n'a pas le temps de visiter toutes les stations de service, décide de visiter seulement trois d'entre elles. Examinons quelques-uns des échantillons possibles, ainsi que les moyennes arithmétiques correspondantes.

Échantillon A: 2, 3, 4 — Moyenne: 3¢

Échantillon B: 9, 10, 11 — Moyenne: 10¢

Échantillon C: 3, 7, 9 — Moyenne: 6,3¢

Remarquez que chacun de ces échantillons donne une augmentation moyenne différente. D'autres échantillons pourraient être choisis, qui donneraient également d'autres valeurs moyennes. Comme vous pouvez le constater, la valeur moyenne obtenue dépend des stations de service sélectionnées dans l'échantillon; la variabilité du taux moyen d'augmentation constitue un exemple de variabilité inter-échantillons.

Qu'arrivera-t-il lorsque notre journaliste tentera d'estimer l'augmentation moyenne du prix de l'essence pour la population entière des stations de

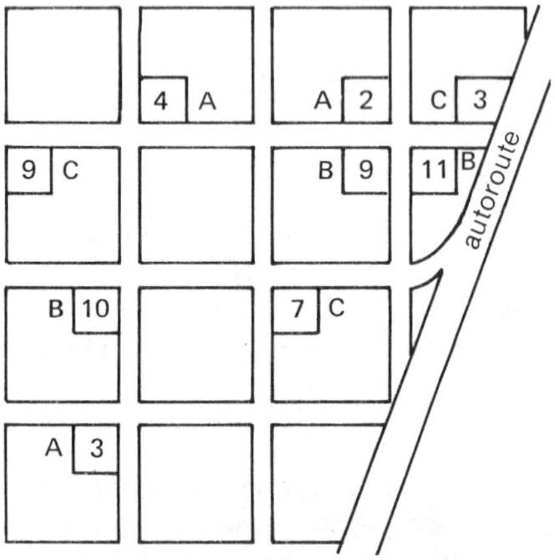

FIGURE 1.3 Variabilité inter-échantillons

service en s'appuyant sur l'un des échantillons ci-dessus? S'il a choisi par exemple l'échantillon A (moyenne de 3¢), il concluera que l'augmentation moyenne du coût de l'essence dans l'ensemble des stations de service est d'environ 3¢, alors qu'en réalité la moyenne se situe à 6,4¢. La différence est attribuable aux variations provenant des stations de service échantillonnées (variabilité inter-unités), ce qui explique qu'un échantillon donné ne reflète pas exactement la population totale (variabilité inter-échantillons).

Bien sûr, toute personne avisée qui réaliserait cette enquête irait visiter les neuf stations de service. Toutefois, si la population des stations de service d'une ville était trop grande pour qu'on puisse procéder à une énumération complète, des indices statistiques obtenus d'un échantillon soigneusement sélectionné fourniraient la seule information disponible pour estimer les paramètres de la population entière.

UTILITÉ DE CES NOTIONS

DANS LE COURS

Dans ce manuel, nous allons étudier les techniques statistiques utilisées pour identifier une population, sélectionner des échantillons d'une population, effectuer des mesures sur ces échantillons et utiliser ces mesures pour formuler des conclusions à propos de la population. Ce processus constitue la base de la statistique. Nous l'utiliserons et y référerons régulièrement tout au long de ce volume.

L'une des composantes enssentielles de ce processus est la sélection de l'échantillon. Nous allons insister sur l'importance de sélectionner des échantillons au hasard et nous allons examiner plus spécialement la méthode d'échantillonnage au hasard *simple*. Nous allons assumer l'utilisation de cette technique d'échantillonnage dans tous les chapitres ultérieurs traitant de l'*inférence statistique*, processus par lequel des observations générales sont formulées à propos d'une population à partir d'informations recueillies auprès d'un échantillon.

AU-DELÀ DU COURS

Pour répondre aux questions sous-jacentes à toute investigation méthodologique ou pour obtenir les faits pertinents, quel que soit le domaine (sciences, affaires, politique, etc.), il faut enregistrer des mesures précises. En conséquence, il faut avoir en tête une image claire de la population, de l'échantillon et de l'unité d'observation appropriée pour le type d'étude que l'on souhaite réaliser. Un chercheur qui ne s'attarde pas à identifier ces éléments avec précision court le risque de recueillir des informations peu fiables ou trompeuses.

Nous sommes quotidiennement assaillis d'informations statistiques. Elles nous viennent des médias, des professeurs, de nos amis et même de nos ennemis; elles touchent une très grande variété de sujets, qu'il s'agisse du pourcentage de membres du sexe opposé éligibles au mariage, ou encore de l'augmentation du coût de la vie pour le mois précédent. Face à ces informations, nous devrions nous poser les questions suivantes. Comment ces indices statistiques furent-ils recueillis? Par qui? Pourquoi? Quelle était l'unité d'observation? Quelles mesures furent prises pour permettre au chercheur de formuler ses conclusions? Est-ce que toute la population a été mesurée, ou seulement un échantillon ? Lorsque nous nous serons posé ces questions et que nous aurons évalué les réponses obtenues, nous serons en mesure de mieux juger la fiabilité des inférences effectuées.

Malheureusement, une grande partie de l'information présentée au grand public provient d'échantillons mal sélectionnés. Il n'est pas possible de garantir la validité d'informations recueillies de cette façon. Aussi, pour pouvoir évaluer la masse des statistiques auxquelles nous sommes quotidiennement confrontés, il importe de connaître les bonnes (et moins bonnes) techniques d'échantillonnage.

RÉSUMÉ

Dans ce chapitre, nous avons présenté les composantes fondamentales d'une étude statistique : (1) l'identification de la population, (2) la sélection d'un échantillon composé de membres individuels de la population, (3) l'enregistrement de mesures auprès de cet échantillon, (4) la formulation d'une inférence statistique à propos de la population.

Nous avons également précisé la différence entre un paramètre et un indice statistique. Le *paramètre* est un nombre qui décrit la population, tandis que l'*indice statistique* est un nombre qui décrit un échantillon.

Les leçons suivantes ont abordé une notion très importante: *comment* choisir un échantillon, de même que les implications de cette méthode de sélection. Parmi les nombreuses méthodes d'échantillonnage qui produisent des *échantillons au hasard*, c'est-à-dire des échantillons dont les caractéristiques probabilistes sont connues, nous avons choisi de décrire la technique de sélection d'un échantillon au hasard simple.

Nous avons signalé le fait évident que le processus d'échantillonnage, par sa structure même, engendre un certain degré d'incertitude dans le résultat. Cette incertitude se concrétise dans la *variabilité inter-échantillons*, soit les variations qui se produisent du fait que le processus d'échantillonnage au hasard crée des échantillons différents d'une application à l'autre.

Dans ce chapitre, nous nous sommes surtout intéressés à l'étape de la cueillette des données à l'intérieur d'une étude statistique. Dans le chapitre DEUX, nous étudierons diverses techniques d'organisation et de synthèse des données.

TEST PERSONNEL SUR LE CHAPITRE UN

(*Questions 1 à 4*) Vous devez apparier chacun des termes de la liste de gauche à un terme approprié dans la liste de droite. Voici quelques informations contextuelles. De gros rochers ont été éparpillés lors du retrait d'un glacier en Alaska. Une équipe d'arpenteurs désire mesurer la direction du déplacement du glacier en mesurant les angles des axes longitudinaux des rochers par rapport au nord magnétique.

1. Unité d'observation	a) Tous les rochers d'une région glaciaire.
2. Population de référence	b) 100 rochers sélectionnés au hasard à l'intérieur d'une région glaciaire déterminée.
3. Mesure à effectuer	c) Les angles des axes longitudinaux des rochers par rapport au nord magnétique.
	d) La direction du déplacement du glacier.
4. Échantillon	e) Un rocher choisi au hasard sur le terrain.
	f) Tous les rochers d'Alaska.
	g) Tous les trajets qu'un rocher pourrait suivre.
	h) Le fait qu'un glacier se trouvait à cet endroit il y a quelques milliers d'années.
	i) 1 000 rochers choisis au hasard à divers endroits en Alaska.

5. Un parti politique désirait vérifier si les résidents d'une grande ville étaient favorables ou non à l'idée qu'une femme devienne première ministre du pays. Un certain jour de la semaine, des enquêteurs interviewèrent chaque cinquième personne qui se trouva à passer au coin d'une rue choisie au hasard. S'agit-il d'une procédure d'échantillonnage au hasard simple ?

6. Un ingénieur désire vérifier la résistance au fendillement d'un lot de rivets. Il examine un échantillon de cinq rivets et constate qu'en moyenne il faut exercer une force de 5 000 kg pour les fendre. Cet exemple décrit-il a) un paramètre ou b) un indice statistique?

7. Lorsque vous utilisez une table de nombres aléatoires, il importe peu que vous puisiez les nombres verticalement ou horizontalement, en autant que vous fixez votre point de départ au hasard pour chaque échantillon. Vrai ou faux?

8. L'un des principaux objectifs de la statistique consiste à estimer des paramètres de populations à l'aide d'indices statistiques. Vrai ou faux?

9. À la question 5 ci-haut, la mesure des opinions des individus était-elle de type a) qualitatif ou b) quantitatif?

10. À la question 6 ci-haut, la mesure enregistrée pour chaque rivet était-elle de type a) qualitatif ou b) quantitatif?

11. Dans le cas d'une étude destinée à estimer le temps nécessaire pour réparer des calculatrices encore sous garantie, faut-il parler a) de variabilité inter-unités ou b) de variabilité inter-échantillons pour désigner les variations du temps de réparation d'une calculatrice à l'autre?

12. On s'intéresse à l'effet de l'alcool sur la rapidité des réflexes. Parmi un groupe de 20 volontaires, on demande à dix d'entre eux de boire trois martinis bien secs, tandis que les 10 autres servent de groupe de contrôle. Puis, on vérifie la rapidité des réflexes des 20 sujets à l'aide d'un simulateur de conduite automobile. S'agit-il a) d'une enquête échantillonnale ou b) d'une expérience?

13. À partir d'une liste de rapports d'accidents de la route, on sélectionne un échantillon au hasard de rapports. Pour chacun d'eux, on vérifie si l'accident était associé ou non à l'ingestion d'alcool. S'agit-il là a) d'une enquête échantillonnale ou b) d'une expérience?

14. On doit extraire un échantillon d'une liste de 1 000 employés d'une compagnie. On numérote successivement les noms de 000 à 999. Puis, un nombre compris entre 00 et 19 est identifié grâce à une table de nombres aléatoires. On place dans l'échantillon l'employé qui porte ce numéro, puis on poursuit l'échantillonnage de 20 noms en 20 noms jusqu'à la fin de la liste. S'agit-il là d'une technique d'échantillonnage au hasard simple?

RÉPONSES AUX EXERCICES (NUMÉROS IMPAIRS)

LEÇON 1

1. a) Le rivage du lac des Écorces. b) Un mètre cube de boue. c) Le nombre de protozoaires : quantitatif.
3. a) Les électeurs dans le comté du député Doigtsfourchus. b) Un électeur quelconque. c) Le choix de chaque électeur: qualitatif.
5. a) Les 1000 vaches du fermier Lagrange. b) Une vache. c) Le nombre de kilogrammes produits par une vache durant une journée : quantitatif.

LEÇON 2

1. a) IS b) P c) P
3. a) IS b) P

LEÇON 3

1. Échantillon non au hasard
3. Échantillon non au hasard

LEÇON 4

1. Nous postulons que chaque groupe doit compter 15 sujets. Nous identifions le nombre 99 comme point de départ aléatoire, ce qui donne l'intersection de la neuvième ligne et de la neuvième colonne. Il ne reste plus qu'à choisir des nombres de trois chiffres compris entre les limites établies.

IMPAIR I	PAIR II	IMPAIR I	PAIR II
297	128	027	092
203	134	235	362
117	246	141	332
003	060	199	238
281	146	295	352
339	230	145	104
033	192	267	278
327	142		

Notez bien qu'en autant que vous avez suivi la procédure appropriée, les nombres que vous aurez trouvés seront tout aussi valables que ceux qui apparaissent ci-haut à titre d'exemple.

3. Étant donné un point de départ au hasard de 68, voici les dix nombres compris entre 00 et 32: 31, 29, 12, 13, 24, 06, 20, 14, 11, 23.
5. On pourrait planifier une enquête échantillonnale, en recourant par exemple au fichier-maître des étudiants de l'institution.
7. Non.

LEÇON 5

1. Enquête échantillonnale.
3. Enquête échantillonnale, car aucun traitement ne fut appliqué aux fibres après leur sélection.
5. Expérience.

CHAPITRE DEUX: PRÉSENTATION GRAPHIQUE ET SYNTHÈSE DES DONNÉES

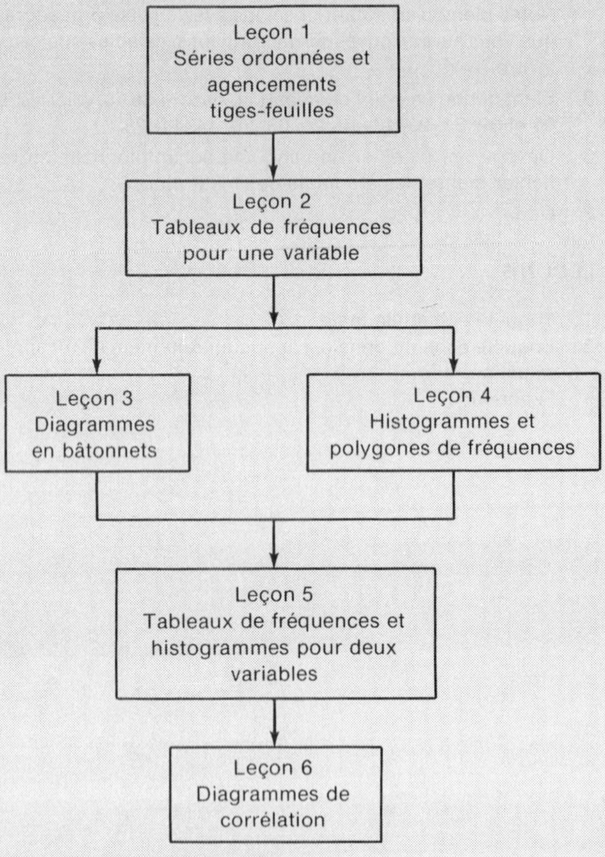

INTRODUCTION

Imaginons que les données ci-dessous proviennent d'une étude sur les distances d'arrêt, en mètres, de voitures roulant sur une piste mouillée. Vingt personnes différentes conduisaient une même voiture à une même vitesse déterminée.

121	107	118	140	118
132	141	131	132	126
116	126	117	128	124
135	122	125	133	129

Quelle est la distance d'arrêt moyenne? Quelle est la distance d'arrêt la plus probable? Que peut-on dire à propos de la variation des données? Quelles sont les valeurs minimum et maximum? Est-ce que des patrons particuliers ressortent parmi ces nombres?

Pour pouvoir répondre à ces questions, nous devons organiser et synthétiser les données de quelque façon. Ce chapitre et le suivant ont pour but de vous enseigner les techniques de base servant à réorganiser et synthétiser les données. Ces techniques sont fréquemment regroupées sous le titre *statistique descriptive*, car elles visent à décrire un ensemble de données sous une forme synthétique.

Dans le présent chapitre, nous allons examiner plus particulièrement diverses techniques pour réorganiser et synthétiser un large ensemble de données, sous forme tabulaire ou graphique, ou les deux à la fois. Nous allons parler de séries, de tableaux de fréquences, d'histogrammes, de diagrammes en bâtonnets, et ainsi de suite.

Les méthodes que nous décrirons ici peuvent s'appliquer à n'importe quel ensemble de données, qu'il s'agisse de représenter l'énumération complète d'une population ou de décrire simplement un ensemble échantillonnal.

L'objectif que nous visons par cette organisation et cette synthèse des données est d'identifier les caractéristiques saillantes, de façon à pouvoir tirer des conclusions significatives. Les techniques que nous allons présenter ne doivent pas être interprétées comme des règles strictes et inflexibles, mais plutôt comme des points de repère. Considérez que la meilleure méthode à perfectionner sera celle que vous jugerez plus facile, plus rapide d'emploi et plus susceptible de suggérer des interprétations significatives.

VOCABULAIRE

Agencement tiges-feuilles
Courbe symétrique
Diagramme de corrélation
Diagramme en bâtonnets
Données bivariées
Données qualitatives
Données quantitatives
Données univariées
Fréquence
Fréquence relative
Histogramme
Intervalle de classe
Polygone de fréquences
Série ordonnée
Tableau de fréquences

LEÇON 1 SÉRIES ORDONNÉES ET AGENCEMENTS TIGES-FEUILLES

Tâche: étant donné un ensemble de nombres, pouvoir les organiser en une série ordonnée ou selon un agencement tiges-feuilles et produire la forme approximative de la distribution.

DÉFINITIONS

Série ordonnée : agencement en ordre croissant d'un ensemble de données.

Agencement tiges-feuilles : agencement d'un ensemble de données de façon telle qu'une classe numérique (tige) sert d'en-tête à chaque ligne, alors que les valeurs unitaires de la classe (feuilles) sont placées côte à côte à sa droite. Par exemple, les nombres 30, 36, 39, 32, 33 peuvent être regroupés en tant que valeurs appartenant à la classe 30. Les unités de chacun de ces nombres peuvent être placées côte à côte sur une ligne, précédées du chiffre 3, comme suit:

3 | 0, 6, 9, 2, 3

Le nombre 3 représente le chiffre commun des dizaines (tige), à la droite duquel est placé chaque chiffre d'unité (feuille).

Courbe symétrique versus asymétrique: si l'on pointe sur une ligne de nombres réels un ensemble de données organisées en une série ordonnée ou selon un agencement tiges-feuilles, l'ensemble des points pourra être délimité ou circonscrit par une courbe régulière ou polie. Si la moitié de gauche de cette courbe constitue une image en miroir de la moitié de droite, la courbe est dite *symétrique*; sinon, elle sera asymétrique. En fonction de la localisation de la plus longue queue, on parlera d'asymétrie négative (vers la gauche) ou positive (vers la droite).

DISCUSSION

L'organisation et la synthèse sont deux processus bien distincts. *Organiser* signifie agencer les données en un format logique pour fins d'interprétation. *Synthétiser* signifie condenser plusieurs mesures en un nouvel ensemble plus compact et réduit, soit graphiquement, soit numériquement.

Souvent, le simple fait d'agencer un ensemble de nombres en ordre croissant ou décroissant suffira à extraire l'information statistique essentielle pour une analyse et une interprétation rapides. La mise en ordre permet de faire ressortir les valeurs minimum et maximum, d'identifier aisément les trous ou les vides dans la série de données et de rendre facilement identifiables les valeurs incongrues.

Supposons que les données ci-dessous représentent le rythme cardiaque d'un groupe de 30 étudiants dans un cours d'éducation physique après dix secondes d'un léger exercice.

82	95	92	62	85	92
82	95	70	85	84	95
91	82	94	76	88	91
87	80	68	58	76	85
110	60	75	88	64	74

Les mêmes données apparaissent ci-dessous sous forme d'une *série ordonnée.*

58	70	80	85	88	94
60	74	82	85	91	95
62	75	82	85	91	95
64	76	82	87	92	95
68	76	84	88	92	110

Grâce à cette liste ordonnée, nous pouvons constater d'un coup d'oeil que le rythme cardiaque le plus élevé est 110, cependant que le plus bas est 58. Le point milieu de la série se situe aux environs de 82, 84 ou 85. En pointant les valeurs de la série ordonnée sur une droite numérique réelle, on obtient la distribution illustrée dans la figure 2.1.

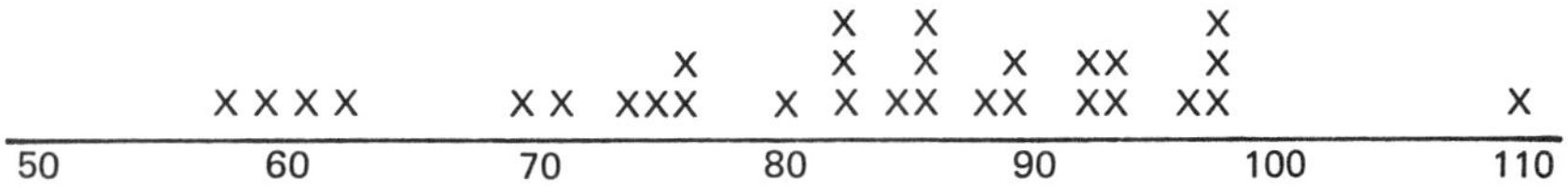

FIGURE 2.1 Série ordonnée sur une droite numérique réelle

La figure 2.2, quant à elle, illustre la forme générale de la série ordonnée. On remarque un espace vide assez étendu entre les valeurs 95 et 110 et la forme générale de cet ensemble de mesures est asymétrique. En raison de la direction de la queue, soit la gauche, on dira que l'asymétrie est *négative.* (Dans le cas d'une asymétrie *positive*, la courbe s'étire vers la droite.)

On peut conclure de l'examen de cette série ordonnée que l'un des 30 étudiants de ce groupe a un rythme cardiaque pour le moins atypique, tel que

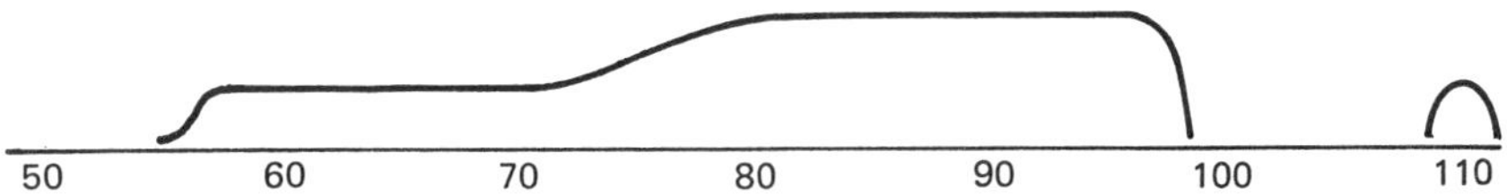

FIGURE 2.2 Forme générale de la série ordonnée

révélé par la petite butte à la droite de la courbe dans la figure 2.2. On pourrait formuler l'hypothèse que ce sujet souffre d'une affection cardiaque ou, plus simplement, qu'il s'est trompé dans le calcul de son rythme cardiaque. De plus, il est possible que l'asymétrie de la distribution puisse avoir un sens particulier aux yeux du physiologue ou du chercheur médical qui a recueilli ces données. Toutefois, d'autres informations sur les antécédents des sujets seraient nécessaires pour poursuivre l'interprétation de cet ensemble de données.

Il existe une technique qui, simultanément, synthétise les données sous forme numérique et présente une image graphique de la distribution. Elle se nomme *agencement tiges-feuilles*.

Pour construire un tel agencement à partir d'une série de données semblables à celles qui apparaissent ci-dessous, il importe en premier lieu de se familiariser avec les données.

25	53	52	65	62
35	47	44	63	45
36	57	32	68	43
41	36	47	41	40
67	37	55	63	40

Ces scores à un test s'échelonnent entre la vingtaine et la soixantaine. Pour organiser ces scores selon un agencement tiges-feuilles, nous alignons verticalement les nombres 2 à 6, avec à leur droite une ligne verticale. Ces nombres représentent les dizaines. Considérant que le premier nombre de la série ci-dessus est 25, nous plaçons le chiffre 5 à droite de la ligne verticale dans la rangée marquée d'un 2 (voir l'agencement ci-dessous).

Le score suivant est 35; il sera représenté par un 5 à la droite de la ligne verticale au niveau de la rangée 3. Le nombre suivant est 36; il sera représenté dans l'agencement par un 6 placé juste à la droite du 5 dans la rangée 3.

TIGES	FEUILLES
2	5
3	5 6
4	
5	
6	

En poursuivant de la même façon la construction de l'agencement, nous obtiendrions une distribution qui aurait pour forme celle de la ligne pointillée dans la figure 2.3.

Remarquez que tous les scores d'une même dizaine sont placés sur une même rangée. En procédant de cette façon, on ne perd l'identité d'aucune des données de l'ensemble original: elles sont tout simplement réorganisées différemment.

Si l'on désire représenter ces données de façon plus détaillée, on peut les agencer dans l'agencement tiges-feuilles par groupes de cinq, tel qu'illustré dans la figure 2.4. Notez de quelle façon cette distribution plus étendue modifie la forme de la courbe.

Tiges	Feuilles
2	5
3	5 6 6 7 2
4	1 7 4 7 1 5 3 0 0
5	3 7 2 5
6	7 5 3 8 3 2

FIGURE 2.3

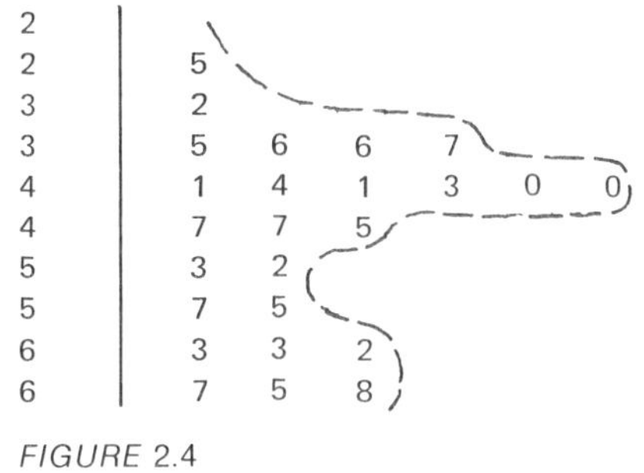

FIGURE 2.4

Comment peut-on appliquer cette technique de l'agencement tiges-feuilles à des nombres de trois chiffres, comme par exemple 114, 126, 113, 110, 109, 125, 178, 133 ? Une solution consiste à construire les tiges avec des nombres de deux chiffres, tels que 11, 12, etc., cependant que les unités formeront les feuilles. De cette façon, nous pourrions représenter les nombres 113, 114, 119 et 126 comme suit.

11	3 4 9
12	6

EXEMPLES Réaménager les ensembles de données ci-dessous sous forme de séries ordonnées ou d'agencements tiges-feuilles. Lorsque possible, tracer la forme approximative de la distribution.

1. Les données ci-dessous représentent le nombre d'accidents par année à 24 intersections importantes d'une grande ville. Réorganiser les données en vue de leur interprétation. Construire une série ordonnée, ainsi qu'un agencement tiges-feuilles.

33	22	32	15	5	10	13	31
11	25	12	20	14	11	13	21
15	15	34	23	8	10	15	25

Solution. La figure 2.5 ci-dessous illustre la série ordonnée des valeurs placées sur une droite numérique réelle.

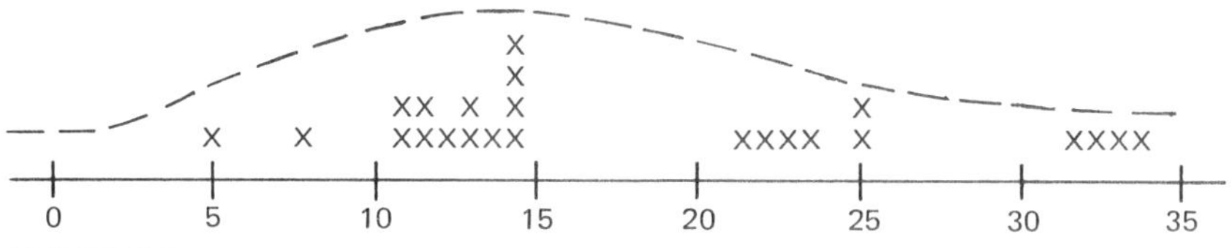

FIGURE 2.5

0	5 8
1	0 0 1 1 2 3 3 4 5 5 5 5
2	0 1 2 3 5 5
3	1 2 3 4

FIGURE 2.6

Réorganisées sous forme d'un agencement tiges-feuilles, ces mêmes données prennent la forme illustrée dans la figure 2.6. Cet agencement permet de constater une certaine asymétrie positive de la distribution; de plus, le nombre le plus courant se situe aux environs de 15 accidents par année. On pourrait retenir comme intersections cibles celles où le nombre annuel d'accidents est supérieur à 20; il s'agirait alors d'identifier une explication appropriée pour ce nombre élevé d'accidents.

2. Les données ci-dessous représentent le pourcentage de fer dans l'eau dans divers puits d'une région donnée. Construire l'agencement tiges-feuilles pour ces données et tracer la forme approximative de la distribution.

22	8	15	19	13	23	23	9	5	13
20	17	11	11	13	17	11	10	21	7
19	26	17	23	14	24	21	17	12	16
15	14	21	20	10	26	13	11	15	14

Solution. La tige d'un nombre d'un seul chiffre est évidemment zéro. Puisque les données s'étendent entre 5 et 26, nous pouvons utiliser les nombres 0, 1 et 2 comme tiges. Si nous construisons l'agencement tiges-feuilles de façon telle que chaque «feuille» ait une étendue de cinq unités, la distribution obtenue aura une forme à peu près symétrique (voir la figure 2.7).

0	8 9 5 7
1	4 1 1 3 3 4 0 1 3 0 1 2 3 4
1	9 5 7 5 7 9 7 7 5 6
2	2 0 1 3 0 3 4 3 1 1
2	6 6

FIGURE 2.7

3. Un manufacturier de tuiles à plancher désire vérifier dans quelle mesure divers matériaux résistent à l'usure dans des situations d'intense circulation. Les données ci-dessous représentent des mesures de résistance à l'usure obtenues pour divers types de tuiles. Construire l'agencement tiges-feuilles.

0,4	0,6	0,0	1,0	0,5	−0,3	1,0	1,4	2,7	0,6
1,3	1,1	0,5	1,3	1,1	1,1	−1,5	−2,1	0,8	1,5
0,6	−0,6	1,4	1,2	2,3	0,0	−0,3	−0,6	1,4	1,5

—2	1
—1	5
—0	6 3 3 6
0	4 6 6 0 5 5 0 8 6
1	3 1 4 0 3 2 1 1 0 4 4 5 5
2	3 7

FIGURE 2.8

Solution. Les nombres s'échelonnent entre —2,1 et 2,7. Si nous utilisons les unités comme tiges, celles-ci deviendront donc —2, —1, 0, 1, 2; quant aux feuilles, elles correspondront aux nombres situés à la droite de la virgule décimale, c'est-à-dire aux dixièmes. [*Note:* pour des nombres tels que —0,3, la tige sera —0, tandis que pour 0,3 la tige sera +0.] Tel qu'illustré dans la figure 2.8, la distribution issue de cet agencement tiges-feuilles indique une asymétrie négative.

EXERCICES À moins d'indications contraires, faire appel à votre jugement personnel pour opter entre une série ordonnée ou un agencement tiges-feuilles, puis dessiner grossièrement la forme de chaque distribution.

1. L'ensemble de données ci-dessous représente les poids de 24 étudiants d'une classe d'éducation physique. Quels sont les poids maximum et minimum? Quel est le poids médian? Observe-t-on des valeurs marginales? Selon vous, s'agit-il de poids d'hommes, de femmes ou des deux? Utiliser une série ordonnée pour réorganiser ces données.

48	82	50	84	49	80	55	73
53	75	83	56	67	71	78	51
67	77	46	51	45	36	116	61

2. L'ensemble de données ci-dessous représente les dépenses effectuées durant quatre semaines par un travailleur pour ses collations de l'après-midi. Quelle est la plus grosse dépense? La plus petite? Quelle est la dépense moyenne ou médiane? La distribution des dépenses est-elle ou non symétrique?

1,20	1,15	0,50	2,50	0,75
0,85	0,60	0,50	2,90	1,90
0,85	1,65	1,65	1,15	1,40
0,80	0,79	3,20	1,45	1,55

3. Les nombres ci-dessous représentent la quantité de boisseaux de poires cueillies dans un verger donné au cours des vingt dernières années. Quelles

sont les valeurs maximum et minimum? Quel nombre représente une production typique?

2009	1571	1672	1894	2342	1679	1431	1982	2351	2792
2134	986	1752	1973	1830	1634	1537	2102	1436	1794

4. Les chiffres ci-dessous représentent le pourcentage d'anglophones dans 24 villes du Québec. Quel est le pourcentage dans une ville typique?

10,1	8,2	9,9	8,1	10,9	12,8
11,8	8,4	8,9	9,8	7,4	8,9
7,9	7,7	11,3	10,7	10,8	6,6
9,7	4,9	14,7	8,8	9,1	9,4

5. L'ensemble ci-dessous illustre le nombre d'oeufs que contenaient 30 nids de tortues échantillonnés sur une plage du Mexique. Deux types de tortues viennent faire leur nid à cet endroit. L'agencement tiges-feuilles signale-t-il la présence de deux populations distinctes?

206	167	175	204	123	138
197	187	193	124	137	141
142	192	197	109	126	127
181	171	163	146	124	184
101	201	133	141	152	132

LEÇON 2 TABLEAUX DE FRÉQUENCES POUR UNE VARIABLE

Tâche: à partir d'un ensemble de données, pouvoir construire un tableau de fréquences.

DÉFINITIONS

Données qualitatives : mesures qui portent sur des caractéristiques, des traits ou des qualités manifestés par une unité d'observation, telles que la couleur des cheveux, le sexe, l'affiliation politique, la marque de commerce, le lieu de naissance ou de résidence, le type d'habitation, et ainsi de suite.

Données quantitatives : nombres qui résultent d'une mesure enregistrée sur une unité d'observation. Ces nombres représentent des quantités ou des dimensions, telles que la grandeur ou le poids d'une personne, la grandeur d'une famille, le volume d'un cylindre, la surface d'une ferme, la vitesse d'un cheval de course, la longueur d'une course, le record de vitesse de la piste, et ainsi de suite.

Intervalle de classe : étendue de nombres consécutifs, délimitée arbitrairement par ses valeurs minimum et maximum.

Fréquence : nombre de fois qu'une valeur numérique quelconque apparaît ou qu'un phénomène se produit.

Fréquence d'un intervalle : nombre de valeurs situées à l'intérieur des limites d'un intervalle de classe donné.

Fréquence relative : elle correspond à la proportion de l'ensemble des valeurs qui se retrouvent dans un intervalle.

Tableau de fréquences : un tableau de fréquences, appelé également distribution de fréquences, est un agencement systématique de valeurs regroupées en intervalles de classes. On utilise les tableaux de fréquences pour synthétiser les données, de façon telle que la fréquence de chaque intervalle soit identifiable au premier coup d'oeil et que la fréquence relative correspondante puisse être aisément calculée.

DISCUSSION

Le *tableau de fréquences* est un autre outil dont disposent les statisticiens pour réorganiser et synthétiser les données. On peut construire un tableau de fréquences aussi bien pour des données qualitatives que quantitatives. Dans les deux cas, les données recueillies seront regroupées en diverses *classes* ou *catégories*.

À chaque classe correspond une *fréquence* quelconque, c'est-à-dire le nombre de mesures qui appartiennent à cette classe. On représente la fréquence d'une classe donnée par le symbole « $\mathbf{f}_i$ » où **i** correspond à la ième classe.

La *fréquence relative* d'une classe correspond à la proportion de toutes les mesures enregistrées qui se retrouvent dans cette classe. Si l'on représente par N le nombre total de mesures dans un ensemble de données, alors on peut représenter la fréquence relative d'une classe par f_i/N. Pour traduire une fréquence relative en pourcentage, il suffit de multiplier f_i/N par 100%.

CONSTRUCTION D'UN TABLEAU DE FRÉQUENCES POUR DONNÉES QUALITATIVES

Dans le cas de données qualitatives, les classes se trouvent définies intrinsèquement. Aussi, pour construire un tableau de fréquences, il suffit d'effectuer le décompte des valeurs qui appartiennent à chaque classe, puis de calculer la fréquence relative. Par exemple, supposons que nous désirons savoir lesquels des 50 états américains ont connu les plus forts taux de mortalité routière durant une année donnée. Il s'agit dans ce cas de données qualitatives, puisque nous distribuerons les accidents mortels selon l'état où ils se sont produits. Ainsi donc, chaque état représente une classe i prédéfinie; la fréquence «f_i» devient le nombre d'accidents mortels dans chaque état. Nous pouvons enfin calculer le pourcentage de l'ensemble des accidents mortels qui se produisent annuellement dans chaque état par la formule suivante: $(f_i/N) \bullet 100\%$. Le tableau 2.1 illustre un exemple typique de ce calcul.

CONSTRUCTION D'UN TABLEAU DE FRÉQUENCES POUR DONNÉES QUANTITATIVES

Lorsqu'il faut construire un tableau de fréquences pour des données quantitatives, le problème le plus délicat consiste à définir et créer les

TABLEAU 2.1 NOMBRE ANNUEL D'ACCIDENTS MORTELS DE LA ROUTE AUX ÉTATS-UNIS

INTERVALLES DE CLASSES i	FRÉQUENCES f_i	FRÉQUENCES RELATIVES (%) $(f_i/N) \bullet 100\%$
ÉTATS	NOMBRE D'ACCIDENTS	POURCENTAGES DU NOMBRE TOTAL D'ACCIDENTS
Alabama	1 200	2,0
Alaska	60	0,1
Arizona	780	1,3
•	•	•
•	•	•
•	•	•
Totaux	60 000	100,0

TABLEAU 2.2 POIDS DES BÉBES NÉS EN FÉVRIER 1978 À L'HÔPITAL CENTRAL

INTERVALLES DE CLASSES i	FRÉQUENCES f_i	FRÉQUENCES RELATIVES (%) $(f_i/N) \bullet 100\%$
POIDS EN KILOGRAMMES	NOMBRE DE BÉBES	POURCENTAGES
Moins de 2	3	6
2 et moins de 3	25	50
3 et moins de 4	18	36
4 ou plus	4	8

intervalles de classes. Puisqu'il s'agit de données numériques qui s'étalent sur une certaine étendue de nombres, on ne décèle pas souvent des frontières naturelles ou prédéterminées pour situer les classes. Dans ce cas, il faudra définir arbitrairement les intervalles de classes.

Par exemple, supposons que nous voulons représenter par un tableau de fréquences les poids, en kilogrammes, de tous les bébés qui sont nés à l'hôpital Central durant le mois de février 1978. Les poids des bébés sont des données quantitatives, c'est-à-dire des nombres qui représentent une quantité précise. Comme il n'existe pas de points de coupure naturels sur un continuum de poids, nous devrons définir arbitrairement les intervalles de classes. Supposons que nous fixons les intervalles de classe à (1) moins de 2 kilos, (2) 2 kg et moins de 3 kg, (3) 3 kg et moins de 4, (4) 4 kg ou plus. Nous avons donc défini arbitrairement quatre intervalles de classes. La fréquence « f_i » correspondra au nombre de bébés dont le poids se situe dans l'intervalle de classe i. On peut ensuite calculer la fréquence relative en divisant chaque fréquence f_i par N, où N représente le nombre total de bébés nés à l'Hôpital Central durant le mois de février 1978. En multipliant le quotient obtenu par 100, on se trouvera à traduire les fréquences relatives en pourcentages. Rappelons la formule complète: $(f_i/N) \bullet 100\%$. Le tableau 2.2 illustre l'allure que prendrait ce tableau de fréquences.

Au moment d'entreprendre la construction d'un tableau de fréquences pour des données quantitatives, nous devons répondre à trois questions. (1) Combien d'intervalles de classes devons-nous créer? (2) Quelle devrait être l'étendue de chaque intervalle de classe? (3) Quelles propriétés devrait posséder chaque intervalle? Les techniques qui suivent devraient aider à répondre à ces questions. Mais, n'oubliez pas que ces techniques ne sont que des points de repère. Ne les appliquez pas de façon trop rigide. Lors du transfert de données en tableaux, il importe surtout de tenir compte de la simplicité et de la facilité du processus de mise en tableau.

Combien d'intervalles devraient être créés? Ni trop, ni trop peu. En choisissant des nombres extrêmes, on se retrouvera avec des diagrammes similaires à ceux qui sont reproduits dans la figure 2.9.

Vous devez utiliser un nombre d'intervalles de classes suffisant pour faire ressortir la forme générale des données. La figure 2.10 illustre quatre formes typiques.

Une règle simple, nommée Règle de Sturges (qu'on trouve résumée dans le tableau ci-dessous), peut vous aider à préciser le nombre d'intervalles à créer pour un ensemble donné de valeurs.

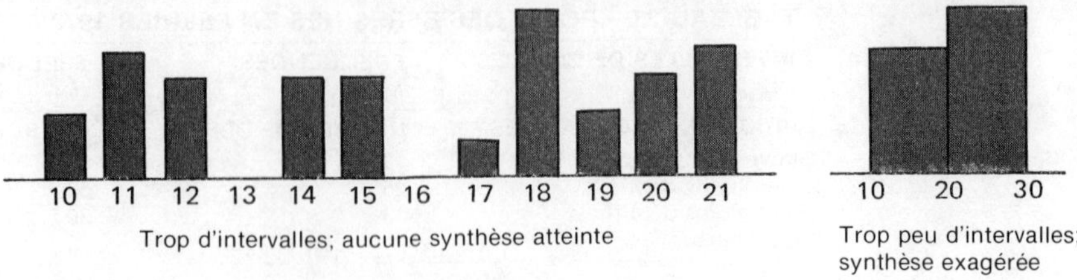

FIGURE 2.9 Cas extrême d'un nombre trop petit et trop grand d'intervalles de classes

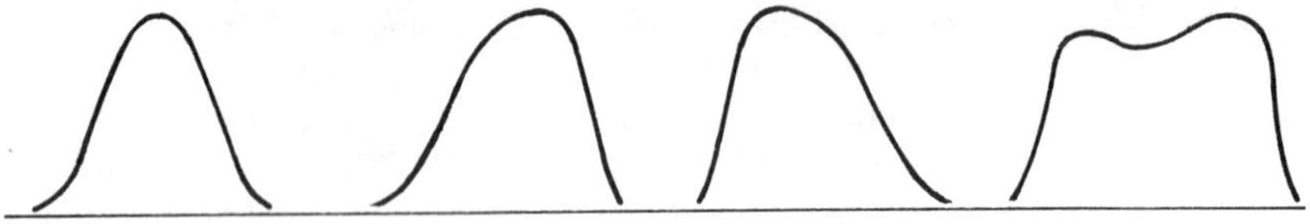

FIGURE 2.10 Quelques formes usuelles de distributions de fréquences

NOMBRE DE VALEURS DANS L'ENSEMBLE	NOMBRE APPROPRIÉ D'INTERVALLES
10 à 100	4 à 8
100 à 1 000	8 à 11
1000 à 10 000	11 à 14

Quelle devrait être l'étendue de chaque intervalle? Pour déterminer l'étendue approximative des intervalles de classes, identifiez la mesure la plus petite ainsi que la plus grande, calculez la différence entre ces deux valeurs extrêmes, puis divisez cette différence par le nombre de classes choisi:

$$\text{Étendue des intervalles} = \frac{\text{Valeur la plus grande} - \text{Valeur la plus petite}}{\text{Nombre de classes}}$$

Ce calcul donnera probablement un nombre décimal que vous devrez arrondir. N'oubliez pas que la commodité doit primer: ainsi, des intervalles de 5 ou 10 unités se manipulent habituellement mieux que d'autres.

Quelles propriétés devraient posséder des intervalles de classes? Il vous faut définir vos intervalles de façon à éliminer toute ambiguïté. Par exemple, vous devez vous assurer que chaque intervalle contient toutes les valeurs égales ou supérieures à A et plus petites que B. Cette façon de procéder évite toute ambiguïté quant à la localisation d'une mesure dans une classe donnée. Vous pouvez utiliser d'autres techniques, en créant par exemple des intervalles de 10 - 19, 20 - 29, 30 - 39, etc., ou encore de 9,5 - 19,5, 19,5 - 29,5, et ainsi de suite.

Le *point milieu* de l'intervalle, parfois nommé *indice de classe*, devrait être représentatif des valeurs situées à l'intérieur de l'intervalle. Par exemple, le prix de bon nombre d'aliments a tendance à se terminer par un 9 (29¢, 1,29 $, 69¢, etc.). Aussi, les intervalles de classes associés aux prix des aliments devraient avoir pour point milieu le chiffre 9. Vous pourriez créer vos intervalles de classes comme suit: $14 \leqslant X < 24$, $24 \leqslant X < 34$, etc., de façon à situer le point milieu de l'intervalle sur une valeur qui se termine par le chiffre 9. Assurez-vous autant que possible que les intervalles sont de même étendue ; vous éviterez ainsi qu'un lecteur plus ou moins attentif interprète incorrectement votre tableau de fréquences.

EXEMPLES

Construire un tableau de fréquences pour chacun des ensembles de données ci-dessous.

1. Les données ci-dessous, recueillies par le ministère de la Santé, indiquent le pourcentage d'impuretés dans des échantillons d'eau puisée dans des puits d'une même région.

22	8	15	19	13	23	23	9
20	17	11	11	13	17	11	10
19	26	17	23	14	24	21	17
15	14	21	20	10	26	13	11
5	21	13	15	13	7	16	15

Solution. Conformément à la règle de Sturges, nous devrions construire environ cinq intervalles de classes lorsque l'échantillon compte une quarantaine de mesures. Nous calculons comme suit l'étendue de ces intervalles : $(26 - 5)/5 = 4{,}2$. Afin de faciliter l'analyse, nous suggérons d'arrondir l'étendue à 5 unités. Puisque la valeur minimum observée est 5, nous devons placer à 5 ou moins la frontière inférieure du premier intervalle de classe. Dans le tableau 2.3 il est fixé à 4,5.

TABLEAU 2.3 TABLEAU DE FRÉQUENCES POUR L'EXEMPLE 1

INTERVALLES DE CLASSES i	POINTAGE	FRÉQUENCES f_i	FRÉQUENCES RELATIVES (%) $(f_i/N) \cdot 100\%$
4,5- 9,5	||||	4	10,0%
9,5-14,5	𝍸 𝍸 |||	13	32,5
14,5-19,5	𝍸 𝍸 |	11	27,5
19,5-24,5	𝍸 𝍸	10	25,0
24,5-29,5	||	2	5,0
Totaux		40	100,0

Notez que nous aurions pu tout aussi bien fixer la frontière inférieure du premier intervalle à 1,5 plutôt qu'à 4,5. Dans ce cas, on aurait obtenu la distribution de fréquences illustrée dans le tableau 2.4.

TABLEAU 2.4 TABLEAU DE FRÉQUENCES DIFFÉRENT POUR L'EXEMPLE 1

INTERVALLES DE CLASSES i	POINTAGE	FRÉQUENCES f_i	FRÉQUENCES RELATIVES (%) $(f_i/N) \cdot 100\%$
1,5- 6,5	|	1	2,5%
6,5-11,5	~~||||~~ ||||	9	22,5
11,5-16,5	~~||||~~ ~~||||~~ ||	12	30,0
16,5-21,5	~~||||~~ ~~||||~~ |	11	27,5
21,5-26,5	~~||||~~ ||	7	17,5
Totaux		40	100,0

2. Construire le tableau de fréquences des données sur le rythme cardiaque présentées dans la leçon 1.

82	95	92	62	85	92
82	95	70	85	84	95
91	82	94	76	88	91
87	80	68	58	76	85
110	60	75	88	64	74

Solution. Puisque nous avons 30 mesures, nous utiliserons environ cinq classes (nous ne prendrons pas de décision finale avant d'avoir vérifié si ce nombre est pratique et commode). Nous calculons comme suit l'étendue des intervalles: (110 — 58)/5 = 10,4.

Donc, pour cet ensemble de nombres situés entre 58 et 110, les intervalles de classes auront dix unités. Cette décision est concrétisée dans le tableau 2.5. Ce tableau nous apprend que 4 individus sur 30, soit 13,3% ont des rythmes cardiaques compris entre 58 et 67 battements à la minute. Nous aurions pu tout aussi bien définir comme suit les intervalles: 57,5 — 67,5, 67,5 — 77,5, etc. L'une ou l'autre méthode garantit le placement univoque de chaque observation dans une seule catégorie.

TABLEAU 2.5 TABLEAU DE FRÉQUENCES POUR L'EXEMPLE 2

INTERVALLES DE CLASSES i	POINTAGE	FRÉQUENCES f_i	FRÉQUENCES RELATIVES (%) $(f_i/N) \cdot 100\%$
58- 67	||||	4	13,3%
68- 77	~~||||~~ |	6	20,0
78- 87	~~||||~~ ||||	9	30,0
88- 97	~~||||~~ ~~||||~~	10	33,3
98-107	—	0	0
108-117	|	1	3,3

EXERCICES

Construire une distribution de fréquences pour chacun des ensembles de données ci-dessous.

1. Les nombres ci-dessous représentent les gravités spécifiques de 25 échantillons de magnétite extraits d'une même région.

3,0	3,1	3,7	4,3	5,7
2,4	4,0	5,6	2,6	3,9
3,4	4,4	3,7	3,7	4,6
3,9	5,0	3,6	2,7	4,6
5,1	3,8	5,1	4,3	6,2

2. Apparaissent ci-dessous les longueurs (en 0,01 mm) des ailes droites de 30 guêpes de l'espèce *Vespa Vulgaris*.

881	961	870	879	963	876
949	863	927	883	947	880
955	891	917	875	967	878
915	894	960	970	957	954
941	876	968	884	965	962

3. Chacun des nombres ci-dessous représente le chiffre hebdomadaire des ventes (en centaines de dollars) d'un magasin de chaussures.

192,3	192,1	98,7	99,1	99,6
102,3	192,5	93,1	102,8	96,4
102,1	97,8	97,6	95,4	94,2
90,4	103,4	92,9	102,5	97,3
99,8	96,3	113,2	98,5	114,1

4. Apparaissent ci-dessous les durées de saignement (en minutes) de 32 doigts piqués par une aiguille.

1,42	1,38	1,42	1,46	1,21	1,49	1,41	1,66
1,42	1,40	1,37	1,39	1,45	1,23	1,48	1,43
1,42	1,57	1,46	1,41	1,36	1,40	1,37	1,40
1,37	1,38	1,34	1,32	1,33	1,42	1,27	1,36

5. On retrouve ci-dessous les pourcentages de changement, durant une journée quelconque, de 30 valeurs inscrites à la Bourse.

6,6	0,4	5,7	1,5	-2,1
2,2	8,3	-1,8	2,0	-3,9
2,3	-1,9	-2,0	1,6	4,8
-0,9	-1,4	7,4	5,2	4,0
7,9	-0,0	-1,3	2,5	2,3
-0,4	-0,8	6,1	5,8	-3,0

6. Voici les scores obtenus par 40 étudiants à un test d'habiletés cognitives.

27,8	24,7	25,5	17,0	3,9
43,0	9,7	34,1	48,8	33,4
28,7	28,4	0,6	40,6	27,9
19,1	27,2	15,4	38,6	32,5
45,7	19,8	35,0	32,0	0,2
33,5	21,0	35,0	16,4	13,5
16,9	39,5	13,4	19,2	35,3
43,6	44,6	11,8	11,8	31,0

7. Apparaissent ci-dessous les couleurs des voitures de 36 étudiants d'un cours de psychologie.

blanc	brun	or	bleu
rouge	bleu	jaune	rouge
bleu	blanc	noir	orange
bleu	blanc	rouge	orange
noir	or	blanc	noir
jaune	orange	noir	blanc
bleu	bleu	rouge	noir
bleu	rouge	noir	brun
rouge	jaune	blanc	blanc

8. Quinze personnes cotent comme suit leur attitude à l'égard de leur emploi actuel: très heureux (TH), heureux (H), satisfait (S), indifférent (I), malheureux (M), très malheureux (TM). Voici les résultats de cette étude.

S M TM H M M H S M S S M S S I

LEÇON 3 DIAGRAMMES EN BÂTONNETS

Tâche: pouvoir construire un diagramme en bâtonnets à partir d'un ensemble de données qualitatives.

DÉFINITION *Diagramme en bâtonnets :* représentation graphique d'un tableau de fréquences pour des données qualitatives. L'un des axes (habituellement l'ordonnée) représente les fréquences ou les fréquences relatives. Les diverses classes de données sont identifiées sur l'autre axe (habituellement l'abscisse).

DISCUSSION Lorsqu'on construit un diagramme en bâtonnets pour des données qualitatives, on sépare les barres les unes des autres de façon à distinguer bien clairement les diverses catégories. On peut dessiner le diagramme en bâtonnets de telle sorte que les bâtonnets soient placés horizontalement ou verticalement (*N.B.* la position verticale est cependant plus usuelle). La hauteur (ou longueur) des bâtonnets peut représenter soit des fréquences absolues, soit des fréquences relatives.

EXEMPLE Construire un diagramme en bâtonnets pour les données contenues dans le tableau de fréquences ci-dessous.

Une sociologue se tenait près d'une intersection achalandée et comptait le nombre de personnes qui, à ses yeux, appartenaient aux catégories suivantes: gérant ou employeur, étudiant, élève du primaire, travailleur, autres. Le tableau 2.6 illustre le décompte final.

Solution. Partant de la distribution de fréquences, nous pouvons construire le diagramme en bâtonnets illustré dans la figure 2.11. L'échelle de fréquences se trouve placée verticalement à gauche du diagramme, cependant que l'échelle des fréquences relatives (pourcentages) se trouve à droite.

TABLEAU 2.6 NOMBRE D'INDIVIDUS EN FONCTION DE DIVERSES CATÉGORIES D'OCCUPATIONS PERÇUES

INTERVALLES DE CLASSES i	FRÉQUENCES f_i	POURCENTAGES $(f_i/N) \cdot 100\%$
Gérant-employeur	25	19,2%
Étudiant	40	30,8
Élève du primaire	7	5,4
Travailleur	48	36,9
Autres	10	7,7
Totaux	130	100,0%

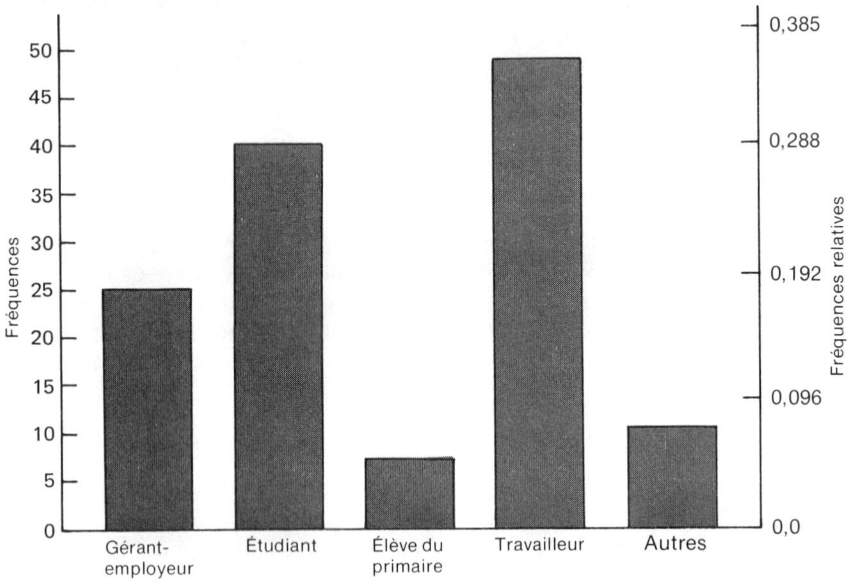

FIGURE 2.11 Diagramme en bâtonnets issu du tableau 2.6

EXERCICES Construire un diagramme en bâtonnets pour les données présentées dans chacun des problèmes ci-dessous.

1. Une enseignante décide de noter le mois de naissance de chacun de ses 40 élèves de troisième année. Construire une distribution de fréquences et un diagramme en bâtonnets à partir des données ci-dessous, en plaçant sur l'axe vertical les fréquences relatives.
Juin, juillet, novembre, avril, janvier, février, septembre, juillet, août, septembre, décembre, juillet, juin, novembre, mai, avril, février, août, juin, mai,

octobre, août, novembre, janvier, juin, avril, septembre, décembre, août, juin, juillet, mars, décembre, mars, juin, novembre, septembre, juin, mars, novembre.

2. On a fait le décompte des marques de voitures annoncées dans un journal de banlieue. Construire un diagramme en bâtonnets pour ces données.

MARQUES	FRÉQUENCES	MARQUES	FRÉQUENCES
Cadillac	1	Fiat	14
Renault	15	Citroën	7
Datsun	2	Toyota	5
Ford	7	Volkswagen	10

3. Une fabrique d'articles de sport a mis à l'essai cinq marques différentes de balles de golf afin de vérifier laquelle parcourait la plus longue distance. Le test fut effectué à l'aide d'un appareil qui frappait automatiquement chaque balle avec une même force. L'agence de vérification n'a pas essayé un nombre égal de balles de chaque marque. Le tableau 2.7 synthétise les données recueillies. Peut-on utiliser ces données sans modifications pour construire un diagramme en bâtonnets? Peut-on interpréter les pourcentages comme s'il s'agissait de fréquences relatives?

TABLEAU 2.7 TABLEAU DE FRÉQUENCES DU PROBLÈME 3

MARQUES	NOMBRE DE BALLES DE GOLF FRAPPÉES	NOMBRE DE BALLES DE GOLF AYANT DÉPASSÉ 300 MÈTRES	POURCENTAGES AYANT DÉPASSÉ 300 MÈTRES
A	50	25	50
B	45	14	31
C	8	5	63
D	35	17	49
E	60	21	35

LEÇON 4 HISTOGRAMMES ET POLYGONES DE FRÉQUENCES

Tâche: pouvoir construire un histogramme et un polygone de fréquences à partir d'un ensemble de données.

DÉFINITIONS

Histogramme : représentation graphique d'un tableau de fréquences provenant de données quantitatives. Les intervalles de classes, qui peuvent être de même étendue ou non, sont délimités sur l'axe horizontal, ou *abscisse.* Sur l'axe vertical (ordonnée) seront identifiées les fréquences absolues ou relatives.

On construit un histogramme en dessinant des rectangles adjacents dont la largeur correspond à l'étendue de l'intervalle de classe, et dont la hauteur variable représente la fréquence absolue, la fréquence relative ou encore la densité des classes de l'ensemble de données en question.

Lorsque l'histogramme est correctement construit, la surface de chaque rectangle sera proportionnelle à la probabilité qu'ont les mesures de faire partie d'un intervalle de classe donné, si ces mesures ont été sélectionnées au hasard au sein de la population étudiée.

Polygone de fréquences : figure géométrique qu'on construit en joignant par des lignes droites les points milieux d'intervalles de classes adjacents d'un histogramme. On ferme le polygone en prolongeant les traits rectilignes aux extrémités, de façon telle qu'ils viennent couper l'axe horizontal au niveau du point milieu de la classe hypothétique suivante.

Polissage d'une courbe : technique qui consiste à arrondir les coins d'un polygone de fréquences de façon à obtenir une courbe régulière adoucie, laquelle dessine la forme approximative de la distribution de nombres.

DISCUSSION

Les données quantitatives peuvent parfois représenter des mesures discontinues (ou séparées) qui se manifestent le plus souvent sous forme de dénombrements. Voici quelques exemples: le nombre de mortalités par maladie cardiaque, le nombre d'accumulateurs défectueux, le nombre d'oeufs produits quotidiennement, et ainsi de suite. Pour ce type de mesures, il n'est pas possible d'obtenir des fractions de morts ou une production de 8,77 oeufs; on est donc tout à fait justifié d'illustrer ces tableaux de fréquences sous forme de diagrammes en bâtonnets, où la séparation des bâtonnets signale implicitement l'impossibilité de valeurs intermédiaires.

Cependant, bon nombre de données quantitatives sont fondamentalement *continues*, en ce sens qu'il est possible d'obtenir une infinité de valeurs à l'intérieur d'une étendue prédéterminée. Voici quelques exemples: la grandeur, le poids, la durée, le volume, etc. Pour pouvoir illustrer graphiquement de telles données à l'aide d'intervalles de classes de grandeur égale, nous construisons un histogramme, en procédant comme suit à partir d'un tableau de fréquences.

ÉTAPE 1 Délimiter les intervalles de classes sur l'axe horizontal (abscisse), ainsi que les fréquences sur l'axe vertical (ordonnée).

ÉTAPE 2 Trouver sur l'axe vertical la localisation de la fréquence absolue ou relative de chaque intervalle de classe.

ÉTAPE 3 Puis, pour chaque intervalle de classe, dessiner un rectangle délimité à sa base par l'axe horizontal, sur les côtés par les limites de l'intervalle de classe, et dans sa partie supérieure par le niveau de sa fréquence absolue ou relative.

L'histogramme illustré dans la figure 2.12 aura la même forme quel que soit le type de fréquence utilisée (absolue ou relative) sur l'axe vertical. Dans le cas de certains tableaux de fréquences, les intervalles de classes ne sont pas de largeur égale (on trouve des exemples typiques de ce phénomène dans n'importe quel tome du *Statistical Abstract of the United States*). Des modifications spéciales sont nécessaires pour construire un histogramme à partir de tels tableaux de fréquences ; mais nous n'aborderons pas ces cas particuliers dans le présent manuel.

Pour construire un polygone de fréquences, on réunit par des traits rectilignes les points milieux des intervalles de classes adjacents d'un histogramme. On fermera le polygone en prolongeant les traits rectilignes à chacune de ses extrémités de façon telle qu'ils viennent croiser l'axe

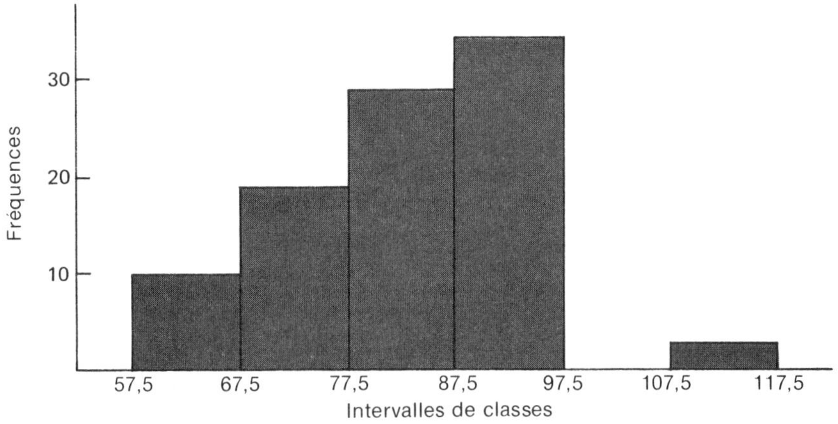

Figure 2.12 Histogramme

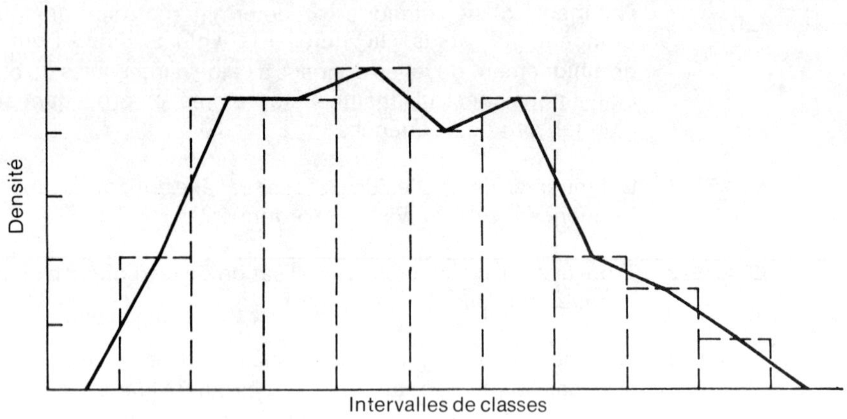

Figure 2.13 Histogramme et polygone de fréquences

horizontal au niveau du point milieu de l'intervalle de classe suivant (voir la figure 2.13). Dès que le polygone de fréquences est construit, on peut effacer tous les rectangles de l'histogramme et ne conserver que la forme polygonale. On peut également construire le polygone de fréquences selon la technique décrite plus haut, en utilisant directement le contenu du tableau de fréquences et en marquant d'un point le niveau de la fréquence absolue ou relative vis-à-vis le point milieu de l'intervalle. On se trouve à court-circuiter de cette façon l'étape intermédiaire de la construction de l'histogramme.

La dernière technique de cette leçon peut s'avérer fort utile en statistiques; elle consiste à transformer un histogramme ou un polygone de fréquences en une courbe adoucie. Par exemple, la courbe de la figure 2.14 donne une idée générale de la forme de l'histogramme (ou du polygone de fréquences) de la figure 2.13.

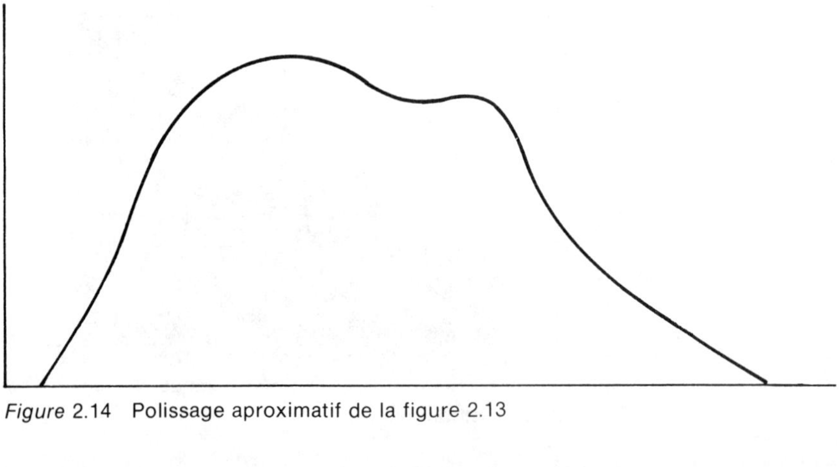

Figure 2.14 Polissage aproximatif de la figure 2.13

EXEMPLE En vous basant sur le tableau de fréquences, construire l'histogramme, le polygone de fréquences et la courbe adoucie approximative.

Le tableau 2.8 présente les pertes annuelles (en centaines de dollars) encourues par 40 magasins à cause du vol à l'étalage.

TABLEAU 2.8 TABLEAU DE FRÉQUENCES POUR L'EXEMPLE 1

PERTES (CENTAINES DE DOLLARS)	NOMBRE DE MAGASINS	POURCENTAGE DU NOMBRE DE MAGASINS
$ 4,5- 9,5	4	10,0%
9,5-14,5	13	32,5%
14,5-19,5	11	27,5%
19,5-24,5	10	25,0%
24,5-29,5	2	5,5%
Totaux	40	100,0%

Solution. À l'aide des données du tableau 2.8, nous construisons directement l'histogramme et son polygone de fréquences (ligne pointillée) (voir la figure 2.15). La ligne grasse présente la courbe adoucie approximative. Nous avons établi les intervalles de façon à ce qu'aucune observation ne coïncide avec une frontière.

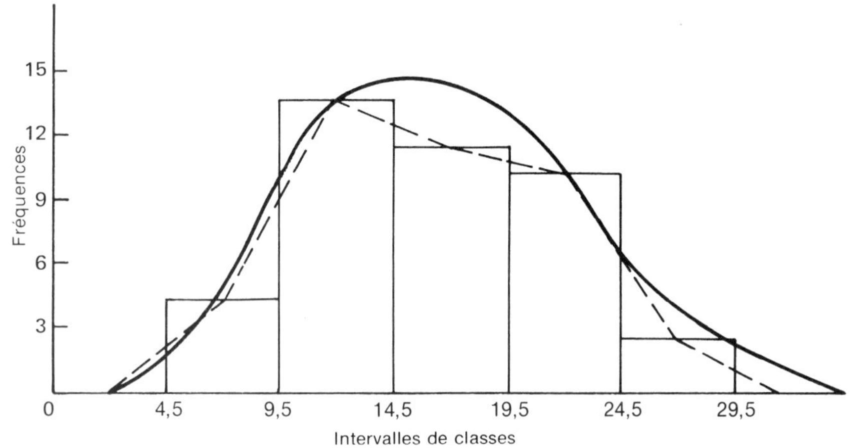

FIGURE 2.15 Polygone de fréquences pour le tableau 2.8

LEÇON 5 TABLEAUX DE FRÉQUENCES ET HISTOGRAMMES POUR DEUX VARIABLES

Tâche: pouvoir différencier des données univariées et bivariées.

DÉFINITIONS *Données univariées :* ensemble de nombres individuels, chacun étant le résultat de l'enregistrement d'une mesure unique pour chaque unité d'observation.

Données bivariées : ensemble de paires de nombres, obtenu en mesurant deux caractéristiques différentes au niveau de chaque unité d'observation.

DISCUSSION Jusqu'à présent, nous avons presque exclusivement manipulé des données univariées, provenant de mesures uniques auprès de chaque unité d'observation. Nous allons maintenant introduire les données bivariées, produites par l'enregistrement de deux types différents de mesures au niveau de chaque unité d'observation. Par exemple, lorsqu'on mesure la grandeur des sujets d'une population on obtient des données *univariées*, c'est-à-dire un ensemble de nombres où chacun d'eux représente la grandeur d'un individu. Par contre, si l'on mesure la grandeur *et* le poids de chaque sujet, on obtient des données *bivariées*, soit un ensemble de paires de nombres qui, ensemble, représentent la grandeur et le poids de chaque individu.

La raison d'être des données bivariées est qu'elles permettent d'évaluer la présence d'un lien possible entre les deux séries de mesures. Nous pouvons également vouloir utiliser les valeurs d'un des deux ensembles de mesures pour prédire les valeurs de la seconde variable.

On peut transposer ces données dans un tableau de fréquences à double entrée. Les intervalles de classes de la première série de mesures serviront à identifier les colonnes du tableau et ceux de la seconde série identifieront les lignes. À l'intersection de chaque colonne et ligne, on inscrit la fréquence absolue ou relative. Le tableau 2.9 représente un tableau à double entrée typique où les grandeurs et les poids servent de données bivariées.

Chaque cellule du tableau indique la fréquence absolue ou relative d'un couple donné de catégories poids-grandeur. Un tel tableau peut être représenté graphiquement par un histogramme tridimensionnel similaire à celui de la figure 2.16.

Dans la figure 2.16, chaque bloc représente un sous-ensemble de la population totale. La hauteur de chaque bloc, mesurée par les graduations de l'échelle *y*, représente la fréquence f_i des sujets qui appartiennent à ce

TABLEAU 2.9 TABLEAU DE FRÉQUENCES «POIDS PAR GRANDEUR»

POIDS	GRANDEURS EN CENTIMÈTRES					
EN KILOGRAMMES	150-159	160-169	170-179	180-189	190-199	200-209
45-56						
57-68						
69-80						
81-92						
93-116						
117-140						

sous-groupe. Plus le bloc est élevé, plus il y a de gens dans la catégorie. La largeur de chaque bloc, mesurée par les graduations de l'axe x représente le poids (ou plutôt l'étendue des poids) des sujets qui appartiennent à ce sous-groupe. La profondeur de chaque bloc, mesurée par les graduations de l'axe z, représente la grandeur (ou plutôt l'étendue des grandeurs) des sujets qui appartiennent à ce sous-groupe. L'analyse de cet histogramme permet de remarquer que le sous-groupe le plus populeux est composé des personnes qui pèsent entre 69 et 81 kg et qui mesurent entre 170 et 180 centimètres.

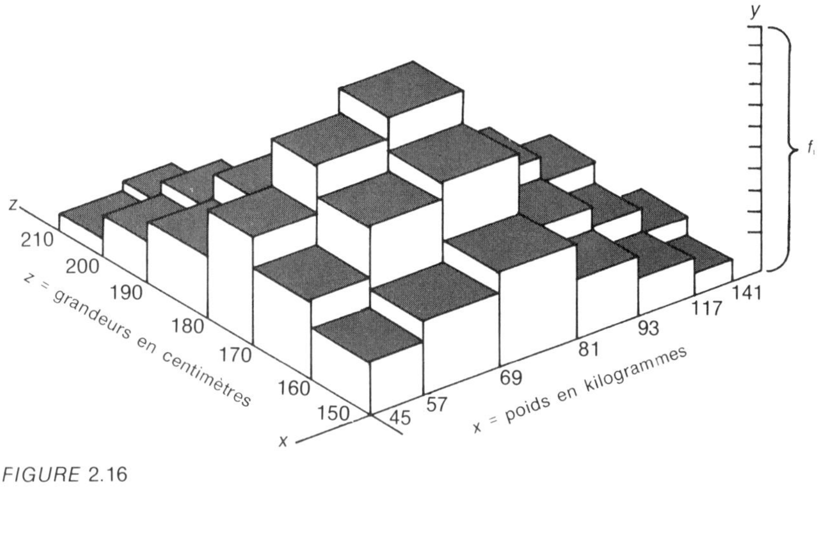

FIGURE 2.16

LEÇON 6 DIAGRAMMES DE CORRÉLATION

Tâche: pouvoir construire un diagramme de corrélation à partir d'un ensemble de données bivariées.

DÉFINITION *Diagramme de corrélation* représentation graphique de données ponctuelles à l'intérieur d'un plan à deux dimensions. Chaque point représente une unité d'observation pour laquelle deux mesures, x et y, ont été enregistrées. Les valeurs de chacune de ces deux séries de mesures sont localisées respectivement sur les axes x et y. Chaque point est situé dans le plan à l'intersection de ses valeurs x et y.

DISCUSSION On peut illustrer graphiquement un ensemble de données bivariées à l'aide d'un diagramme de corrélation situé dans un plan bidimensionnel. Mais, il faut d'abord construire la liste des diverses unités d'observation, en associant à chacune ses deux mesures, tel qu'illustré ci-dessous.

UNITÉS	MESURES X	MESURES Y
1	x_1	y_1
2	x_2	y_2
3	x_3	y_3
⋮	⋮	⋮
n	x_n	y_n

On marque l'échelle des valeurs x sur l'axe horizontal et celle des valeurs y sur l'axe vertical. Puis, on peut représenter par un point situé dans un plan bidimensionnel chaque unité d'observation; le point sera placé à l'intersection des valeurs x et y (voir la figure 2.17).

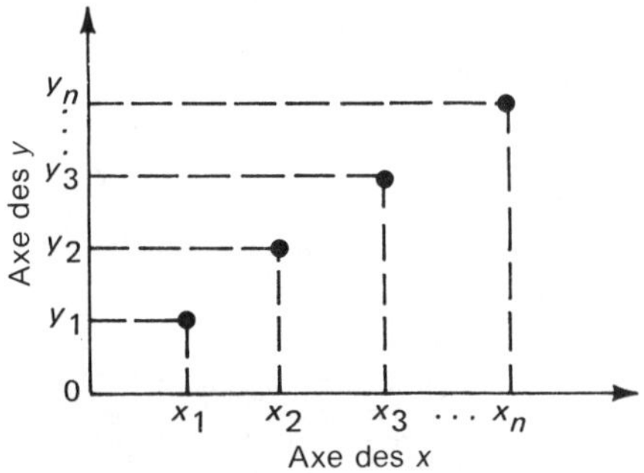

FIGURE 2.17

Techniquement, chaque point de la figure 2.17 représente une paire de valeurs *x* et *y* associées à une unité d'observation. Toutefois, on peut interpréter un diagramme de corrélation comme une représentation graphique d'un ensemble d'unités d'observation, qui décrit les relations qu'elles entretiennent entre elles en regard des mesures représentées par les axes *X* et *Y*. Les diagrammes de corrélation présentés dans la figure 2.18 illustrent trois exemples parmi bien d'autres. De tels diagrammes se révèlent très utiles pour déterminer s'il existe un lien quelconque entre deux variables. Nous aborderons cette question des liens entre deux variables de façon plus systématique et approfondie dans le chapitre ONZE, intitulé *régression linéaire et corrélation*.

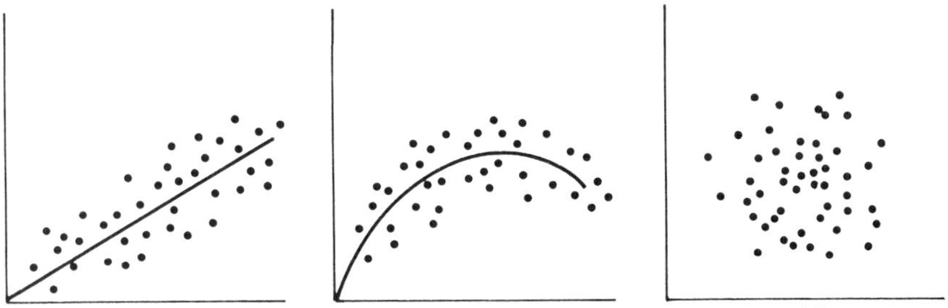

Figure 2.18 Diagrammes de corrélation

EXEMPLE Construire un diagramme de corrélation pour les données ci-dessous.

1. Le service de publicité d'une compagnie qui fabrique des lave-vaisselle désire vérifier s'il existe un lien fonctionnel entre le niveau des ventes et le nombre de commerciaux télévisés diffusés durant une même journée. L'échantillon au hasard est composé de 12 villes. Construire un diagramme de corrélation pour les données ci-dessous.

X	Y	X	Y
COMMERCIAUX TÉLÉVISÉS (NOMBRE DIFFUSÉ PAR JOUR)	**VENTES (CENTAINES D'UNITÉS PAR MOIS)**	**COMMERCIAUX TÉLÉVISÉS (NOMBRE DIFFUSÉ PAR JOUR)**	**VENTES (CENTAINES D'UNITÉS PAR MOIS)**
11	8,4	14	14,4
6	5,2	10	10,0
8	7,1	12	7,6
9	10,0	9	8,2
12	12,9	11	12,1
15	11,5	9	15,5

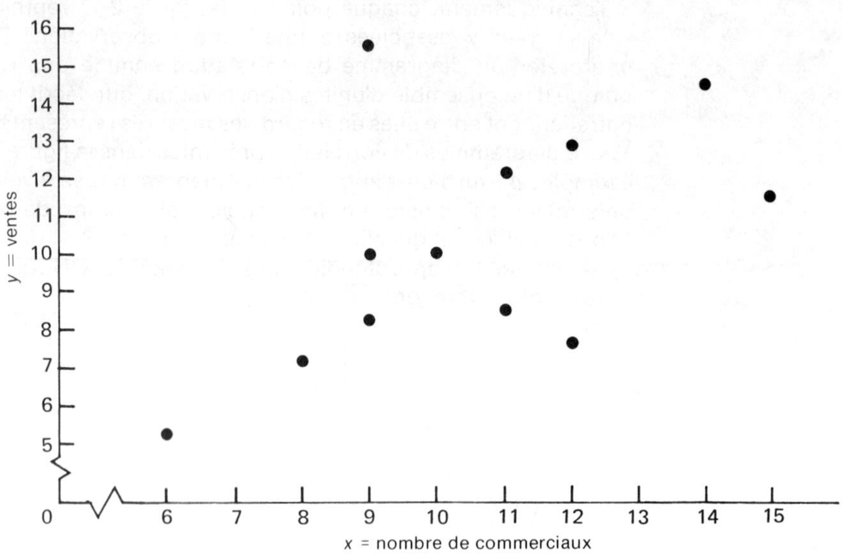

FIGURE 2.19 Diagramme de corrélation pour l'exemple 1

Solution. La figure 2.19 illustre le diagramme de corrélation. Il signale une tendance linéaire, bien que quelques données s'écartent nettement de la diagonale.

EXERCICES

1. Dans le but d'aider le gouvernement à établir un contrôle des prix pour les produits laitiers, des économistes ont relevé une série de données qui débutent en 1959 (an 1) et s'échelonnent jusqu'en 1979. Construire le diagramme de corrélation des données ci-dessous.

ANNÉES	PRODUCTION LAITIÈRE (MILLIONS DE LITRES)	ANNÉES	PRODUCTION LAITIÈRE (MILLIONS DE LITRES)
1	19,4	11	12,9
2	18,3	12	12,2
3	17,7	13	11,0
4	16,9	14	10,5
5	16,1	15	10,4
6	16,2	16	9,9
7	15,3	17	9,8
8	14,7	18	9,9
9	13,6	19	10,0
10	13,0	20	10,1

SCORES ACT	RENDEMENT SCOLAIRE	SCORES ACT	RENDEMENT SCOLAIRE
77	3,95	69	3,58
25	1,96	67	2,36
41	2,17	79	2,27
39	1,45	88	3,34
43	2,90	70	3,50

2. Le directeur général d'un collège américain désire vérifier s'il existe un lien entre les scores au test d'admission ACT (American College Testing) et le rendement scolaire des étudiants au terme de leur première année d'études collégiales. Il sélectionne un échantillon au hasard. Les données relevées apparaissent ci-haut. Construire le diagramme de corrélation.

UTILITÉ DE CES NOTIONS

DANS LE COURS

Les principaux outils que nous avons étudiés dans les leçons qui précèdent et que nous utiliserons plus loin dans le manuel sont le tableau de fréquences, l'histogramme, le polygone de fréquences et la courbe adoucie qui trace sa forme approximative, les tableaux de fréquences pour deux variables et les diagrammes de corrélation. Ces instruments de synthèse des données provenant d'un échantillon ou d'une population nous fourniront un éclairage précieux sur le comportement des données et sur leurs divers liens, nous permettant ainsi d'asseoir nos décisions sur des bases plus solides.

AU-DELÀ DU COURS

Les présentations de données ne paraîtront-elles pas plus professionnelles si elles comportent quelques tableaux de fréquences correctement construits à titre de supports visuels? Ne serait-ce pas une bonne idée que de transformer en un tableau de fréquences vos données sur les plantes désertiques? Vos données sur les rythmes d'apprentissage des phrases ne paraîtraient-elles pas mieux organisées et plus claires sous forme d'un tableau de fréquences?

Le fait de savoir comment construire des graphiques et des tableaux de fréquences constitue un atout précieux lorsque vient le moment de présenter ses données dans un rapport de recherche, tant à l'université que dans le milieu professionnel. Ces connaissances vous aideront également à jauger d'un oeil plus critique les données présentées sous forme synthétique dans les journaux, les revues, les publications professionnelles, les rapports gouvernementaux, les rapports de recherche, et ainsi de suite.

RÉSUMÉ

Dans ce chapitre, nous avons centré notre attention sur (1) l'organisation des données pour en faciliter l'interprétation et l'évaluation, (2) la synthèse des données pour en dégager les caractéristiques les plus saillantes. Les séries ordonnées et les agencements tiges-feuilles sont des techniques servant à organiser les données, tandis que les diagrammes en bâtonnets, les histogrammes, les polygones de fréquences et les diagrammes de corrélation sont des techniques graphiques pour représenter visuellement des données déjà synthétisées dans un tableau de fréquences.

Il est bon de se rappeler que les diagrammes en bâtonnets servent à illustrer des données qualitatives ou provenant d'un dénombrement de données quantitatives discontinues (opinions, caractéristiques raciales, couleur de cheveux, etc.), tandis que les histogrammes servent à illustrer des données quantitatives continues, tels le poids, la grandeur, la durée de la vie et divers autres types de données qui se prêtent bien à une représentation numérique. On peut faire ressortir la forme d'un histogramme en dessinant un polygone de fréquences. Il est enfin possible de polir la forme du polygone en traçant une courbe continue, de façon à pouvoir faire ressortir la symétrie ou l'asymétrie de la distribution de données.

TEST PERSONNEL SUR LE CHAPITRE DEUX

(*Questions 1 à 4*) Répondre par vrai ou faux.

1. Un agencement tiges-feuilles fournit des informations aussi détaillées qu'une série ordonnée.

2. Un tableau de fréquences fournit des informations aussi détaillées qu'une série ordonnée.

3. Tous les intervalles de classes d'une distribution de fréquences doivent nécessairement être de même grandeur.

4. On utilise un diagramme en bâtonnets pour illustrer des données qualitatives, alors que des données quantitatives seront plutôt illustrées à l'aide d'un histogramme.

5. Compte tenu des données ci-dessous, préciser laquelle des trois formes générales ci-dessous apparaîtrait dans l'agencement tiges-feuilles.

11, 13, 13, 12, 14, 12, 12, 13, 14, 15, 12.

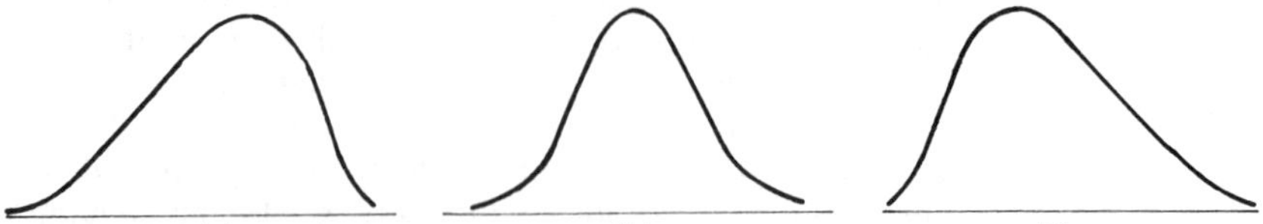

(a) asymétrie négative | (b) symétrie | (c) asymétrie positive

6. Un fonctionnaire d'un service de santé a mené une enquête auprès d'un échantillon de sujets, demandant à chacun de situer son état de santé actuel parmi les catégories suivantes: très mauvais, mauvais, correct, bon, excellent. De telles données s'illustreraient-elles mieux par a) un diagramme en bâtonnets, b) un histogramme, c) une courbe adoucie, d) un polygone de fréquences?

7. L'histogramme et le polygone de fréquences tracés à l'aide des données du tableau de fréquences ci-dessous épouseraient laquelle des trois formes générales illustrées?

CLASSES	FRÉQUENCES
6–10	5
11–15	10
16–20	15
21–25	20
26–30	3

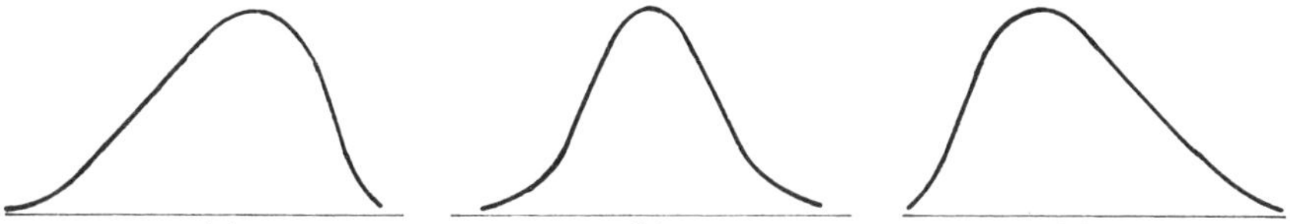

(a) asymétrie négative (b) symétrie (c) asymétrie positive

8. Lequel des diagrammes de corrélation proposés illustre le mieux les données bivariées ci-dessous?

X	*Y*
1	5
4	2
4	1
3	2
2	4
5	1

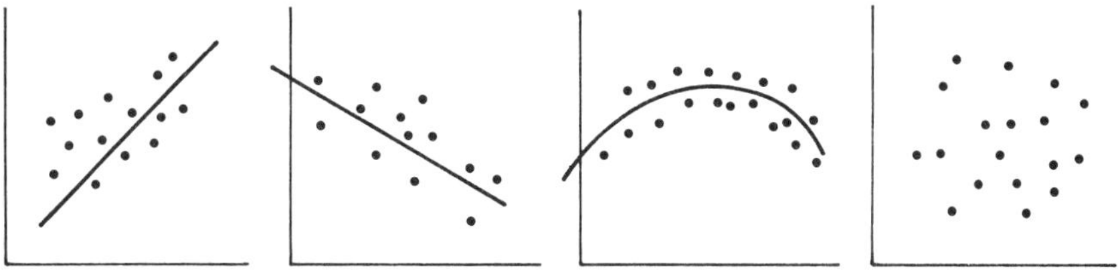

(a) Linéaire positive (b) Linéaire négative (c) Curvilinéaire (d) Au hasard

9. Lors d'une enquête, on demande à chaque répondant d'indiquer son poids. Laquelle des quatre formes ci-dessous correspondrait le mieux à l'histogramme d'une population typique d'individus?

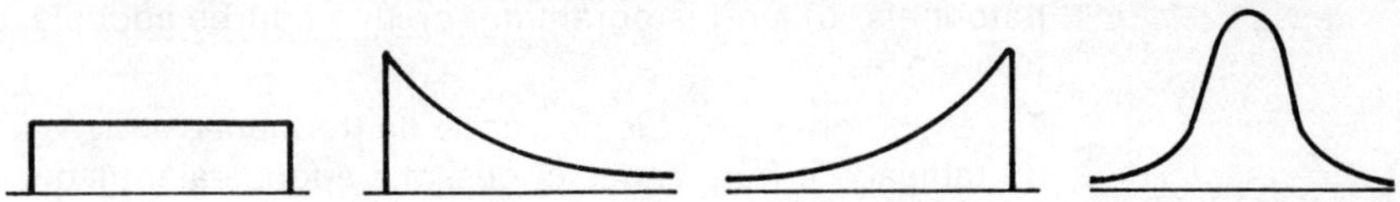

(a) (b) (c) (d)

10. À l'occasion d'une enquête, on note le poids des répondants. De telles données s'illustreraient-elles mieux graphiquement par a) un diagramme en bâtonnets, b) un histogramme, c) un histogramme bidimensionnel, ou d) une série ordonnée?

RÉPONSES AUX EXERCICES (NUMÉROS IMPAIRS)

LEÇON 1

1. Poids maximum: 116; poids minimum: 36; poids médian: 61 ou 67; valeurs extrêmes 36, 116. Ces données représentent probablement des hommes et des femmes.

TIGES	FEUILLES
3	6
4	
4	8, 6, 9, 5
5	3, 0, 1, 1
5	6, 5
6	1
6	7, 7
7	1, 3
7	5, 7, 8
8	2, 3, 4, 0
8	
9	
9	
10	
10	
11	
11	6

SÉRIE ORDONNÉE

36	49	53	67	75	82
45	50	55	67	77	83
46	51	56	71	78	84
48	51	61	73	80	116

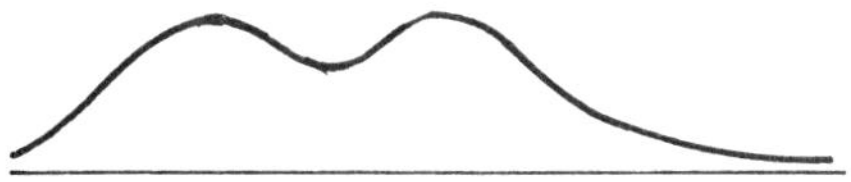

FIGURE 2.20 Forme approximative de la courbe pour le problème 1

3. Maximum : 2 792 ; minimum : 986. Une production de 1 794 ou de 1 830 serait typique.

TIGES	FEUILLES
9	86
13	
14	31, 36
15	71, 37
16	72, 79, 34
17	52, 94
18	94, 30
19	73, 82
20	09
21	34, 02
22	
23	42, 51
24	
25	
26	
27	92

SÉRIE ORDONNÉE

986	1571	1752	1973	2134
1431	1634	1794	1982	2342
1436	1672	1830	2009	2351
1537	1679	1894	2102	2792

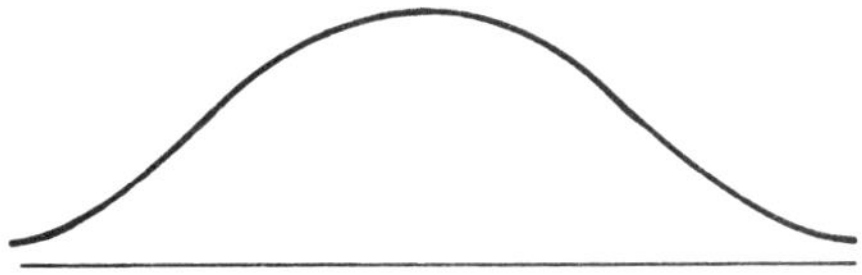

FIGURE 2.21 Forme approximative de la courbe pour le problème 3

5. Oui, il est possible de différencier clairement les deux populations de tortues.

TIGES	FEUILLES
10	1, 9
11	
12	4, 3, 6, 4, 7
13	3, 7, 8, 2
14	2, 6, 1, 1
15	2
16	7, 3
17	1, 5
18	1, 7, 4
19	7, 2, 3, 7
20	6, 1, 4

SÉRIE ORDONNÉE

101	126	138	152	181	197
109	127	141	163	184	197
123	132	141	167	187	201
124	133	142	171	192	204
124	137	146	175	193	206

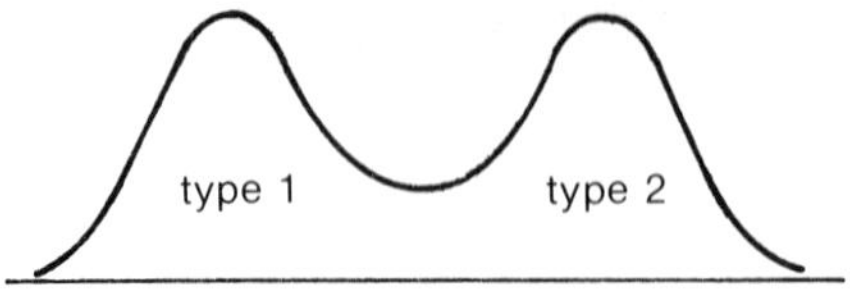

FIGURE 2.22 Forme approximative de la courbe pour le problème 5

LEÇON 2

1.

INTERVALLES DE CLASSES	POINTAGE	FRÉQUENCES	FRÉQUENCES RELATIVES × 100%
2,05-2,85	|||	3	12%
2,85-3,65	||||	4	16
3,65-4,45	~~||||~~ ~~||||~~	10	40
4,45-5,25	~~||||~~	5	20
5,25-6,05	||	2	8
6,05-6,85	|	1	4
		25	100%

3.

INTERVALLES DE CLASSES	POINTAGE	FRÉQUENCES	FRÉQUENCES RELATIVES × 100%
90,05– 95,05	𝍷𝍷𝍷𝍷	4	16%
95,05–100,05	𝍸 𝍸 𝍷	11	44
100,05–105,05	𝍸	5	20
105,05–110,05		0	0
110,05–115,05	𝍷𝍷	2	8
⋮ ⋮		⋮	⋮
190,05–195,05	𝍷𝍷𝍷	3	12
		25	100%

5.

INTERVALLES DE CLASSES	POINTAGE	FRÉQUENCES	FRÉQUENCES RELATIVES × 100%
-4,55 à -2,05	𝍷𝍷𝍷	3	10%
-2,05 à ,45	𝍸 𝍸	10	33
0,45 à 2,95	𝍸 𝍷𝍷	7	23
2,95 à 5,45	𝍷𝍷𝍷	3	10
5,45 à 7,95	𝍸 𝍷	6	20
7,95 à 10,45	𝍷	1	3
		30	99 (après arrondissement

7.

COULEURS (CLASSES)	POINTAGE	FRÉQUENCES	FRÉQUENCES RELATIVES × 100%
Noir	𝍸 𝍷	6	17%
Bleu	𝍸 𝍷𝍷	7	19
Brun	𝍷𝍷	2	6
Or	𝍷𝍷	2	6
Orange	𝍷𝍷𝍷	3	8
Rouge	𝍸 𝍷	6	17
Blanc	𝍸 𝍷𝍷	7	19
Jaune	𝍷𝍷𝍷	3	8
		36	100%

LEÇON 3

1.

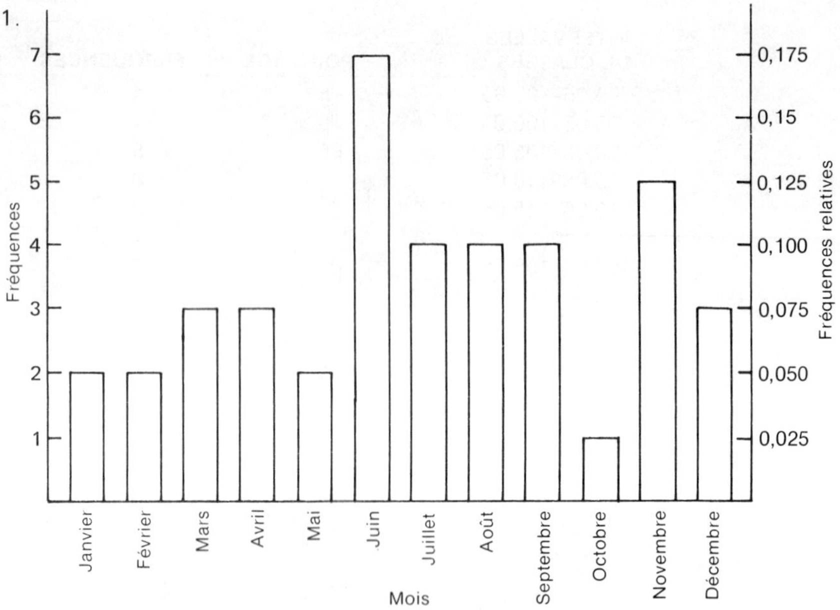

FIGURE 2.23 Diagramme en bâtonnets du problème 1

3. Pourcentage des balles qui dépassent 300 mètres.

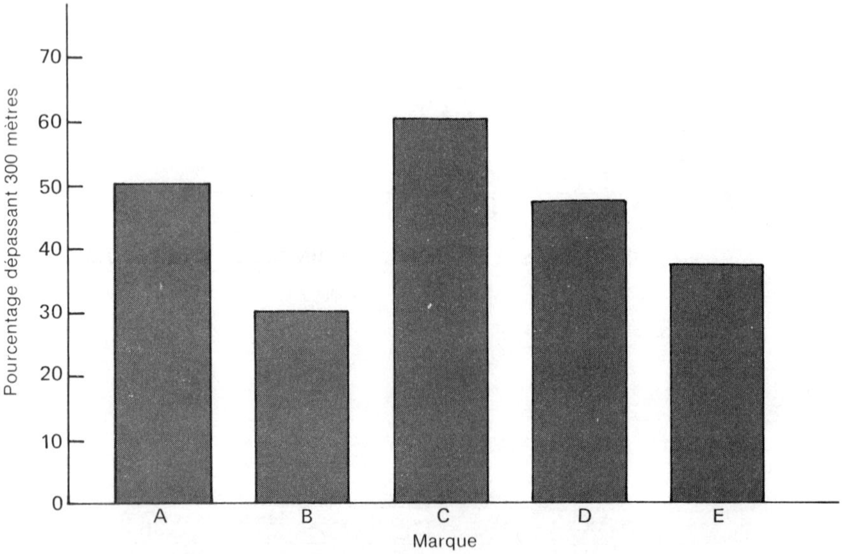

FIGURE 2.24 Diagramme en bâtonnets du problème 3

LEÇON 4

Aucun exercice.

LEÇON 5

Aucun exercice.

LEÇON 6

1.

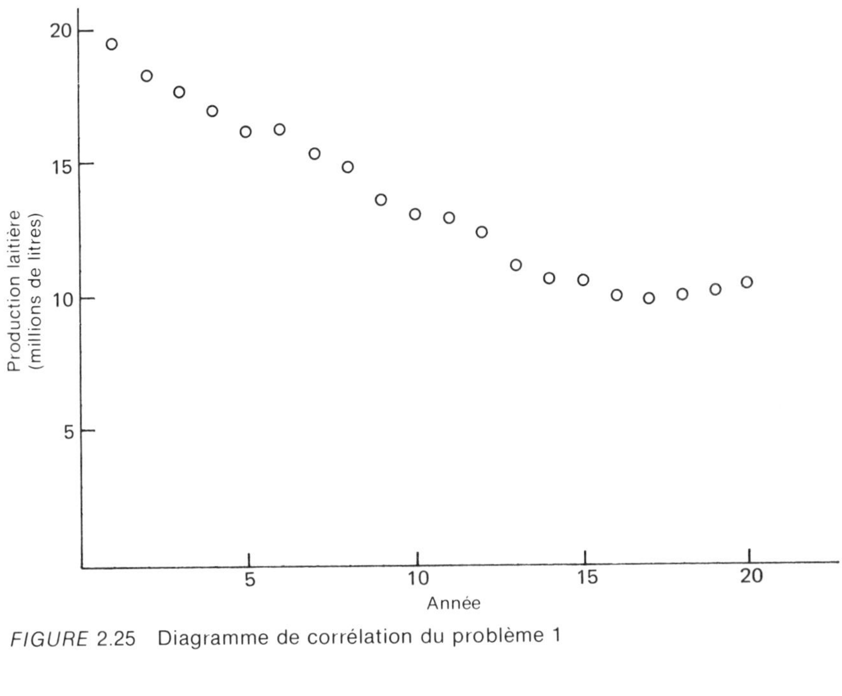

FIGURE 2.25 Diagramme de corrélation du problème 1

CHAPITRE TROIS: SYNTHÈSE NUMÉRIQUE DES DONNÉES

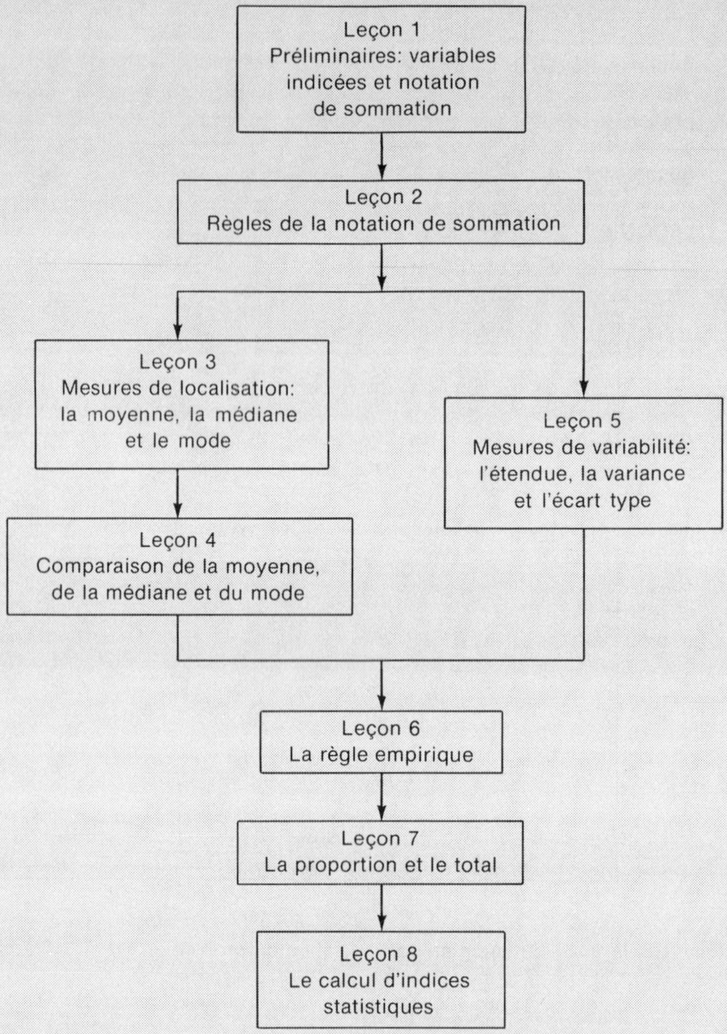

INTRODUCTION

Dans le chapitre précédent, nous avons décrit diverses techniques de synthèse graphique des données. Cependant, dans le cours d'une analyse statistique, il est souvent nécessaire de résumer les caractéristiques principales d'un large ensemble de nombres sous forme d'un sommaire numérique des données ne comportant qu'un ou deux nombres. Vous connaissez sans doute plusieurs de ces types particuliers de sommaires numériques, tels que la note moyenne du baccalauréat, le score moyen à un test, le revenu médian des membres d'une profession donnée, l'étendue des salaires versés, les températures minimum et maximum pour une certaine journée, et ainsi de suite.

Les sommaires numériques font ressortir deux caractéristiques principales d'un ensemble de données: (1) une mesure représentative, c'est-à-dire un nombre qui représente dans une certaine mesure toutes les valeurs de l'ensemble; (2) un indice qui décrit jusqu'à quel point les mesures varient les unes par rapport aux autres ou jusqu'à quel point elles s'écartent d'une valeur centrale.

Dans ce chapitre, nous allons définir et décrire divers outils servant à identifier chacune de ces deux caractéristiques. Nous allons également présenter deux autres mesures concrètes très importantes, le *total* et la *proportion*. Toutefois, à titre préliminaire, il importe de clarifier certains concepts mathématiques que nous utiliserons tout au long de ce texte. La leçon 1 porte sur la *notation de sommation*, un système de notation mathématique abrégée sous forme de symboles. Dans la leçon 2, nous définirons divers *paramètres de populations* que nous utiliserons par la suite à titre de sommaires numériques usuels des données. Enfin, nous allons introduire la notation appropriée pour représenter les indices statistiques correspondants au niveau des échantillons.

Dans le champ de la statistique, la tradition veut que l'on se serve de lettres grecques pour représenter les paramètres d'une population et de lettres latines pour représenter les indices statistiques d'un échantillon. Nous vous recommandons de mémoriser les termes et symboles ci-dessous et de vous familiariser le plus rapidement possible avec leur utilisation.

PARAMÈTRES D'UNE POPULATION	**INDICES STATISTIQUES**
μ = moyenne de la population (minuscule de la lettre grecque *mu*)	$\bar{y}$ = moyenne d'un échantillon
σ = écart type de la population (minuscule de la lettre grecque *sigma*)	s = écart type d'un échantillon
σ^2 = variance de la population	s^2 = variance d'un échantillon
π = proportion de la population (minuscule de la lettre grecque *pi*)	p = proportion d'un échantillon

VOCABULAIRE

Écart type
Étendue
Médiane
Mesure de localisation
Mesure de variabilité
Mode
Moyenne
Notation de sommation
Proportion
Règle empirique
Variable indicée
Variance

LEÇON 1 PRÉLIMINAIRES : VARIABLES INDICÉES ET NOTATION DE SOMMATION

Tâche: pouvoir exécuter les opérations indiquées par la notation de sommation.

DÉFINITIONS

Variable indicée : notation servant à identifier spécifiquement un membre précis d'un ensemble de mesures. Si nous représentons un ensemble complet de données par les lettres *X, Y, Z* ou quelque autre lettre de l'alphabet, nous placerons un indice à la droite et un peu en dessous de la lettre représentant l'ensemble pour identifier un membre précis de cet ensemble.

Par exemple, y_5 représente le cinquième membre de l'ensemble *Y*; y_3 représente le troisième membre de l'ensemble *Y*.

On utilise fréquemment les lettres *i* et *j* comme indices souscrits pour identifier le *i* ème ou le *j* ème membre d'un ensemble; c'est-à-dire n'importe quel membre individuel de l'ensemble en question.

Notation de sommation : on utilise la lettre grecque majuscule *sigma* (Σ) pour indiquer qu'il faut additionner les valeurs d'un ensemble de nombres ou de quantités. Une variable indicée, placée immédiatement après le symbole Σ , indiquera l'ensemble dont les quantités doivent être additionnées. On indiquera quels membres de l'ensemble doivent être additionnés à l'aide de notations placées immédiatement au-dessus et au-dessous du symbole Σ .

Où arrêter la sommation ⟶ n
Indique l'opération de sommation ⟶ $\Sigma\, y_i$ ⟵ Les quantités à additionner
Où commencer la sommation ⟶ $i = 1$

L'expression mathématique ci-dessus nous indique ce qui suit: additionner les mesures y_i, en commençant par y_1 et en terminant par y_n. [*Note :* on utilise cette notation chaque fois qu'une addition doit être effectuée. Cependant, pour économiser du temps et de l'espace, on abrège cette notation comme suit. $\Sigma\, y$, lorsque tous les membres d'un ensemble doivent être additionnés.]

DISCUSSION

Une variable indicée a deux composantes : (1) la variable (par exemple *X* ou *Y*), qui désigne un ensemble quelconque de valeurs et (2) un indice numérique (par exemple y_4, y_5, x_{14}), qui identifie un membre particulier de l'ensemble.

Supposons un ensemble composé des nombres suivants: 31, 40, 27, 32, 37, 21, 26, 34 et 40. Pour identifier un nombre particulier de cet ensemble, par exemple le nombre 27, nous pouvons écrire y_3; ceci signifie le troisième élément de l'ensemble des mesures Y. Pour identifier le quatrième élément, nous écrirons y_4; pour le cinquième élément, nous écrirons y_5, et ainsi de suite. Il s'agit là d'un moyen très commode pour identifier chacune des mesures. Lorsque certaines des valeurs de l'ensemble sont identiques, nous pouvons par cette méthode les distinguer aisément. Par exemple, les deux nombres 40 seront respectivement identifiés par y_2 et y_9.

Dans bien des cas, nous désirons faire référence à certaines mesures au sein d'un ensemble, sans cependant identifier des éléments précis. Pour ce faire, nous utilisons la notation y_i, y_j, y_k, etc... Ce type de notation est extrêmement utile lorsqu'il s'agit de généraliser des règles et de les traduire en formules.

De plus, il est fréquemment nécessaire en statistique de noter que certaines valeurs doivent être additionnées ensemble. Cette opération de sommation est annoncée à l'aide du symbole et de la notation ci-dessous.

La lettre grecque majuscule *sigma* indique qu'une sommation doit être faite.

Ici, nous inscrivons l'indice du dernier nombre à additionner. Si $n = 10$, l'addition s'arrêtera au dixième membre de la série. Si $n = 123$, l'addition s'arrêtera au 123 ième membre de la série.

$$\sum_{i=?}^{n} x_i$$

Ce symbole identifie le premier membre de la série à additionner. Si $i = 1$, commencez l'addition avec le premier membre. Si $i = 3$, commencez l'addition avec le troisième membre.

Cette variable indicée identifie le i ième membre de l'ensemble X. Il peut aussi servir à représenter une quelconque opération mathématique à effectuer sur le i ième membre de l'ensemble (par ex.: x_i^2, $2x_i$, $3x_i$, $x_i + 3$).

Pour indiquer que *tous* les éléments d'un ensemble doivent être additionnés, on abrège la notation de sommation en éliminant le n et le $i = ?$, comme suit.

$$\sum_{i=1}^{n} y_i = \Sigma y = \text{ additionner tous les éléments de l'ensemble.}$$

EXEMPLES Pour chacun des problèmes ci-dessous, interpréter la notation de sommation et transcrire l'expression de sommation en forme algébrique.

1. $\sum_{i=1}^{6} y_i$

Solution. Additionner les quantités y_i, en débutant par y_1 et en terminant par y_6. Cette notation s'exprime algébriquement comme suit:

$y_1 + y_2 + y_3 + y_4 + y_5 + y_6$

2. $\sum_{j=2}^{3} 3x_j$

Solution. Additionner les quantités $3x_j$ (x multiplié par 3), en débutant par $3x_2$ et en terminant par $3x_3$. Voici l'expression algébrique:

$3x_2 + 3x_3$

3. $\sum_{k=1}^{4} 6$

Solution. Additionner la quantité 6, en débutant par le premier nombre 6 et en terminant par le quatrième. L'expression algébrique prend la forme suivante:

$6 + 6 + 6 + 6$

4. Σz

Solution. Additionner toutes les quantités z, de la première à la dernière. Voici l'expression algébrique de cette notation:

$z_1 + z_2 + z_3 + \ldots + z_n$

[*Note:* pour chacun des exemples ci-dessus, il faut effectuer d'abord les opérations requises par les symboles. En d'autres termes, toute addition, soustraction, multiplication ou division qui apparaît dans une expression doit être effectuée avant de procéder à l'addition (Σ) des expressions elles-mêmes.]

EXERCICES Pour chacun des problèmes qui suivent, transposer en forme algébrique la notation de sommation.

1. $\sum_{j=1}^{3} (y_j + z_j)$

2. $\sum_{k=1}^{4} x_k^2$

3. $\left(\sum_{k=1}^{3} y_k\right)^2$

4. $\sum_{i=1}^{n} x_i y_i$

5. Étant donné la série de nombres ci-dessous, compléter tel qu'indiqué les espaces blancs qui apparaissent dans les six expressions algébriques.

i	1	2	3	4	5
x_i	2	1	5	6	10

(a) $\sum_{i=1}^{2} x_i \quad = x_1 + x_2 \quad = 2 + 1 = 3$

(b) $\Sigma x_i \quad = x_1 + x_2 + x_3 + x_4 + x_5$
$= 2 + 1 + 5 + 6 + 10 = 24$

(c) $5(\Sigma x_i) \quad = \quad\quad =$

(d) $\sum_{i=1}^{5} 5 \quad = \quad\quad =$

(e) $\Sigma x_i^2 \quad = \quad\quad =$

(f) $\Sigma(x_i - 5)^2 = \quad\quad =$

LEÇON 2 RÈGLES DE LA NOTATION DE SOMMATION

Tâche: pouvoir appliquer les règles de la notation de sommation de façon à exprimer différemment des expressions qui impliquent des sommations.

DÉFINITION *Règles de sommation*

1 et 2. $\Sigma(x_i \pm y_i) = \Sigma x_i \pm \Sigma y_i$
$= (x_1 + x_2 + x_3 + \cdots + x_n)$
$\pm (y_1 + y_2 + y_3 + \cdots + y_n)$

3. $\Sigma C z_i = C \Sigma z_i = C(z_1 + z_2 + z_3 + \cdots + z_n)$
4. $\Sigma C = nC = C + C + C + \cdots + Cn$ (additionner les C n fois)

DISCUSSION À l'aide des équations ci-dessous, nous révisons et expliquons les règles de sommation.

RÈGLE 1 La somme de l'expression $(x_i + y_i)$ est égale à la somme des x plus la somme des y.

$$\sum_{i=1}^{n} (x_i + y_i) = \left(\sum_{i=1}^{n} x_i\right) + \left(\sum_{i=1}^{n} y_i\right)$$

Preuve :

$$\sum_{i=1}^{n} (x_i + y_i) = (x_1 + y_1) + (x_2 + y_2) + \cdots + (x_n + y_n)$$
$$= (x_1 + x_2 + \cdots + x_n) + (y_1 + y_2 + \cdots + y_n)$$

Par conséquent :

$$\sum_{i=1}^{n} (x_i + y_i) = \left(\sum_{i=1}^{n} x_i\right) + \left(\sum_{i=1}^{n} y_i\right)$$

RÈGLE 2 La somme des différences $(x_i - y_i)$ est égale à la différence des sommes séparées.

$$\sum_{i=1}^{n} (x_i - y_i) = \left(\sum_{i=1}^{n} x_i\right) - \left(\sum_{i=1}^{n} y_i\right)$$

Preuve :

$$\sum_{i=1}^{n} (x_i - y_i) = (x_1 - y_1) + (x_2 - y_2) + \cdots + (x_n - y_n)$$
$$= (x_1 + x_2 + \cdots + x_n) - y_1 - y_2 - \cdots - y_n$$
$$= (x_1 + x_2 + \cdots + x_n) - (y_1 + y_2 + \cdots + y_n)$$

Par conséquent :

$$\sum_{i=1}^{n} (x_i - y_i) = \left(\sum_{i=1}^{n} x_i\right) - \left(\sum_{i=1}^{n} y_i\right)$$

RÈGLE 3 La somme d'une constante C qui multiplie une variable est équivalente au produit de la constante par la somme de la variable.

$$\sum_{i=1}^{n} Cz_i = C\sum_{i=1}^{n} z_i$$

Preuve :

$$\sum_{i=1}^{n} Cz_i = Cz_1 + Cz_2 + \cdots + Cz_n = C(z_1 + z_2 + \cdots + z_n)$$

Par conséquent :

$$\sum_{i=1}^{n} Cz_i = C\sum_{i=1}^{n} z_i$$

RÈGLE 4 La somme d'une constante C est égale au produit de cette constante par le nombre d'éléments à additionner.

$$\sum_{i=1}^{n} C = nC$$

EXEMPLES Appliquer les règles de la notation de sommation de façon à réécrire différemment les expressions de sommation ci-dessous.

1. On donne $\mu = \dfrac{(\Sigma_{i=1}^{N} x_i)}{N}$

Évaluer les expressions suivantes.

$$\sum_{i=1}^{N}(x_i - \mu) = \sum_{i=1}^{N} x_i - \sum_{i=1}^{N} \mu \qquad \text{(Règle 2)}$$

$$= \sum_{i=1}^{N} x_i - N\mu \qquad \text{(Règle 4)}$$

$$= \sum_{i=1}^{N} x_i - N\frac{(\Sigma_{i=1}^{N} x_i)}{N}$$

$$= \sum_{i=1}^{N} x_i - \sum_{i=1}^{N} x_i = 0$$

2. $$\sum_{i=1}^{N}(x_i - \mu)^2 = \Sigma(x_i^2 - 2x_i\mu + \mu^2)$$

$$= \Sigma x_i^2 - \Sigma 2x_i\mu + \Sigma\mu^2 \qquad \text{(Règles 1 et 2)}$$

$$= \Sigma x_i^2 - 2\mu\Sigma x_i + \Sigma\mu^2 \qquad \text{(Règle 3)}$$

$$= \Sigma x_i^2 - 2\mu\Sigma x_i + N\mu^2 \qquad \text{(Règle 4)}$$

$$= \Sigma x_i^2 - 2\left(\frac{\Sigma x_i}{N}\right)\Sigma x_i + N\left(\frac{\Sigma x_i}{N}\right)^2$$

$$= \Sigma x_i^2 - \frac{2(\Sigma x_i)^2}{N} + \frac{(\Sigma x_i)^2}{N}$$

$$= \Sigma x_i^2 - \frac{(\Sigma x_i)^2}{N}$$

EXERCICES

1. À l'aide des règles présentées dans cette leçon, simplifier autant que possible les exemples de notations de sommation ci-dessous. Préciser les règles utilisées.

(a) $\Sigma(6x_i + 3y_i)$

(b) $\Sigma\left(\frac{x_i}{2} + \frac{y_i}{3} - 2\right)$

2. Étant donné $x_1 = 3, x_2 = 1, x_3 = 5, x_4 = 6, x_5 = 10$, évaluer les expressions ci-dessous à l'aide des règles appropriées.

(a) $\Sigma\left(\frac{x_i}{5} - 5\right) =$

(b) $\Sigma(x_i - 5)^2 =$

(c) $\Sigma(3x_i - 15) =$

(d) $\Sigma 3(x_i - 5) =$

LEÇON 3 MESURES DE LOCALISATION: LA MOYENNE, LA MÉDIANE ET LE MODE

Tâche: pouvoir calculer la moyenne, la médiane et le mode à partir d'un ensemble de données.

DÉFINITIONS

Mesure de localisation : nombre qui représente la mesure centrale ou la plus représentative d'un ensemble de données. Dans cette leçon, nous allons présenter trois mesures de localisation: la moyenne, la médiane et le mode. À ce stade-ci, nous définirons la moyenne, la médiane et le mode d'une population. Un peu plus loin, nous verrons les définitions correspondantes pour un échantillon.

Moyenne : représentée par la lettre minuscule grecque μ, la moyenne est une mesure arithmétique de tendance centrale d'un ensemble de mesures.

La moyenne s'obtient en divisant la somme des valeurs par le nombre de valeurs dans l'ensemble. Voici la formule pour calculer la moyenne:

$$\mu = \frac{\sum_{i=1}^{N} y_i}{N}$$

Cette formule se lit comme suit: la moyenne des mesures est égale à la somme de toutes les mesures de y_1, à y_n, divisée par le nombre N de mesures dans l'ensemble. Dans cette formule:

y_i est un élément individuel de l'ensemble
μ est le symbole de la moyenne de l'ensemble des mesures
N est le nombre total de mesures dans l'ensemble.

Médiane : représentée par le symbole Md, la médiane correspond au nombre qui se trouve au point milieu d'une série ordonnée de mesures. Si l'ensemble est composé d'un nombre impair de mesures, il n'y a qu'un seul nombre au milieu, et c'est la médiane. Si l'ensemble est composé d'un nombre pair de mesures, il y a deux points milieux. Par convention, la médiane se situe alors à mi-chemin entre ces deux valeurs centrales. En plaçant une série de nombres (y_1 à y_n) en ordre du plus petit au plus grand, MD sera alors égale à ($y_{N/2}$ + $y_{(N/2)+1}$) /2, lorsque N est un nombre pair.

Mode : représenté par le symbole Mo, le mode est la valeur qui revient le plus grand nombre de fois dans un ensemble de mesures. Il est possible qu'un ensemble de mesures comporte plus d'un mode.

DISCUSSION

Les mesures de localisation (c'est-à-dire la moyenne, la médiane et le mode) sont trois types différents de mesures de tendance centrale qui peuvent servir de sommaires numériques d'un ensemble de données. Ces mesures servent à situer le centre ou la localisation d'un ensemble sur l'axe des réels.

Mentionnons quelques exemples de moyennes, médianes ou modes rencontrés quotidiennement: la note moyenne au baccalauréat, le revenu médian, le coût modal des aliments, etc. Ce sont là des mesures de localisation. Chacun d'entre eux est une valeur moyenne, typique ou centrale, qui représente synthétiquement un ensemble de données.

MOYENNE

La *moyenne* d'un ensemble de mesures correspond au centre physique (similaire au centre de gravité) de cet ensemble. Si l'on imagine les mesures comme des poids placés à l'endroit qui correspond à leur valeur sur une barre horizontale graduée, la moyenne correspondra au point d'appui ou point d'équilibre. Utilisons la formule présentée dans la section *Définitions* pour calculer la moyenne de l'ensemble de nombres 1, 1, 2, 3, 4, 4:

$$\mu = \frac{1 + 1 + 2 + 3 + 4 + 4}{6} = \frac{15}{6} = 2{,}5$$

Le nombre 2,5 est le point d'équilibre, donc la moyenne, de ces valeurs. On trouvera dans la figure 3.1 une représentation de ces valeurs sous forme de poids placés sur une barre horizontale graduée, avec le point d'équilibre situé à 2,5.

Calculons maintenant la moyenne de l'ensemble 1, 3, 4, 7, 8, 9, 9.

$$\mu = \frac{1 + 3 + 4 + 7 + 8 + 9 + 9}{7} = 5{,}857$$

Le point d'équilibre (5,857) est illustré de la même façon dans la figure 3.2.

Si nous examinons maintenant les figures 3.1 et 3.2, nous constatons qu'en déplaçant n'importe lequel de ces poids, le point d'équilibre, c'est-à-dire la moyenne, se déplacerait également. On s'aperçoit ainsi que la moyenne est

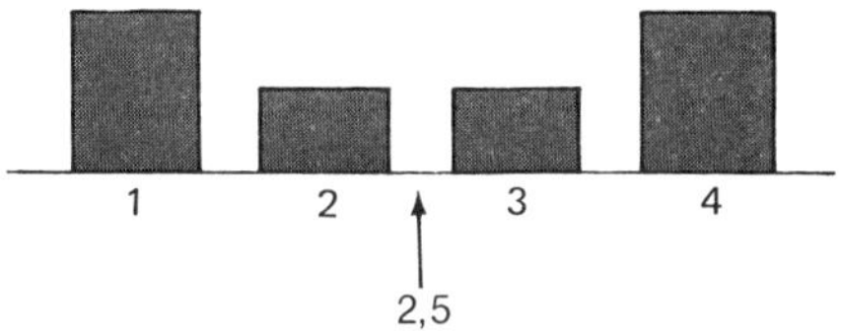

FIGURE 3.1

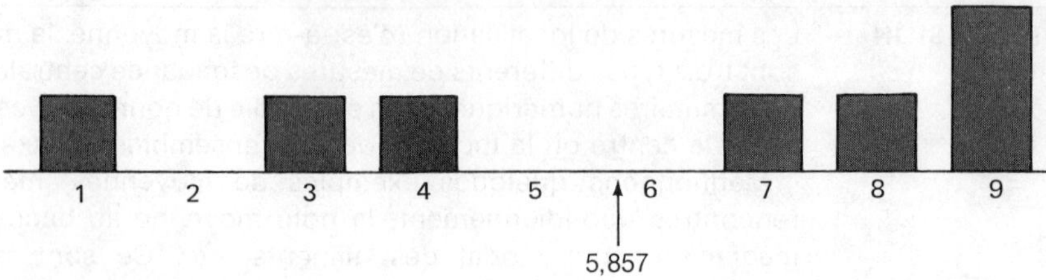

FIGURE 3.2

sensible à la grandeur des nombres qui composent l'ensemble. Cette sensibilité laisse présager l'un des inconvénients auxquels nous sommes confrontés lorsque nous utilisons la moyenne comme indice de tendance centrale d'un ensemble de mesures. Par exemple, calculons la moyenne de l'ensemble de nombres 1, 2, 3, 4, 20.

$$\mu = \frac{1 + 2 + 3 + 4 + 20}{5} = \frac{30}{5} = 6$$

La figure 3.3 illustre le point d'équilibre de cet ensemble de données.

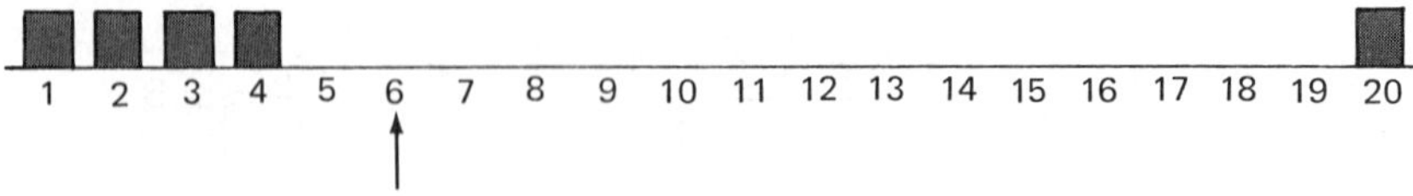

FIGURE 3.3

Remarquez dans cette figure 3.3 que la moyenne se situe bien loin du centre de la majorité des nombres; de fait, elle s'est déplacée vers la droite de façon à équilibrer la présence de la valeur extrême 20.

Donc, lorsqu'il y a des valeurs marginales à une extrémité d'un ensemble de données, la moyenne réagit à la présence de ces valeurs en se déplaçant dans leur direction, de telle sorte qu'elle risque de ne plus très bien représenter la majorité des mesures. Dans de tels cas, il peut s'avérer utile de lui substituer la médiane comme indice de localisation.

MÉDIANE

Procédons à l'aide d'exemples pour illustrer la façon d'identifier la médiane. Prenons comme point de départ les nombres 4, 1, 6, 20, 3. En les ordonnant, on obtient la série 1, 3, 4, 6, 20. Le nombre central de cet ensemble, c'est-à-dire la *médiane*, est 4 ($N = 5$, un nombre impair).

1, 3, 4, 6, 20
▲
Md

Remarquez que la grandeur inhabituelle de la valeur extrême 20 dans cet ensemble de nombres n'a pas affecté la localisation de la valeur médiane.

Supposons maintenant que nous avons les mesures suivantes: 6, 2, 17, 3, 4, 10, 11, 11. Après leur mise en ordre, nous obtenons la série: 2, 3, 4, 6, 10, 11, 11, 17. La médiane est 8, nombre qui se trouve à mi-chemin entre les deux nombres du milieu, 6 et 10 ($N = 8$, un nombre pair).

2, 3, 4, 6, 10, 11, 11, 17
▲———▲
8
▲
Md

Examinons maintenant les mesures 11, 20, 32, 1, 10, 11, 7, 12. La série ordonnée deviendra: 1, 7, 10, 11, 11, 12, 20, 32. La médiane est 11, puisque les deux nombres du milieu valent 11.

1, 7, 10, 11, 11, 12, 20, 32
▲———▲
Md

Donc, pour calculer la médiane, on procède comme suit:

ÉTAPE 1 Ordonner les mesures de la plus petite à la plus grande.

ÉTAPE 2 Vérifier si le nombre total de mesures est pair ou impair.

ÉTAPE 3 Si le nombre N de mesures est impair, identifier le nombre central; c'est la médiane. Si le nombre N de mesures est un nombre pair, trouver les deux nombres centraux; puis calculer la moyenne de ces deux nombres pour obtenir la médiane. En langage symbolique, si N est un nombre impair, le nombre central correspond à la $(N + 1)/2$ ième observation de l'ensemble. En d'autres termes, $\text{Md} = Y_{(N+1)/2}$. Si N est un nombre pair, alors la médiane sera identifiée par la formule suivante:

$$\text{Md} = \frac{Y_{N/2} + Y_{(N/2)+1}}{2},$$

c'est-à-dire la moyenne des deux nombres centraux.

MODE

Lorsque, dans un ensemble de mesures, une valeur quelconque réapparaît plus souvent que n'importe quelle autre, cette valeur est appelée le *mode*. Lorsque deux valeurs se produisent avec une même fréquence... ou presque, la distribution sera dite *bimodale*. S'il y a trois valeurs également fréquentes, la distribution sera *trimodale*, et ainsi de suite.

Par exemple, supposons l'ensemble de mesures suivant: 1, 3, 4, 4, 7, 3, 3, 4, 2, 7, 8, 3, 1. Le tableau de fréquences correspondant à ces mesures se trouve à la figure 3.4. Dans cette figure, le mode est 3, puisque cette valeur revient plus fréquemment que toute autre valeur dans l'ensemble.

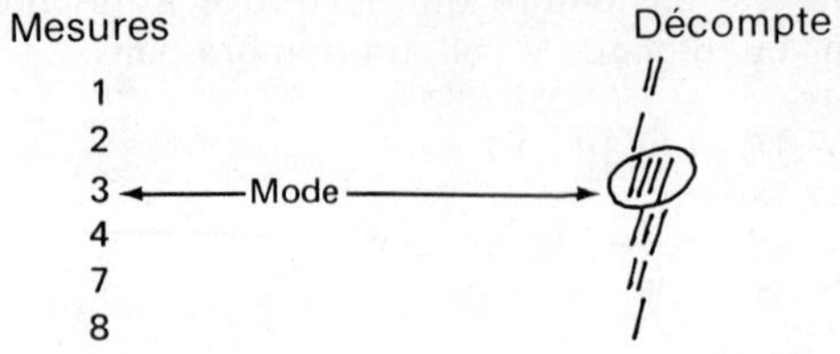

FIGURE 3.4

Examinons l'exemple suivant. En construisant un tableau de fréquences à partir de l'ensemble de mesures 22, 26, 27, 27, 23, 23, 27, 22, 28, 22, 28, 30, 29, 25, nous obtenons celui de la figure 3.5.

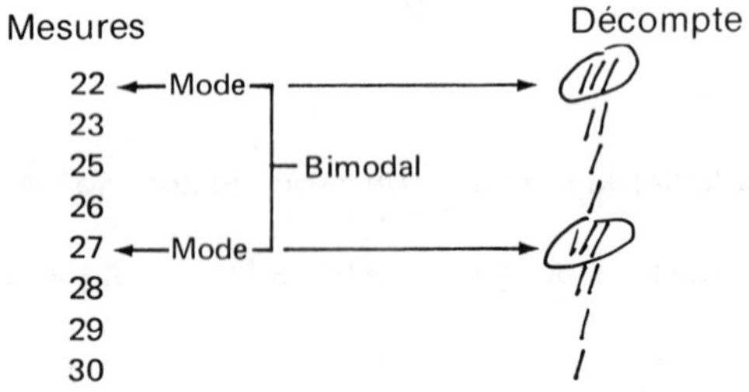

Figure 3.5 Un ensemble bimodal

Il est facile d'imaginer des exemples où le mode ne se situe pas près du centre de la série de données, mais à l'une ou l'autre extrémité. Ainsi, dans la figure 3.5, si le nombre 27 n'apparaissait qu'une seule fois, le mode se situerait alors à 22. Lorsque ceci se produit, il peut paraître injustifié de parler du mode comme d'une mesure de tendance centrale. Cependant, il conserve tout son sens en tant que mesure représentative de l'ensemble.

EXEMPLES

Dans le cas de chacun des problèmes ci-dessous, calculer la moyenne, la médiane et le mode.

1. Calculer le poids moyen (en kilogrammes) de l'équipe championne de football collégial. Voici les poids des joueurs.

69, 152, 83, 86, 89, 102, 87, 81, 87, 92, 85, 87, 89.
$\Sigma y = 1189.$

Solution. Voici les poids en ordre croissant: 69, 81, 83, 85, 86, 87, 87, 87, 89, 89, 92, 102, 152. Cette série ordonnée permet de constater que la médiane est 87 kg, puisque le nombre 87 se trouve au milieu de la série. Le mode est également 87, puisque c'est ce nombre qui revient le plus souvent. La moyenne correspond à 1189/13 = 91,46 kg.

Md = 87 kg
Mo = 87 kg
μ = 91,46 kg

2. L'ensemble de nombres ci-dessous représente la durée (en secondes) des conversations entre la téléphoniste de «l'assistance-annuaire» et douze personnes qui demandaient de l'information.

15, 47, 53, 23, 17, 32, 14, 27, 34, 19, 27, 26. $\Sigma y = 334$.

Quelle est la durée moyenne d'une conversation?

Solution. Voici la série ordonnée des durées: 14, 15, 17, 19, 23, 26, 27, 27, 32, 34, 47, 53. Les deux nombres qui se trouvent au milieu de la série sont 26 et 27. La médiane, qui se trouve à mi-chemin entre les deux nombres du milieu dans un ensemble pair de nombres, se chiffre donc à 26,5. Le mode est 27. La moyenne est égale à 334/12 = 27,8.

Md = 26,5 secondes
Mo = 27 secondes
μ = 27,8 secondes

3. Supposons que les actes de violence relevés à la télévision durant 19 soirées consécutives correspondent aux nombres suivants: 4, 5, 3, 5, 7, 3, 4, 3, 2, 3, 3, 5, 1, 1, 3, 5, 6, 2, 5. Ces observations ont été ordonnées sous forme d'un tableau de fréquences (voir le tableau 3.1).

Solution. La médiane de cet ensemble de données est 3. Le mode est également 3, bien que le nombre 5 le suive de très près. Cet ensemble de nombres épouse une forme dite « bimodale », puisque deux valeurs distinctes

TABLEAU 3.1 TABLEAU DE FRÉQUENCES POUR L'EXEMPLE 3

NOMBRE D'ACTES DE VIOLENCE PAR SOIRÉE	DÉCOMPTE DES SOIRÉES
1	||
2	||
3	~~||||~~ |
4	||
5	~~||||~~
6	|
7	|

ont une fréquence nettement plus grande que les autres. La moyenne est égale à 70/19 = 3,68.

Md = 3
Mo = 3 (et 5)
μ = 3,68

EXERCICES

Pour chacun des problèmes ci-dessous, calculer tel que demandé la moyenne, la médiane ou le mode.

1. L'ensemble de nombres ci-dessous représente le temps (en minutes) pris par neuf employés différents d'un commerce de détail pour aider un client. Quel est le mode? À combien se chiffrent la médiane et la moyenne? La moyenne se prête t-elle à une interprétation pratique?

1, 3, 2, 2, 3, 4, 2, 1, 3.

2. Supposons que les nombres ci-dessous représentent le revenu annuel de sept personnes d'un même quartier. Comparer les revenus médian et moyen. Lequel de ces nombres est le plus représentatif?

7 500   12 500   4 500   15 000   9 000   30 000   8 500

3. Les nombres ci-dessous représentent le nombre d'enfants dans chacune de dix familles choisies au hasard. Laquelle des trois mesures (moyenne, médiane, mode) est la plus représentative?

2, 8, 1, 1, 4, 5, 2, 3, 0, 1.

4. Les données ci-dessous correspondent au résultat final de huit étudiants d'un cours de statistique. Calculer la moyenne et la médiane.

87, 79, 93, 69, 75, 91, 84, 77.

5. Un spécialiste en mesure des temps et mouvements a compté le nombre quotidien de visites à l'abreuvoir des employés d'une grande entreprise. Calculer la moyenne, la médiane et le mode. Lequel de ces nombres est le plus représentatif de l'ensemble?

5	1	4	8	3	5	2
7	6	4	2	8	1	5
7	7	3	3	7	6	8

6. Au cours d'une période de cinq jours consécutifs en juillet, le prix de clôture d'une valeur à la Bourse se chiffre comme suit.

6,30 6,38 6,35 6,40 6,45

Calculer la moyenne et la médiane.

LEÇON 4 COMPARAISON DE LA MOYENNE, DE LA MÉDIANE ET DU MODE

Tâche: pouvoir présenter les avantages et inconvénients de chacune des trois mesures de localisation: la moyenne, la médiane et le mode.

DISCUSSION On représente habituellement un ensemble quelconque de données par une seule mesure de localisation. La question qui survient alors est la suivante: devrait-on utiliser la moyenne, la médiane ou le mode? Afin de répondre à cette question, comparons les propriétés de chacune de ces trois mesures.

LA MOYENNE

La *moyenne arithmétique* est probablement la mesure de localisation la plus couramment utilisée. Toutefois, son emploi n'est pas toujours indiqué en raison de sa sensibilité aux valeurs extrêmes qui sont causes d'asymétrie dans une distribution. De plus, la moyenne arithmétique est légèrement plus difficile à calculer manuellement que les deux autres mesures de tendance centrale, car les nombres qui composent l'ensemble doivent être additionnés, puis divisés par le nombre d'éléments dans l'ensemble. Dans le cas de la médiane, seule une mise en ordre des éléments est requise, cependant que pour le mode il suffit de faire le décompte des fréquences. Toutefois, la disponibilité de calculatrices de poche peu dispendieuses réduit considérablement le fardeau de la sommation des valeurs et élimine à toutes fins pratiques les problèmes de calcul associés à la moyenne.

De plus, parce que la moyenne présente de bonnes propriétés échantillonnales du fait qu'elle utilise tous les éléments de l'ensemble, et aussi parce que les gens sont familiers avec sa procédure de calcul, nous l'utiliserons plus fréquemment comme mesure de localisation que la médiane ou le mode.

LA MÉDIANE

La localisation de la médiane n'est pas affectée par la présence de valeurs extrêmement grandes ou petites, lesquelles influencent par ailleurs la localisation de la moyenne. Aussi, lorsqu'un ensemble de données comprend des valeurs extrêmes et que sa distribution a une forme asymétrique, on utilisera souvent la médiane de préférence à la moyenne. De toute façon, lorsque la distribution des données est à peu près symétrique, la médiane et la moyenne ne diffèrent que de très peu. Le calcul de la médiane est simple à effectuer, mais exige au préalable une mise en ordre des données. Dans le cas de données qui ne sont pas ordonnées, le calcul de la moyenne peut même s'avérer plus rapide que celui de la médiane. On peut considérer comme inconvénient additionnel le fait que la médiane n'est pas aisée à définir algébriquement. Enfin, les propriétés échantillonnales de la médiane sont de moindre qualité que celles de la moyenne, car sa valeur ne dépend que d'une ou deux mesures parmi toutes celles de la population.

LE MODE

On utilise le mode bien moins souvent que la moyenne ou la médiane. Le concept de *classe modale* (l'intervalle de classe qui se voit attribuer la fréquence la plus élevée dans un histogramme ou un diagramme en bâtonnets) est sans doute fort descriptif, mais nous avons rarement besoin de situer le mode, s'il s'agit d'une valeur unique. Pour trouver le mode, il faut compléter la tâche ennuyeuse de l'organisation des données; en outre, le concept est difficile à définir abstraitement et à exprimer en termes algébriques simples.

Pour mieux visualiser les liens qui existent entre ces trois mesures de localisation, examinons les polygones de fréquences «polis» des figures 3.6 et 3.7.

Notons d'abord que, dans le cas d'une courbe polygonale unimodale et symétrique (figure 3.6a), il y a superposition de la moyenne, de la médiane et du mode. Lorsque le polygone de fréquences est symétrique, mais bimodal (figure 3.6b), la moyenne et la médiane se superposent toujours, mais il y a deux modes. Lorsque le polygone de fréquences présente une asymétrie négative (figure 3.7a) ou positive (figure 3.7b), on obtient des valeurs différentes pour la moyenne, la médiane et le mode. La moyenne se déplace dans la direction de l'asymétrie. Les figures 3.6 et 3.7 n'illustrent évidemment pas toutes les formes possibles de polygones de fréquences, mais ce sont là les formes qu'on rencontre le plus souvent.

En résumé, si l'histogramme d'un ensemble de mesures est symétrique, utilisez la moyenne. S'il n'est pas symétrique, utilisez plutôt la médiane ou le mode. Mais, avant de prendre une décision finale, vérifiez l'utilisation

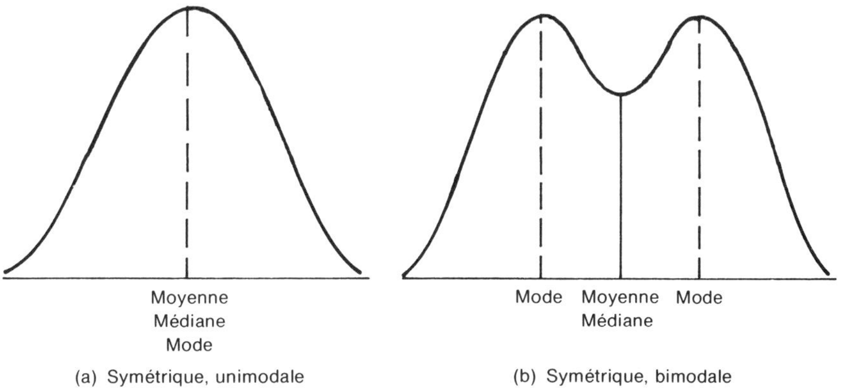

FIGURE 3.6

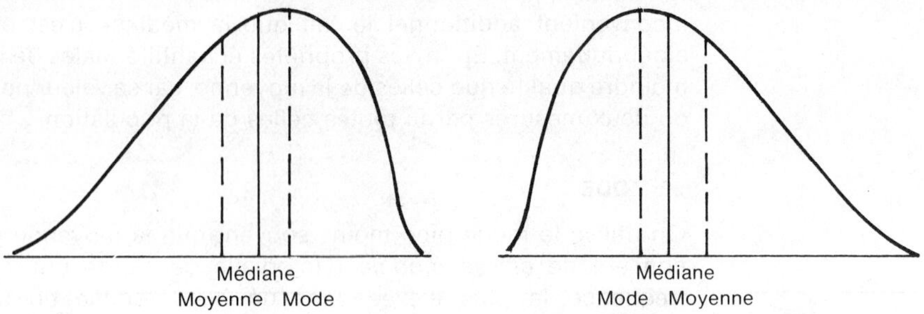

(a) Asymétrie négative, unimodale (b) Asymétrie positive, unimodale

FIGURE 3.7

ultérieure qui sera faite de ces données. Par exemple, si l'on songe à la distribution des pointures de souliers, on peut croire qu'un gérant de magasin de chaussures s'intéressera surtout aux pointures les plus fréquemment demandées. C'est le mode qui répondrait alors le mieux à sa préoccupation. La grandeur moyenne prendrait probablement la forme d'une fraction peu utilisable pour préparer une commande. Il est donc très important de bien comprendre les avantages et les inconvénients de chacune de ces mesures, tout en faisant usage de bon sens lors de leur application à un ensemble de données.

LEÇON 5 MESURES DE VARIABILITÉ: L'ÉTENDUE, LA VARIANCE ET L'ÉCART TYPE

Tâche: pouvoir calculer l'étendue, la variance et l'écart type d'un ensemble de données.

DÉFINITIONS

Mesure de variabilité: nombre qui permet de représenter l'étalement ou le degré de dispersion d'un ensemble de données. Dans ce manuel, nous n'allons parler que de trois mesures de variabilité: l'étendue, la variance et l'écart type. [*Note*:dans la présente leçon, nous allons étudier l'application de ces mesures aux seules populations. Nous parlerons de leur application aux données échantillonnales dans la leçon 8.]

Étendue: cette mesure représente l'étalement total d'un ensemble de données; on la calcule à l'aide de deux valeurs seulement. Pour trouver l'étendue d'une population, il suffit de soustraire la mesure la plus faible de la mesure la plus élevée.

Étendue = mesure la plus grande - mesure la plus petite.

Variance: la variance autour de la moyenne d'une population, ou plus simplement la variance, est une mesure de dispersion. Elle est égale à la moyenne de tous les écarts de la population mis au carré. Le terme *écart* désigne la distance entre chaque mesure de l'ensemble et la moyenne arithmétique de cet ensemble. La variance autour de la moyenne se calcule comme suit.

ÉTAPE 1 Calculer l'écart à la moyenne de chaque mesure de la population.

ÉTAPE 2 Mettre ces écarts au carré.

ÉTAPE 3 Faire la sommation des écarts mis au carré.

ÉTAPE 4 Calculer la moyenne des carrés des écarts en divisant la somme obtenue par le nombre de mesures dans l'ensemble.

Voici la représentation symbolique de la formule de calcul de la variance:

$$\sigma^2 = \frac{\sum_{i=1}^{N}(y_i - \mu)^2}{N}$$

où
σ^2 = la variance
y_i = chaque mesure de l'ensemble

μ = la moyenne de la population
N = le nombre de mesures dans la population

Écart type: il s'agit tout simplement de la racine carrée de la variance. Cette mesure est fort commode comme indice descriptif de l'étalement ou de la dispersion d'un ensemble de données autour de la moyenne. Nous utilisons la formule suivante pour calculer l'écart type d'une population:

$$\sigma = \sqrt{\sigma^2}$$

DISCUSSION

Supposons que vous avez obtenu un score de 73 à un test, ce qui vous a valu une note C. Lorsque le professeur annonce que le score moyen du groupe au test fut de 70, vous n'êtes pas trop mécontent. Mais, au moment de quitter la classe, vous apercevez un A sur la copie d'un ami qui a obtenu un score de 79. Avant d'accuser votre ami d'avoir «joué de la pomme» ou d'aller donner des coups de poing dans la porte du bureau du professeur, demandez-vous s'il n'y aurait pas quelque chose que vous ignorez à propos des scores à ce test.

En jetant un coup d'oeil sur la copie d'un autre étudiant, vous y voyez un score de 61 accompagné d'une mention d'échec. Vous pouvez maintenant regarder ces scores avec un peu plus de recul. La variabilité des scores vous procure une importante information qui vous faisait défaut lors de votre première analyse. Examinons maintenant à titre d'exemple les résultats suivants pour quatre examens différents.

ENSEMBLES	SCORES	MOYENNES
1	70, 70, 70, 70, 70	70
2	68, 69, 70, 71, 72	70
3	60, 70, 70, 70, 80	70
4	60, 65, 70, 75, 80	70

La moyenne de ces quatre examens est la même, soit 70, mais les quatre ensembles de scores diffèrent de toute évidence beaucoup. Dans l'ensemble 1, il n'y a aucune variabilité autour de la moyenne, alors que la variabilité apparaît beaucoup plus grande dans l'ensemble 4, du moins par comparaison à l'autre. Il apparaît clair que la moyenne en elle-même ne nous dit rien à propos de la variabilité des scores. Peut-on trouver un nombre qui traduira cette variabilité des scores?

Bien sûr. On peut calculer *l'étendue* de chacun des quatre examens en calculant la différence entre le score le plus élevé et le score le plus faible.

ENSEMBLES	SCORES	MOYENNES	ÉTENDUES
1	70, 70, 70, 70, 70	70	0 (70–70 = 0)
2	68, 69, 70, 71, 72	70	4 (72–68 = 4)
3	60, 70, 70, 70, 80	70	20 (80–60 = 20)
4	60, 65, 70, 75, 80	70	20 (80–60 = 20)

Comme vous pouvez le constater, l'étendue reflète dans une certaine mesure la variabilité de chaque ensemble de données. Cependant, cette mesure ne nous dit pas le fin mot de l'histoire! Remarquez que les ensembles 3 et 4 ont une moyenne et une étendue identiques, mais les deux ensembles demeurent quand même bien différents l'un de l'autre. Étant donné que l'étendue se calcule à partir des valeurs extrêmes d'un ensemble, elle reflète certes l'envergure globale d'un ensemble de données, mais elle ne nous indique pas du tout si les valeurs individuelles à l'intérieur de l'ensemble se concentrent autour de la moyenne, à l'exception de quelques valeurs marginales (ensemble 3), ou si elles se répartissent à peu près également tout au long de l'étendue (ensemble 4). La figure 3.8 illustre graphiquement ces quatre ensembles de scores.

On y voit que les quatre ensembles partagent une même moyenne, mais qu'il y a de nettes différences quant à la variabilité autour de cette moyenne, c'est-à-dire quant à la façon dont les données se dispersent au sein de chaque ensemble. On y remarque également que les ensembles 3 et 4 ont une même étendue. Cependant, les données de l'ensemble 4 se distribuent plus régulièrement autour de la moyenne que celles de l'ensemble 3. Aussi, nous dirons que l'ensemble 4 présente une plus grande variabilité autour de la moyenne que l'ensemble 3. C'est ce phénomène qui se trouve illustré dans la figure 3.9.

Ainsi que nous l'avons déjà signalé, deux mesures seulement servent à calculer l'étendue d'une population, la plus grande et la plus petite. Peut-on

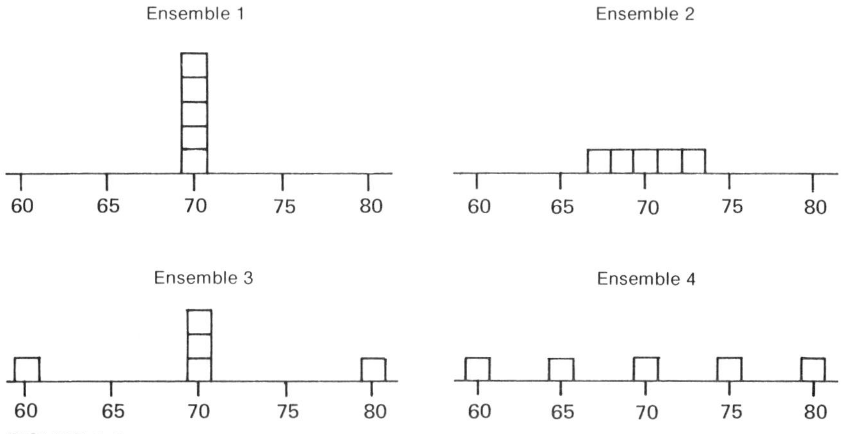

FIGURE 3.8

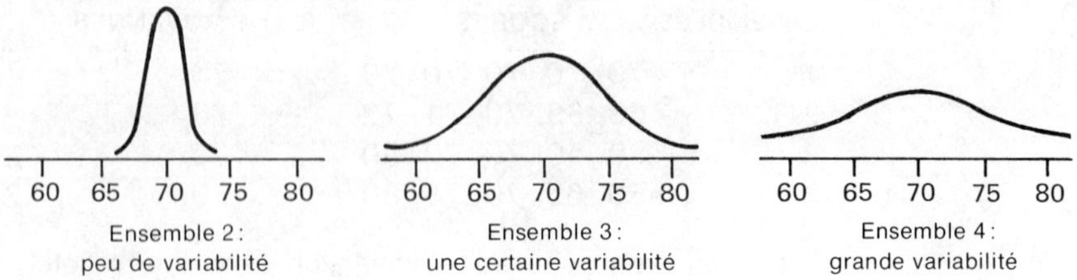

FIGURE 3.9

calculer une mesure de variabilité qui tiendra compte de toutes les mesures à l'intérieur de la population?

Oui, il s'agit de la *variance*. Celle-ci, en effet, tient compte de la distance de chaque mesure par rapport à la moyenne. Cette distance porte le nom *d'écart*. Lorsqu'une mesure se trouve à gauche de la moyenne sur un graphique des données, on dira que l'écart à la moyenne est *négatif*; par contre, si la mesure se situe à droite de la moyenne, l'écart sera dit *positif*. La figure 3.10 illustre ces deux types d'écarts.

Si l'on tente de calculer la distance moyenne entre chaque mesure et la moyenne de l'ensemble, on constatera que la somme des écarts positifs annule précisément la somme des écarts négatifs. Le sommaire numérique de ce calcul sera zéro, une mesure de variabilité tout à fait inutile. Aussi, pour éviter ce problème, nous mettons les écarts au carré (ce qui a pour effet d'éliminer les signes négatifs), puis nous calculons la moyenne de ces carrés. Ce calcul produit la variance, qui traduit bien l'écart par rapport à la moyenne de chaque mesure de la population.

Toutefois, l'utilisation de ce processus de mise au carré nous donne une variance qui représente des dollars «carrés», des minutes «carrées», et ainsi de suite. Aussi, pour ramener notre mesure de variabilité à des proportions plus justes, de façon à ce qu'elle ressemble davantage à la grandeur moyenne des écarts dont elle est dérivée, nous allons extraire la racine carrée de la variance, ce qui nous donnera *l'écart type*.

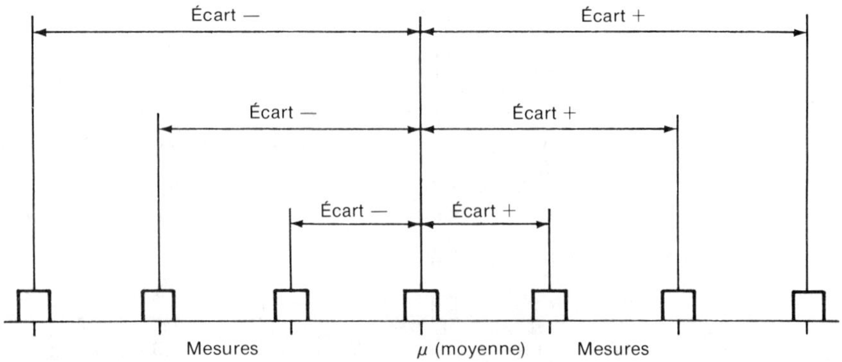

FIGURE 3.10

On calcule la variance et l'écart type de n'importe quelle population à l'aide des formules suivantes.

$$\text{Variance} = \sigma^2 = \frac{\sum_{i=1}^{N} (y_i - \mu)^2}{N}$$

$$\text{Écart type} = \sigma = \sqrt{\sigma^2}$$

Dans ces formules:

σ = l'écart type,
σ^2 = la variance,
$\sum_{i=1}^{N}$ = la sommation des quantités,
y_i = chaque mesure individuelle,
μ = la moyenne de la population,
$(y_i - \mu)^2$ = le carré de l'écart entre une mesure donnée et la moyenne de la population,
N = le nombre total de mesures dans la population.

Calculons la variance et l'écart type pour l'ensemble 2 des résultats de tests dont nous avons parlé plus haut.

MESURES y_i	MOYENNES μ	ÉCARTS $(y_i - \mu)$	ÉCARTS ÉLEVÉS AU CARRÉ $(y_i - \mu)^2$
68	70	-2	$(-2)^2 = 4$
69	70	-1	$(-1)^2 = 1$
70	70	0	$0^2 = 0$
71	70	1	$1^2 = 1$
72	70	2	$2^2 = 4$
350		0	10

Conséquemment, $N = 5$ et

$$\sum_{i=1}^{N} (y_i - \mu)^2 = 10$$

La variance se calcule comme suit:

$$\sigma^2 = \frac{10}{5} = 2$$

L'écart type se calcule comme suit:

$$\sigma = \sqrt{2} = 1{,}414$$

On trouvera dans le tableau ci-dessous les variances et écarts types pour les quatre ensembles de résultats d'examens mentionnés plus haut.

	ENSEMBLE 1	ENSEMBLE 2	ENSEMBLE 3	ENSEMBLE 4
VARIANCES	$\sigma^2 = \frac{0}{5} = 0$	$\sigma^2 = \frac{10}{5} = 2$	$\sigma^2 = \frac{200}{5} = 40$	$\sigma^2 = \frac{250}{5} = 50$
ÉCARTS TYPES	$\sigma = \sqrt{0} = 0$	$\sigma = \sqrt{2} = 1{,}414$	$\sigma = \sqrt{40} = 6{,}325$	$\sigma = \sqrt{50} = 7{,}07$

Voici les étapes à suivre pour calculer la variance et l'écart type d'une population quelconque de données.

ÉTAPE 1 Calculer la moyenne de la population: $\mu = \frac{\Sigma y_i}{N}$

ÉTAPE 2 Calculer l'*écart* entre chaque mesure et la moyenne: $y_i - \mu$

ÉTAPE 3 *Élever au carré* chaque écart: $(y_i - \mu)^2$

ÉTAPE 4 *Additionner* les carrés des écarts: $\Sigma(y_i - \mu)^2$

ÉTAPE 5 *Calculer la moyenne* en divisant par N pour obtenir la variance: $\sigma^2 = \frac{\Sigma(y_i - \mu)^2}{N}$

ÉTAPE 6 *Extraire la racine carrée* de la variance pour obtenir l'écart type: $\sigma = \sqrt{\sigma^2}$

EXEMPLE Calculer la variance et l'écart type pour l'ensemble de données ci-dessous.

1. Les données sont présentées en ordre croissant: 2, 3, 4, 4, 5, 5, 5, 6, 6, 7, 8.

   Solution. Pour calculer la variance et l'écart type, nous allons suivre la procédure en six étapes décrite dans la *Discussion.*

ÉTAPE 1 Calculer la moyenne de la population.

$$\frac{2 + 3 + 4 + 4 + 5 + 5 + 5 + 6 + 6 + 7 + 8}{11} = 5 = \mu$$

ÉTAPE 2 Calculer l'écart entre chacune des données individuelles et la moyenne de la population.

ÉTAPE 3 Élever les écarts au carré (colonne 4 ci-dessous).

ÉTAPE 4 Additionner les carrés des écarts.

(Les écarts de la colonne 3 s'obtiennent en soustrayant la colonne 2 de la colonne 1 dans le tableau ci-dessous).

COLONNE 1 y_i	**COLONNE 2** μ	**COLONNE 3** $(y_i - \mu)$	**COLONNE 4** $(y_i - \mu)^2$
2	5	-3	$(-3)^2 = 9$
3	5	-2	$(-2)^2 = 4$
4	5	-1	$(-1)^2 = 1$
4	5	-1	$(-1)^2 = 1$
5	5	0	$(0)^2 = 0$
5	5	0	$(0)^2 = 0$
5	5	0	$(0)^2 = 0$
6	5	1	$(0)^2 = 1$
6	5	1	$(1)^2 = 1$
7	5	2	$(1)^2 = 4$
8	5	3	$(3)^2 = 9$
55		0	30

Finalement, $\Sigma(y_i - \mu)^2$ = somme des carrés des écarts = 30.

ÉTAPE 5 Pour obtenir la variance, calculer la moyenne des carrés des écarts.

$$\sigma^2 = \frac{\Sigma(y_i - \mu)^2}{N} = \frac{30}{11} = 2{,}7273$$

ÉTAPE 6 Pour obtenir l'écart type, extraire la racine carrée de la variance.

$$\sigma = \sqrt{\sigma^2} = \sqrt{2{,}7273} = 1{,}65$$

EXERCICES Pour chacun des ensembles de données ci-dessous, calculer la moyenne, la variance et l'écart type.

1. Les deux ensembles de données ci-dessous représentent la circonférence (en cm) des biceps de cinq étudiants universitaires en éducation physique et de cinq étudiants en mathématiques.

ÉDUCATION PHYSIQUE	MATHÉMATIQUES
36	30
38	30
38	32
38	34
40	34

Calculer la moyenne, la variance et l'écart type pour chaque groupe. Que nous signale la différence entre les deux variances (ou écarts types) en termes de variabilité dans les deux groupes?

2. Des agronomes tentent de produire une variété de pois dont les cosses seraient remplies de façon plus uniforme, ce qui répondrait mieux aux besoins des conserveries. On retrouve ci-dessous le nombre de pois contenus dans 5 cosses d'une variété régulière et dans 5 cosses de la nouvelle variété.

VARIÉTÉ RÉGULIÈRE	NOUVELLE VARIÉTÉ
8	9
9	10
10	10
11	10
12	11

Sur la base des moyennes, variances et écarts types que vous avez calculés, que concluriez-vous à propos de l'uniformité de la nouvelle variété de pois?

3. On a comparé les habitudes télévisuelles de deux groupes de six enfants, âgés respectivement de 6 et 13 ans. Les données ci-dessous indiquent le nombre d'heures hebdomadaires de visionnement.

6 ANS (HEURES/SEMAINE)	13 ANS (HEURES/SEMAINE)
18	15
18	18
19	18
21	22
22	22
22	25

La moyenne des deux groupes est la même, soit 20 heures. Comparez les deux groupes au niveau des variances et des écarts types. Cette information servirait-elle aux compagnies de disques? Aux manufacturiers de jouets ou de céréales? Aux responsables d'organismes de loisirs ou d'institutions scolaires?

4. Calculer la variance et l'écart type de chacun des trois ensembles de données ci-dessous, puis comparer les résultats.

Ensemble A: 14, 16, 18, 20.
Ensemble B: 24, 26, 28, 30.
Ensemble C: 33, 35, 37, 39.

5. Comparer les variances σ^2 des deux ensembles ci-dessous. Qu'observe-t-on ? Comparer les écarts types σ. Qu'observe-t-on ? (Noter que les nombres qui composent le second ensemble sont trois fois plus grands que ceux de l'ensemble 1.)

Ensemble 1: 4, 5, 6, 7
Ensemble 2: 12, 15, 18, 21.

LEÇON 6 LA RÈGLE EMPIRIQUE

Tâche: pouvoir appliquer la règle empirique à un ensemble de données dont le polygone de fréquences adouci est en forme de cloche.

DÉFINITION

Règle empirique : elle s'énonce comme suit. Si la population des mesures est symétrique et en forme de cloche, alors environ 68% de toutes les mesures de l'ensemble (population) se retrouveront à l'intérieur de l'intervalle compris entre $\mu - \sigma$ et $\mu + \sigma$; environ 95% de toutes les mesures se retrouveront à l'intérieur de l'intervalle compris entre $\mu - 2\sigma$ et $\mu + 2\sigma$; environ 100% de toutes les mesures se retrouveront à l'intérieur de l'intervalle compris entre $\mu - 3\sigma$ et $\mu + 3\sigma$.

DISCUSSION

Dans le chapitre deux, nous avons utilisé des courbes régulières pour délimiter la forme des histogrammes. Nous avons alors signalé que toutes sortes de populations pouvaient être représentées par une courbe symétrique en forme de cloche. Nous pouvons maintenant nous appuyer sur la règle empirique pour affirmer que, lorsque l'histogramme d'un ensemble de mesures est symétrique et en forme de cloche, environ 68% des unités d'observation de cette population sont comprises à l'intérieur d'un intervalle qui s'étend d'un point situé à un écart type à gauche de la moyenne jusqu'à un autre point situé à un écart type à droite de la moyenne (voir la figure 3.11).

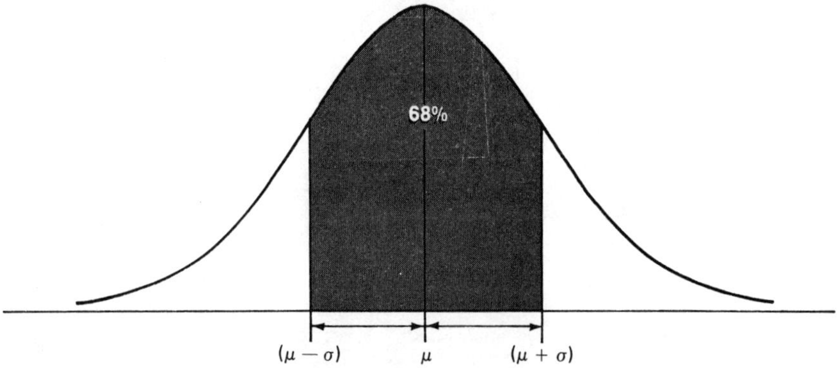

FIGURE 3.11 Un écart type

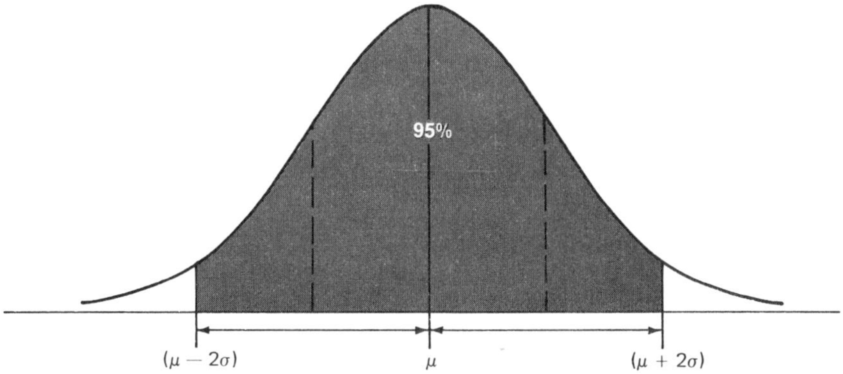

FIGURE 3.12 Deux écarts types

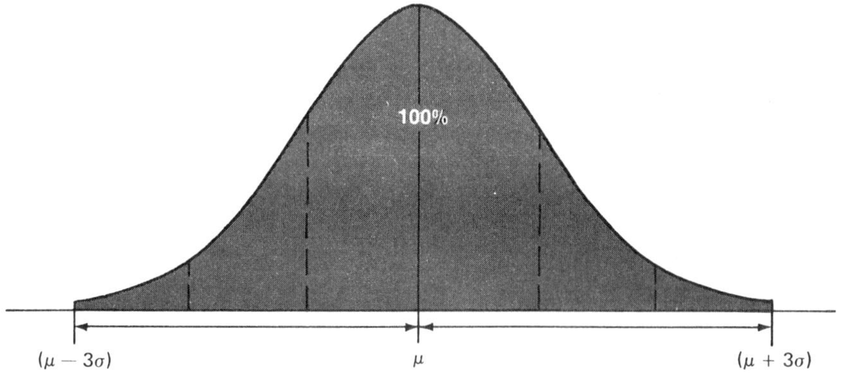

FIGURE 3.13 Trois écarts types

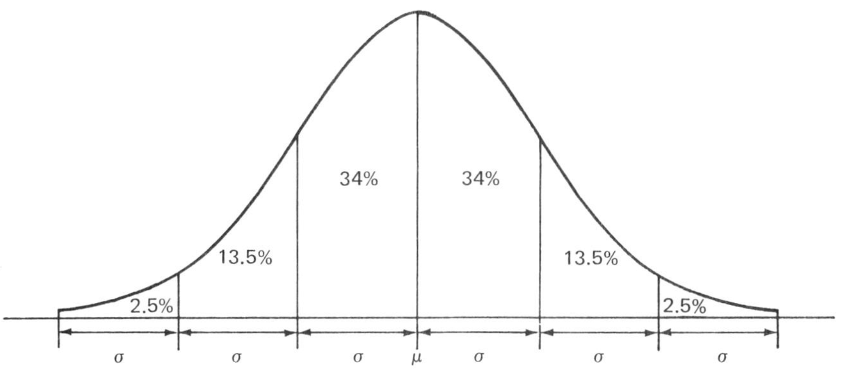

FIGURE 3.14 Pourcentages des mesures situées dans des intervalles larges d'un écart type

La règle empirique précise également qu'environ 95% de toutes les mesures sont comprises à l'intérieur d'un intervalle qui s'étend d'un point situé à deux écarts types à gauche de la moyenne jusqu'à un autre point situé à deux écarts types à droite de la moyenne (voir la figure 3.12).

Enfin, cette même règle empirique précise qu'environ 100% de toutes les mesures d'une population sont comprises à l'intérieur d'un intervalle qui s'étend d'un point situé à trois écarts types à gauche de la moyenne jusqu'à un autre point situé à trois écarts types à droite de la moyenne (voir la figure 3.13).

En combinant les diverses propriétés des courbes symétriques en forme de cloche définies par la règle empirique, on obtient le diagramme de la figure 3.14.

DISCUSSION SIMPLIFIÉE

Imaginons que nous dessinions sur le sol un immense histogramme, symétrique et en forme de cloche. La règle empirique dit ceci: si nous partons d'un point situé à un écart type à droite de la moyenne, puis marchons vers la gauche jusqu'à la moyenne, puis continuons à marcher jusqu'à un point situé à un écart type à gauche de la moyenne nous aurons croisé ou rencontré environ 68% de toutes les mesures de la population. Si nous partons d'un point situé à deux écarts types à droite de la moyenne ($\mu + 2\sigma$) et marchons jusqu'à un point qui se trouve à deux écarts types à gauche de la moyenne ($\mu - 2\sigma$), nous aurons rencontré 95% de toutes les mesures. Enfin, si nous amorçons notre «promenade» à $\mu + 3\sigma$ et déambulons jusqu'à $\mu - 3\sigma$, nous aurons croisé ou rencontré presque toutes les mesures de l'ensemble, à quelques exceptions près.

EXEMPLES

Décrire les populations ci-dessous à l'aide de la règle empirique.

1. Postulons que les poids (en kilogrammes) de la population totale des assurés de la Compagnie Vie Éternelle se distribuent de façon à produire un histogramme symétrique en forme de cloche, avec une moyenne de 70 kg et un écart type de 10 kg.

Solution. Environ 68% de tous les poids sont compris à l'intérieur des limites fixées par les valeurs 60 et 80. Environ 95% de tous les poids se situent entre 50 et 90. Finalement, presque 100% de tous les poids s'échelonnent entre les valeurs 40 et 100 (voir la figure 3.15).

2. Postulons qu'un ensemble de scores à un test se distribue de façon à produire un histogramme symétrique en forme de cloche, avec une moyenne de 150 et un écart type de 25.

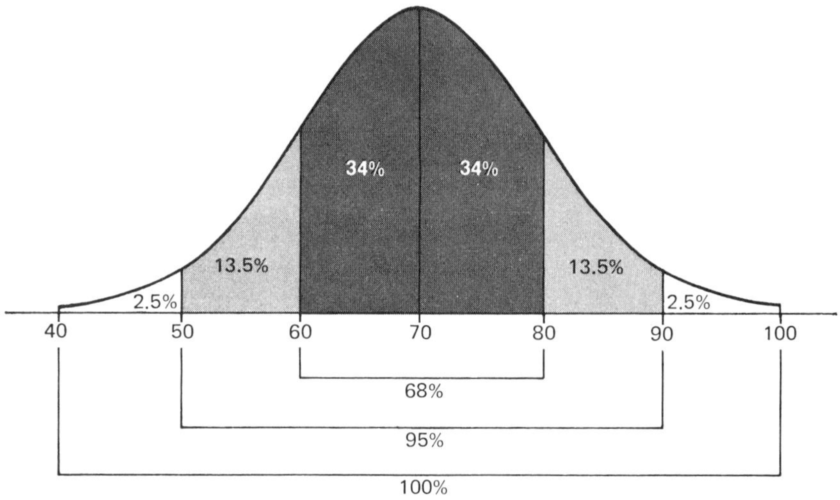

FIGURE 3.15

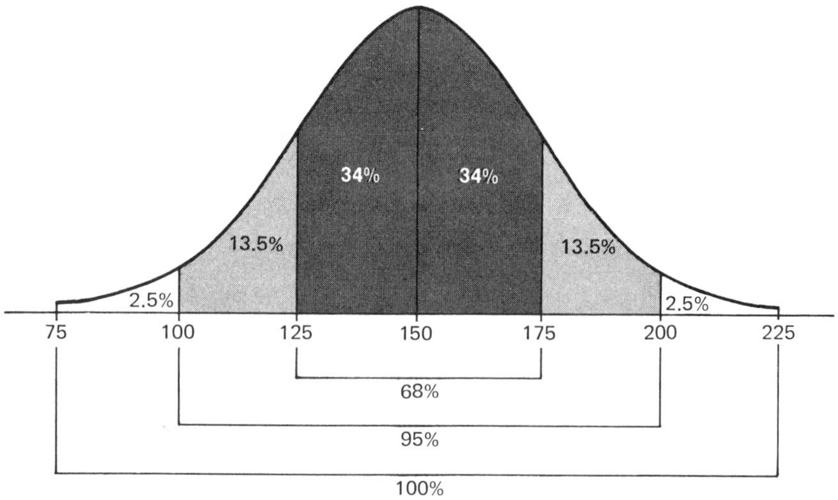

FIGURE 3.16

Solution. Environ 68% de tous les scores sont compris dans l'intervalle de 125 à 175. Environ 95% de tous les scores s'échelonnent entre 100 et 200. Finalement, presque 100% de tous les scores se situent entre les limites 75 et 225 (voir la figure 3.16).

3. Une compagnie fabrique des coussinets métalliques dont le diamètre intérieur moyen est d'un centimètre, avec un écart type de 0,02 cm. On juge inacceptables les coussinets dont le diamètre excède 1,04 cm ou n'atteint pas

0,96 cm. Quelle proportion (ou pourcentage) des coussinets n'est pas acceptable? Postulons une distribution symétrique en forme de cloche.

Solution. Examinons l'échelle ci-dessous.

0,92 0,96 0,98 μ 1,02 1,04 1,06

Dans le cas présent, la valeur 0,96 se situe à deux écarts types à gauche de la moyenne, tandis que la valeur 1,04 se trouve également à deux écarts types, mais à droite de la moyenne. Puisque environ 95% des coussinets fabriqués ont un diamètre intérieur compris entre 0,96 cm et 1,04 cm, il s'ensuit donc que 5% seulement des coussinets se trouvent hors de ces limites et doivent donc être rejetés.

EXERCICES

Utiliser la règle empirique pour résoudre chacun des problèmes ci-dessous. [*Note:* nous vous suggérons de dessiner pour chaque problème une courbe en forme de cloche et d'y découper les zones appropriées.]

1. La compagnie de céréales Croustilles inc. a fixé à 500 grammes la masse de ses boîtes de céréales, avec un écart type de 10 grammes. La courbe des masses est en forme de cloche. Environ quelle proportion des boîtes seront:

(a) plus lourdes que 480 grammes? ____________
(b) plus lourdes que 520 grammes? ____________
(c) plus légères que 480 grammes? ____________
(d) plus légères que 460 grammes? ____________
(e) comprises entre 460 et 500 grammes? ____________

2. La courbe qui représente la distribution des revenus des résidents d'une ville donnée est à peu près symétrique et en forme de cloche, avec une moyenne de 9000 $ et un écart type de 1500 $. Quelle est la proportion des revenus:

(a) supérieurs à 14 000 $? ____________
(b) inférieurs à 4 000 $? ____________
(c) compris entre 7 500 $ et 12 000 $? ____________
(d) supérieurs à 7 500 $? ____________
(e) compris entre 6 000 $ et 13 500 $? ____________

De façon générale, peut-on postuler que les revenus d'une large population épousent une distribution en forme de cloche?

3. Postulons que les pertes financières d'une compagnie d'assurances, reliées à des accidents qui impliquaient des voitures âgées de trois ans ou

plus, se distribuent symétriquement selon une courbe en forme de cloche, avec une moyenne de 600 $ et un écart type de 200 $.

Quelle proportion de ce type d'accident se traduira par des pertes:

(a) supérieures à 1000 $? ______________________

(b) supérieures à 800 $? ______________________

Pourquoi les compagnies d'assurance-automobile tiennent-elles à enregistrer et conserver ce type d'informations ?

LEÇON 7 LA PROPORTION ET LE TOTAL

Tâche: pouvoir calculer la proportion ou le total d'une population donnée.

DÉFINITIONS

Proportion : nombre (exprimé sous forme d'une fraction) qui indique le rapport entre le nombre de mesures d'une population qui partagent une caractéristique quelconque et le nombre total de mesures dans la population. On représente symboliquement une proportion par la lettre grecque minuscule pi (π). Voici la formule qui sert à calculer une proportion:

$$\pi = \frac{\text{nombre de mesures partageant une même caractéristique}}{\text{nombre total de mesures dans la population}}$$

On transforme souvent les proportions en pourcentages en les multipliant par 100.

Total d'une population : nombre égal à la somme de toutes les mesures de la population étudiée. On représente symboliquement cette somme par la notation suivante:

$$\text{Total} = \sum_{i=1}^{N} y_i$$

DISCUSSION

Dans le domaine de la statistique, on rencontre et on utilise fréquemment des *proportions*. Ce paramètre d'une population n'est ni une mesure de localisation, ni une mesure de variabilité. On fait appel aux proportions lorsqu'on s'intéresse à la proportion d'une population qui possède une caractéristique particulière (par exemple, la proportion des votants qui appuient le candidat Graissebien). Ce paramètre se calcule très facilement. Vous l'avez d'ailleurs probablement utilisé dans toutes sortes d'autres domaines.

Pour obtenir une proportion, il suffit de diviser le nombre de mesures d'une population qui partagent une caractéristique commune par le nombre total de mesures dans la population. Le résultat prend la forme d'une fraction ou d'un pourcentage.

Le *total* d'une population est un autre paramètre fréquemment utilisé. De même que pour la proportion, il ne s'agit ni d'une mesure de tendance centrale, ni d'une mesure de variabilité. Il correspond tout simplement à la somme des mesures de la population.

$$\text{Total} = \sum_{i=1}^{N} y_i$$

(On écrit Σy lorsqu'il est clair que la sommation porte sur toutes les mesures de la population.)

Voici quelques exemples typiques de totaux: le revenu annuel total, qui correspond à la somme de tous les revenus mensuels; le total des impôts payés par les contribuables, qui correspond à la somme des impôts payés par chacun des individus ; la production totale de blé d'un État ou d'un pays ; la consommation annuelle totale d'énergie d'un ménage ou d'une province; et ainsi de suite.

Pour calculer un total, il suffit d'effectuer la sommation de toutes les mesures individuelles d'une population. Puisque

$$\mu = \frac{\Sigma y}{N}$$

il est également possible d'obtenir le total en multipliant simplement la moyenne μ par le nombre N de mesures dans la population.

$$N\mu = \frac{N(\Sigma y)}{N} = \Sigma y$$

EXEMPLES

Problèmes 1 à 4: calculer la proportion.
Problèmes 5 à 7: calculer le total.

1. Dans un groupe de 400 étudiants inscrits à un cours de statistique, 40 ont abandonné avant l'examen de mi-session.

Solution. La proportion des étudiants qui ont abandonné est égale à $\pi = 40/400 = 0{,}10 = 10\%$.

2. L'examen des dossiers d'une enseignante a révélé qu'elle avait attribué une note A à 100 de ses 900 élèves.

Solution. La proportion des A est égale à $\pi = 100/900 = 0{,}111 = 11{,}1\%$

3. En 1971, le gouvernement fédéral américain possédait 760 204 000 acres des 2 271 343 000 acres qui constituent le territoire des États-Unis d'Amérique.

Solution. Ce nombre représente 760 204 000/2 271 343 000 = 0,335 = 33,5% du territoire total. (*Source*: U.S. General Services Administration,

Inventory Report on Real Property Owned by the United States Throughout the World. Washington, D.C., U.S.G.P.O., 1971).

4. En 1971, 810 000 crimes violents furent enregistrés, dont 18 000 furent classés comme meurtres ou homicides involontaires.

Solution. Le chiffre de 18 000 représente 2,2% du total. C'est-à-dire $\pi =$ 18 000/810 000 = 0,022. (*Source: Uniform Crime Reports for the United States*. Washington, D.C., U.S.G.P.O., 1971).

5. Les chiffres ci-dessous représentent les coûts d'items d'une liste d'épicerie: 1,29 \$, 0,65 \$, 0,25 \$, 0,33 \$, 0,49 \$, 1,20 \$, 2,25 \$. Quel est le total?

Solution.

1,29 \$
,65
,25
,33
,49
1,20
2,25
6,46 \$ $= \Sigma y =$ Total

6. L'ensemble de données qui suit décrit le nombre mensuel d'accidents à une intersection donnée au cours d'une période de douze mois: 2, 1, 0, 3, 4, 6, 1, 2, 3, 0, 1, 5. Quel est le nombre total d'accidents?

Solution. Le total est $\Sigma y = 28$.

7. Le poids moyen des hommes adultes (entre 18 et 69 ans) se chiffre à environ 76 kg. Si dix hommes entrent dans un ascenseur, quel est l'estimé de leur poids total? Si la charge maximale de l'ascenseur est 450 kg, combien d'hommes en moyenne devrait-il contenir?

Solution. Le total $= N\mu = 10 \times 76 = 760$ kg. La charge maximale ne devrait pas dépasser 5 hommes ($5 \times 76 = 380$ kg; $6 \times 76 = 456$ kg).

EXERCICES Dans le cas des problèmes ci-dessous, calculer tel que demandé la proportion ou le total.

1. Des policiers ont arrêté 235 conducteurs sur une autoroute. Ils ont découvert que 205 d'entre eux avaient bu une boisson alcoolique moins d'une heure avant d'être arrêtés. Quelle est la proportion?

2. Dans un groupe de 650 poussins morts peu après leur naissance chez un éleveur de volailles, on découvrit que 480 d'entre eux avaient succombé à un même parasite. Quelle est la proportion?

3. Au sein d'une grande entreprise, 345 hommes occupent des postes de cadre supérieur, tandis que 222 femmes occupent des postes de même niveau. Les femmes constituent quelle proportion du total?

4. Si 550 voitures entrent chaque jour dans le parc de stationnement d'une grande usine et si 220 d'entre elles comptent plus d'un occupant, quelle proportion du nombre total de voitures ne contient qu'un seul occupant ?

5. L'ensemble de nombres qui suit représente les scores obtenus par un même étudiant à huit examens successifs: 80, 72, 91, 83, 69, 73 et 78. Quel est le score total de cet étudiant?

6. Le compte de taxe d'eau moyen des résidents d'une certaine ville se chiffre en juillet à 14,82 $. Cette ville compte 25 570 résidents qui paient cette taxe. Quel revenu total cette ville retire-t-elle en moyenne de la taxe d'eau perçue en juillet?

7. Une famille dépense en moyenne 75 $ par semaine pour l'épicerie. Quelle est la facture d'épicerie totale d'une famille moyenne à la fin d'une année?

8. Dans un hôpital donné, la dose moyenne d'un médicament administré par injection est de 1,5 cc. Au cours d'un mois, 300 patients en moyenne reçoivent ce médicament. Combien de centimètres cubes devrait contenir l'entrepôt de l'hôpital (réserve de 2 mois) ?

LEÇON 8 LE CALCUL D'INDICES STATISTIQUES

Tâche: pouvoir calculer, à partir de données échantillonnales, la moyenne, la médiane, le mode, la variance, l'écart type, l'étendue ou la proportion. Pouvoir comparer et interpréter les mesures de localisation et les mesures de variabilité.

INDICES STATISTIQUES

INDICES STATISTIQUES	NOTATIONS	FORMULES/ÉQUATIONS
Moyenne échantillonnale	$\bar{y}$	$\bar{y} = \frac{\Sigma y}{n}$ où n représente le nombre de mesures dans l'échantillon.
Médiane échantillonnale	md	Calculée de la même façon que la médiane (Md) de la population.
Mode échantillonnal	mo	Calculé de la même façon que le mode (Mo) de la population.
Variance échantillonnale	s^2	$s^2 = \frac{\Sigma(y - \bar{y})^2}{n - 1}$ ou: $\frac{\Sigma y^2 - \frac{(\Sigma y)^2}{n}}{n - 1}$
Écart type échantillonnal	s	$s = \sqrt{s^2}$
Étendue échantillonnale	étendue	La plus grande valeur échantillonnale moins la plus petite.
Proportion échantillonnale	p	Le nombre de mesures dans l'échantillon qui partagent une même caractéristique, divisé par n.

Note: dans le tableau ci-dessus, n représente la taille de l'échantillon. Ceci veut dire que lorsque nous employons l'expression «un échantillon de taille n», nous voulons signifier que nous avons sélectionné de la population de mesures un échantillon de n mesures. Veuillez noter également la différence entre «Md» et «md», de même qu'entre «Mo» et «mo». Les lettres majuscules sont ainsi réservées aux paramètres de la population, tandis que les lettres minuscules identifient des indices statistiques calculés sur des échantillons.

DISCUSSION

Jusqu'à présent dans ce chapitre, nous avons présenté des concepts et décrit des opérations qui concernent des populations entières. Toutefois, plus souvent qu'autrement, des motifs d'ordre pratique nous amèneront à calculer surtout des indices statistiques échantillonnaux. Les formules utilisées pour calculer divers paramètres, de même que les indices statistiques correspondants, apparaissent côte à côte dans le tableau ci-dessous. Notez bien les similitudes entre les deux procédures de calcul, en même temps que la différence fondamentale.

MESURES	POPULATION	ÉCHANTILLON
Moyenne	$\mu = \frac{\Sigma y}{N}$	$\bar{y} = \frac{\Sigma y}{n}$
Variance	$\sigma^2 = \frac{\Sigma(y - \mu)^2}{N}$	$s^2 = \frac{\Sigma(y - \bar{y})^2}{n - 1}$
	ou formules pour calculatrices	
	$\sigma^2 = \frac{\Sigma y^2 - \frac{(\Sigma y)^2}{N}}{N}$	$s^2 = \frac{\Sigma y^2 - \frac{(\Sigma y)^2}{n}}{n - 1}$
Écart type	$\sigma = \sqrt{\sigma^2}$	$s = \sqrt{s^2}$
Étendue	Étendue = la plus grande valeur *Y* dans la population moins la plus petite	Étendue = la plus grande valeur *Y* dans l'échantillon moins la plus petite
Proportion	π = le nombre de mesures dans une population qui partagent une même caractéristique, divisé par *N*	*p* = le nombre de mesures dans un échantillon qui partagent une même caractéristique, divisé par *n*

Dans ce tableau, *n* représente le nombre de mesures dans l'échantillon et *N* le nombre de mesures dans la population. De plus, la médiane et le mode ont été exclus de cette liste, et ce pour deux raisons. (1) Ils se calculent exactement de la même façon, quelle que soit l'origine des données (échantillon ou population). (2) Ils ne se prêtent pas à une symbolisation algébrique simple.

Voici deux remarques à propos des formules de calcul de la variance. (1) Le diviseur utilisé dans le calcul de la variance échantillonnale est *n — 1*, alors que le diviseur correspondant au niveau de la population est *N*. (2) Chaque équation peut-être transformée en une *formule pour calculatrices* plus facile à utiliser avec une calculatrice de poche, et même manuellement.

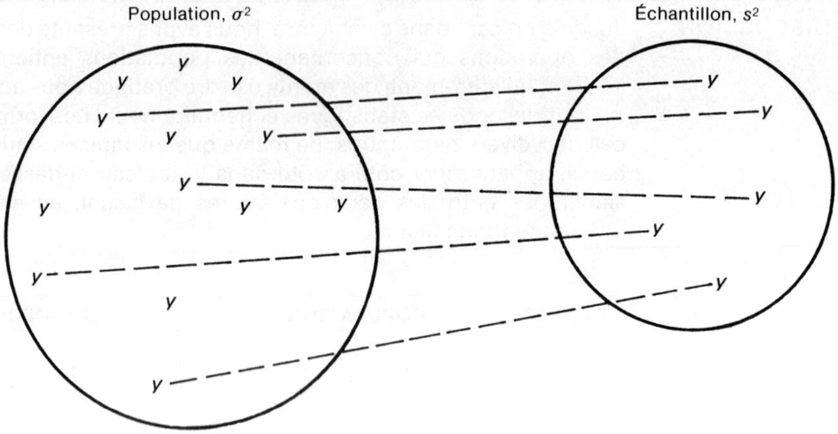

FIGURE 3.17

La différence entre les deux diviseurs servant au calcul de la variance s'explique par le fait qu'on utilise s^2 comme estimé de σ^2. Imaginons que nous avons une très grande population, trop grande pour subir une énumération complète; nous désirons connaître la variance σ^2 de cette population. Il est alors possible d'utiliser l'indice statistique s^2 pour estimer le paramètre σ^2. La figure 3.17 illustre graphiquement cette procédure.

Si l'on utilisait n comme diviseur (cf. ci-dessous)

$$s^2 = \frac{\Sigma(y - \bar{y})^2}{n}$$

on se trouverait plus souvent qu'autrement à sous-estimer la vraie valeur de σ^2. On corrige ce problème lorsqu'on utilise $n - 1$ comme diviseur, ce qui donne la formule suivante:

$$s^2 = \frac{\Sigma(y - \bar{y})^2}{n - 1}$$

En ce qui a trait au calcul de la variance, voici un exemple très simple qui démontre les avantages de la formule pour calculatrices sur la formule de base. Supposons les données échantillonnales 1, 2, 3, 4, 5, pour lesquelles nous désirons calculer la variance s^2. Tel qu'illustré dans le tableau ci-dessous, on obtient des résultats identiques avec les deux formules.

FORMULE USUELLE

$$s^2 = \frac{\Sigma(y-\bar{y})^2}{n-1}$$

y	$y-\bar{y}$	$(y-\bar{y})^2$
1	−2	4
2	−1	1
3	0	0
4	1	1
5	2	4
$\Sigma y = 15$		$\Sigma(y-\bar{y})^2 = 10$

$$\bar{y} = \frac{\Sigma y}{n} = \frac{15}{5} = 3$$

$$s^2 = \frac{\Sigma(y-\bar{y})^2}{n-1}$$

$$= \frac{10}{4} = 2{,}5$$

FORMULE POUR CALCULATRICES

$$s^2 = \frac{\Sigma y^2 - \frac{(\Sigma y)^2}{n}}{n-1}$$

y	y^2
1	1
2	4
3	9
4	16
5	25
$\Sigma y = 15$	$\Sigma y^2 = 55$

$$\bar{y} = \frac{\Sigma y}{n} = \frac{15}{5} = 3$$

$$s^2 = \frac{\Sigma y^2 - \frac{(\Sigma y)^2}{n}}{n-1}$$

$$= \frac{55 - \frac{(15)^2}{5}}{5-1} = \frac{10}{4} = 2{,}5$$

Cette application des deux formules confirme le fait qu'elles aboutissent toutes deux au même résultat; cependant, la formule pour calculatrices exige nettement moins de calculs intermédiaires, en ce sens qu'il n'est pas nécessaire de créer la colonne des écarts $(y - \bar{y})$.

Dans les chapitres à venir, il vous faudra fréquemment calculer les valeurs de s^2 et de s. Aussi, profitez de la présente leçon pour vous bien familiariser avec l'application de ces deux formules.

EXEMPLES

Calculer pour chacun des exemples ci-dessous la moyenne échantillonnale, la médiane et le mode; noter si ces valeurs coïncident ou non. Calculer également l'étendue et l'écart type échantillonnal, puis interpréter ces mesures.

1. Une firme d'ingénieurs désire estimer le degré d'humidité de la boue qui se trouve à 10 cm sous le fond d'un lac. On extrait dix «carottes», desquelles on obtient les informations suivantes (en %): 79, 82, 80, 78, 83, 77, 75, 80, 77, 77.

Solution. La liste ordonnée verticale des résultats apparaît ci-dessous; elle facilite le calcul du mode et de la médiane. (*Attention:* les symboles mo et md en lettres minuscules représentent des indices statistiques, tandis que l'utilisation de lettres majuscules (Mo et Md) permet d'identifier des paramètres.)

y		y^2
75		5 625
77		5 929
77	◄ mo	5 929
77		5 929
78	◄ md	6 084
79		6 241
80		6 400
80		6 400
82		6 724
83		6 889
$\Sigma y = 788$		$\Sigma y^2 = 62\,150$

Le calcul de la moyenne s'effectue comme suit:

$$\bar{y} = \frac{\Sigma y}{n} = \frac{788}{10} = 78{,}8$$

La variance et l'écart type se calculent comme suit:

$$s^2 = \frac{\Sigma y^2 - \dfrac{(\Sigma y)^2}{n}}{n - 1} = \frac{62\,150 - \dfrac{(788)^2}{10}}{10 - 1} = \frac{55{,}6}{9} = 6{,}1778$$

$$s = \sqrt{s^2} = \sqrt{6{,}1778} = 2{,}4855$$

On peut ainsi constater que la moyenne équivaut à 78,8, ce qui coïncide assez bien avec la médiane de 78,5 et le mode de 77. L'écart type est égal à 2,486, tandis que l'étendue couvre 8 unités.

2. Un marchand de ferraille s'intéresse à la longévité moyenne des véhicules automobiles. Il note l'âge des 16 premières voitures qu'il récupère un jour donné: 15, 9, 1, 4, 3, 7, 11, 7, 5, 7, 3, 10, 17, 13, 5, 9.

Solution. Commençons par ordonner verticalement ces nombres, de façon à pouvoir identifier plus aisément le mode et la médiane.

y		y^2
1		1
3		9
3		9
4		16
5		25
5		25
7		49
7		49
7	md = mo	49
9		81
9		81
10		100
11		121
13		169
15		225
17		289
$\Sigma y = 126$		$\Sigma y^2 = 1298$

Voici comment se calculent les autres mesures:

$$\bar{y} = \frac{126}{16} = 7{,}875$$

$$s^2 = \frac{1298 - \dfrac{(126)^2}{16}}{15} = \frac{305{,}75}{15} = 20{,}3833$$

$$s = \sqrt{20{,}3833} = 4{,}5148$$

La longévité médiane est 7 ans, le mode est également 7 ans, tandis que $\bar{y} =$ 7,88 ans. Ces trois indices coïncident donc fort bien. L'étendue est égale à 16, tandis que $s = 4{,}515$ ans. L'étendue totale correspond à environ 4 écarts types, c'est-à-dire deux écarts types de chaque côté de la moyenne.

3. À l'occasion d'une étude sur l'ingestion quotidienne de calories par cinq joueurs de football, on a enregistré les sommes et sommes de carrés suivantes: $\Sigma y = 15\,500$, $\Sigma y^2 = 48\,100\,000$. Quelles sont les valeurs de la moyenne et de l'écart type eu égard à l'ingestion quotidienne de calories?

Solution. Par définition,

$$\bar{y} = \frac{\Sigma y}{n} = \frac{15\,500}{5} = 3100 \text{ calories}$$

et

$$s^2 = \frac{\Sigma y^2 - \dfrac{(\Sigma y)^2}{n}}{n - 1}$$

$$= \frac{48\,100\,000 - \dfrac{(15\,500)^2}{5}}{5 - 1} = 12\,500$$

si bien que $s = \sqrt{12\,500}$, ou environ 112 calories.

EXERCICES Pour chacun des problèmes ci-dessous, calculer tel que demandé la moyenne, la médiane, l'étendue, le mode, l'écart type ou la proportion.

1. Voici les scores obtenus à un test d'admission aux études collégiales par six étudiants parmi un groupe de 200: 64, 91, 76, 82, 94, 56. Calculer la moyenne et l'écart type.

2. Dans le but de préciser le poids moyen des étudiants de niveau collégial, un étudiant universitaire décida de sélectionner un échantillon de 10 étudiants. Voici leur poids en kilogrammes ; 68, 77, 76, 59, 53, 50, 60, 92, 67, 77. Calculer la moyenne et l'écart type.

3. Le ministère du Tourisme désire vérifier le nombre moyen de poissons capturés durant la journée d'ouverture de la saison de la pêche. Un garde-chasse choisit au hasard dix personnes qui reviennent de pêcher sur la rivière Matawin. Voici les nombres enregistrés: 5, 4, 1, 2, 4, 8, 4, 3, 2, 1. Calculer la moyenne, la médiane, le mode et l'écart type.

4. Des géologues désirent connaître l'épaisseur moyenne (en décimètres) des lits de grès d'une région donnée. Elles mesurent dix couches et obtiennent les résultats suivants: 9, 9, 10, 8, 8, 9, 9, 9, 7, 7. Calculer la moyenne, la médiane, le mode et l'écart type.

5. Un garagiste désirait connaître le montant moyen versé par ses clients pour leur plein d'essence. Il échantillonna au hasard 8 personnes. Voici les montants: 16,83 \$, 15,71 \$, 19,55 \$, 13,35 \$, 17,25 \$, 22,46 \$, 14,98 \$ et 11,25 \$. Calculer la moyenne et l'écart type.

6. Une compagnie d'assurances conserve un dossier des sommes versées pour des soins médicaux d'urgence. Elle a extrait un échantillon de 25 versements. Voici les sommes: $\Sigma y = 1425$ et $\Sigma y^2 = 82\,775$. Quelle est la moyenne et l'écart type des déboursés pour les soins en salles d'urgence ?

7. Durant 50 jours, un hôpital a noté le nombre quotidien des naissances. Quel est le nombre moyen de naissances par jour, ainsi que l'écart type, compte tenu des sommes suivantes: $\Sigma y = 240$ et $\Sigma y^2 = 1\,200$?

8. Un département de sciences sociales désire connaître la proportion de ses étudiants qui envisagent se tailler une carrière comme travailleurs sociaux. À l'intérieur d'un échantillon de 100 étudiants, 27 personnes ont indiqué cette orientation. Calculer la proportion échantillonnale.

9. Une employée d'un centre de sondages désirait connaître la proportion des travailleurs syndiqués dans une région. Parmi un échantillon de 250 personnes, 107 s'identifièrent comme travailleurs syndiqués. Calculer la proportion échantillonnale.

UTILITÉ DE CES NOTIONS

DANS LE COURS

Nous allons régulièrement faire référence dans les prochains chapitres aux concepts et aux formules présentés dans ce chapitre à propos de diverses mesures de localisation et de variabilité. Bien que nous n'ayons aucunement «énuméré la population» de ces mesures, nous allons centrer notre attention sur quelques-unes seulement des mesures décrites, plus particulièrement sur la moyenne en tant que mesure de localisation la plus importante, de même que sur la variance et l'écart type, qui sont les deux mesures principales de variabilité ou de dispersion.

Un peu plus loin, nous reparlerons beaucoup plus en détail de la règle empirique présentée dans la leçon 6, dans le cadre d'un ensemble de notions portant sur la *distribution normale*.

AU-DELÀ DU COURS

On retrouve fréquemment dans les journaux, les revues ou les rapports scientifiques des données synthétisées sous forme d'une mesure de localisation. On utilise généralement le terme «moyenne» pour désigner tout autant une moyenne arithmétique, qu'une médiane ou un mode. Si vous savez bien distinguer l'une de l'autre ces diverses mesures, vous comprendrez sûrement mieux ces résultats synthétiques et pourrez les interpréter avec toutes les nuances nécessaires. De plus, la variance et l'écart type constitueront des informations précieuses lors de l'analyse de ces données.

Enfin, vous devriez maintenant pouvoir différencier aisément les données échantillonnales de celles qui proviennent de l'énumération complète d'une population. Cette distinction vous permettra de préciser si les mesures présentées sont des paramètres d'une population ou des indices statistiques servant d'estimés des paramètres correspondants.

RÉSUMÉ

Dans ce chapitre, nous avons introduit deux concepts très importants: les mesures de localisation et les mesures de variabilité. Nous avons comparé les avantages et les inconvénients de diverses mesures appartenant à chacun de ces deux groupes. Toutefois, dans ce manuel, nous allons surtout utiliser la moyenne, la variance et l'écart type.

La règle empirique fait appel justement à la moyenne et à l'écart type pour nous fournir des informations fort utiles sur les propriétés d'une population de mesures, sous réserve évidemment que la courbe «polie» du polygone de fréquences soit symétrique et en forme de cloche. Notons que cette forme particulière décrit adéquatement bon nombre de populations de mesures dans le monde réel. Cependant, plusieurs populations ne se distribuent pas selon une courbe symétrique en cloche, de sorte que la règle empirique ne peut pas s'appliquer à ces cas. Tout au long de ce manuel, nous allons reparler de façon plus approfondie et détaillée de l'importance de ce lien entre l'histogramme, d'une part, et la moyenne et l'écart type, d'autre part.

Nous avons également introduit deux autres paramètres très courants: la proportion et le total. Ces deux mesures réapparaîtront régulièrement dans les chapitres ultérieurs.

Dans la dernière leçon de ce chapitre, nous avons présenté les distinctions essentielles entre les symboles et formules associés aux paramètres de populations et ceux qui appartiennent à leurs équivalents au niveau de l'échantillon, c'est-à-dire les indices statistiques. Il est très important de bien maîtriser les différences de notation et de calcul selon qu'il s'agit de calculer une variance de population par opposition à une variance échantillonnale. Cette distinction est nécessaire pour bien saisir les nuances appropriées lorsque nous expliquerons, plus loin dans ce manuel, comment utiliser des indices statistiques échantillonnaux pour formuler des inférences à propos de paramètres de populations. Si, au terme du présent chapitre, il y a encore confusion dans votre esprit quant à la différence entre y et μ, ou entre p et π, vous risquez fort de ne pas comprendre les concepts que nous présenterons plus tard.

TEST PERSONNEL SUR LE CHAPITRE TROIS

(Questions 1 à 5) Dix lots, composés chacun de 200 unités, constituent la production quotidienne d'un manufacturier. Voici le nombre d'unités défectueuses dans chaque lot.

7 4 7 6 5 7 6 7 6 5

Réorganiser ces nombres en une série ordonnée, puis calculer:

1. le mode:	a) 4	b) 5	c) 6	d) 7	
2. l'étendue:	a) 3	b) 4	c) 5	d) 6	e) 7
3. la moyenne:	a) 4,5	b) 5	c) 5,5	d) 6	e) 6,5

4. l'écart type (σ): a) 0 b) 1 c) $\sqrt{2}$ d) $\sqrt{5}$

5. la proportion des lots qui contiennent *moins de 5 unités* défectueuses

a) 1/10 b) 1/4 c) 3/10 d) 2/4

6. La médiane est surtout présentée comme:

a) une mesure de localisation
b) une mesure de variabilité
c) ni a) ni b)
d) à la fois a) et b).

(Questions 7 et 8) Une spécialiste en contrôle de qualité a mesuré le diamètre d'un échantillon de dix tiges de fer. Voici les sommes qu'elle a calculées:

$\Sigma y = 600$ cm, $\Sigma y^2 = 36\,225$ cm^2

7. Quel est le diamètre moyen $\overline{y}$ en centimètres ?

a) 6 b) $\sqrt{362{,}25}$ c) 60 d) 362,25.

8. Quelle est la valeur (en cm) de l'écart type?

(a) $\sqrt{22{,}5}$ (b) 5 (c) 22,5 (d) 25 (e) $\sqrt{\dfrac{35\,625}{9}}$ (f) $\sqrt{\dfrac{36\,165}{9}}$

9. Un ingénieur mesure la quantité d'eau contenue dans des briques entreposées depuis une semaine. Il obtient une distribution en forme de cloche, avec une moyenne de 7,4 et un écart type de 0,4. Quelle proportion des briques ont un contenu en eau de 6,6 ou moins?

(a) 0,025 (b) 0,05 (c) 0,95 (d) 0,975

10. Quelle est la variance σ^2 de la population de données suivante : 1, 3, 5, 7, 9.

(a) 4	(b) 5	(c) 8	(d) 10	(e) 25
(f) 33	(g) 40	(h) 41,25	(i) 160	(j) 165

11. Si nous considérons les données du problème 10 comme issues d'un échantillon, que vaut la variance s^2?

(a) 4	(b) 5	(c) 8	(d) 10	(e) 25
(f) 33	(g) 40	(h) 41,25	(i) 160	(j) 165

12. Laquelle des trois distributions ci-dessous a la plus grande variance ?

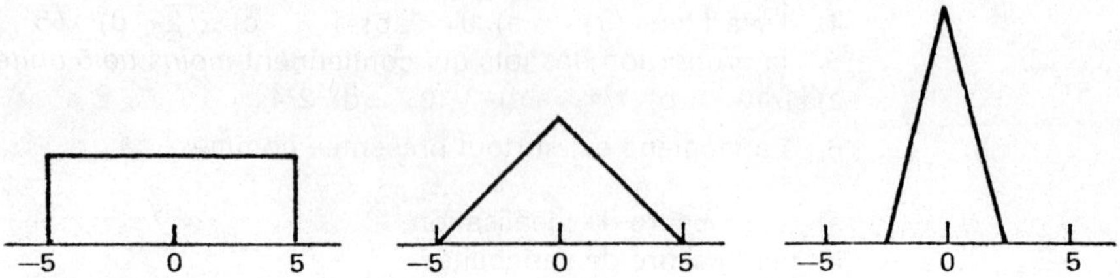

(a) (b) (c)

13. Lesquelles des trois distributions ci-dessous ont même moyenne et même médiane?

a) Aucune b) 1 et 3 seulement c) Seulement 3 d) Toutes

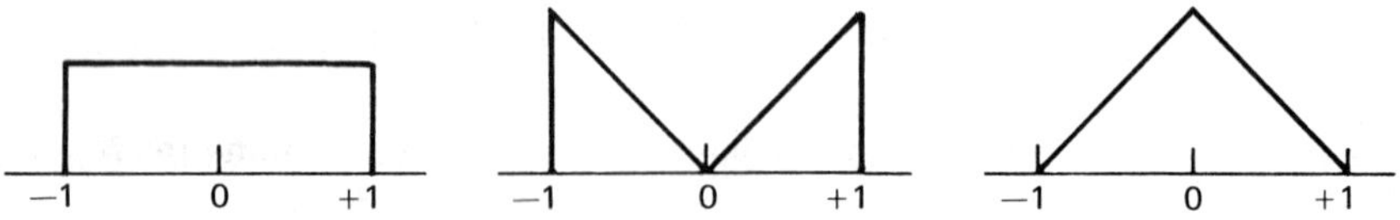

(1) (2) (3)

14. Une seule des distributions proposées dans le problème 13 n'a qu'un seul mode. Laquelle?

a) 1 b) 2 c) 3

15. Parmi la population des personnes d'ossature moyenne, une compagnie d'assurances considère les personnes mesurant entre 1,65 m et 1,80 m et pesant plus de 90 kg comme des sujets à risques élevés. Supposons que la distribution des poids au sein d'une telle population a à peu près la forme d'une cloche, avec une moyenne de 72 kg et un écart type de 9 kg. Quel pourcentage de ladite population échouerait dans la catégorie des risques élevés?

a) 95% b) 16% c) 68% d) 2,5% e) 34%

RÉPONSES AUX EXERCICES (NUMÉROS IMPAIRS)

LEÇON 1

1. $\sum_{j=1}^{3} (y_j + z_j) = (y_1 + z_1) + (y_2 + z_2) + (y_3 + z_3)$

3. $(y_1 + y_2 + y_3)^2$

5. (a) $2 + 1 = 3$ (b) $2 + 1 + 5 + 6 + 10 = 24$

(c) $5(x_1 + x_2 + x_3 + x_4 + x_5) = 5(24) = 120$

(d) $5 + 5 + 5 + 5 + 5 = 25$

(e) $x_1^2 + x_2^2 + x_3^2 + x_4^2 + x_5^2 = 4 + 1 + 25 + 36 + 100 = 166$

(f) $(x_1 - 5)^2 + (x_2 - 5)^2 + (x_3 - 5)^2 + (x_4 - 5)^2 + (x_5 - 5)^2$
$= (2 - 5)^2 + (1 - 5)^2 + (5 - 5)^2 + (6 - 5)^2 + (10 - 5)^2$
$= 9 + 16 + 0 + 1 + 25 = 51$

LEÇON 2

1. (a) $\Sigma(6x_i + 3y_i) = 6\Sigma x_i + 3\Sigma y_i$ Règle 1
$= 3\Sigma(2x_i + y_i)$ Règle 3

(b) $\Sigma\left(\frac{x_i}{2} + \frac{y_i}{3} - 2\right) = \frac{\Sigma x_i}{2} + \frac{\Sigma y_i}{3} - \Sigma 2$ Règle 1
$= \frac{1}{2}\Sigma x_i + \frac{1}{3}\Sigma y_i - \Sigma 2$ Règle 3
$= \frac{1}{2}\Sigma x_i + \frac{1}{3}\Sigma y_i - 2n$ Règle 4

LEÇON 3

1. Md = 2 Mo = 2 et 3 $\mu = 2{,}33$. Il s'agit du temps moyen nécessaire pour servir un client.
3. Md = 2 Mo = 1 $\mu = 2{,}7$. La médiane ou le mode seraient les mesures les plus représentatives.
5. Md = 5 Mo = 7 $\mu = 4{,}857$. La moyenne et la médiane sont toutes deux représentatives.

Leçon 4

Pas d'exercices.

LEÇON 5

1.

ÉDUCATION PHYSIQUE	MATHÉMATIQUES
$\mu = 38{,}00$	$\mu = 32$
$\sigma^2 = 1{,}60$	$\sigma^2 = 3{,}2$
$\sigma = 1{,}265$	$\sigma = 1{,}789$

Les étudiants en mathématiques manifestent une plus grande variabilité au plan de la circonférence de leurs biceps que les étudiants en éducation physique.

3.

ENFANTS DE 6 ANS	ENFANTS DE 13 ANS
$\sigma^2 = 3{,}0$	$\sigma^2 = 11$
$\sigma = 1{,}732$	$\sigma = 3{,}317$

Le nombre d'heures de visionnement de la télévision varie beaucoup moins chez les enfants de 6 ans par comparaison à ceux de 13 ans. Cette information indiquerait aux fabricants de disques qu'il est plus difficile de prédire les habitudes télévisuelles à 13 ans qu'à 6 ans. Ils devraient par conséquent diriger leur publicité vers le groupe plus âgé, avec l'espoir d'accaparer les heures non consacrées à la télévision. Les manufacturiers de jouets ou de céréales pourraient orienter leur publicité vers le groupe plus constant des jeunes de 6 ans plutôt que vers le groupe moins prévisible des adolescents. Toutefois, s'il advenait que ces manufacturiers désirent rejoindre ce dernier groupe, il leur faudrait distribuer leur publicité entre plusieurs médias différents de façon à pouvoir rejoindre un maximum d'individus.

5.

ENSEMBLE 1	ENSEMBLE 2		
$\sigma_1^2 = 1{,}25$	$\sigma_2^2 = 11{,}25$	$\sigma_1^2 = \sigma_2^2/9$	$\sigma_1 = \sigma_2/3$
$\sigma_1 = 1{,}118$	$\sigma_2 = 3{,}354$		

LEÇON 6

1.

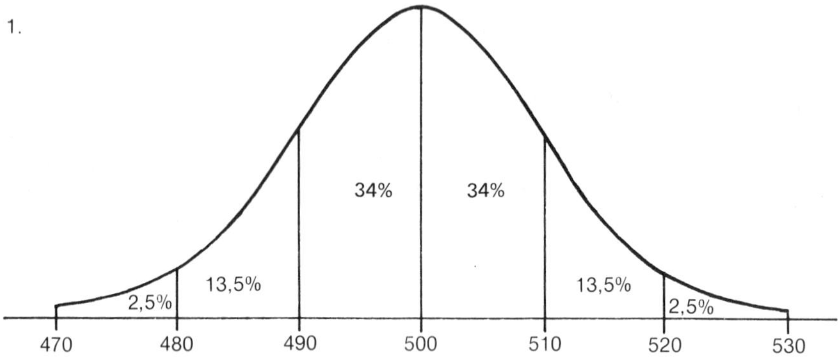

(a) 97,5% (b) 2,5% (c) 2,5% (d) 0% (e) 50%

3.

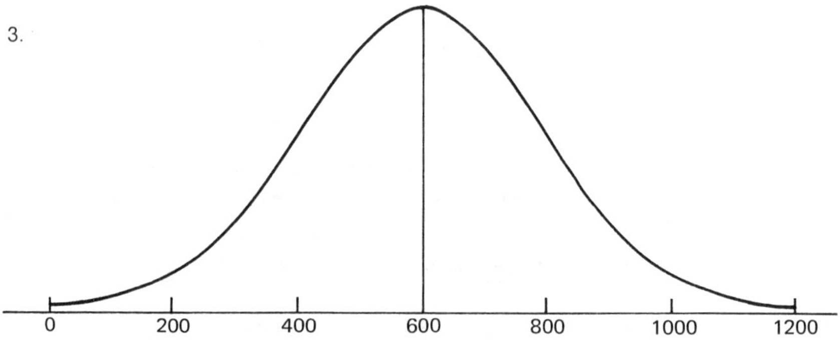

a) 2,5% b) 13,5% à 2,5% = 16%

Les compagnies d'assurance-automobile conservent de tels dossiers dans le but de fixer le niveau des primes.

LEÇON 7

1. $\pi = \dfrac{205}{235} = 0{,}872$
3. $\pi = \dfrac{222}{345 + 222} = 0{,}392$
5. Total = 546
7. Total = 52 × 75 \$ = 3900 \$

LEÇON 8

1. $\bar{y} = 77{,}17$; $s = 14{,}97$
3. $\bar{y} = 3{,}40$; $s = 2{,}12$; mo = 4 ; md = 3,50
5. $\bar{y} = 16{,}42\$$; $s = 3{,}50\ \$$
7. $\bar{y} = 4{,}80$; $s = 0{,}9897$
9. $p = 0{,}428$

CHAPITRE QUATRE: RÈGLES DE BASE DES PROBABILITÉS

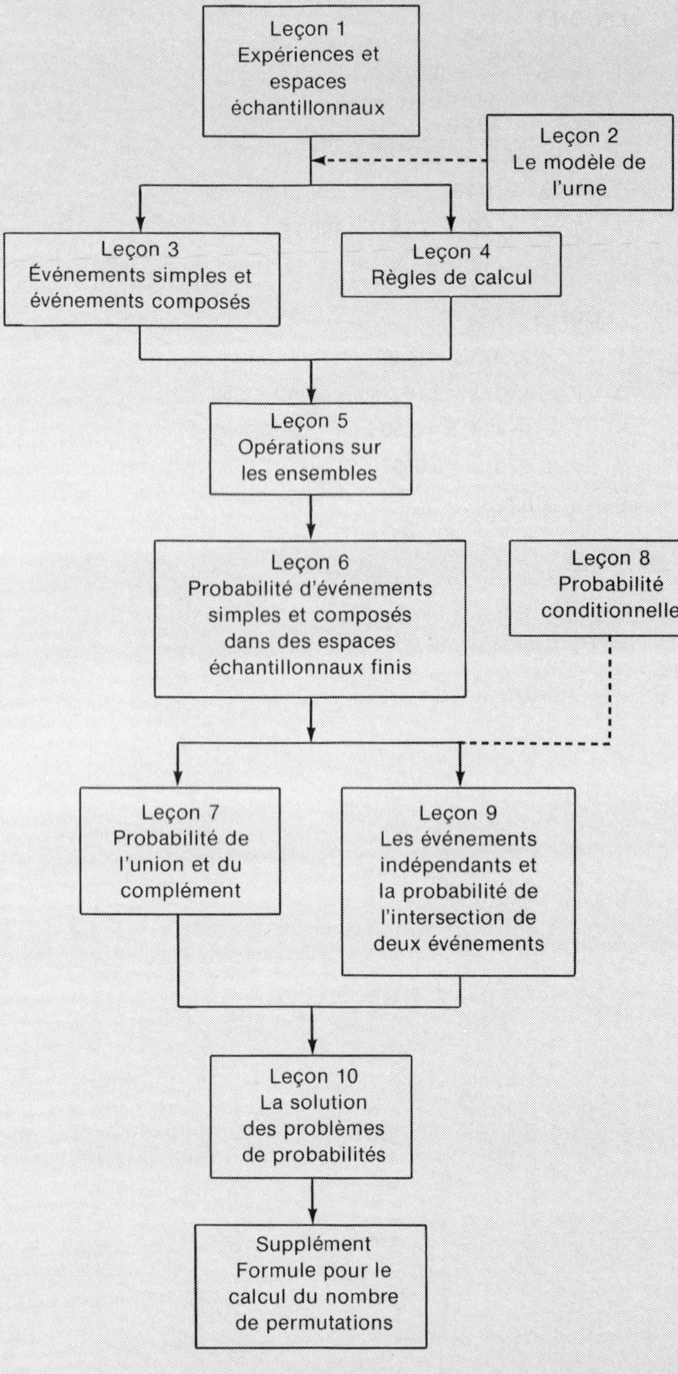

INTRODUCTION Les concepts de probabilité et de hasard sont généralement bien connus. Nous nous demandons souvent: «Quelle est la *probabilité* que cet autobus arrive à temps?» ou encore: «Quelles sont mes *chances* de réussite à tel ou tel examen?» Ces énoncés reflètent un certain degré d'incertitude dans notre façon d'anticiper les événements futurs.

Les incertitudes sont des faits courants de la vie de tous les jours. Cependant, lorsqu'il s'agit de représenter un degré d'incertitude en *termes numériques* plutôt que par une expression vague, il devient alors nécessaire de connaître les règles et les opérations qui concernent les probabilités.

Dans le cadre d'un cours de statistique, la notion de probabilité est encore plus importante, car elle est intimement liée au concept d'échantillonnage au hasard. Nous utilisons les probabilités pour construire des modèles qui décrivent la vraisemblance de certains résultats provenant d'un échantillon d'une population. Les prédictions de ces modèles peuvent être regroupées sous forme de tableaux semblables aux tableaux de fréquences introduits au chapitre DEUX. En général, les fréquences relatives et les probabilités s'interprètent de façon similaire.

Il devient donc nécessaire d'étudier certaines lois fondamentales de la théorie des probabilités. Il existe trois façons d'aborder le concept de probabilité: 1) l'approche *classique*, 2) l'approche de la *fréquence relative*, 3) l'approche de la *probabilité subjective*. Chacune de ces approches possède son champ d'application particulier et aucune de celles-ci ne peut regrouper tous les cas possibles. Nous allons illustrer chacun de ces points de vue à l'aide d'un exemple simple.

APPROCHE CLASSIQUE

Lorsque nous lançons un dé bien équilibré, chacune des six faces peut se présenter. Il est donc normal d'affecter une probabilité de 1/6 à chacune des faces, en présupposant que chaque face possède une chance égale de se présenter.

APPROCHE DE LA FRÉQUENCE RELATIVE

Si le dé en question n'est pas symétrique ou encore s'il est truqué, il n'est plus raisonnable de croire que chaque face possède une chance égale de se présenter. Une façon d'estimer les probabilités associées à chacune des faces consiste à lancer le dé plusieurs fois et à calculer la fréquence relative d'apparition de chacune de celles-ci. Cette méthode constitue une approche *empirique* au problème de l'attribution des probabilités.

APPROCHE DE LA PROBABILITÉ SUBJECTIVE

Considérons le cas d'un individu qui se demande s'il doit ou non changer d'emploi. Cet individu s'inquiète de ses chances de succès dans un nouvel emploi. Il serait tout à fait inapproprié d'utiliser l'approche classique et d'attribuer par exemple une probabilité de ½ au succès et ½ à l'échec. Il n'est pas possible non plus d'estimer de façon empirique la fréquence relative du succès et de l'échec. L'individu doit donc porter un jugement subjectif sur sa probabilité de succès, à partir de toute l'information dont il dispose.

Dans ce chapitre nous utiliserons surtout l'approche classique, car l'échantillonnage au hasard garantit l'équiprobabilité des résultats possibles. De plus, nous présenterons plusieurs théorèmes qui ne dépendent pas de l'approche utilisée pour attribuer les probabilités.

La plupart des concepts présentés dans ce chapitre sont illustrés à l'aide d'exemples provenant de jeux de hasard ou par un modèle d'échantillonnage de boules dans une urne. Bien que ces illustrations favorisent la compréhension du texte, il faut conserver à l'esprit que les probabilités ont des applications qui dépassent de beaucoup les jeux de hasard.

VOCABULAIRE

Arborescence
Complément d'un événement
Échantillonnage avec remise
Échantillonnage sans remise
Équiprobabilité
Espace échantillonnal
Espace échantillonnal établi en tenant compte de l'ordre
Espace échantillonnal établi sans tenir compte de l'ordre
Essai
Événement
Événement simple
Événement composé
Événements dépendants
Événements indépendants
Événements mutuellement exclusifs
Expérience
Factorielle
Intersection d'événements
Modèle de l'urne
Permutation
Probabilité
Probabilité conditionnelle
Règle d'addition
Règle de combinaison
Règle de multiplication
Règle M-N
Union d'événements

LEÇON 1 EXPÉRIENCES ET ESPACES ÉCHANTILLONNAUX

Tâche: à partir de la description d'une expérience, définir l'espace échantillonnal et compter le nombre d'événements.

DÉFINITIONS

Expérience: procédure définie et reproductible, dont les résultats sont déterminés par le hasard.

Espace échantillonnal: ensemble de tous les résultats possibles d'une expérience.

DISCUSSION

EXPÉRIENCE

Dans ce texte nous attribuons au mot «expérience» un sens plus large que celui que lui attribue en général le chimiste ou le biologiste. Une expérience consiste en n'importe quelle opération pratiquée sur une unité d'observation, dont les résultats ne s'expliquent que par le hasard. À chaque résultat est associée une mesure qui peut être quantitative ou qualitative.

Il arrive souvent qu'une expérience soit constituée d'une série d'*essais*. Lorsque nous procédons à l'échantillonnage d'une population, chaque opération de sélection d'une unité d'observation peut être considérée comme un essai à l'intérieur d'une expérience.

Voici quelques exemples d'expériences typiques.

EXPÉRIENCES	OBSERVATIONS/MESURES
1. Lancer une pièce de monnaie.	Enregistrer *pile* ou *face* en fonction de la face qui se présente.
2. Sélectionner une famille à partir des listes du bureau de santé du comté.	Compter le nombre d'enfants à la maison.
3. Sélectionner dix fermes à partir de la population des fermes d'un état donné.	Enregistrer la superficie de chacune de ces fermes.
4. Lancer deux fois un dé.	Compter, pour chaque lancer, le nombre total de points sur la face supérieure.
5. Administrer une drogue à quatre animaux de laboratoire.	Évaluer, pour chaque animal, le temps nécessaire pour que la drogue produise ses effets.

Nous pouvons constater que pour chaque exemple ci-dessus la procédure expérimentale est bien définie et reproductible. De plus, les résultats de chaque expérience ne peuvent être prédits. L'expérience 3 est constituée de dix essais, l'expérience 4 de deux essais et l'expérience 5 de quatre essais. Les expériences 1 et 2 ne sont constituées que d'un seul essai.

Dans ce texte, notre intérêt se concentrera surtout sur le processus de sélection des échantillons à partir de populations définies. Ce processus est en soi une expérience. Si n unités sont sélectionnées à partir d'une population donnée, l'expérience sera composée de n essais. Lorsque l'échantillonnage se fait complètement au hasard, les résultats ne peuvent pas être prédits. Cependant, certains facteurs peuvent influencer les résultats de l'expérience.

FACTEUR 1 L'effectif total N de la population peut varier. Nous pouvons par exemple choisir d'étudier une grande population, comme celle des États-Unis, ou une population relativement petite, comme celle de l'État de l'Utah.

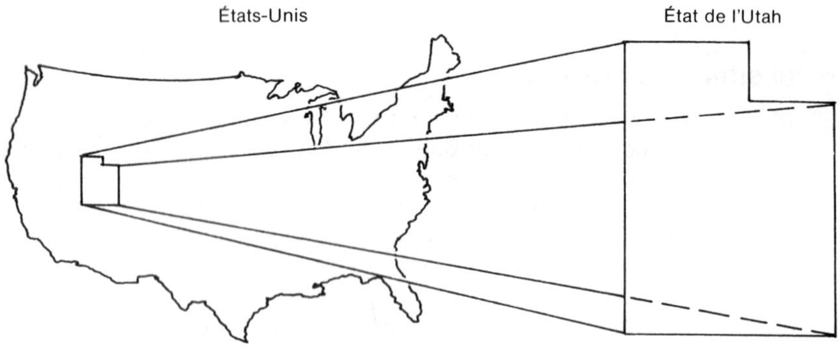

FIGURE 4.1 Grande ou petite population

FACTEUR 2 L'effectif n de l'échantillon peut varier. Au sein d'une population de 2000 étudiantes, nous pouvons décider de choisir un grand échantillon de 50 étudiantes ou un échantillon plus restreint de 10 étudiantes.

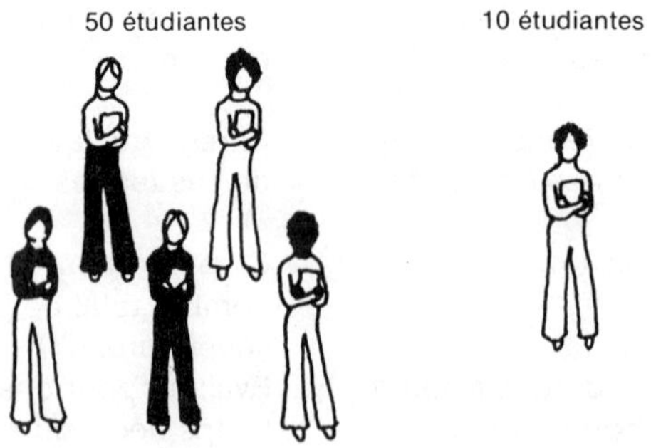

FIGURE 4.2 Grand ou petit échantillon

FACTEUR 3 L'échantillonnage peut se faire avec ou sans remise. Nous disons que l'échantillonnage se fait *avec remise* lorsque, après chaque sélection, l'unité d'observation est retournée à la population avant la sélection suivante. Cette procédure permet à l'unité expérimentale d'être choisie plus d'une fois. Par contre, nous disons que l'échantillonnage se fait *sans remise* lorsque l'unité choisie n'est pas retournée à la population. Cette procédure ne permet pas à l'unité expérimentale d'apparaître plus d'une fois dans le même échantillon.

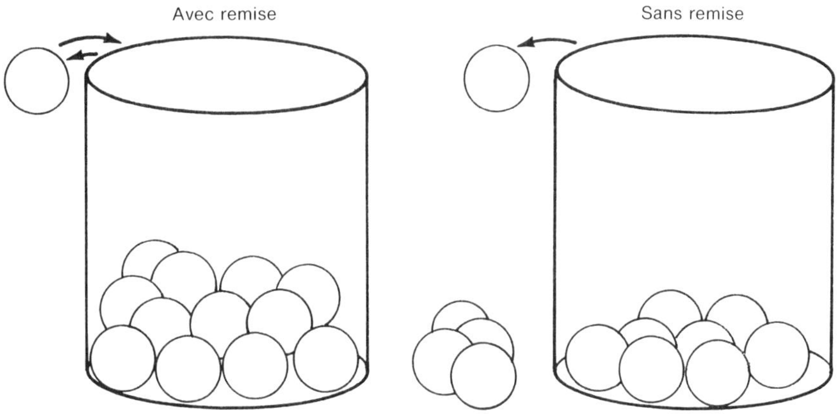

FIGURE 4.3 Échantillonnage avec ou sans remise

ESPACE ÉCHANTILLONNAL

Dans ce chapitre, nous ne traiterons que des expériences qui possèdent un nombre fini de résultats possibles. Bien qu'il soit impossible de prédire les résultats d'une expérience, nous pouvons quand même énumérer l'ensemble de tous les résultats possibles. Un tel ensemble se nomme *espace échantillonnal* et est représenté par la lettre S.

Par exemple, le lancer d'une pièce de monnaie peut être considéré comme une expérience constituée d'un seul essai. Cette expérience ne possède que deux résultats possibles : *pile* (P) et *face* (F). L'espace échantillonnal de cette expérience est par conséquent : $S = \{P, F\}$

Supposons que l'expérience consiste à lancer deux fois la pièce de monnaie. Nous avons maintenant une expérience constituée de deux essais. L'ensemble des résultats possibles est plus grand, car nous devons considérer les résultats des deux essais. L'espace échantillonnal de cette expérience est:

$S = \{PP, PF, FP, FF\}$

[*Note:* cet ensemble n'inclut pas seulement les deux possibilités de *face* et les deux possibilités de *pile* mais toutes les possibilités qui peuvent résulter d'un double lancer d'une même pièce de monnaie.]

Nous pouvons représenter l'espace échantillonnal de cette expérience par une *arborescence* comme celle illustrée à la figure 4.4. Chaque branche de l'arborescence représente les résultats possibles d'un essai particulier.

Si nous ajoutons un troisième lancer (essai) à l'expérience, nous obtenons l'arborescence de la figure 4.5. L'espace échantillonnal de cette expérience est:

$$S = \{\text{PPP, PPF, PFP, PFF, FPP, FPF, FFP, FFF}\}$$

Il est à noter que l'espace échantillonnal représenté par l'arborescence de la figure 4.5 (3 essais) possède deux fois plus d'éléments que celui représenté à la figure 4.4 (2 essais). Notons aussi que cette expérience utilise un mode d'échantillonnage avec remise; le nombre de résultats possibles à chaque essai demeure le même. De plus, l'expérience du lancement de la même pièce de monnaie trois fois produit le même espace échantillonnal que l'expérience qui consiste à lancer simultanément trois pièces de monnaie différentes. De ce point de vue, il s'agit de la même expérience.

Définissons maintenant l'espace échantillonnal et l'arborescence d'une expérience où l'échantillonnage se fait sans remise. Supposons que nous choisissons au hasard trois récepteurs radio, dans une caisse qui contient deux récepteurs défectueux et deux récepteurs en bon état. Cette expérience est constituée de trois essais qui consistent à piger un récepteur dans la caisse. L'échantillonnage se fait sans remise, c'est-à-dire que nous ne retournons pas un appareil dans la caisse après l'avoir pigé.

Si les récepteurs sont étiquetés D_1, D_2, B_1, B_2, pour représenter respectivement les appareils défectueux 1 et 2 et les appareils en bon état 1 et 2, nous obtenons l'arborescence de la figure 4.6. À cette arborescence correspond l'espace échantillonnal S, composé des 24 résultats possibles suivants:

$$S = \left\{\begin{array}{ll}
D_1, D_2, B_1 & B_1, D_1, D_2 \\
D_1, D_2, B_2 & B_1, D_1, B_2 \\
D_1, B_1, D_2 & B_1, D_2, B_2 \\
D_1, B_1, B_2 & B_1, D_2, D_1 \\
D_1, B_2, D_2 & B_1, B_2, D_1 \\
D_1, B_2, B_1 & B_1, B_2, D_2 \\
D_2, D_1, B_1 & B_2, D_1, B_1 \\
D_2, D_1, B_2 & B_2, D_1, D_2 \\
D_2, B_1, B_2 & B_2, D_2, D_1 \\
D_2, B_1, D_1 & B_2, D_2, B_1 \\
D_2, B_2, D_1 & B_2, B_1, D_2 \\
D_2, B_2, B_1 & B_2, B_1, D_1
\end{array}\right\}$$

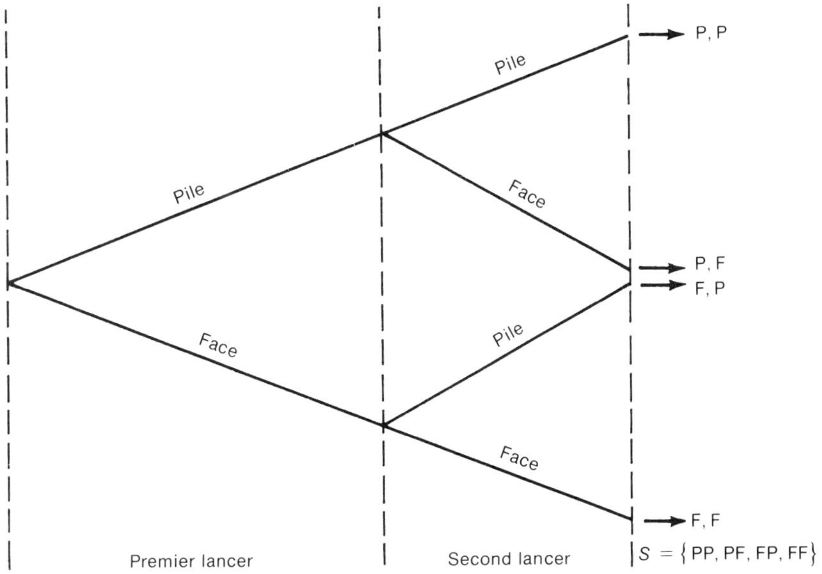

FIGURE 4.4 Arborescence du lancer de deux pièces de monnaie (avec remise)

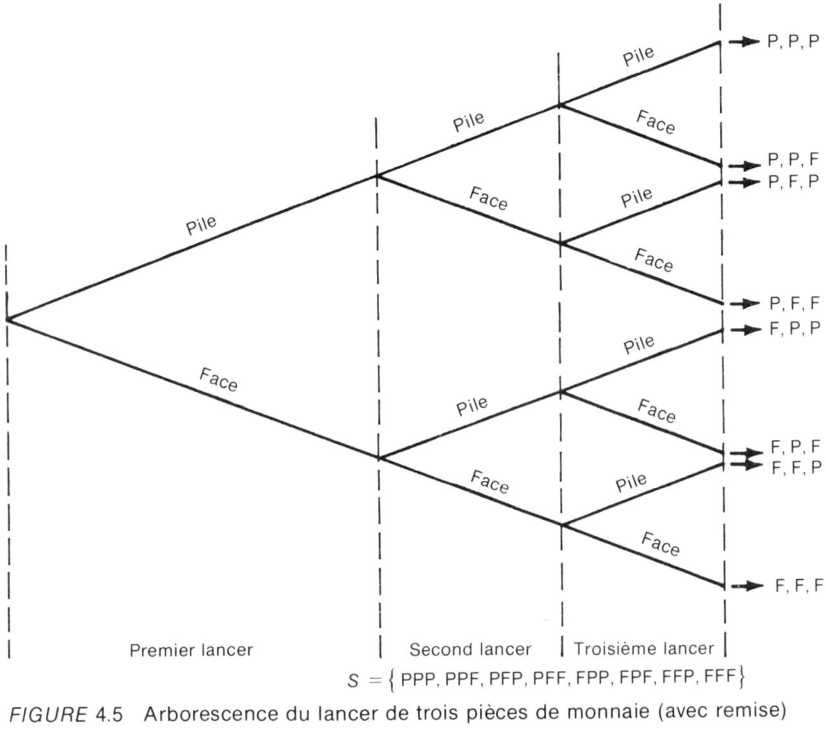

FIGURE 4.5 Arborescence du lancer de trois pièces de monnaie (avec remise)

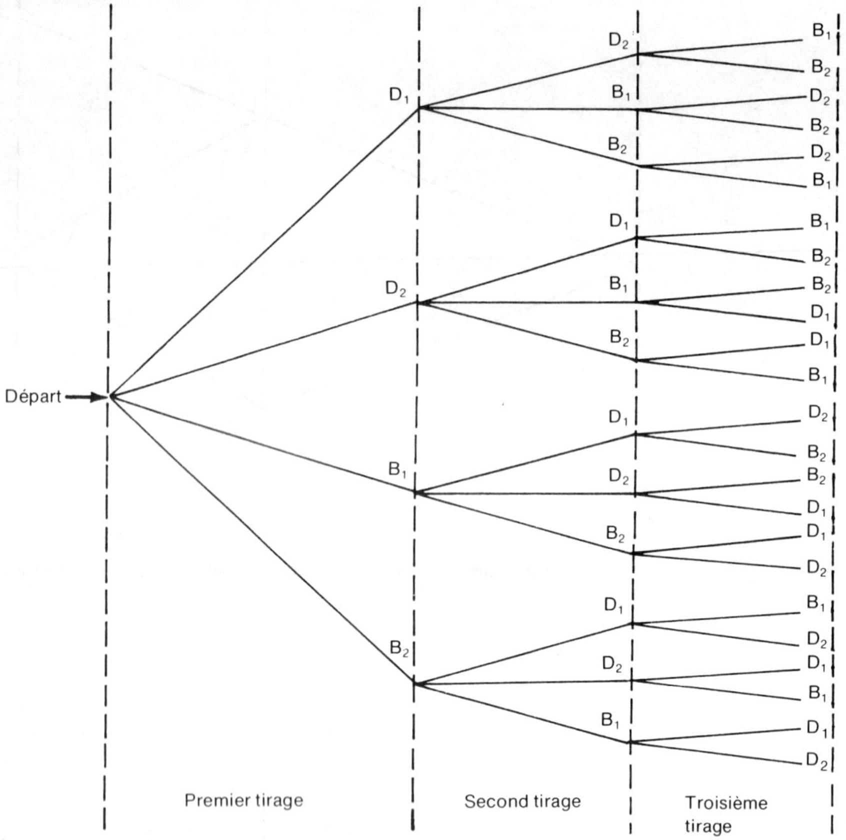

FIGURE 4.6 Arborescence d'un tirage parmi deux appareils radio défectueux et deux appareils radio en bon état (sans remise)

EXEMPLES Décrire l'espace échantillonnal des expériences suivantes.

1. L'expérience consiste à lancer successivement une pièce de monnaie et un dé.

Solution. La solution est présentée sous forme d'arborescence à la figure 4.7 et sous forme d'espace échantillonnal à la figure 4.8.

2. Vous travaillez à la NASA. Vous possédez cinq missiles dont deux ont été sabotés par une puissance ennemie. Vous devez lancer deux missiles que vous choisissez au hasard parmi les cinq.

Solution. Identifions les trois missiles en bon état par les symboles B_1, B_2 et B_3 et les deux missiles sabotés par les symboles S_1 et S_2. Nous construisons l'espace échantillonnal à partir de l'arborescence de la figure 4.9.

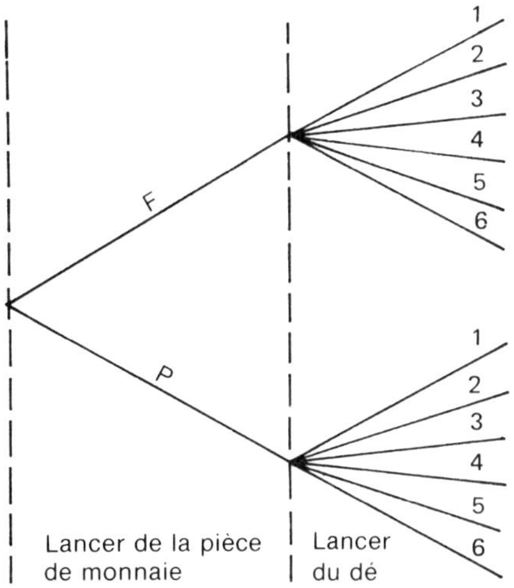

FIGURE 4.7 Arborescence de l'exemple 1

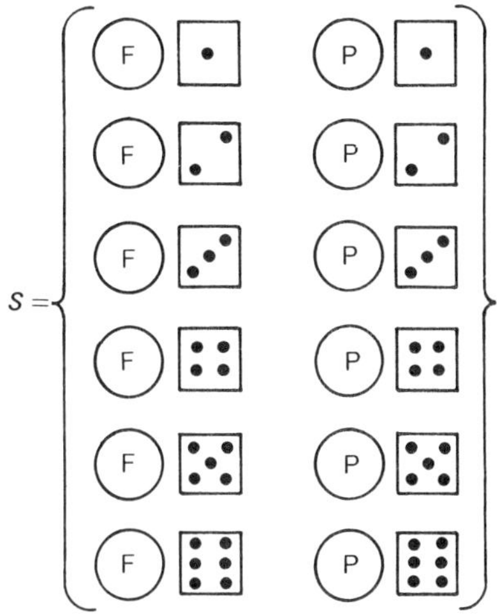

FIGURE 4.8 Espace échantillonnal de l'exemple 1

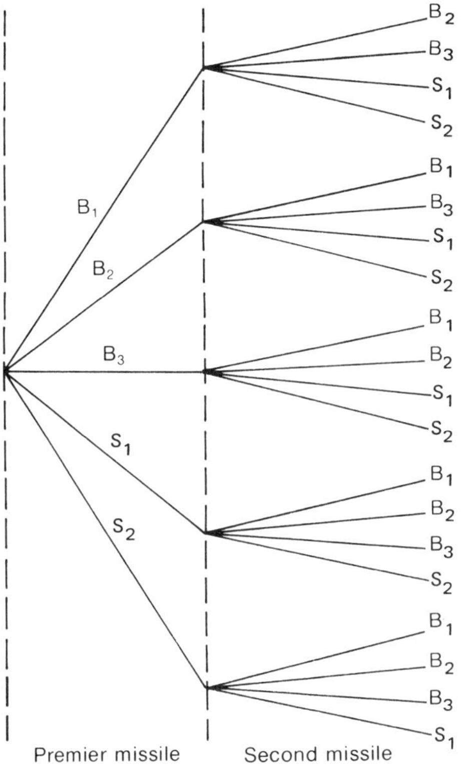

$$S = \left\{ \begin{array}{cccc} B_1B_2 & B_1B_3 & B_1S_1 & B_1S_2 \\ B_2B_1 & B_2B_3 & B_2S_1 & B_2S_2 \\ B_3B_1 & B_3B_2 & B_3S_1 & B_3S_2 \\ S_1B_1 & S_1B_2 & S_1B_3 & S_1S_2 \\ S_2B_1 & S_2B_2 & S_2B_3 & S_2S_1 \end{array} \right\}$$

FIGURE 4.9 Arborescence et espace échantillonnal de l'exemple 2

EXERCICES Définir l'espace échantillonnal des expériences suivantes.

1. Une succursale de la banque Charitable de Montréal emploie trois caissières dont les noms sont respectivement Rosanna, Mélanie et Alice. Un cambrioleur se présente à la succursale et prend deux caissières en otage. Combien y a-t-il de résultats possibles dans l'espace échantillonnal de cette expérience?

2. Un parachute endommagé est rangé par mégarde avec trois parachutes en bon état. Le lieutenant Gérard Manvue demande à deux colonels d'essayer deux de ces quatre parachutes. Combien y a-t-il de résultats possibles dans l'espace échantillonnal de cette expérience?

3. Zella Lachance se présente à un jeu questionnaire composé de deux questions à choix multiples. Chaque question comporte quatre choix possibles. Ne s'étant pas préparée pour ce jeu, elle décide donc d'écrire les numéros 1, 2, 3 et 4 sur des bouts de papier et de répondre à chacune des questions en pigeant un numéro au hasard. Quel est l'espace échantillonnal de cette expérience?

4. Une enseignante déclare à ses élèves qu'elle peut ignorer deux de leur cinq résultats scolaires. Cependant, ces deux résultats devront être choisis au hasard parmi les cinq. Si un élève en particulier obtient 60, 65, 82, 85 et 90, de quels résultats l'espace échantillonnal se compose-t-il?

5. Une urne contient deux boules noires et deux boules roses. Jean pige une boule, note sa couleur et la retourne dans l'urne. Il pige ensuite deux autres boules sans remise. Quel est l'espace échantillonnal de cette expérience?

LEÇON 2 LE MODÈLE DE L'URNE

Tâche : pouvoir représenter l'échantillonnage d'une population réelle par un modèle de l'urne.

DÉFINITION

Modèle de l'urne : plusieurs expériences d'échantillonnage se comparent à l'expérience qui consiste à piger des boules dans une urne. Par exemple, nous pouvons comparer la sélection de cinq étudiants à partir d'une population de 20 étudiants à une expérience qui consiste à piger cinq boules dans une urne qui en contient 20. Ce modèle peut même s'appliquer à des expériences qui, de prime abord, ne semblent pas constituer des expériences d'échantillonnage. Considérons par exemple le lancer d'une pièce de monnaie. À chaque face de la pièce correspond une boule étiquetée *pile* ou *face* et à chaque lancer correspond l'extraction d'une boule. [*Notons* qu'il est essentiel de replacer la boule dans l'urne avant de procéder au tirage suivant. Il s'agit ici d'un échantillonnage avec remise.]

Pour construire un modèle de l'urne, il est nécessaire de connaître 1) le nombre total de boules dans l'urne, 2) ce que chaque boule représente, 3) comment chaque boule est étiquetée et 4) si l'échantillonnage à partir de l'urne se fait avec ou sans remise. Le tableau 4.1 illustre pour quatre types d'expérience différents chacune de ces quatre composantes du modèle.

TABLEAU 4.1 COMPOSANTES DU MODÈLE DE L'URNE

EXPÉRIENCES	1. Sélectionner 2 lampes-éclair à partir d'une boîte contenant 4 lampes en bon état et 2 lampes défectueuses.	2. Former au hasard un comité de 3 personnes, à partir d'un groupe comprenant 6 hommes et 4 femmes, puis calculer le rapport hommes/femmes.	3. Lancer deux fois un dé.	4. Sélectionner 5 classes d'une liste de 20 classes.
NOMBRE DE BOULES DANS L'URNE	6	10	6	20
CE QUE LES BOULES REPRÉSENTENT	La population des lampes-éclair de la boîte.	La population des 10 personnes à partir desquelles le comité est formé.	Les résultats possibles d'un seul lancer.	La population des 20 classes de la liste.

TABLEAU 4.1 COMPOSANTES DU MODÈLE DE L'URNE (suite)

ÉTIQUETTES	Quatre boules étiquetées *bonnes* et 2 boules étiquetées *défectueuses*	Six boules étiquetées *H* et quatre boules étiquetées *F*.	Une boule étiquetée *1*, une boule *2* etc. jusqu'à *6*.	Chacune des 20 boules est étiquetée à l'aide du sigle du cours.
MODE D'ÉCHANTILLONNAGE	Deux boules sont pigées sans remise.	Trois boules sont pigées sans remise.	Deux boules sont pigées avec remise.	Cinq boules sont pigées sans remise.

LEÇON 3 ÉVÉNEMENTS SIMPLES ET ÉVÉNEMENTS COMPOSÉS

Tâche: dans un espace échantillonnal donné, pouvoir énumérer les événements simples qui forment un événement composé.

DÉFINITIONS *Événement simple:* élément quelconque de l'espace échantillonnal, ou encore n'importe quel résultat d'une expérience.

Événement composé: un *événement composé*, ou plus simplement un *événement*, est un ensemble comprenant un ou plusieurs événements simples.

DISCUSSION Un chercheur en médecine énumère séquentiellement le sexe des trois premiers petits d'un animal de laboratoire. L'espace échantillonnal, de même que l'événement composé 1 *au moins deux mâles* et l'événement composé 2 *au moins un mâle et une femelle*, sont présentés dans le tableau ci-dessous.

ESPACE ÉCHANTILLONNAL (8 ÉVÉNEMENTS SIMPLES)	ÉVÉNEMENT COMPOSÉ 1 (*AU MOINS DEUX MÂLES* —4 ÉVÉNEMENTS SIMPLES)	ÉVÉNEMENT COMPOSÉ 2 (*AU MOINS UN MÂLE ET UNE FEMELLE* —6 ÉVÉNEMENTS SIMPLES)
$S =$ M M M	M M M	—
M M F	M M F	M M F
M F M	M F M	M F M
M F F	—	M F F
F M M	F M M	F M M
F M F	—	F M F
F F M	—	F F M
F F F	—	—

Dans les leçons à venir, nous nous intéresserons principalement aux événements composés. Cependant, pour évaluer la probabilité d'un événement composé, nous devons être en mesure d'identifier les événements simples qui le forment. Un événement composé peut ne contenir qu'un seul événement simple mais, dans la plupart des cas, il en contient plusieurs.

Important: dans les leçons suivantes, le terme *événement* sera utilisé pour désigner un événement composé et le terme *résultat* pour désigner un événement simple.

EXEMPLE

Dans le cas du problème ci-dessous, identifier les événements simples et les événements composés qui forment l'espace échantillonnal.

1. Vous travaillez à la NASA. Vous disposez de cinq missiles dont deux ont été sabotés. Vous choisissez deux missiles au hasard. Définir l'espace échantillonnal (B = bon et S = saboté).

Solution. L'espace échantillonnal se compose comme suit:

$$S = \begin{Bmatrix} B_1B_2 & B_2B_1 & B_3B_1 & S_1B_1 & S_2B_1 \\ B_1B_3 & B_2B_3 & B_3B_2 & S_1B_2 & S_2B_2 \\ B_1S_1 & B_2S_1 & B_3S_1 & S_1B_3 & S_2B_3 \\ B_1S_2 & B_2S_2 & B_3S_2 & S_1S_2 & S_2S_1 \end{Bmatrix}$$

Voici quelques événements composés possibles.

(a) Les deux missiles lancés ont été sabotés. Cet événement se compose des événements simples S_1S_2 et S_2S_1.

(b) Seulement un des deux missiles lancés a été saboté. Cet événement se compose des événements simples B_1S_1, B_1S_2, B_2S_1, B_2S_2, B_3S_1, B_3S_2, S_1B_1, S_1B_2, S_1B_3, S_2B_1, S_2B_2 et S_2B_3.

(c) Aucun des deux missiles lancés n'a été saboté. Cet événement se compose des événements simples B_1B_2, B_1B_3, B_2B_1, B_2B_3, B_3B_1 et B_3B_2.

EXERCICES

Pour chacun des problèmes suivants, énumérer les événements simples qui appartiennent à chacun des événements composés décrits.

1. L'équipage d'un navire se compose d'un officier, de deux matelots et d'un chien St-Bernard. Deux membres de l'équipage sont choisis au hasard pour un test d'aptitudes. L'événement A correspond à *les deux matelots sont choisis*, l'événement B à *aucun des deux matelots n'est choisi* et l'événement C à *l'officier et un matelot* sont choisis.

2. On lance trois pièces de monnaie et on s'intéresse à l'événement *obtenir au moins deux face.*

3. On lance deux dés et on s'intéresse à l'événement *obtenir une somme égale à sept.*

4. Un technicien choisit une lampe écran à partir d'un ensemble de dix dans lequel se trouve une lampe défectueuse. Il s'intéresse à l'événement *choisir la lampe défectueuse.*

5. Une sociologue choisit au hasard une famille de quatre enfants. Elle s'intéresse à l'événement *il y a plus de filles que de garçons dans cette famille.*

6. Quatre personnes souffrent d'une tumeur cancéreuse et, chez deux d'entre elles, la tumeur est en voie de guérison. Un médecin doit choisir deux de ces personnes au hasard pour essayer une nouvelle méthode thérapeutique. On s'intéresse à l'événement *la tumeur d'au moins une des deux personnes choisies est en voie de guérison.*

LEÇON 4 RÈGLES DE CALCUL

Tâche: étant donné une expérience, calculer à l'aide de la formule appropriée le nombre d'événements simples dans l'espace échantillonnal et le nombre d'événements simples qui forment un événement composé donné.

DÉFINITIONS

Règle M-N: formule qui permet de calculer le nombre de résultats possibles d'une expérience donnée lorsque l'échantillonnage se fait avec ou sans remise. Plus spécifiquement, s'il y a M façons d'extraire un échantillon d'une population au premier essai, N façons au second, P façons au troisième, ..., et Q façons au $n^{\text{ième}}$, alors le nombre de résultats possibles est égal au produit $M \cdot N \cdot P \cdot \ldots \cdot Q$.

Règle de combinaison: formule qui permet de calculer le nombre de résultats possibles d'une expérience: (1) lorsque l'échantillonnage se fait sans remise et (2) lorsque l'ordre dans lequel les événements se produisent n'est pas important. La règle de combinaison s'écrit $\binom{k}{r}$ où k représente le nombre total d'éléments à partir desquels se fait la sélection et r le nombre de sélections à faire. Le symbole $\binom{k}{r}$ se calcule comme suit:

$$\binom{k}{r} = \frac{k!}{r!\,(k-r)!}$$

Le symbole $n!$ se lit *factorielle n*. Il représente le produit de tous les entiers allant de 1 à n inclusivement. *Note:* $0! = 1$ par définition. De plus,

$$k! = k(k-1)!$$

Par exemple,

$$\begin{aligned} 6! &= 6 \cdot 5 \cdot 4 \cdot 3 \cdot 2 \cdot 1 \\ &= 6 \cdot 5! = 6 \cdot 5 \cdot 4!, \text{ et ainsi de suite.} \end{aligned}$$

DISCUSSION

La discussion porte sur les deux règles de calcul définies ci-haut. Le diagramme de la figure 4.10 devrait vous aider à choisir la règle appropriée pour une expérience donnée.

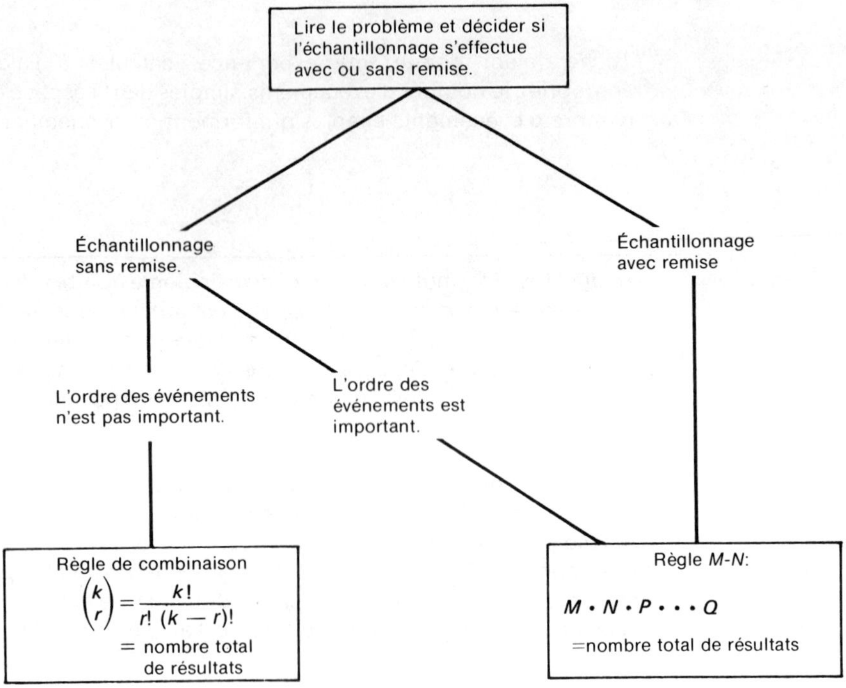

FIGURE 4.10

RÈGLE M-N

Si une expérience ne comporte que deux essais, alors la règle *M-N* précise que le nombre de résultats possibles est égal au produit $M \cdot N$, où M et N représentent respectivement le nombre de résultats possibles au premier et au second essai.

Si l'expérience comporte un troisième essai qui peut produire P résultats, alors le nombre de résultats possibles pour les trois essais est égal au produit $M \cdot N \cdot P$.

Nous pouvons généraliser cette procédure à un nombre arbitraire d'essais: soit, $M \cdot N \cdot P \cdot \ldots \cdot Q$.

Voici la procédure à suivre pour appliquer la règle *M-N*.

ÉTAPE 1 Déterminer le nombre d'essais que comporte l'expérience.

ÉTAPE 2 Construire une colonne pour chaque essai.

ÉTAPE 3 Inscrire dans chaque colonne le nombre de résultats possibles correspondant à chaque essai individuel.

ÉTAPE 4 Le nombre total de résultats possibles est égal au produit des nombres de chacune des colonnes.

Nous pouvons utiliser une arborescence simple pour illustrer cette règle. Supposons que nous lançons une pièce de monnaie deux fois. À chacun des deux lancers correspondent deux résultats possibles. La règle *M-N* dit qu'il y a $2 \times 2 = 4$ résultats possibles. La figure 4.11 présente l'arborescence qui illustre ce résultat.

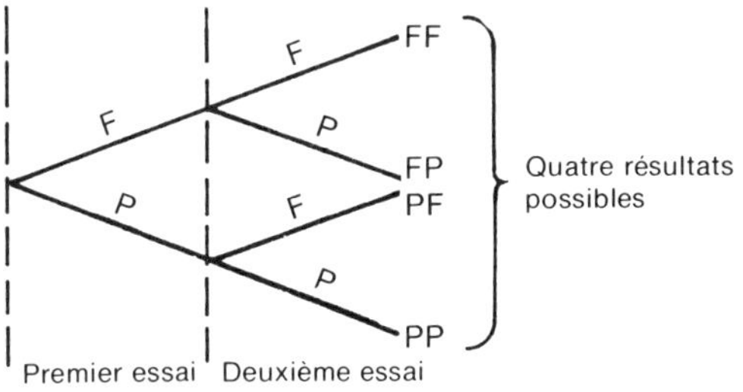

FIGURE 4.11

Voici un autre exemple. Supposons qu'une expérience consiste à piger avec remise trois boules dans une urne qui contient cinq boules rouges et trois boules blanches. Nous désirons connaître le nombre d'événements simples dans l'espace échantillonnal.

Pour appliquer la règle *M-N*, considérons que piger une boule dans l'urne constitue un essai. Déterminons le nombre de résultats possibles pour chaque essai, puis calculons le produit de chacun de ces nombres.

Comme l'échantillonnage se fait avec remise, il y a donc huit résultats possibles à chaque essai de l'expérience. À l'aide de trois colonnes, nous pouvons produire les résultats suivants:

ESSAI 1	ESSAI 2	ESSAI 3
8	8	8

Par conséquent il y a $8 \cdot 8 \cdot 8 = 8^3 = 512$ événements simples possibles dans cette expérience.

Cette méthode peut s'avérer très utile. Si nous avions utilisé une arborescence pour calculer le nombre d'événements simples dans l'espace échantillonnal, la dernière étape à elle seule aurait nécessité le tracé de 512 traits!

Dans l'exemple précédent, nous avons utilisé la règle *M-N* pour calculer le nombre d'événements simples dans l'espace échantillonnal. La même méthode s'applique pour calculer le nombre d'événements simples qui forment un événement composé.

Supposons que nous désirons savoir le nombre d'événements simples parmi les 512 possibles qui forment l'événement composé *piger trois boules rouges*. Pour ce faire, nous devons piger une boule rouge à chaque essai dans une urne contenant cinq boules rouges et trois boules blanches. Si nous construisons pour chaque essai, une colonne dans laquelle nous inscrivons le nombre de résultats possibles pour cet essai, nous obtenons les résultats suivants:

ESSAI 1	ESSAI 2	ESSAI 3
5	5	5

Il y a donc $5 \cdot 5 \cdot 5 = 125$ façons possibles de piger trois boules rouges.

En résumé, il y a 512 événements simples dans l'espace échantillonnal dont 125 correspondent à l'événement *piger trois boules rouges*. (Rappelez-vous que l'échantillonnage s'effectue avec remise.)

Reprenons la même expérience avec une méthode d'échantillonnage sans remise. Pour illustrer l'utilisation de la règle *M-N* dans ce cas précis, nous calculerons: (1) le nombre total d'événements simples dans l'espace échantillonnal et (2) le nombre d'événements simples correspondant à l'événement *piger trois boules rouges*.

Pour évaluer le nombre total d'événements simples, nous construisons trois colonnes dans lesquelles nous inscrivons le nombre de résultats possibles correspondant à chacun des trois essais.

ESSAI 1	ESSAI 2	ESSAI 3
8	7	6

Il y a donc $8 \cdot 7 \cdot 6 = 336$ résultats possibles dans cette expérience. Comme l'échantillonnage s'effectue sans remise, il y a huit résultats possibles au premier essai, sept au second et six au troisième.

Pour calculer le nombre de façons de piger trois boules rouges, nous procédons comme suit:

ESSAI 1	ESSAI 2	ESSAI 3
5	4	3

Il y a donc $5 \cdot 4 \cdot 3 = 60$ façons de piger trois boules rouges dans l'urne.

Nous pouvons donc dire que, si l'échantillonnage s'effectue sans remise, il y a 336 événements simples dans l'espace échantillonnal, dont 60 correspondent à l'événement *piger trois boules rouges*.

RÈGLE DE COMBINAISON

La *règle de combinaison* est utilisée, comme la règle *M-N*, pour calculer le nombre d'événements simples qui forment un événement composé ou le nombre d'événements simples dans un espace échantillonnal. Nous appliquons cette règle lorsque l'ordre dans lequel les événements se produisent n'est pas important et lorsque l'échantillonnage s'effectue sans remise. Sous ces conditions, la règle de combinaison nous permet de calculer le nombre d'événements simples tout en conservant les proportions.

Supposons que nous désirons calculer le nombre total de façons de choisir r éléments parmi k éléments sans tenir compte de l'ordre dans lequel ils se présentent. Ce nombre s'écrit $\binom{k}{r}$ et se calcule de la façon suivante.

$$\binom{k}{r} = \frac{k!}{r!\,(k-r)!}$$

Reprenons l'expérience précédente où l'échantillonnage se faisait sans remise; pour calculer le nombre de façons de piger trois boules rouges parmi huit, nous pouvons appliquer la règle de combinaison comme suit:

$$\binom{8}{3} = \frac{8!}{3!\,5!} = \frac{8 \cdot 7 \cdot 6 \cdot \cancel{5}!}{\cancel{5}!\,3!} = 56$$

Il y a donc 56 résultats différents dans l'espace échantillonnal établi sans tenir compte de l'ordre des événements[1].

Pour calculer le nombre de façons de piger trois boules rouges parmi cinq, nous appliquons la règle de combinaison comme suit:

$$\binom{5}{3} = \frac{5!}{3!\,2!} = \frac{5\ 4\ \cancel{3}!}{\cancel{3}!\,2!} = 10$$

Il y a par conséquent 56 événements simples dans l'espace échantillonnal établi sans tenir compte de l'ordre et dix de ceux-ci correspondent à l'événement *piger trois boules rouges*. Notons que le rapport 10/56 est égal au rapport 60/336 établi précédemment.

Les arborescences de la figure 4.12 illustrent l'utilisation de la règle de calcul *M-N* et de la règle de combinaison. L'expérience représentée par cette figure consiste à piger deux boules dans une urne qui en contient quatre (une boule rouge, une boule verte, une boule orange et une boule bleue).

Le nombre total de résultats possibles pour cette expérience est $4 \cdot 4 = 16$, si l'échantillonnage se fait avec remise et $4 \cdot 3 = 12$ s'il se fait sans remise. Si nous ne tenons pas compte de l'ordre, le nombre total de résultats possibles est

$$\binom{4}{2} = \frac{4!}{2!\,2!} = 6$$

1 C'est-à-dire que toutes les permutations d'un événement ne constituent qu'un seul événement.

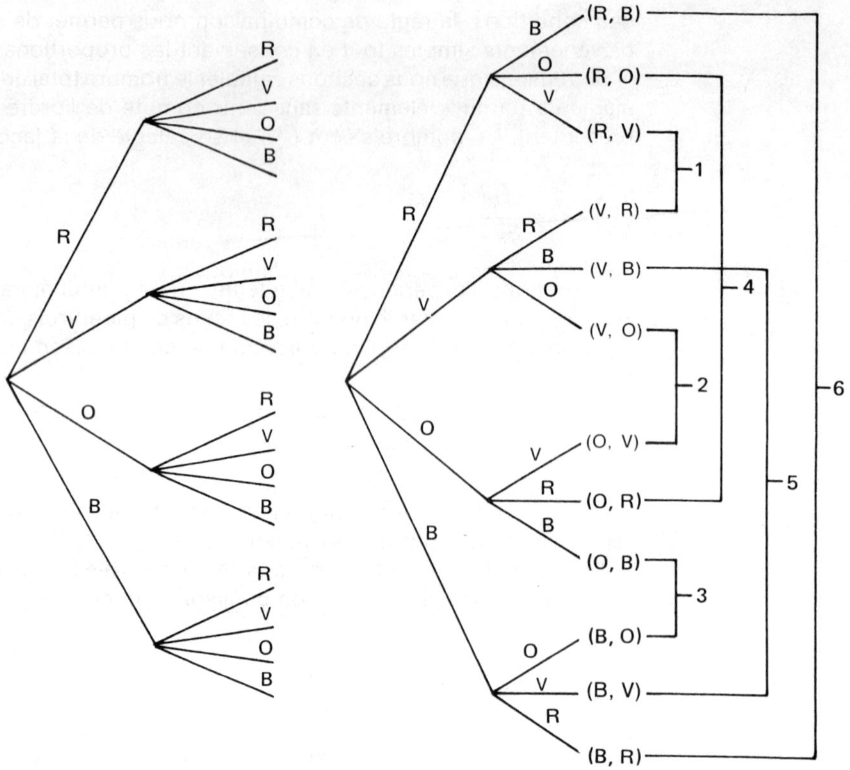

FIGURE 4.12 Résumé des règles de calcul

QUELLE RÈGLE DE CALCUL UTILISER?

Un événement simple est une permutation d'un autre événement simple lorsque les composantes des deux événements sont identiques sauf que l'ordre dans lequel elles apparaissent est différent.

Par exemple, les deux événements *face-face-pile* et *face-pile-face* possèdent les mêmes composantes, mais, dans chaque événement, l'ordre des composantes est différent. Nous disons donc que FFP est une permutation de FPF et *vice versa*.

Est-il nécessaire d'inclure toutes les permutations d'un événement simple dans l'espace échantillonnal ? La réponse n'est pas simple. Dans certains cas ce n'est pas nécessaire, mais dans d'autres cas importants toutes les permutations doivent être considérées pour ne pas modifier les proportions.

Voici une règle à se rappeler: si l'échantillonnage se fait avec remise, toutes les permutations doivent être considérées; si l'échantillonnage se fait sans remise, alors l'ordre peut être ou ne pas être important; tout dépend de la question posée. L'exemple suivant devrait vous aider à comprendre ce principe.

Un chapeau contient trois morceaux de papier numérotés respectivement 1, 2 et 3. L'expérience consiste à piger deux morceaux avec remise; l'espace échantillonnal établi en tenant compte de l'ordre des événements se compose de neuf événements simples:

$$S = \{1-1,\ 1-2,\ 1-3,\ 2-1,\ 2-2,\ 2-3,\ 3-1,\ 3-2,\ 3-3\}$$

Si l'échantillonnage s'effectuait sans remise, l'espace échantillonnal établi en tenant compte de l'ordre se composerait de six événements simples :

$$S = \{1-2,\ 1-3,\ 2-1,\ 2-3,\ 3-1,\ 3-2\}$$

Dans le premier espace échantillonnal ci-dessus, deux événements simples sur neuf ont pour composantes 1 et 2: (1 - 2, 2 - 1). Dans le deuxième espace échantillonnal, il y a deux événements simples sur six dont les composants sont 1 et 2: (1 - 2, 2 - 1). En d'autres mots, les événements simples composés de 1 et 2 forment les 2/9 du premier espace échantillonnal et les 2/6 (1/3) du second.

Maintemant, transformons les espaces échantillonnaux établis en tenant compte de l'ordre des événements en espaces échantillonnaux établis sans tenir compte de l'ordre dans lequel les événements se produisent. Pour ce faire, nous retirons de chaque espace échantillonnal tous les événements qui constituent des permutations d'événements déjà énumérés.

AVEC REMISE		SANS REMISE	
EN TENANT COMPTE DE L'ORDRE	**SANS TENIR COMPTE DE L'ORDRE**	**EN TENANT COMPTE DE L'ORDRE**	**SANS TENIR COMPTE DE L'ORDRE**
$S = \{1-1,\ 1-2,\ 1-3,\ 2-1,\ 2-2,\ 2-3,\ 3-1,\ 3-2,\ 3-3\}$	$S = \{1-1,\ 1-2,\ 1-3,\ 2-2,\ 2-3,\ 3-3\}$	$S = \{1-2,\ 1-3,\ 2-1,\ 2-3,\ 3-1,\ 3-2\}$	$S = \{1-2,\ 1-3,\ 2-3\}$

On constate à l'examen du tableau ci-dessus que, lorsque l'échantillonnage se fait avec remise, l'événement simple formé de 1 et 2 se produit deux fois sur neuf (2/9) si l'on tient compte de l'ordre des événements et une fois sur six (1/6) si l'on ne tient pas compte de l'ordre des événements. Par contre, lorsque l'échantillonnage s'effectue sans remise, le même événement simple se produit une fois sur trois peut importe que l'on tienne compte de l'ordre ou pas.

Par conséquent, lorsque l'échantillonnage s'effectue *avec* remise, nous modifions les proportions dans l'espace échantillonnal en ignorant les diverses permutations d'un événement simple donné.

EXEMPLES Appliquer les règles de calcul à chacun des problèmes suivants.

1. $\binom{5}{3} = \frac{5!}{3!\,2!} = \frac{5 \cdot 4 \cdot \cancel{3!}}{\cancel{3!} \cdot 2!} = \frac{5 \cdot 4}{2} = 10$

2. $\binom{10}{0} = \frac{10!}{0! \cdot 10!} = \frac{1}{1} = 1$

3. $\binom{10}{10} = \frac{10!}{10! \cdot 0!} = 1$

4. $\binom{8}{7} = \frac{8!}{7!\,1!} = \frac{8 \cdot 7!}{7!\,1!} = 8$

5. Si un numéro d'immatriculation se compose de deux lettres suivies de quatre chiffres, combien de numéros d'immatriculation différents pouvons-nous former?

Solution Considérons que l'expérience se compose de six essais dont les deux premiers consistent à choisir une lettre de l'alphabet et les quatre derniers consistent à choisir un symbole numérique.

ALPHA. 1	ALPHA. 2	NUM. 1	NUM. 2	NUM. 3	NUM. 4
26	26	10	10	10	10

Par conséquent, il y a $26^2 \cdot 10^4 = 6\,760\,000$ numéros d'immatriculation différents possibles.

6. De combien de façons quatre candidats à un emploi peuvent-ils s'assoir sur quatre chaises dans une salle d'attente?

Solution. Imaginons que l'expérience est composée de quatre essais dont chacun consiste à attribuer une chaise particulière à l'un des candidats.

CHAISE 1	CHAISE 2	CHAISE 3	CHAISE 4
4	3	2	1

Il y a donc 24 façons d'attribuer les chaises.

7. Quatorze individus se bousculent dans un bureau qui ne contient que quatre chaises. Si nous attribuons les chaises au hasard, combien de groupe de quatre personnes pouvons-nous former?

Solution Dans ce problème, l'ordre de sélection des individus n'est pas important. Donc, la règle de combinaison s'applique avec $k = 14$ et $r = 4$.

$$\binom{14}{4} = \frac{14!}{4!\,10!} = \frac{\overset{7}{\cancel{14}} \cdot 13 \cdot \cancel{12} \cdot 11 \cdot \cancel{10!}}{\cancel{4} \cdot \cancel{3} \cdot \cancel{2} \cdot 1 \cdot \cancel{10!}} = 1001 \text{ groupes différents.}$$

8. À l'intérieur d'une population de dix poules, il nous faut en choisir quatre au hasard pour leur injecter une hormone qui devrait augmenter leur production d'oeufs. De combien de façons pouvons-nous effectuer la sélection? Cinq des dix poules sont atteintes d'un virus qui provoque l'effet opposé, c'est-à-dire qu'il diminue leur production d'oeufs. De combien de façons pouvons-nous obtenir la sélection de quatre poules porteuses de virus ?

Solution L'échantillonnage s'effectue sans remise et l'ordre de sélection n'est pas important. Par conséquent, nous pouvons utiliser la règle de combinaison.

$$\text{Nombre total de groupes possibles} = \binom{10}{4} = \frac{10!}{4!\,6!}$$

$$= \frac{10 \cdot 9 \cdot 8 \cdot 7 \cdot 6!}{4 \cdot 3 \cdot 2 \cdot 1 \cdot 6!} = 210$$

$$\text{Nombre de groupes de quatre poules infectées} = \binom{5}{4} = \frac{5!}{4!\,1!} = \frac{5 \cdot 4!}{4!\,1!} = 5$$

EXERCICES Appliquer la règle de calcul appropriée à chacun des problèmes suivants.

1. $\binom{10}{5}$
2. $\binom{14}{2}$
3. $\binom{100}{99}$
4. $\binom{n}{n}$
5. $\binom{n}{n-1}$
6. $\binom{n}{0}$

7. Une compagnie doit choisir deux sites parmi 11 possibles pour y établir deux nouvelles usines de production de lampes flash. Combien y a-t-il de façons d'effectuer la sélection?

8. Si l'une des deux usines du problème précédent devait produire des pellicules photographiques et l'autre des lampes flash, combien y aurait-il de façons d'effectuer la sélection?

9. Cinq hommes sont choisis pour former un cordon de policiers. De combien de façons pouvons-nous placer ces cinq hommes?

10. Un sachet de 15 graines de semence en contient trois qui ne peuvent pas germer. Nous devons planter trois graines. Combien y a-t-il de choix possibles? Combien de choix ne contiendront que des bonnes graines?

11. De combien de façons pouvons-nous piger, avec remise, trois boules dans une urne qui contient 9 boules noires, 4 boules blanches et 13 boules rouges? La couleur est-elle importante? Combien y a-t-il d'événements simples dans l'espace échantillonnal?

12. En utilisant les données du problème précédent, supposons qu'une expérience consiste à piger deux boules. De combien de façons pouvons-nous piger deux boules noires avec remise? Combien y a-t-il d'événements simples dans l'événement composé *piger deux boules noires?*

13. Un gérant désire vérifier la compétence d'un nouvel agent immobilier. Le gérant demande à son vendeur de choisir, par ordre de valeur, les trois terrains les plus importants parmi les dix terrains disponibles. Si le vendeur ne possède aucune compétence pour ordonner les terrains et choisit au hasard, combien de choix différents peut-il produire?

14. Combien de numéros de téléphone de quatre chiffres peut-on produire en utilisant les dix chiffres de 0 à 9.
[*Note:* Les répétitions sont permises et le chiffre 0 ne peut apparaître en première position.]

15. Un libraire désire placer cinq volumes de mathématiques, trois volumes de physique et sept volumes de chimie sur une étagère. Combien y a-t-il de façons de placer les volumes, tenant compte du fait que tous les volumes qui portent sur un même sujet doivent être placés ensemble?

16. Un joueur lance deux dés. Combien y a-t-il d'événements simples dans l'espace échantillonnal?

17. De combien de façons pouvons-nous placer les lettres du mot *chose*.

18. De combien de façons pouvons-nous placer les lettres du mot *non*? Énumérez les choix pour vérifier votre réponse.

LEÇON 5 OPÉRATIONS SUR LES ENSEMBLES

Tâche: évaluer l'union et l'intersection de deux événements. Identifier le complément d'un événement. Vérifier si deux événements sont mutuellement exclusifs.

DÉFINITIONS

Union de deux événements: le symbole $\cup$ signifie union. L'union de deux événements A et B s'écrit $A \cup B$ et se lit *A union B*. $A \cup B$ est aussi un événement et il se compose de tous les événements simples appartenant soit à A, soit à B, soit à A et B à la fois.

Intersection de deux événements: le symbole $\cap$ signifie intersection. L'intersection de deux événements A et B s'écrit $A \cap B$ et se lit *A intersection B*. $A \cap B$ est aussi un événement et il se compose de tous les événements simples appartenant à la fois à A et à B.

Complément d'un événement: le symbole ′ signifie complément. Le complément d'un événement A s'écrit A' et se lit *complément de A*. A' est aussi un événement et il se compose de tous les événements qui n'appartiennent pas à A.

Événements mutuellement exclusifs: deux événements sont mutuellement exclusifs s'ils ne possèdent aucun événement simple en commun, c'est-à-dire si leur intersection est l'ensemble vide noté $\varnothing$. Deux événements qui possèdent au moins un résultat en commun ne sont pas mutuellement exclusifs.

DISCUSSION

Un espace échantillonnal est un ensemble de résultats. Les divers événements constituent ce que l'on appelle des sous-ensembles de l'espace échantillonnal. Il est donc normal d'utiliser le langage mathématique de la théorie des ensembles pour définir les événements.

Les concepts d'*union*, d'*intersection* et de *complément* appartiennent tous à la théorie des ensembles, de même que les notions d'*univers* de *sous-ensembles*, d'*éléments d'ensemble*, etc. L'adaptation de la théorie des ensembles à la théorie des probabilités nécessite certaines modifications au plan de la terminologie: l'*univers* se nomme *espace échantillonnal*; les *sous-ensembles* s'appellent des *événements* et les *éléments* d'un ensemble se nomment *événements simples* ou *résultats*.

Le concept le plus fondamental de la théorie des ensembles est le concept d'appartenance. Nous désirons savoir si un résultat *appartient* ou non à un événement composé donné. C'est pourquoi nous définissons l'*union* de deux ensembles A et B comme étant l'ensemble composé de tous les *éléments* (résultats) qui appartiennent soit à l'ensemble A, soit à l'ensemble B, soit aux ensembles A et B à la fois. L'intersection des ensembles A et B se définit comme l'ensemble de tous les *éléments* (résultats) qui appartiennent *simultanément* à l'ensemble A et à l'ensemble B. Le complément d'un ensemble A est l'ensemble formé de tous les *éléments* (résultats) de l'*univers* (espace échantillonnal) qui *n'appartiennent pas* à l'ensemble A. Nous disons que deux événements sont *mutuellement exclusifs* lorsqu'ils ne possèdent aucun résultat en commun. Pour les besoins de ce cours, nous pouvons donner une définition qui rend plus simple la vérification de l'exclusion mutuelle de deux événements composés. Deux événements composés sont mutuellement exclusifs s'ils ne peuvent se produire simultanément au cours de la même expérience. Cette définition nous permet de vérifier si deux événements sont mutuellement exclusifs sans qu'il soit nécessaire d'énumérer tous les événements simples puis de retracer tous les éléments communs aux deux ensembles.

DISCUSSION SIMPLIFIÉE

L'utilisation de diagrammes de Venn (voir les figures 4.13 à 4.16) constitue la meilleure façon de représenter les opérations d'union, d'intersection et de complément d'ensembles. Chaque carré représente un espace échantillonnal, tandis que les cercles à l'intérieur des carrés représentent des événements composés.

La figure 4.13 représente l'union de deux événements mutuellement exclusifs.

La figure 4.14 illustre l'union de deux événements qui ne sont pas mutuellement exclusifs.

Les événements mutuellement exclusifs A et B de la figure 4.13 sont représentés par des cercles qui ne se superposent pas. L'union des deux

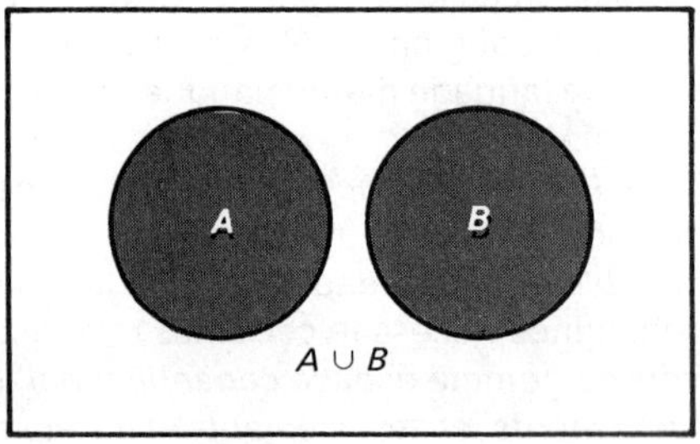

FIGURE 4.13

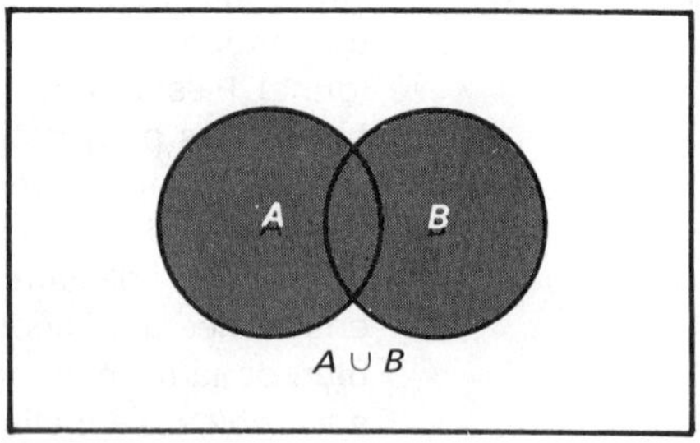

FIGURE 4.14

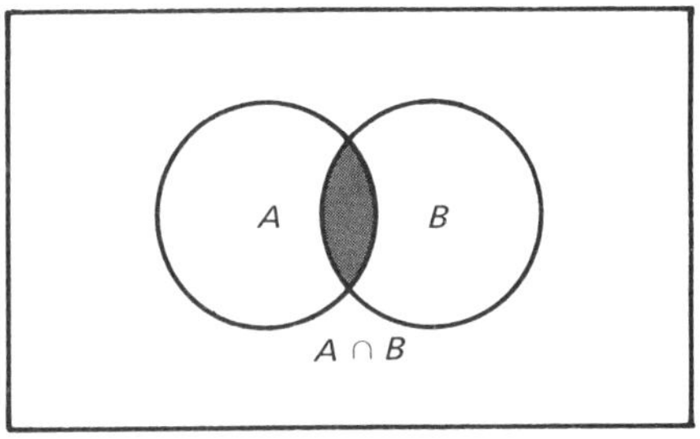

FIGURE 4.15

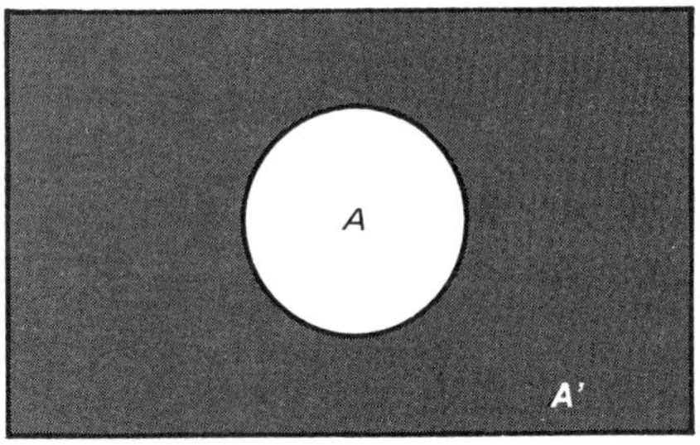

FIGURE 4.16

ensembles (représentée par la portion ombrée de la figure) se compose de tous les événements simples de *A* auxquels on ajoute tous les événements simples de *B*.

Les événements non mutuellement exclusifs *A* et *B* de la figure 4.14 sont représentés par des cercles qui se superposent partiellement. L'union des deux ensembles (représentée par la portion ombrée de la figure) se compose de tous les événements simples de *A* auxquels on ajoute tous les événements simples de *B* qui ne sont pas déjà des événements de *A*.

[Note: lorsque nous énumérons les événements simples de $A \cup B$, chaque événement simple n'est énuméré qu'une seule fois, même s'il s'agit d'un événement commun aux deux ensembles *A* et *B*.]

La figure 4.15 représente l'intersection telle que suggérée par la superposition des cercles dans la figure 4.14. L'intersection des ensembles *A* et *B* s'écrit $A \cap B$ et se lit *A intersection B*. Elle se compose de tous les événements simples (représentés par la portion ombrée de la figure 4.15) communs aux deux ensembles *A* et *B*. Si *A* et *B* ne se superposent pas, nous disons que l'intersection de *A* et *B* est l'ensemble vide. Les événements sont alors mutuellement exclusifs.

La figure 4.16 représente le complément d'un événement *A*. Il se compose de tous les événements simples de l'espace échantillonnal qui n'appartiennent pas à l'ensemble *A*.

Note: $A \cup B$ signifie *A ou B*. $A \cap B$ signifie *A et B*. *A'* signifie *non A*. Par conséquent, lors de l'explication verbale d'un problème, les mots *ou*, *et* et *non* prennent une signification très particulière: ils représentent des opérations spécifiques.

Le tableau 4.2 résume l'ensemble des relations que nous venons de discuter.

TABLEAU 4.2 OPÉRATIONS SUR LES ENSEMBLES

TYPES D'ÉVÉNEMENTS	DÉFINITIONS	DIAGRAMMES	SYMBOLES
UNION	Événements simples de *A* ou *B*	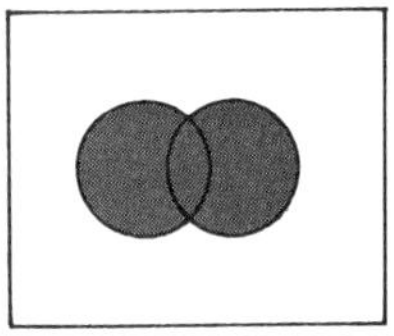	$A \cup B$ lu: *A union B*

INTERSECTION	Événements simples de A et B	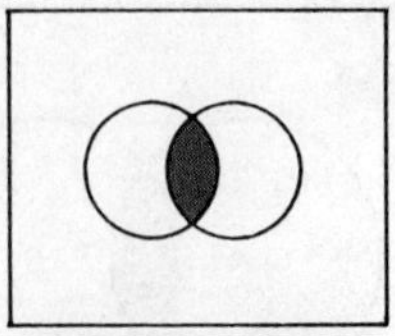	$A \cap B$ lu: *A intersection B*
COMPLÉMENT	Événements simples qui ne sont pas des éléments de A		A' lu: *complément de A*
ÉVÉNEMENTS MUTUELLEMENT EXCLUSIFS	A et B n'ont aucun événement simple commun	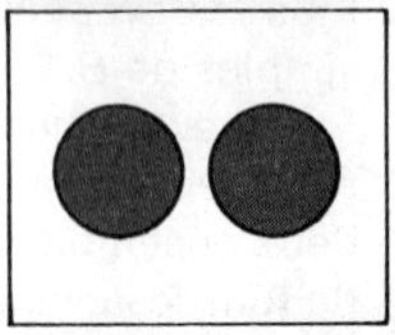	$A \cap B = \varnothing$

EXEMPLES

Pour chacun des exemples suivants, décrire l'espace échantillonnal, ainsi que les opérations de base sur les ensembles.

1. Nous écrivons le nom des mois de l'année sur 12 morceaux de papier que nous plaçons dans un chapeau. L'expérience consiste à piger un morceau de papier.

Solution. Voici l'espace échantillonnal:

$$S = \left\{ \begin{array}{l} \text{janvier, février, mars, avril, mai, juin, juillet,} \\ \text{août, septembre, octobre, novembre, décembre} \end{array} \right\}$$

soit

$$A = \{\text{janvier, février, mars, avril, mai, juin}\}$$

et

$$B = \{\text{janvier, mars, mai, juillet, septembre, novembre}\}$$

Alors

$$A \cup B = \left\{ \begin{array}{c} \text{janvier, février, mars, avril, mai, juin,} \\ \text{juillet, septembre, novembre} \end{array} \right\}$$

Cet ensemble se compose de tous les événements simples de A ajoutés à ceux de B. L'intersection des deux ensembles A et B se dénombre comme suit:

$A \cap B = \{\text{janvier, mars, mai}\}$

Il s'agit d'énumérer tous les événements simples communs aux deux ensembles A et B.
Le complément A' de l'ensemble A est:

$A' = \{\text{juillet, août, septembre, octobre, novembre, décembre}\}$

Il s'agit de composer la liste de tous les événements simples qui ne sont pas des éléments de A.

2. On lance trois pièces de monnaie.

Solution. Voici l'espace échantillonnal:

$S = \{FFF, FFP, FPF, FPP, PFF, PFP, PPF, PPP\}$

Si l'ensemble A représente l'événement *obtenir exactement deux faces*

$A = \{FFP, FPF, PFF\}$,

et si l'ensemble B représente l'événement *obtenir exactement trois faces*,

$B = \{FFF\}$,

alors

$A \cup B = \{FFP, FPF, PFF, FFF\}$
$A \cap B = \varnothing$
$B' = \{FFP, FPF, FPP, PFF, PFP, PPF, PPP\}$

3. Une expérience consiste à lancer un dé une fois. Nous nous intéressons à l'événement suivant: *obtenir un 2 ou un 5*.

Solution. Cet événement représente l'union de deux événements A et B, où A représente l'événement *obtenir un 2*, et B représente l'événement *obtenir un 5*. Cet événement s'écrit donc $A \cup B$.

Nous nous intéressons maintenant à l'événement *obtenir un nombre divisible par 2 et par 3*. Cet événement représente l'intersection de deux événements A et B où A représente l'événement *obtenir un nombre divisible par 2* et B représente l'événement *obtenir un nombre divisible par 3*. Cet événement s'écrit donc $A \cap B$.

Si nous désirons représenter l'événement *obtenir n'importe quel nombre à l'exception d'un 2*, nous parlons du complément A' de A, où A représente l'événement *obtenir un 2*. A' est l'ensemble de tous les événements de l'espace échantillonnal à l'exception de l'événement *obtenir un 2*.

4. Un étudiant lance un dé. L'ensemble A représente l'événement *obtenir un nombre pair*, et l'ensemble B représente l'événement *obtenir un nombre plus grand que 3*. Les événements A et B sont illustrés dans la figure 4.17 par un diagramme de Venn.

Solution. L'union de A et B s'écrit

$$A \cup B = \{2, 4, 5, 6\}$$

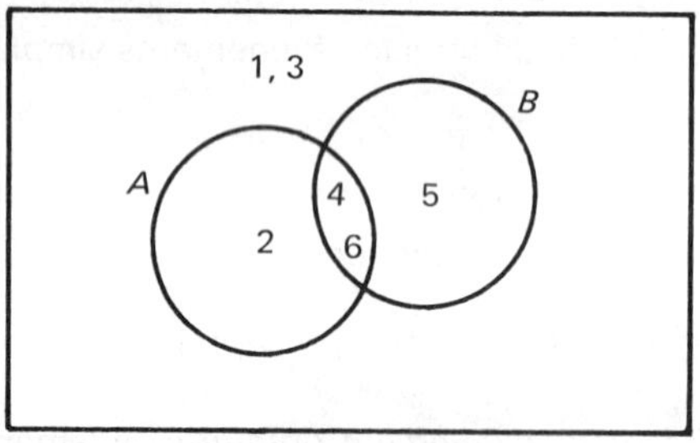

FIGURE 4.17

L'intersection de A et B s'écrit

$$A \cap B = \{4, 6\}$$

Le complément de $A \cup B$ s'écrit

$$(A \cup B)' = \{1, 3\}$$

EXERCICES

Appliquer les opérations de base sur les ensembles à chacun des problèmes suivants.

1. Dans un groupe composé de deux hommes et deux femmes, deux personnes sont choisies pour recevoir un prix. A représente l'événement *l'un des deux gagnants est un homme*, B représente l'événement *les deux gagnantes sont des femmes*, et C représente l'événement *les gagnants sont un homme et une femme*.

a) Énumérer les événements simples de $A \cup B$ et $A \cap C$.

b) A et B forment-ils des événements mutuellement exclusifs ? A et C ? Sinon, énumérer les événements simples communs aux deux ensembles.

c) Énumérer les événements simples qui composent C'.

2. Nous lançons deux dés. A représente l'événement *obtenir une somme égale à 7*, B représente l'événement *obtenir deux nombres impairs*, et C représente l'événement *obtenir un seul nombre impair*.

a) Énumérer les événements simples qui composent A, B, $A \cup B$ et $A \cap B$.

b) A et B forment-ils des événements mutuellement exclusifs? B et C?

3. Le tableau 4.3 est une classification de 200 individus. Indiquer combien d'individus appartiennent à chacune des classes d'événements suivants:

TABLEAU 4.3 APPARTENANCE POLITIQUE

SEXES	CONSERVATEURS	LIBÉRAUX	TOTAUX
Hommes	50	60	110
Femmes	20	70	90
Totaux	70	130	200

a) conservateur *et* de sexe masculin,

b) conservateur *ou* de sexe masculin,

c) *ni* libéral *ni* de sexe féminin,

d) *non* conservateur.

4. Soit $S = \{0, 1, 2, 3, 4, 5\}$, $A = \{0, 2, 4\}$, $B = \{1, 3, 5\}$ et $C = \{0, 1, 2\}$. Énumérer $A \cup B$, $A \cap B$, $A \cap C'$, A' et C'.

LEÇON 6 PROBABILITÉ D'ÉVÉNEMENTS SIMPLES ET COMPOSÉS DANS DES ESPACES ÉCHANTILLONNAUX FINIS

Tâche: calculer la probabilité d'un événement A en appliquant les principes présentés dans cette leçon.

DÉFINITIONS

Probabilité d'un événement simple: nous pouvons toujours attribuer un nombre entre 0 et 1 à chaque événement simple d'un espace échantillonnal donné. Ce nombre se nomme *probabilité*. Si nous additionnons les probabilités de tous les événements simples d'un espace échantillonnal, la somme obtenue devra être égale à 1. En d'autres mots, si nous représentons chaque événement simple d'un espace échantillonnal par les symboles e_1, e_2, ..., e_N, et chacune des probabilités de ces événements simples par les symboles $P(e_1)$, $P(e_2)$, ..., $P(e_N)$, alors

$$0 \leqslant P(e_i) \leqslant 1, \text{ pour tout } i = 1, 2, ..., N$$

et

$$\sum_{i=1}^{N} P(e_i) = 1$$

Si tous les événements simples ont un nombre égal de chances de se produire, alors la probabilité de chaque événement simple est égale à $1/N$, où N représente le nombre total d'événements simples dans l'espace échantillonnal.

Probabilité d'un événement composé: la probabilité d'un événement composé, notée $P(A)$, est égale à la somme des probabilités de tous les événements simples appartenant à A. Nous exprimons cette relation comme suit:

$$P(A) = \Sigma P(e_i) \qquad \text{pour tout } e_i\text{, élément de l'ensemble } A$$

où Σ signifie l'addition des probabilités de tous les événements simples appartenant à A.

Si un événement A se compose d'événements simples et si dans l'espace échantillonnal tous les événements simples ont la même probabilité, alors la probabilité de l'événement A est égale au nombre n d'événements simples appartenant à A, divisé par le nombre N d'événements simples de l'espace échantillonnal. Cette relation s'écrit $P(A) = n/N$.

Si $n(A)$ représente le nombre d'événements simples appartenant à A, $n(S)$ le nombre d'événements simples appartenant à S et si tous les événements simples sont équiprobables, alors nous pouvons calculer la probabilité de l'événement A comme suit:

$$P(A) = \frac{n(A)}{n(S)}$$

DISCUSSION

Il y a trois façons d'attribuer des probabilités aux événements simples d'un espace échantillonnal: (1) en assumant que tous les événements simples d'un espace échantillonnal ont le même nombre de chances de se produire, (2) en observant la fréquence relative d'apparition de chacun des événements simples, ou (3) en se basant sur un jugement subjectif quant à la vraisemblance de chacun des événements simples.

Nous supposerons, dans cette discussion, que tous les événements simples de l'espace échantillonnal sont équiprobables.

Par définition, la probabilité d'un événement simple est un nombre positif compris entre 0 et 1. S'il n'y a qu'un seul événement simple qui puisse se produire, alors sa probabilité est égale à 1. Par contre, s'il est impossible qu'un événement simple donné se produise, alors sa probabilité est égale à 0. La somme des probabilités de chacun des événements simples d'un espace échantillonnal est égale à 1.

Lorsque tous les événements d'un espace échantillonnal ont le même nombre de chances de se produire, nous attribuons à chaque événement une part égale de la probabilité totale. En d'autres mots, si un espace échantillonnal est composé de N événements simples équiprobables, alors nous attribuons une probabilité de $1/N$ à chacun des événements simples.

Un événement composé A est un sous-ensemble de l'espace échantillonnal. Pour obtenir la probabilité de l'événement A, nous calculons la somme des probabilités de tous les événements simples appartenant à A. Étant donné que A est un sous-ensemble de S et que les événements simples appartenant à A sont tous mutuellement exclusifs, alors la probabilité de A est toujours inférieure ou égale à 1. En résumé, la probabilité de l'événement A, $P(A)$, est égale à la somme des probabilités de tous les événements simples appartenant à A; c'est-à-dire

$$P(A) = \Sigma P(e_i)$$

où la sommation s'effectue pour tous les e_i éléments de A. Si un événement A est composé de n événements simples équiprobables, alors la probabilité de A est égale à n/N;
c'est-à-dire $P(A) = n/N$.

Puisque, dans ce texte, nous utiliserons presque toujours des expériences qui produisent des événements simples équiprobables, nous emploierons une notation simplifiée pour illustrer le calcul des probabilités. Si *n(S)* représente le nombre total d'événements simples dans l'espace échantillonnal et *n(A)* le nombre total d'événements simples qui composent l'événement *A*, alors, assumant que tous les événements simples sont équiprobables, nous calculons la probabilité de l'événement *A* comme suit:

$$P(A) = \frac{n(A)}{n(S)}$$

En d'autres termes, nous calculons le nombre d'événements simples qui composent *A*, que nous divisons par le nombre d'événements simples de *S*. Ce résultat est la probabilité de l'événement *A*.

DISCUSSION SIMPLIFIÉE

Nous lançons une pièce de monnaie. Par mégarde, nous l'échappons par terre; pour comble de malheur, elle se retrouve happée par une tondeuse à gazon. Il est fort probable que cette opération altère la façon de retomber de la pièce de sorte que, dans des expériences subséquentes, une face sera favorisée plutôt que l'autre. Nous n'avons aucun moyen de prédire à l'avance la *vraisemblance* de l'événement *pile* ou de l'événement *face*, parce que nous sommes incapables de quantifier l'impact de la tondeuse sur la pièce de monnaie. Nous pouvons cependant assumer que les deux faces n'ont plus la même probabilité de se produire. En nous basant sur la définition d'une probabilité, nous pouvons dire: (1) que les probabilités des événements *pile* ou *face* se situent entre 0 (impossibilité) et 1 (certitude) et (2) que la somme des deux probabilités doit être égale à 1.

Il existe deux façons dans cette situation d'attribuer des probabilités à chacun des événements. Nous pouvons lancer la pièce plusieurs fois et calculer la fréquence relative d'apparition de chacun des événements. Nous pouvons aussi attribuer les probabilités en nous basant sur un jugement subjectif. De toutes façons, les nombres doivent être attribués de façon à ce que les probabilités se situent entre 0 et 1 et que la somme des probabilités soit égale à 1.

Par contre, si la tondeuse n'a pas endommagé la pièce, nous pouvons continuer d'assumer que les deux événements sont équiprobables et attribuer des probabilités égales aux deux événements, c'est-à-dire attribuer la valeur ½ à l'événement *face* et la valeur ½ à l'événement *pile*.

Lorsque nous avons attribué des probabilités aux événements simples de l'espace échantillonnal, nous pouvons alors les utiliser pour calculer la probabilité de n'importe quel événement composé.

Par exemple, si l'expérience consiste à lancer un dé deux fois, alors, l'espace échantillonnal s'obtient comme suit:

$$S = \left\{\begin{matrix} (1, 1) & (1, 2) & (1, 3) & (1, 4) & (1, 5) & (1, 6) \\ (2, 1) & (2, 2) & (2, 3) & (2, 4) & (2, 5) & (2, 6) \\ (3, 1) & (3, 2) & (3, 3) & (3, 4) & (3, 5) & (3, 6) \\ (4, 1) & (4, 2) & (4, 3) & (4, 4) & (4, 5) & (4, 6) \\ (5, 1) & (5, 2) & (5, 3) & (5, 4) & (5, 5) & (5, 6) \\ (6, 1) & (6, 2) & (6, 3) & (6, 4) & (6, 5) & (6, 6) \end{matrix}\right\}$$

Si le dé est équilibré, alors tous les résultats sont équiprobables tant au premier qu'au second essai. Donc, toutes les paires de résultats sont équiprobables.

En additionnant le nombre d'événements simples inclus dans l'espace échantillonnal, on obtient un total de 36 événements simples ; donc $n(S) = 36$.

Le nombre total d'événements simples peut aussi s'obtenir à l'aide de la règle *M-N:* $6 \bullet 6 = 36$.

Nous pouvons choisir dans cet espace échantillonnal tous les événements simples dont la somme des deux composantes est égale à 7. Définissons ce sous-ensemble comme étant l'événement composé *A*.

$$A = \left\{\begin{matrix} (6, 1) & (3, 4) \\ (5, 2) & (2, 5) \\ (4, 3) & (1, 6) \end{matrix}\right\}$$

L'événement *A* est donc composé de six événements simples: $n(A) = 6$. En appliquant la formule

$$P(A) = \frac{n(A)}{n(S)}$$

nous obtenons une probabilité de 1/6 pour l'événement *A* :

$$P(A) = \frac{n(A)}{n(S)} = \frac{6}{36} = \frac{1}{6}$$

Définissons maintenant l'événement *B* comme étant composé de tous les événements simples dont les deux composantes sont égales ou supérieures à 5:

$$B = \{(5, 5), (5, 6), (6, 5), (6, 6)\}$$

L'événement *B* se compose donc de quatre événements simples: $n(B) = 4$. En appliquant la formule

$$P(B) = \frac{n(B)}{n(S)}$$

nous obtenons donc une probabilité de 1/9 pour l'événement B:

$$P(B) = \frac{n(B)}{n(S)} = \frac{4}{36} = \frac{1}{9}$$

Si l'événement C correspond à l'ensemble des événements simples dont les deux composantes égalent 1, alors $C = (1, 1)$; $n(C) = 1$ et $P(C) = 1/36$.

EXEMPLES

Calculer les probabilités pour chacun des problèmes suivants.

1. Nous choisissons au hasard (sans remise) deux comptes comptables dans une population de cinq comptes dont trois sont en souffrance (S) et deux sont payés complètement (P). Quelle est la probabilité de choisir deux comptes en souffrance?

Solution. Voici l'espace échantillonnal de cette expérience:

$$S = \begin{Bmatrix} S_1S_2 & S_1S_3 & S_1P_1 & S_1P_2 & S_2S_1 & S_2S_3 & S_2P_1 & S_2P_2 & S_3S_1 & S_3S_2 \\ S_3P_1 & S_3P_2 & P_1S_1 & P_1S_2 & P_1S_3 & P_1P_2 & P_2S_1 & P_2S_2 & P_2S_3 & P_2P_1 \end{Bmatrix}$$

Dans cet exemple, $n(S) = 20$ (en appliquant la règle M-N nous aurions obtenu $5 \cdot 4 = 20$). Si A correspond à l'événement *choisir deux comptes en souffrance*, alors $n(A) = 6$ (en appliquant la règle M-N, nous aurions obtenu $3 \cdot 2 = 6$). Par conséquent, la probabilité de choisir deux comptes en souffrance est:

$$P(A) = \frac{n(A)}{n(S)} = \frac{6}{20} = \frac{3}{10}$$

Note importante: dans cet exemple, l'échantillonnage s'effectue sans remise et l'ordre dans lequel les comptes sont sélectionnés n'est pas important. Nous pouvons donc appliquer la règle de combinaison:

$$n(S) = \binom{5}{2} = \frac{5!}{2!\ 3!} = 10$$

et

$$n(A) = \binom{3}{2} = \frac{3!}{2!\ 1!} = 3$$

La réponse obtenue en utilisant la règle de combinaison est la même que celle obtenue en utilisant la règle M-N, c'est-à-dire:

$$P(A) = \frac{n(A)}{n(S)} = \frac{3}{10}$$

2. Deux bougies d'un moteur de six cylindres sont défectueuses. Un mécanicien enlève au hasard deux bougies pour les vérifier. Quelle est la probabilité qu'il s'agisse des deux bougies défectueuses ? Qu'une des deux le soit ? Qu'aucune ne le soit ?

Solution. Puisque l'ordre dans lequel sont choisies les bougies n'est pas important et que l'échantillonnage s'effectue sans remise, nous pouvons utiliser la règle de combinaison pour résoudre ce problème. Nous obtenons le nombre total d'événements simples dans l'espace échantillonnal en calculant le nombre de façons de choisir deux bougies parmi six:

$$n(S) = \binom{6}{2} = \frac{6!}{2!\,4!} = 15$$

Si A correspond à l'événement *choisir deux bougies défectueuses*, alors $n(A)$ correspond au nombre de façons de choisir deux bougies défectueuses dans une population qui en contient deux:

$$n(A) = \binom{2}{2} = \frac{2!}{2!\,0!} = 1$$

Par conséquent, la probabilité d'obtenir deux bougies défectueuses est:

$$\frac{n(A)}{n(S)} = \frac{1}{15}$$

Si B correspond à l'événement *choisir une bougie défectueuse et une bougie non défectueuse*, alors, pour calculer la probabilité de B, il nous faut déterminer combien d'événements simples parmi les 15, ont pour composantes *une bougie défectueuse et une bougie non défectueuse*. Considérons qu'il s'agit là d'une expérience composée de deux essais dont le premier consiste à choisir une bougie défectueuse parmi deux et le second consiste à choisir une bougie non défectueuse parmi quatre. Nous pouvons utiliser la règle de combinaison pour résoudre le problème à chacun des essais:

ESSAI 1	ESSAI 2
$\binom{2}{1}$	$\binom{4}{1}$

À l'aide de la règle M-N nous obtenons:

$$n(B) = \binom{2}{1} \cdot \binom{4}{1} = \frac{2!}{1!\,1!} \cdot \frac{4!}{1!\,3!} = 2 \cdot 4 = 8$$

et

$$P(B) = \frac{n(B)}{n(S)} = \frac{8}{15}$$

Si C correspond à l'événement *choisir deux bougies non défectueuses* alors:

$$n(C) = \binom{4}{2} = \frac{4!}{2!\,2!} = 6$$

Par conséquent,

$$P(C) = \frac{n(C)}{n(S)} = \frac{6}{15} = \frac{2}{5}$$

En résumé, la probabilité d'obtenir deux bougies défectueuses, $P(A)$, est égale à 1/15, la probabilité d'obtenir une seule bougie défectueuse, $P(B)$, est égale à 8/15 et la probabilité de n'obtenir aucune bougie défectueuse, $P(C)$, est égale à 6/15. Puisque les trois événements recouvrent l'ensemble de toutes les possibilités et qu'ils sont mutuellement exclusifs, alors la somme des probabilités des trois événements devrait être égale à 1, comme c'est le cas ici.

3. Le professeur de zoologie de Platon organise un jeu questionnaire où l'on doit répondre à trois questions par *vrai* ou *faux*. Platon n'est absolument pas préparé pour ce jeu et répond au hasard. Quelle est la probabilité qu'il obtienne deux bonnes réponses sur trois?

Solution. Cette situation peut se comparer à une expérience qui consiste à lancer une pièce de monnaie trois fois; on peut obtenir à chaque essai, soit une bonne réponse (B), soit une mauvaise réponse (M), ce qui implique que l'échantillonnage s'effectue avec remise. Nous utilisons donc la règle *M-N* pour calculer $n(S)$:

ESSAI 1	**ESSAI 2**	**ESSAI 3**
2	2	2

Par conséquent, $n(S) = 2 \cdot 2 \cdot 2 = 8$. Si A correspond à l'événement *obtenir deux bonnes réponses sur trois*, alors

$$A = \{BBM, BMB, MBB\}$$

et

$$n(A) = 3$$

Rappelez-vous que, lorsque l'échantillonnage s'effectue avec remise, nous devons toujours utiliser un espace échantillonnal établi en tenant compte de l'ordre des événements de façon à ne pas modifier les proportions. Donc,

$$P(A) = \frac{n(A)}{n(S)} = \frac{3}{8}$$

ce qui veut dire que Platon a trois chances sur huit de donner deux bonnes réponses et une mauvaise réponse.

4. Pour mesurer le développement de la coordination physique chez l'enfant d'âge pré-scolaire, un professeur choisit au hasard cinq enfants dans une classe de maternelle qui comprend huit garçons et cinq filles. Quelle est la probabilité de choisir cinq filles? Cinq garçons? Quatre garçons et une fille?

Solution. Puisque l'échantillonnage s'effectue sans remise, l'ordre de sélection n'est pas important. Nous pouvons donc utiliser la règle de combinaison pour tous les calculs.

$$n(S) = \binom{13}{5} = \frac{13!}{5!\ 8!} = 1287$$

Si A correspond à l'événement *choisir cinq filles*, alors:

$$n(A) = \binom{5}{5} = \frac{5!}{5!\ 0!} = 1$$

Par conséquent, la probabilité de choisir cinq filles se calcule comme suit:

$$P(A) = \frac{n(A)}{n(S)} = \frac{1}{1287} = 0{,}0008$$

(Notons que la probabilité de choisir cinq filles est très faible.)

Si B correspond à l'événement *choisir cinq garçons*, alors:

$$n(B) = \binom{8}{5} = \frac{8!}{5!\ 3!} = 56$$

Par conséquent, la probabilité de choisir cinq garçons devient:

$$P(B) = \frac{n(B)}{n(S)} = \frac{56}{1287} = 0{,}0435$$

Si C correspond à l'événement *choisir quatre garçons et une fille*, alors

$$n(C) = \binom{8}{4} \cdot \binom{5}{1} = \frac{8!}{4!\ 4!} \cdot \frac{5!}{1!\ 4!} = 70 \cdot 5 = 350$$

Par conséquent, voici la probabilité de choisir quatre garçons et une fille:

$$P(C) = \frac{n(C)}{n(S)} = \frac{350}{1287} = 0{,}2720$$

EXERCICES Pour chacun des problèmes suivants, calculer la probabilité de chaque événement composé en utilisant les règles de calcul pour évaluer $n(S)$ et $n(A)$.

1. Il vous faut choisir deux étudiants parmi sept pour travailler à un projet de recherche. Deux de ces sept étudiants sont des amis personnels. Quelle est la probabilité de sélectionner les deux individus en question? Un seul des deux individus? Aucun des deux individus?

2. Cinq piles de lampe de poche se trouvent sur une tablette; l'une d'elles est défectueuse. Vous choisissez deux piles pour votre lampe de poche. Quelle est la probabilité que votre lampe de poche ne fonctionne pas parce que vous avez acheté une pile défectueuse?

3. La probabilité qu'un enfant hérite d'un caractère génétique particulier est de ½. Quelle est la probabilité que, parmi trois enfants, l'un d'eux présente cette caractéristique?

4. Un travailleur social choisit au hasard un couple dans une population de couples qui ont tous trois enfants. Quelle est la probabilité que les enfants du couple choisi soient tous des garçons? Tous des filles?

5. Un vendeur tire (sans remise) cinq cartes d'un jeu qui en contient 52. La moitié des cartes sont rouges; les autres sont noires. Quelle est la probabilité que les cinq cartes tirées soient rouges?

6. On lance deux dés une seule fois. Quelle est la probabilité d'obtenir une somme de sept? Une somme de onze? Un nombre divisible par deux?

LEÇON 7 PROBABILITÉ DE L'UNION ET DU COMPLÉMENT

Tâche: étant donné un événement A, calculer la probabilité de son complément A'; c'est-à-dire, calculer $P(A')$. Étant donné deux événements A et B, calculer la probabilité de leur union; c'est-à-dire, calculer $P(A \cup B)$.

DÉFINITIONS

Probabilité du complément d'un événement: considérons l'événement A et son complément A'. La probabilité de l'événement A' est égale à 1 moins la probabilité de l'événement A. La probabilité de l'événement A est égale à 1 moins la probabilité de l'événement A'. Ceci s'exprime comme suit:

$$P(A') = 1 - P(A) \qquad \text{et} \qquad P(A) = 1 - P(A')$$

Probabilité de l'union de deux événements: la règle d'addition. Si A et B sont des événements mutuellement exclusifs, alors la probabilité de l'union de A et de B est égale à la somme des probabilités de A et B. Ceci constitue la règle d'addition qui s'exprime comme suit:

$$P(A \cup B) = P(A) + P(B)$$

Si A et B ne sont pas des événements mutuellement exclusifs, alors la probabilité de leur union est égale à la somme de leurs probabilités respectives, moins la probabilité de leur intersection. Ceci s'exprime comme suit:

$$P(A \cup B) = P(A) + P(B) - P(A \cap B)$$

Note: Si une série est composée d'événements A, B, C, ..., H, tous mutuellement exclusifs, alors,

$$P(A \cup B \cup C \cdots \cup H) = P(A) + P(B) + P(C) + \cdots + P(H).$$

DISCUSSION

Considérons l'événement A et son complément A'. Conformément à la définition de deux événements complémentaires, A et A' forment des événements mutuellement exclusifs, puisqu'ils n'ont aucun événement en commun. De plus, l'union de A et de son complément A' constitue l'espace

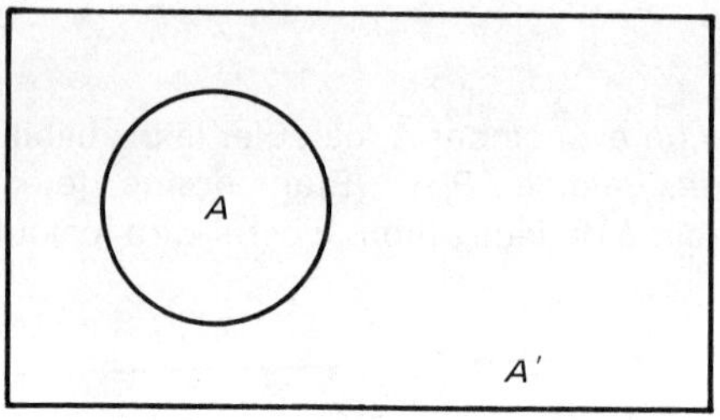

FIGURE 4.18

échantillonnal au complet; c'est-à-dire que $A \cup A' = S$. C'est ce que nous pouvons constater en examinant le diagramme de Venn de la figure 4.18.

De plus, puisque nous définissons la probabilité d'un événement composé comme la somme des probabilités de tous les événements simples qui appartiennent à cet événement composé, alors $P(A)$ et $P(A')$ représentent la probabilité de tous les événements simples de S et par conséquent

$$P(A) + P(A') = 1$$

Cette équation peut se transformer algébriquement comme suit:

$$P(A) = 1 - P(A') \qquad \text{et} \qquad P(A') = 1 - P(A)$$

Lorsque les événements simples de l'espace échantillonnal sont équiprobables, la probabilité de l'union de deux événements s'illustre bien par un diagramme de Venn. Considérons l'exemple de la figure 4.19, où chaque point représente un événement simple et où $n(S) = 15$.

L'ensemble A contient six événements simples; donc $n(A) = 6$. Il y a cinq événements simples dans B, $n(B) = 5$, et neuf événements simples dans $A \cup B$, $n(A \cup B) = 9$. Il est évident que $9 \neq 5 + 6$; par conséquent:

$$n(A \cup B) \neq n(A) + n(B)$$

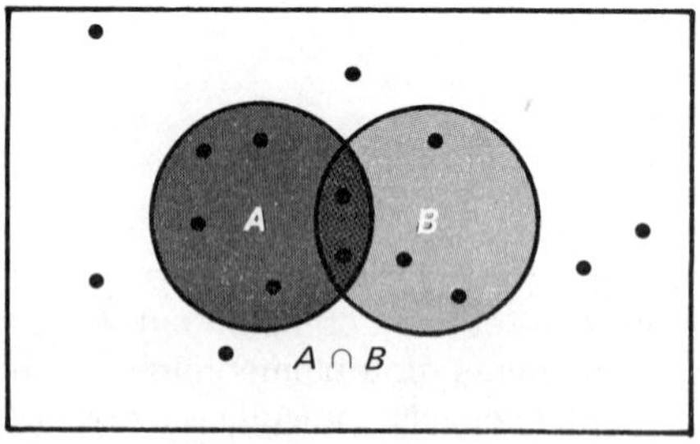

FIGURE 4.19

Ceci est dû au fait que nous avons compté deux fois les deux événements de $A \cap B$ (une fois pour évaluer $n(A)$ et une fois pour évaluer $n(B)$. Par conséquent, nous devons soustraire les éléments que nous avons compté deux fois :

$$n(A \cup B) = n(A) + n(B) - n(A \cap B)$$

Maintenant, $9 = 6 + 5 - 2$. Donc, par la règle d'addition, nous obtenons:

$$P(A \cup B) = \frac{6}{15} + \frac{5}{15} - \frac{2}{15} = \frac{9}{15}$$

Si A et B sont des événements mutuellement exclusifs, alors leur intersection est l'ensemble vide: $n(A \cap B) = 0$. Par conséquent:

$$P(A \cup B) = \frac{n(A)}{n(S)} + \frac{n(B)}{n(S)} - \frac{0}{n(S)} = P(A) + P(B)$$

[*Note :* pour reconnaître qu'un événement est l'union de deux autres événements, il faut se rappeler que le mot *ou* représente l'union.]

Si $A, B, C, ..., H$ sont tous des événements mutuellement exclusifs, ils ne possèdent aucun élément en commun. Il n'y a donc aucun risque de dédoubler les éléments lorsque nous additionnons les probabilités. Par conséquent,

$$P(A \cup B \cup C \cdots \cup H) = P(A) + P(B) + P(C) + \cdots + P(H)$$

EXEMPLES

Calculer la probabilité des événements suivants.

1. Calculer la probabilité d'obtenir un 1 ou un 2 lorsqu'on lance un dé.

Solution. Si A représente l'événement *obtenir un 1*, et B l'événement *obtenir un 2*, alors $n(S) = 6$, $n(A) = 1$ et $n(B) = 1$; ainsi A et B sont des événements mutuellement exclusifs. Donc, $P(A) = 1/6$ et $P(B) = 1/6$. La probabilité d'obtenir un 1 *ou* un 2 se calcule comme suit:

$$P(A \cup B) = P(A) + P(B) = \frac{1}{6} + \frac{1}{6} = \frac{1}{3}$$

2. Dans des conditions contrôlées, la probabilité qu'un rat blanc, en contact avec un virus A, en soit atteint est égale à 0,6. De même, la probabilité qu'il soit atteint du virus B est égale à 0,7. Si la probabilité qu'il soit atteint des deux virus à la fois est égale à 0,5, quelle est la probabilité qu'un rat blanc exposé aux

deux virus soit atteint d'au moins l'un des deux? Quelle est la probabilité qu'il ne soit atteint d'aucun virus?

Solution. Le rat blanc est atteint d'un virus s'il est atteint du virus *A ou* du virus *B*. Le mot *ou* signifie union. Donc, la probabilité d'être atteint d'un virus se calcule comme suit:

$$P(virus) = P(A) + P(B) - P(A \cap B)$$
$$= 0{,}6 + 0{,}7 - 0{,}5 = 0{,}8$$

La probabilité de ne pas être atteint d'un virus est égale à 1 moins la probabilité d'être atteint d'un virus, c'est-à-dire:

$$P(virus') = 1 - P(\text{virus})$$
$$= 1 - 0{,}8 = 0{,}2$$

3. On lance une pièce de monnaie cinq fois. Quelle est la probabilité d'obtenir au moins un résultat *face*?

Solution. L'événement *au moins un face* est l'union des événements *1 face, 2 face, 3 face, 4 face* et *5 face* qui constituent tous des événements mutuellement exclusifs. Donc:

$$P(1\ face\ ou\ plus) = P(1\ face) + P(2\ face) + \ldots + P(5\ face)$$

Cependant, le complément de l'événement: *un face ou plus* est l'événement: aucun résultat *face*. Donc,

$$P(1\ face\ ou\ plus) = 1 - P(aucun\ résultat\ face).$$

Il y a $2^5 = 32$ événements simples dans l'espace échantillonnal; un seul de ces événements correspond à l'événement *aucun résultat face*. Donc:

$$P(aucun\ résultat\ face) = \frac{1}{32}$$

et

$$P(un\ face\ ou\ plus) = 1 - P(aucun\ résultat\ face) = 1 - \frac{1}{32} = \frac{31}{32}$$

4. On tire au hasard une carte d'un jeu de 52 cartes qui contient évidemment quatre dames et 13 coeurs (l'une de ces cartes est la dame de coeur). Quelle est la probabilité de tirer une dame ou un coeur? Ni l'un, ni l'autre?

Solution.

$$P(\text{dame}) = \frac{4}{52}, \qquad P(\text{coeur}) = \frac{13}{52}$$

$$P(\text{dame de coeur}) = P(\text{dame} \cap \text{coeur}) = \frac{1}{52}$$

$$P(\text{dame ou coeur}) = P(\text{dame} \cup \text{coeur}) = \frac{4}{52} + \frac{13}{52} - \frac{1}{52} = \frac{16}{52}$$

Si A représente l'événement *dame ou coeur*, alors A' représente l'événement *ni dame, ni coeur*. Donc:

$$P(A') = 1 - P(A) = 1 - \frac{16}{52} = \frac{36}{52}$$

EXERCICES

Calculer la probabilité des événements suivants.

1. Si les accidents se produisent en nombre égal tous les jours de la semaine, quelle est la probabilité qu'un accident donné se produise durant la fin de semaine (vendredi, samedi ou dimanche)? Quelle est la probabilité qu'il ne se produise pas durant la fin de semaine?

2. Un enfant pige une bille dans une boîte qui en contient onze, soit deux jaunes, deux blanches, trois noires et quatre bleues. Quelle est la probabilité de piger une bille noire ou blanche?

3. En se basant sur les rapports statistiques des années précédentes, une compagnie d'assurances constate que 7% des joueurs de football amateurs font une réclamation pour blessure au genou, 3% pour blessure à l'épaule et 1% pour les deux types de blessures. En supposant que ces estimés s'appliquent aussi à l'année courante, quel devrait être le pourcentage approximatif des réclamations pour blessures au genou ou à l'épaule?

4. En assumant l'équiprobabilité des deux sexes, quelle est la probabilité qu'une famille de trois enfants soit composée d'au moins deux garçons?

5. Le tableau 4.4 présente l'âge et le niveau scolaire des étudiants d'un petit collège. Si nous choisissons un étudiant au hasard, quelle est la probabilité que cet étudiant appartienne à la catégorie 2e année ou soit âgé de 17 ans ? Qu'il soit âgé de 16 ou 18 ans ? Qu'il soit âgé de 17 ou 18 ans ou qu'il appartienne à la catégorie 1ère année.

6. Sur 100 nouveaux étudiants de niveau collégial, 15 choisissent la biologie comme champ de spécialisation, 7 choisissent les mathématiques, 35 choisissent les sciences sociales, 20 choisissent le génie et 23 choisissent l'administration. Quelle est la probabilité de choisir au hasard un étudiant dont le champ de spécialisation n'est pas les mathématiques?

TABLEAU 4.4

	ÂGES			
	16	**17**	**18**	**TOTAUX**
1re année	45	15	7	67
2e année	9	43	23	75
3e année	2	15	37	54
TOTAUX	56	73	67	196

LEÇON 8 PROBABILITÉ CONDITIONNELLE

Tâche: calculer la probabilité conditionnelle d'un événement étant donné un autre événement.

DÉFINITION

Probabilité conditionnelle: la probabilité qu'un événement A se produise, sachant qu'un événement B s'est produit, se nomme la probabilité conditionnelle de *A étant donné B*. Cette probabilité s'écrit $P(A|B)$ et la barre verticale se lit *étant donné*.

La probabilité conditionnelle de A étant donné B est égale à la probabilité de l'intersection de A et B divisée par la probabilité de B.

$$P(A|B) = \frac{P(A \cap B)}{P(B)} \quad \text{où} \quad P(B) \neq 0$$

Dans plusieurs cas, nous pouvons calculer la probabilité conditionnelle de A étant donné B en appliquant tout simplement les concepts déjà étudiés dans les leçons précédentes.

DISCUSSION

Considérons le diagramme de Venn de la figure 4.20, où A et B représentent des événements mutuellement exclusifs. Si, au cours d'une expérience donnée, l'événement B se produit, alors il est impossible que l'événement A se produise simultanément. Donc, si A et B sont mutuellement exclusifs, nous écrivons $P(A|B) = 0$.

Il faut que A et B se superposent partiellement si nous voulons que la probabilité conditionnelle de A étant donné B soit différente de zéro.

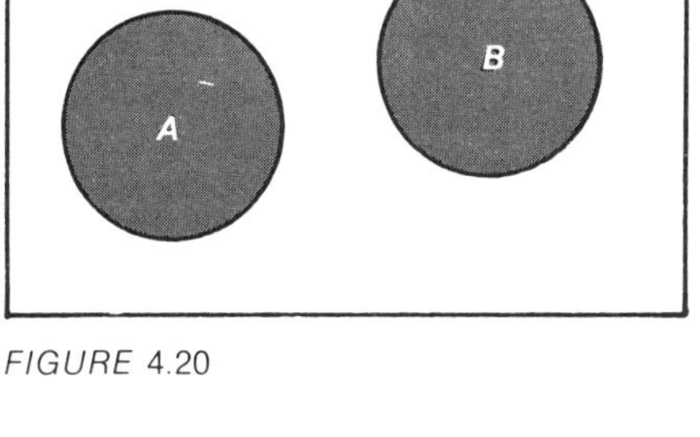

FIGURE 4.20

Maintenant, supposons que A et B représentent un même événement, c'est-à-dire que A et B sont égaux et se superposent complètement. Si l'événement B se produit, alors l'événement A se produit automatiquement; donc, $P(A|B) = 1$.

Ces résultats tendent à suggérer une relation entre $P(A|B)$ et le rapport

$$\frac{P(A \cap B)}{P(B)}$$

Une autre façon de se représenter le concept de probabilité conditionnelle c'est d'assumer que si l'événement B s'est produit, alors les événements simples de B constituent un nouvel espace échantillonnal. En effet, tout événement qui n'appartient pas à B ne peut plus se produire et peut donc être retiré de l'espace échantillonnal. La figure 4.21 illustre cette affirmation.

Nous pouvons donc calculer la probabilité conditionnelle de A étant donné B en redéfinissant l'espace échantillonnal S comme étant égal à B. La probabilité de l'intersection de A et B, $(A \cap B)$, doit être ajustée pour refléter cette nouvelle relation. Nous devons donc diviser $P(A \cap B)$ par $P(B)$ pour nous conformer à la règle qui veut que la probabilité de B soit égale à 1. Ceci nous conduit à la définition suivante:

$$P(A|B) = \frac{P(A \cap B)}{P(B)}$$

Un exemple simple servira à clarifier cette définition. Nous lançons un dé. L'espace échantillonnal est

$$S = \{1, 2, 3, 4, 5, 6\}$$

Si B correspond à l'événement *obtenir un nombre pair*, alors nous pouvons retirer de l'espace échantillonnal tous les résultats impairs. Le nouvel espace échantillonnal est donc

$$S = \{2, 4, 6\}$$

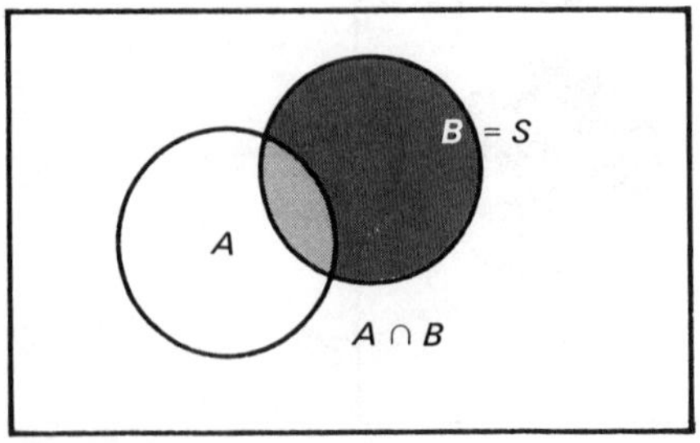

FIGURE 4.21

Si A correspond à l'événement *obtenir un 6*, alors la probabilité de cet événement est égale à 1/3 par rapport à l'espace échantillonnal restreint $S = B$. En d'autres termes, lorsqu'on lance un dé, la probabilité d'obtenir un 6 est égale à 1/3 si l'on sait que l'on a obtenu un nombre pair. Si A correspond à l'événement *obtenir un 6* et B correspond à l'événement *obtenir un nombre pair*, alors, en s'appuyant sur la définition d'une probabilité conditionnelle:

$$P(A \cap B) = \frac{1}{6}, \qquad P(B) = \frac{3}{6}$$

et

$$P(A|B) = \frac{P(A \cap B)}{P(B)} = \frac{1/6}{3/6} = \frac{1}{3}$$

DISCUSSION SIMPLIFIÉE

Nous pouvons illustrer de façon très simple le concept de probabilité conditionnelle. Le tableau 4.5 représente la distribution des 500 foyers d'une petite ville, classifiés en fonction du type d'occupation (propriétaire ou locataire) et du taux d'imposition sur le revenu familial.

Si nous choisissons une famille au hasard dans cette population, la probabilité qu'elle soit propriétaire du logement qu'elle occupe est égale à 1/5; en effet, 1000 des 5000 familles de cette communauté sont propriétaires du logement qu'elles occupent. D'autre part, la probabilité de choisir un logement occupé par ses propriétaires, sachant que le taux d'imposition sur le revenu familial de ses occupants doit être égal ou supérieur à 7 500,00 \$, est égale à 1/4. En effet, des 2000 familles dont le taux d'imposition est égal ou supérieur à 7 500,00 \$, 500 (ou 1/4) sont propriétaires du logement qu'elles occupent. L'exemple ci-dessus illustre le concept de probabilité conditionnelle. La probabilité conditionnelle est obtenue par une redéfinition de l'espace échantillonnal en fonction de l'événement conditionnel. Dans le cas présent, ceci implique que nous devons considérer les 2000 familles dont le taux d'imposition est égal ou supérieur à 7 500,00 \$, plutôt que les 5000 familles de la population d'origine.

Plusieurs problèmes de probabilités conditionnelles sont faciles à résoudre, car la réponse s'obtient par simple logique ou par intuition. Cependant, nous

TABLEAU 4.5 CLASSIFICATION DES FOYERS

TYPES D'OCCUPATION	TAUX D'IMPOSITION		
	MOINS DE 7500 \$	7500 \$ ET PLUS	TOTAUX
Propriétaires	500	500	1000
Locataires	2500	1500	4000
Totaux	3000	2000	5000

pouvons toujours utiliser la formule pour calculer cette probabilité. Par exemple, si A correspond à l'événement *la famille est propriétaire du logement qu'elle occupe* et si B correspond à l'événement *le taux d'imposition sur le revenu de la famille est égal ou supérieur à 7 500,00 $, alors*

$$P(B) = \frac{2000}{5000}, \qquad P(A \cap B) = \frac{500}{5000}$$

et

$$P(A|B) = \frac{P(A \cap B)}{P(B)} = \frac{500/5000}{2000/5000} = \frac{1}{4}$$

Voici une autre illustration basée sur une expérience qui consiste à piger sans remise deux boules dans une urne qui contient trois boules rouges et deux boules noires. Quelle est la probabilité d'obtenir une boule rouge au second essai, étant donné le tirage d'une boule noire au premier essai?

La probabilité d'obtenir une boule noire au premier essai est égale à 2/5, car n(noire) = 2, $n(S)$ = 5 ; $S = \{n_1, n_2, r_1, r_2, r_3\}$. En d'autres termes :

$$P(\text{noire au premier essai}) = \frac{2}{5}$$

Notons qu'au second essai le contenu de l'urne est différent de ce qu'il était au premier; en effet, la première boule pigée n'est pas retournée dans l'urne, qui ne contient plus maintenant que quatre boules, soit, trois boules rouges et une seule boule noire. L'espace échantillonnal réduit par la sélection d'une boule noire au premier essai est maintenant $S = \{n_1, r_1, r_2, r_3\}$; n(rouge) $= 3$ et $n(S) = 4$. Donc:

$$P(\text{rouge au second essai étant donné noire au premier}) = \frac{3}{4}$$

Nous pouvons utiliser deux méthodes pour calculer la probabilité de A étant donné B.

MÉTHODE 1

ÉTAPE 1 Définir l'espace échantillonnal de l'expérience, comme pour toute expérience impliquant le calcul d'une probabilité.

ÉTAPE 2 Énumérer les événements simples qui composent l'événement B. L'ensemble de ces événements constitue l'espace échantillonnal réduit à utiliser pour les calculs subséquents. Calculer $P(B)$.

ÉTAPE 3 Identifier dans l'espace échantillonnal réduit les événements simples qui composent l'événement A; ceux-ci forment l'ensemble $A \cap B$. Calculer $P(A \cap B)$.

ÉTAPE 4 Utiliser la formule

$$P(A|B) = \frac{P(A \cap B)}{P(B)}$$

pour calculer la probabilité conditionnelle de A étant donné B.

MÉTHODE 2

ÉTAPE 1 Mêmes opérations qu'à l'étape 1 de la méthode 1.

ÉTAPE 2 Redéfinir S comme étant égal à B.

ÉTAPE 3 Attribuer des probabilités aux événements simples de B de façon à ce que leur somme soit égale à 1.

ÉTAPE 4 Appliquer à l'espace échantillonnal réduit, les règles de base du calcul de la probabilité d'un événement composé ordinaire:

$$P(A|B) = \frac{n(A \cap B)}{n(B)}$$

Un dernier mot: on peut résoudre la plupart des problèmes de ce chapitre en se basant uniquement sur des jugements intuitifs. Ne compliquez pas inutilement cette opération. Votre sens commun sera probablement votre meilleur guide.

EXEMPLES Calculer la probabilité des événements suivants.

1. Deux tireurs d'élite, A et B, visent simultanément une cible située à une distance d'environ 1 km. Les probabilités d'atteindre la cible sont les suivantes: $P(A) = 0{,}3$, $P(B) = 0{,}4$ et $P(A \text{ et } B) = 0{,}12$. Quelle est la probabilité que A atteigne la cible étant donné que B l'atteint?

Solution. À l'aide de la définition, nous calculons la probabilité comme suit:

$$P(A|B) = \frac{P(A \cap B)}{P(B)} = \frac{0{,}12}{0{,}4} = \frac{3}{10} \quad \text{ou} \quad 0{,}3$$

2. Au Québec, 40% des individus ont des cheveux bruns, 20% ont des yeux bleus et 5% ont à la fois des cheveux bruns et des yeux bleus. Quelle est la probabilité qu'une personne choisie au hasard ait des cheveux bruns, sachant que cette personne a des yeux bleus?

Solution.

$P(\text{cheveux bruns}) = P(A) = 0{,}4$

$P(\text{yeux bleus}) = P(B) = 0{,}2$

$P(\text{cheveux bruns et yeux bleus}) = P(A \cap B) = 0{,}05$

La probabilité de choisir une personne aux cheveux bruns sachant qu'elle a des yeux bleus est:

$$P(A|B) = \frac{P(A \cap B)}{P(B)} = \frac{0{,}05}{0{,}20} = \frac{1}{4} \quad \text{ou} \quad 0{,}25$$

3. Trois hommes, deux femmes et un enfant attendent dans l'antichambre d'un bureau de médecin. Les personnes sont appelées au hasard. Quelle est la probabilité que la seconde personne appelée soit une femme étant donné que l'enfant a été appelé en premier?

Solution. Comme il ne reste que cinq personnes dont deux sont des femmes (si l'on ne considère plus l'enfant qui a été appelé), alors

$$P(\text{femme en second} | \text{enfant en premier}) = \frac{2}{5}$$

EXERCICES Calculer la probabilité des événements suivants.

1. Le ministère de la Santé publique procède au recensement de tous les individus d'un petit village. Les préposés notent le nombre de visites que chaque personne a faites à son médecin ainsi que les conditions d'hygiène qui prévalent au domicile de chaque personne recensée. Les données recueillies sont présentées dans le tableau 4.6.

Si l'on choisit une personne au hasard dans ce village, quelle est la probabilité qu'elle ait visité son médecin deux fois ou moins? Quelle est la

TABLEAU 4.6

NOMBRE DE VISITES CHEZ LE MÉDECIN	CONDITIONS D'HYGIÈNE		
	BONNES	MAUVAISES	TOTAUX
Deux ou moins	700	100	800
Plus de deux	800	400	1200
TOTAUX	1500	500	2000

probabilité qu'elle ait visité son médecin deux fois ou moins étant donné que celle-ci vit dans un domicile dont les conditions d'hygiène sont mauvaises? ...bonnes ?

2. Sur dix candidats à un emploi, cinq ont suivi un cours de mathématiques, cependant que trois d'entre eux ont aussi suivi un cours de statistique. Les cinq autres candidats n'ont suivi ni cours de mathématiques, ni cours de statistique. En supposant le choix au hasard d'un candidat, quelle est la probabilité que la personne choisie ait suivi un cours de statistique? Si la personne choisie a suivi un cours de mathématiques, quelle est la probabilité qu'elle ait aussi suivi un cours de statistique? Si la personne choisie n'a pas suivi de cours de mathématiques, quelle est la probabilité qu'elle ait suivi un cours de statistique?

3. Supposons que nous désirons embaucher deux des candidats du problème précédent. Si nous les choisissons au hasard, quelle est la probabilité que la seconde personne engagée ait suivi un cours de mathématiques étant donné que la première personne engagée en a suivi un?

4. Une urne, numérotée 1, contient trois boules blanches et sept boules noires ; une autre urne, numérotée 2, contient quatre boules blanches et trois boules noires. Nous tirons une boule au hasard de l'urne no 1 et nous la plaçons dans l'urne no 2. Quelle est la probabilité qu'une boule tirée de l'urne no 2 soit noire, étant donné que celle tirée de l'urne no 1 était blanche? Quelle est la probabilité que lors d'un second tirage la boule de l'urne no 2 soit noire, étant donné que la boule tirée de l'urne no 1 était blanche et qu'au premier tirage dans l'urne no 2 nous avons obtenu une boule blanche?

5. Sur cinq piles de lampe de poche, deux sont défectueuses. Si un individu choisit successivement les cinq piles au hasard, quelle est la probabilité d'obtenir une pile défectueuse au second choix alors qu'il a obtenu une pile en bon état au premier choix? Quelle est la probabilité d'obtenir une pile défectueuse au troisième choix alors qu'il a obtenu des piles en bon état aux deux premiers choix? Quelles seraient ces probabilités si la sélection se faisait avec remise?

6. Le tableau 4.7 présente les achats d'un échantillon de consommateurs suite à une campagne publicitaire destinée à promouvoir la vente du savon «Net-Toi-Propre». Quelle est la probabilité qu'une personne choisie au hasard ait acheté le savon en question? Quelle est la probabilité qu'une personne ait acheté le savon, étant donné qu'elle a vu la réclame? Que disent ces probabilités au responsable de la publicité de la compagnie «Net-Toi-Propre»?

TABLEAU 4.7

	ONT ACHETÉ	N'ONT PAS ACHETÉ	TOTAUX
Ont vu l'annonce	5	25	30
N'ont pas vu l'annonce	15	55	70
TOTAUX	20	80	100

LEÇON 9 LES ÉVÉNEMENTS INDÉPENDANTS ET LA PROBABILITÉ DE L'INTERSECTION DE DEUX ÉVÉNEMENTS

Tâche: distinguer les événements dépendants des événements indépendants; calculer la probabilité de l'intersection de deux événements.

DÉFINITIONS

Événements indépendants et événements dépendants: deux événements, A et B, sont indépendants si l'occurrence de l'un n'a aucun effet sur la probabilité d'occurrence de l'autre; c'est-à-dire si $P(A|B)=P(A)$ ou si $P(B|A)=P(B)$. Deux événements sont dépendants s'ils ne sont pas indépendants.

Probabilité de l'intersection de deux événements: la règle de multiplication. La probabilité de l'intersection de deux événements, A et B, s'obtient en multipliant la probabilité de l'un des deux événements par la probabilité conditionnelle de l'autre étant donné le premier. Ceci constitue la règle de multiplication qui se représente comme suit:

$$P(A \cap B) = P(A) \cdot P(B|A)$$

ou

$$P(A \cap B) = P(B) \cdot P(A|B)$$

Pour calculer la probabilité de l'intersection de plusieurs événements, nous pouvons généraliser cette formule comme suit:

$$P(A \cap B \cap C \cdots) = P(A) \cdot P(B|A) \cdot P(C|A \cap B) \cdot \cdots$$

Si les événements A et B sont indépendants, c'est-à-dire si $P(A|B)=P(A)$ ou si $P(B|A)=P(B)$, alors la probabilité de leur intersection est égale au produit de leurs probabilités respectives. Donc, si A et B sont indépendants, alors

$$P(A \cap B) = P(A) \cdot P(B)$$

De même, si les événements $A, B, C, ..., H$ sont tous indépendants, alors

$$P(A \cap B \cap C \cap \ldots \cap H) = P(A) \cdot P(B) \cdot P(C) \cdot \cdots \cdot P(H)$$

DISCUSSION La formule utilisée pour calculer la probabilité de l'intersection de deux événements s'obtient par une transformation algébrique simple de la formule utilisée pour calculer la probabilité conditionnelle, $P(A|B)$. Cette transformation se nomme *règle de multiplication* et prend la forme suivante:

$$P(A|B) = \frac{P(A \cap B)}{P(B)}$$

En multipliant les deux membres de l'équation par $P(B)$ nous obtenons

$$P(A \cap B) = P(B) \cdot P(A|B)$$

En partant avec $P(B|A)$ au lieu de $P(A|B)$ nous aurions obtenu

$$P(A \cap B) = P(A) \cdot P(B|A)$$

En d'autres mots, nous pouvons obtenir la probabilité de l'intersection de deux événements en multipliant la probabilité de l'un des deux événements par la probabilité conditionnelle de l'autre étant donné le premier.

Cette règle peut s'étendre au calcul de la probabilité de l'intersection d'une série d'événements comme suit:

$$P(A \cap B \cap C \cap \cdots \cap H) \\ = P(A) \cdot P(B|A) \cdot P(C|A \cap B) \cdots P(H|A \cap B \cap \cdots \cap G)$$

Si les événements sont tous mutuellement indépendants (c'est-à-dire, si leurs probabilités respectives ne sont pas affectées par le fait que l'un des autres événements se produise ou ne se produise pas), alors les probabilités conditionnelles sont égales aux probabilités marginales. Donc,

$$P(A|B) = P(A) \qquad \text{et} \qquad P(A|B \cap C \cap \cdots \cap H) = P(A)$$

Dans ce cas, la probabilité de l'intersection d'une série d'événements est égale au produit des probabilités marginales de chacun des nombres de la série:

$$P(A \cap B \cap C \cap \cdots \cap H) = P(A) \cdot P(B) \cdot P(C) \cdot \cdots \cdot P(H)$$

Note: il est facile de confondre les concepts d'événements mutuellement exclusifs et d'événements indépendants. On est souvent porté à conclure que *mutuellement exclusifs* implique *indépendants*. Cette conclusion est généralement fausse. Si A et B sont mutuellement exclusifs, alors $P(A|B) = P(A)$. L'exclusion mutuelle est une propriété des ensembles que nous pouvons exprimer à l'aide d'un diagramme de Venn. L'indépendance est une propriété des probabilités qui ne peut s'exprimer de façon schématique par diagramme de Venn. Il ne faut jamais confondre le concept d'indépendance avec le concept d'exclusion mutuelle.

DISCUSSION SIMPLIFIÉE

Lorsqu'il s'agit de calculer la probabilité d'un événement donné, cet événement peut s'exprimer, dans plusieurs cas, comme l'intersection d'une série d'événements simples. Par exemple, si nous lançons une pièce de monnaie trois fois, l'événement *obtenir trois face* représente l'intersection des événements *obtenir un face* au premier essai, un *face* au second et un *face* au troisième. De même, si nous vérifions l'état de cinq accumulateurs d'automobile que nous avons entreposés durant cinq ans, alors l'événement *les cinq accumulateurs sont en bon état* correspond à l'intersection des événements *le premier est en bon état, le second est en bon état* et ainsi de suite.

La règle de multiplication s'avère très utile pour calculer la probabilité de l'intersection d'une série d'événements. Peu importe la série d'événements considérée, la règle s'exprime comme suit:

$$P(A \cap B \cap C \cap \ldots \cap H) = P(A) \cdot P(B|A) \cdot P(C|A \cap B) \cdot \ldots \cdot P(H|A \cap B \cap \ldots \cap G)$$

Si les événements sont mutuellement indépendants, la formule se réduit à

$$P(A \cap B \cap C \cap \ldots \cap H) = P(A) \cdot P(B) \cdot P(C) \cdot \ldots \cdot P(H)$$

Pour vérifier l'indépendance de deux événements, vous devez démontrer que la probabilité de l'événement A, par exemple, n'est pas modifiée par l'occurence des événements B, C, D, etc. Si vous ne trouvez pas d'arguments convaincants, vous devrez démontrer l'indépendance en comparant les probabilités (énumération des événements simples des espaces échantillonnaux, calcul des probabilités des événements composés, etc.), ou en vérifiant que $P(A|B) = P(A)$. Considérons maintenant deux cas spécifiques.

CAS NO 1: ÉVÉNEMENTS DÉPENDANTS

Un libraire doit choisir cinq volumes dans un groupe de dix pour constituer un étalage. Sur ces dix volumes, cinq traitent de science-fiction; les cinq autres ne concernent pas la science-fiction. S'il choisit les volumes au hasard, quelle est la probabilité que les cinq volumes traitent de science-fiction?

Dans cet exemple, chaque choix d'un volume représente un événement. Donc, la sélection de cinq volumes de science-fiction représente l'intersection des cinq événements *choisir un volume de science-fiction en premier, choisir un volume de science-fiction en second,* etc. Notons que, puisque l'échantillonnage s'effectue sans remise, la probabilité associée à chaque essai dépend du volume choisi à l'essai précédent.

Nous calculons la probabilité de l'événement *choisir cinq volumes de science-fiction* à l'aide de la règle de multiplication, comme suit:

P(5 volumes de SF) = P(choisir un volume de SF en premier, choisir un volume de SF en second..., choisir un volume de SF en cinquième)

P(choisir un volume de SF au premier choix) • P(choisir un volume de SF au second choix | un volume de SF au premier)... • P(choisir un volume de SF au cinquième choix | un volume de SF au premier, deuxième, ..., quatrième choix)

$$= \frac{10}{15} \cdot \frac{9}{14} \cdot \frac{8}{13} \cdot \frac{7}{12} \cdot \frac{6}{11} = 0{,}0839$$

En d'autres termes, cette procédure devrait conduire au choix de cinq volumes de science-fiction dans 8,4% des cas.

CAS NO 2: ÉVÉNEMENTS INDÉPENDANTS

Nous possédons cinq accumulateurs d'automobile que nous n'avons pas utilisés depuis cinq ans. Nous savons que la probabilité qu'un accumulateur d'automobile non utilisé depuis cinq ans soit en bon état est égale à 2/3. Nous désirons connaître la probabilité que nos cinq accumulateurs soient en bon état.

Si nous définissons cinq événements dont chacun correspond à *le $i^{\text{ème}}$ accumulateur est en bon état* (i = 1 ... 5), alors l'événement *les cinq accumulateurs sont en bon état* est égal à l'intersection de ces cinq événements. De plus, si nous assumons que l'état d'un accumulateur ne peut être relié en aucune façon à l'état d'un autre accumulateur, nous pouvons considérer que les cinq événements sont indépendants en termes de probabilités. Pour calculer la probabilité que les cinq accumulateurs soient en bon état nous appliquons la règle de multiplication comme suit:

P(les 5 en bon état) = P(le premier en bon état) • P(le second en bon état) •... • P(le cinquième en bon état)

$$= \frac{2}{3} \cdot \frac{2}{3} \cdot \frac{2}{3} \cdot \frac{2}{3} \cdot \frac{2}{3} = \frac{32}{243} = 0{,}1317$$

Par conséquent, les cinq accumulateurs seront en bon état dans environ 13,2% des cas.

Note: la règle de multiplication peut être utilisée pour déterminer la probabilité qu'une série d'événements consécutifs se produisent selon une séquence donnée. Nous pourrions, par exemple, désirer calculer la probabilité d'obtenir deux fois *face* aux deux premiers essais d'une expérience qui consiste à lancer une pièce de monnaie trois fois, et *pile* au troisième essai; notons que cet événement ne peut se produire que d'une seule façon. Par contre, l'événement *obtenir deux fois face et une fois pile* peut se produire de trois façons: FFP, FPF et PFF.

Si nous pouvons identifier toutes les séquences possibles d'un événement établi sans tenir compte de l'ordre, alors nous pouvons utiliser la règle de multiplication pour calculer la probabilité d'une séquence donnée. Par exemple, pour calculer la probabilité d'obtenir deux fois *face* et une fois *pile*, nous procédons comme suit:

$$\begin{aligned} P(\text{2 fois face et une fois pile}) &= P(\text{FFP } ou \text{ FPF } ou \text{ PFF}) \\ &= P(\text{FFP}) + P(\text{FPF}) + P(\text{PFF}) \end{aligned}$$

Ce que nous venons d'illustrer n'est autre chose que l'union d'événements mutuellement exclusifs. Maintenant, nous utiliserons la règle de multiplication:

$$\begin{aligned} P(\text{2 fois face et 1 fois pile}) &= P(\text{F}) \bullet P(\text{F}) \bullet P(\text{P}) \\ &\quad + P(\text{F}) \bullet P(\text{P}) \bullet P(\text{F}) \\ &\quad + P(\text{P}) \bullet P(\text{F}) \bullet P(\text{F}) \\ &= \frac{1}{2}\cdot\frac{1}{2}\cdot\frac{1}{2} + \frac{1}{2}\cdot\frac{1}{2}\cdot\frac{1}{2} + \frac{1}{2}\cdot\frac{1}{2}\cdot\frac{1}{2} \\ &= \frac{1}{8} + \frac{1}{8} + \frac{1}{8} = \frac{3}{8} \end{aligned}$$

EXEMPLES

Pour chacun des problèmes suivants, vérifier la dépendance ou l'indépendance des événements et calculer la probabilité des événements.

1. Sachant que $P(A) = 0{,}9$, $P(B) = 0{,}3$ et $P(A \cap B) = 0{,}27$, pouvons-nous dire que les événements A et B sont indépendants?

Solution. Si nous pouvons démontrer que $P(A|B) = P(A)$, alors les événements A et B sont indépendants. Si nous appliquons la définition d'une probabilité conditionnelle, nous obtenons:

$$P(A|B) = \frac{P(A \cap B)}{P(B)} = \frac{0,27}{0,3} = 0,90$$

Comme $P(A) = 0,90$, nous pouvons donc dire que A et B sont indépendants.

2. Soit A et B deux événements mutuellement exclusifs : $P(A) = 0,2$ et $P(B) = 0,4$. Les événements A et B sont-ils indépendants?

Solution. Comme A et B sont mutuellement exclusifs, $P(A \cap B) = 0$. Donc,

$$P(A|B) = \frac{P(A \cap B)}{P(B)} = \frac{0}{0,4} = 0$$

Donc, A et B sont dépendants car $P(A|B) = 0$ et $P(A) = 0,4$.

3. La probabilité que Jean frappe un chevreuil avec sa première flèche est égale à 0,5. La probabilité que Joseph frappe un chevreuil, étant donné que Jean l'a manqué est égale à 0,8. Quelle est la probabilité que les deux manquent le chevreuil?

Solution.

$P(\text{Jean manque}) = 1 - 0,5 = 0,5$

$P(\text{Joseph manque}|\text{ Jean manque}) = 1 - 0,8 = 0,2$

$P(\text{les deux manquent}) = (0,5) \cdot (0,2) = 0,10.$

4. Dans le village d'Harricana en Abitibi, 40% des résidents ont des cheveux bruns, 20% ont des yeux bleus et 5% ont à la fois des yeux bleus et des cheveux bruns. Les événements *avoir des yeux bleus* et *avoir des cheveux bruns* sont-ils indépendants ?

Solution.

$P(\text{cheveux bruns}) = 0,4$

$P(\text{yeux bleus}) = 0,2$

$P(\text{yeux bleus et cheveux bruns}) = 0,05$

$$P(\text{yeux bleus}|\text{ cheveux bruns}) = \frac{P(\text{yeux bleus et cheveux bruns})}{P(\text{cheveux bruns})}$$

$$= \frac{0,05}{0,4} = 0,125$$

Comme la probabilité d'avoir des yeux bleus est égale à 0,2, alors les événements sont dépendants.

5. Si nous choisissions une personne au hasard au sein de la population décrite dans le problème précédent et si les événements *avoir des cheveux bruns* et *avoir des yeux bleus* étaient indépendants, quelle serait la probabilité que la personne choisie ait à la fois des yeux bleus et des cheveux bruns?

Solution. Si les événements étaient indépendants alors:

$$P(\text{cheveux bruns et yeux bleus}) = P(\text{cheveux bruns}) \bullet P(\text{yeux bleus})$$
$$= (0{,}4) \bullet (0{,}2) = 0{,}08$$

6. Sur la base d'études statistiques, nous savons que la probabilité qu'une personne de 65 ans soit encore vivante lors de son soixante-sixième anniversaire est environ égale à 0,96. Quelle est la probabilité que deux personnes âgées de 65 ans soient encore vivantes lors de leur soixante-sixième anniversaire ?

Solution. Les événements sont indépendants; donc:

$$P(\text{toutes deux vivantes}) = P(\text{première vivante}) \bullet P(\text{seconde vivante})$$
$$= (0{,}96) \bullet (0{,}96) = 0{,}9216$$

EXERCICES

Pour chacun des problèmes suivants vérifier la dépendance ou l'indépendance des événements et calculer la probabilité des événements.

1. L'événement A correspond à *un téléphone surveillé* et l'événement B à *un téléphone noir*. Si, à la Maison Blanche, 50% des téléphones sont surveillés, 50% des téléphones sont noirs et 10% des téléphones sont à la fois noirs et surveillés, les événements A et B sont-ils indépendants?

2. L'événement A correspond à *tirer un roi* d'un jeu de cartes; l'événement B correspond à *tirer un cœur* du même jeu de cartes; si nous tirons une carte au hasard, est-ce que les deux événements A et B sont indépendants?

3. Un enfant doit naître prochainement; si l'événement A représente un garçon et l'événement B une fille, les événements A et B sont-ils indépendants? Quelle est $P(A \cap B)$?

4. Une urne contient quatre boules rouges et trois boules blanches. Nous pigeons deux boules sans remise. Les deux événements sont *piger une boule rouge au premier essai* et *piger une boule blanche au second essai*. Les deux événements sont-ils indépendants? Quelle serait votre réponse si l'échantillonnage s'effectuait avec remise?

5. Si $P(A) = P(B|A) = 0{,}8$, quelle est $P(A \cap B)$?

6. Si $P(A) = 0{,}3$ et $P(B|A) = 0{,}7$, quelle est $P(A \cap B)$?

7. Trente pour cent des valeurs boursières ont accusé une augmentation le mois dernier. La moitié de ces 30% ont entraîné un versement de dividendes

durant le mois. Si nous choisissons une valeur boursière au hasard, quelle est la probabilité qu'elle ait à la fois accusé une augmentation et entraîné un versement de dividendes durant le mois?

8. Une urne contient six boules rouges, sept boules bleues et douze boules jaunes; nous pigeons trois boules sans remise. (a) Quelle est la probabilité de piger une boule bleue au premier essai, une boule rouge au second et une boule jaune au troisième? (b) Quelle est la probabilité de piger trois boules jaunes?

9. Nous lançons une pièce de monnaie et un dé. Quelle est la probabilité d'obtenir (a) *face* et un 6? (b) *face* et un nombre impair?

LEÇON 10 LA SOLUTION DES PROBLÈMES DE PROBABILITÉS

Tâche: étant donné un problème de probabilités, élaborer un plan pour calculer la probabilité de l'événement en question, puis résoudre le problème.

DÉFINITION *Règle pour résoudre les problèmes de probabilités:* voici une règle en cinq étapes pour vous aider à résoudre de façon systématique la plupart des problèmes de probabilités. Elle ne s'applique pas à tous les problèmes, mais elle peut vous aider à simplifier et à structurer le processus du calcul d'une probabilité.

ÉTAPE 1 Écrire ce qui est connu.

ÉTAPE 2 Décrire (en mots) l'événement dont on cherche la probabilité.

ÉTAPE 3 Repérer et encercler les mots clés ou reformuler le problème à l'aide des mots *ou, et, non* ou *étant donné*.

ÉTAPE 4 Appliquer la règle ou la définition appropriée en fonction des mots clés.

ÉTAPE 5 Calculer la probabilité désirée si possible ou retourner à l'étape 3 et essayer de nouveau.

Ces cinq étapes suffisent généralement pour résoudre un problème donné; il arrive cependant que l'on doive répéter le processus un certain nombre de fois avant d'obtenir une solution.

DISCUSSION Nous avons présenté deux approches pour calculer la probabilité d'un événement donné. La première approche est celle de l'*espace échantillonnal*. Si l'espace échantillonnal se compose d'événements simples équiprobables, alors nous utilisons les règles de calcul pour évaluer $n(S)$ et $n(A)$ et nous écrivons

$$P(A) = \frac{n(A)}{n(S)}$$

La seconde approche est celle de la *composition des événements*. Pour l'utiliser, nous devons reformuler l'événement en question sous forme d'une union, d'une intersection ou d'un complément d'autres événements. Nous pouvons ensuite appliquer la règle appropriée en fonction du type de formulation choisie.

Certains problèmes ne peuvent être résolus que par une seule des deux approches, tandis que d'autres peuvent se résoudre aussi bien par l'une que par l'autre. Il existe aussi des problèmes dont la solution nécessite l'utilisation des deux approches à la fois. Établir une règle qui permettrait de déterminer l'approche à utiliser dans un cas bien particulier est une tâche très difficile, voire impossible. Seule l'expérience peut vous apprendre *quand* et *où* utiliser les différentes approches. Cependant, voici les étapes fondamentales qui devraient vous permettre de bien structurer un problème de probabilités.

ÉTAPE 1 Lire et relire le problème; énumérer tout ce que vous savez et tout ce que vous pouvez déduire à partir de l'information donnée.

ÉTAPE 2 Décrire (en mots) l'événement dont la probabilité est demandée. Voici un problème d'échantillonnage. Cinq piles de lampe de poche sont placées sur une table. Trois de ces piles sont en bon état et deux ne fonctionnent pas. Si vous choisissez deux piles au hasard et les insérez dans votre lampe de poche, quelle est la probabilité que votre lampe de poche fonctionne?

L'événement en question est *la lampe de poche fonctionne.* Défini en ces termes, cet événement ne nous permet pas de formuler directement les éléments nécessaires au calcul de sa probabilité. Si nous remplaçons l'expression *la lampe de poche fonctionne* par *choisir deux piles en bon état parmi cinq* nous obtenons une formulation équivalente, mais dont l'énoncé nous permet de poser le problème plus clairement en termes probabilistes.

ÉTAPE 3 Repérer les mots clés *ou, et, non* ou *étant donné* et les encercler. Si ces mots n'apparaissent pas, essayer de reformuler l'énoncé du problème de façon à les inclure. Les mots clés (*et, ou, non, étant donné*) nous permettent de déterminer le théorème qui s'applique pour calculer la probabilité. Vous savez comment calculer la probabilité de *A ou B*, *A et B*, un événement autre que *A* ou *non A*, ou encore la probabilité de *A étant donné B*. Si vous savez reformuler le problème en ces termes, vous pourrez identifier la règle qui s'applique et calculer la probabilité.

Dans notre problème de lampe de poche, nous désirons connaître la probabilité que la lampe fonctionne, c'est-à-dire la probabilité de choisir deux piles en bon état parmi cinq. Il n'y a pas de mot clé dans cet énoncé. Cependant nous savons que pour choisir deux piles en bon état parmi cinq, nous devons choisir une pile en bon état au premier essai *et* une pile en bon état au second essai. Donc, nous pouvons reformuler le problème comme suit:

P(2 piles en bon état) = P(pile en bon état au premier essai *et* pile en bon état au second essai)

La lampe de poche ne fonctionnera que sous ces conditions. Nous avons maintenant reformulé le problème à l'aide du mot clé *et*.

ÉTAPE 4 Choisir la règle appropriée (règle d'addition, de multiplication, de complément ou de probabilité conditionnelle) en fonction des mots clés repérés.

Dans notre exemple, le mot clé est *et*. Donc, nous appliquons la règle de multiplication:

$P(A \text{ et } B) = P(A) \bullet P(B|A)$

Dans les termes de notre problème, ceci équivaut à:

P(pile en bon état au premier essai et pile en bon état au second essai)
= *P* (pile en bon état au premier essai) • *P*(pile en bon état au second| pile en bon état au premier)

Note: il n'est pas nécessaire de réduire ce problème à un niveau plus élémentaire. Par contre, certains problèmes définissent des événements si complexes en termes de mots clés que le processus doit être répété quelques fois pour que le problème s'exprime en termes d'événements simples ou en termes d'événements composés dont la probabilité se calcule facilement.

ÉTAPE 5 Si la solution en termes de probabilités apparaît dans votre formulation, alors vous pouvez la calculer directement, sinon, retourner à l'étape 3 et reformuler le problème.

Dans notre problème de lampe de poche, nous pouvons calculer la probabilité directement.

P(pile en bon état au premier essai et pile en bon état au second)
= *P*(pile en bon état au premier) • *P*(pile en bon état au second | pile en bon état au premier)

$$= \frac{3}{5} \cdot \frac{2}{4} = \frac{3}{10}$$

Dans certains cas, cette dernière étape peut nécessiter l'utilisation des règles de calcul pour déterminer la probabilité. Il se peut aussi que le problème devienne plus simple si vous pouvez déterminer que les événements sont mutuellement exclusifs ou qu'ils sont indépendants. Le tableau 4.8 est un résumé des lois de base concernant les probabilités.

TABLEAU 4.8

MOTS CLÉS	SYMBOLES	THÉORÈMES
A ou B	$A \cup B$	$P(A \cup B) = P(A) + P(B) - P(A \cap B)$
A et B	$A \cap B$	$P(A \cap B) = P(A) \bullet P(B\|A)$
Non A	A'	$P(A') = 1 - P(A)$
A étant donné B	$A\|B$	$P(A\|B) = P(A \cap B)/P(B)$

EXEMPLES Pour chacun des problèmes suivants, déterminer l'approche qui s'applique et calculer la probabilité des événements.

1. Quatre tablettes d'aspirine et deux tablettes d'un purificateur d'eau sont mises accidentellement ensemble dans la même bouteille. Une professeure de statistique attrape un mal de tête lancinant; elle saisit la bouteille et avale deux tablettes avec un verre d'eau. Quelle est la probabilité qu'elle purifie l'eau qu'elle boit en avalant les deux tablettes de purificateur d'eau?

Solution. Nous pouvons reformuler l'événement *choisir les deux tablettes de purificateur d'eau* par *la première tablette est le purificateur d'eau et la seconde tablette est le purificateur d'eau.* Le mot clé *et* indique qu'il s'agit de la probabilité d'une intersection. Donc, nous pouvons écrire:

P(2 purificateurs d'eau)
= P(premier purificateur d'eau et second purificateur d'eau)
= P(premier purificateur d'eau) • P(second purificateur d'eau| premier purificateur d'eau)

$$= \frac{2}{6} \cdot \frac{1}{5} = \frac{1}{15}$$

L'alternative à cette solution est d'utiliser la règle de combinaison pour calculer le nombre d'événements simples dans l'événement composé.

$$n(S) = \binom{6}{2} = 15 \qquad \text{et} \qquad n(A) = \binom{2}{2} = 1$$

Donc,

$$P(A) = \frac{n(A)}{n(S)} = \frac{1}{15}$$

Nous obtenons une probabilité égale à 1/15, ce qui concorde avec la réponse obtenue précédemment.

2. Dans l'exemple 1, quelle est la probabilité que la professeure de statistique avale une tablette d'aspirine et une tablette de purificateur d'eau?

Solution. L'événement *un de chaque sorte* se produit si le premier choix est une tablette d'aspirine et le second choix une tablette de purificateur ou *vice versa*.

P(un de chaque sorte)
= P(aspirine$_1$ et purificateur$_2$ *ou* purificateur$_1$ et aspirine$_2$)

Notons l'apparition des mots clés *et* et *ou*. Le problème se résout en appliquant la règle d'addition d'événements mutuellement exclusifs.

P(un de chaque sorte)
$= P(\text{aspirine}_1 \text{ et purificateur}_2) + P(\text{purificateur}_1 \text{ et aspirine}_2)$
$= P(\text{aspirine}_1) \cdot P(\text{purificateur}_2 | \text{aspirine}_1) + P(\text{purificateur}_1) \cdot P(\text{aspirine}_2 | \text{purificateur}_1)$

$$= \frac{4}{6} \cdot \frac{2}{5} + \frac{2}{6} \cdot \frac{4}{5} = \frac{16}{30} = \frac{8}{15}$$

L'alternative à cette solution serait

$$n(A) = \binom{2}{1} \cdot \binom{4}{1} = 8 \qquad \text{et} \qquad n(S) = \binom{6}{2} = 15$$

Donc,

$$P(A) = \frac{n(A)}{n(S)} = \frac{8}{15}$$

Ceci est probablement la solution la plus rapide à obtenir.

3. Dans une expérience d'élevage de bétail, un chercheur prédit qu'un trait génétique devrait apparaître une fois sur quatre. Quelle est la probabilité que sur quatre essais le trait apparaisse au moins une fois?

Solution. L'événement *le trait apparaît au moins une fois* est équivalent à l'événement *le trait apparaît exactement une fois, ou exactement deux fois, ou exactement trois fois ou exactement quatre fois*. Donc, par la règle d'addition nous obtenons

$$\begin{aligned} P(\text{apparaît au moins 1 fois}) = {} & P(1 \text{ fois}) \\ & + P(2 \text{ fois}) \\ & + P(3 \text{ fois}) \\ & + P(4 \text{ fois}) \end{aligned}$$

Cependant, le complément de cet événement est l'événement *le trait n'apparaît aucune fois*. Donc,

$$P(\text{apparaît au moins 1 fois}) = 1 - P(\text{apparaît 0 fois})$$

Cette solution est évidemment plus simple. Nous continuons donc à la développer.

P(apparaît 0 fois) $=$ P(0 fois à l'essai 1, 0 fois à l'essai 2, 0 fois à l'essai 3 et 0 fois à l'essai 4).

Il s'agit donc de l'intersection de quatre événements indépendants. Alors,

$$P(\text{apparaît 0 fois}) = \frac{3}{4} \cdot \frac{3}{4} \cdot \frac{3}{4} \cdot \frac{3}{4} = \frac{81}{256}$$

et

$$P(\text{au moins 1 fois}) = 1 - P(\text{apparaît 0 fois})$$
$$= 1 - \frac{81}{256} = \frac{175}{256}$$

EXERCICES

Pour chacun des problèmes suivants, déterminer l'approche qui s'applique et calculer la probabilité des événements.

1. Vous lancez trois pièces de monnaie. Quelle est la probabilité d'obtenir deux *face* ou plus? D'obtenir exactement deux *face*?

2. Vous lancez cinq pièces de monnaie. Quelle est la probabilité d'obtenir quatre *face* ou plus? D'obtenir exactement quatre *face*?

3. Quelle est la probabilité de chacun des événements suivants?
(a) Tirer un *cœur* d'un jeu de cartes.
(b) Tirer un *trèfle* d'un jeu de cartes.
(c) Tirer un *pique* d'un jeu de cartes au quatrième essai, sachant qu'on a tiré (sans remise) des *pique* aux trois premiers essais.

4. Un étudiant répond à un questionnaire de statistique composé de cinq questions *vrai ou faux*. Malheureusement, il a fêté toute la nuit au lieu d'étudier et il répond à chaque question en lançant une pièce de monnaie. Quelle est la probabilité qu'il obtienne quatre réponses correctes? Quelle est la probabilité qu'il échoue à toutes les questions?

5. À l'occasion du tirage d'une dinde, M. Taché possède les billets numérotés 5001, 5002, 5003, 5004 et 5005. Si 850 billets ont été vendus, quelle est la probabilité que M. Taché gagne la dinde?

6. Une boîte contient sept boules rouges et trois boules vertes. Si l'échantillonnage s'effectue avec remise, quelle est la probabilité de piger successivement une boule rouge et une boule verte? Deux boules vertes?

7. Le propriétaire d'une petite boutique d'appareils à haute fidélité place deux récepteurs MF de seconde qualité avec un certain nombre d'appareils de très bonne qualité; il espère ainsi que personne ne s'apercevra de la supercherie.

S'il y a au total sept appareils sur la tablette, quelle est la probabilité qu'un client qui choisit un appareil au hasard achète un récepteur de qualité moindre?

8. Quelle est la probabilité de chacun des événements suivants?
(a) Obtenir six fois *pile* en lançant une pièce de monnaie.
(b) Lancer deux dés et obtenir une paire de nombres dont la somme est 5.
(c) Lancer un dé et obtenir un nombre pair.

9. Si l'on tire cinq cartes d'un jeu de 52 cartes, quelle est la probabilité que l'une de ces cinq cartes soit un *as*?

10. Une boîte contient 40 bidules en bon état et 10 bidules défectueux. Si l'on sélectionne 10 bidules au hasard, quelle est la probabilité qu'ils soient tous en bon état?

11. Si $P(A) = 0{,}4$, $P(B) = 0{,}6$ et $P(A|B) = 0{,}3$, les événements A et B sont-ils indépendants? Quelle est $P(A \cup B)$? Quelle est $P(A \cap B)$?

12. Au tennis, le match de simples masculins se termine lorsque l'un des deux joueurs a remporté trois des cinq sets. Si les deux joueurs sont d'égale force, quelle est la probabilité que le match se termine en trois sets exactement? ...en quatre sets? ...en cinq sets?

13. Un labyrinthe est composé de quatre carrefours. À chaque carrefour, un individu peut prendre l'une de trois directions possibles: aller tout droit, tourner à gauche ou tourner à droite. Quelle est la probabilité qu'une personne réussisse à traverser le labyrinthe au premier essai en ne commettant aucune erreur?

14. Le plateau tournant d'un jeu de roulette est formé de 38 cases portant respectivement les numéros 0 et 00, ainsi que les numéros 1 à 36. Dix-huit cases sont rouges et dix-huit cases sont noires. Les cases 0 et 00 sont vertes. Le joueur peut effectuer ses mises de plusieurs façons: il peut gager sur un numéro compris entre 1 et 12, entre 13 et 24, entre 25 et 36, ou sur un numéro compris entre 1 et 18 ou entre 19 et 36; il peut aussi gager sur un numéro pair ou impair, sur une case rouge ou noire, ou finalement sur un numéro particulier.

Quelle est votre probabilité de gagner si vous gagez sur un numéro particulier? ...sur un numéro compris entre 1 et 12? ...sur une case rouge? ...sur un numéro compris entre 1 et 12 ou sur un numéro pair?

UTILITÉ DE CES NOTIONS

DANS LE CADRE DU COURS

Lorsque nous décrivons un processus d'échantillonnage nous devons tenir compte du hasard. C'est pourquoi nous devons bien connaître les règles de base des probabilités.

Dans les chapitres subséquents, nous reviendrons fréquemment à ces principes sur lesquels s'appuient nos méthodes d'inférence statistique lorsque l'échantillonnage s'effectue à partir d'une population inconnue. Les concepts d'union, d'intersection, d'indépendance, d'exclusion mutuelle, etc. sont à la base des principes de l'inférence statistique.

AU-DELÀ DU COURS

Les principes fondamentaux des probabilités se sont développés à partir des jeux de hasard. Cependant, ces principes s'appliquent maintenant à plusieurs autres domaines, tels la météorologie, l'actuariat, l'étude des mouvements moléculaires en physique et en chimie, l'économétrie, ainsi que plusieurs autres domaines. De fait, il est possible d'appliquer la théorie des probabilités à n'importe quel problème composé d'événements dont l'apparition ne peut être prédite exactement.

Bien que ce chapitre ne constitue qu'une brève introduction à la théorie des probabilités, vous devriez être en mesure de mieux saisir le concept de probabilité d'un résultat ou d'un événement.

RÉSUMÉ

Cette étude des probabilités avait pour but de développer un instrument qui nous permettrait de formuler des inférences à propos d'une population à partir d'un échantillon tiré de cette population. Étant donné que la théorie des probabilités étudie l'incertitude et que le processus de l'échantillonnage au hasard crée une certaine incertitude, les deux vont tout naturellement de pair. De plus, comme nous prônons dans ce volume l'utilisation d'une méthode d'échantillonnage au hasard simple, il nous est possible d'assumer que les différents résultats sont équiprobables. C'est pourquoi nous avons insisté dans ce chapitre sur le concept d'équiprobabilité. Cependant, nous devons dire que la plupart des relations présentées dans ce chapitre demeurent valables même si les événements ne sont pas équiprobables. Plus spécifiquement, les relations qui demeurent vraies en général sont la règle d'addition et la règle de multiplication.

Règle d'addition

$P(A \cup B) = P(A) + P(B)$, si A et B sont mutuellement exclusifs;

sinon

$$P(A \cup B) = P(A) + P(B) - P(A \cap B)$$

Règle de multiplication

$P(A \cap B) = P(A) \cdot P(B)$, si A et B sont mutuellement indépendants; sinon

$$P(A \cap B) = P(A) \cdot P(B|A)$$

De plus, les concepts de probabilité conditionnelle et d'indépendance des événements sont valables dans tous les cas.

Nous avons aussi présenté certaines règles de calcul qui nous permettent de résoudre des problèmes plus complexes concernant des événements équiprobables. Nous avons constaté que la théorie mathématique des ensembles s'applique bien à l'étude des probabilités.

Dans les chapitres subséquents, les applications des concepts présentés dans ce chapitre peuvent ne pas transparaître clairement; cependant, les principes de la théorie des probabilités constituent les bases de l'inférence statistique et ces principes sont essentiels à l'étude de la statistique inférentielle.

SUPPLÉMENT FORMULE POUR LE CALCUL DU NOMBRE DE PERMUTATIONS

Tâche: appliquer la formule spéciale pour calculer le nombre de permutations.

DÉFINITION

Formule spéciale pour calculer le nombre de permutations: si nous désirons former trois sous-groupes à partir d'un groupe de n éléments, de façon telle que les éléments de chaque sous-groupe soient identiques, mais que les sous-groupes diffèrent tous les uns des autres quant à l'agencement des éléments, alors nous pouvons calculer le nombre de permutations (ordres de succession) possibles du groupe de n éléments en utilisant la formule suivante:

$$\frac{n!}{k_1!\, k_2!\, k_3!}$$

Dans cette formule, n représente le nombre total d'éléments dans le groupe, k_1 le nombre d'éléments dans le premier sous-groupe, k_2 le nombre d'éléments dans le second et k_3 le nombre d'éléments dans le troisième.

Lorsque le groupe de n éléments doit être partagé en m sous-groupes, nous pouvons généraliser la formule comme suit:

$$\frac{n!}{k_1!\, k_2! \cdots k_m!}$$

DISCUSSION

Si vous désirez savoir le nombre de façons différentes d'ordonner n éléments, vous pouvez utiliser la règle *M-N* qui dit qu'il y a n façons de choisir le premier élément, $n - 1$ façons de choisir le second, et ainsi de suite.

ESSAI 1	ESSAI 2	ESSAI 3	...	ESSAI n
n	$n - 1$	$n - 2$		1

Il y a donc $n!$ permutations différentes de n objets. Si, par exemple, vous devez placer sur une étagère un volume de mathématiques, un volume de statistique et un volume de biologie, il y a

$$3! = 3 \cdot 2 \cdot 1 = 6$$

façons différentes d'ordonner les volumes sur l'étagère: MSB, MBS, SMB, SBM, BSM, BMS.

Supposons maintenant que vous avez trois volumes, dont deux volumes de mathématiques et un volume de statistique. Cette fois, il y a moins de six façons de les ordonner: MMS, MSM, SMM. On constate donc qu'il n'existe que trois façons d'ordonner ces volumes. L'explication est simple! Lorsque c'est le sujet qui importe, les deux volumes de mathématiques sont équivalents. Dans ce cas spécial, la règle pour calculer le nombre de permutations est la suivante : *diviser n! par le produit des factorielles des effectifs de chaque sous-groupe*. L'opération de division compense pour les permutations comptées en trop. Pour calculer le nombre de permutations possibles de nos volumes, nous effectuons l'opération suivante:

$$\frac{3!}{2!\,1!} = \frac{3 \cdot 2 \cdot 1}{2 \cdot 1} = 3$$

Le nombre total calculé de permutations est trois, ce qui concorde avec la réponse obtenue en énumérant chacune des permutations.

EXEMPLES Appliquer à chacun des problèmes suivants la formule spéciale pour calculer le nombre de permutations.

1. Vous devez placer trois ampoules rouges, quatre ampoules vertes et deux ampoules bleues sur un cordon d'ampoules d'arbre de Noël. Combien existe-t-il d'ordres de succession possibles?

Solution. Nous avons neuf objets à partager en trois sous-groupes correspondant chacun à une couleur. Il y a trois objets dans le premier sous-groupe, quatre dans le second et deux dans le troisième. Nous pouvons calculer le nombre de permutations comme suit:

$$\frac{9!}{3!\,4!\,2!} = \frac{9 \cdot 8 \cdot 7 \cdot 6 \cdot 5 \cdot 4!}{3!\,4!\,2!} = 1260$$

2. Combien de mots différents (incluant les mots non-sens) peut-on former à partir des lettres du mot *Tennessee?*

Solution. Le mot comprend 9 lettres, dont 4 sont des *e*, 2 des *s*, 2 des *n* et 1 est un *T*. Le nombre de permutations se calcule comme suit:

$$\frac{9!}{4!\,2!\,2!\,1!} = \frac{9 \cdot 8 \cdot 7 \cdot 6 \cdot 5 \cdot 4!}{4!\,2!\,2!\,1!} = 3780$$

3. Lorsqu'on lance une pièce de monnaie cinq fois, combien peut-on produire de séquences différentes comprenant 3 *face* et 2 *pile*?

Solution. Nous considérons 5 essais dont 3 sont des *face* et 2 sont des *pile*. Nous calculons le nombre de permutations comme suit:

$$\frac{5!}{3!\,2!} = \frac{5 \cdot 4 \cdot 3!}{3!\,2!} = 10$$

EXERCICES

Appliquer à chacun des problèmes suivants la formule spéciale pour calculer le nombre de permutations.

1. Combien peut-on former de mots avec les lettres du mot *statistique*?
2. De combien de façons peut-on ordonner les naissances de trois garçons et trois filles dans une famille de six enfants? Comparer cette réponse à celle qu'on obtiendrait en calculant $\binom{6}{3}$.
3. Combien peut-on former de séquences en utilisant les lettres du mot *Mississippi*?
4. On lance une pièce de monnaie dix fois. Combien existe-t-il de séquences comprenant 8 *face* et 2 *pile*? Cinq *face* et 5 *pile*? Comparer ces résultats avec ceux obtenus en calculant

$$\binom{10}{8} \quad \text{et} \quad \binom{10}{5}$$

TEST PERSONNEL SUR LE CHAPITRE QUATRE

(*Questions 1 à 5*) Utiliser l'espace échantillonnal S, ainsi que les événements A, B et C définis ci-dessous. Considérer que les événements simples de S sont équiprobables. Identifier les éléments de chacun des événements ci-dessous et inscrire comme réponse la lettre entre parenthèses qui correspond à la probabilité appropriée. Une même lettre peut être utilisée *plus d'une fois*.

$$S = \{1, 2, 3, 4, 5, 6, 7, 8, 9\}$$
$$A = \{1, 2, 3, 4\}$$
$$B = \{2, 4, 6, 8\}$$
$$C = \{3, 4, 5, 6, 7, 8\}$$

________ 1.	$P(A)$	(a)	0
________ 2.	$P(A \cup C)$	(b)	1/9
________ 3.	$P(A \cap B)$	(c)	2/9
________ 4.	$P(B')$	(d)	3/9
________ 5.	$P(A \mid C)$	(e)	4/9
		(f)	5/9
		(g)	6/9
		(h)	7/9
		(i)	8/9
		(j)	1

6. Vous êtes à l'épicerie et vous devez choisir deux berlingots de lait parmi cinq. Trois de ceux-ci sont bons et deux ont sûri. Si l'expérience consiste à piger deux berlingots parmi cinq, de combien d'éléments l'espace échantillonnal se compose-t-il ? Considérer que l'ordre de sélection n'est pas important ?

(a) 2 (b) 3 (c) 5 (d) 10 (e) 20 (f) 25

7. Si A et B sont deux événements mutuellement exclusifs, alors $P(A) + P(B) = 1$. Vrai ou faux?

8. Parmi les modèles d'urne ci-dessous, lequel utiliseriez-vous pour représenter une expérience qui consiste à lancer trois fois une pièce de monnaie équilibrée?

(a) Une urne contient 50 boules rouges et 50 boules blanches. Nous pigeons trois boules sans remise en considérant que *rouge* équivaut à *face*.

(b) Une urne contient deux boules rouges et deux boules blanches. Nous pigeons trois boules sans remise en considérant que *rouge* équivaut à *face*.

(c) Une urne contient une boule rouge et une boule blanche. Nous pigeons trois boules avec remise en considérant que *rouge* équivaut à *face*.

9. Deux contrôleurs aériens travaillent indépendamment l'un de l'autre sur deux écrans radars différents. Aussitôt qu'un avion pénètre dans la zone contrôlée, chacun des deux contrôleurs peut le repérer en deux secondes avec une probabilité égale à 0,9. Supposons qu'un avion pénètre dans la zone contrôlée, quelle est la probabilité qu'il soit repéré en deux secondes par l'un ou l'autre des contrôleurs.

(a) 0,90 (b) 0,81 (c) 1,8 (d) 0,99

(*Questions 10 à 15*) Utiliser les données du tableau ci-dessous. Les 50 employés de la firme comptable Trudeau, Thériault, Tétreault et associés y sont classifiés en fonction du nombre d'années de service à l'emploi de l'entreprise (événements A, B, C, D) et du dernier diplôme obtenu (événements E, F, G).

10. Quelle est la probabilité qu'une personne choisie au hasard ait entre six et dix années de service?

(a) 4/10 (b) 4/50 (c) 20/50 (d) 4/20

DERNIER DIPLÔME OBTENU		ANNÉES DE SERVICE (A) 0-5	(B) 6-10	(C) 11-15	(D) 15 et +	TOTAUX
Études collégiales	(E)	4	4	1	1	10
Baccalauréat	(F)	8	13	7	4	32
Maîtrise	(G)	3	3	1	1	8
Totaux		15	20	9	6	50

11. Quelle est la probabilité qu'une personne choisie au hasard possède un diplôme de baccalauréat et ait entre 11 et 15 années de service?

(a) $\frac{7}{(32)(9)}$ (b) $\frac{7}{50}$ (c) $\frac{9}{50} \times \frac{32}{50}$ (d) $\frac{9}{50} + \frac{32}{50}$

12. Si une personne choisie au hasard a plus de 15 années de service, quelle est la probabilité que cette personne possède un baccalauréat?

(a) $\frac{4}{6}$ (b) $\frac{4}{32}$ (c) $\frac{4}{50}$ (d) $\frac{6}{50} \times \frac{32}{50}$

13. Parmi les personnes ayant 15 années de service ou plus, quel type de diplôme devrions-nous rencontrer le plus fréquemment?
(a) Baccalauréat
(b) Maîtrise
(c) Les deux sont équiprobables

14. Parmi les événements suivants, lesquels sont indépendants?
(a) *B* et *D* (b) *B* et *E* (c) *A* et *E* (d) Aucun de ces choix

15. Sur les 25 futurs employés que l'entreprise engagera, combien de ceux-ci devraient demeurer au service de l'entreprise entre 6 et 10 ans?
(a) 2 (b) 4 (c) 10 (d) 20 (e) Aucun de ces choix

RÉPONSES AUX EXERCICES (NUMÉROS IMPAIRS)

LEÇON 1

1. Rosana, Mélanie (RM), 1; Rosana, Alice (RA), 2; Mélanie, Rosana (MR), 3; Mélanie, Alice (MA), 4; Alice, Rosana (AR), 5; Alice, Mélanie (AM), 6. Il y a six résultats possibles. Cependant il n'y a que trois événements distincts, puisque chaque paire se dédouble et l'ordre n'est pas important.
3. Si l'on numérote les différentes réponses par 1, 2, 3, 4, il y a 16 combinaisons de réponses possibles.

$$S = \begin{Bmatrix} 1,1 & 1,2 & 1,3 & 1,4 & 2,1 & 2,2 & 2,3 & 2,4 \\ 3,1 & 3,2 & 3,3 & 3,4 & 4,1 & 4,2 & 4,3 & 4,4 \end{Bmatrix}$$

5. Étiquetons les deux boules noires N_1 et N_2 et les deux boules roses R_1 et R_2.

$$S = \left\{\begin{array}{llll}
N_1N_1N_2 & N_2N_1N_2 & R_1N_1N_2 & R_2N_1N_2 \\
N_1N_1R_1 & N_2N_1R_1 & R_1N_1R_1 & R_2N_1R_1 \\
N_1N_1R_2 & N_2N_1R_2 & R_1N_1R_2 & R_2N_1R_2 \\
N_1N_2N_1 & N_2N_2N_1 & R_1N_2N_1 & R_2N_2N_1 \\
N_1N_2R_1 & N_2N_2R_1 & R_1N_2R_1 & R_2N_2R_1 \\
N_1N_2R_2 & N_2N_2R_2 & R_1N_2R_2 & R_2N_2R_2 \\
N_1R_1N_1 & N_2R_1N_1 & R_1R_1N_1 & R_2R_1N_1 \\
N_1R_1N_2 & N_2R_1N_2 & R_1R_1N_2 & R_2R_1N_2 \\
N_1R_1R_2 & N_2R_1R_2 & R_1R_1R_2 & R_2R_1R_2 \\
N_1R_2N_1 & N_2R_2N_1 & R_1R_2N_1 & R_2R_2N_1 \\
N_1R_2N_2 & N_2R_2N_2 & R_1R_2N_2 & R_2R_2N_2 \\
N_1R_2R_1 & N_2R_2R_1 & R_1R_2R_1 & R_2R_2R_1
\end{array}\right\}$$

LEÇON 2

Aucun exercice.

LEÇON 3

1. Identifions les deux marins par les symboles M_1, M_2, le chien par la lettre C et l'officier par la lettre O. Les événements simples qui forment chacun des événements composés sont respectivement

   événement A: M_1M_2, M_2M_1;
   événement B: OC, CO;
   événement C: OM_1, OM_2, M_1O, M_2O.

3. Les événements simples sont: (2, 5), (1, 6), (3, 4), (5, 2), (6, 1), (4, 3).
5. Les résultats possibles sont: FFFF, FFFG, FFGF, FGFF, GFFF.

LEÇON 4

1. $\binom{10}{5} = \frac{10!}{5!5\,!} = \frac{10 \cdot 9 \cdot 8 \cdot 7 \cdot 6 \cdot 5!}{5 \cdot 4 \cdot 3 \cdot 2 \cdot 1 \cdot 5!} = 4 \cdot 9 \cdot 7 = 252$
3. $\binom{100}{99} = \frac{100!}{99!\ 1!} = \frac{100 \cdot 99!}{99! \cdot 1!} = 100$
5. $\binom{n}{n-1} = \frac{n!}{(n-1)!\ 1!} = \frac{n \cdot (n-1)!}{(n-1)!\ 1!} = n$

7. L'ordre n'est pas important et l'échantillonnage s'effectue sans remise. Il faut utiliser la règle de combinaison.

$$\binom{11}{2} = \frac{11!}{2!\,9!} = \frac{11 \cdot 10 \cdot 9!}{2 \cdot 9!} = 55 \text{ façons}$$

9. L'ordre est important et l'échantillonnage s'effectue sans remise. Il faut utiliser la règle *M-N*.

$$5! = 5 \cdot 4 \cdot 3 \cdot 2 \cdot 1 = 120$$

11. La couleur n'est pas importante. Il y a 26 boules; donc

$$26 \cdot 26 \cdot 26 = 17\,576$$

Il y a donc 17 576 événements simples.

13. L'ordre est important et l'échantillonnage s'effectue sans remise. Il faut utiliser la règle *M-N*.

$$10 \cdot 9 \cdot 8 = 720$$

15. Tout d'abord déterminons le nombre d'arrangements pour chacun des sujets.

Mathématiques: $5! = 5 \cdot 4 \cdot 3 \cdot 2 = 120$
Physique: $3! = 3 \cdot 2 = 6$
Chimie: $7! = 7 \cdot 6 \cdot 5 \cdot 4 \cdot 3 \cdot 2 = 5040$
Ensuite nous calculons le nombre de façons d'arranger les sujets: $3! = 3 \cdot 2 = 6$.
Finalement, en multipliant nous obtenons $6 \cdot 6 \cdot 120 \cdot 5040 = 21\,772\,800$

17. $5! = 5 \cdot 4 \cdot 3 \cdot 2 = 120$

LEÇON 5

1. Identifions les hommes par la lettre H et les femmes par la lettre F. [*Note:* puisque l'ordre n'est pas important, nous pourrions ne considérer que six événements simples.]

ESPACE ÉCHANTILLONNAL	ÉVÉNEMENTS	ESPACE ÉCHANTILLONNAL	ÉVÉNEMENTS
H_1H_2	*A*	F_1H_1	*AC*
H_1F_1	*AC*	F_1H_2	*AC*
H_1F_2	*AC*	F_1F_2	*B*
H_2H_1	*A*	F_2H_1	*AC*
H_2F_1	*AC*	F_2H_2	*AC*
H_2F_2	*AC*	F_2F_1	*B*

(a) $A \cup B$ représente 12 événements.
$A \cap C$ représente 8 événements.

(b) A et B sont mutuellement exclusifs. A et C ne le sont pas. Donc,

$$A \cap C = \begin{Bmatrix} H_1F_1 & H_2F_1 & F_1H_1 & F_2H_1 \\ H_1F_2 & H_2F_2 & F_1H_2 & F_2H_2 \end{Bmatrix}$$

(c) $C = \{H_1H_2, H_2H_1, F_1F_2, F_2F_1\}$

3. (a) 50
   (b) 20 + 50 + 60 = 130
   (c) 50
   (d) 130

LEÇON 6

1. $n(S) = \binom{7}{2} = \dfrac{7!}{2!\,5!} = \dfrac{7 \cdot 6 \cdot 5!}{2 \cdot 5!} = 21$

La probabilité de choisir les deux individus à la fois est égale à 1/21.

$$n(A) = 1, \qquad P(A) = \frac{1}{21}$$

La probabilité de ne choisir qu'un seul individu est égale à 10/21.

$$n(A) = 2 \cdot 5 = 10, \qquad P(A) = \frac{10}{21}$$

La probabilité de ne choisir aucun des deux individus est égale à 10/21.

$$n(A) = \binom{5}{2} = \frac{5!}{2!3!} = \frac{5 \cdot 4 \cdot 3!}{2 \cdot 3!} = 10, \qquad P(A) = \frac{10}{21}$$

3. $n(S) = 2 \cdot 2 \cdot 2 = 8, \qquad n(A) = 1, \qquad P(A) = 1/8$

5. $n(S) = \binom{52}{5} = \dfrac{52!}{5!\,47!} = 2\ 598\ 960$

$$n(A) = \binom{26}{5} = \frac{26!}{5!\,21!} = 65\ 780$$

$$P(A) = \frac{65\ 780}{2\ 598\ 960} = 0{,}0253$$

LEÇON 7

1. $n(S) = 7, \quad n(A) = 3, \quad P(A) = 3/7 = 0{,}4286$
$P(A') = 1 - P(A) = 1 - 0{,}4286 = 0{,}5714$

3. $P(A) + P(B) - P(A \cap B) = 0{,}07 + 0{,}03 - 0{,}01 = 0{,}09$

5. $P(\text{1re année ou 17}) = P(\text{1re année}) + P(17) - P(\text{les deux à la fois})$

$$= \frac{75}{196} + \frac{73}{196} - \frac{43}{196} = \frac{105}{196} = 0{,}5357$$

$$P(\text{16 ou 18}) = P(16) + P(18) = \frac{56}{196} + \frac{67}{196} = \frac{123}{196} = 0{,}6278$$

$P(\text{17 ou 18 ou 1re année}) = 1 - P(\text{16 et 2e année ou 3e année})$

$$= 1 - \frac{9}{196} + \frac{2}{196} = 1 - \frac{11}{196} = \frac{185}{196} = 0{,}9439$$

ou

$$P(\text{17 ou 18 ou 1re année}) = \frac{73}{196} + \frac{67}{196} + \frac{67}{196} - \frac{15}{196} - \frac{7}{196} = \frac{185}{196}$$

LEÇON 8

1. $$P(\text{deux visites ou moins} \mid \text{mauvaises conditions}) = \frac{P(A \cap B)}{P(B)} = \frac{100/2000}{500/2000} = 0{,}20$$

$$P(\text{deux visites ou moins} \mid \text{bonnes conditions}) = \frac{P(A \cap C)}{P(C)} = \frac{700/2000}{1500/2000} = 0{,}467$$

3. $P(\text{1er ait suivi}) = \dfrac{5}{10} = 0{,}5$

$$P(\text{2e ait suivi} \mid \text{premier a suivi}) = \frac{4}{9} = 0{,}4444$$

5. $P(D|B) = 2/4$, $P(D|BB) = 2/3$.
Si l'échantillonnage s'effectue sans remise : $P(D|B) = 2/5$, $P(D|BB) = 2/5$.

LEÇON 9

1. $P(A) = 0{,}5$, $P(B) = 0{,}5$, $P(B|A) = 0{,}1$
Puisque $P(B|A) = 0{,}1 \neq P(B)$ alors A et B ne sont pas indépendants.

3. $P(A) = 1/2$, $\quad P(B) = 1/2 \quad$ et $\quad P(A \cap B) = 0$

$P(A|B) = \dfrac{0}{1/2} = 0 \neq P(A)$ donc A et B ne sont pas indépendants.

$P(A \cap B)$ représente la probabilité qu'un enfant soit à la fois de sexe masculin et féminin. Il ne faut pas prendre les statisticiens pour des naïfs!

5. $P(A) = 0{,}8$ et $P(B|A) = 0{,}8$

si $P(B|A) = \dfrac{P(A \cap B)}{P(A)}$ alors $P(A \cap B) = P(A)\,P(B|A) = (0{,}8)(0{,}8) = 0{,}64$

7. Si A représente *une augmentation* et B un *versement de dividendes* alors $P(A) = 0{,}3$ et $P(B|A) = 0{,}5$. Donc, $P(A \cap B) = (0{,}3)\,(0{,}5) = 0{,}15$.

9. (a) $P(F) = \dfrac{1}{2}$, $^{*}P(F|\,6) = \dfrac{1}{2}$, $P(6) = \dfrac{1}{6}$ et $P(6|F) = \dfrac{1}{6}$

Donc, $P(6 \cap F) = \dfrac{1}{6} \cdot \dfrac{1}{2} = \dfrac{1}{12}$

(b) $P(\text{impair}) = \dfrac{1}{2}$ et $P(\text{impair} \cap \text{F}) = \dfrac{1}{2} \cdot \dfrac{1}{2} = \dfrac{1}{4}$

LEÇON 10

1. $P(2\ \textit{face}\ \text{ou plus}) = P(2\ \textit{face}) + P(3\ \textit{face}) = \dfrac{3}{8} + \dfrac{1}{8} = \dfrac{1}{2}$

$P(\text{exactement } 2\ \textit{face}) = \dfrac{3}{8}$

[*Note:* il y a huit possibilités dont trois (FFP, FPF, PFF) correspondent à l'événement *exactement deux face.*]

3. P(coeur) = 13/52 = 1/4
   P(trèfle) = 13/52 = 1/4
   P(pique au 4e | pique au trois premiers) = 10/49.
5. P(M Taché gagne une dinde) = 5/850 = 1/170 = 0,00588
7. P(appareil de qualité moindre) = 2/7 = 0,286
9. P(exactement un as en cinq essais)
   = P(as au 1er) + P(as au 2e) + P(as au 3e)
   + P(as au 4e) + P(as au 5e) †

$$\frac{4}{52}\cdot\frac{48}{51}\cdot\frac{47}{50}\cdot\frac{46}{49}\cdot\frac{45}{48} + \frac{48}{52}\cdot\frac{4}{51}\cdot\frac{47}{50}\cdot\frac{46}{59}\cdot\frac{45}{48} + \frac{48}{52}\cdot\frac{47}{51}\cdot\frac{4}{50}\cdot\frac{46}{49}\cdot\frac{45}{48}$$

$$+ \frac{48}{52}\cdot\frac{47}{51}\cdot\frac{46}{50}\cdot\frac{4}{49}\cdot\frac{45}{48} + \frac{48}{52}\cdot\frac{47}{51}\cdot\frac{46}{50}\cdot\frac{45}{49}\cdot\frac{4}{48}$$

$$= 5\left[\frac{48}{52}\cdot\frac{47}{51}\cdot\frac{46}{50}\cdot\frac{45}{49}\cdot\frac{4}{48}\right] = \frac{47\cdot 23\cdot 3}{13\cdot 17\cdot 49} = \frac{3\,243}{10\,829} = 0{,}299$$

---

* Les événements sont indépendants, donc $P(F) = P(F|\,6)$.

† Les calculs sont ajustés pour tenir compte du fait qu'un seul as est tiré.

11. A et B ne sont pas indépendants car $P(A) \neq P(A|B)$

$P(A \cup B) = 0{,}6 + 0{,}4 - 0{,}18 = 0{,}82$

$P(A \cap B) = P(B)\, P(A|B) = (0{,}6)\ (0{,}3) = 0{,}18.$

13. En assumant qu'il n'y a qu'un chemin pour sortir,

$$\frac{1}{3 \cdot 3 \cdot 3 \cdot 3} = \frac{1}{81} = 0{,}0123$$

SUPPLÉMENT

1. $$\frac{11!}{2!\ 3!\ 1!\ 2!\ 1!\ 1!\ 1!} = \frac{39\,916\,800}{2 \cdot 6 \cdot 2} = \frac{39\,916\,800}{24} = 1\,663\,200$$

3. $$\frac{11!}{1!\ 4!\ 4!\ 2!} = \frac{39\,916\,800}{24 \cdot 24 \cdot 2} = \frac{39\,916\,800}{1152} = 34\,650$$

CHAPITRE CINQ: DISTRIBUTIONS DE PROBABILITÉS DE VARIABLES ALÉATOIRES

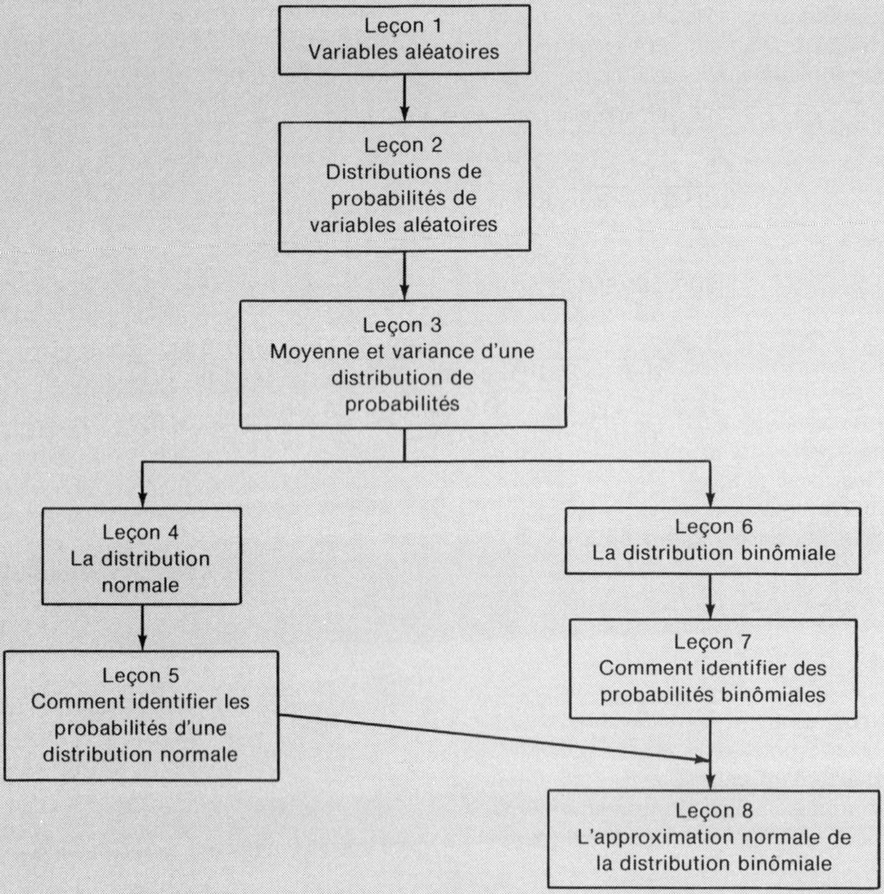

INTRODUCTION

Vous connaissez tous sûrement le principe de la construction de modèles à échelle réduite. L'architecte construit une version miniature d'un édifice projeté de façon à pouvoir mieux en évaluer la perspective; l'ingénieur construit un modèle réduit d'une structure de poutres pour en évaluer la résistance; une compagnie de jeux de société met sur le marché un modèle de table du jeu de football pour permettre aux gens de vivre par vicariance les sensations d'un quart-arrière; l'économétricien tente de construire un modèle de l'économie, tandis que le menuisier trace un plan sommaire du meuble à fabriquer.

Dans tous ces cas, le modèle est un dispositif simplifié qui présente les caractéristiques essentielles de l'objet réel de grandeur normale. Il a pour but de faciliter l'expérimentation et de fournir des points de repère concrets lorsque l'objet réel est difficile ou même impossible à manipuler en grandeur réelle.

En statistique, il nous faut également traduire en modèles les caractéristiques probabilistes de diverses populations. Comme nous le verrons dans ce chapitre, certaines populations, en apparence fort différentes, présentent des propriétés probabilistes similaires, sinon identiques; ainsi, un même modèle peut s'adapter à plusieurs populations.

Le modèle probabiliste d'une population décrit les probabilités d'occurence de certains événements lorsque cette population est échantillonnée. On nomme *distribution de probabilités* un tel modèle probabiliste.

Nous allons introduire dans ce chapitre le vocabulaire de base nécessaire à une présentation bien structurée de deux importants modèles probabilistes. Il apparaîtra vite évident qu'il est possible de décrire ou de représenter de façon approximative un grand nombre de populations réelles à l'aide de l'un ou l'autre de ces deux modèles probabilistes.

Parmi les nombreux modèles probabilistes que nous pourrions étudier, nous en avons retenu deux: la *distribution binômiale* et la *distribution normale*. Nous les étudierons tous les deux dans ce chapitre. Nous les avons choisis pour deux raisons: (1) ce sont eux que nous utiliserons le plus dans les prochains chapitres; (2) ce sont les deux distributions les plus couramment rencontrées.

VOCABULAIRE

Approximation normale d'une distribution binômiale
Distribution binômiale
Distribution de probabilités
Distribution normale
Distribution normale centrée-réduite
Essais indépendants
Mesure standard
Moyenne d'une variable aléatoire
Règles spéciales de dénombrement
Cote Z
Surface
Variable aléatoire
Variable aléatoire continue
Variable aléatoire discontinue
Variance d'une variable aléatoire

LEÇON 1 VARIABLES ALÉATOIRES

Tâche: étant donné une situation expérimentale, pouvoir définir la variable aléatoire associée à une quelconque caractéristique étudiée.

DÉFINITIONS

Variable aléatoire: règle de mesure qui permet d'apparier un nombre à un événement simple à l'intérieur de l'espace échantillonnal d'une expérience. On représente habituellement cette règle par une lettre majuscule *X*, *Y* ou *Z*.

Variable aléatoire continue ou discontinue: si l'espace échantillonnal est composé d'un ensemble discontinu d'événements, alors la variable aléatoire qui lui sera associée sera dite *discontinue*; sinon, elle sera dite *continue*.

DISCUSSION

Imaginons qu'un chercheur en médecine fasse remplir un questionnaire médical par un échantillon au hasard d'adultes d'une agglomération métropolitaine. Il recueille diverses données concernant l'emploi occupé, le statut civil, l'origine ethnique ou raciale, la taille, le poids, le nombre de visites chez un médecin au cours des derniers six mois, etc. Pour simplifier la procédure d'analyse des données, il désire utiliser un ordinateur. Dans le cas de données comme la taille, le poids, le nombre de visites chez un médecin, etc., il peut transmettre directement à l'ordinateur les nombres recueillis. Cependant, pour pouvoir manipuler aisément des données telles que l'emploi occupé, le statut civil, la race ou toute autre mesure *qualitative* similaire, il lui faut inventer un code numérique simple pour synthétiser les données. Ainsi, nous pourrions créer le code ci-dessous pour les informations sur le statut civil.

RÉPONSE	CODE
Célibataire	1
Marié(e)	2
Divorcé(e)	3
Veuf, veuve	4

La variable aléatoire est la règle adoptée pour assigner une valeur numérique, directement ou par codage. On identifie par une lettre majuscule *X*, *Y* ou *Z*, cette règle de transcription des mesures ou des réponses codées. Les lettres minuscules correspondantes, *x*, *y* ou *z*, représenteront les nombres eux-mêmes.

Jetons un coup d'oeil sur quelques exemples de types différents de mesures et de variables aléatoires possibles. Notez bien à travers ces exemples que ce ne sont pas les nombres obtenus qui constituent la variable aléatoire, mais plutôt la règle utilisée pour obtenir ces nombres. Si la règle ne produit pas de nombres, alors elle ne peut prendre le nom de variable aléatoire. Examinez maintenant les exemples du tableau 5.1.

TABLEAU 5.1

UNITÉS D'OBSERVATION	CARACTÉRISTIQUES À MESURER	VARIABLES ALÉATOIRES (FONCTION)
Une personne	Taille	Mesurer la taille en centimètres
	Poids	Mesurer le poids en kilogrammes
	Parti politique	Coder { 1 si républicain 2 si démocrate 3 si autre parti
	Race	Coder { 1 si blanc 2 si noir 3 si amérindien 4 si oriental 5 si autre
Une pièce de monnaie	Résultats découlant de *n* lancers	Compter le nombre de *pile* après *n* lancers
Une famille	Nombre d'enfants	Compter le nombre de garçons Compter le nombre de filles Compter le nombre total de garçons et de filles
Une famille	Domicile	Coder { 1 si propriétaire 2 si locataire
		Coder { 1 si résidentiel 2 si appartement 3 si roulotte 4 si autre

Dans chacun de ces exemples, la variable aléatoire produit un nombre par le biais d'une mesure, d'un dénombrement ou d'un codage quelconque. (Si une règle demandait d'enregistrer l'appartenance raciale des sujets, il ne s'agirait pas d'une variable aléatoire, car la race d'un individu n'est pas un nombre.) Par définition, l'utilisation d'une variable aléatoire doit engendrer un nombre.

En parcourant les variables aléatoires du tableau 5.1, vous devriez pouvoir distinguer celles qui sont discontinues de celles qui sont continues. Voici quelques exemples de variables aléatoires discontinues: le parti politique, la race, le nombre de *pile* après *n* lancers d'une pièce de monnaie, le nombre d'enfants, le type d'habitation, etc. La catégorie des variables aléatoires continues inclut les mesures de grandeur, de poids, de distance, de volume, de durée, et ainsi de suite.

EXEMPLES

Identifier pour chacune des situations suivantes l'unité d'observation, une caractéristique pertinente à mesurer, de même que la variable aléatoire (règle) permettant de mesurer cette caractéristique.

1. Une enseignante donne à ses élèves de niveau primaire un exercice de lecture rapide; elle désire vérifier si les élèves ont assimilé le contenu présenté dans l'exercice.

Solution. L'unité d'observation correspond à chacun des enfants. La caractéristique pertinente est le degré de compréhension par l'enfant des contenus de l'exercice. On pourrait utiliser comme variable aléatoire le nombre de réponses exactes obtenues par chacun des enfants à un test de compréhension. (Une règle qui consisterait à noter *succès* ou *échec* pour chacun des enfants ne constituerait pas une variable aléatoire, car elle n'engendrerait aucun nombre.)

2. Un biologiste étudie l'effet d'un agent cancérigène chez le rat.

Solution. L'unité d'observation est un rat. Le fait pour un rat de développer ou non un cancer constitue une caractéristique pertinente. On créerait une variable aléatoire en enregistrant le chiffre 0 si le rat ne devenait pas cancéreux et le chiffre 1 s'il le devenait. (Si l'on inscrivait *oui* ou *non* plutôt que 1 ou 0, alors la règle de mesure ne constituerait pas une variable aléatoire, puisqu'elle n'engendrerait aucun nombre.)

3. Un ministère de la Chasse et de la Pêche s'intéresse au nombre de cerfs de Virginie, communément appelés *chevreuils*, morts par suite d'une réduction de leurs aires d'alimentation et de l'empiètement de la civilisation sur les zones boisées.

Solution. L'unité d'observation correspond à une forêt déterminée adjacente à des espaces habités. La caractéristique pertinente est la diminution du nombre de cerfs par suite de l'empiètement de la civilisation. Une variable aléatoire pourrait consister à enregistrer le nombre de cerfs morts de faim, frappés par des véhicules, etc. (Le fait d'enregistrer la cause du décès de chacun des cerfs découverts dans la forêt en question ne constituerait pas une variable aléatoire, car cette règle n'engendrerait pas de nombres.)

EXERCICES

Dans le cas de chacune des situations expérimentales ci-dessous, identifier l'unité d'observation, une caractéristique pertinente à mesurer, de même que la variable aléatoire (règle) permettant de mesurer cette caractéristique. Préciser le caractère discontinu ou continu de cette variable aléatoire.

1. Un chercheur s'intéresse à la proportion de poussins mâles au sein d'une couvée.

2. Une travailleuse sociale s'intéresse au statut socio-économique des membres d'une communauté.

3. Une administratrice s'intéresse au montant des ventes mensuelles de sa compagnie.

4. Une physiologiste s'intéresse au système cardio-vasculaire d'un groupe d'adeptes du jogging.

5. Une agronome s'intéresse au nombre de jours que prend une certaine variété de maïs sucré pour mûrir.

6. Un zoologiste s'intéresse au rythme de croissance de souris exposées à certaines radiations.

7. Une psychologue s'intéresse aux mécanismes de défense que les gens déploient vis-à-vis des étrangers.

8. Un professionnel de la mise en marché s'intéresse à la demande du public pour un certain produit de consommation.

LEÇON 2 DISTRIBUTIONS DE PROBABILITÉS DE VARIABLES ALÉATOIRES

Tâche: étant donné une situation expérimentale, pouvoir construire la distribution de probabilités d'une variable aléatoire discontinue ou continue.

DÉFINITIONS

Distribution de probabilités d'une variable aléatoire discontinue: pour construire la distribution de probabilités d'une variable aléatoire discontinue, il suffit d'apparier chaque valeur obtenue avec sa probabilité d'occurrence. Cet appariement s'effectue à l'aide d'une table ou d'une formule mathématique. Quelle que soit la méthode utilisée, la somme des probabilités doit être égale à 1.

Distribution de probabilités d'une variable aléatoire continue: la distribution de probabilités f d'une variable aléatoire continue Y se représente par la formule $f(y)$, où $f(y)$ doit toujours être plus grand ou égal à zéro. Si nous représentons graphiquement cette formule sous forme d'une ligne continue qui traverse toute l'étendue des valeurs de la variable aléatoire, alors la surface totale comprise entre la courbe continue et l'axe horizontal devra être égale à 1. La probabilité qu'une valeur de Y se situe à l'intérieur d'un intervalle donné du graphique, disons l'intervalle délimité par a et b, est égale à la surface sous la courbe entre les points a et b; cette surface est toujours plus petite ou égale à 1.

DISCUSSION

LE CAS D'UNE VARIABLE DISCONTINUE

Puisqu'une variable aléatoire est directement reliée aux événements simples à l'intérieur d'un espace échantillonnal, elle se trouve automatiquement reliée aux probabilités de ces événements simples. En appariant chaque valeur d'une variable aléatoire avec sa probabilité, on obtient une distribution de probabilités. On peut agencer ces paires en une liste similaire à un tableau de fréquences, comme ci-dessous.

COLONNE (1) y	COLONNE (2) $P(y)$
y_1	$P(y_1)$
y_2	$P(y_2)$
y_3	$P(y_3)$
.	.
.	.
.	.
y_n	$P(y_n)$

Dans la liste ci-dessus, la colonne (1) est l'analogue de la colonne des intervalles de classes dans un tableau de fréquences. Ici, nous alignons les diverses valeurs possibles d'une variable aléatoire Y. La colonne (2), titrée $P(y)$, est l'analogue de la colonne des fréquences relatives et s'interprète essentiellement de la même façon. Dans cette colonne, nous alignons les probabilités associées aux diverses valeurs y. La somme de cette colonne sera nécessairement 1, puisque la distribution doit énumérer toutes les probabilités.

Il est souvent possible de représenter une distribution de probabilités par une formule mathématique. Par exemple, nous pourrions écrire:

$$P(Y = y) = \frac{1}{6}, \qquad \text{où} \quad y = 1, 2, 3, 4, 5, 6$$

Cette formule mathématique indique que la probabilité que Y prenne la valeur y est égale à 1/6, lorsque y varie entre 1 et 6.

Il est essentiel que la somme des probabilités soit égale à 1; sinon, la distribution de probabilités est incomplète.

Pour construire la distribution de probabilités d'une variable aléatoire donnée, alignez d'abord en une colonne toutes les valeurs possibles de la variable aléatoire. Puis, identifiez les probabilités correspondantes de ces valeurs et alignez-les en une colonne $P(y)$.

Analysons à titre d'exemple l'expérience du lancer d'une pièce de monnaie à deux reprises. Supposons que nous définissons la variable aléatoire comme suit: *assigner à chaque événement simple un nombre qui correspond au nombre de face.* En d'autres mots, Y = le nombre de *face* obtenu en deux lancers. Dans ce cas, si les deux lancers de la pièce de monnaie donnent deux *pile*, alors la variable aléatoire Y prendra la valeur 0, avec une probabilité associée de 1/4: P (PP) = 1/4. Si les deux lancers de la pièce de monnaie donnent un *pile* et un *face*, alors Y prendra la valeur 1, avec une probabilité de 2/4: P (PF ou FP) = 2/4. Si les deux lancers de la pièce de monnaie donnent deux *face*, alors Y prendra la valeur 2, avec une probabilité associée de 1/4; P (FF) = 1/4. Voici la synthèse de ces informations:

y	$P(y)$
0	1/4
1	2/4
2	1/4

Remarquez que la somme de ces probabilités est égale à 1. La représentation graphique de ces données est illustrée dans la figure 5.1.

LE CAS D'UNE VARIABLE CONTINUE

Nous avons suggéré dans le chapitre DEUX l'idée de représenter par une courbe régulière la forme générale d'un histogramme provenant de données continues. On exige également dans ce cas que la surface totale des

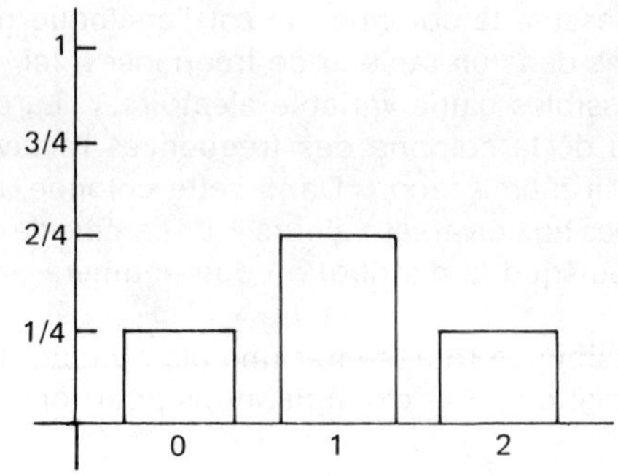

FIGURE 5.1

rectangles de l'histogramme soit égale à 1. Il est également possible de dessiner la courbe régulière approximative de façon telle que la surface sous la courbe soit égale à 1. Si l'on tient compte du fait qu'avec des données continues il est possible d'avoir un nombre infini de valeurs, on risque de se retrouver avec des incohérences logiques si on permet à chaque point unique d'avoir une probabilité supérieure à zéro, tout en insistant pour que la probabilité de la distribution totale demeure égale à 1. Cependant, on peut résoudre ce problème logique en substituant à ces probabilités ponctuelles des probabilités associées à des intervalles.

Imaginons par exemple une horloge électrique équipée d'une trotteuse. À un moment quelconque fixé au hasard, on tire sur la fiche pour arrêter l'horloge. On désire établir quelle est la probabilité que la trotteuse s'arrêtera à un point quelconque sur la circonférence de l'horloge. Il s'agit là d'une question difficile, puisqu'il existe un nombre infini de positions où la trotteuse peut s'arrêter. Toutefois, si nous reformulons la question sous forme d'un

FIGURE 5.2 Où s'arrêtera la trotteuse ?

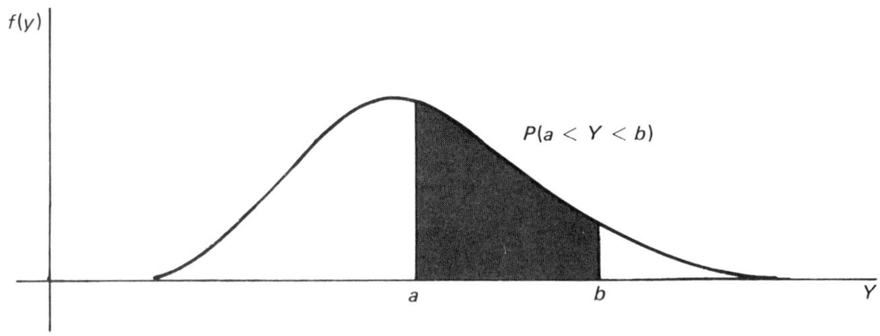

FIGURE 5.3

intervalle, par exemple la probabilité qu'elle s'arrête entre 12 et 3, notre réponse intuitive indiquera une probabilité de 1/4, puisque cet intervalle correspond au quart de la circonférence (voir la figure 5.2).

Ces considérations nous amènent à introduire le concept de distribution de probabilités continue, qui comporte les propriétés suivantes.

1. L'expression $f(y)$ engendre graphiquement une courbe continue, qui ne peut pas être négative: $f(y) \geqslant 0$.
2. Les surfaces comprises entre cette courbe continue et l'axe horizontal représentent les probabilités.
3. La surface totale doit être égale à 1.
4. Nous tenons compte seulement de la probabilité que la variable aléatoire prenne des valeurs à l'intérieur d'un intervalle, et non pas qu'elle prenne des valeurs particulières.

La figure 5.3 illustre ces propriétés dans le cas d'une variable aléatoire continue Y, dont la formule est $f(y)$.

Si nous voulions construire une distribution pour notre exemple de l'horloge, celle-ci aurait la forme illustrée dans la figure 5.4. On appelle habituellement cette distribution *distribution rectangulaire*.

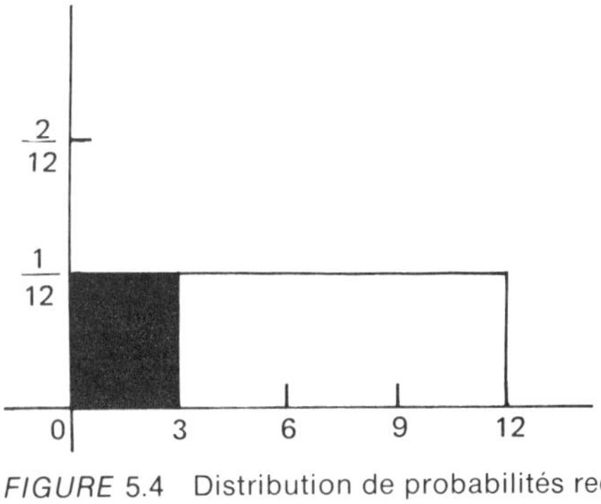

FIGURE 5.4 Distribution de probabilités rectangulaires

La partie ombrée représente la probabilité que la trotteuse vienne s'arrêter entre 12 (ou zéro) et 3. (La surface de ce rectangle est égale au produit de sa base par sa hauteur, soit $3 \times 1/12 = 3/12 = 1/4$). Il est par ailleurs facile de vérifier que la surface totale de cette distribution est égale à 1.

EXEMPLES Déterminer pour les problèmes suivants la distribution de probabilités de la variable proposée.

1. Supposons qu'un dé est lancé à deux reprises. Cette expérience produit l'espace échantillonnal ci-dessous.

$$S = \left\{\begin{matrix} (1, 1) & (1, 2) & \ldots & (1, 6) \\ (2, 1) & (2, 2) & \ldots & (2, 6) \\ \cdot & \cdot & & \cdot \\ \cdot & \cdot & & \cdot \\ \cdot & \cdot & & \cdot \\ (6, 1) & (6, 2) & \ldots & (6, 6) \end{matrix}\right\}$$

La variable aléatoire Y est la somme des nombres obtenus aux deux lancers.

Solution. L'examen de l'espace échantillonnal permet de constater que Y peut prendre des valeurs comprises entre 2 et 12. La liste des probabilités associées à chacune de ces valeurs est présentée ci-dessous:

$$P(y = 2) = P(\{1, 1\}) = \frac{1}{36}$$

$$P(Y = 3) = P(\{1, 2\} \text{ ou } \{2, 1\}) = \frac{2}{36}$$

$$\vdots$$

$$P(Y = 12) = P(\{6, 6\}) = \frac{1}{36}$$

Voici la synthèse de ces appariements.

y	$P(y)$	y	$P(y)$
2	1/36	8	5/36
3	2/36	9	4/36
4	3/36	10	3/36
5	4/36	11	2/36
6	5/36	12	1/36
7	6/36		36/36 = 1

Cette liste tient compte de toutes les valeurs de la variable aléatoire comprises entre 2 et 12. [*Note:* la somme des probabilités est égale à 1.] Nous avons ainsi une distribution de probabilités pour les nombres compris entre 2 et 12.

2. Supposons que nous choisissons au hasard une famille de trois enfants et notons le sexe de chacun des enfants. Nous obtenons l'espace échantillonnal suivant.

$$S = \{\text{FFF, FFM, FMF, MFF, FMM, MFM, MMF, MMM}\}$$

La variable aléatoire Y est le nombre de filles par famille.

Solution. La distribution de probabilités de la variable Y prend la forme suivante.

y	$P(y)$
0	1/8
1	3/8
2	3/8
3	1/8
	8/8 = 1

3. Une urne contient 8 boules. Sur l'une des boules apparaît le chiffre 0; sur une autre apparaît le chiffre 3; trois boules portent le chiffre 1, et les trois dernières portent le chiffre 2. On pige une boule au hasard. Voici l'espace échantillonnal de cette expérience.

$$S = \{0, 1, 1, 1, 2, 2, 2, 3\}$$

La variable Y correspond au nombre inscrit sur la boule pigée.

Solution. Voici la distribution de probabilités de Y.

y	$P(y)$
0	1/8
1	3/8
2	3/8
3	1/8
	8/8 = 1

[*Note:* la distribution de probabilités est identique à celle de l'exemple précédent. Bien que les deux exemples traitent d'expériences fort différentes, elles ont toutes les deux la même structure probabiliste, c'est-à-dire la même distribution de probabilités.]

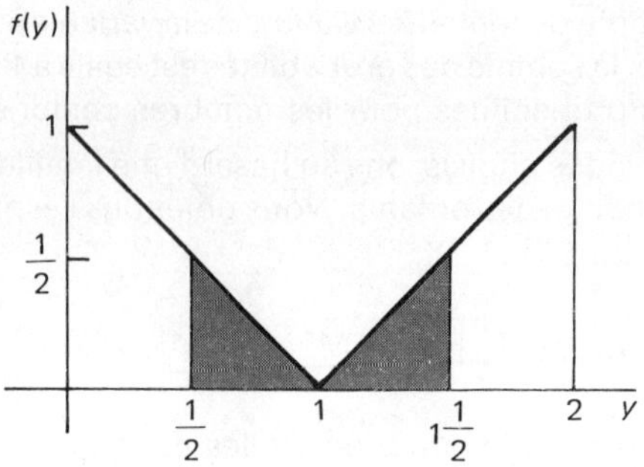

FIGURE 5.5

4. Supposons que la variable aléatoire continue Y se distribue tel qu'illustré à la figure 5.5. Vérifier que la surface totale est égale à 1. Quelle est la valeur de $P(\frac{1}{2} \leqslant Y \leqslant 1\frac{1}{2})$?

Solution. La surface d'un triangle se calcule comme suit:

$$\frac{1}{2} \times \text{base} \times \text{hauteur}$$

La base et la hauteur de chacun des deux grands triangles de la figure 5.5 sont toutes deux égales à 1. Par conséquent, leur surface respective se calculera comme suit:

$$\frac{1}{2} \times 1 \times 1 = \frac{1}{2}$$

Ils ont donc une surface combinée égale à 1. Les surfaces des deux petits triangles ombrés valent respectivement:

$$\frac{1}{2}\left(\frac{1}{2} \cdot \frac{1}{2}\right) = \frac{1}{8}$$

Ensemble, les deux surfaces valent 2/8 ou 1/4.

EXERCICES

Pour chacun des problèmes ci-dessous, construire la distribution de probabilités de la variable aléatoire indiquée.

1. Construire la distribution de probabilités d'une expérience où trois pièces de monnaie sont lancées en l'air. La variable aléatoire X correspond au nombre de *pile* obtenu.

2. La plaque tournante d'un jeu de roulette compte 18 cases noires, 18 cases rouges et 2 cases vertes. Construire la distribution de probabilités des couleurs associées à une seule rotation de la plaque en définissant comme suit la variable aléatoire Y: *enregistrer 1 pour une case noire, 2 pour une rouge et 3 pour une verte.*

3. Un collège répartit ses étudiants en quatre groupes selon leur rendement scolaire: sous la moyenne, 20%; moyen, 60%; au-dessus de la moyenne, 15%; excellent, 5%. Construire la distribution de probabilités d'une expérience qui consisterait à sélectionner au hasard un étudiant du collège et à le situer selon son rendement scolaire. La variable aléatoire prend la forme suivante: inscrire 1 si le résultat est sous la moyenne, 2 s'il est dans la moyenne, 3 s'il est au-dessus de la moyenne et 4 s'il est excellent.

4. Supposons que cinq bougies d'allumage défectueuses ont été mêlées par erreur à trois bonnes bougies. On choisit deux des huit bougies pour les installer dans un moteur. Établir les probabilités associées au nombre de bougies défectueuses susceptibles d'apparaître.

5. Un organisme de loteries se propose de vendre 1000 billets, dont un seul billet gagnant. Chaque billet coûte 1 $. Construire la distribution de probabilités si vous achetez un billet alors que le prix vaut 800 $. (Ici, la variable Y vaut — 1 $ lorsque vous perdez et 799 $ lorsque vous gagnez.)

6. Supposons qu'une variable aléatoire continue Z se distribue tel qu'illustré à la figure 5.6. Quelle est la probabilité que Z se situe entre 1 et 2?

7. Supposons qu'une variable aléatoire Y a une distribution rectangulaire, tel qu'illustré à la figure 5.7. Quelle est la probabilité qu'une valeur y choisie au hasard se situe dans l'intervalle compris entre 0,35 et 0,50?

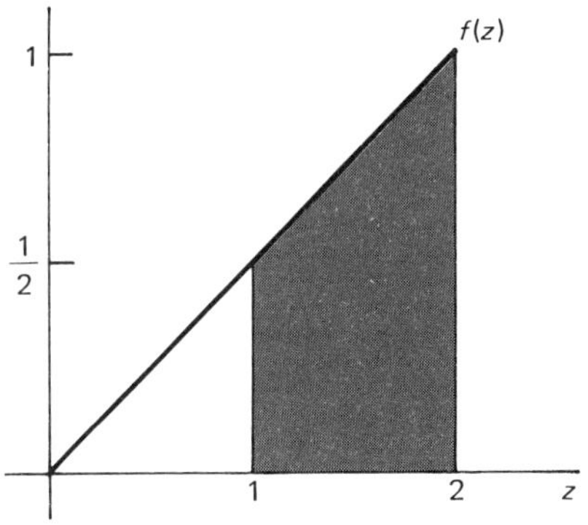

FIGURE 5.6

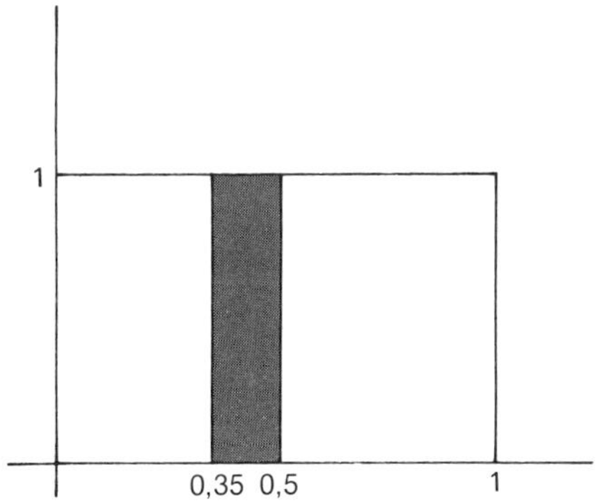

FIGURE 5.7

LEÇON 3 MOYENNE ET VARIANCE D'UNE DISTRIBUTION DE PROBABILITÉS

Tâche: connaissant la distribution de probabilités d'une variable aléatoire discontinue, pouvoir calculer sa moyenne, sa variance et son écart type.

DÉFINITIONS

Moyenne d'une variable aléatoire Y: mesure de localisation associée à la distribution de probabilités de Y. Elle a pour symbole μ et se calcule en additionnant, pour toutes les valeurs ($y_1, y_2, ..., y_N$) de Y, le produit de chaque valeur par la probabilité correspondante. En d'autres termes, si Y prend les valeurs y, alors:

$$\mu = \Sigma y P(y)$$

[*Note:* on désigne également la valeur μ par l'expression *valeur espérée de Y*, symbolisée par $E(Y)$. Si l'on imagine que l'expérience puisse être répétée plusieurs fois, on peut concevoir cette moyenne comme la «moyenne à long terme» de la variable aléatoire.]

Variance et écart type d'une distribution de probabilités: mesures de variabilité qui reflètent le degré d'étalement de la variable aléatoire autour de sa moyenne.

On calcule la variance σ^2 à l'aide de la formule suivante:

$$\sigma^2 = \Sigma(y - \mu)^2 P(y)$$

Voici une formule alternative:

$$\sigma^2 = \Sigma y^2 P(y) - \mu^2$$

Dans le cas des deux formules ci-dessus, la sommation porte sur l'ensemble des valeurs y.

L'écart type d'une distribution de probabilités correspond à la racine carrée de la variance, c'est-à-dire: $\sigma = \sqrt{\sigma^2}$.

DISCUSSION

La moyenne, la variance et l'écart type d'une distribution de probabilités s'utilisent et s'interprètent de la même façon que dans le chapitre TROIS. La moyenne est une mesure de localisation, tandis que la variance et l'écart type sont des mesures de variabilité. Imaginons que les probabilités soient des poids placés sur un axe horizontal vis-à-vis des valeurs de la variable aléatoire Y auxquelles ces poids sont associés. Supposons par exemple que nous avons pour Y la distribution de probabilités suivante:

y	$P(y)$
1	1/8
2	4/8
3	2/8
4	1/8
	8/8 = 1

Si les probabilités représentent des poids déposés sur un axe horizontal, on peut dès lors construire le diagramme de la figure 5.8. Dans cette figure, la moyenne correspond au centre de gravité, ou point d'équilibre, de la distribution; la variance et l'écart type décrivent la variabilité ou dispersion des poids autour de la moyenne.

[*Note:* on peut interpréter analogiquement la distribution de probabilités ci-dessus comme représentant une population de nombres composée de: un 1, quatre 2, deux 3 et un 4; ainsi, la colonne des probabilités correspond à une colonne de fréquences relatives.]

En conséquence, on retrouve ici les mêmes formules que dans le chapitre TROIS pour calculer la moyenne, la variance et l'écart type. On pourra le constater de façon concrète dans les *exemples* 1 et 2. Voici la formule servant à calculer la moyenne:

$$\mu = \Sigma y P(y)$$

Si l'espace échantillonnal contient un nombre N d'événements simples équiprobables, tels que

$$P(y) = \frac{f}{N}$$

alors,

$$\mu = \frac{\Sigma yf}{N}$$

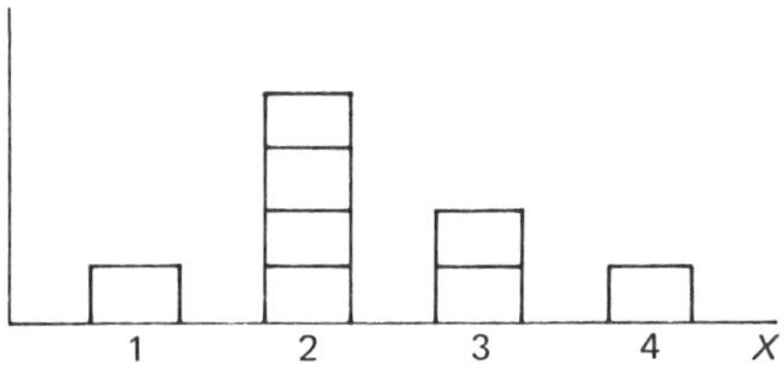

FIGURE 5.8

où f représente la fréquence d'occurrence de y. Voici la formule pour la variance:

$$(1) \quad \sigma^2 = \Sigma(y - \mu)^2 P(y)$$

ou, sous une forme équivalente,

$$(2) \quad \sigma^2 = \Sigma y^2 P(y) - \mu^2$$

Si l'espace échantillonnal contient un nombre N d'événements simples équiprobables, on peut alors calculer σ^2 de la façon suivante:

$$(1) \quad \sigma^2 = \frac{\Sigma(y - \mu)^2 f}{N}$$

ou, de façon équivalente,

$$(2) \quad \sigma^2 = \frac{\Sigma y^2 f}{N} - \left(\frac{\Sigma y f}{N}\right)^2$$

On trouvera synthétisés dans les tableaux 5.2 et 5.3 les calculs exigés pour l'application des formules ci-dessus. Le tableau 5.2 utilise la version (1) de ces formules, tandis que le tableau 5.3 utilise la version (2).

TABLEAU 5.2

(1) p	(2) $P(y)$	(3) $yP(y)$	(4) $(y - \mu)^2$	(5) $(y - \mu)^2 P(y)$
y_1	$P(y_1)$	$y_1 P(y_1)$	$(y_1 - \mu)^2$	$(y_1 - \mu)^2 P(y_1)$
y_2	$P(y_2)$	$y_2 P(y_2)$	$(y_2 - \mu)^2$	$(y_2 - \mu)^2 P(y_2)$
⋮	⋮	⋮	⋮	⋮
y_n	$P(y_n)$	$y_n P(y_n)$	$(y_n - \mu)^2$	$(y_n - \mu)^2 P(y_n)$
	1,0	$\Sigma\, yP(y) = \mu$		$\Sigma(y - \mu)^2 P(y) = \sigma^2$

TABLEAU 5.3

(1) y	(2) $P(y)$	(3) $yP(y)$	(4) y^2	(5) $y^2 P(y)$
y_1	$P(y_1)$	$y_1 P(y_1)$	y_1^2	$y_1^2 P(y_1)$
y_2	$P(y_2)$	$y_2 P(y_2)$	y_2^2	$y_2^2 P(y_2)$
⋮	⋮	⋮	⋮	⋮
y_n	$P(y_n)$	$y_n P(y_n)$	y_n^2	$y^2_n P(y_n)$
	1,0	$\Sigma\, yP(y) = \mu$		$\Sigma\, y^2 P(y)$
				$\Sigma\, y^2 P(y) - \mu^2 = \sigma^2$

Dans le tableau 5.2, la colonne 3 correspond au produit des colonnes 1 et 2. La somme de cette colonne donne la moyenne μ. La colonne 4 correspond au carré de l'écart entre chaque valeur de la colonne 1 et la moyenne μ. La colonne 5 correspond au produit des colonnes 2 et 4. La somme des valeurs de la colonne 5 donne la variance.

Les colonnes 1, 2 et 3 du tableau 5.3 sont identiques à celles du tableau 5.2. La colonne 5 correspond au produit des colonnes 2 et 4. On obtient la variance σ^2 en élevant la moyenne μ au carré, puis en la soustrayant de la somme des valeurs de la colonne 5, tel qu'indiqué dans la version (2) des formules ci-dessus.

EXEMPLES

Calculer pour chacun des problèmes suivants la moyenne, la variance et l'écart type.

1. On lance un dé une seule fois. En supposant que Y est égal au nombre obtenu, quelle est la distribution de probabilités appropriée? Quels sont la moyenne, la variance et l'écart type de cette distribution?

Solution. Le tableau 5.4 illustre cette distribution, ainsi que les calculs nécessaires pour obtenir la moyenne, la variance et l'écart type. Ces calculs sont basés sur les formules présentées dans le tableau 5.3. [*Note:* tous les événements simples sont équiprobables, soit $P(y) = f/N = 1/6$.] Par conséquent,

$$\mu = \Sigma y P(y) = 21/6 = 3{,}5$$
$$\sigma^2 = \Sigma y^2 P(y) - \mu^2 = 91/6 - (3{,}5)^2 = 15{,}16667 - 12{,}25 = 2{,}9167$$
$$\sigma = \sqrt{2{,}9167} = 1{,}71$$

2. L'expérience présentée dans le premier exemple produit des événements simples équiprobables; donc:

$$P(y) = \frac{f}{N} = \frac{1}{6}$$

TABLEAU 5.4

y	$P(y)$	$yP(y)$	y^2	$y^2P(y)$
1	1/6	1/6	1	1/6
2	1/6	2/6	4	4/6
3	1/6	3/6	9	9/6
4	1/6	4/6	16	16/6
5	1/6	5/6	25	25/6
6	1/6	6/6	36	36/6
	6/6 = 1	21/6		91/6

Démontrer que

$$\mu = \frac{\Sigma yf}{N} = \frac{\Sigma y}{6}$$

et que

$$\sigma^2 = \frac{\Sigma y^2 f}{N} - \left(\frac{\Sigma yf}{N}\right)^2 \quad \text{ou} \quad \frac{\Sigma y^2 - \frac{(\Sigma y)^2}{6}}{6}$$

Solution. La variable Y doit prendre les valeurs 1, 2, 3, 4, 5, 6, et $N = 6$. Par conséquent,

$$\mu = \frac{1 + 2 + 3 + 4 + 5 + 6}{6} = \frac{21}{6} = 3{,}5$$

et

$$\sigma^2 = \frac{(1^2 + 2^2 + 3^2 + 4^2 + 5^2 + 6^2)}{6} - \left(\frac{1 + 2 + 3 + 4 + 5 + 6}{6}\right)^2$$

$$= \frac{91}{6} - \left(\frac{7}{2}\right)^2 = 2{,}9167$$

Noter que ces calculs produisent la même moyenne et la même variance que les formules pour μ et σ^2 présentées dans le chapitre TROIS.

$$\mu = \frac{\Sigma y}{N} \quad \text{et} \quad \sigma^2 = \frac{\Sigma(y - \mu)^2}{N}$$

TABLEAU 5.5

y	$P(y)$	$yP(y)$	$(y - \mu)^2$	$(y - \mu)^2P(y)$
2	1/36	2/36	$(2 - 7)^2 = 25$	25/36
3	2/36	6/36	$(3 - 7)^2 = 16$	32/36
4	3/36	12/36	$(4 - 7)^2 = 9$	27/36
5	4/36	20/36	$(5 - 7)^2 = 4$	16/36
6	5/36	30/36	$(6 - 7)^2 = 1$	5/36
7	6/36	42/36	$(7 - 7)^2 = 0$	0
8	5/36	40/36	$(8 - 7)^2 = 1$	5/36
9	4/36	36/36	$(9 - 7)^2 = 4$	16/36
10	3/36	30/36	$(10 - 7)^2 = 9$	27/36
11	2/36	22/36	$(11 - 7)^2 = 16$	32/36
12	1/36	12/36	$(12 - 7)^2 = 25$	25/36
		252/36		210/36

$\mu = 252/36 = 7$ $\quad \sigma^2 = 210/36 = 5{,}833$ $\quad \sigma = \sqrt{5{,}833} = 2{,}415$

3. Si nous lançons deux dés et que la variable Y est égale à la somme des deux nombres, quelle distribution de probabilités obtenons-nous? Quels sont sa moyenne, sa variance et son écart type?

Solution. Le tableau 5.5 à la page 226 illustre comment utiliser les données du tableau 5.2 pour calculer μ, σ^2 et σ.

EXERCICES

Calculer pour chacun des problèmes suivants la moyenne, la variance et l'écart type de la distribution de probabilités.

1. Supposons qu'une variable aléatoire Y, associée à une population quelconque, engendre la distribution de probabilités suivante.

y	$P(y)$
3	1/4
4	1/4
5	1/4
6	1/4

Calculer la moyenne, la variance et l'écart type.

2. Comparer la distribution de probabilités de l'exercice 1 ci-dessus à celle d'une population composée des nombres 3, 4, 5, 6. Utiliser les formules du chapitre TROIS pour calculer la moyenne, la variance et l'écart type.

$$\mu = \frac{\Sigma y}{N} \qquad \sigma^2 = \frac{\Sigma(y - \mu)^2}{N} \qquad \sigma = \sqrt{\sigma^2}$$

Les résultats obtenus à l'aide de ces formules diffèrent-ils de ceux qu'on obtient en effectuant l'exercice 1?

3. Un distributeur de pneus vend ses pneus par lots de quatre, avec la distribution de probabilités suivante quant au nombre de pneus défectueux. Considérons que Y est égal au nombre de pneus défectueux par lots de quatre.

y	$P(y)$
0	0,90
1	0,05
2	0,03
3	0,015
4	0,005

Calculer μ, le nombre moyen de pneus défectueux par lot. Quelle est la variance ? ... l'écart-type ?

4. À l'occasion d'une loterie, 2 000 billets d'un dollar seront mis en vente. Le prix offert est un téléviseur de 500 \$. Édouard Sanslesou achète deux billets. Quel est son gain prévisible, c'est-à-dire la valeur de μ? Calculer également la variance et l'écart type ? [*Indice:* considérer que *Y* correspond au profit en dollars des deux événements qui forment la distribution de probabilités ci-dessous.]

y	$P(y)$
−2	1998/2000
498	2/2000

5. Une urne contient 15 boules. Une valeur en dollars est indiquée sur chacune, comme suit : sept boules valent 1 \$, quatre boules valent 2 \$, trois boules valent 4 \$ et une boule vaut 10 \$. Considérons que la variable *X* correspond au montant inscrit sur une boule pigée au hasard. Quels sont la moyenne, la variance et l'écart type de cette variable aléatoire *X* ?

6. Une urne contient 100 boules, soit 45 rouges et 55 noires. Imaginons qu'un 0 est inscrit sur chaque boule noire, tandis que les boules rouges sont marquées du chiffre 1. Si l'expérience consiste à choisir une boule au hasard, quelle est la valeur de μ et de σ^2? [*Indice:* considérer que *Y* correspond au nombre inscrit sur une boule, puis construire la distribution de probabilités de *Y*.] Quel lien observe-t-on entre la valeur μ calculée ci-haut et π, la proportion de boules rouges? S'agit-il là d'une coïncidence? (Noter également le lien entre σ^2 et le produit de π par $1 - \pi$).

LEÇON 4 LA DISTRIBUTION NORMALE

Tâche: pouvoir calculer et interpréter la cote Z d'une mesure quelconque tirée d'une population ayant une moyenne et un écart type donnés.

DÉFINITIONS

Distribution normale: elle correspond à la distribution de probabilités d'une variable aléatoire continue Y dont la courbe est parfaitement symétrique, unimodale et en forme de cloche (voir la figure 5.9). La moyenne, la médiane et le mode de cette distribution sont de même valeur et se superposent au centre de la distribution. La variance mesure le degré de concentration ou d'étalement de la distribution autour de la moyenne.

Note: si μ et σ^2 représentent respectivement la moyenne et la variance de la distribution d'une variable aléatoire normale Y, alors la formule $f(y)$ utilisée pour tracer la courbe de la distribution normale s'exprime comme suit:

$$f(y) = \frac{1}{\sqrt{2\pi\sigma^2}} e^{-1/2[(y-\mu)/\sigma]^2}$$

où e correspond à la base des logarithmes naturels, élevée à la puissance:

$$-\frac{1}{2}\left(\frac{y-\mu}{\sigma}\right)^2$$

Cote standard ou cote Z: nombre qui décrit la distance d'une mesure quelconque par rapport à la moyenne de toutes les mesures. Les cotes Z

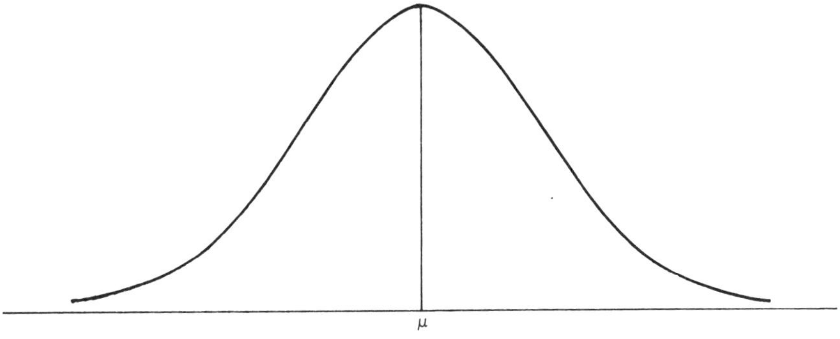

FIGURE 5.9 Courbe normale

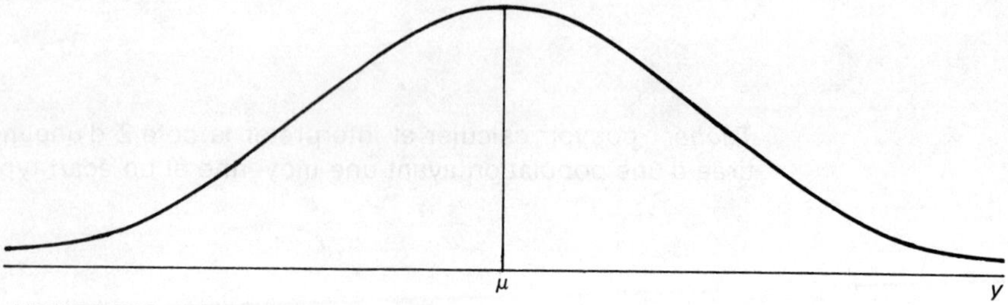

FIGURE 5.10 Distribution normale avec une moyenne μ et un $\sigma > 1$

s'expriment en unités d'écarts types. On obtient une cote Z en soustrayant la moyenne μ de chaque mesure individuelle, puis en divisant le reste obtenu par l'écart type des mesures, comme suit:

$$Z = \frac{Y - \mu}{\sigma}$$

Distribution normale centrée-réduite: si l'on standardise toutes les mesures d'une distribution normale ayant une moyenne μ et un écart type σ, on nomme *distribution normale centrée-réduite* la distribution qui en résulte. Sa moyenne est égale à 0; sa variance et son écart type sont égaux et de valeur 1. En d'autres termes, si Y est une variable aléatoire normalement distribuée, alors

$$Z = \frac{Y - \mu}{\sigma}$$

se distribuera aussi normalement, avec une moyenne de 0 et une variance de 1 (voir les figures 5.10 et 5.11).

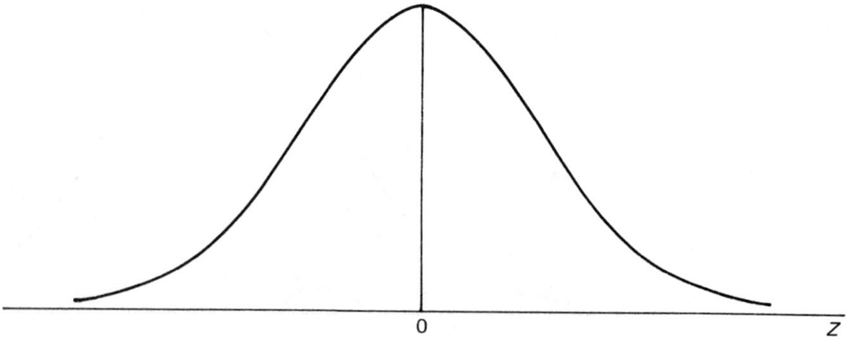

FIGURE 5.11 Distribution normale centrée-réduite: $\mu = 0$ et $\sigma = 1$

DISCUSSION

PRÉSENTATION GÉNÉRALE DE LA DISTRIBUTION NORMALE

Il existe dans la nature plusieurs courbes unimodales, symétriques et en forme de cloche. Il en est une qui nous intéresse tout spécialement; il s'agit de la *distribution normale*, qui possède certaines propriétés probabilistes que nous allons examiner. Nous avons déjà fait allusion dans le chapitre TROIS à cette courbe normale en forme de cloche, lors de notre présentation de la règle empirique. Dans cette leçon, nous avons appris qu'en mesurant sous la courbe normale des surfaces délimitées par une moyenne et un écart type donnés, nous obtenions des pourcentages de 68, 95 et 100, correspondant aux proportions de la surface totale circonscrites respectivement par un, deux et trois valeurs d'écarts types à partir de la moyenne.

De fait, la moyenne μ et l'écart type σ sont les deux seuls paramètres nécessaires pour construire une distribution normale. Dès que nous connaissons leurs valeurs, nous pouvons tracer la courbe. (Dans ce manuel, il ne vous sera pas demandé de tracer cette courbe avec précision; nous n'utiliserons donc pas la formule $f(y)$ donnée dans la définition de la courbe normale. Un dessin approximatif suffira pour mettre en évidence les principales propriétés de cette courbe.)

Examinez attentivement les diagrammes des figures 5.12 et 5.13. Ils illustrent les effets produits sur la courbe normale par des variations de μ (figure 5.12) ou de σ (figure 5.13).

Nous avons affirmé que la moyenne se situe au centre de la distribution, c'est-à-dire au point de symétrie. On peut observer dans la figure 5.12 l'effet produit par un accroissement de la valeur de μ lorsque l'écart type est maintenu constant. Nous supposons dans cette figure que $\mu_1 < \mu_2 < \mu_3$. Un accroissement de la moyenne μ a donc simplement pour effet de déplacer la courbe entière vers la droite le long de l'axe horizontal, alors qu'une diminution de μ produira un déplacement latéral vers la gauche.

Supposons maintenant que nous maintenons constante la moyenne, pour faire plutôt varier l'écart type ou la variance. Puisque la surface délimitée par une courbe continue est toujours égale à 1, on comprend alors aisément qu'en faisant varier l'écart type on se trouvera à modifier la forme de la courbe, ainsi que le démontre bien la figure 5.13. Dans cette figure, $\sigma_1 < \sigma_2 < \sigma_3$; donc, une augmentation de l'écart type aplatit la courbe, cependant qu'une diminution

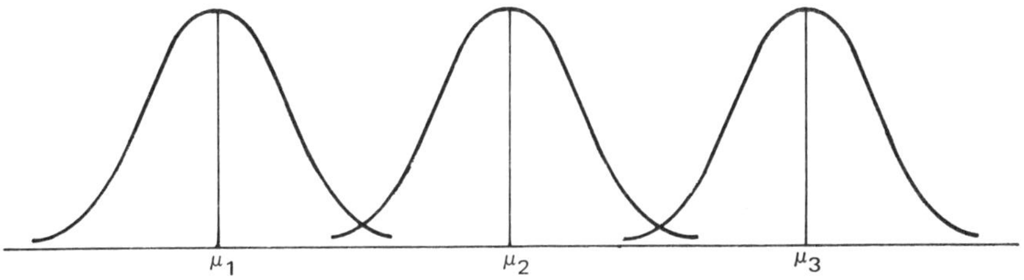

FIGURE 5.12 Effet des variations de μ

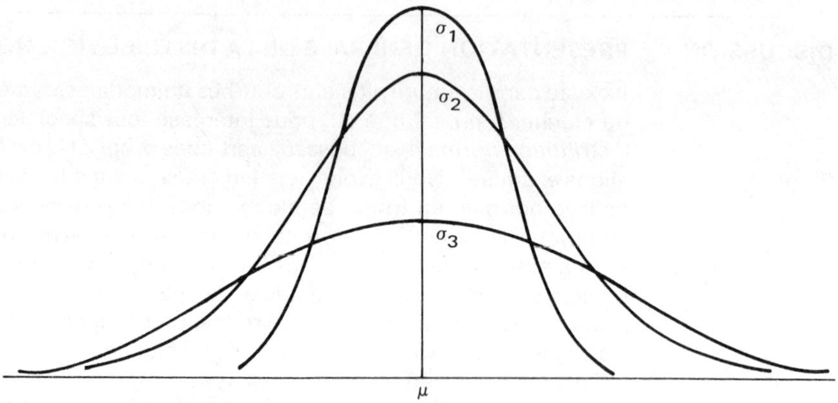

FIGURE 5.13 Effet des variations de σ

de l'écart type allonge verticalement la courbe en concentrant les valeurs tout près de la moyenne.

En résumé, la moyenne de la distribution normale se situe au centre, ou point de symétrie de la distribution. En modifiant la moyenne, on ne fait que déplacer latéralement la courbe en cloche vers la gauche ou la droite. La variance ou l'écart type contrôlent la forme de la distribution, rendant celle-ci plus compacte à mesure que diminue la valeur de l'écart type.

Comme pour n'importe quelle distribution continue de probabilités, nous pouvons associer des probabilités aux surfaces sous la courbe normale. N'oublions pas que la surface totale sous la courbe normale est égale à 1.

Pour déterminer la probabilité que Y prenne une valeur située entre les points a et b, il suffit de trouver quelle proportion de la surface totale sous la courbe se trouve comprise entre les points a et b (voir la partie ombrée de la figure 5.14).

Voici quelques exemples typiques de mesures qui tendent à se distribuer normalement: les scores obtenus à des examens standardisés, les grandeurs, les poids, les erreurs de mesure, et ainsi de suite. Toutefois, il ne suffit pas qu'une courbe ou un histogramme aient une forme symétrique et en cloche

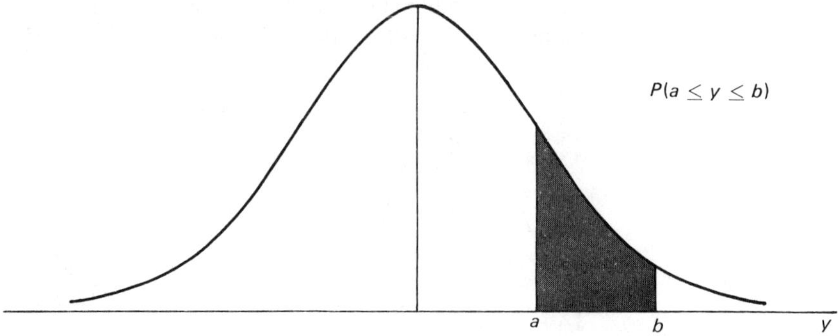

FIGURE 5.14

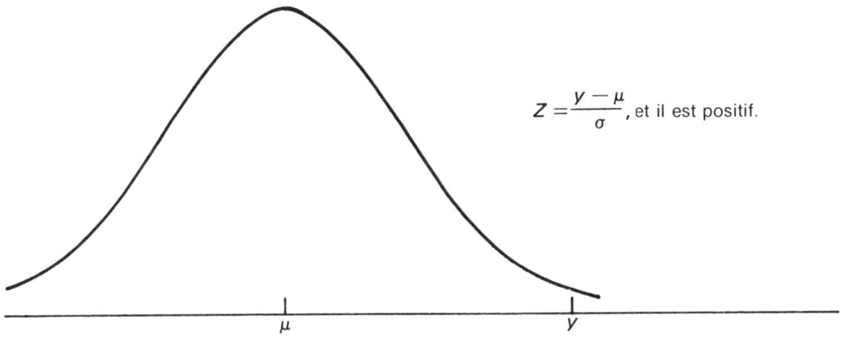

FIGURE 5.15 Cotes standard

pour qu'il soit justifié de conclure que la courbe en question se distribue normalement. Pour prendre une décision dans un sens ou dans l'autre, il est nécessaire de vérifier les probabilités associées aux surfaces comprises sous la courbe.

LES COTES Z ET LA DISTRIBUTION NORMALE CENTRÉE-RÉDUITE

Une cote standard, ou cote Z, mesure en unités d'écarts types à quelle distance, à gauche ou à droite de la moyenne, se situe une mesure quelconque. Pour ce faire, il suffit de calculer l'écart entre le score et la moyenne ($Y - \mu$), puis de diviser cet écart par l'écart type σ.

$$Z = \frac{Y - \mu}{\sigma}$$

La cote Z nous dit à combien d'écarts types de la moyenne se trouve la valeur Y. Si Z est positif, alors la valeur Y est plus grande que μ, donc à sa droite; si Z est négatif, alors la valeur Y est plus petite que μ, donc à sa gauche. Les figures 5.15 et 5.16 illustrent cette relation.

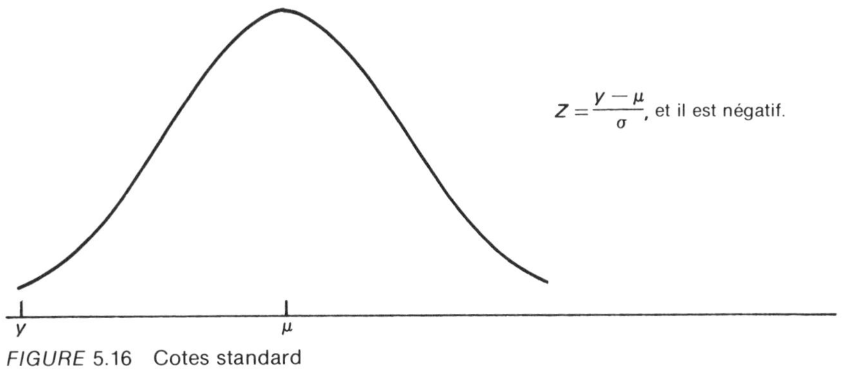

FIGURE 5.16 Cotes standard

Grâce aux cotes Z, il est possible de comparer aisément des mesures qui proviennent de populations fort différentes. Supposons par exemple que Greg obtient un score de 70 à l'examen *American Math Proficiency*. Cet examen a été standardisé sur la base d'une moyenne de 50 et d'un écart type de 10. Hélène, pour sa part, se présente au *National Proficiency Exam for Mathematics* et obtient un score de 350. Cet examen a été standardisé sur la base d'une moyenne de 300 et d'un écart type de 20. Comment les scores respectifs de Greg et d'Hélène se comparent-ils?

Il ne serait évidemment pas logique de comparer directement le score de 70 de Greg au score de 350 d'Hélène, puisque les deux examens accordent leurs points de façon très différente. Toutefois, en standardisant ces deux scores, il devient possible d'effectuer une comparaison valable. Voici les deux cotes Z.

GREG	HÉLÈNE
$Z = \frac{Y - \mu}{\sigma}$	$Z = \frac{Y - \mu}{\sigma}$
$Z = \frac{70 - 50}{10} = 2$	$Z = \frac{350 - 300}{20} = 2{,}5$

En d'autres termes, Greg a obtenu pour son examen un score situé à 2 écarts types au-dessus de la moyenne, tandis qu'Hélène a obtenu pour le sien un score situé à 2,5 écarts types au-dessus de la moyenne. Sous réserve que ces deux examens mesurent des habiletés mathématiques similaires et que les étudiants qui se présentent à l'un et à l'autre soient comparables, on peut conclure que le score d'Hélène est supérieur à celui de Greg.

Remarquez que les cotes Z nous indiquent dans cet exemple à combien d'écarts types à gauche ou à droite de la moyenne se situent des scores donnés.

Supposons maintenant que nous standardisons toutes les mesures d'une distribution normale. Les cotes Z résultant de cette opération se distribueront toujours normalement. Toutefois, le processus de standardisation exige que nous soustrayions de chaque mesure la valeur μ, ce qui entraîne un déplacement latéral de toute la distribution; elle n'est plus centrée autour de μ, mais autour de zéro. De plus, en divisant $Y - \mu$ par σ, on modifie la forme de la

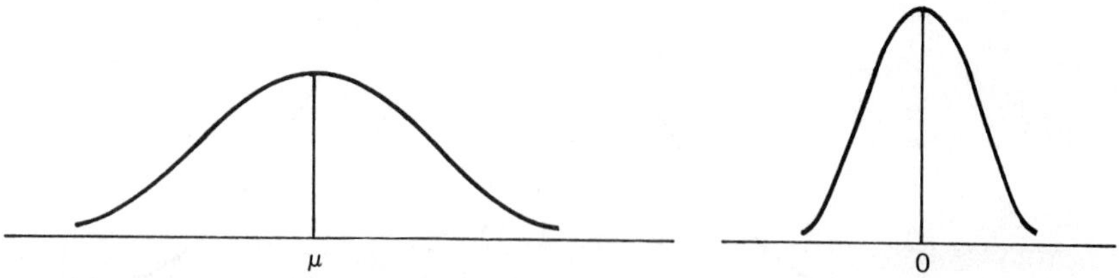

FIGURE 5.17 La courbe située à gauche illustre une distribution normale, avec une moyenne μ et un écart type σ. La courbe située à droite illustre la même distribution, lorsque standardisée avec une moyenne de 0 et un écart type de 1.

distribution pour lui donner une variance de 1, donc un écart type égal lui aussi à 1 (puisque $\sigma = \sqrt{\sigma^2}$). La figure 5.17 illustre ce processus de standardisation.

Puisqu'il est possible de standardiser n'importe quelle distribution normale en transformant les mesures en cotes Z, nous pouvons en déduire que les probabilités de ces distributions normales sont équivalentes ou identiques aux probabilités de cette distribution standardisée, commune à toutes, qu'on nomme *distribution normale centrée-réduite*.

EXEMPLES Pour chacun des problèmes ci-dessous calculer les cotes Z demandées.

1. Monsieur C. Bouffard pèse 100 kg, tandis que son chien Fifi pèse 34 kg. Supposons que les humains de sexe mâle pèsent en moyenne 70 kg avec un écart type de 10 kg, tandis que les chiens de la même espèce que Fifi pèsent en moyenne 30 kg, avec un écart type de 2 kg. Où se situent respectivement M. Bouffard et son chien, en termes de poids, au sein de leur population de référence ?

Solution. Si nous standardisons leurs poids en cotes Z, nous obtenons les résultats ci-dessous.

M. BOUFFARD	FIFI
$Z = \frac{100 - 70}{10} = 3$	$Z = \frac{34 - 30}{2} = 2$

M. Bouffard est en moins bonne posture que son chien Fifi, puisque son poids le situe à trois écarts types au-dessus de la moyenne, tandis que Fifi n'est qu'à deux écarts types au-dessus de la moyenne.

2. Dans une région quelconque, la productivité des champs de blé se chiffre à 40 boisseaux à l'acre, avec un écart type de trois boisseaux. Un champ particulier produit 35 boisseaux à l'acre. À quelle distance de la moyenne se situe-t-il en unités d'écart type?

Solution. Voici la cote Z correspondant à 35 boisseaux:

$$Z = \frac{35 - 40}{3} = -1{,}67$$

Par conséquent, 35 est situé à 1,67 écarts types sous la moyenne. (Le signe négatif indique que le chiffre 35 se situera à gauche de la moyenne sur un graphique.)

EXERCICES Pour chacun des problèmes suivants calculer les cotes *Z* demandées.

1. Josianne se présente aux examens d'admission d'un important collège. Elle obtient 500 à un examen de français dont la moyenne nationale est de 510 avec un écart type de 30. En mathématiques, elle obtient un score de 400, alors que la moyenne nationale se situe à 430 avec un écart type de 20. Dans quel domaine Josianne a-t-elle obtenu une meilleure performance relative?

2. Supposons que le rythme cardiaque des femmes de 20 ans se chiffre à 68 battements par minute, avec un écart type de 3 battements par minute. Nicole a un rythme cardiaque de 75 battements par minute. Quelle est sa cote *Z*?

3. Le fiancé de Nicole, Robert, a pour sa part un rythme cardiaque de 78 battements par minute. Sachant que le rythme moyen des hommes de 25 ans se situe à 72 battements par minute avec un écart type de 4 battements par minute, calculer la cote *Z* de Robert et la comparer à celle de sa fiancée Nicole.

4. Supposons que la grande majorité des enfants de 6 ans dorment en moyenne 11 heures par nuit avec un écart type de 0,5 heure. Le petit Marcel ne dort en moyenne que 9 heures par nuit. À combien d'écarts types de la moyenne générale des enfants de 6 ans se situe-t-il?

LEÇON 5 COMMENT IDENTIFIER LES PROBABILITÉS D'UNE DISTRIBUTION NORMALE

Tâche: à partir d'un problème qui demande de calculer des probabilités à partir d'une distribution normale, pouvoir calculer ces probabilités à l'aide de la table de la distribution normale centrée-réduite.

DÉFINITION

L'utilisation de la distribution normale centrée-réduite: pour obtenir la surface comprise entre les points *a* et *b* sous la courbe de n'importe quelle distribution normale, nous utilisons une table de la distribution normale centrée-réduite (voir l'*annexe*, table III). Les cotes *Z* correspondant à ces deux points nous indiquent les points d'entrée appropriés pour cette table. Les cotes *Z* seraient respectivement:

$$\frac{a - \mu}{\sigma} \quad \text{et} \quad \frac{b - \mu}{\sigma}$$

DISCUSSION

Dans le cas de distributions continues, les probabilités correspondent aux surfaces sous la courbe de la distribution de probabilités de forme appropriée. Si la courbe est de forme rectangulaire ou triangulaire, nous ferons appel à la géométrie pour calculer les surfaces, c'est-à-dire les probabilités. Malheureusement, la courbe normale ne se présente pas sous une forme aussi commode à manipuler. En conséquence, il nous faut utiliser d'autres méthodes pour calculer les surfaces sous la courbe.

Puisqu'il est possible de transformer n'importe quelle distribution normale en une distribution normale centrée-réduite, nous n'avons à nous préoccuper que des calculs de surfaces reliés à cette distribution. Ces calculs ont été synthétisés sous forme tabulaire; ils peuvent être utilisés dans le cas de n'importe quelle distribution normale.

Avant d'illustrer comment utiliser cette table, permettons-nous quelques observations utiles. En premier lieu, puisque la distribution normale est symétrique, la surface comprise sous chaque moitié de la distribution est égale à 1/2 (ou 0,5000), tel qu'illustré dans la figure 5.18. De plus, en raison toujours de la symétrie de la courbe, la surface située d'un côté de la moyenne est une image en miroir de la surface située de l'autre côté de la moyenne, tel qu'illustré dans la figure 5.19 (les cotes Z correspondantes sont de valeur numérique égale, mais de signe opposé). Conséquemment, la table en annexe ne donne des valeurs que pour une moitié seulement de la distribution normale. [*N'oubliez pas ce qui suit.* Les probabilités peuvent être traitées

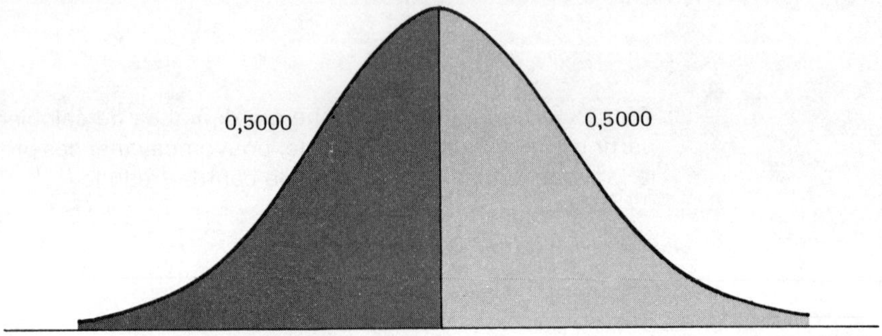

FIGURE 5.18

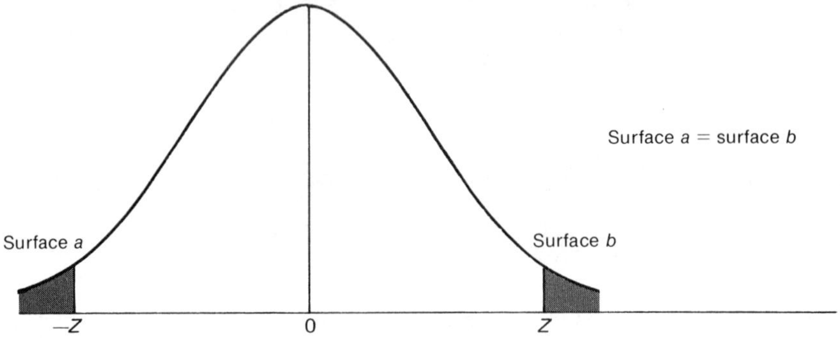

FIGURE 5.19

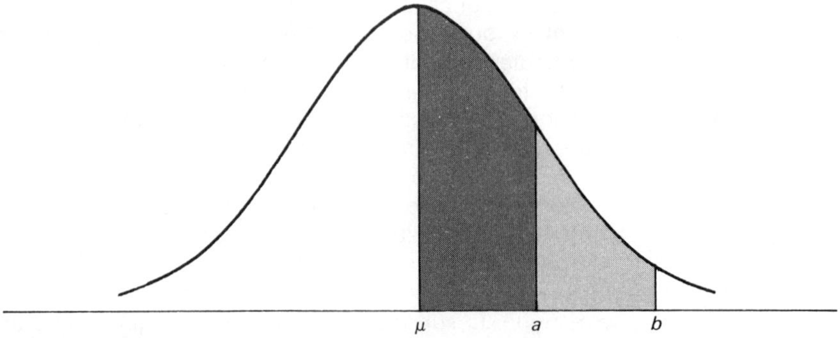

FIGURE 5.20 (surface μ à *b*) — (surface μ à *a*) = (surface *a* à *b*)

comme des surfaces. Notez également que nous pouvons calculer la surface (probabilité) comprise entre les points *a* et *b* dans la figure 5.20 en calculant la surface comprise entre μ et *a*, puis en la soustrayant de la surface comprise entre μ et *b*.]

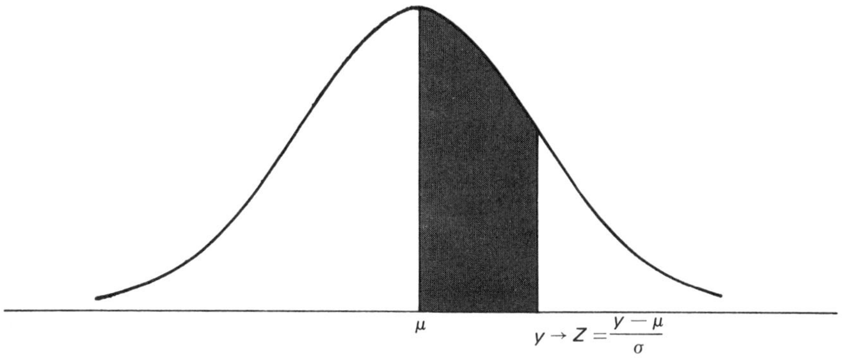

FIGURE 5.21 La surface délimitée par la courbe est égale à la probabilité qu'une mesure soit comprise entre μ et Y.

Grâce à ces règles générales, il devient très facile de trouver des probabilités dans la table de la distribution normale centrée-réduite (voir la table III dans l'annexe). Pour ce faire, on calcule d'abord les cotes Z correspondant aux valeurs qui délimitent les frontières de la surface qui nous intéresse. En utilisant la cote Z obtenue comme «clef» pour entrer dans la table, nous obtenons la surface (probabilité) correspondante sous la courbe comprise entre la moyenne et le nombre représenté par la cote Z. La partie ombrée de la figure 5.21 illustre la surface donnée dans la table III de l'annexe pour la valeur:

$$Z = \frac{Y - \mu}{\sigma}$$

En d'autres mots, si nous désirons savoir quelle est la probabilité qu'une mesure se situe quelque part entre μ et Y, il nous faut trouver à combien d'écarts types de μ se trouve Y, c'est-à-dire trouver la cote Z qui correspond à Y.

$$Z = \frac{Y - \mu}{\sigma}$$

Ensuite, nous allons retracer cette cote Z dans la table de la distribution normale centrée-réduite. Le nombre dans la table qui se trouve associé à la cote Z représente la probabilité que la mesure se situera entre μ et Y. Ce même nombre représente également la surface sous la courbe comprise entre μ et Y. Le tableau 5.6 montre une partie de la table de la distribution normale centrée-réduite qui se trouve en annexe.

Les nombres qui apparaissent dans la colonne de gauche du tableau 5.6 représentent les cotes Z, précises à une décimale près. Les nombres qui forment la ligne supérieure représentent un découpage additionnel des cotes Z, qui permet d'accroître la précision à deux décimales. Pour trouver la surface (probabilité) correspondant à une cote Z de 0,53, identifiez d'abord le nombre

TABLEAU 5.6 LA DISTRIBUTION NORMALE CENTRÉE-RÉDUITE

z	0,00	0,01	0,02	0,03	0,04
0,0	0,0000	0,0040	0,0080	0,0120	0,0160
0,1	0,0398	0,0438	0,0478	0,0517	0,0557
0,2	0,0793	0,0832	0,0871	0,0910	0,0948
0,3	0,1179	0,1217	0,1255	0,1293	0,1331
0,4	0,1554	0,1591	0,1628	0,1664	0,1700
0,5	0,1915	0,1950	0,1985	0,2019	0,2054
0,6	0,2257	0,2291	0,2324	0,2357	0,2389
0,7	0,2580	0,2611	0,2642	0,2673	0,2704
0,8	0,2881	0,2910	0,2939	0,2967	0,2995
0,9	0,3159	0,3186	0,3212	0,3238	0,3264
1,0	0,3413	0,3438	0,3461	0,3485	0,3508

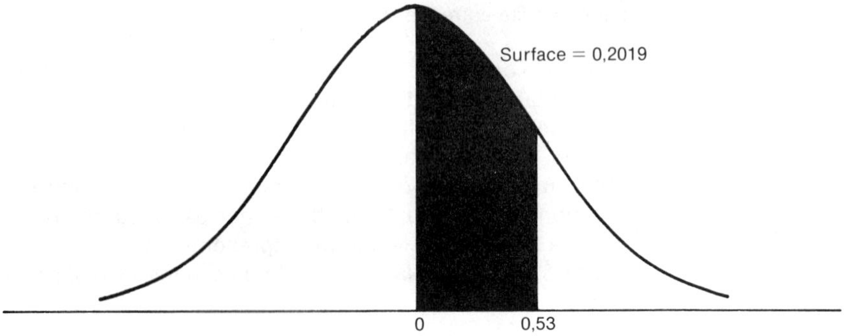

FIGURE 5.22

0,5 dans la colonne de gauche, puis déplacez-vous le long de cette ligne jusqu'à l'intersection de la colonne 0,03. Vous trouverez à cette intersection le nombre 0,2019 qui représente la surface (probabilité) associée à la cote *Z* de 0,53 (voir la figure 5.22).

Pour vous faciliter la tâche, les cotes *Z* qui apparaissent dans ce manuel ont toutes été arrondies à deux décimales. [*Note.* Les tables de la distribution normale centrée-réduite diffèrent parfois considérablement d'un manuel à l'autre. Aussi, nous vous recommandons d'être très attentifs si vous devez utiliser les tables publiées dans d'autres volumes.]

EXEMPLES

Dans le cas des problèmes ci-dessous, trouver la probabilité demandée à l'aide de la table de la distribution normale centrée-réduite.

1. Supposons une distribution normale avec une moyenne de 100 et un écart type de 10 (il s'agit donc d'une variable aléatoire *Y* qui se distribue normalement de façon telle que $\mu = 100$ et $\sigma = 10$). Quelle est la probabilité qu'une mesure choisie au hasard se situe entre 100 et 110?

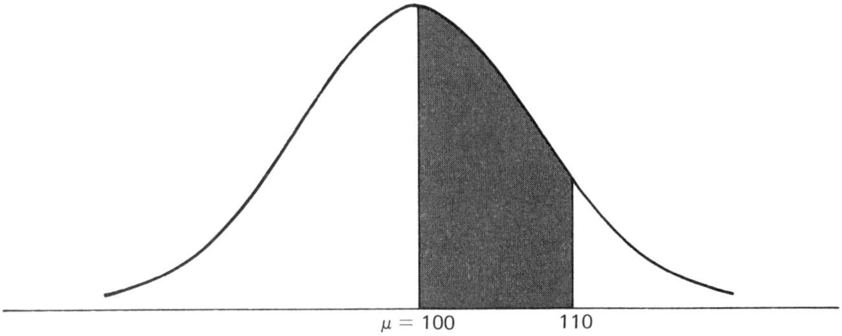

FIGURE 5.23

Solution. La zone qui nous intéresse apparaît ombrée dans la figure 5.23. Pour trouver cette surface, il nous faut calculer la cote Z du score 110.

$$Z = \frac{110 - 100}{10} = \frac{10}{10} = 1,00$$

En nous référant à la table de la distribution normale centrée-réduite, nous trouvons la valeur 0,3413 associée à une valeur $Z = 1,00$. Ce nombre représente la surface (en proportion de la surface totale comprise sous la courbe) située entre la moyenne (100) et une autre ligne verticale située à un écart type à droite de la moyenne (110). Donc, il existe une probabilité de 0,3413 qu'une mesure quelconque se situera dans cet intervalle.

2. Supposons que, sur la base des informations fournies dans l'exemple ci-dessus, nous désirons connaître la probabilité qu'une mesure choisie au hasard soit égale ou supérieure à 108,2.

Solution. La zone qui nous intéresse correspond à la partie ombrée de la figure 5.24. Pour identifier la probabilité demandée, nous allons d'abord

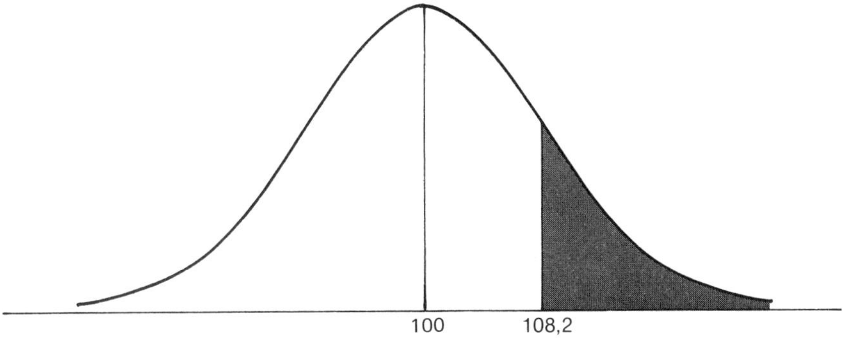

FIGURE 5.24

trouver la surface comprise entre 108,2 et 100 (la zone non ombrée), puis la soustraire de 0,5000, soit la partie de la surface sous la courbe située à droite de la moyenne. La cote Z se calcule comme suit:

$$Z = \frac{108{,}2 - 100}{10} = 0{,}82.$$

En nous reportant à la table de la distribution normale centrée-réduite, nous trouvons la valeur 0,2939 à l'intersection de la ligne 0,8 et de la colonne 0,02. Si nous soustrayons cette valeur de 0,5000, nous obtenons:

$$\begin{aligned} P(Y > 108{,}2) &= P(Z > 0{,}82) \\ &= 0{,}5000 - 0{,}2939 = 0{,}2061 \end{aligned}$$

3. Toujours avec les données du premier exemple, supposons maintenant que nous désirons connaître la probabilité qu'une observation se situe entre 111 et 115.

Solution. La zone qui nous intéresse correspond à la partie ombrée de la figure 5.25. Nous allons calculer la probabilité souhaitée en soustrayant la surface comprise entre 100 et 111 de la surface comprise entre 100 et 115. La cote Z du score 115 est égale à:

$$Z = \frac{115 - 100}{10} = 1{,}50$$

Dans la table, une cote Z de 1,50 donne une surface de 0,4332. D'autre part, la cote Z du score 111 est égale à:

$$Z = \frac{111 - 100}{10} = 1{,}10$$

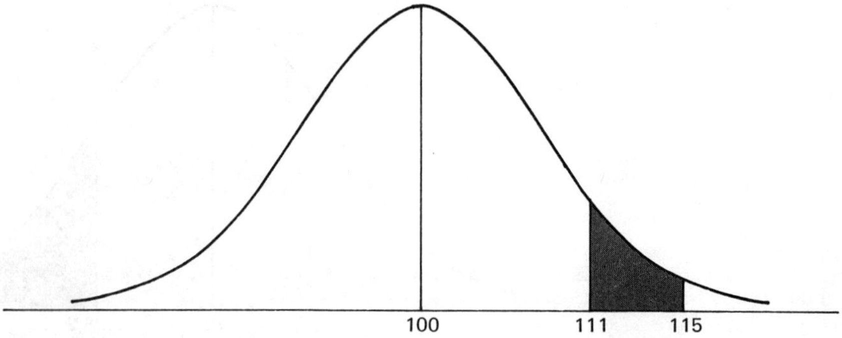

FIGURE 5.25

Cette cote Z de 1,10 nous conduit dans la table III à une valeur de 0,3643. La différence entre ces deux surfaces représente la probabilité d'obtenir une mesure comprise entre 111 et 115, soit:

$$P(111 < Y < 115) = P(1{,}1 < Z < 1{,}5)$$
$$= 0{,}4332 - 0{,}3643 = 0{,}0689$$

4. Combien faut-il d'écarts types de chaque côté de la moyenne pour délimiter 90% (45% de chaque côté de la moyenne) de la surface totale d'une distribution normale?

Solution. La zone ombrée de la figure 5.26 illustre le problème ci-dessus. Ici, c'est la surface qui est donnée, à partir de laquelle il s'agit de retracer la cote Z correspondante. Nous nous référerons donc à la table de la distribution normale centrée-réduite pour y retracer les coordonnées marginales (ligne et colonne) de la valeur 0,4500. Ces coordonnées marginales nous fournissent la cote Z recherchée. L'examen de la table permet de constater que la valeur 0,4495 représente une cote Z de 1,64, tandis que la valeur 0,4505 représente une cote Z de 1,65 (cette table ne contient donc pas la valeur 0,4500). Par interpolation linéaire, nous obtenons une cote Z de 1,645. Donc, si nous traçons de chaque côté de la moyenne une ligne verticale située à 1,645 écarts types de cette moyenne, nous aurons délimité une surface intermédiaire de 0,90. Bref, 90% de la surface totale se trouve compris entre $Z = -1{,}645$ et $Z = 1{,}645$.

5. Un manufacturier de roulements à billes produit des roulements à billes d'un diamètre moyen de 0,75 cm. Le processus de fabrication laisse place à une certaine variabilité, puisque les roulements ne mesurent pas tous exactement 0,75 cm de diamètre. De fait, il existe un écart type de 0,002 cm. Supposons que les responsables du contrôle de la qualité ont convenu que le diamètre acceptable de ces roulements à billes doit se situer entre 0,745 et 0,755 cm. Tout roulement situé hors de ces limites devra être réusiné ou

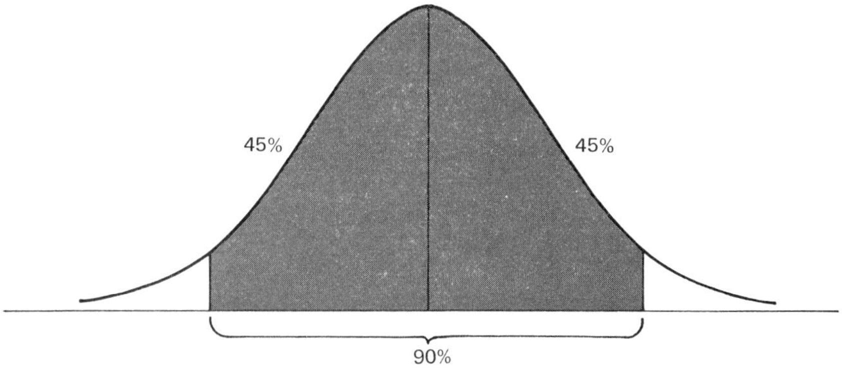

FIGURE 5.26

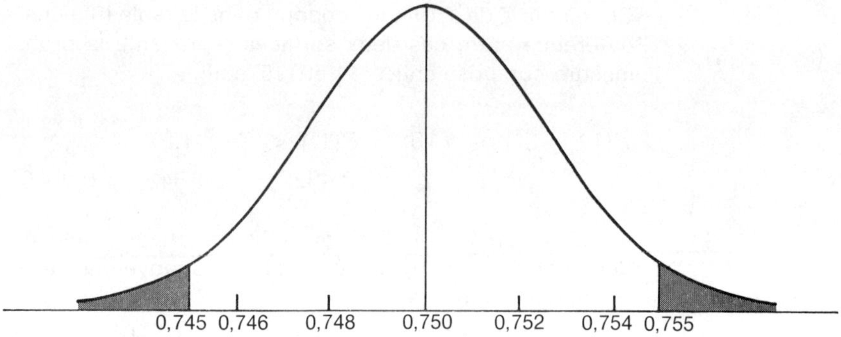

FIGURE 5.27

vendu à la ferraille. Si nous postulons que les diamètres des roulements à billes se distribuent normalement, quelle proportion de ceux-ci devra être rejetée?

Solution. Nous allons d'abord tracer une courbe normale telle que $\mu =$ 0,750 et $\sigma =$ 0,002. Dans la figure 5.27, les zones ombrées représentent les zones qui nous intéressent. Un roulement à billes est ainsi jugé défectueux lorsque son diamètre est supérieur à 0,755 ou inférieur à 0,745. La surface pertinente est donc égale à la somme des zones ombrées qui se trouvent à chaque extrémité de la courbe. Pour trouver cette surface, il nous faut préciser à combien d'écarts types de la moyenne se trouve la valeur 0,755; dès lors, nous pouvons consulter la table de la distribution normale centrée-réduite. Nous calculons donc la cote Z comme suit:

$$Z = \frac{0{,}755 - 0{,}750}{0{,}002} = 2{,}50$$

La valeur 0,755 se trouve donc à 2,50 écarts types à droite de la moyenne. À cette cote Z correspond une surface de 0,4938. Cependant, c'est la surface au-delà de 0,755 qui nous intéresse. Il nous faut donc soustraire 0,4938 de 0,5000, ce qui donne comme résultat 0,0062. Puis, ce nombre sera multiplié par deux, soit 0,0124, puisque la surface à gauche de 0,745 est de même étendue que celle à droite de 0,755 (En effet, les deux bornes se situent à une même distance de la moyenne). En d'autres termes, compte tenu des conditions énoncées, 1,24% des roulements à billes seront rejetés.

6. Supposons qu'un professeur de psychologie est convaincu que les notes scolaires de ses élèves doivent se distribuer normalement. Les résultats d'un test standardisé administré à la fin de chaque semestre donnent une moyenne générale de 70 avec un écart type de 8 points. Si ce professeur décide de n'accorder la note A qu'à 5% des étudiants, où se situera le point de coupure entre les A et les non-A?

Solution. Le problème ci-dessus se trouve illustré dans la figure 5.28. Supposons que Y représente la frontière recherchée; dès lors, la surface comprise entre la moyenne 70 et Y doit être égale à 0,4500. Dans l'exemple 4 ci-haut, nous avons découvert qu'une surface de 0,4500 correspond à une cote Z de 1,645. Par conséquent, nous solutionnerons comme suit l'équation à une inconnue (Y):

$$1{,}645 = \frac{Y - 70}{8}$$

$$Y = 70 + 8(1{,}645) = 83{,}16$$

Donc, le professeur devrait accorder la note A à tout score égal ou supérieur à 83,16. À la longue, il constatera ce faisant que 5% environ des étudiants reçoivent une note A.

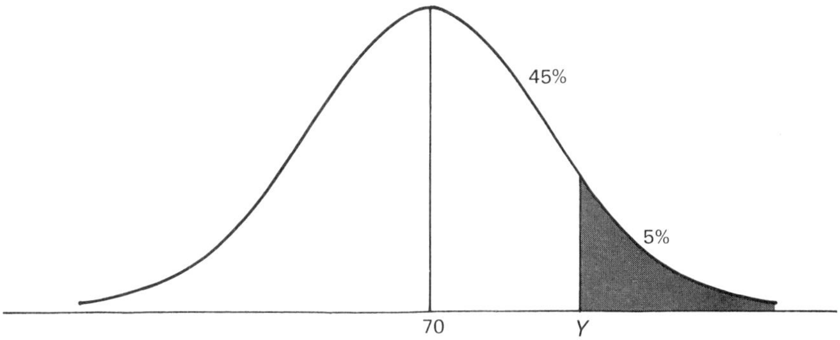

FIGURE 5.28

EXERCICES Pour chacun des problèmes suivants, utiliser la table de la distribution normale centrée-réduite pour trouver les probabilités demandées.

1. Calculer les probabilités ci-dessous, sachant qu'il s'agit de populations normales et que $Z = (Y - \mu)/\sigma$.

(a) $P(Z > 2{,}09)$ où $Z = (Y - \mu)/\sigma$
(b) $P(-2{,}09 < Z < 2{,}09)$
(c) $P(Z > 3{,}09)$
(d) $P(Z < 3{,}09)$
(e) $P(Y > 7)$, si $\mu = 5$, $\sigma = 1$
(f) $P(Y < 7)$, si $\mu = 5$, $\sigma = 1$

(g) $P(2 < Y < 7)$, si $\mu = 5$, $\sigma = 1$

(h) $P(Y < 2 \text{ ou } Y > 4)$, si $\mu = 3$, $\sigma = 1{,}5$

2. Au terme d'une expérience de plusieurs années, on a constaté que les scores obtenus à un examen d'admission à l'université se distribuent normalement, avec une moyenne de 67 et un écart type de 7,1. Quelle est la probabilité qu'un étudiant choisi au hasard obtienne à cet examen un score égal ou supérieur à 76?

3. Une zoologiste a découvert que la longueur de la langue d'une certaine espèce de lézard se distribue normalement, avec une moyenne de 22,3 mm et un écart type de 2,1 mm. Quelle est la probabilité qu'un lézard capturé au hasard ait une langue d'une longueur égale ou supérieure à 27,6 mm?

4. Un petit commerçant constate que son profit net mensuel se chiffre en moyenne à 3 352 $, avec un écart type de 150 $. En supposant que les profits mensuels se distribuent normalement, quelle est la probabilité que le profit du mois prochain se situe entre 2 000 $ et 2 500 $?

5. Un entraîneur constate que son équipe de ballon-panier compte en moyenne 85,1 points par partie, avec un écart type de 11,5 points. Sachant que les pointages se distribuent normalement, quelle est la probabilité que le pointage de la prochaine partie soit compris entre 67 et 82?

6. Le prix maximum quotidien d'une valeur boursière d'une grande compagnie de produits chimiques se distribue normalement, avec une moyenne de 53 $ et un écart type de 6 $. Quelle est la probabilité que le prix maximum enregistré demain soit inférieur à 66 $?

7. Une psychologue administre un test de mesure du niveau d'agressivité à un groupe de personnes incarcérées ensemble durant 10 heures. Le test a une moyenne de 50 et un écart type de 4. Postulant que ces scores se distribuent normalement, quelle est la probabilité qu'un individu obtienne un score égal ou supérieur à 50?

LEÇON 6 LA DISTRIBUTION BINÔMIALE

Tâche: partant d'une expérience binômiale type, pouvoir identifier n et π, puis calculer μ et σ^2.

DÉFINITION

Distribution binômiale: distribution de probabilités qui résulte d'une expérience présentant les propriétés suivantes.

(1) Un échantillon au hasard de grandeur n doit être tiré, *ou encore* un essai type doit être répété n fois.
(2) L'échantillonnage doit être fait avec remise, *ou encore* il doit être effectué de façon telle que chaque essai soit vraiment indépendant de tous les autres.
(3) Chaque tirage ou essai doit être classifiable sans ambiguïté comme appartenant à l'un ou à l'autre de deux résultats possibles.
(4) La probabilité de succès pour chaque tirage ou essai doit être une constante; elle sera symbolisée par π.
(5) On compte le nombre d'événements réussis parmi un nombre n de tirages ou d'essais (ceci veut dire que $Y =$ le nombre de succès).

Lorsqu'une expérience respecte ces cinq règles, la variable aléatoire Y sera une variable discontinue qui se modèlera sur une distribution nommée *distribution de probabilités binômiale*. On utilise les formules suivantes pour calculer la moyenne et la variance de cette distribution.

$\mu = n\pi$ et $\sigma^2 = n\pi(1 - \pi)$

DISCUSSION

Une *variable aléatoire binômiale* est discontinue, par opposition à une variable aléatoire normale, qui est continue. La variable aléatoire binômiale va de pair avec une expérience qui peut être découpée en n essais, tous indépendants les uns des autres. (Lorsqu'un essai consiste à sélectionner un item d'une population, la procédure d'échantillonnage doit être effectuée *avec remise* si l'on veut obtenir des tirages ou essais indépendants. Toutefois, si la population est très grande par rapport à la taille de l'échantillon, un échantillonnage sans remise ne contreviendra pas de façon perceptible à la règle des essais indépendants.) Nous devons pouvoir classer le résultat de chaque essai dans l'une ou l'autre de deux catégories: *succès* ou *échec*. Les probabilités associées à ces deux catégories, symbolisées par π et $1 - \pi$, doivent demeurer constantes d'un essai à l'autre. La variable aléatoire Y se définit comme suit: le nombre de succès observés à l'intérieur des n essais.

Pour obtenir la moyenne et la variance de cette distribution, on utilise les équations suivantes:

$$\mu = \Sigma y P(y) \qquad \text{et} \qquad \sigma^2 = \Sigma(y - \mu)^2 P(y)$$

qui se simplifient pour donner les formules ci-dessous:

$$\mu = n\pi \qquad \text{et} \qquad \sigma^2 = n\pi(1 - \pi)$$

Dans ces formules, n représente le nombre d'essais, tandis que π représente la probabilité de succès lors d'un essai donné.

Lorsque π est égal à 1/2 (0,50), la distribution est symétrique autour de la moyenne μ. Lorsque π est plus petit que 1/2, la distribution se caractérise par une asymétrie positive; lorsque π est plus grand que 1/2, l'asymétrie est négative. Les figures 5.29, 5.30 et 5.31 illustrent ces trois possibilités.

Dans ces trois figures, nous avons utilisé des rectangles, plutôt que des courbes régulières continues, pour mettre en évidence la discontinuité de la variable. Ceci signifie que, dans la situation illustrée par ces figures, seules les valeurs 0, 1, 2, 3, 4 et 5 peuvent se produire; aucune valeur intermédiaire n'est possible. Les données des figures 5.29, 5.30 et 5.31 proviennent du tableau 5.7, p. 254.

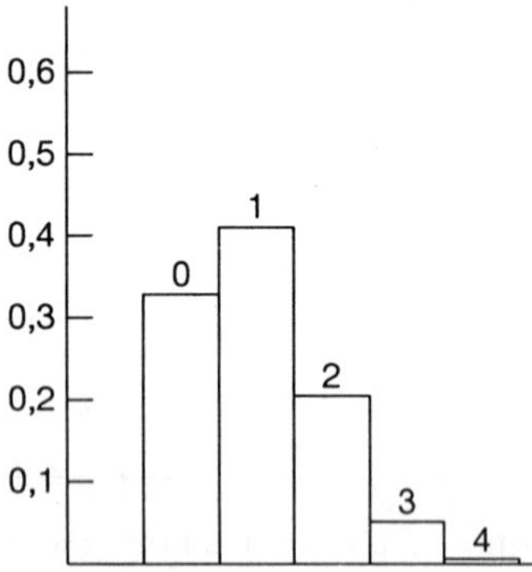

FIGURE 5.29 $n = 5$, $\pi = 0{,}2$, $\mu = 1{,}0$

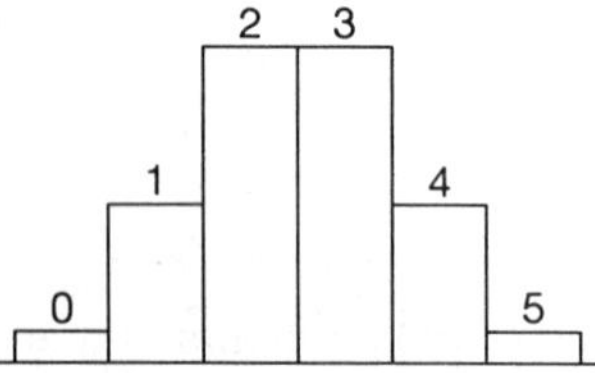

FIGURE 5.30 $n = 5$, $\pi = 0{,}5$, $\mu = 2{,}5$

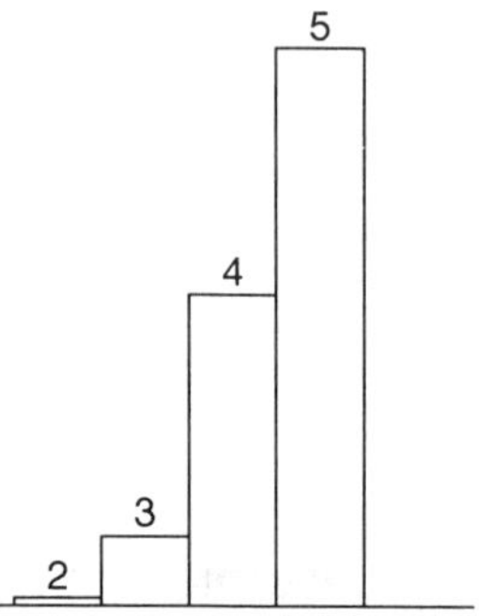

FIGURE 5.31 $n = 5$, $\pi = 0{,}9$, $\mu = 4{,}5$

EXEMPLES Voici quelques exemples typiques d'expériences et de variables aléatoires qui engendrent des distributions binômiales.

1. On lance en l'air à 20 reprises une pièce de monnaie, cependant qu'un observateur note le nombre de *face*. L'expérience comporte 20 essais ($n = 20$), tous indépendants les uns des autres. Chaque essai peut produire un résultat *face* ou un résultat *pile*, tous deux ayant une même probabilité de 0,5 ($\pi = 0{,}5$ et $1 - \pi = 0{,}5$). La variable aléatoire Y correspond au nombre de *face* obtenu en 20 essais. Voici la moyenne et la variance de Y.

$$\mu = n\pi = 20(0{,}5) = 10, \qquad \sigma^2 = n\pi(1 - \pi) = 20(0{,}5)(0{,}5) = 5$$

2. On apparie, puis on accouple dix vaches et dix taureaux. Le propriétaire du ranch d'élevage sait d'expérience que la probabilité d'apparition d'un certain trait héréditaire souhaité est de 0,25 (une fois sur quatre). Lorsque les vaches ont mis bas leur veau, le propriétaire compte le nombre de veaux qui possèdent le trait en question. Chaque accouplement représente un essai indépendant, donc $n = 10$. Chaque veau possède ou non le trait; donc, la probabilité $\pi = 1/4$ et $1 - \pi = 3/4$. La variable aléatoire Y est le nombre de veaux qui possèdent le trait héréditaire. Par conséquent:

$$\mu = n\pi \qquad\qquad \sigma^2 = n\pi(1 - \pi)$$
$$= 10(0{,}25) = 2{,}5 \qquad\qquad = 10(0{,}25)(0{,}75) = 1{,}875$$

L'écart type $\sigma = \sqrt{\sigma^2} = 1{,}369$.

3. On sait que 5% de la population d'une région est illettrée. Un professionnel de la commission scolaire échantillonne 100 personnes avec remise et compte le nombre d'illettrés qui font partie de l'échantillon. Dans le cas présent, chaque personne échantillonnée constitue un essai, donc $n = 100$. Puisque l'échantillonnage a été effectué avec remise, chaque essai est complètement indépendant de tous les autres et son résultat correspond à un individu illettré ou non. La probabilité d'obtenir un illettré lors d'un essai quelconque est égale à 0,05 ($\pi = 0{,}05$). La variable aléatoire Y correspond au nombre de personnes illettrées au sein de l'échantillon de 100 personnes. Par conséquent:

$$\mu = n\pi \qquad\qquad \sigma^2 = n\pi(1 - \pi)$$
$$= 100(0{,}05) = 5 \qquad\qquad = 100(0{,}05)(0{,}95) = 4{,}75$$

De plus, l'écart type est égal à 2,179. [*Note:* dans le cas du problème ci-dessus, un échantillonnage avec remise peut poser des problèmes pratiques. Cependant, si l'effectif N de la population est très grand par comparaison à l'effectif n de l'échantillon, le fait d'échantillonner sans remise, donc de ne pas respecter le postulat de la complète indépendance des essais, n'a pas de conséquences fâcheuses. À titre indicatif, N sera jugé suffisamment grand lorsque $n/N < 0{,}05$.]

EXERCICES Pour chacun des problèmes ci-dessous, préciser la valeur de n, π, μ et σ.

1. Une infirmière vérifie les dossiers de 25 naissances récentes; elle note le sexe de chaque bébé et compte le nombre total de filles. Quelles sont les valeurs de n, π, μ et σ pour cette distribution binômiale?

2. Un étudiant en statistique a lancé un dé à 60 reprises et noté le nombre de fois qu'il a obtenu les chiffres 5 ou 6. Quelles sont les valeurs de n, π, μ et σ?

3. Une personne détermine strictement au hasard ses réponses à un examen composé de dix questions Vrai ou Faux. Quelles sont les valeurs de n et π? Quelle est la valeur de μ, soit le nombre espéré de réponses correctes ? Quelle est la valeur de σ?

4. Supposons que le test du problème 3 ci-haut est composé de 10 questions à choix multiples, soit une réponse correcte et quatre choix erronés. Quelle est la valeur de π? Comparer les valeurs de μ et σ dans ce problème à celles de l'exercice 3 ci-haut? Que signifie la différence entre les deux valeurs de μ? Et que signifie la différence entre les deux valeurs de σ?

5. Supposons que nous tirons au hasard, d'une population donnée où 60% des individus sont obèses (selon un critère déterminé), un échantillon de 100 personnes dont on vérifiera le rythme cardiaque et la résistance cardio-vasculaire. On vérifie le nombre d'individus obèses au sein de cet échantillon. Quelles sont les valeurs de n, π, μ et σ?

LEÇON 7 COMMENT IDENTIFIER DES PROBABILITÉS BINÔMIALES

Tâche: sur la base d'une expérience binômiale, pouvoir préparer et calculer les probabilités, (a) en utilisant la formule binômiale ou (b) en les retraçant dans des tables binômiales.

DÉFINITION

Le calcul de probabilités binômiales: dans une distribution binômiale définie par les paramètres n et π, on peut déterminer la probabilité de k succès en appliquant la formule suivante:

$$P(k) = \binom{n}{k} \pi^k (1 - \pi)^{n-k}$$

Dans cette formule, n est le nombre total d'essais; k est la valeur de la variable aléatoire dont nous voulons préciser la probabilité; π est la probabilité de succès de chacun des tirages ou essais.

Les diverses valeurs possibles de la formule ci-haut se trouvent dans la table des probabilités binômiales (voir la table II dans l'annexe). Afin d'économiser l'espace, nous avons restreint le contenu de cette table aux valeurs suivantes:

$n = 5, 10, 15, 20$ ou 25

et

$\pi = 0{,}05 - 0{,}10 - 0{,}20 - 0{,}30 - 0{,}40 - 0{,}50 - 0{,}60 - 0{,}70 - 0{,}80 - 0{,}90$ ou $0{,}95$.

DISCUSSION

Dans une expérience binômiale composée de n essais, nous pouvons être intéressés à déterminer la probabilité d'obtenir exactement k succès à l'intérieur de n essais. Ceci implique que $n - k$ de ces essais se solderont par des échecs. Sachant que les essais sont indépendants et connaissant la probabilité π de réussir un essai donné, nous pouvons calculer la probabilité d'occurrence d'une série de k succès à l'aide de la règle de multiplication introduite dans le chapitre QUATRE.

$$\begin{matrix} 1 & 2 & 3 & \dots & k \\ \pi \cdot & \pi \cdot & \pi \cdot & \dots \cdot & \pi = \pi^k \end{matrix}$$

Parallèlement, nous pouvons calculer comme suit la probabilité associée à une série de $n - k$ échecs.

$$\underset{1}{(1-\pi)} \cdot \underset{2}{(1-\pi)} \cdot \underset{3}{(1-\pi)} \cdot \underset{\ldots}{\ldots} \cdot \underset{n-k}{(1-\pi)} = (1-\pi)^{n-k}$$

Conséquemment, la probabilité d'une série consécutive de k succès, suivie d'une série consécutive de $n - k$ échecs, équivaut au produit des deux précédents résultats:

$$\pi^k(1 - \pi)^{n-k}$$

Nous ne sommes pas intéressés qu'à la seule séquence ci-dessus, mais à tout ensemble de k succès accompagnés de $n - k$ échecs. La probabilité est la même pour toute série de k succès et de $(n - k)$ échecs, quelle que soit leur séquence; par exemple, nous associons la même probabilité à la séquence SSEEE qu'à la séquence SEESE. Pour compter le nombre total d'agencements possibles, utilisez les règles spéciales de comptage pour les permutations (voir le supplément à la fin du chapitre TROIS).

$$\frac{n!}{k!\,(n-k)!} = \binom{n}{k}$$

Lorsqu'on réunit les deux formules ci-haut, on obtient la formule de calcul de k succès et de $n - k$ échecs à l'intérieur de n essais.

$$\begin{aligned} P\text{ (exactement } k \text{ succès et } n-k \text{ échecs en } n \text{ essais)} &= P(k) \\ &= \binom{n}{k}\pi^k(1-\pi)^{n-k} \end{aligned}$$

Dans cette formule, k peut prendre n'importe quelle valeur entre 0 et n. On applique cette formule telle qu'écrite. Par exemple, si $n = 3$, $\pi = 0{,}4$ et $k = 2$:

$$\begin{aligned} P(2) &= \binom{3}{2}(0{,}4)^2(0{,}6)^1 \\ &= \frac{3!}{2!\,1!}(0{,}4)^2(0{,}6)^1 \\ &= 3(0{,}16)(0{,}6) = 0{,}288 \end{aligned}$$

Il est bien évident que lorsque n s'accroît, l'application de cette formule peut devenir très fastidieuse. C'est pourquoi on trouve dans bon nombre de volumes des tables où sont reproduits les résultats de ces calculs. Nous avons placé un ensemble de tables binômiales dans l'*annexe* (voir table II). Ces tables couvrent les valeurs n suivantes: 5, 10, 15, 20, et 25. Vous trouverez dans ces tables des valeurs qui correspondent aux valeurs appropriées de k, lorsque $\pi = 0{,}05$; 0,10; 0,20; 0,30; 0,40; 0,50; 0,60; 0,70; 0,80; 0,90 et 0,95. Lorsque vous aurez choisi la table appropriée selon votre valeur n, vous trouverez la valeur $P(k)$ à l'intersection de la colonne appropriée pour votre valeur π et de la ligne appropriée pour la valeur k.

DISCUSSION SIMPLIFIÉE

Supposons que nous lançons à trois reprises une pièce de monnaie mal équilibrée. Nous assumerons que $P(\text{F}) = \pi$ pour chacun des essais. Nous voulons calculer la probabilité d'obtenir deux *face* et un *pile* au cours de ces trois essais. Il s'agit là d'un problème binômial; sa probabilité est donc

$$P(2) = \binom{3}{2}\pi^2 \cdot (1 - \pi)^1$$

Pour comprendre cette formule, nous allons utiliser les règles et procédures du chapitre QUATRE de la façon suivante:

$$\begin{aligned} P(2\ \textit{face}) &= P(2\ \textit{face}\ \text{et}\ 1\ \textit{pile}) \\ &= P(\text{FFP ou FPF ou PFF}) \\ &= P(\text{FFP}) + P(\text{FPF}) + P(\text{PFF}) \text{ selon la règle d'addition} \\ &= P(\text{F}) \bullet P(\text{F}) \bullet P(\text{P}) + P(\text{F}) \bullet P(\text{P}) \bullet P(\text{F}) + P(\text{P}) \bullet P(\text{F}) \bullet P(\text{F}) \text{ selon la} \\ &\quad \text{règle de multiplication pour événements indépendants} \\ &= \pi \cdot \pi(1 - \pi) + \pi \cdot (1 - \pi) \cdot \pi + (1 - \pi) \cdot \pi \cdot \pi \\ &= 3\pi^2 \cdot (1 - \pi)^1 = \binom{3}{2}\pi^2 \cdot (1 - \pi)^1 \end{aligned}$$

(Le chiffre 3 représente les divers agencements possibles selon les règles spéciales de comptage pour les permutations).

Les résultats de la procédure ci-dessus coïncident avec la formule présentée.

Supposons maintenant une expérience composée de cinq essais avec $\pi = 0{,}10$; nous désirons calculer

$$P(1) = \binom{5}{1} (0{,}10)^1(0{,}90)^4$$

Toutefois, cette probabilité est incluse dans la table II de l'*annexe*, dont une section est reproduite dans le tableau 5.7. Le nombre que nous cherchons

TABLEAU 5.7 PROBABILITÉS BINÔMIALES: n = 5

k \ π	0,050	0,100	0,200	0,300	0,400	0,500	
0	0,744	0,590	0,328	0,168	0,078	0,031	5
1	0,204	0,328	0,410	0,360	0,259	0,156	4
2	0,021	0,073	0,205	0,309	0,346	0,313	3
3	0,001	0,008	0,051	0,132	0,230	0,313	2
4	0,000	0,000	0,006	0,028	0,077	0,156	1
5	0,000	0,000	0,000	0,002	0,010	0,031	0
	0,950	0,900	0,800	0,700	0,600	0,500	π / k

se trouve à l'intersection de la colonne $\mu = 0{,}10$ et de la ligne $k = 1$. En conséquence,

$$P(1) = \binom{5}{1}(0{,}10)^1(0{,}90)^4 = 0{,}328$$

Par ailleurs, si nous désirons résoudre la formule

$$P(6) = \binom{10}{6}(0{,}80)^6(0{,}20)^4$$

lorsque $n = 10$, $\pi = 0{,}80$ et $k = 6$, nous pouvons utiliser le tableau 5.8, qui reproduit lui aussi une section de la table II de l'*annexe*. En conséquence, $P(6) = 0{,}088$. (D'autres tables de l'*annexe*, que l'on utilise de la même façon, donnent les probabilités associées à diverses valeurs de n.)

TABLEAU 5.8 PROBABILITÉS BINÔMIALES: n = 10

k \ π	0,050	0,100	0,200	0,300	0,400	0,500	
0	0,599	0,349	0,107	0,028	0,006	0,001	10
1	0,315	0,387	0,268	0,121	0,040	0,010	9
2	0,075	0,194	0,302	0,233	0,121	0,044	8
3	0,010	0,057	0,201	0,267	0,215	0,117	7
4	0,001	0,011	0,088	0,200	0,251	0,205	6
5	0,000	0,001	0,026	0,103	0,201	0,246	5
6	0,000	0,000	0,006	0,037	0,111	0,205	4
7	0,000	0,000	0,001	0,009	0,042	0,117	3
8	0,000	0,000	0,000	0,001	0,011	0,044	2
9	0,000	0,000	0,000	0,000	0,002	0,010	1
10	0,000	0,000	0,000	0,000	0,000	0,001	0
	0,950	0,900	0,800	0,700	0,600	0,500	π / k

EXEMPLES Calculer pour chacun des problèmes ci-dessous les probabilités binômiales demandées.

1. Une banque est équipée de trois systèmes d'alarme indépendants; chacun d'eux a une probabilité de 0,90 de fonctionner. Supposons que X dénote le nombre de systèmes qui fonctionneront lorsqu'ils seront tous mis marche. Quelle est la probabilité qu'aucun d'eux ne fonctionnera? Qu'au moins l'un deux fonctionnera?

Solution. Dans le cas de ce problème, $n = 3$ et $\pi = 0{,}90$.

$$P(0) = \binom{3}{0}(0{,}90)^0(0{,}10)^3$$
$$= \frac{3!}{0!\,3!}(0{,}90)^0(0{,}10)^3 = 0{,}001$$

Puisque l'événement *au moins un* est le complément de l'événement *aucun ne fonctionnera*, il s'ensuit que:

$$P(\text{au moins un}) = 1 - P(\text{aucun}) = 1 - P(0)$$
$$= 1 - 0{,}001 = 0{,}999$$

Bref, il existe une très forte probabilité qu'au moins un des systèmes d'alarme fonctionne parfaitement.

2. L'Armée prétend qu'un missile donné atteint sa cible 8 fois sur 10. À l'occasion d'une série de tests, cinq missiles sont mis à feu. Quelle est la probabilité que les cinq missiles atteignent tous leur cible?

Solution. Ici, $n = 5$, $\pi = 0{,}80$ et $k = 5$. Voici comment calculer la probabilité demandée:

$$P(5) = \binom{5}{5}(0{,}80)^5(0{,}20)^0$$
$$= \frac{5!}{5!\,0!}(0{,}80)^5(0{,}20)^0$$
$$= (0{,}80)^5 = 0{,}32768$$

À l'aide de la table des probabilités binômiales, où les valeurs sont arrondies à la troisième décimale près, nous confirmons que la probabilité est 0,328.

EXERCICES

Calculer pour chacun des problèmes suivants les probabilités binômiales demandées.

1. Sachant que $n = 5$ et $\pi = 0{,}2$, utiliser à la fois la formule et la table pour trouver $P(2)$.

2. Sachant que $n = 5$ et $\pi = 0{,}9$, utiliser à la fois la formule et la table pour trouver $P(5)$.

3. Chez une espèce donnée de chien, les portées comptent généralement quatre chiots. En supposant que les deux sexes ont une même probabilité d'apparition, calculer la probabilité qu'une portée de quatre chiots ne contienne que deux mâles.

4. Une équipe de médecins met à l'essai un nouveau sérum contre la fièvre des foins. Ils injectent le sérum à dix personnes reconnues pour souffrir chaque année de cette affection, puis les observent au cours du printemps et de l'été. Huit des dix sujets ne manifestent aucun symptôme de fièvre des foins. Quelle est la probabilité de cet événement, sachant qu'on a 50% de chances de ne pas observer de symptômes?

5. De jeunes poussins dont le sexe n'a pas encore été déterminé sont séparés au hasard en groupes de 15. En supposant que les deux sexes ont une même probabilité d'apparition, quelle est la probabilité que dix poussins ou plus au sein du premier groupe soient des femelles?

6. Supposons que 40% des étudiants de niveau secondaire dans une localité quelconque ont fait usage d'une drogue donnée. Au sein d'un échantillon au hasard de 25 étudiants de niveau secondaire, quelle est la probabilité de trouver 15 étudiants ou plus ayant fait usage de cette drogue? (Supposons que $n/N < 0{,}05$, de telle sorte que nous pouvons faire abstraction du biais attribuable à l'échantillonnage sans remise.)

7. Cinq pour cent des clous contenus dans un baril sont défectueux. Un inspecteur en sélectionne 25 au hasard pour les vérifier. S'il ne trouve pas plus de 2 clous défectueux, il accepte tout le baril. Quel pourcentage de barils contenant au moins 5% de clous défectueux seront malgré tout acceptés? En d'autres termes, quelle est la probabilité qu'un inspecteur accepte un tel baril? (Supposons que $n/N < 0{,}05$.)

8. Une grosse compagnie spécialisée en sondages fait perforer les réponses à ses questionnaires sur des cartes lues par un ordinateur. Dans le but de vérifier la présence d'erreurs de perforation, les employés sélectionnent périodiquement un échantillon de cartes et les comparent aux questionnaires. Un employé a mal dormi la nuit précédente, de sorte que 5% des cartes qu'il a perforées durant la journée contiennent au moins une erreur. Si l'on tire au hasard 20 cartes perforées par cet employé, quelle est la probabilité de trouver au moins 3 cartes contenant des erreurs? (Supposons que $n/N < 0{,}05$.)

LEÇON 8 L'APPROXIMATION NORMALE DE LA DISTRIBUTION BINÔMIALE

Tâche: dans le cas d'une distribution binômiale où n est un grand nombre, pouvoir utiliser l'approximation normale de la distribution binômiale pour obtenir les probabilités désirées.

DÉFINITION *L'approximation normale de la distribution binômiale:* elle consiste à superposer la courbe de la distribution normale sur le graphique de la distribution binômiale. On trace la courbe normale de façon à obtenir la moyenne et l'écart type ci-dessous:

$$\mu = n\pi \qquad \text{et} \qquad \sigma = \sqrt{n\pi(1 - \pi)}$$

On utilise ensuite les probabilités associées à cette courbe normale superposée pour obtenir des approximations des probabilités binômiales désirées.

DISCUSSION Plusieurs problèmes binômiaux concrets impliquent l'extraction d'un large échantillon au hasard d'une population quelconque. Aussitôt que n grandit, l'utilisation de la formule binômiale exige des calculs longs et fastidieux. De plus, il s'avère peu pratique de construire des tables de probabilités pour toutes les valeurs possibles de n et de π. Toutefois, lorsqu'on analyse la forme de la distribution binômiale, on constate que la courbe normale pourrait constituer une approximation fort acceptable de cette distribution sous réserve que la valeur de n soit suffisamment grande et que la distribution binômiale ne soit pas trop asymétrique.

Dans ce cas, on superpose la courbe normale sur l'histogramme de la distribution binômiale en ajustant son centre au point $\mu = n\pi$ et en lui donnant l'écart type suivant:

$$\sigma = \sqrt{n\pi(1 - \pi)}$$

La surface comprise entre a et b sous la courbe normale continue représente alors assez bien la distribution binômiale discontinue. On obtient les probabilités recherchées par le biais de cotes Z et de surfaces tirées d'une table de la distribution normale centrée-réduite. Par exemple, si nous désirons

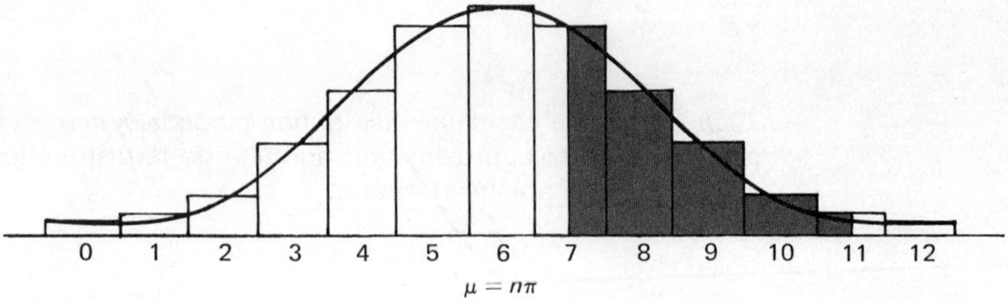

FIGURE 5.32

$P(a < Y \leqslant b)$, nous remarquons que dans le cas d'une variable aléatoire discontinue binômiale $P(a < y \leqslant b) = P(a + 1 \leqslant Y \leqslant b)$. De façon similaire, $P(Y < b) = P(Y \leqslant b - 1)$ et $P(Y > a) = P(Y \geqslant a + 1)$. La figure 5.32 illustre cette démonstration lorsque $n = 12$, $\pi = 0{,}5$, $a = 7$ et $b = 11$, et lorsque la probabilité recherchée est $P(a < Y \leqslant b)$.

Dans cette figure, la surface comprise entre a et b sert d'approximation de la surface qui regroupe plusieurs rectangles, soit du rectangle centré au point 8 jusqu'au rectangle centré au point 10, plus la demi-surface des deux rectangles ayant respectivement pour centre les points 7 et 11.

Comparez maintenant les figures 5.32 et 5.33. Vous pouvez constater que nous pourrions améliorer le processus d'approximation en incluant la surface *totale* des deux rectangles centrés aux points 7 et 11.

Pour ce faire, nous débutons la distribution à 7 — 0,5 (soit 6,5) et la prolongeons jusqu'à 11 + 0,5 (soit 11,5). Cet ajustement additionnel permet de récupérer à l'intérieur de la surface l'autre moitié des deux rectangles qui servent de frontières (les surfaces d'un gris plus pâle dans la figure 5.33).

Voici les paramètres appropriés pour cet exemple.

$$\mu = n\pi = 12(0{,}5) = 6, \qquad \sigma = \sqrt{n\pi(1 - \pi)} = \sqrt{12(0{,}5)(0{,}5)} = \sqrt{3} = 1{,}732$$

Pour calculer la probabilité d'obtenir entre 7 et 11 succès inclusivement, nous allons évaluer la surface située entre 7 et 11 sous la courbe normale définie par les paramètres $\mu = 6$ et $\sigma = 1{,}732$. Calculons d'abord les cotes Z correspondant aux valeurs 7 et 11:

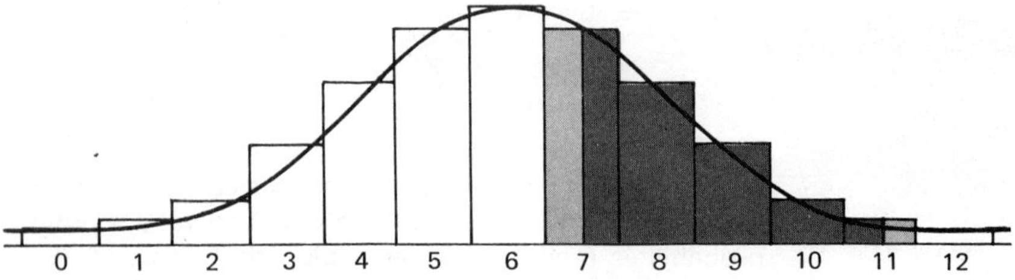

FIGURE 5.33

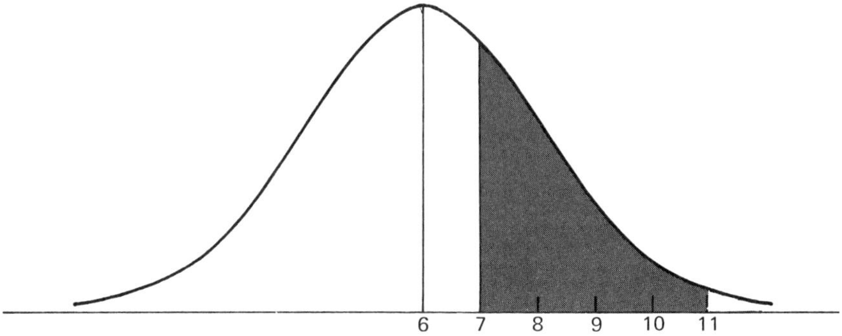

FIGURE 5.34

$$Z = \frac{7 - 6}{1,732} = 0,58 \qquad \text{et} \qquad Z = \frac{11 - 6}{1,732} = 2,89$$

La différence entre les surfaces correspondant à ces deux cotes *Z* dans les tables de la distribution normale centrée-réduite est 0,4981 — 0,2190 = 0,2791 (voir la figure 5.34).

Pour trouver maintenant la surface comprise entre 6,5 et 11,5, on calcule les cotes *Z* comme suit:

$$Z = \frac{6,5 - 6}{1,732} = 0,29 \qquad \text{et} \qquad Z = \frac{11,5 - 6}{1,732} = 3,18$$

Les surfaces correspondant à ces cotes *Z* sont respectivement 0,5000 (soit la demi-surface sous la courbe) et 0,1141. En les soustrayant l'une de l'autre, on obtient 0,3859 (voir la figure 5.35).

En consultant des tables binômiales plus détaillées que celles contenues dans ce manuel (comportant des nombres arrondis à quatre décimales), on obtiendrait 0,3869 comme solution à cet exemple. On peut donc constater

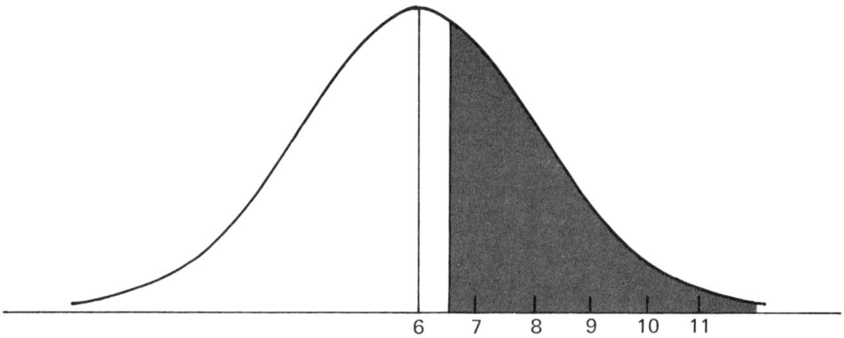

FIGURE 5.35

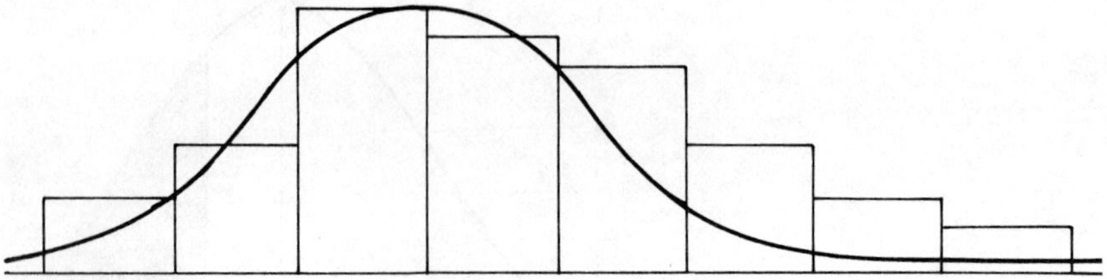

FIGURE 5.36

dans ce cas qu'en soustrayant 0,5 de la limite inférieure et qu'en additionnant 0,5 à la limite supérieure nous avons grandement amélioré notre approximation. Lorsque nous considérons des expressions telles que $P(a \leqslant Y < b)$, $P(a < Y \leqslant b)$, $P(a \leqslant Y \leqslant b)$, ou toute autre forme d'expression de probabilités, nous pouvons obtenir de façon logique une approximation valable de la surface comprise entre tout couple de points a et b.

Il est plus difficile d'obtenir des approximations justes lorsque la distribution est passablement asymétrique. La figure 5.36 illustre les écarts importants qui se produiraient au niveau de la queue d'une distribution dont l'asymétrie est positive. Toutefois, à mesure que n s'accroît, l'approximation s'améliore pour toute valeur π donnée.

Voici une règle simple et utile: n'utilisez l'approximation par la courbe normale que si $n\pi$ et $n(1 - \pi)$ sont *tous deux* plus grands que cinq. Sinon, la distribution est probablement trop asymétrique pour permettre des approximations suffisamment justes. Dans l'exemple ci-haut, $n\pi = 6$ et $n(1 - \pi) = 6$; il est donc justifié dans ce cas d'utiliser la courbe normale comme représentation approximative de la distribution binômiale.

EXEMPLES

Dans le cas des problèmes suivants, utiliser l'approximation normale pour identifier les probabilités binômiales demandées.

1. Supposons que vous lancez en l'air 50 fois une pièce de monnaie faussée, tel que π (ici, la probabilité d'un résultat *face*) est égal à 0,4. Quelle est la probabilité d'obtenir 25 *face* ou plus? (Noter que $n\pi = 20$ et que $n(1 - \pi) = 30$.)

Solution. Voici les formules pour calculer la moyenne et l'écart type:

$$\mu = n\pi = 50(0,4) = 20 \quad \text{et} \quad \sigma^2 = n\pi(1 - \pi) = 50(0,4)(0,6)\,;$$
$$\text{donc} \quad \sigma = 3,46$$

La partie ombrée de la figure 5.37 illustre la surface désirée. Voici la cote Z qui correspond à un score de 25:

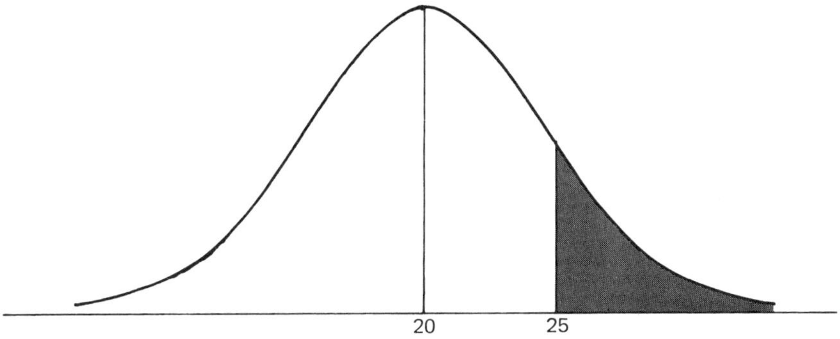

FIGURE 5.37

$$Z = \frac{25 - 20}{3,46} = 1,45$$

À l'aide de la table de la distribution normale centrée-réduite, nous découvrons que la surface comprise entre 20 et 25 est égale à 0,4265. Par conséquent, la surface située au-delà de 25 sera égale à 0,5000 — 0,4265, soit 0,0735. Donc, il existe une probabilité de 0,0735 d'obtenir 25 *face* ou plus. Toutefois, si nous utilisons 25 — 0,5 (24,5) comme point de coupure, la cote Z devient:

$$Z = \frac{24,5 - 20}{3,46} = 1,30$$

La table indique qu'une cote Z de 1,30 délimite une surface de 0,4032. Notre réponse devient donc 0,5000 — 0,4032 = 0,0968. Des tables binômiales plus détaillées donneraient 0,0978 comme réponse.

2. Une pièce de monnaie faussée est lancée 100 fois; la probabilité d'un résultat *face* est 0,4. Donc, $\pi = 0,4$ et $n = 100$. Quelle est la probabilité d'obtenir 50 *face* ou plus?

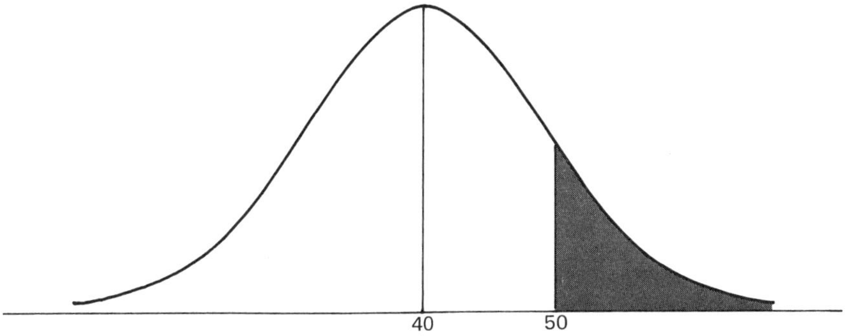

FIGURE 5.38

Solution. Ici, $n\pi = 40$ et $n(1 - \pi) = 60$, de sorte que:

$$\mu = 100(0{,}4) = 40 \qquad \text{et} \qquad \sigma = \sqrt{100(0{,}4)(0{,}6)} = 4{,}90$$

La surface désirée correspond à la partie ombrée de la figure 5.38.

Voici la cote Z:

$$Z = \frac{50 - 40}{4{,}90} = 2{,}04$$

Grâce à la table de la distribution normale centrée-réduite, nous découvrons que cette cote Z correspond à une surface de 0,4793. La surface désirée est donc égale à $0{,}5000 - 0{,}4793 = 0{,}0207$. (Étant donné la surface très restreinte impliquée et la grandeur de l'écart type par comparaison à 0,5, il y a peu à gagner d'inclure la surface additionnelle entre 49,5 et 50.)

3. Une enseignante propose un test composé de dix questions Vrai ou Faux. Supposons qu'un(e) élève répond à chaque question strictement au hasard. Quelle est la probabilité que cet(te) élève obtienne trois, quatre, cinq ou six réponses correctes?

Solution. Dans le cas présent, $n\pi = 5 = n(1 - \pi)$. Compte tenu de nos critères, il s'agit donc là d'un cas frontière. Cependant, en raison de la symétrie, le processus d'approximation fonctionnera quand même.

$$\mu = 10(0{,}5) = 5 \qquad \text{et} \qquad \sigma = \sqrt{10(0{,}5)(0{,}5)} = 1{,}58$$

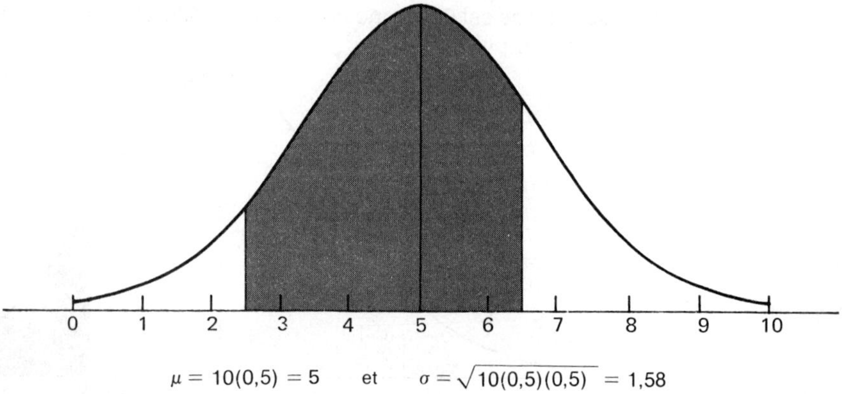

FIGURE 5.39

$$Z = \frac{2,5 - 5}{1,58} = -1,58 \qquad \text{et} \qquad Z = \frac{6,5 - 5}{1,58} = 0,95$$

Les surfaces correspondantes dans la table III sont respectivement 0,4430 et 0,3289. La somme de ces deux surfaces est 0,7719, tandis que les tables binômiales indiquent 0,7734.

EXERCICES

Dans le cas des problèmes ci-dessous, utiliser l'approximation normale de la distribution binômiale pour obtenir la probabilité demandée. Vérifier si le critère d'utilisation s'applique.

1. Supposons qu'un incubateur contient 200 oeufs. La probabilité associée au sexe est la même, soit 0,5. Quelle est la probabilité que la couvée contienne 115 femelles ou plus?

2. Sept fois sur dix, Daniel Boone pouvait atteindre avec sa première balle un dindon dans un arbre. Sachant qu'il a visé 150 dindons au cours de l'année, quelle est la probabilité qu'il ait atteint 95 dindons ou moins?

3. Une compagnie pharmaceutique met à l'essai un nouvel analgésique auprès de 78 personnes souffrant de maux de tête. De ce groupe, 58 sont guéries. Sachant que 20% des maux de tête se seraient de toute façon calmés sans médicament, quelle est la probabilité que 58 personnes ou plus soient guéries sans l'aide de l'analgésique?

4. Un centre sportif de quartier se prépare à administrer à 500 personnes des environs un questionnaire traitant de la bonne forme physique. Sachant que les autorités du centre sportif estiment que seulement 20% de la population est en bonne forme physique, quelle est la probabilité que 85 sujets ou moins de cet échantillon de 500 fassent partie de cette catégorie?

5. Des spécialistes en contrôle de qualité considèrent que 3% de tous les objets produits par une chaîne de montage donnée sont défectueux. Si ce manufacturier emballe ces objets à raison de 300 par boîtes, quelle est la probabilité de trouver 12 objets défectueux ou plus dans une même boîte?

UTILITÉ DE CES NOTIONS

DANS LE COURS

L'utilisation d'une distribution de probabilités comme modèle d'échantillonnage de populations réelles est un concept important sur lequel s'appuient tous les chapitres ultérieurs de ce manuel. Nous reparlerons d'ailleurs régulièrement des distributions normale et binômiale dans ces chapitres. Les deux distributions en question constituent des modèles d'échantillonnage fort utiles pour beaucoup de populations réelles sur lesquelles nous expérimentons.

AU-DELÀ DU COURS

Une distribution de probabilités est un modèle théorique d'une population réelle; aussi, on risque peu d'en rencontrer une dans un journal ou une revue. Cependant, une distribution de probabilités ne diffère pas beaucoup d'un tableau de fréquences: ils se tracent et s'interprètent souvent de la même façon. Même si nous n'avons étudié que deux distributions particulières, les distributions normale et binômiale, celles-ci (et d'autres) servent de modèles pour toutes sortes d'expériences: le croisement d'espèces animales, les études en génétique et sur l'hérédité, les distributions de grandeurs et de poids, les procédures pour le contrôle de la qualité de produits manufacturiers, l'échantillonnage d'enquêtes d'opinions, les études démographiques, et ainsi de suite.

RÉSUMÉ

Nous avons introduit dans ce chapitre le concept de distribution de probabilités. Pour le décrire, il nous fallait d'abord définir ce qu'est une variable aléatoire, soit une règle ou un système de codage pour transformer en nombres des réponses observées.

Puisque la variable aléatoire traduit en nombres toutes les réponses enregistrées au niveau d'une population, la population de nombres qui en résulte a une moyenne, une variance et un écart type. Nous avons présenté les formules qui permettent de calculer ces trois paramètres.

Nous avons également signalé que ces distributions de probabilités servent de modèles mathématiques pour des populations réelles. Nous pouvons également illustrer graphiquement ces distributions; dans le cas de variables aléatoires continues, nous traçons une *courbe*; les variables aléatoires discontinues sont représentées par un *histogramme* ou un diagramme en bâtonnets.

Sur cet arrière-plan de principes généraux, nous avons superposé la présentation de deux distributions de probabilités spécifiques: la distribution normale et la distribution binômiale. Nous avons enfin expliqué comment utiliser diverses tables et formules pour calculer des probabilités.

TEST PERSONNEL SUR LE CHAPITRE CINQ

1. Une expérience binômiale est composée de n essais indépendants. Vrai ou faux?

2. Dans le cas de variables aléatoires continues, les probabilités s'expriment en termes de portions d'une surface sous une courbe. Vrai ou faux?

3. Si nous lançons 500 pièces de monnaie non faussées, nous pouvons prédire avec précision la *proportion de face*. Vrai ou faux?

4. La longueur des ouananiches du lac St-Jean se distribue normalement, avec une moyenne de 40 cm et une variance de 25 cm. Quelle est la probabilité que la prochaine ouananiche pêchée dans ce lac mesure plus de 45 cm?

(a) 0,0228 (b) 0,1587 (c) 0,3085 (d) 0,3413 (e) 0,4772
(f) 0,5228 (g) 0,6587 (h) 0,8413 (i) 0,9772 (j) 1

5. Si nous supposons que la réponse 4 est 0,3, quelle est la probabilité que, sur 5 ouananiches pêchées, trois mesurent plus de 45 cm?

(a) 0 (b) 0,002 (c) 0,028 (d) 0,03 (e) 0,132
(f) 0,162 (g) 1

6. Selon les données de la question 4, quelle est la probabilité que la prochaine ouananiche pêchée dans le lac St-Jean mesure plus de 50 cm?

(a) 0 (b) 0,0228 (c) 0,1587 (d) 0,3413 (e) 0,4772
(f) 0,5228 (g) 0,6587 (h) 0,8413 (i) 0,9772 (j) 1

(*Questions 7 à 9*) Une urne contient des boules rouges et noires. La variable aléatoire se définit comme suit: le nombre de boules qu'il faut tirer (avec remise) avant d'obtenir une boule rouge.

7. La variable aléatoire définie ci-haut est:

(a) discontinue et finie (b) discontinue et infinie
(c) continue et finie (d) continue et infinie

8. Les mesures sont-elles a) dépendantes ou b) indépendantes?

9. Cette variable se distribue-t-elle de façon binômiale?

(a) oui (b) non

10. Quelle est la moyenne d'une variable aléatoire binômiale Y?

(a) π (b) $n\pi$ (c) $\pi(1 - \pi)$ (d) $n\pi(1 - \pi)$

11. Trouver $P(Z < 0{,}2)$.

(a) 0,0080 (b) 0,0228 (c) 0,0793 (d) 0,4207 (e) 0,4772
(f) 0,4920 (g) 0,5080 (h) 0,5793 (i) 0,9772

12. Robert a obtenu un score de 50 à un test de mathématiques dont la moyenne est 30 et l'écart type 8; Julie a atteint le score 100 à un test de mathématiques dont la moyenne est 70 et l'écart type 15; Frédéric a pour sa part obtenu un score de 500 à un test dont la moyenne est 400 et l'écart type 75. Postulant que les trois distributions ont sensiblement la même forme, qui d'entre eux a obtenu le score le plus élevé par rapport aux normes du test utilisé?

(a) Robert (b) Julie (c) Frédéric (d) Tous trois égaux

13. Étant donné la variable aléatoire binômiale Y, où $n = 100$ et $\pi = 0{,}9$, trouver $P(Y \geqslant 89)$.

(a) 0 (b) 0,0675 (c) 0,0668 (d) 0,1915 (e) 0,3085
(f) 0,4325 (g) 0,4332 (h) 0,5675 (i) 0,6915 (j) 0,9332

14. Soixante-sept pour cent (67%) des cotes Z sont inférieures à cette valeur. Laquelle?
(a) 0 (b) 0,0600 (c) 0,0675 (d) 0,3300 (e) 0,4325
(f) 0,4400 (g) 0,5600 (h) 0,5675 (i) 0,8300 (j) 1

15. Une urne contient dix boules: 4 portent le chiffre 0, trois le chiffre 1, deux le chiffre 2 et une le chiffre 3. Un observateur pige une boule au hasard et note le chiffre inscrit. Quelle est la distribution de probabilités appropriée pour cette expérience?

(a)

Y	0	1	2	3
$P(Y)$	$\frac{1}{4}$	$\frac{1}{4}$	$\frac{1}{4}$	$\frac{1}{4}$

(b)

Y	0	1	2	3
$P(Y)$	$\frac{1}{10}$	$\frac{1}{10}$	$\frac{1}{10}$	$\frac{1}{10}$

(c)

Y	0	1	2	3
$P(Y)$	$\frac{4}{10}$	$\frac{3}{10}$	$\frac{2}{10}$	$\frac{1}{10}$

(d)

Y	0	1	2	3
$P(Y)$	$\frac{0}{10}$	$\frac{1}{10}$	$\frac{2}{10}$	$\frac{3}{10}$

RÉPONSES AUX EXERCICES (NUMÉROS IMPAIRS)

LEÇON 1

1. Unité d'observation: un poussin.
Caractéristique pertinente: la proportion de poussins mâles.
Variable aléatoire: X = noter 1 s'il s'agit d'un mâle et 0 s'il s'agit d'une femelle. Variable discontinue.

3. Unité d'observation: un mois.
Caractéristique pertinente: ventes brutes mensuelles.
Variable aléatoire: X = montant des ventes brutes mensuelles. Variable discontinue.

5. Unité d'observation : un épi de maïs.
Caractéristique pertinente: nombre moyen de jours nécessaires pour que le maïs arrive à maturité.
Variable aléatoire: X = nombre de jours pour mûrir. Variable discontinue (même si le temps lui-même est un concept continu).

7. Unité d'observation: une personne.
Caractéristique pertinente: tendance à émettre des comportements défensifs lors de rencontres avec des étrangers.
Variable aléatoire: X = nombre de comportements défensifs émis face à des étrangers. Variable discontinue.

LEÇON 2

1. Nombre de *pile*

x	0	1	2	3
$P(x)$	1/8	3/8	3/8	1/8

3. Cotes:

y	1	2	3	4
$P(y)$	0,20	0,60	0,15	0,05

où $y = \{$1- sous la moyenne; 2- moyen; 3- au-dessus de la moyenne; 4- excellent$\}$

5. Gains nets:

y	-1 $	799 $
$P(y)$	999/1000	1/1000

7. $P(0{,}35 < Y < 0{,}5) = 0{,}15$

LEÇON 3

1. $\mu = 4{,}5,\ \sigma^2 = 1{,}25,\ \sigma = 1{,}118$
3. $\mu = 0{,}175,\ \sigma^2 = 0{,}3544,\ \sigma = 0{,}5953$
5. $\mu = 37/15 = 2{,}4667,\qquad \sigma^2 = \frac{171}{15} - \left(\frac{37}{15}\right)^2 = 5{,}3156,\qquad \sigma = 2{,}3055$

LEÇON 4

1. $Z_F = \frac{500 - 510}{30} = -0{,}3333$

$Z_M = \frac{400 - 430}{20} = -1{,}5000$

Josianne a obtenu une meilleure performance en Français.

3. $Z = \frac{78 - 72}{4} = 1{,}5.$ Nicole a un rythme cardiaque plus rapide que Robert.

LEÇON 5

1. (a) $P(Z > 2{,}09) = 0{,}5000 - 0{,}4817 = 0{,}0183$
(b) $P(-2{,}09 < Z < 2{,}09) = 2(0{,}4817) = 0{,}9634$
(c) $P(Z > 3{,}09) = 0{,}5000 - 0{,}4990 = 0{,}0010$
(d) $P(Z < 3{,}09) = 1 - 0{,}0010 = 0{,}9990$
(e) $P(Y > 7) = P\left(Z > \frac{7-5}{1}\right) = P(Z > 2)$

$= 0{,}5000 - 0{,}4772 = 0{,}0228$

(f) $P(Y < 7) = P\left(Z < \frac{7-5}{1}\right) = P(Z < 2)$

$= 0{,}5000 + 0{,}4772 = 0{,}9772$

(g) $P(2 < Y < 7) = P\left(\frac{2-5}{1} < Z < \frac{7-5}{1}\right) = P(-3 < Z < 2)$

$= 0{,}4987 + 0{,}4772 = 0{,}9759$

(h) $P(2 > Y \text{ ou } Y > 4) = P\left(\frac{2-3}{1{,}5} > Z \text{ ou } Z > \frac{4-3}{1{,}5}\right)$

$= P(-0{,}67 > Z) + P(Z > 0{,}67) = 1 - 2(0{,}2486) = 0{,}5028$

3. $P(Y \geq 27{,}6) = P\left(Z \geq \frac{27{,}6 - 22{,}3}{2{,}1}\right) = P(Z \geq 2{,}52)$

$= 0{,}5000 - 0{,}4941 = 0{,}0059$

5. $P(67 \leq Y \leq 82) = P\left(\frac{67 - 85{,}1}{11{,}5} \leq Z \leq \frac{82 - 85{,}1}{11{,}5}\right)$

$= P(-1{,}57 \leq Z \leq -0{,}27) = 0{,}4418 - 0{,}1064 = 0{,}3354$

7. $P(Y \geq 50) = P\left(Z \geq \frac{50 - 50}{4}\right) = P(Z \geq 0) = 0{,}5000$

LEÇON 6

1. $n = 25, \quad \pi = 0{,}5, \quad \mu = 25(0{,}5) = 12{,}5,$
$\sigma = \sqrt{25(0{,}5)(0{,}5)} = 2{,}5000$

3. $n = 10, \quad \pi = 0{,}5, \quad \mu = 10(0{,}5) = 5,$
$\sigma = \sqrt{10(0{,}5)(0{,}5)} = 1{,}5811$

5. $n = 100, \quad \pi = 0{,}6, \quad \mu = 60,$
$\sigma = \sqrt{100(0{,}6)(0{,}4)} = 4{,}8990$

LEÇON 7

1. $P(2 \mid n = 5, \pi = 0{,}2) = \binom{5}{2} (0{,}2)^2(0{,}8)^3 = 0{,}205$

3. $P(2 \mid n = 4, \pi = 0{,}5) = \binom{4}{2} (0{,}5)^2(0{,}5)^2$

$= \frac{4!}{2!\,2!}(0{,}5)^4 = 0{,}375$

5. $P(10, 11, 12, 13, 14, 15 \mid n = 15, \pi = 0{,}5)$
$= 0{,}092 + 0{,}042 + 0{,}014 + 0{,}003 = 0{,}1510$

7. $P(0, 1, 2 \mid n = 25, \pi = 0{,}05) = 0{,}277 + 0{,}365 + 0{,}231 = 0{,}873$

LEÇON 8

1. $n = 200, \quad \pi = 0{,}5, \quad \mu = 100, \quad \sigma = 7{,}0711$

$P(Y \geq 115) = P\left(Z > \frac{114{,}5 - 100}{7{,}0711}\right) = P(Z > 2{,}05) = 0{,}0202$

3. $n = 78, \quad \pi = 0{,}2, \quad \mu = 15{,}6, \quad \sigma = 3{,}5327$

$$P(Y \geq 58) = P\left(Z \geq \frac{57{,}5 - 15{,}6}{3{,}5327}\right) = P(Z \geq 11{,}86) = 0{,}000$$

5. $n = 300, \quad \pi = 0{,}03, \quad \mu = 9, \quad \sigma = 2{,}9547$

$$P(Y \geq 12) = P\left(Z \geq \frac{11{,}5 - 9}{2{,}9547}\right) = P(Z \geq 0{,}85) = 0{,}1977$$

CHAPITRE SIX: LES DISTRIBUTIONS D'ÉCHANTILLONNAGE

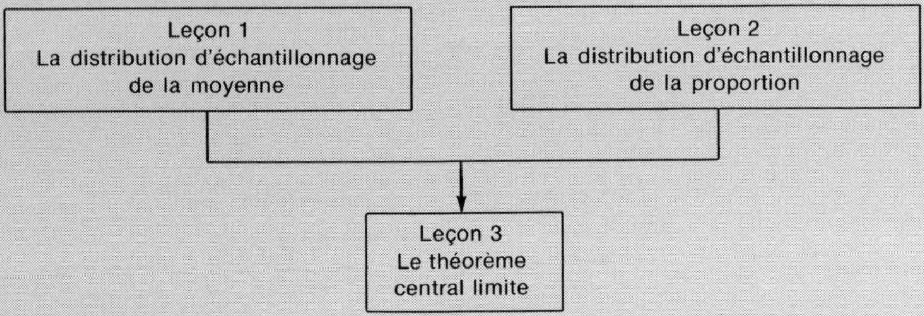

INTRODUCTION Pour découvrir comment se comportera une pièce de monnaie mal équilibrée qu'on lance en l'air, il est logique de la lancer à plusieurs reprises, en s'assurant que tous les lancers se produisent dans des conditions aussi identiques que possible. Il faut peu de temps pour se faire une idée assez précise du comportement de la pièce de monnaie. Si cette pièce comporte quelque biais ou propriété inhabituelle, ce biais ressortira sûrement au terme d'un grand nombre d'essais.

Pour découvrir la présence de tendances systématiques dans une table de nombres aléatoires, on peut extraire de cette table un échantillon de dix chiffres, puis calculer la moyenne $\overline{y}$ de ces nombres. En répétant cette expérience à plusieurs reprises et en calculant chaque fois la moyenne, on pourra construire une distribution des valeurs y obtenues sous forme d'un tableau de fréquences. Cette distribution nous donnera une idée des «patrons» (tendances systématiques) et des propriétés échantillonnales qui ont tendance à apparaître dans la table de nombres aléatoires.

La procédure ci-dessus représente une approche empirique ou expérimentale pour préciser le genre de résultats auxquels on peut s'attendre lorsqu'on échantillonne une population spécifique. Toutefois, si l'on utilise comme fondements les concepts de probabilité et de distribution de probabilités, il devient possible d'aborder d'un point de vue plus théorique la tâche d'identification des propriétés et caractéristiques du processus d'échantillonnage.

La procédure de sélection au sein d'une population d'un échantillon au hasard de n observations peut générer un espace échantillonnal composé de *tous les résultats possibles* qui peuvent survenir. Si, pour chaque échantillon possible de taille n, on calcule par exemple la moyenne des observations, on obtiendra alors une distribution de probabilités des valeurs moyennes de cette variable aléatoire. Ce type de distribution de probabilités porte le nom de *distribution d'échantillonnage*. Nous allons étudier dans ce chapitre les propriétés de divers types de distributions d'échantillonnage et présenter l'un des théorèmes les plus importants de la statistique mathématique, le *théorème central limite*.

VOCABULAIRE

Distribution d'échantillonnage de moyennes d'échantillons
Distribution d'échantillonnage de proportions échantillonnales
Théorème central limite

LEÇON 1 LA DISTRIBUTION D'ÉCHANTILLONNAGE DE LA MOYENNE

Tâche: pouvoir construire la distribution d'échantillonnage des moyennes d'une petite population. Pouvoir calculer $\mu_{\overline{y}}$ et $\sigma^2_{\overline{y}}$ et les relier aux valeurs correspondantes μ et σ^2 de la population.

DÉFINITION

Distribution d'échantillonnage de moyennes d'échantillons: supposons que nous sélectionnons un échantillon de taille n d'une population définie par une moyenne μ et une variance σ^2. Puis, nous calculons la moyenne $\overline{y}$ de cet échantillon. Si nous recommençons cette procédure d'échantillonnage simple jusqu'à ce que tous les résultats échantillonnaux possibles aient été obtenus, l'ensemble des moyennes $\overline{y}$ ainsi obtenues constituera une distribution d'échantillonnage.

La moyenne de ces moyennes échantillonnales, symbolisée par $\mu_{\overline{y}}$, est égale à la moyenne μ de la population: $\mu_{\overline{y}} = \mu$.

Si les échantillons sont extraits avec remise ou proviennent d'une population de taille infinie, la variance de la distribution de toutes les moyennes échantillonnales possibles, symbolisée par $\sigma^2_{\overline{y}}$, sera alors égale à la variance σ^2 de la population, divisée par la taille n de l'échantillon. C'est-à-dire,

$$\sigma^2_{\overline{y}} = \frac{\sigma^2}{n}$$

Si nous sélectionnons les échantillons sans remise à partir d'une population finie de N nombres, la relation entre la variance de la population et la variance des moyennes échantillonnales sera

$$\sigma^2_{\overline{y}} = \frac{\sigma^2}{n}\left(\frac{N - n}{N - 1}\right)$$

L'expression $(N - n)/(N - 1)$ porte le nom de *facteur de correction d'une population finie* échantillonnée sans remise.

DISCUSSION

Ainsi que nous l'avons déjà signalé, l'objectif de ce chapitre consiste à découvrir les lois générales qui gouvernent les processus d'échantillonnage et leurs résultats. Nous désirons connaître plus spécifiquement toutes les valeurs que peuvent prendre les moyennes échantillonnales $\overline{y}$ lorsqu'un échantillon de taille n est tiré d'une population quelconque.

Dans le but de découvrir ces lois générales, nous allons répéter un très grand nombre de fois une procédure d'échantillonnage donnée, en calculant chaque fois la moyenne échantillonnale $\overline{y}$. On se trouve à créer de cette façon une distribution de moyennes échantillonnales. Ces moyennes échantillonnales $\overline{y}$ tendent à se concentrer autour de la moyenne μ de la population. De même, la distribution des moyennes échantillonnales tend à manifester une dispersion moindre que celle des valeurs y de la population d'origine. Ceci s'explique par le fait que le calcul d'une moyenne atténue les influences des valeurs extrêmes qui contribuent à la variabilité de la population d'origine.

Au plan théorique, ce procédé implique l'extraction d'un échantillon au hasard de n mesures (avec ou sans remise), le calcul de $\overline{y}$, puis la remise des n mesures dans la population. On sélectionne de nouveau un échantillon au hasard de taille n et on continue cette procédure jusqu'à ce qu'on ait tiré tous les échantillons possibles de taille n. De cette façon, nous générons une nouvelle population composée de moyennes échantillonnales $\overline{y}$, qu'on appelle la *distribution d'échantillonnage de la moyenne.*

Il s'agit là d'un procédé similaire à celui qui consiste à construire un espace échantillonnal composé de tous les résultats pouvant être obtenus en tirant d'une population un échantillon de n mesures et en calculant la moyenne $\overline{y}$ (une variable aléatoire) de chacun des échantillons de taille n obtenus. Cette distribution d'échantillonnage de la moyenne $\overline{y}$ est une distribution de probabilités, conformément à la définition donnée dans le chapitre CINQ.

On utilise les symboles $\mu_{\overline{y}}$ et $\sigma^2_{\overline{y}}$ pour répresenter la moyenne et la variance de cette distribution théorique. Ces symboles indiquent que nous avons affaire à une distribution de moyennes échantillonnales qui présente les liens suivants avec la moyenne et la variance de la population d'origine.

$$\mu_{\overline{y}} = \mu \qquad \text{et} \qquad \sigma^2_{\overline{y}} = \frac{\sigma^2}{n}$$

En d'autres termes, la moyenne de population $\mu_{\overline{y}}$ de la distribution de moyennes échantillonnales est égale à la moyenne μ de la population parente; la variance $\sigma^2_{\overline{y}}$ de la distribution de moyennes échantillonnales est égale à la variance σ^2 de la population parente, divisée par la taille n de l'échantillon.

Lorsque nous échantillonnons avec remise ou lorsque la population est de taille illimitée, nous utilisons la formule ci-dessus pour $\sigma^2_{\overline{y}}$. Toutefois, si nous échantillonnons sans remise à partir d'une population limitée de taille N, alors il nous faudra plutôt utiliser la formule suivante:

$$\sigma^2_{\overline{y}} = \frac{\sigma^2}{n}\left(\frac{N - n}{N - 1}\right)$$

L'expression $(N - n)/(N - 1)$ correspond au facteur de correction pour une population limitée. Lorsque N est très grand par comparaison à n, ce facteur de correction devient presque égal à 1, de sorte que nous pouvons l'ignorer.

Il est possible de vérifier ces formules dans le cas d'une petite population, à la condition d'extraire *tous* les échantillons possibles et de calculer la moyenne de chacun de ces échantillons. Lorsque nous avons calculé toutes les moyennes échantillonnales possibles, il suffit de calculer de la façon habituelle la moyenne et la variance (voir le chapitre TROIS).

DISCUSSION SIMPLIFIÉE

Examinez l'appareil d'échantillonnage illustré dans la figure 6.1. Cet appareil puise dans la cuve de la population un nombre donné n de mesures y; il les choisit une à la fois ou par groupes, avec ou sans remise. Ces valeurs y sont ensuite jetées dans la trémie de l'appareil. Celui-ci calcule la moyenne échantillonnale $\bar{y}$ des n mesures. La moyenne échantillonnale est ensuite éjectée à l'avant de l'appareil où elle tombe dans une urne qui contient toutes les moyennes échantillonnales $\bar{y}$, cependant que les n mesures y sont retournées dans la cuve de la population. Puis, l'appareil recommence ce processus.

L'appareil poursuit cette opération jusqu'à ce qu'il ait extrait tous les échantillons possibles de n mesures.

Les moyennes accumulées dans l'urne constituent la distribution d'échantillonnage des moyennes. Étant donné que cet appareil d'échantillonnage est programmé de façon à sélectionner méthodiquement tous les échantillons possibles, la moyenne des moyennes échantillonnales contenues dans l'urne sera égale à la moyenne de la population qui se trouve dans le récipient: $\mu_{\bar{y}} = \mu$. La variance des moyennes échantillonnales est reliée à la variance de la population par le biais des formules données dans la définition, de telle sorte que la variance $\sigma^2_{\bar{y}}$ est toujours plus petite que celle de la population d'origine, dans la mesure où $n > 1$.

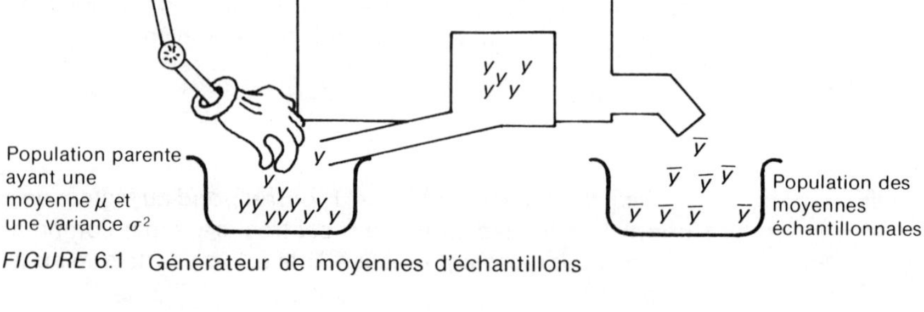

FIGURE 6.1 Générateur de moyennes d'échantillons

EXEMPLES

Pour chacun des problèmes suivants, faire la liste de tous les échantillons possibles et calculer la moyenne et la variance de la distribution de la moyenne échantillonnale.

1. Une population se compose des nombres 8, 10 et 12. On tire, avec remise, de cette population un échantillon de taille $n = 2$. Démontrer que $\mu_{\bar{y}} = \mu$ et que $\sigma^2_{\bar{y}} = \sigma^2/n$.

Solution. La population se compose des nombres (8, 10, 12). Donc,

$$\mu = \frac{\Sigma y}{N} = \frac{8 + 10 + 12}{3} = \frac{30}{3} = 10$$

et

$$\sigma^2 = \frac{\Sigma(y - \mu)^2}{N} = \frac{(8 - 10)^2 + (10 - 10)^2 + (12 - 10)^2}{3} = \frac{8}{3}$$

La figure 6.2 illustre la distribution de la population.

L'espace échantillonnal composé de tous les échantillons possibles de taille $n = 2$, ainsi que les moyennes $\bar{y}$ de chacun de ces échantillons sont présentés dans le tableau suivant.

LISTE DE TOUS LES ÉCHANTILLONS POSSIBLES	POPULATION DES MOYENNES ÉCHANTILLON-NALES $\bar{y}$	LISTE DE TOUS LES ÉCHANTILLONS POSSIBLES	POPULATION DES MOYENNES ÉCHANTILLON-NALES $\bar{y}$
8, 8	8	10, 12	11
8, 10	9	12, 8	10
8, 12	10	12, 10	11
10, 8	9	12, 12	12
10, 10	10		

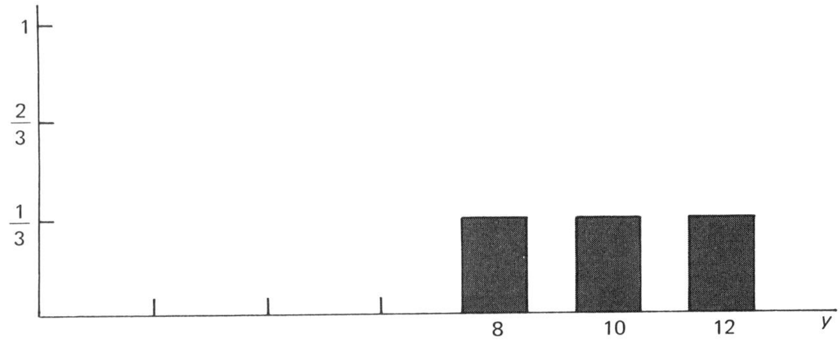

FIGURE 6.2 Distribution de la population

Donc,

$$\mu_{\bar{y}} = \frac{\Sigma \bar{y}}{N} = \frac{8 + 9 + \cdots + 11 + 12}{9} = \frac{90}{9} = 10$$

et

$$\begin{aligned}\sigma_{\bar{y}}^2 &= \frac{\Sigma(\bar{y} - \mu_{\bar{y}})^2}{N} \\ &= \frac{(8 - 10)^2 + (9 - 10)^2 + \cdots + (11 - 10)^2 + (12 - 10)^2}{9} \\ &= \frac{12}{9} = \frac{4}{3}\end{aligned}$$

La comparaison des résultats nous donne $\mu_{\bar{y}} = 10$, $\mu = 10$ et

$$\frac{\sigma^2}{n} = \frac{8/3}{2} = \frac{4}{3} = \sigma_{\bar{y}}^2$$

Donc,

$$\mu_{\bar{y}} = \mu \qquad \text{and} \qquad \sigma_{\bar{y}}^2 = \frac{\sigma^2}{n}$$

La figure 6.3 présente la distribution de la moyenne échantillonnale $\bar{y}$.

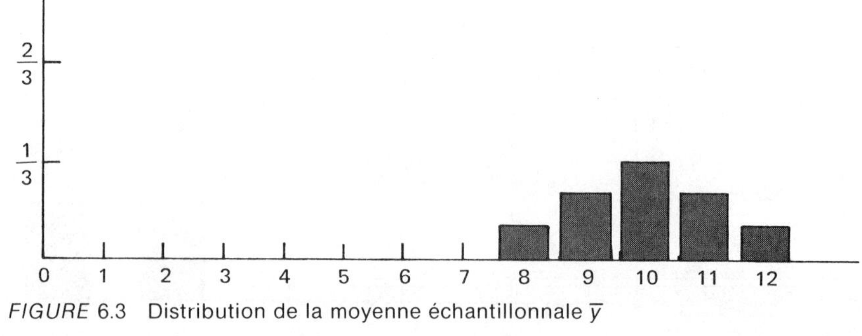

FIGURE 6.3 Distribution de la moyenne échantillonnale $\bar{y}$

2. En utilisant les données de l'exemple précédent, supposons maintenant que l'échantillonnage s'effectue sans remise. Démontrer que $\mu_{\bar{y}} = \mu$ et que

$$\sigma_{\bar{y}}^2 = \frac{\sigma^2}{n}\left(\frac{N-n}{N-1}\right)$$

Solution. La population demeure la même; donc $\mu = 10$ et $\sigma^2 = 8/3$. Le tableau suivant présente la liste de tous les échantillons de taille $n = 2$ qui peuvent être obtenus à partir d'une méthode d'échantillonnage sans remise.

LISTE DE TOUS LES ÉCHANTILLONS POSSIBLES	POPULATION DES MOYENNES ÉCHANTILLONNALES $\bar{y}$
8, 10	9
8, 12	10
10, 12	11

Donc,

$$\mu_{\bar{y}} = \frac{\Sigma \bar{y}}{N} = \frac{9 + 10 + 11}{3} = 10$$

$$\sigma_{\bar{y}}^2 = \frac{\Sigma(\bar{y} - \mu_{\bar{y}})^2}{N} = \frac{(9-10)^2 + (10-10)^2 + (11-10)^2}{3} = \frac{2}{3}$$

La comparaison des résultats nous donne $\mu_{\bar{y}} = 10$, $\mu = 10$, et

$$\frac{\sigma^2}{n} \cdot \frac{(N-n)}{N-1} = \frac{8/3}{2} \cdot \frac{(3-2)}{3-1} = \frac{2}{3} = \sigma_{\bar{y}}^2$$

Donc, $\mu_{\bar{y}} = \mu$ et

$$\sigma_{\bar{y}}^2 = \frac{\sigma^2}{n}\left(\frac{N-n}{N-1}\right)$$

EXERCICES

Pour chacun des problèmes suivants, faire la liste de tous les échantillons possibles et calculer la moyenne et la variance de la distribution de la moyenne échantillonnale.

1. Une population se compose des nombres 2, 3, 4. En supposant que l'échantillonnage s'effectue avec remise, faire la liste de tous les échantillons possibles de taille $n = 2$. Vérifier que $\mu_{\bar{y}} = \mu$ et que $\sigma_{\bar{y}}^2 = \sigma^2/n$.

2. Nous tirons, sans remise, des échantillons de taille $n = 3$ à partir d'une famille de cinq enfants. Les enfants sont âgés respectivement de 16, 13, 10, 7 et 4 ans. Construire l'histogramme de la distribution de la moyenne échantillonnale; vérifier que $\mu = \mu_{\bar{y}}$ et que

$$\sigma^2_{\bar{y}} = \frac{\sigma^2}{n}\left(\frac{N-n}{N-1}\right)$$

3. Dans le but d'attirer les clients, une personne d'affaires décide d'inventer un jeu de hasard pour distribuer des cadeaux-boni. Le jeu consiste à piger, sans remise, deux billets dans un chapeau qui en contient quatre. Sur chaque billet est inscrit un nombre qui représente le montant gagné. Chaque client doit tirer deux billets et il reçoit la moyenne des montants inscrits sur chacun des billets. Si ces montants valent respectivement 1$, 5$, 49$ et 99$, à quel gain moyen par client la personne doit-elle s'attendre? Que vaut $\sigma^2_{\bar{y}}$?

4. Supposons que la personne d'affaires du problème précédent décide de changer les règles du jeu et demande au client de retourner le billet dans le chapeau après chaque tirage. Que vaut $\mu_{\bar{y}}$? $\sigma^2_{\bar{y}}$? Est-ce que $\mu_{\bar{y}} = \mu$? Est-ce que $\sigma^2_{\bar{y}} = \sigma^2/n$?

LEÇON 2 LA DISTRIBUTION D'ÉCHANTILLONNAGE DE LA PROPORTION

Tâche: pouvoir construire pour une petite population la distribution d'échantillonnage de la proportion p; pouvoir calculer μ_p et σ_p et les relier à la proportion π de la population.

DÉFINITION *Distribution d'échantillonnage de la proportion échantillonnale:* supposons que vous sélectionnez un échantillon de taille n à l'intérieur d'une population où une proportion π de membres possède une certaine caractéristique. Supposons de plus que vous calculez la proportion échantillonnale p. Si vous répétez cette simple procédure d'échantillonnage jusqu'à ce que vous ayez épuisé tous les échantillons possibles, l'ensemble des proportions échantillonnales p qui en résulte constitue une distribution de probabilités; elle a pour nom *distribution d'échantillonnage de la proportion échantillonnale p.*

La moyenne μ_p de ces proportions échantillonnales est égale à la proportion π de la population: $\mu_p = \pi$.

Si les échantillons sont tirés avec remise ou s'ils proviennent d'une population illimitée, la variance de la distribution de toutes les proportions échantillonnales possibles, symbolisée par σ_p^2, sera reliée à π comme suit:

$$\sigma_p^2 = \frac{\pi(1 - \pi)}{n}$$

Si les échantillons sont tirés sans remise d'une population limitée, alors le lien entre les variances prendra la forme suivante:

$$\sigma_p^2 = \frac{\pi(1 - \pi)}{n}\left(\frac{N - n}{N - 1}\right)$$

L'expression $(N - n)/(N - 1)$ représente le facteur de correction pour une population finie. Cette distribution d'échantillonnage appartient à la catégorie des distributions binômiales.

DISCUSSION Supposons qu'il nous soit possible de classer les unités d'une population donnée dans l'une ou l'autre de deux catégories (par exemple, homme ou femme, Républicain ou Démocrate, défectueux ou non, etc.). Nous tirons de cette population un échantillon de taille n, puis nous calculons la proportion échantillonnale p. Quelle est l'étendue des valeurs que p peut prendre? Que peut-on dire à propos du fonctionnement de cette procédure d'échantillonnage? Pour répondre à ces questions, nous allons construire la distribution d'échantillonnage de la proportion échantillonnale p en procédant de la même façon que dans le cas de la distribution d'échantillonnage de la moyenne d'échantillons. Ceci signifie que nous répétons la procédure d'échantillonnage jusqu'à ce que nous ayons épuisé tous les échantillons possibles. La distribution résultante de proportions échantillonnales p tend à se centrer autour de la proportion vraie de la population, soit π. De fait, la distribution théorique se définit par la moyenne et la variance suivantes:

$$\mu_p = \pi \qquad \text{et} \qquad \sigma_p^2 = \frac{\pi(1 - \pi)}{n}$$

Nous utilisons la formule ci-dessus pour σ_p^2 lorsque l'échantillonnage s'effectue avec remise ou qu'il porte sur une population illimitée. Cependant, lorsque l'échantillonnage est fait sans remise à partir d'une population limitée de taille N, alors la variance se calcule plutôt comme suit:

$$\sigma_p^2 = \frac{\pi(1 - \pi)}{n}\left(\frac{N - n}{N - 1}\right)$$

DISCUSSION SIMPLIFIÉE

On trouve illustré dans la figure 6.4 un appareil d'échantillonnage que nous avons nommé «générateur de proportions». Cet appareil génère une distribution de proportions échantillonnales à partir d'une population où la proportion est π. Il s'agit là essentiellement d'une distribution binômiale en raison de la nature de la population et de la méthode d'échantillonnage utilisée.

Le bras de l'appareil puise un échantillon de n boules dans la cuve de la population et le jette dans la trémie (cet échantillonnage se fait sans remise). Alors, le générateur de proportions détermine la proportion p de boules noires dans l'échantillon. Cette proportion p est éjectée dans l'urne qui se trouve à l'avant de l'appareil, cependant que l'échantillon est retourné dans la cuve de la population. On répète cette procédure jusqu'à ce que soient établies les propriétés générales de la distribution d'échantillonnage.

En supposant que l'appareil soit programmé pour sélectionner systématiquement tous les échantillons possibles, on peut démontrer que la distribution d'échantillonnage obtenue possède les caractéristiques suivantes:

$$\mu_p = \pi \qquad \text{et} \qquad \sigma_p^2 = \frac{\pi(1 - \pi)}{n}\left(\frac{N - n}{N - 1}\right)$$

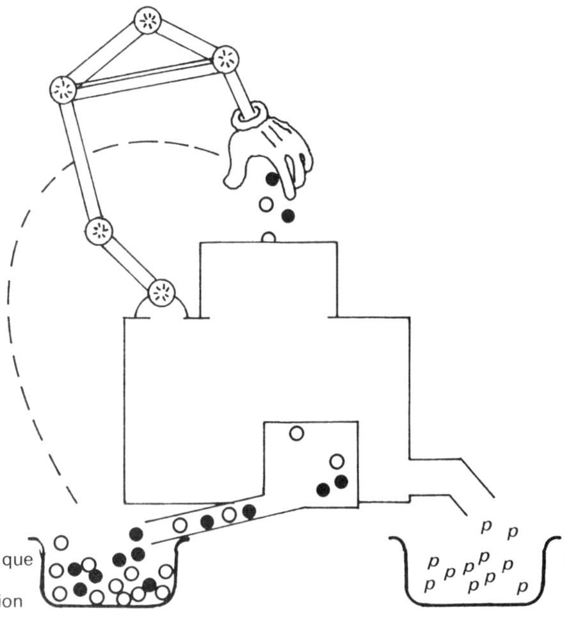

FIGURE 6.4 Générateur de proportions

La variance ci-dessus provient d'un échantillonnage sans remise au sein d'une population *finie*. S'il y a remise, la variance devient:

$$\sigma_p^2 = \frac{\pi(1 - \pi)}{n}$$

On peut modifier le fonctionnement de l'appareil de façon à ce qu'il sélectionne un échantillon de taille n avec remise. Le bras choisit alors une seule boule à la fois et la dépose dans la trémie. La boule circule à travers l'appareil et sa caractéristique (noire ou blanche) est enregistrée; puis elle retombe dans la cuve de la population. Lorsque n boules ont été ainsi sélectionnées, la proportion p de boules noires est éjectée dans l'urne située à droite. L'opération est répétée jusqu'à ce qu'un autre échantillon de taille n ait été sélectionné, et ainsi de suite. Nous adoptons les formules de variance

$$\frac{\pi(1 - \pi)}{n} \quad \text{ou} \quad \frac{\pi(1 - \pi)}{n}\left(\frac{N - n}{N - 1}\right)$$

selon les conditions d'échantillonnage précisées dans les définitions.

Ces formules impliquent que la proportion échantillonnale p tend à se centrer autour de la valeur de la vraie proportion π et que la variance de la distribution est prévisible et dépendante de la proportion π de la population.

EXEMPLES

Pour chacun des problèmes suivants, calculer la moyenne et la variance de la distribution de la proportion échantillonnale; comparer ces résultats à ceux obtenus à l'aide des formules présentées dans cette leçon.

1. Nous choisissons un échantillon de taille $n = 2$ à partir d'une très petite population composée de deux hommes (H) et d'une femme (F). L'échantillonnage s'effectue avec remise. Nous nous intéressons à la proportion d'hommes. Vérifier les relations suivantes.

$$\mu_p = \pi \qquad \text{et} \qquad \sigma_p^2 = \frac{\pi(1-\pi)}{n}$$

Solution.

POPULATION	LISTE DE TOUS LES ÉCHANTILLONS POSSIBLES	p
H_1, H_2, F	H_1, H_1	1
	H_1, H_2	1
	H_1, F	½
	H_2, H_1	1
	H_2, H_2	1
	H_2, F	½
	F, H_1	½
	F, H_2	½
	F, F	0
		6

$$\pi = \frac{2}{3} \qquad \text{et} \qquad \mu_p = \frac{6}{9} = \frac{2}{3}$$

$$\sigma_p^2 = \frac{\Sigma(p-\mu_p)^2}{n} = \frac{(1-\frac{2}{3})^2 + \cdots + (0-\frac{2}{3})^2}{9} = \frac{1}{9}$$

De plus,

$$\frac{\pi(1-\pi)}{n} = \frac{\frac{2}{3}(1-\frac{2}{3})}{2} = \frac{1}{9} = \sigma_p^2$$

Donc

$$\mu_p = \pi \qquad \text{et} \qquad \sigma_p^2 = \frac{\pi(1-\pi)}{n}$$

La figure 6.5 illustre la distribution de la proportion échantillonnale p.

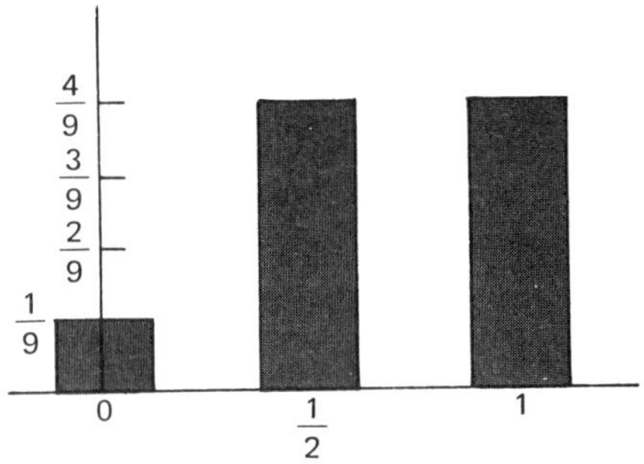

FIGURE 6.5 Distribution de la proportion échantillonnale p

2. Reprenons l'exemple précédent, mais en supposant cette fois que l'échantillonnage s'effectue sans remise.

Solution.

POPULATION	LISTE DE TOUS LES ÉCHANTILLONS POSSIBLES	p
H_1, H_2, F	H_1, H_2	1
	H_1, F	½
	H_2, H_1	1
	H_2, F	½
	F, H_1	½
	F, H_2	½
		4

$$\pi = \frac{2}{3}, \qquad \mu_p = \frac{4}{6} \text{ ou } \frac{2}{3}, \quad \sigma_p^2 = \frac{\Sigma(p - \mu_p)^2}{N}$$

$$= \frac{(1 - \frac{2}{3})^2 + \dots + (\frac{1}{2} - \frac{2}{3})^2}{6} = \frac{1}{18}$$

De plus,

$$\frac{\pi(1 - \pi)}{n}\left(\frac{N - n}{N - 1}\right) = \frac{\frac{2}{3}(1 - \frac{2}{3})}{2} \cdot \frac{(3 - 2)}{2} = \frac{1}{18} = \sigma_p^2$$

Donc,

$$\mu_p = \pi \qquad \text{et} \qquad \sigma_p^2 = \frac{\pi(1 - \pi)}{n}\left(\frac{N - n}{N - 1}\right)$$

EXERCICES Vérifier les formules présentées ci-haut en construisant au besoin l'histogramme de la distribution d'échantillonnage.

1. Une boîte contient trois oeufs frais et un oeuf gâté. Vous pigez deux oeufs, sans remise, et vous notez la proportion d'oeufs frais. Construire l'histogramme de la distribution de p; vérifier que $\mu_p = \pi$ et que

$$\sigma_p^2 = \frac{\pi(1 - \pi)}{n}\left(\frac{N - n}{N - 1}\right)$$

2. En utilisant les données du problème précédent, supposons maintenant que l'échantillonnage s'effectue avec remise. Vérifier que $\mu_p = \pi$ et que

$$\sigma_p^2 = \frac{\pi(1 - \pi)}{n}$$

3. Comment interprétez-vous le fait que

$$\frac{\pi(1 - \pi)}{n}\left(\frac{N - n}{N - 1}\right) \quad \text{soit plus petit que} \quad \frac{\pi(1 - \pi)}{n}?$$

4. Une distributrice de gomme à mâcher contient trois gommes rouges et une gomme verte. François insère successivement deux pièces de monnaie dans la distributrice et note la proportion de gommes rouges qu'il obtient. Construire l'histogramme de la distribution de p; vérifier que $\mu_p = 3/4$ et que

$$\sigma_p^2 = \frac{\frac{3}{4}(1 - \frac{3}{4})}{2}\left(\frac{4 - 2}{4 - 1}\right)$$

LEÇON 3 LE THÉORÈME CENTRAL LIMITE

Tâche: pouvoir appliquer le théorème central limite pour obtenir des probabilités approximatives, avec l'aide d'une table de la distribution normale centrée-réduite.

DÉFINITION

Théorème central limite: (1) Supposons qu'un échantillon est tiré d'une population de moyenne μ et de variance σ^2. S'il est composé d'un nombre n élevé de mesures, alors la distribution d'échantillonnage de la moyenne échantillonnale $\overline{y}$ aura une forme plus voisine d'une distribution normale ou en cloche que si l'échantillon est composé d'un petit nombre de mesures. Plus la taille n de l'échantillon croît vers l'infini, plus la distribution d'échantillonnage de $\overline{y}$ tend à se rapprocher de plus en plus de la distribution normale en forme de cloche. La moyenne et la variance de cette distribution d'échantillonnage s'expriment comme suit:

$$\mu_{\overline{y}} = \mu \qquad \text{et} \qquad \sigma^2_{\overline{y}} = \frac{\sigma^2}{n}$$

Ces phénomènes et relations portent le nom de théorème central limite.

(2) Supposons que l'on tire un échantillon de la même façon qu'en (1) ci-dessus, mais qu'on calcule dans cet échantillon la proportion p d'unités qui possèdent une certaine caractéristique. À mesure que n croît, la distribution d'échantillonnage de la proportion p s'approche de la distribution normale, de sorte que

$$\mu_p = \pi \qquad \text{et} \qquad \sigma^2_p = \frac{\pi(1 - \pi)}{n}$$

Ici, π désigne la proportion de la population.

DISCUSSION

Nous avons déjà démontré que des moyennes échantillonnales issues de l'échantillonnage répété d'une même population tendent à se centrer autour de la moyenne μ de la population. Ce processus de centration engendre une distribution en forme de cloche, en ce sens que la plupart des moyennes échantillonnales se regroupent tout près de la moyenne de la population et deviennent de plus en plus rares à mesure qu'on s'éloigne de la moyenne de la population.

On peut confirmer et synthétiser mathématiquement ce regroupement en forme de cloche à l'aide du *théorème central limite*. Ce théorème ne limite aucunement la forme de la distribution de la population. Celle-ci peut avoir une asymétrie positive ou négative, être polynômiale ou rectangulaire, etc. Quelle que soit la forme de la distribution d'origine, la distribution des moyennes échantillonnales tend vers la normalité à mesure que s'accroît la taille des échantillons tirés.

En raison de son couplage avec le théorème central limite, la distribution normale constitue sans contredit la plus importante distribution que nous allons utiliser en statistique. Elle nous permet de préciser de façon approximative quelle est la probabilité que $\bar{y}$ se situe à l'intérieur de limites données; on utilise pour ce faire les tables de la distribution normale centrée-réduite. On peut estimer ces probabilités indépendamment de la grandeur de la population. L'estimation devient d'autant plus précise que s'accroît la taille n de l'échantillon.

Quelle doit être la taille minimum des échantillons pour que l'on puisse être assurés d'approximations assez justes lors de l'emploi de cette technique? On reconnaît généralement comme suffisant un $n \geqslant 30$; toutefois, si la population se distribue assez symétriquement, il devient possible d'obtenir de très bonnes approximations avec un échantillon de grandeur aussi réduite que 10.

Le même théorème s'applique à la distribution échantillonnale de la proportion (voir la leçon 2). D'ailleurs, dans le chapitre CINQ (leçon 8), lorsque nous avons utilisé la courbe normale comme représentation approximative de la distribution binômiale, nous nous trouvions de fait à appliquer à cette situation le théorème central limite.

DISCUSSION SIMPLIFIÉE

Imaginons une population composée des nombres 1, 1, 1, 2, 2, 3. L'histogramme de cette population présente une asymétrie positive, autour d'une moyenne de $1\frac{2}{3}$ et d'une variance de $\frac{5}{9}$ (on calcule ces valeurs de la façon usuelle ; voir le chapitre TROIS). Cet histogramme se trouve illustré dans la figure 6.6.

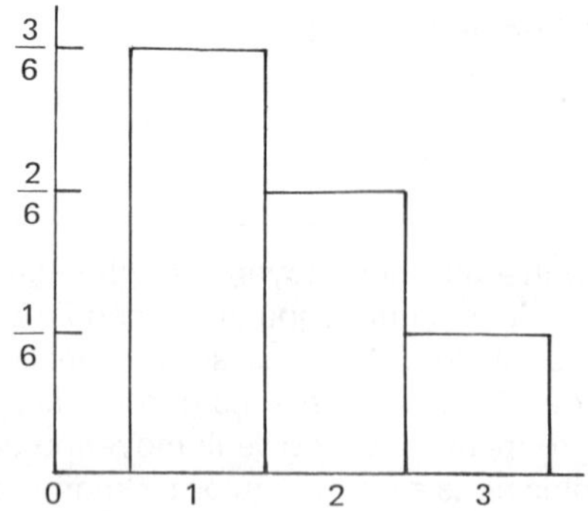

FIGURE 6.6

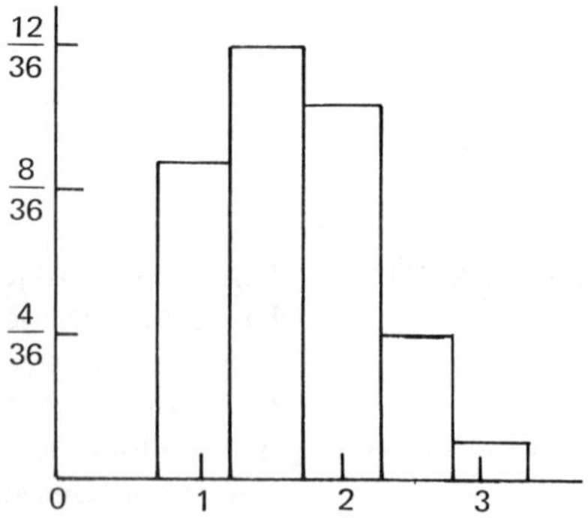

FIGURE 6.7

Imaginons maintenant que nous tirons de cette population un échantillon de taille 2($n = 2$), en procédant par échantillonnage avec remise. La moyenne $\mu_{\bar{y}}$ de la distribution de ces moyennes échantillonnales serait égale à μ, donc $\mu_{\bar{y}} = 1\frac{2}{3}$. La variance serait

$$\sigma_{\bar{y}}^2 = \frac{\sigma^2}{n} = \frac{5/9}{2} = \frac{5}{18}$$

La figure 6.7 illustre la distribution des moyennes échantillonnales après utilisation de tous les échantillons possibles de grandeur 2. Cette distribution de $\bar{y}$ présente elle aussi une asymétrie positive; cependant, alors que la distribution des valeurs y de la population ne ressemble aucunement à une cloche, la distribution des $\bar{y}$ commence à épouser quelque peu cette forme.

Si nous construisons maintenant la distribution échantillonnale de toutes les moyennes échantillonnales pour des échantillons de taille 3 ($n = 3$), sa moyenne et sa variance prendront les valeurs suivantes:

$$\mu_{\bar{y}} = \mu = 1\tfrac{2}{3}$$

et

$$\sigma_{\bar{y}}^2 = \frac{\sigma^2}{n} = \frac{5/9}{3} = \frac{5}{27}$$

Cet histogramme est reproduit dans la figure 6.8. On note dans cette figure une forme en cloche nettement plus prononcée que dans le cas de la figure 6.7. Si nous continuions à faire croître la taille n des échantillons, nous verrions clairement illustrés les résultats du théorème central limite: l'histogramme se rapprocherait progressivement d'une courbe bien régulière en forme de cloche, typique de la distribution normale.

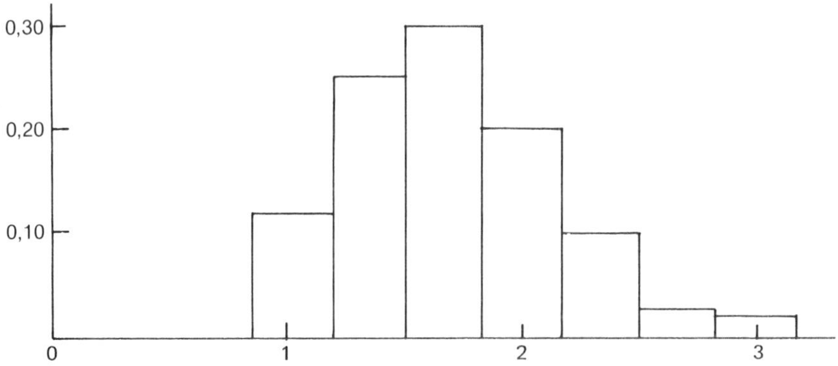

FIGURE 6.8

Aussi, nous pouvons utiliser les tables de la distribution normale centrée-réduite pour calculer approximativement les probabilités associées aux surfaces de l'histogramme. Ces approximations deviennent plus précises à mesure que n grandit, en conservant comme critère que la précision devient très satisfaisante lorsque $n \geqslant 30$. Toutefois, si la population d'origine se distribue à peu près normalement, la procédure d'approximation fonctionne très bien avec des échantillons aussi petits que 10.

On pourrait démontrer le même phénomène en échantillonnant dans une population où une proportion π des membres partagent une même caractéristique. Dans ce cas:

$$\sigma_p^2 = \frac{\pi(1 - \pi)}{n}$$

EXEMPLES

Pour chacun des problèmes suivants, appliquer tel que demandé le théorème central limite.

1. Une grande compagnie désire estimer le salaire annuel moyen de ses employés à partir d'un échantillon composé de 100 individus choisis au hasard. Les experts s'attendent à ce que la distribution des salaires soit légèrement asymétrique et, de plus, ils ont la certitude que l'écart type de cette distribution est à peu près égal à 1500 \$. Quelle est la probabilité d'obtenir une moyenne échantillonnale $\overline{y}$ située à moins de 200 \$ (en plus ou en moins) du salaire moyen réel?

Solution. Voici la moyenne, la variance et l'écart type de la distribution de la moyenne échantillonnale:

$$\mu_{\overline{y}} = \mu, \qquad (\mu \text{ est inconnue})$$

$$\sigma_{\overline{y}}^2 = \frac{2\ 250\ 000}{100} = 22\ 500$$

$$\sigma_{\overline{y}} = \sqrt{\sigma_{\overline{y}}^2} = \sqrt{22\ 500} = 150$$

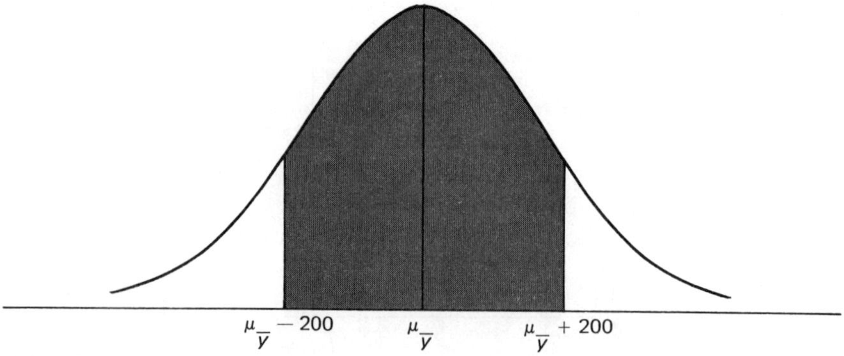

FIGURE 6.9

Puisqu'il s'agit d'un grand échantillon, le théorème central limite s'applique. La portion ombrée de la figure 6.9 représente la surface à déterminer et la cote Z se calcule comme suit:

$$Z = \frac{(\mu_{\bar{y}} + 200) - \mu_{\bar{y}}}{\sigma_{\bar{y}}} = \frac{200}{150} = 1\tfrac{1}{3} \quad \text{ou} \quad 1{,}33$$

La surface comprise entre $\mu_{\bar{y}}$ et $\mu_{\bar{y}} + 200$ est égale à celle comprise entre $Z = 0$ et $Z = 1{,}33$ de la distribution normale centrée-réduite. À l'aide de la table, nous obtenons pour $Z = 1{,}33$ une surface égale à 0,4082. La surface recherchée est donc égale au double de celle-ci, soit 0,8164. En d'autres termes, la moyenne échantillonnale $\bar{y}$ se situera à l'intérieur de la limite de 200 \$ autour de la moyenne réelle dans environ 82% des cas.

2. En nous appuyant sur les données du problème précédent, devrions-nous nous surprendre d'obtenir une moyenne échantillonnale égale à 8500 \$ lorsque la moyenne réelle est égale à 8200 \$?

Solution. Dans le cas présent, $\bar{y} = 8500$ \$, $\mu = 8200$ \$ et, comme auparavant, $\sigma_{\bar{y}} = 150$. Donc,

$$Z = \frac{\bar{y} - \mu}{\sigma_{\bar{y}}} = \frac{8500 - 8200}{150} = \frac{300}{150} = 2$$

En d'autres termes, la valeur 8500 \$ se situe à deux écarts types au-dessus de la moyenne réelle de 8200 \$. À l'aide de la table de la distribution normale centrée-réduite, nous déterminons qu'un écart égal ou supérieur à celui-ci ne devrait se produire que dans 2,28% des cas.

3. Le centre de recherche sur l'opinion commune mène une enquête auprès d'un échantillon composé de 1000 votants choisis au hasard dans un comté du Québec. Leur rapport indique que 34% des votants appuient le candidat Cinsenne. Le candidat, par contre, soutient qu'il reçoit l'appui d'au moins 40% des votants et que ce pourcentage ne cesse de croître à mesure que sa campagne avance. Il rejette donc les résultats de l'enquête et conclut que cet écart est attribuable aux fluctuations dues à l'échantillonnage. Êtes-vous d'accord avec le candidat Cinsenne ou devriez-vous lui recommander d'intensifier sa campagne?

Solution. Ce problème est de type binômial; mais, puisqu'il s'agit d'un grand échantillon, le théorème central limite s'applique et nous pouvons utiliser la distribution normale pour calculer les probabilités. Dans le cas présent, c'est la variabilité de la proportion échantillonnale qui nous intéresse (ce que nous désirons connaître c'est la valeur de σ_p). Si l'affirmation du candidat est juste, alors la proportion π est égale ou supérieure à 0,40. Donc,

$$\mu_p = \pi = 0{,}40$$

$$\sigma_p = \sqrt{\frac{\pi(1 - \pi)}{n}} = \sqrt{\frac{(0{,}4)(0{,}6)}{1000}} = 0{,}015$$

La cote Z correspondant à 34% ou 0,34 se calcule comme suit:

$$Z = \frac{0{,}34 - 0{,}40}{0{,}015} = \frac{-0{,}060}{0{,}015} = -4$$

La probabilité d'obtenir une telle cote Z est pratiquement égale à 0 et nous devrions recommander au candidat d'intensifier sa campagne s'il désire être élu.

4. Le comité de programme d'un collège de Montréal choisit au hasard un échantillon de 100 étudiants pour estimer la proportion d'étudiants qui ont suivi au moins un cours de statistique. Le directeur du département de mathématiques soutient qu'environ 50% des étudiants ont suivi au moins un cours de statistique. Si la proportion échantillonnale est égale à 60%, est-il raisonnable de croire que la proportion réelle est égale à 50%?

Solution. Nous pouvons utiliser l'approximation normale de la distribution binômiale pour répondre à cette question. Donc, $\mu_p = \pi = 0{,}50$ et

$$\sigma_p = \sqrt{\frac{\pi(1 - \pi)}{n}} = \sqrt{\frac{(0{,}5)(0{,}5)}{100}} = \sqrt{0{,}0025} = 0{,}05$$

La cote Z correspondant à 0,60 se calcule comme suit:

$$Z = \frac{0{,}60 - 0{,}50}{0{,}05} = 2$$

À l'aide de la table nous déterminons que $P(Z > 2{,}0) = 0{,}5000 - 0{,}4772 = 0{,}0228$. Donc, la probabilité d'obtenir une proportion échantillonnale $p \geqslant 0{,}60$ lorsque $\pi = 0{,}50$ est égale à 0,0228.

5. Une machine qui fabrique des clous d'une longueur de 5 cm doit être ajustée dès que la longueur moyenne d'un échantillon de 16 clous est supérieure à 5,1 cm ou inférieure à 4,9 cm. Ces limites sont-elles raisonnables si l'on tient compte du fait que l'écart type de la longueur des clous est égal à 0,2 cm?

Solution. Le théorème central limite s'applique; la moyenne $\mu_{\bar{x}} = 5$ cm et l'écart type type $\sigma_{\bar{x}} = 0{,}2 / \sqrt{16} = 0{,}05$. Les limites 5,1 et 4,9 se situent donc à deux écarts types de la moyenne. À l'aide de la table de la distribution normale nous déterminons que cet intervalle comprend 95,44% des cas. Par conséquent, ces limites sont parfaitement raisonnables.

EXERCICES Pour chacun des problèmes suivants, appliquer tel que demandé le théorème central limite.

1. Des chercheurs en médecine ont déterminé que le crâne humain mesurait en moyenne 20,25 cm avec un écart type de 3,2 cm. Un explorateur découvre une île dont les insulaires ont été séparés du reste du monde depuis plusieurs années. À partir d'un échantillon de taille $n = 25$, il découvre que la longueur moyenne du crâne de ces individus est égale à 24,25 cm. Les chercheurs en médecine devraient-ils considérer ce résultat comme fascinant?

2. Une machine distributrice devrait normalement déverser 240 ml de liqueur douce dans chaque verre avec un écart type égal à 3 ml. Une vérification opérée à partir d'un échantillon au hasard de 49 verres permet de déterminer que la moyenne échantillonnale est égale à 240,6 ml. La machine devrait-elle être ajustée? Quelle est la probabilité d'obtenir une moyenne échantillonnale égale ou supérieure à 240,6?

3. Il a déjà été établi que la consommation moyenne d'essence des automobiles achetées par les étudiants se situait autour de 11,5 l/100 km avec un écart type de 4,4 l/100 km. Une enquête menée auprès de 50 étudiants nouvellement admis a démontré que la consommation moyenne de leurs véhicules était de 13,8 l/100 km. La consommation d'essence des automobiles des nouveaux étudiants diffère-t-elle vraiment de celle de la population à partir de laquelle les statistiques ont été établies? Quelle est la probabilité d'obtenir un résultat égal ou supérieur à celui-ci?

4. Des écologistes ont établi la longueur moyenne des oeufs de la tortue de mer à 7,1 cm avec un écart type égal à 0,37 cm. Une étudiante découvre un nid contenant 196 oeufs. La moyenne calculée à partir de ces 196 oeufs est égale à 8,2 cm. Est-il raisonnable de croire que ce nid n'est pas un nid de tortue de mer?

5. La librairie d'un grand campus universitaire estime à 0,08 la proportion d'individus qui utilisent le traditionnel crayon à mine de plomb pour prendre des notes. Sur 50 individus interrogés, deux seulement utilisent ce type de crayon. Ces résultats sont-ils en accord avec l'estimé de la librairie? Quelle est la probabilité d'obtenir un résultat inférieur ou égal à celui-ci?

6. Le Conseil du statut de la femme estime à 5% la proportion de postes de cadres occupés par des femmes. Une entreprise mène sa propre enquête chez elle et constate qu'au sein d'un échantillon au hasard composé de 40 individus occupant des postes de cadres dix sont des femmes. L'écart observé est-il suffisant pour déclarer que les estimés du Conseil du statut de la femme ne s'appliquent pas à cette entreprise?

7. À partir d'un échantillon de 100 étudiantes d'une grande université, il est déterminé que 62 d'entre elles poursuivent leurs études après le baccalauréat. Ces résultats sont-ils suffisamment divergents pour contredire les affirmations du bureau du registraire qui affirme que seulement 50% des étudiantes poursuivent leurs études après le baccalauréat?

UTILITÉ DE CES NOTIONS

DANS LE COURS

Jusqu'à présent dans ce texte, nous avons manipulé des problèmes pour lesquels nous connaissions la structure de la population, ce qui nous permettait de calculer aisément la probabilité de divers événements. À partir de maintenant, nous allons nous attaquer à des problèmes dont les caractéristiques communes nous sont inconnues et ne peuvent être mesurées facilement.

Cependant, le contenu de ce chapitre nous a permis de découvrir certaines propriétés que possèdent la moyenne échantillonnale et la proportion, quelles que soient les caractéristiques de la population. Nous allons faire appel à ces propriétés pour formuler des conclusions à propos d'une population à partir de caractéristiques observées au niveau d'un échantillon. Nous ne référerons pas de façon explicite au théorème central limite chaque fois que nous l'appliquerons; cependant, lorsque nous calculerons une moyenne échantillonnale et nous appuierons sur celle-ci pour faire une inférence de type probabiliste à propos de la moyenne vraie de la population, nous justifierons implicitement cette inférence en faisant appel au théorème central limite. Ceci tient au fait qu'un très petit nombre seulement de populations réelles présentent une distribution normale parfaite.

AU-DELÀ DU COURS

Le théorème central limite est un concept fondamental de la statistique théorique; bon nombre d'applications statistiques quotidiennes y trouvent dans une certaine mesure leur justification. Chaque fois que nous relions les moyennes échantillonnales et les proportions à la distribution normale, nous nous trouvons à faire appel implicitement au théorème central limite pour justifier nos conclusions.

RÉSUMÉ

Dans ce chapitre, nous avons centré notre attention sur le concept de distribution d'échantillonnage, et plus spécialement sur les distributions d'échantillonnage de la moyenne et de la proportion. Rappelons qu'il s'agit là d'un intérêt surtout conceptuel, car notre véritable objectif consiste à découvrir les liens sous-jacents à toute procédure d'échantillonnage. Ces liens sous-jacents peuvent être synthétisés comme suit:

DISTRIBUTION D'ÉCHANTILLONNAGE DE LA MOYENNE	DISTRIBUTION D'ÉCHANTILLONNAGE DE LA PROPORTION
$\mu_{\bar{y}} = \mu$	$\mu_p = \pi$
$\sigma_{\bar{y}}^2 = \dfrac{\sigma^2}{n}$	$\sigma_p^2 = \dfrac{\pi(1-\pi)}{n}$
$\sigma_{\bar{y}} = \dfrac{\sigma}{\sqrt{n}}$	$\sigma_p = \sqrt{\dfrac{\pi(1-\pi)}{n}}$

Remarquez que nous n'avons pas tenu compte ci-dessus du facteur de correction $(N - n)/(N - 1)$ pour une population limitée. Ceci s'explique par le fait qu'avec de larges populations (où N est grand par comparaison à la taille n de l'échantillon) ce facteur de correction tend vers 1. Or, c'est presque toujours à ce type de populations que nous aurons affaire dans les chapitres à venir. C'est pourquoi nous n'utiliserons plus le facteur de correction en question.

Nous avons également présenté dans ce chapitre le théorème central limite, un concept fondamental en statistique. Ce théorème démontre que la distribution d'échantillonnage d'une moyenne d'échantillons et d'une proportion échantillonnale tend vers une distribution, normale en forme de cloche à mesure que s'accroît la taille n de l'échantillon.

TEST PERSONNEL SUR LE CHAPITRE SIX

(Questions 1 à 6) Associer au nom du paramètre ou de l'indice statistique mentionné dans la question, la lettre entre parenthèses correspondant à l'un des symboles ou l'une des formules ci-dessous. [*Note:* une même réponse peut être utilisées plus d'une fois.]

(a) π (b) $\frac{\sigma^2}{n}$ (c) $\mu_{\bar{y}}$ (d) $\frac{\Sigma(y - \bar{y})^2}{n - 1}$ (e) σ_p

(f) $\frac{\pi(1 - \pi)}{n}$ (g) $\bar{y}$ (h) $\sqrt{\sigma^2_{\bar{y}}}$ (i) σ^2 (j) Aucun de ces choix

1. Moyenne de la distribution de la moyenne échantillonnale.
2. Proportion échantillonnale.
3. Variance de l'échantillon.
4. Variance de la population des proportions échantillonnales.
5. Variance de la population.
6. Variance de la distribution des proportions échantillonnales.

7. Si nous calculons $\bar{y}$ à partir d'un échantillon de taille $n = 4$, alors $\mu_{\bar{y}}$ est ________ la valeur de μ.

(a) égale à ¼ de (b) égale à ½ de (c) égale à 2 fois
(d) égale à 4 fois (e) égale à

8. À mesure que la taille de l'échantillon augmente la variance de la population ________.

(a) augmente (b) reste la même (c) diminue

9. Il est bien connu que la distribution du revenu annuel des citoyens possède une asymétrie positive. Pour estimer le revenu annuel moyen, nous choisissons un échantillon au hasard de 49 personnes et nous calculons la moyenne $\bar{y}$ de cet échantillon. Supposons que $\mu = 7500$ \$ et que $\sigma = 1400$ \$. À l'aide du théorème central limite, quelle est la probabilité approximative que $\bar{y}$ se situe entre 7200 \$ et 7800 \$.

(a) 0,8664 (b) 0,1336 (c) 0,1664 (d) 0,8336

10. Durant la semaine précédant les élections, la députée Éva Gagné

demande au centre de recherche sur l'opinion commune d'évaluer sa popularité auprès de l'électorat. Elle croit qu'il lui faut l'appui d'au moins 45% de l'électorat pour remporter les élections. Supposons que l'enquête est menée auprès d'un échantillon au hasard composé de 1600 votants. Quelle est la probabilité approximative d'obtenir une proportion de 45% ou plus, alors que la proportion réelle est de 40%? Utiliser le théorème central limite et noter que $\sqrt{0{,}24} = 0{,}49$

(a) Approximativement 1 (b) Approximativement 0

(c) 0,0021 (d) 0,1587

11. Quand la valeur de $\sigma^2_{\bar{y}}$ est-elle plus grande?

(a) Lorsque l'échantillonnage s'effectue avec remise.

(b) Lorsque l'échantillonnage s'effectue sans remise.

(c) La méthode d'échantillonnage n'a aucune importance.

12. Le théorème central limite implique que la distribution de toute population épouse la forme d'une cloche. Vrai ou faux?

RÉPONSES AUX EXERCICES (NUMÉROS IMPAIRS)

LEÇON 1

1.

ÉCHANTILLONS POSSIBLES	2-2	2-3	2-4	3-2	3-3	3-4	4-2	4-3	4-4
$\bar{y}$	2,0	2,5	3,0	2,5	3,0	3,5	3,0	3,5	4,0

$$\Sigma\bar{y} = 27, \qquad \Sigma\bar{y}^2 = 84, \qquad \mu = 3, \qquad \mu_{\bar{y}} = \frac{27}{9} = 3{,}0$$

$$\sigma^2 = \frac{2}{3}, \qquad \sigma^2_{\bar{y}} = \frac{84 - (27)^2/9}{9} = 0{,}333$$

$$\frac{\sigma^2}{n} = \frac{2/3}{2} = \frac{1}{3} = 0{,}333$$

3. $$\mu_{\bar{y}} = 38.5, \qquad \sigma^2_{\bar{y}} = \frac{\sigma^2}{n}\left(\frac{N-n}{N-1}\right) = \left\{\frac{\dfrac{12\ 228 - [(154)^2/4]}{4}}{2}\right\}\left(\frac{4-2}{3}\right) = 524{,}9$$

ÉCHANTILLONS	$\bar{y}$	ÉCHANTILLONS	$\bar{y}$
1-5	3 \$	5-49	27 \$
1-49	25 \$	5-99	52 \$
1-99	50 \$	49-99	74 \$

LEÇON 2

1.	POPULATION	LISTE DE TOUS LES ÉCHANTILLONS POSSIBLES	p
	F_1	F_1F_2	1,0
	F_2	F_1F_3	1,0
	F_3	F_2F_3	1,0
	G	F_1G	0,5
		F_2G	0,5
		F_3G	0,5
		F_2F_1	1,0
		F_3F_1	1,0
		F_3F_2	1,0
		G F_1	0,5
		G F_2	0,5
		G F_3	0,5
			9,0

$$\pi = \frac{3}{4} = 0{,}75\,, \qquad \sigma_p^2 = \frac{\frac{3}{4}\cdot\frac{1}{4}}{2}\left(\frac{4-2}{3}\right) = 0{,}0625$$

$$\mu_p = \frac{9}{12} = 0{,}75\,, \qquad \sigma_p^2 = \frac{7{,}5 - (9)^2/12}{12} = 0{,}0625$$

3. Pour des échantillons de tailles égales, l'échantillonnage sans remise donne des résultats moins variables (variance plus petite) que l'échantillonnage avec remise.

LEÇON 3

1. $\mu = 20{,}25 \quad \sigma = 3{,}2, \quad Z = \dfrac{24{,}25-20{,}25}{3{,}2/\sqrt{25}} = \dfrac{4{,}0}{0{,}64} = 6{,}25$

$P(Z > 6{,}2511) = 0$

Les chercheurs devraient être fascinés par ce résultat; les insulaires sont vraiment différents du reste de l'humanité.

3. $\mu = 11{,}5, \quad \sigma = 4{,}4, \quad Z = \dfrac{13{,}8 - 11{,}5}{4{,}4/\sqrt{50}} = \dfrac{2{,}3}{0{,}622} = 3{,}70$

$P(Z > 3{,}70) = 0{,}0001$

Cette valeur n'étant pas représentée dans la table, sa probabilité est donc pratiquement égale à zéro. La consommation des véhicules des nouveaux étudiants est de ce fait différente.

5. $\pi = 0{,}08, \quad n = 50, \quad p = \dfrac{2}{50} = 0{,}04$

$$\sigma_p = \sqrt{\frac{(0{,}08)(0{,}92)}{50}} = 0{,}0384, \qquad Z = \frac{0{,}04 - 0{,}08}{0{,}0384} = -1{,}04,$$

$$P(Z < -1{,}04) = 0{,}1492$$

L'estimé de la librairie semble être juste.

7. $\pi = 0{,}5, \qquad n = 100, \qquad \sigma_p = \sqrt{\frac{(0{,}5)(0{,}5)}{100}} = 0{,}05,$

$$Z = \frac{0{,}62 - 0{,}50}{0{,}05} = 2{,}4, \qquad P(Z > 2{,}4) = 0{,}0082$$

Ce résultat semble contredire les affirmations du bureau du registraire.

CHAPITRE SEPT: L'ESTIMATION ET LES INTERVALLES DE CONFIANCE

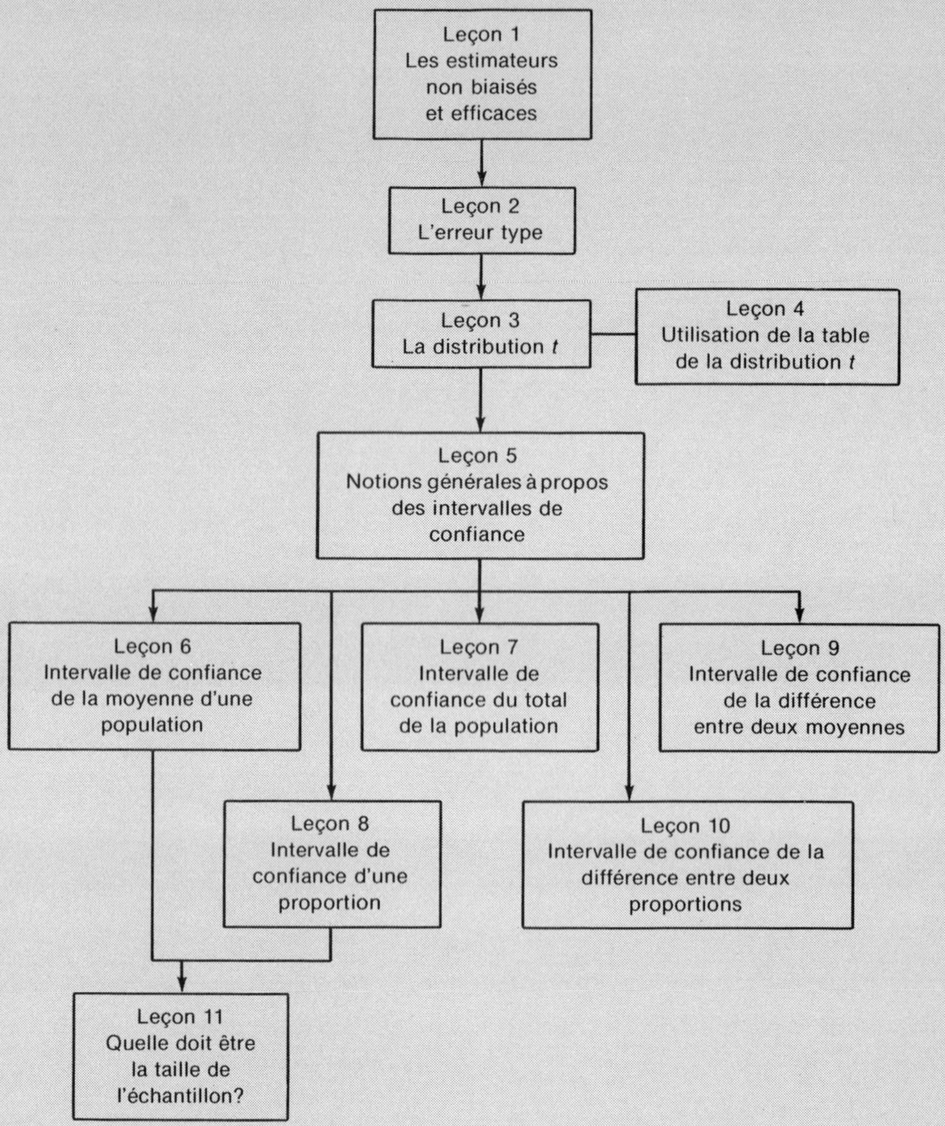

INTRODUCTION

Nous rencontrons presque quotidiennement sous une forme ou sous une autre des prévisions, des projections, des estimations et des approximations. La prévision de la probabilité de pluie par le bureau météorologique, les prévisions de l'économiste concernant la situation économique au cours des prochains mois, les rapports mensuels concernant l'indice du coût de la vie, voilà autant d'exemples courants d'estimations. Examinons à titre d'exemple le bulletin de nouvelles ci-dessous.

> «On prévoit que la production de fruits dans l'Utah en juillet 1973 correspondra à la plus forte récolte depuis 40 ans... On estime à 6000 tonnes la récolte de cerises sucrées... Les récoltes de cerises amères sont généralement très fortes... on prévoit une production de 8500 tonnes... La récolte d'abricots devrait dépasser 4000 tonnes... La récolte prévue de 6000 tonnes de poires devrait dépasser celle des dernières années... On prévoit une récolte de 6000 tonnes de pêches...la production de pommes devrait atteindre 55 000 000 de livres... la plus forte production depuis 1924.»[1]

Les personnes qui ont compilé les chiffres ci-dessus ont estimé les paramètres de populations de récoltes entières de fruits à partir d'échantillons tirés de ces populations de fruits. Lorsque vous consulterez des rapports similaires, n'oubliez pas que de telles estimations sont toujours sujettes à une certaine variabilité échantillonnale. Plutôt que d'affirmer que les indices statistiques coïncident exactement avec les paramètres correspondants, les statisticiens établissent généralement des intervalles à l'intérieur desquels ils prévoient que les paramètres vont se situer. Les articles de journaux n'ont pas l'habitude de mentionner ces intervalles. Toutefois, s'il s'agit d'une étude réalisée avec soin, on devrait normalement retrouver dans le rapport statistique original des informations précises concernant la construction de ces intervalles.

Nous allons présenter dans ce chapitre le concept d'estimation par intervalles et démontrer en quoi ces intervalles constituent une méthode d'estimation supérieure aux *estimations ponctuelles*. Si nous retournons par exemple au bulletin de nouvelles ci-haut, nous savons pertinemment que la récolte de cerises amères n'atteindra pas exactement la valeur estimée de 8500 tonnes. En conséquence, nous nous posons spontanément la question suivante: jusqu'à quel point la récolte s'écartera-t-elle de fait, vers le haut ou vers le bas, de cette estimation? Pour ce faire, nous construisons un intervalle d'estimation. Nous dirons que nous avons 9 chances sur 10 que la production totale de cerises amères se situe, par exemple, entre 8400 et 8600 tonnes. Le lecteur se voit ainsi offrir des informations bien plus claires quant à la précision de l'estimation.

Même s'il n'existe pas d'estimations parfaites, nous allons étudier dans ce chapitre quelques-unes des qualités d'une bonne estimation. Nous allons utiliser les distributions d'échantillonnage pour construire des *intervalles de confiance*, c'est-à-dire des limites entre lesquelles nous prévoyons que doit se situer la valeur vraie du paramètre. Nous expliquerons également quelle doit être la taille appropriée de l'échantillon. Finalement, nous appliquerons ces principes à un certain nombre de situations spécifiques.

[1] *Provo Daily Herald*, 15 juillet 1973.

VOCABULAIRE

- Degrés de liberté
- Distribution *t*
- Erreur tolérée
- Erreur type d'un estimateur
- Estimateur
- Estimateur efficace
- Estimateur non biaisé
- Intervalle de confiance
- Niveau de confiance

LEÇON 1 LES ESTIMATEURS NON BIAISÉS ET EFFICACES

Tâche: pouvoir identifier l'estimateur approprié à partir du nom et du symbole du paramètre de la population.

DÉFINITIONS

Estimateur: formule qui sert à calculer une valeur à partir d'un échantillon de données. On l'utilise pour estimer un paramètre particulier de la population. En général, nous utiliserons la lettre grecque θ (thêta) pour représenter un paramètre et la lettre $\widehat{\theta}$ (thêta-chapeau) pour représenter l'estimateur de ce paramètre. Par exemple, les indices statistiques $\overline{y}$, s et p servent à estimer respectivement les paramètres μ, σ et π.

Estimateur non biaisé: l'estimateur $\widehat{\theta}$ d'un paramètre θ est dit non biaisé lorsque la distribution d'échantillonnage de $\widehat{\theta}$ se concentre autour de θ de façon telle que la moyenne de tous les $\widehat{\theta}$ possibles est égale à θ; c'est-à-dire que $\mu_{\widehat{\theta}} = \theta$.

Efficacité: s'il existe deux estimateurs non biaisés d'un même paramètre, celui qui possède la distribution d'échantillonnage dont la variance est la plus petite est considéré comme l'estimateur le plus efficace.

DISCUSSION

ESTIMATEURS

Ce texte s'intéresse surtout aux paramètres les plus couramment utilisés, c'est-à-dire la moyenne de la population μ, le total de la population $N\mu$, la variance et l'écart type de la population σ^2 et σ, de même que la proportion de la population π. Habituellement, nous utilisons la lettre grecque θ pour représenter un paramètre en général.

Pour estimer un paramètre θ d'une population, nous choisissons un échantillon au hasard de cette population et nous calculons un indice statistique à partir des données de l'échantillon (voir figure 7.1). Les quantités $\overline{y}$, md, mo, s^2, s et p sont des exemples d'indices statistiques que nous avons déjà utilisés. Habituellement, nous utilisons le symbole $\widehat{\theta}$ (thêta-chapeau) pour représenter l'estimateur du paramètre θ de la population.

Cependant, certaines questions se posent. Quel indice statistique devrions-nous utiliser pour estimer un paramètre θ particulier? Quel devrait être l'estimateur de μ: $\overline{y}$, md ou mo? Lequel de ces indices statistiques constitue le meilleur estimateur de μ? Devrions-nous utiliser s^2 pour estimer σ^2? Existe-t-il un meilleur estimateur?

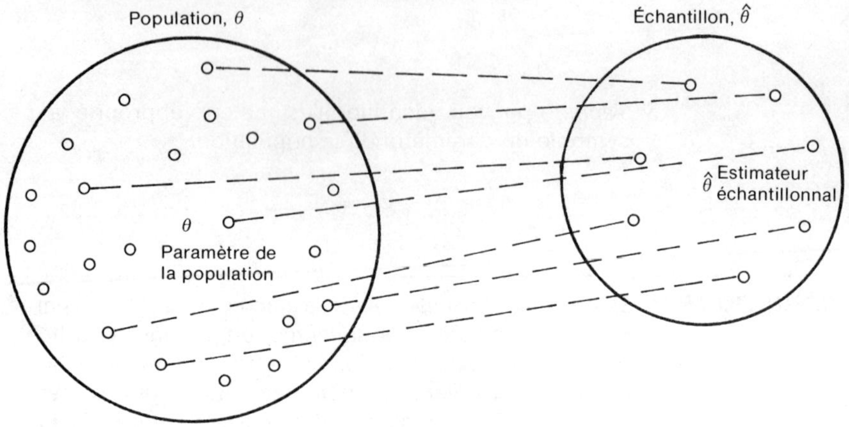

FIGURE 7.1

Pour répondre à toutes ces questions, nous devons discuter des caractéristiques d'un bon estimateur.

ABSENCE DE BIAIS

Lorsque les valeurs d'un estimateur se concentrent autour du paramètre en question, de façon à ce que la moyenne de tous les $\widehat{\theta}$ possibles soit égale à la valeur du paramètre θ, nous disons que l'estimateur est *non biaisé*; c'est-à-dire que $\mu_{\widehat{\theta}} = \theta$. Ceci revient à dire que la moyenne des $\widehat{\theta}$ est égale à la valeur du paramètre θ estimé.

Si l'estimateur $\widehat{\theta}$ surestime ou sous-estime constamment la valeur de θ, nous dirons qu'il est biaisé.

La figure 7.2 illustre la différence entre un estimateur $\widehat{\theta}_1$ non biaisé et un estimateur $\widehat{\theta}_2$ biaisé, pour un même paramètre θ. Notons que la distribution d'échantillonnage de $\widehat{\theta}_1$ est concentrée autour de θ, tandis que la distribution de $\widehat{\theta}_2$ se concentre autour d'une valeur supérieure à θ. Notons aussi (cf. figure 7.2) que $\widehat{\theta}_2$ produira un estimé pratiquement toujours supérieur à θ tandis que $\widehat{\theta}_1$ produira autant d'estimés supérieurs à θ que d'estimés inférieurs à celui-ci. Par conséquent, la valeur moyenne de $\widehat{\theta}_1$ sera égale à celle de θ.

EFFICACITÉ

La figure 7.3 illustre les distributions d'échantillonnage des estimateurs $\widehat{\theta}_1$ et $\widehat{\theta}_2$. Comme la distribution de chacun des deux estimateurs se concentre autour de θ, les deux variables sont des estimateurs non biaisés. Cependant, la variance de $\widehat{\theta}_2$ est inférieure à la variance de $\widehat{\theta}_1$. Ceci signifie qu'il est plus

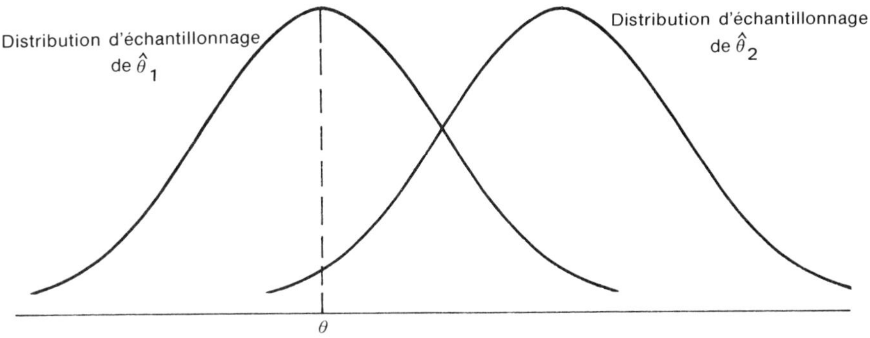

FIGURE 7.2

probable que $\widehat{\theta}_2$ soit plus près de θ que $\widehat{\theta}_1$; par conséquent, $\widehat{\theta}_2$ est considéré plus *efficace* que $\widehat{\theta}_1$ pour estimer θ.

Le tableau ci-dessous présente, pour chacun des paramètres, les estimateurs que nous allons utiliser dans les leçons à venir.

	PARAMÈTRES (θ)	**ESTIMATEURS ($\widehat{\theta}$)**
Moyenne	μ	$\bar{y}$
Variance	σ^2	s^2
Écart type	σ	s
Proportion	π	p

Ici $\bar{y}$, s^2 et p sont des estimateurs non biaisés, tandis que s est un estimateur biaisé. De plus, dans la plupart des cas, $\bar{y}$ est un estimateur de μ plus efficace que la médiane échantillonnale. Dans la majorité des exemples présentés dans ce manuel, les estimateurs de variances sont en général non biaisés, tandis que les estimateurs d'écarts types sont biaisés. Cependant, même si les

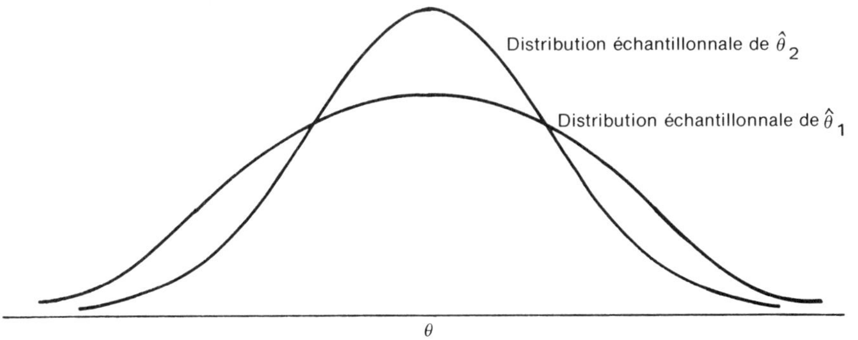

FIGURE 7.3

estimateurs d'écarts types fournissent des estimés biaisés, nous pouvons quand même tenir compte de ce biais et obtenir des informations valables sur le paramètre.

DISCUSSION SIMPLIFIÉE

Nous ne dirons pas d'une personne qui lance des flèches sur une cible qu'elle est une championne en nous basant sur les résultats d'un seul essai. Le hasard pourrait être l'explication d'une réussite ou d'un échec. Cependant, si cette même personne frappe la cible à tous les coups, nous dirons qu'elle est une championne.

Ces considérations s'appliquent aussi à l'estimateur d'un paramètre de la population. Son habileté à estimer le paramètre ne se juge pas en un seul essai. Ce qu'il est important de savoir, c'est si ces estimés tendent à se concentrer autour de la valeur du paramètre, ou si ceux-ci possèdent une tendance à se situer plus souvent au-delà ou en deçà de la valeur réelle du paramètre θ.

Supposons que deux archers tirent sur une cible. La figure 7.4 représente les scores de chacun des archers. En comparant les deux figures, nous nous apercevons que le tireur 2 tend constamment à frapper le côté droit inférieur de la cible. Ceci représente un profil biaisé. Le tireur 1 ne démontre aucune tendance particulière: son profil est par conséquent non biaisé.

Supposons que la figure 7.5 représente les scores de deux autres archers. Ni l'un ni l'autre ne semblent afficher un profil biaisé, mais le tireur 4 semble frapper plus près de la cible que le tireur 3. De plus, les coups du tireur 4 semblent moins dispersés que ceux du tireur 3.

Grâce à ces indices, nous sommes en mesure de dire quel est le meilleur tireur, s'il en existe un.

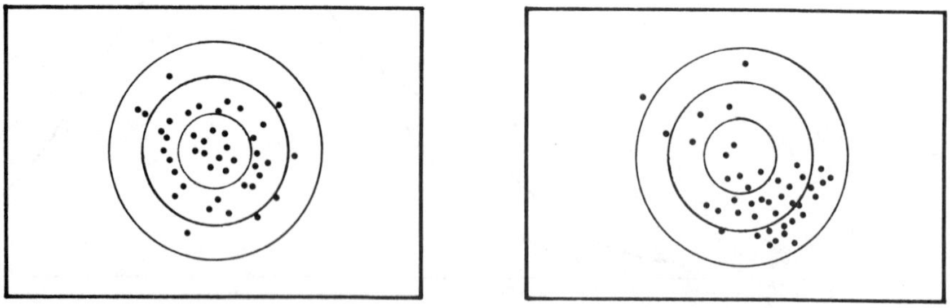

FIGURE 7.4

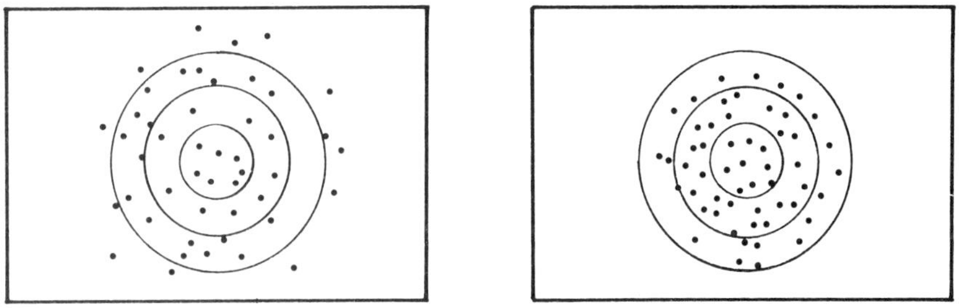

FIGURE 7.5

EXEMPLES Pour chacun des problèmes ci-dessous, identifier les paramètres concernés, les symboles utilisés pour les représenter, ainsi que les noms et les symboles des estimateurs de ces paramètres.

1. La compagnie Pinsec inc. se spécialise dans la fabrication de barreaux de chaise. Elle possède une machine ajustée pour couper des barreaux d'une longueur égale à un mètre. L'ingénieure responsable du contrôle de la qualité s'interroge sur la longueur réelle des barreaux coupés par la machine. Elle sait que la longueur de ceux-ci devrait varier d'un échantillon à l'autre. Elle désire quantifier cette variabilité en estimant la variance et l'écart type de la population.

Solution.

TABLEAU 7.1 PARAMÈTRES ET ESTIMATEURS

PARAMÈTRES	SYMBOLES	ESTIMATEURS	SYMBOLES
Moyenne de la population (longueur réelle des barreaux)	μ	Moyenne de l'échantillon	$\overline{y}$
Variance de la population (variance réelle de la longueur des barreaux)	σ^2	Variance de l'échantillon	s^2
Écart type de la population (écart type réel de la longueur des barreaux)	σ	Écart type de l'échantillon	s

2. Jean Nabuse mène une enquête pour déterminer la proportion de votants qui appuient la politique économique du gouvernement fédéral.

Solution.

TABLEAU 7.2 PARAMÈTRES ET ESTIMATEURS

PARAMÈTRES	SYMBOLES	ESTIMATEURS	SYMBOLES
Proportion de la population (proportion réelle des votants qui appuient la politique économique du gouvernement fédéral)	π	Proportion de l'échantillon	p

EXERCICES

Pour chacun des problèmes suivants, identifier les paramètres concernés, les symboles utilisés pour les représenter, ainsi que les noms et les symboles des estimateurs de ces paramètres.

1. L'association québécoise des producteurs de lait désire connaître la teneur en matières grasses des litres de lait produits par la laiterie Écono-lait inc.

2. Un ingénieur désire estimer les variations dans la durée d'opération d'une certaine population de boîtes noires.

3. Un couturier désire connaître la résistance moyenne d'un certain type de fil produit par la compagnie Brindacier ltée.

4. Une météorologue désire connaître la variabilité de la vitesse des vents à l'aéroport municipal.

5. Une anthropologue désire estimer la variabilité de la longueur des têtes des hommes adultes qui occupent le rang de fils aîné dans leur famille respective.

6. Un technicien responsable du contrôle de la qualité désire estimer de façon expérimentale la proportion de clous qui plient lorsqu'ils sont enfoncés dans des pièces de pin de 5 cm $\times$ 10 cm.

7. La directrice d'un parc national désire connaître la proportion de chevreuils qui meurent durant l'hiver.

8. Dans le tableau ci-dessous, indiquer à l'endroit approprié le nom du paramètre dont le symbole apparaît dans la colonne de gauche, ainsi que le nom et le symbole de l'estimateur de ce paramètre.

SYMBOLES	NOMS	NOMS DES ESTIMATEURS	SYMBOLES DES ESTIMATEURS
μ			
σ^2			
σ			
π			

LEÇON 2 L'ERREUR TYPE

Tâche: pouvoir écrire la formule et calculer l'erreur type d'un estimateur donné.

DÉFINITION

Erreur type d'un estimateur: l'écart type d'un estimateur $\widehat{\theta}$ est généralement nommé erreur type de l'estimateur, ou simplement *erreur type*. Elle est habituellement représentée par le symbole $\sigma_{\widehat{\theta}}$ et son estimé, par le symbole $s_{\widehat{\theta}}$. Dans le cadre de ce cours, nous nous intéresserons aux erreurs types présentées dans le tableau ci-dessous.

ESTIMATEURS, $\widehat{\theta}$	ERREURS TYPES, $\sigma_{\widehat{\theta}}$	ESTIMATEURS DES ERREURS TYPES, $s_{\widehat{\theta}}$
$\bar{y}$ (moyenne)	$\sigma_{\bar{y}} = \dfrac{\sigma}{\sqrt{n}}$	$s_{\bar{y}} = \dfrac{s}{\sqrt{n}}$
p (proportion)	$\sigma_p = \sqrt{\dfrac{\pi(1 - \pi)}{n}}$	$s_p = \sqrt{\dfrac{p(1 - p)}{n}}$
$N\bar{y}$ (total)	$\sigma_{N\bar{y}} = \dfrac{N\sigma}{\sqrt{n}}$	$s_{N\bar{y}} = \dfrac{Ns}{\sqrt{n}}$

DISCUSSION

Lorsque nous utilisons un estimateur pour représenter un paramètre θ d'une population quelconque, il est très utile de connaître la variabilité de cet estimateur, c'est-à-dire de connaître la dispersion des valeurs possibles de $\widehat{\theta}$ autour du paramètre θ. Pour mesurer cette variabilité, nous utilisons le concept d'écart type. Cependant, il s'agit ici de l'écart type de la distribution d'échantillonnage de l'estimateur d'un paramètre. Nous symbolisons cet écart type par $\sigma_{\widehat{\theta}}$ et nous l'appelons l'*erreur type de l'estimateur* ou simplement l'*erreur type*. Pour éviter de confondre cette mesure avec l'écart type de la population, nous avons identifié clairement dans la section *définition* l'estimateur, son erreur type, ainsi que l'estimateur de cette erreur type. Nous utiliserons les erreurs types d'autres estimateurs tout au long de ce manuel; celles-ci seront définies au besoin.

EXEMPLES

Pour chacun des problèmes suivants, calculer la valeur de l'erreur type des estimateurs concernés.

1. Le ministère de l'Agriculture se propose d'évaluer la quantité totale de fèves de soja récoltées dans un certain comté du Québec. Des fonctionnaires établissent la moyenne $\bar{y}$ en kg/ha à partir d'un échantillon au hasard de 100 hectares. L'écart type s de cet échantillon se situe à 90 kg/ha. Si le comté consacre au total 1500 hectares à la culture des fèves de soja, quelle est l'erreur type de la récolte totale $N\bar{y}$?

Solution. Pour ce problème $s = 90$, $n = 100$ et $N = 1500$. L'erreur type estimée de $N\bar{y}$ est donc

$$\frac{Ns}{\sqrt{n}} = 1500\left(\frac{90}{\sqrt{100}}\right) = 13\,500 \text{ kg}$$

[*Note :* il ne faut pas oublier que cette erreur type s'associe à une estimation de la récolte totale établie pour 1500 acres.]

2. En s'appuyant sur les données de l'exemple précédent, quelle serait la valeur estimée de l'erreur type de la moyenne $\bar{y}$ exprimée en kg/ha ?

Solution. Cette fois-ci, nous nous intéressons à la valeur de $s_{\bar{y}}$ où $s = 90$ et $n = 100$. Donc,

$$s_{\bar{y}} = \frac{s}{\sqrt{n}} = \frac{90}{\sqrt{100}} = 9$$

Par conséquent, l'indice de variabilité de la production moyenne estimée à partir d'un échantillon de 100 hectares est égal à 9 kg/ha tandis que la mesure de variabilité pour chaque hectare de terrain est égale à 90 kg.

3. La compagnie Apex Télévision inc. mène une enquête auprès de 900 foyers pour estimer la proportion d'individus qui possèdent un téléviseur couleur. Si la proportion réelle d'individus possédant un téléviseur couleur est égale à 0,60, quelle devrait être la variabilité de la production échantillonnale p? C'est-à-dire quelle est l'erreur type de p?

Solution. La proportion π est connue; par conséquent,

$$\sigma_p = \sqrt{\frac{\pi(1-\pi)}{n}} = \sqrt{\frac{(0{,}6)\ (0{,}4)}{900}} = 0{,}016$$

4. Si, dans l'exemple précédent, la valeur de π était inconnue et si la proportion échantillonnale p calculée à partir d'un échantillon de 900 foyers était égale à 0,65, quelle serait l'erreur type estimée de p?

Solution. Il faut utiliser s_p pour estimer σ_p; donc,

$$s_p = \sqrt{\frac{p(1-p)}{n}} = \sqrt{\frac{0,65(0,35)}{900}} = 0,016$$

EXERCICES

Pour chacun des problèmes ci-dessous, calculer la valeur de l'erreur type des estimateurs concernés.

1. Un chercheur en médecine calcule la pression systolique moyenne de 100 individus adultes de sexe masculin. Supposons que $\sigma = 3$ mm Hg. Quelle est l'erreur type de $\bar{y}$?

2. Un chef de police mène une enquête auprès de 100 magasins de son district et se rend compte que la proportion de plaintes pour vol à l'étalage s'élève à 0,46 pour une certaine période de l'année. Quelle est la valeur estimée de l'erreur type de p?

3. À partir d'un échantillon composé de 200 poussins choisis au hasard, une agronome calcule la proportion de ceux qui sont atteints d'une certaine maladie héréditaire. Sachant que dans le passé le pourcentage de poussins atteints de cette maladie était de 6% ($\pi = 0,06$), quelle est la valeur de l'erreur type de p?

4. Une multinationale désire estimer le nombre de parts détenues par ses différentes compagnies; elle dispose d'un échantillon de 25 compagnies choisies au hasard. Si la multinationale possède en tout 100 compagnies et si $s = 40$ parts, quelle est la valeur estimée de l'erreur type de $N\bar{y}$?

5. Une commission scolaire désire estimer le nombre d'enfants par famille sur le territoire qu'elle dessert. Un administrateur calcule la moyenne $\bar{y}$ et l'écart type s d'un échantillon de 100 familles choisies au hasard. Si $s = 1,2$, quelle est la valeur estimée de l'erreur type de $\bar{y}$?

LEÇON 3 LA DISTRIBUTION *t*

Tâche: pouvoir décrire les similitudes et les différences entre la distribution *t* et la *distribution normale.*

DÉFINITIONS

La distribution t: supposons que y_1, y_2, ..., y_n représentent les résultats obtenus à partir d'un échantillon au hasard de taille *n* d'une population normalement distribuée dont la moyenne est μ et la variance σ^2. Bien que la variable aléatoire

$$\frac{\bar{y} - \mu}{\sigma/\sqrt{n}}$$

soit normalement distribuée, la variable aléatoire

$$\frac{\bar{y} - \mu}{s/\sqrt{n}}$$

possède une distribution spéciale nommée *distribution t*.

La distribution *t* est une distribution en forme de cloche, symétrique, dont la moyenne est égale à zéro. Cependant, elle est plus affaissée que la distribution normale et la surface sous les queues est plus grande. La forme de la distribution devient de plus en plus semblable à la distribution normale à mesure qu'une certaine quantité, nommée *degrés de liberté* et notée *dl*, augmente. Pour le cas précédent, $dl = n - 1$, où *n* représente la taille de l'échantillon utilisé.

Degrés de liberté: le nombre de degrés de liberté, *di*, d'un indice statistique est une quantité égale au nombre de scores déviés indépendants qui forment le terme de variance ou d'écart type associé à l'indice statistique en question. On peut considérer les *dl* comme étant égaux à l'effectif échantillonnal, moins le nombre d'estimés de paramètres utilisés pour calculer la variance ou l'erreur type de l'indice statistique.

DISCUSSION

Les discussions sur les distributions d'échantillonnage (chapitre SIX) nous ont convaincus de l'importance de la distribution normale comme modèle approximatif de la distribution d'échantillonnage de la moyenne et de la proportion, dans le cas d'échantillons de grande taille. En appliquant le théorème central limite à des problèmes pratiques, nous avons calculé des cotes Z à partir de la formule

$$Z = \frac{\bar{y} - \mu}{\sigma / \sqrt{n}}$$

Si les valeurs $y_1, ..., y_n$ d'une variable aléatoire Y se distribuent normalement, alors la variable aléatoire Z possède une distribution normale centrée réduite et les probabilités calculées à partir de celle-ci sont exactes et non approximatives.

Cependant, si σ est inconnu, nous pouvons nous demander quel serait l'effet d'un remplacement de σ par son estimé s sur la distribution de la variable Z. En d'autres mots, quelle serait la distribution de

$$\frac{\bar{y} - \mu}{s / \sqrt{n}}$$

Est-ce que la distribution normale centrée-réduite s'applique aussi à cette variable aléatoire? Pour des échantillons de taille suffisamment grande ($n \geqslant 30$), la variable aléatoire

$$\frac{\bar{y} - \mu}{s / \sqrt{n}}$$

se distribue de fait à peu près normalement; mais, en général, si Y se distribue normalement, la distribution de cette quantité prend la forme d'une distribution spéciale nommée *distribution t*. Nous appelons *indice t* l'indice statistique suivant:

$$t = \frac{\bar{y} - \mu}{s / \sqrt{n}}$$

L'indice statistique t possède une plus grande variabilité et sa distribution est par conséquent plus étendue que la distribution normale. Ceci est dû au fait que le calcul de t dépend de deux estimés indépendants, $\bar{y}$ et s, tandis que le calcul d'une cote Z ne dépend que d'un seul estimé, $\bar{y}$. Un indice statistique t peut aussi bien être calculé à partir d'un grand $\bar{y}$ et d'un petit s que d'un grand $\bar{y}$ et d'un grand s, etc. Par conséquent, les différentes valeurs de t sont plus variables que les scores Z. Cependant, la variabilité de la distribution t diminue à mesure que n (l'effectif de l'échantillon) augmente. Ceci est dû au fait que s devient un meilleur estimé de σ. Lorsque n tend vers l'infini, la distribution t

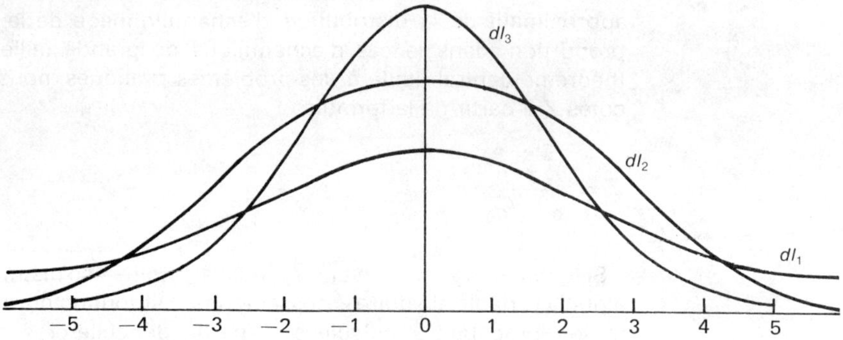

FIGURE 7.6 Distribution *t* pour des valeurs croissantes de *dl*: $dl_1 < dl_2 < dl_3$

tend vers la distribution normale. Nous devons donc conclure que la forme de la distribution *t* dépend de l'effectif échantillonnal.

Nous exprimons cette dépendance au moyen d'une quantité nommée *degrés de liberté, dl*. En faisant varier le nombre de degrés de liberté, nous pouvons changer la forme de la distribution *t*. Ceci est illustré à la figure 7.6.

Le nombre de degrés de liberté associés à

$$t = \frac{\bar{y} - \mu}{s/\sqrt{n}}$$

est déterminé par l'écart type *s* du dénominateur; il est égal à $n - 1$, où *n* représente l'effectif échantillonnal. Cependant, d'autres variables aléatoires dont le nombre de degrés de liberté diffère de $n - 1$ se modèlent sur une distribution *t*. De plus, d'autres distributions que la distribution *t* dépendent du nombre de degrés de liberté. Par conséquent, dans les paragraphes suivants, nous discuterons de façon plus générale du concept de degrés de liberté.

DEGRÉS DE LIBERTÉ

Le concept de degrés de liberté est intimement lié à la mathématique des distributions d'échantillonnage. Par conséquent, une définition précise de ce concept se situe en dehors des limites de ce cours. Nous allons cependant fournir une justification intuitive de la notion de *degrés de liberté*, ainsi qu'une méthode pour les calculer dans une situation donnée.

Par exemple, nous définissons l'estimé de l'écart type comme étant

$$s = \sqrt{\frac{\Sigma (y - \bar{y})^2}{n - 1}}$$

Le numérateur de cette expression représente la somme des carrés des écarts à la moyenne échantillonnale. Cependant, comme la somme de ces écarts est toujours égale à zéro, le n ième écart est donc toujours entièrement déterminé par les $n - 1$ premiers. Comme $\Sigma (y - \bar{y}) = 0$, il en résulte donc que $\Sigma (y - \bar{y})^2$ ne comprend que $n - 1$ écarts indépendants.

Illustrons ceci à l'aide d'un exemple. Soit y_1, y_2 et y_3, trois valeurs quelconques. Il est toujours possible d'affecter de façon indépendante des valeurs aux deux premiers écarts. Par exemple, soit $(y_1 - \bar{y}) = 60$ et $(y_2 - \bar{y}) = -22$. Nous aurions pu utiliser une table de nombres aléatoires pour attribuer ces deux valeurs. Cependant, comme $(y_1 - \bar{y}) + (y_2 - \bar{y}) + (y_3 - \bar{y}) = 0$, il résulte que nos deux premiers choix indépendants déterminent entièrement la valeur de $(y_3 - \bar{y})$. En d'autres mots, si $(60) + (-22) + (y_3 - \bar{y}) = 0$, alors $(y_3 - \bar{y}) = -38$. Par conséquent, bien que nous ayons trois écarts $(y_1 - \bar{y})$, $(y_2 - \bar{y})$ et $(y_3 - \bar{y})$, seulement deux peuvent varier *librement*. Il y a donc $3 - 1 = 2$ degrés de liberté dans le choix des valeurs.

Si nous considérons la quantité $\Sigma (y - \mu)^2$, il n'est plus vrai que $\Sigma (y - \mu) = 0$. Par conséquent, nous sommes *libres* de choisir n'importe quelle valeur pour chacun des n écarts $(y - \mu)$. Donc, il y a n degrés de liberté associés au terme $\Sigma (y - \mu)^2$ par opposition aux $n - 1$ degrés de liberté associés au terme $\Sigma (y - \bar{y})^2$.

Cette dernière observation suggère une nouvelle interprétation du terme degrés de liberté. Le nombre de degrés de liberté peut être défini comme représentant le nombre d'observations indépendantes dans l'échantillon, moins le nombre de paramètres estimés à partir de ces observations. Par conséquent, en comparant le terme $\Sigma (y - \mu)^2$ au terme $\Sigma (y - \bar{y})^2$, nous pouvons dire que ce dernier utilise $\bar{y}$ comme estimé de μ et possède donc $n - 1$ degrés de liberté au lieu de n. C'est cette définition des degrés de liberté qui sera utilisée dans les chapitres subséquents.

LEÇON 4 UTILISATION DE LA TABLE DE LA DISTRIBUTION *t*

Tâche: étant donné une probabilité associée à une surface à l'extrémité de la courbe de la distribution *t*, ainsi que les degrés de liberté, pouvoir choisir la valeur *t* appropriée dans la table *t*.

DÉFINITION *Utilisation de la table de la distribution t*: la table de la distribution *t* correspond à la table IV dans l'*annexe*. Les valeurs extraites de la distribution *t* y sont agencées sous forme d'une matrice. Les en-têtes de lignes identifient les degrés de liberté (dl) pour une distribution donnée, tandis que les en-têtes de colonnes identifient les probabilités associées à la surface située à une extrémité (queue) de la distribution. Pour identifier dans cette table une quelconque valeur *t*, il vous suffit de trouver la ligne qui correspond aux degrés de liberté donnés et la colonne qui correspond à la surface caudale appropriée. La valeur *t* cherchée se trouve à l'intersection de cette ligne et de cette colonne.

DISCUSSION Afin de démontrer le mode d'utilisation de la table de la distribution *t*, soit la table IV dans l'*annexe*, nous allons utiliser un cas concret. Nous allons choisir dans cette table la ligne intitulée dl = 10 et la colonne marquée 0,05 (surface caudale). À l'intersection de cette ligne et de cette colonne se trouve la valeur *t* = 1,812. Nous pouvons interpréter cette valeur comme suit: lorsque dl = 10, 0,05 (ou 5%) de la surface de la distribution *t* est située à l'extrémité ou queue, à droite de la valeur 1,812. Cette surface est illustrée dans la figure 7.7. On

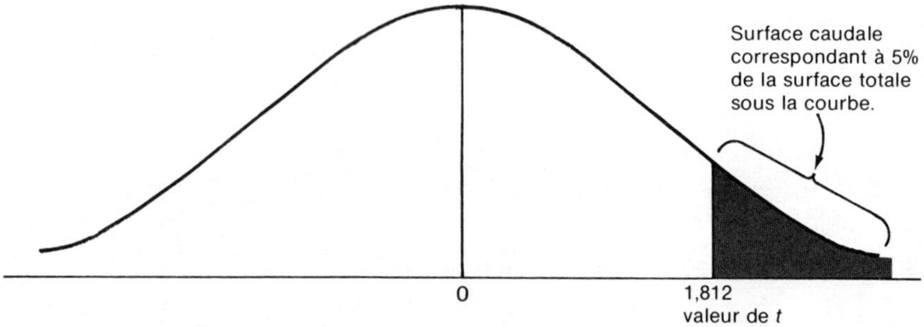

FIGURE 7.7 Surface caudale correspondant à 5% de la surface totale sous la courbe de la distribution *t*

symbolise ces valeurs comme suit: dl = 10 et $t_{0,05}$= 1,812; ceci signifie que, lorsque dl = 10, la surface située au-delà de t = 1,812 est égale à 0,05 ou 5%.

Notez bien que la dernière ligne au bas de la table de la distribution t est identifiée par les lettres «inf.», qui représentent un nombre infini de degrés de liberté. Les valeurs t placées sur cette ligne correspondent aux cotes Z de la table de la distribution normale. Ceci tient tout simplement au fait que, à mesure que s'accroissent les degrés de liberté, la distribution t ressemble de plus en plus à la distribution normale.

Ainsi, nous savons qu'une cote Z de 1,645 implique que 5% de la surface se trouve située dans la queue à la droite de la valeur de la cote Z. Cette valeur coïncide exactement avec la valeur qui se trouve à l'intersection de la ligne marquée «*inf.*». et de la colonne 0,05 de la table des valeurs t. Même si, en réalité, nous ne rencontrons jamais d'échantillons de taille infinie, non plus qu'un nombre infini de degrés de liberté, nous utilisons la ligne marquée «*inf.*» pour trouver des valeurs t chaque fois que les degrés de liberté dépassent 29.

EXEMPLES

Pour chacun des problèmes ci-dessous, utiliser la table IV pour identifier ou interpréter les valeurs t demandées.

1. Une variable aléatoire se modèle sur une distribution t avec six degrés de liberté. Quelle est la probabilité qu'une valeur t calculée soit supérieure à la valeur 1,943 de la table?

Solution. Pour bien visualiser la situation, nous construisons d'abord un diagramme type de la distribution (voir la figure 7.8). Puisque la probabilité correspond à la surface sous l'extrémité de la courbe, alors la portion ombrée de la figure 7.8 représente la probabilité qu'une valeur t calculée soit supérieure à 1,943. Le problème consiste donc à évaluer cette surface.

En parcourant la table à la ligne dl = 6 nous repérons la valeur 1,943 dans la colonne 0,05. Donc, avec dl = 6, la probabilité qu'une valeur t soit supérieure à 1,943 est égale à 0,05.

2. Une variable aléatoire se modèle sur une distribution t avec 6 degrés de liberté. À l'aide de la table, trouver une valeur t telle que seulement 5% des valeurs t calculées devraient être supérieures à celle-ci.

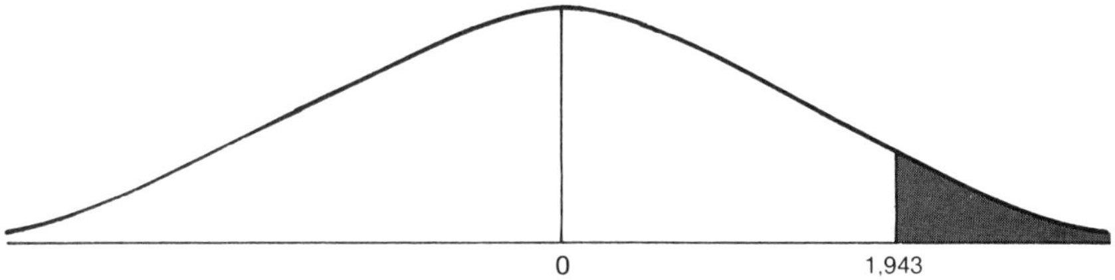

FIGURE 7.8 Distribution t pour l'exemple 1

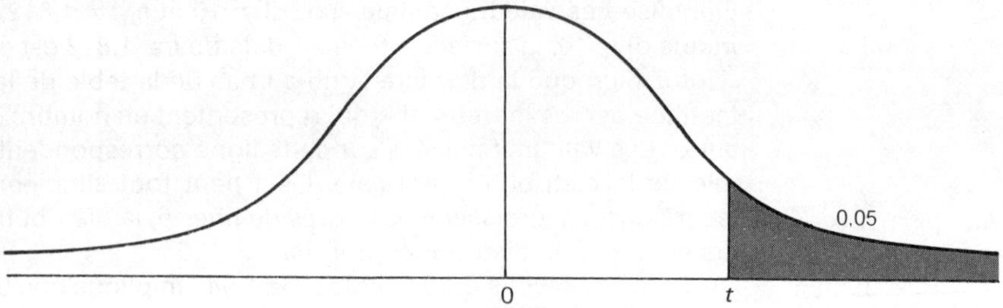

FIGURE 7.9 Exemple 2

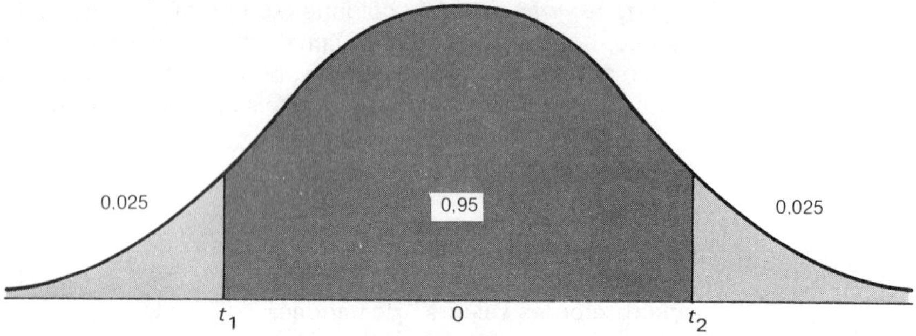

FIGURE 7.10 Exemple 3

Solution. Nous construisons d'abord un diagramme type de la distribution tel qu'illustré à la figure 7.9. Pour ce problème, nous connaissons la surface sous l'extrémité droite de la courbe et nous désirons connaître la valeur t qui lui est associée. Nous repérons à l'intersection de la ligne dl = 6 et de la colonne 0,05 la valeur $t_{0,05}$ = 1,943.

3. Une variable aléatoire se modèle sur une distribution t avec 12 degrés de liberté. À l'aide de la table, identifier deux valeurs t_1 et t_2 équidistantes de la moyenne de la distribution et telles que $P(t_1 \leqslant t \leqslant t_2) = 0{,}95$, où t représente une valeur t calculée quelconque.

Solution. Le diagramme type de la distribution est présenté à la figure 7.10. Si 95% de la surface totale doit être compris entre les valeurs t_1 et t_2, alors 5% de la surface totale doit se situer à l'extérieur de cet intervalle. Si nous répartissons également ce 5% entre les deux extrémités de la courbe, alors les valeurs t_1 et t_2 se situeront à une distance égale de la moyenne et t_2 sera égal à $t_{0,025}$. À l'aide de la table nous repérons $t_{0,025}$ = 2,179 à l'intersection de la ligne dl = 12 et de la colonne 0,025. Comme t_1 se situe du côté gauche de la moyenne à une distance égale à celle de t_2, sa valeur est donc égale à celle de t_2, mais de signe opposé. Par conséquent, $P(-2{,}179 \leqslant t \leqslant 2{,}179) = 0{,}95$.

EXERCICES Pour chacun des problèmes ci-dessous, utiliser la table IV pour identifier ou interpréter les valeurs t demandées.

1. Dans le cas d'une distribution t avec 17 degrés de liberté, quel devrait être le pourcentage de valeurs t calculées supérieures à la valeur 2,110 de la table? En d'autres termes, si $t_\alpha = 2{,}110$, quelle est la valeur de α?

2. Dans le cas d'une distribution t avec 17 degrés de liberté, à quelle valeur t de la table correspondent 2,5% des valeurs t calculées supérieures à cette valeur? Autrement dit, avec dl = 17, quelle est la valeur de $t_{0,025}$?

3. Une variable aléatoire se modèle sur une distribution t avec 8 degrés de liberté. À quel pourcentage de valeurs t calculées supérieures à 1,860 doit-on s'attendre? C'est-à-dire si $t_\alpha = 1{,}860$, quelle est la valeur de α?

4. Dans le cas d'une distribution t avec 25 degrés de liberté, quelle est la probabilité d'obtenir une valeur t calculée comprise entre —1,708 et 1,708?

5. Si une variable aléatoire se modèle sur une distribution t avec 300 degrés de liberté, quelle est la probabilité d'obtenir une valeur t calculée comprise entre — 1,960 et 1,960? Quelle est la valeur de $t_{0,05}$?

6. Dans le cas d'une distribution t avec 5 degrés de liberté, quelle est la probabilité d'obtenir une valeur t calculée inférieure à — 2,015? ...inférieure à —3,365?

7. Une variable aléatoire se modèle sur une distribution t avec 8 degrés de liberté. À l'aide de la table, trouver une valeur t telle que la probabilité d'obtenir une valeur t calculée inférieure ou égale à cette valeur soit égale à 0,90? En d'autres termes, avec dl = 8, quelle est la valeur de $t_{0,10}$?

8. Dans le cas d'une distribution t avec 25 degrés de liberté, trouver deux valeurs t_1 et t_2 équidistantes de la moyenne de la distribution et telles que 90% des valeurs t calculées se situeront à l'intérieur de l'intervalle délimité par ces deux valeurs.

LEÇON 5 NOTIONS GÉNÉRALES À PROPOS DES INTERVALLES DE CONFIANCE

Tâche: étant donné un intervalle et un niveau de confiance, pouvoir identifier $z_{\alpha/2}$ ou $t_{\alpha/2}$ selon le problème posé.

DÉFINITIONS *Intervalle de confiance pour un paramètre de localisation* $\hat{\theta}$: intervalle numérique situé de part et d'autre de l'estimateur $\hat{\theta}$ du paramètre. À cet intervalle est associé une certaine probabilité qu'il contienne le vrai paramètre θ. Si l'estimateur $\hat{\theta}$ se distribue normalement et si nous connaissons $\sigma_{\hat{\theta}}$, alors les intervalles de confiance que nous étudierons dans ce texte prendront la forme suivante. Dans le cas de populations normales ou lorsque l'effectif échantillonnal est suffisamment grand, la limite inférieure de l'intervalle est:

$$\hat{\theta} - z\sigma_{\hat{\theta}}$$

et la limite supérieure de l'intervalle est:

$$\hat{\theta} + z\sigma_{\hat{\theta}}$$

Dans ces formules, la lettre z représente une cote Z obtenue dans la table de la distribution normale. Si nous ne connaissons pas l'erreur type $\sigma_{\hat{\theta}}$ de l'estimateur θ, nous devrons alors utiliser $s_{\hat{\theta}}$ pour l'estimer. Dans ce cas, l'intervalle de confiance prend la forme suivante. Dans le cas de populations normales et de petits échantillons, la limite inférieure de l'intervalle sera:

$$\hat{\theta} - ts_{\hat{\theta}}$$

et la limite supérieure de l'intervalle sera:

$$\hat{\theta} + ts_{\hat{\theta}}$$

Dans ces formules, la lettre t représente une valeur t extraite de la table de la distribution t.

Niveau de confiance: le niveau de confiance qui accompagne automatiquement tout intervalle de confiance est une probabilité ou un pourcentage qui indique dans quelle mesure nous sommes confiants que l'intervalle calculé contienne la valeur vraie du paramètre θ. Le niveau de confiance a pour valeur $(1 - \alpha)$; la lettre α (alpha) représente la probabilité que l'intervalle ne contienne pas la valeur du paramètre θ.

La valeur du niveau de confiance dépend de la valeur z ou t utilisée pour construire l'intervalle de confiance. Si l'intervalle comporte un niveau de confiance de $(1 - \alpha)$, nous construirons comme suit les intervalles de confiance utilisés dans ce texte.

L'erreur type de $\widehat{\theta}$ est connue $\Longrightarrow \widehat{\theta} \pm z_{\alpha/2}\sigma_{\widehat{\theta}}$

L'erreur type de $\widehat{\theta}$ est inconnue $\Longrightarrow \widehat{\theta} \pm t_{\alpha/2}s_{\widehat{\theta}}$

Dans les formules ci-dessus, les expressions $z_{\alpha/2}$ et $t_{\alpha/2}$ signifient qu'il faut choisir les valeurs z ou t de façon telle qu'on obtienne à chacune des deux extrémités de la distribution une surface égale à $\alpha/2$.

DISCUSSION

Supposons que nous avons une population normalement distribuée, définie par un paramètre θ inconnu que nous désirons estimer. Nous tirons un échantillon de la population et calculons un estimateur $\widehat{\theta}$. Il serait évidemment fort utile de savoir si notre estimateur est bon. Toutefois, il n'est vraiment pas possible de savoir si cet estimé est plus grand, plus petit ou égal au paramètre.

Nous ne pouvons que déterminer une étendue de valeurs plausibles pour θ. Puis, à l'aide des lois des probabilités, nous pouvons indiquer jusqu'à quel point nous sommes confiants que l'intervalle que nous avons construit inclue la vraie valeur du paramètre. Cette procédure s'appuie sur le raisonnement suivant.

À chaque estimateur est associée une *erreur type*. Cette erreur type nous renseigne sur la marge de variation de l'estimateur. Puisque nous présupposons que les distributions sont normales, nous savons qu'un estimateur ne devrait pas s'écarter de plus de trois unités d'erreur type de chaque côté de sa valeur moyenne. En d'autres termes, dans le cas de distributions normales, la quasi-totalité des valeurs (99,7%) se situeront en deçà de trois écarts types du centre de la distribution.

Supposons que notre estimateur $\widehat{\theta}$ se retrouve à l'extrémité inférieure de la distribution. Si nous ajoutons à $\widehat{\theta}$ trois erreurs types ($\widehat{\theta} + 3\sigma_{\widehat{\theta}}$), nous rejoindrons la moyenne de la distribution. Cette situation est illustrée dans la figure 7.11.

De la même façon, si $\widehat{\theta}$ se trouve à l'extrémité supérieure de la distribution, il suffit de lui soustraire trois erreurs types ($\widehat{\theta} - 3\sigma_{\widehat{\theta}}$) pour inclure la moyenne. Si nous tirons plusieurs échantillons successifs, tous de grandeur n, puis calculons pour chacun d'eux un estimateur $\widehat{\theta}$, environ 99,7% des intervalles ($\widehat{\theta} \pm 3\sigma_{\widehat{\theta}}$) incluront la vraie moyenne θ. En d'autres mots, dans le cas d'un intervalle quelconque compris entre $\widehat{\theta} - 3\sigma_{\widehat{\theta}}$ et $\widehat{\theta} + 3\sigma_{\widehat{\theta}}$, nous sommes sûrs à 99,7% que le paramètre θ se situe quelque part entre les limites de cet intervalle.

Si nous rétrécissons l'intervalle, nous réduisons automatiquement notre niveau de confiance. Les probabilités associées à la distribution normale

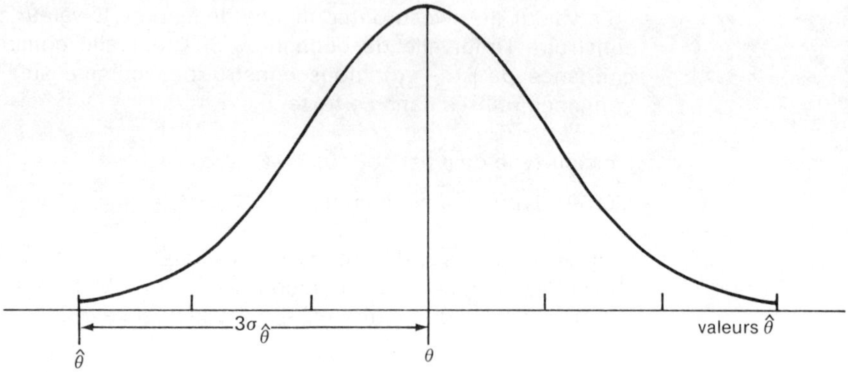

FIGURE 7.11

nous indiquent jusqu'à quel point nous le réduisons. Ainsi, en calculant l'intervalle délimité par $\hat{\theta} - 2\sigma_{\hat{\theta}}$ et $\hat{\theta} + 2\sigma_{\hat{\theta}}$, nous obtenons un niveau de confiance d'environ 95%. Ceci tient au fait qu'environ 95% des valeurs θ se situeront à moins de deux erreurs types de la moyenne. Donc, en construisant un intervalle qui s'étend sur quatre erreurs types (de $\hat{\theta} - 2\sigma_{\hat{\theta}}$ à $\hat{\theta} + 2\sigma_{\hat{\theta}}$), nous avons la certitude qu'environ 95% de nos intervalles de confiance contiendront le paramètre θ (voir la figure 7.12).

La figure 7.12 montre que les intervalles *a* et *b* incluent tous les deux le paramètre θ, alors que l'intervalle *c* ne l'inclut pas. En conséquence, si $\hat{\theta}$ se situe entre les deux lignes verticales pointillées, l'intervalle contiendra θ. Quelle proportion des $\hat{\theta}$ se situe entre les lignes pointillées? À l'aide des tables de la distribution normale et en utilisant une cote *Z* de 2,00, on découvre que 95,44% (donc à peu près 95%) des valeurs se retrouvent à l'intérieur de cet

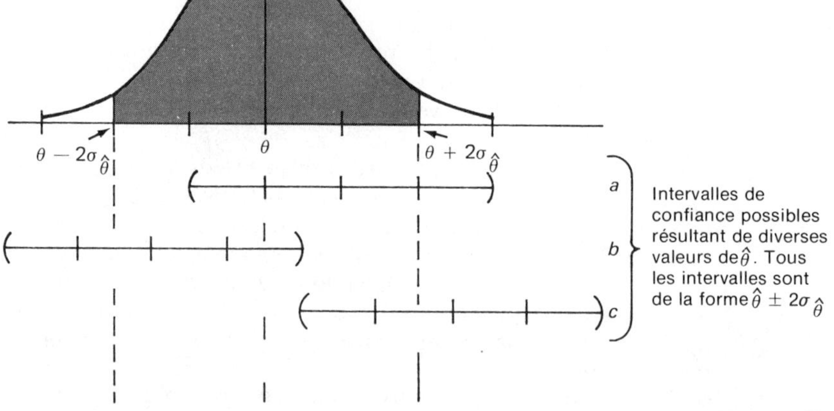

FIGURE 7.12 Intervalles de confiance possibles résultant de diverses valeurs de $\hat{\theta}$

intervalle. Ceci signifie qu'environ 2,5% des valeurs $\widehat{\theta}$ se situeront à droite de la ligne pointillée de droite, tandis que 2,5% des valeurs $\widehat{\theta}$ se retrouveront à gauche de la ligne pointillée de gauche, pour un total de 5%.

Pour construire un intervalle de confiance associé à un niveau de confiance $(1 - \alpha)$, on choisit une cote Z telle que $(1 - \alpha)$ de la surface sous la courbe sera compris entre $-Z$ et $+Z$. Nous obtiendrons évidemment la même valeur pour Z si nous choisissons une cote Z telle que la surface caudale à chaque extrémité de la courbe est égale à $\alpha/2$. Cette cote Z sera symbolisée par $z_{\alpha/2}$. Ainsi, un intervalle de confiance de $(1 - \alpha)$ 100% se calculerait comme suit:

$$\widehat{\theta} \pm z_{\alpha/2}\sigma_{\widehat{\theta}}$$

La figure 7.13 illustre les caractéristiques d'une telle courbe.

Le choix d'un niveau de confiance est une tâche subjective; il dépend des besoins et des préoccupations du chercheur. On trouvera dans la liste ci-dessous les cotes Z qui correspondent à divers niveaux de confiance.

NIVEAUX DE CONFIANCE $(1 - \alpha)$	α	$\alpha/2$	$z_{\alpha/2}$
0,80	0,20	0,10	1,28
0,90	0,10	0,05	1,645
0,95	0,05	0,025	1,960
0,99	0,01	0,005	2,58

Si nous ne connaissons pas la valeur de l'erreur type $\sigma_{\widehat{\theta}}$ et qu'il nous faut l'estimer, nous appliquons le même type de raisonnement. Toutefois, plutôt que d'utiliser $z_{\alpha/2}$, nous trouvons $t_{\alpha/2}$ dans la table de la distribution t et nous calculons $\theta \pm t_{\alpha/2}s_{\widehat{\theta}}$.

Voici une dernière remarque. Soyez prudents lors de l'interprétation d'un intervalle de confiance. Supposons que nous construisons un intervalle de confiance avec un niveau de confiance de 90%. Avant que les données

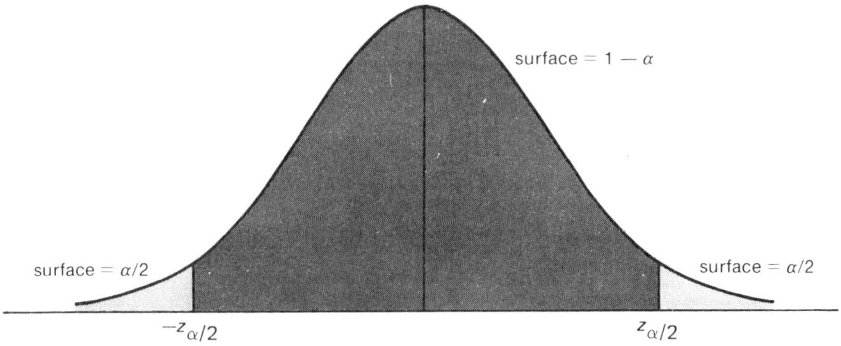

FIGURE 7.13

soient recueillies et l'intervalle calculé, nous pouvons affirmer qu'il existe une probabilité de 0,90 que le paramètre θ soit compris entre les limites de l'intervalle. Cependant, lorsque l'intervalle est identifié, ou bien θ s'y trouve ou bien il ne s'y trouve pas. Il faut dès lors parler de confiance plutôt que de probabilité. *C'est la localisation de l'intervalle qui varie d'un échantillon à l'autre et non pas la localisation du paramètre.*

Notez également que la discussion qui précède s'appuie sur le postulat d'une distribution normale de $\widehat{\theta}$. Si tel n'est pas le cas, le niveau de confiance que nous obtenons à l'aide de la méthode ci-dessus ne peut être qu'approximatif. Toutefois, si nous travaillons avec de grands échantillons ($n \geqslant 30$), nous pouvons invoquer le théorème central limite, lequel nous permet d'être à peu près sûrs que les intervalles $\widehat{\theta} \pm z\sigma_{\widehat{\theta}}$ ou $\widehat{\theta} \pm t\, s_{\widehat{\theta}}$ seront associés à des niveaux de confiance assez précis.

DISCUSSION SIMPLIFIÉE

Dans le cas de l'analogie ci-dessous, la localisation de la pièce de monnaie dans l'herbe correspond au paramètre inconnu θ, l'endroit où vous êtes situé représente la valeur connue $\widehat{\theta}$ et le cercle représente le concept d'intervalle de confiance.

Supposons que vous vous tenez debout sur le gazon verdoyant d'un parc, en train de lancer distraitement en l'air une pièce de monnaie. Soudain, vous manquez un lancer; la pièce rebondit sur vos doigts et tombe dans l'herbe épaisse. Comme vous ne savez pas si la pièce de monnaie est tombée à gauche ou à droite, devant ou derrière vous, vous tracez mentalement un cercle autour de vos pieds qui délimite la surface à l'intérieur de laquelle vous espérez trouver votre pièce de monnaie. Le rayon de ce cercle que vous avez tracé mentalement reflète la confiance que vous entretenez d'y retrouver votre pièce. Par exemple, vous vous sentez sûr à 90% que la pièce de monnaie se trouve à l'intérieur d'un cercle de 2 mètres de rayon (vous vous sentez moins sûr de la retrouver dans un cercle de 1 mètre de rayon). Aussi, plus grand sera le rayon, plus vous serez confiant de retrouver votre pièce de monnaie à l'intérieur du cercle.

Si nous pouvions traduire en erreurs types les grandeurs de rayons, nous dirions qu'un rayon de 3 erreurs types engendre un niveau de confiance de 99%, qu'à 2 erreurs types le niveau de confiance se situe à 95% et qu'à une erreur type il se chiffre à 68% (en postulant toujours une distribution normale).

Des valeurs intermédiaires pour le rayon produiraient des niveaux de confiance intercalés entre ceux qui apparaissent ci-haut. Le principe de base se trouve résumé dans les formules ci-dessous:

$$\widehat{\theta} \pm z_{\alpha/2}\sigma_{\widehat{\theta}} \qquad \text{et} \qquad \widehat{\theta} \pm t_{\alpha/2}s_{\widehat{\theta}}$$

On utilise la première formule lorsque $\sigma_{\widehat{\theta}}$ est connu, tandis que la seconde permet d'estimer $\sigma_{\widehat{\theta}}$ à l'aide de $s_{\widehat{\theta}}$. Voici les étapes à suivre pour calculer un intervalle de confiance.

ÉTAPE 1 Tirer un échantillon de la population et calculer $\widehat{\theta}$.

ÉTAPE 2 Choisir un niveau de confiance $(1 - \alpha)$ et identifier la valeur correspondante de $z_{\alpha/2}$ ou de $t_{\alpha/2}$(le choix de α se fait sur une base arbitraire).

ÉTAPE 3 Calculer $\sigma_{\widehat{\theta}}$ ou $s_{\widehat{\theta}}$.

ÉTAPE 4 Calculer $\widehat{\theta} - z_{\alpha/2}\sigma_{\widehat{\theta}}$ et $\widehat{\theta} + z_{\alpha/2}\sigma_{\widehat{\theta}}$, ou encore $\widehat{\theta} - t_{\alpha/2}s_{\widehat{\theta}}$ et $\widehat{\theta} + t_{\alpha/2}s_{\widehat{\theta}}$.

Remarquez que l'expression $z_{\alpha/2}\ \sigma_{\widehat{\theta}}$ représente une moitié seulement de l'intervalle, de sorte que l'étendue totale de l'intervalle de confiance correspond à $2z_{\alpha/2}\ \sigma_{\widehat{\theta}}$.

Signalons en terminant que l'intervalle $\widehat{\theta} \pm t_{\alpha/2}\ s_{\widehat{\theta}}$ est utilisé dans le cas de petits échantillons, dans la mesure où $\widehat{\theta}$ se distribue normalement. Même si $\widehat{\theta}$ ne se distribue pas normalement, si nous utilisons un grand échantillon $(n \geqslant 30)$, alors, en vertu du théorème central limite, $\widehat{\theta} \pm z_{\alpha/2}\ \sigma_{\widehat{\theta}}$ ou $\widehat{\theta} \pm t_{\alpha/2}\ s_{\widehat{\theta}}$ produira des intervalles où les niveaux de confiance seront à toutes fins pratiques équivalents.

EXEMPLES

Dans chacun des problèmes suivants, calculer la cote Z ou la valeur t associée au niveau de confiance demandé.

1. Pour estimer la cote moyenne à un test quelconque d'une population d'étudiants, le service des admissions d'un collège de la région de Montréal obtient un intervalle de confiance dont les valeurs critiques associées à un niveau de 0,95 sont respectivement 2,231 et 2,369. En supposant que la valeur de $\sigma_{\widehat{\theta}}$ est connue, quelle est la valeur de $z_{\alpha/2}$?

Solution. Le niveau de confiance $(1 - \alpha) = 0{,}95$, $\alpha = 0{,}05$ et $\alpha/2 = 0{,}025$. À l'aide de la table de la distribution normale centrée réduite, nous déterminons la valeur de $z_{\alpha/2} = z_{0,025} = 1{,}96$.

2. Une petite ville consomme en moyenne entre 3960 et 4356 litres d'huile à chauffage par mois. Si le niveau de confiance associé à cet intervalle est égal à 0,90 et dl = 20, quelle est la valeur de $t_{\alpha/2}$? [*Note:* la valeur de $\sigma_{\widehat{\theta}}$ est inconnue.]

Solution. Si $(1 - \alpha) = 0{,}90$, alors $t_{\alpha/2} = t_{0,05}$. À l'aide de la table nous déterminons qu'avec dl = 20, $t_{0,05} = 1{,}725$.

3. Il a été établi, avec un degré de certitude de 95%, que les étudiants d'un certain collège consacrent en moyenne entre 14 et 17 heures pour se rendre à leurs cours durant une session complète. Quelle est la valeur de $\widehat{\theta}$? Quelle est la valeur de $z_{\alpha/2}$? Si $\sigma_{\widehat{\theta}}$ était inconnu et si le nombre de degrés de liberté associé à cet estimé était égal à 19, quelle serait la valeur de $t_{\alpha/2}$?

Solution. Ici $\widehat{\theta} = 15,5$. Le niveau de confiance $(1 - \alpha) = 0,95$. Donc $z_{0,025} = 1,96$. Dans le cas d'une distribution t avec 19 degrés de liberté, $t_{0,025} = 2,093$.

EXERCICES

Pour chacun des problèmes suivants, évaluer le niveau de confiance de l'intervalle concerné, ou déterminer la cote Z ou la valeur t demandée.

1. Quel est le niveau de confiance associé aux intervalles établis à partir des cotes Z ou des valeurs t suivantes:

(a) $z = 1,96$	(d) $t = 1,330$; dl $= 18$
(b) $z = 1,645$	(e) $t = 2,776$; dl $= 4$
(c) $z = 2,58$	(f) $t = 2,539$; dl $= 19$

2. Une manufacture de souliers situe entre 1101 et 1120 paires de souliers sa production quotidienne moyenne. Si le niveau de confiance associé à cette estimation est de 99%, quelle est la valeur de $z_{\alpha/2}$ pour cet intervalle ? Avec dl = 25, quel serait la valeur de $t_{\alpha/2}$?

3. Dans le cadre d'une étude sur l'effort physique déployé par les joueurs de football, une spécialiste en physiologie coronarienne situe entre 63 et 70 la fréquence cardiaque moyenne des joueurs au repos. Le niveau de confiance associé à cet intervalle est de 95%. Si dl = 22, quelle est la valeur de $t_{\alpha/2}$?

4. Les chercheurs d'une station agricole situent entre 6 et 8 kg par plant le rendement moyen d'une tomate hybride de serre. S'ils établissent leur estimation à partir d'une cote Z égale à 2,36, quel est le niveau de confiance associé à cet intervalle ? S'ils établissent leur estimation à partir d'une valeur t = 2,131 avec dl = 15, quel est le niveau de confiance associé à cet intervalle ?

5. Une enquête a démontré que les étudiants de niveau collégial dépensent en moyenne 10 \$ $\pm$ 3 \$ par semaine pour leurs loisirs. Quel est le niveau de confiance associé à cette estimation si l'on suppose qu'elle a été établie à partir d'une cote Z égale à 1,645 ?... à partir d'une valeur t égale à 2,060 avec dl = 25 ?

LEÇON 6 INTERVALLE DE CONFIANCE DE LA MOYENNE D'UNE POPULATION

Tâche: pouvoir construire, en tenant compte d'un niveau de confiance donné, l'intervalle de confiance de la moyenne μ d'une population.

DÉFINITION *Intervalle de confiance de la moyenne d'une population:* il s'agit d'une estimation portant sur une étendue plausible de valeurs à l'intérieur de laquelle nous prévoyons que devrait se situer la moyenne de population μ.

Lorsque nous connaissons $\sigma_{\bar{y}}$, l'erreur type de la moyenne $\bar{y}$, nous pouvons trouver l'intervalle de confiance de la moyenne d'une population normalement distribuée à l'aide des formules suivantes:

$$\bar{y} \pm z_{\alpha/2}\sigma_{\bar{y}} \qquad \text{ou} \qquad \bar{y} \pm z_{\alpha/2}\frac{\sigma}{\sqrt{n}}\ , \text{ puisque } \sigma_{\bar{y}} = \frac{\sigma}{\sqrt{n}}$$

Nous utilisons ici $z_{\alpha/2}$ comme indicateur du niveau de confiance désiré.

Lorsque nous ne connaissons pas $\sigma_{\bar{y}}$, l'erreur type de $\bar{y}$, nous devons calculer l'intervalle de confiance de la moyenne d'une population normalement distribuée comme suit:

$$\bar{y} \pm t_{\alpha/2}s_{\bar{y}} \qquad \text{ou} \qquad \bar{y} \pm t_{\alpha/2}\frac{s}{\sqrt{n}}$$

Dans les formules ci-dessus, s correspond à l'écart type de l'échantillon:

$$\sqrt{\frac{\Sigma(y - \bar{y})^2}{n - 1}}$$

qui sert d'estimateur de σ. De plus, pour obtenir le niveau de confiance souhaité, on choisit $t_{\alpha/2}$ à partir de la distribution t avec $n - 1$ degrés de liberté (c'est-à-dire dl $= n - 1$, où n représente la taille de l'échantillon).

[*Note:* les intervalles et niveaux de confiance ci-dessus sont valides en autant que la population d'origine se distribue normalement. Ils sont à peu près valides pour d'autres types de populations; de plus, l'approximation s'améliore à mesure que la taille n de l'échantillon s'accroît.]

DISCUSSION Supposons que nous désirons estimer la production moyenne d'un ouvrier, le salaire moyen dans une industrie, le délai moyen requis pour qu'un médicament agisse, et ainsi de suite. Vis-à-vis de ce type de problème, nous estimons la moyenne de la population en construisant un intervalle de confiance à l'intérieur duquel nous prévoyons que la moyenne de la population se situera. Si la population se distribue normalement, ou encore si l'échantillon est suffisamment grand ($n \geqslant 30$) pour que nous puissions invoquer le théorème central limite, nous pouvons utiliser les formules ci-dessous pour calculer l'intervalle de confiance. Voici la formule générale qu'il faut utiliser lorsque l'erreur type de $\widehat{\theta}$ est connue:

$$\widehat{\theta} \pm z_{\alpha/2}\sigma_{\widehat{\theta}}$$

Lorsque nous mentionnons que l'erreur type de $\widehat{\theta}$ est connue, nous voulons de fait signifier que cette valeur est postulée ou encore qu'on l'a calculée à l'aide d'un très grand échantillon provenant d'une population qui a un écart type identique à celui de la population qui nous intéresse. Pour appliquer cette formule générale à l'estimation de μ, il suffit de remplacer $\widehat{\theta}$ par $\overline{y}$ comme suit:

$$\overline{y} \pm z_{\alpha/2}\sigma_{\overline{y}} \qquad \text{où} \qquad \sigma_{\overline{y}} = \frac{\sigma}{\sqrt{n}}$$

Dans la plupart des situations de recherche concrètes, l'écart type (et conséquemment $\sigma_{\overline{y}}$) est inconnu. Aussi devons-nous estimer σ à l'aide de l'écart type échantillonnal s. Si nous pouvons postuler que notre échantillon provient d'une population normalement distribuée, nous pouvons dès lors utiliser la distribution t pour construire l'intervalle de confiance de la moyenne μ de la population. Voici la formule appropriée.

$$\overline{y} \pm t_{\alpha/2}\frac{s}{\sqrt{n}}$$

Lorsque nous utilisons cette formule, nous devons associer $n - 1$ degrés de liberté à l'erreur type estimée de $\overline{y}$. Le niveau de confiance sera donc déterminé par la valeur de t associée à $\text{dl} = n - 1$. La formule générale pour l'intervalle de confiance (IC) devient donc:

$$\text{IC} = \widehat{\theta} \pm t_{\alpha/2}s_{\widehat{\theta}}$$

Pour appliquer cette formule à l'estimation de μ, il suffit de remplacer $\widehat{\theta}$ par $\overline{y}$, comme suit:

$$\text{IC} = \overline{y} \pm t_{\alpha/2}s_{\overline{y}} \qquad \text{où dl} = n - 1$$

Dans la formule ci-dessus, $s_{\overline{y}} = s / \sqrt{n}$. Lorsque σ est inconnu, mais que n est égal ou plus grand que 30, $s_{\overline{y}}$ devient un estimé suffisamment précis de $\sigma_{\overline{y}}$ pour que nous puissions remplacer $t_{\alpha/2}$ par $z_{\alpha/2}$ dans la formule ci-haut.

EXEMPLES

Pour chacun des problèmes suivants, construire l'intervalle de confiance pour estimer la moyenne μ.

1. Il a été établi que la résistance d'une corde mesurée sur une échelle quelconque se distribue normalement avec un écart type $\sigma = 3$. À partir d'un échantillon de 25 spécimens, on calcule une moyenne échantillonnale $\overline{y} = 17$. Avec une certitude de 95%, quel est l'intervalle de confiance pour estimer la résistance moyenne de cette population de cordes?

Solution. Pour ce problème, $\overline{y} = 17$, $\sigma = 3$ et $z_{0,025} = 1,96$; $\sigma_{\overline{y}} = \sigma / \sqrt{n} =$ 3/5 ou 0,60. L'intervalle de confiance se calcule comme suit:

$$\overline{y} - z_{0,025}\sigma_{\overline{y}} = 17 - 1,96(0,6) = 15,824$$
$$\overline{y} + z_{0,025}\sigma_{\overline{y}} = 17 + 1,96(0,6) = 18,176$$

Nous pouvons donc conclure avec une certitude de 95% que la résistance moyenne de la population des cordes se situe à l'intérieur de l'intervalle (15,824 ; 18,176).

2. Nous savons que la consommation en électricité d'une petite ville du Québec se distribue normalement avec un écart-type $\sigma = 1,5$. À partir d'un échantillon composé de 11 foyers choisis au hasard dans cette population, nous obtenons les résultats suivants: 7,1 4,4 9,1 5,4 6,3 6,8 5,9 8,7 7,2 7,3 8,5 (pour faciliter les calculs, les données sont exprimées dans un système d'unités arbitraires). Construire l'intervalle de confiance à 99% pour estimer la consommation moyenne d'électricité dans cette petite ville.

Solution. À partir des données nous obtenons $\overline{y} = 6,973$, $z_{0,005} = 2,576$ et $\sigma_{\overline{y}} = 1,5 / \sqrt{11} = 0,452$. Donc,

$$\overline{y} + z_{0,005}\ \sigma_{\overline{y}} = 6,973 - 2,576\ (0,452) = 5,809$$
$$\overline{y} - z_{0,005}\ \sigma_{\overline{y}} = 6,973 + 2,576\ (0,452) = 8,137$$

3. Comment interpréter l'intervalle de confiance calculé ci-haut?

Solution. Cet intervalle nous permet de conclure que nous sommes certains à 99% que l'intervalle (5,809 ; 8,137) inclut la valeur du paramètre, lequel représente ici la consommation moyenne d'électricité pour toute la population.

4. Un représentant de la compagnie Yvan Labrosse ltée s'intéresse au temps qu'il passe auprès de chacun de ses clients. À partir d'un échantillon composé de 25 clients choisis au hasard parmi ses visites de la semaine, il obtient un temps moyen $\overline{y} = 23,4$ minutes avec un écart type $s = 10,2$ minutes. En supposant que cette variable se distribue normalement, construire l'intervalle de confiance à 95% pour estimer le temps moyen passé auprès de chaque client.

Solution. À partir des données du problème nous déterminons que $\bar{y} = 23,4$; dl $= n - 1 = 24$, $s_{\bar{y}} = s/\sqrt{n} = 2,04$ et $t_{0,025} = 2,064$. Donc,

$$\bar{y} - t_{0,025}\, s_{\bar{y}} = 23,4 - 2,064(2,04) = 19,189$$
$$\bar{y} + t_{0,025}\, s_{\bar{y}} = 23,4 + 2,064(2,04) = 27,611$$

Nous pouvons donc conclure qu'il existe une probabilité de 0,95 que le temps moyen passé auprès de chaque client, c'est-à-dire μ, se situe entre 19,189 et 27,611.

5. Une compagnie de téléphone désire estimer la durée moyenne des communications téléphoniques entre deux villes du Québec. À partir d'un échantillon au hasard de 16 appels, elle obtient une moyenne $\bar{y} = 1,90$ minutes et un écart type $s = 0,53$ minute. Avec un degré de certitude de 99%, quel est l'intervalle de confiance pour estimer la durée moyenne d'une conversation téléphonique? *Note*: supposer que cette variable se distribue normalement.

Solution. À partir des données du problème nous déterminons que $\bar{y} = 1,90$, $s = 0,53$, $s_{\bar{y}} = 0,1325$, dl $= 15$ et $t_{0,005} = 2,947$. L'intervalle de confiance se calcule comme suit:

$$\bar{y} - t_{0,005}\, s_{\bar{y}} = 1,90 - 2,947(0,1325) = 1,510$$
$$\bar{y} + t_{0,005}\, s_{\bar{y}} = 1,90 + 2,947(0,1325) = 2,290$$

En nous appuyant sur les données de cet échantillon, nous pouvons donc conclure que nous sommes certains à 99% de trouver la valeur réelle de la durée moyenne des conversations téléphoniques à l'intérieur de l'intervalle (1,510; 2,290 minutes).

6. Pour vérifier la précision d'une machine utilisée pour remplir des boîtes de céréales, une contremaîtresse choisit au hasard un échantillon de 10 boîtes remplies par la machine et mesure la quantité de céréales contenue dans chacune de ces boîtes. Elle obtient les résultats suivants: 308,56 g, 311,92 g, 301,84 g, 324,52 g, 324,24 g, 313,32 g, 327,88 g, 315,56 g, 306,04 g, 306,32 g. Construire et interpréter l'intervalle de confiance à 90% pour estimer la quantité moyenne que contient chaque boîte de céréales remplie par la machine. Pour les données précédentes, $\Sigma\, y = 3140,20$.

Solution. À partir des données du problème, nous déterminons que $\bar{y} = 314,02$, dl $= 9$ et $t_{0,05} = 1,833$;

$$s = \sqrt{\frac{\Sigma y^2 - \frac{(\Sigma y)^2}{n}}{n - 1}} = 8,91 \text{ g} \qquad \text{et} \quad s_{\bar{y}} = \frac{s}{\sqrt{n}} = 2,82 \text{ g.}$$

Donc,

$\overline{y} - t_{0,05}\, s_{\overline{y}} = 314{,}02 - 1{,}833\ (2{,}82) = 308{,}84$
$\overline{y} + t_{0,05}\, s_{\overline{y}} = 314{,}02 + 1{,}833\ (2{,}82) = 319{,}20$

Nous pouvons donc conclure que nous sommes certains à 90% que la quantité moyenne de céréales par boîte se situe entre 308,84 et 319,20 g.

EXERCICES

Pour chacun des problèmes suivants, calculer l'intervalle de confiance pour estimer la moyenne μ de la population.

1. Une raffinerie de l'est de Montréal sait que sa production quotidienne d'essence se distribue normalement. À chaque année, la production quotidienne d'essence augmente, mais l'écart type demeure constant. Les données suivantes représentent la quantité (en mesures arbitraires) d'essence produite au cours de certains jours choisis au hasard durant l'année 1976: 74,4 85,2 88,2 86,1 82,6 90,1 93,9 75,3 79,8 73,2 77,9 89,8. L'écart type obtenu à partir des données des années précédentes est égal à 6,9. Calculer l'intervalle de confiance à 90% pour estimer la production quotidienne moyenne de l'année 1976.

2. L'ingénieure responsable du contrôle de la qualité d'une usine de fabrication de pièces métalliques sait par expérience que l'écart type de la longueur d'une certaine pièce est égal à 0,03 cm. Quant à la longueur moyenne de la pièce, elle varie occasionnellement et peut se situer tantôt au-dessus, tantôt au-dessous de la longueur désirée. Les données ci-dessous représentent la longueur en centimètres des pièces d'un échantillon choisi au hasard pour évaluer la longueur moyenne des pièces fabriquées au cours de la journée.

3,392	3,317	3,324	3,356	3,358	3,319
3,354	3,384	3,348	3,344	3,316	
3,367	3,315	3,358	3,387	3,319	

Construire l'intervalle de confiance à 99% pour estimer la longueur moyenne des pièces fabriquées.

3. Durant les neuf derniers jours, une compagnie de produits pharmaceutiques a fabriqué en moyenne 541 kg d'un certain médicament. Le gérant de la production sait d'expérience que la variance de cette variable se situe à 69,5. Construire l'intervalle de confiance à 90% pour estimer la quantité quotidienne moyenne de médicament produit.

4. Le vice-président d'une banque se demande s'il s'est produit un changement dans la quantité d'argent déposé dans les comptes courants de chacune de ses succursales. Il sait d'expérience que l'écart type de cette variable (exprimé en milliers de dollars) est égal à 0,73. À partir d'un échantillon au hasard composé de 17 succursales, il calcule un changement

moyen égal à 14,1 milliers de dollars. Construire l'intervalle de confiance à 95% pour estimer le changement moyen réel.

5. Une compagnie qui fabrique des machines à écrire désire connaître le rendement moyen en mots à la minute des dactylographes qui utilisent son nouveau modèle de machine à écrire. Le gérant de la compagnie sait d'expérience que l'écart type de cette variable est égal à 6,21 mots à la minute. À partir d'un échantillon au hasard composé de 12 dactylographes, il calcule un rendement moyen égal à 76,7 mots à la minute. Construire l'intervalle de confiance à 99% pour estimer le rendement moyen des dactylographes.

6. Une zoologiste s'intéresse à la longueur moyenne des oeufs de coucou pondus dans les nids de pipi des prairies. À partir d'un échantillon de 17 oeufs, elle obtient une longueur moyenne $\overline{y} = 22{,}3$ mm et un écart type $s = 2{,}059$ mm. Construire l'intervalle de confiance à 90% pour estimer la longueur moyenne des oeufs.

7. Depuis plusieurs années, le score moyen à un test de mathématiques utilisé pour l'admission à l'université se situe à 55 avec un écart type égal à 9,3. Cette année, la moyenne des 15 candidats du collège de Brillantville se chiffre à 60. Est-ce que l'intervalle de confiance à 95% établi à partir de cette moyenne inclut la valeur de la moyenne de la population?

8. Un ingénieur en construction désire connaître la résistance des briques produites par une certaine compagnie. À partir d'un échantillon de 19 briques, il obtient une moyenne $\overline{y} = 180$ kg avec un écart type $s = 10$ kg. Construire l'intervalle de confiance à 90% pour estimer la résistance moyenne des briques.

9. Une compagnie de produits chimiques fabrique un matériau synthétique utilisé pour la construction des édifices. À divers moments de la journée, le contremaître choisit un spécimen de ce matériau et vérifie sa résistance. Voici les résultats qu'il a obtenus au cours de la journée.
59,3 71,1 53,6 45,8 58,7 51,2 53,6 54,6 50,3 58,9 43,3 56,2
$\sum y = 656{,}6$ $\sum y^2 = 36\,496{,}18$. Construire et interpréter l'intervalle de confiance à 95% pour estimer la résistance moyenne du matériau.

10. Le ministre de l'Agriculture s'intéresse à la production moyenne de blé au Québec. Les fonctionnaires du ministère choisissent au hasard un certain nombre de champs de blé du Québec et déterminent le rendement à l'acre de chacun de ceux-ci. Voici les résultats obtenus.
90,2 80,1 82,3 79,5 91,4 93,7 95,3 84,7 98,6 93,2 83,3 85,5 93,6 93,5.
La moyenne calculée est égale à 88,92 et l'écart type à 6,187. Construire et interpréter l'intervalle de confiance à 90% pour estimer le rendement moyen à l'acre des champs de blé du Québec.

11. L'office de protection du consommateur s'interroge sur la résistance d'un certain fil de coton. Un inspecteur choisit au hasard 25 spécimens et mesure la résistance de chacun. Il obtient une moyenne $\overline{y} = 111\ n$ avec une variance $s^2 = 144\ n^2$. Construire et interpréter l'intervalle à 95% pour estimer la résistance moyenne de la population des fils de coton.

12. Dans le cadre d'une étude sur la force de préhension des enfants de six ans, une infirmière obtient les indices suivants à partir d'un échantillon composé de 12 enfants choisis au hasard.
2,24 2,26 2,47 1,56 1,72 1,48 2,40 2,03 1,72 2,10 1,74 1,55.
La moyenne calculée à partir de ces résultats est égale à 1,94 et l'écart type à 0,352. Construire et interpréter l'intervalle de confiance à 99% pour estimer la préhension moyenne des enfants de six ans.

13. Un service alimentaire s'intéresse à la quantité de graisse absorbée par les pommes de terre frites lors de leur cuisson. Voici les indices d'absorption obtenus à partir d'un échantillon choisi au hasard:
158 165 153 162 171 175 173 169 166 170 164 177 148 167 152 149.
La moyenne $\overline{y} = 163{,}7$ et l'écart type $s = 9{,}24$. Construire et interpréter l'intervalle de confiance à 98% pour estimer l'indice moyen d'absorption de graisse par les pommes de terre frites lors de leur cuisson.

14. Si vous choisissez plusieurs échantillons à partir d'une même population et construisez des intervalles de confiance de type $\overline{y} \pm ts_{\overline{y}}$, l'étendue des intervalles ainsi obtenus sera-t-elle toujours la même? Pourquoi? Dans quelles circonstances ces intervalles ont-ils la même étendue?

15. Si vous choisissez 100 échantillons à partir d'une même population et construisez des intervalles de confiance à 95%, combien de ces intervalles ne devraient pas inclure la valeur réelle du paramètre μ?

LEÇON 7 INTERVALLE DE CONFIANCE DU TOTAL DE LA POPULATION

Tâche: pouvoir construire un intervalle de confiance pour le total d'une population.

DÉFINITION

Intervalle de confiance du total d'une population: il s'agit de l'estimé d'une étendue de valeurs à l'intérieur de laquelle nous prévoyons que devrait se situer le total de la population. Pour construire l'intervalle de confiance du total d'une population, avec un niveau de confiance approximatif de $(1 - \alpha)$, on utilise la formule suivante:

$$N\bar{y} \pm z_{\alpha/2}\frac{N\sigma}{\sqrt{n}}$$

Il s'agit bien sûr d'un intervalle approximatif, car les populations finies $(N < \infty)$ ne peuvent pas se distribuer normalement. Toutefois, si l'échantillon est suffisamment grand $(n \geqslant 30)$, nous justifions l'emploi de la formule ci-dessus en nous appuyant sur le théorème central limite.

DISCUSSION

On peut imaginer plusieurs problèmes concrets qui nécessitent l'estimation du total de la population; par exemple, le total des ventes, la production totale, le revenu total, et ainsi de suite. En conséquence, nous devrions pouvoir calculer un intervalle de confiance pour le total d'une population.

Nous utiliserons $N\bar{y}$ comme estimateur du total de la population; son erreur type estimée est $Ns_{\bar{y}}$. En introduisant ces valeurs dans les formules générales de l'intervalle de confiance, nous obtenons:

$$N\bar{y} \pm z_{\alpha/2}(Ns_{\bar{y}}) \qquad \text{ou} \qquad N\bar{y} \pm z_{\alpha/2}\left(\frac{Ns}{\sqrt{n}}\right)$$

Toutefois, étant donné qu'une population finie ne peut pas se distribuer tout à fait normalement, les intervalles de confiance de niveau $(1 - \alpha) \times 100\%$ ci-dessus ne constituent que des approximations. Pour que ces approximations soient fiables, il est important d'extraire un grand échantillon de la population.

Notons qu'il est également possible d'obtenir l'intervalle du total d'une population en multipliant par N les valeurs limites de l'intervalle de la moyenne μ.

EXEMPLES Pour chacun des problèmes suivants, construire l'intervalle de confiance pour estimer le total de la population.

1. Un fermier désire estimer la production annuelle totale des 1000 pommiers de son verger. Il choisit au hasard 49 pommiers et calcule leur rendement moyen en boisseaux. Il obtient une moyenne $\bar{y} = 4{,}2$ boisseaux avec un écart type $s = 1{,}4$. Construire l'intervalle de confiance à 95% pour estimer le rendement total du verger.

Solution. À l'aide de la table nous obtenons $z = 1{,}96$. Pour ce problème, $N = 1000$, $n = 49$, $\bar{y} = 4{,}2$ et $s = 1{,}4$. L'intervalle de confiance se calcule comme suit:

$$N\bar{y} \pm z_{\alpha/2}\left(\frac{Ns}{\sqrt{n}}\right) = 1000(4{,}2) \pm (1{,}96)\ \frac{(1000)\ 1{,}4}{\sqrt{49}}$$

soit 3808 à 4592 boisseaux. Nous pouvons conclure avec une certitude de 95% que le rendement total du verger se situe entre 3808 et 4592 boisseaux.

2. Une meunerie produit 2500 sacs de farine par jour. À la fin de la journée, le meunier choisit au hasard 36 sacs de farine et enregistre le poids de chacun. À partir de ces données il obtient $\sum y = 1602$ et $\sum y^2 = 71\ 324$. Construire l'intervalle de confiance à 80% pour estimer la production totale de la journée.

Solution. $N = 2500$, $\bar{y} = 44{,}5$, $s = 1{,}0$, $s_{\bar{y}} = s/\sqrt{n} = 1/6$ et $z = 1{,}282$.

Donc,

$$N\bar{y} - z_{\alpha/2}\left(\frac{Ns}{\sqrt{n}}\right) = 2500\ (44{,}5) \pm 1{,}282\ (2500)\ (1/6)$$

ou entre 110 716 et 111 784 kg après arrondissement. Nous sommes donc certains à 80% de trouver la valeur du poids total de farine produite durant la journée entre 110 716 et 111 784 kg.

EXERCICES Pour chacun des problèmes suivants, construire l'intervalle de confiance pour estimer le total de la population.

1. Le ministère des Postes désire connaître la hausse de revenus de ses bureaux situés dans une ville de 25 000 habitants s'il augmente de 1¢ le prix de ses timbres. Les fonctionnaires du ministère choisissent un échantillon au hasard de 600 individus et notent la quantité moyenne de timbres achetés par personne et par semaine. Ils obtiennent une moyenne $\bar{y} = 3{,}2$ et un écart type $s = 1{,}1$. Construire l'intervalle de confiance à 95% pour estimer l'augmentation totale des revenus du ministère.

2. Les employés d'un service municipal d'une ville de 100 000 habitants choisissent un échantillon de 1200 foyers et évaluent de façon précise leur consommation quotidienne d'eau potable. Ils obtiennent une moyenne quotidienne de 122,4 litres par foyer avec un écart type de 20,4 litres. Construire l'intervalle à 80% pour estimer la consommation quotidienne totale de la ville.

3. Pour estimer le poids total d'un troupeau de 450 boeufs, un éleveur choisit 36 boeufs au hasard dans son troupeau et note le poids de chacun de ceux-ci. À partir des données recueillies, il obtient une moyenne $\overline{y} = 443,42$ kg et un écart type $s = 30,36$ kg. Construire l'intervalle de confiance à 95% pour estimer le poids total du troupeau.

4. Une ville désire utiliser des tuyaux de béton pour la construction de son aqueduc. L'ingénieure responsable du projet évalue la longueur en mètres d'un échantillon composé de 20 de ces tuyaux. Elle obtient les résultats suivants.

6,10	5,98	5,99	5,97	6,02
6,08	5,97	5,95	6,09	6,00
6,00	6,04	6,00	6,03	5,97
5,99	6,00	5,95	5,98	6,02

$\Sigma\, y = 120,13$ et $\Sigma\, y^2 = 721,5965$

Si la ville achète 500 tuyaux de ce type, quelles seront les limites de l'intervalle de confiance à 99% pour estimer la longueur totale de l'aqueduc? [*Note:* supposer que la longueur des tuyaux se distribue normalement.]

LEÇON 8 INTERVALLE DE CONFIANCE D'UNE PROPORTION

Tâche: pouvoir construire un intervalle de confiance pour la proportion π.

DÉFINITION

Intervalle de confiance d'une proportion : il s'agit de l'estimation d'une étendue de valeurs à l'intérieur de laquelle nous prévoyons que la proportion π devrait se situer. Dans le cas d'un grand échantillon, on peut construire de la façon suivante l'intervalle de confiance d'une proportion π, auquel est associé un niveau de confiance de $(1 - \alpha)$:

$$p \pm z_{\alpha/2} s_p \qquad \text{où} \quad s_p = \sqrt{\frac{p(1-p)}{n}}$$

DISCUSSION

Il est souvent utile de pouvoir estimer la proportion π des membres d'une population qui partagent une même caractéristique. Il peut s'agir de la proportion de pièces défectueuses sur une ligne d'assemblage, de la proportion de cancers du poumon chez les fumeurs, de la proportion des votes favorisant un certain candidat, et ainsi de suite. La proportion échantillonnale p sert d'estimateur du paramètre π. Nous utilisons la formule

$$s_p = \sqrt{\frac{p(1-p)}{n}}$$

pour estimer l'erreur type de p

$$\sigma_p = \sqrt{\frac{\pi(1-\pi)}{n}}$$

Si l'échantillon est suffisamment grand, nous sommes assurés, grâce au théorème central limite, que p se distribue à peu près normalement. Nous pouvons donc utiliser la formule suivante pour construire l'intervalle de confiance approximatif de π:

$$p \pm z_{\alpha/2}\sqrt{\frac{p(1-p)}{n}}$$

Lorsque n est trop petit, il faut recourir à d'autres procédures que nous n'examinerons pas dans ce chapitre.

EXEMPLES

Pour chacun des problèmes suivants, construire l'intervalle de confiance pour estimer la proportion réelle dans la population.

1. Une inspectrice choisit au hasard 400 items dans un lot et découvre que 50 de ceux-ci sont défectueux. Construire l'intervalle de confiance à 95% pour estimer la proportion réelle d'items défectueux.

Solution. Pour ce problème, $p = 50/400 = 0,125$, $1 - p = 0,875$, $z_{0,025} = 1,96$ et $s_p = \sqrt{(0,125)(0,875)/400} = 0,0165$. L'intervalle de confiance à 95% se calcule comme suit:

$$p \pm z_{0,025}\, s_p \; 0,125 \pm 1,96\,(0,0165) = (0,0926\,;\,0,1574)$$

En d'autres termes, nous sommes certains à 95% de trouver la valeur de la proportion réelle d'items défectueux entre 0,0926 et 0,1574.

2. Une compagnie d'assurances désire connaître la proportion de couples mariés qui achètent une assurance sur la vie au cours des trois premières années de leur mariage. À partir d'un échantillon composé de 400 couples choisis au hasard, les experts de la compagnie constatent que 175 de ceux-ci ont acheté une assurance sur la vie durant les trois premières années de leur mariage. Construire l'intervalle de confiance à 90% pour estimer la proportion réelle dans la population.

Solution. À partir des données du problème, nous déterminons que $p = 175/400 = 0,4375$, $1 - p = 0,5625$, $z_{0,05} = 1,645$ et $s_p = \sqrt{(0,4375)(0,5625)/400} = 0,0248$. L'intervalle de confiance à 90% se calcule comme suit:

$$p \pm z_{0,05}\, s_p = 0,4375 \pm 1,645\,(0,0248) = (0,3967\,;\,0,4783).$$

En d'autres termes, nous pouvons conclure avec un degré de certitude de 90% que la proportion réelle de couples se situe entre les valeurs 0,3967 et 0,4783.

3. Un chercheur désire savoir si la plupart des hommes nés durant l'année 1946 ont une taille supérieure à celle de leur père. À partir d'un échantillon au hasard composé de 250 individus, il découvre que 130 de ceux-ci sont plus grands que leur père, 100 sont plus petits et 20 ont une taille égale à celle de leur père. Avec un niveau de confiance de 0,95, peut-on affirmer que plus de 50% des hommes nés durant l'année 1946 ont une taille supérieure à celle de leur père?

Solution. Pour ce problème, $p = 130/250 = 0,52$, $1 - p = 0,48$, $z_{0,025} = 1,96$ et $s_p = \sqrt{(0,52)(0,48)/250} = 0,0316$. L'intervalle de confiance se calcule comme suit:

$$p \pm z_{\alpha/2}\ s_p = 0{,}52 \pm 1{,}96\ (0{,}0316) = (0{,}458\,;0{,}582).$$

Puisque l'intervalle de confiance inclut des valeurs possibles de π inférieures à 0,50, il se peut donc que la valeur réelle de π, c'est-à-dire la proportion des hommes nés en 1946 qui ont une taille supérieure à celle de leur père, soit inférieure à 0,50.

EXERCICES

Pour chacun des problèmes suivants, construire l'intervalle de confiance pour estimer la proportion réelle dans la population.

1. La biscuiterie Tousec ltée désire connaître la proportion d'individus qui achètent les biscuits Tousec de préférence aux autres marques. Les experts de la compagnie découvrent que sur 450 boîtes de biscuits vendues, 300 sont des boîtes de biscuits Tousec. Construire l'intervalle de confiance à 99% pour estimer la proportion réelle d'individus qui préfèrent les biscuits Tousec à toute autre marque.

2. Le gouvernement du Québec désire savoir si la majorité des citoyens sont favorables à une modification de la carte électorale. Le président des élections fait parvenir un questionnaire à 350 individus choisis au hasard dans différents comtés de la province. Les résultats indiquent que 180 électeurs sont favorables à une modification de la carte électorale, 130 s'y opposent et 40 n'ont pas d'opinion. Avec un niveau de confiance de 95%, pouvez-vous affirmer qu'au moins 50% des électeurs sont favorables à une modification de la carte électorale? Devrions-nous tenir compte du pourcentage de non-répondants dans nos conclusions?

3. Pour vérifier l'équilibre d'une pièce de monnaie, on la lance 500 fois en l'air et on enregistre, à chaque essai, le côté sur lequel elle retombe. On obtient 246 *face*. Construire l'intervalle de confiance à 99% pour estimer la probabilité réelle de l'événement *face*. La valeur 0,50 se trouve-t-elle comprise dans l'intervalle?

4. Pour estimer la proportion d'étudiants réguliers qui désirent s'inscrire à des cours d'été, une université mène une enquête auprès de 200 étudiants choisis au hasard. Elle découvre que 45 de ceux-ci ont l'intention de s'inscrire à des cours d'été. Construire l'intervalle de confiance à 98% pour estimer la proportion réelle d'étudiants qui ont l'intention de s'inscrire à des cours d'été.

5. Un magasin à rayons désire connaître la proportion de comptes de crédit qui sont réglés dans les quinze jours suivant la date de facturation. À partir d'un échantillon de 500 comptes choisis au hasard, les comptables de l'entreprise constatent que 432 de ces comptes sont réglés dans les quinze jours suivant la date de facturation. Construire l'intervalle de confiance à 90% pour estimer la proportion réelle dans la population.

LEÇON 9 INTERVALLE DE CONFIANCE DE LA DIFFÉRENCE ENTRE DEUX MOYENNES

Tâche: pouvoir construire un intervalle de confiance pour la différence entre deux moyennes.

DÉFINITION

Intervalle de confiance de la différence entre deux moyennes: il s'agit de l'estimation d'une étendue de valeurs à l'intérieur de laquelle nous prévoyons que la différence entre deux moyennes devrait se situer. Supposons que nous tirons un échantillon de grandeur n_1 d'une population normalement distribuée, définie par une moyenne μ_1 et un écart type σ_1. Supposons également que nous tirons un échantillon de grandeur n_2 d'une seconde population normalement distribuée, définie par une moyenne μ_2 et un écart type σ_2. Nous pouvons calculer un intervalle de confiance avec un niveau de confiance $(1 - \alpha)$ 100% pour la différence entre les moyennes μ_1 et μ_2 à l'aide de la formule suivante:

$$\bar{y}_1 - \bar{y}_2 \pm t_{\alpha/2} s_{\bar{y}_1 - \bar{y}_2}$$

Ici, $s_{\bar{y}_1 - \bar{y}_2}$ sert d'estimateur de l'erreur type de la différence entre les moyennes échantillonnales $\bar{y}_1 - \bar{y}_2$. Si n_1 et n_2 sont tous deux plus grands que 30 et si $\sigma_1^2 \neq \sigma_2^2$, alors l'erreur type estimée de $\bar{y}_1 - \bar{y}_2$ sera égale à:

$$s_{\bar{y}_1 - \bar{y}_2} = \sqrt{\frac{s_1^2}{n_1} + \frac{s_2^2}{n_2}}$$

où s_1^2 et s_2^2 représentent les variances échantillonnales des deux échantillons. Nous utiliserons évidemment la ligne marquée *inf.* de la table des t, puisque dl > 30.

Si nous pouvons postuler que $\sigma_1^2 = \sigma_2^2$, alors nous estimerons l'erreur type de $\bar{y}_1 - \bar{y}_2$ comme suit:

$$s_{\bar{y}_1 - \bar{y}_2} = \sqrt{s_{pd}^2 \left(\frac{1}{n_1} + \frac{1}{n_2}\right)}$$

où

$$s_{pd}^2 = \frac{(n_1 - 1)s_1^2 + (n_2 - 1)s_2^2}{n_1 + n_2 - 2} = \frac{\Sigma(y_1 - \bar{y}_1)^2 + \Sigma(y_2 - \bar{y}_2)^2}{n_1 + n_2 - 2}$$

Dans les formules ci-dessus, $\overline{y}_1$ représente la moyenne échantillonnale de la population 1, $\overline{y}_2$ représente la moyenne échantillonnale de la population 2, s_1^2 et s_2^2 représentent respectivement les variances des échantillons tirés des populations 1 et 2, dl = $n_1 + n_2 - 2$.

DISCUSSION

Il arrive souvent que nous désirons comparer la moyenne μ_1 d'une population à la moyenne μ_2 d'une autre population. Tel est le cas lorsque nous voulons comparer le rendement académique moyen des étudiants d'une institution à celui des étudiants d'une autre institution, ou encore lorsque nous désirons comparer le score moyen à un examen au score moyen obtenu à un autre examen.

Dans de telles situations, la mesure qui nous intéresse est la différence entre les moyennes $\mu_1 - \mu_2$. Pour estimer cette différence, on tire un échantillon de chaque population, puis on calcule la différence entre les deux moyennes échantillonnales, $\overline{y}_1 - \overline{y}_2$. Comme il n'est pas nécessaire de tirer de chaque population un même nombre d'unités, on identifie par n_1 la grandeur de l'échantillon tiré de la population 1 et par n_2 la grandeur de l'échantillon issu de la population 2. La figure 7.14 illustre cette procédure d'échantillonnage.

Dans la majorité des cas, nous ne connaissons pas $\sigma_{\overline{y}_1 - \overline{y}_2}$, c'est-à-dire l'erreur type de $\overline{y}_1 - \overline{y}_2$. Si $\sigma_1^2 \neq \sigma_2^2$ et si n_1 et n_2 sont plus grands que 30, l'estimé prendra la forme suivante:

$$s_{\overline{y}_1 - \overline{y}_2} = \sqrt{\frac{s_1^2}{n_1} + \frac{s_2^2}{n_2}}$$

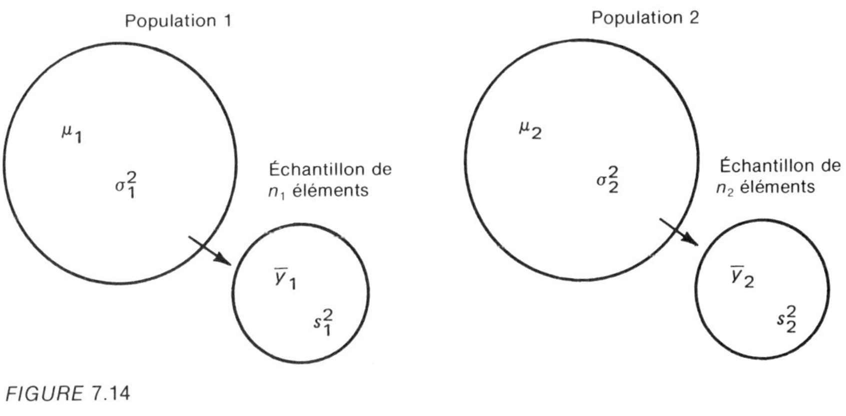

FIGURE 7.14

Dans l'expression ci-dessus, s_1^2 représente la variance échantillonnale de la population 1, c'est-à-dire:

$$s_1^2 = \frac{\Sigma(y_1 - \bar{y}_1)^2}{n_1 - 1}$$

tandis que s_2^2 représente la variance échantillonnale de la population 2, c'est-à-dire:

$$s_2^2 = \frac{\Sigma(y_2 - \bar{y}_2)^2}{n_2 - 1}$$

Si nous pouvons postuler l'égalité des variances des deux populations étudiées, alors nous pourrons estimer l'erreur type de $\bar{y}_1 - \bar{y}_2$ à l'aide de la formule suivante:

$$s_{\bar{y}_1-\bar{y}_2} = \sqrt{\frac{s_{pd}^2}{n_1} + \frac{s_{pd}^2}{n_2}} = \sqrt{s_{pd}^2\left(\frac{1}{n_1} + \frac{1}{n_2}\right)}$$

Dans l'expression ci-dessus, s_{pd}^2 représente l'estimé combiné (ou «fusionné») de la variance commune aux deux populations, que nous calculons à partir des variances échantillonnales de chaque échantillon par le biais de la formule suivante:

$$s_{pd}^2 = \frac{(n_1 - 1)\ s_1^2 + (n_2 - 1)\ s_2^2}{n_1 + n_2 - 2} = \frac{\Sigma(y_1 - \bar{y}_1)^2 + \Sigma(y_2 - \bar{y}_2)^2}{n_1 + n_2 - 2}$$

Nous postulons que les populations se distribuent normalement et que $\sigma_1^2 = \sigma_2^2$. La valeur des degrés de liberté est égale à $n_1 + n_2 - 2$.

La discussion qui précède nous amène à constater que nous construisons l'intervalle de confiance de la différence entre deux moyennes à l'aide de la formule suivante:

$$(\bar{y}_1 - \bar{y}_2) \pm t_{\alpha/2} s_{\bar{y}_1-\bar{y}_2}$$

où $s_{\bar{y}_1-\bar{y}_2}$ est égal à:

$$\sqrt{\frac{s_1^2}{n_1} + \frac{s_2^2}{n_2}} \quad \text{ou} \quad \sqrt{s_{pd}^2\left(\frac{1}{n_1} + \frac{1}{n_2}\right)}$$

EXEMPLES

Pour chacun des problèmes suivants, construire l'intervalle de confiance pour estimer la différence entre les moyennes de deux populations.

1. Des biologistes s'intéressent aux différences entre deux espèces de mollusques. La variable étudiée est la longueur de la coquille. À partir de deux échantillons au hasard de tailles $n_1 = n_2 = 10$, ils obtiennent les résultats suivants: $\bar{y}_1 = 6{,}71$ mm, $\bar{y}_2 = 4{,}72$ mm, $\Sigma\ (y_1 - \bar{y}_1)^2 = 14{,}5$ et $\Sigma\ (y_2 - \bar{y}_2)^2 = 13{,}8$. En supposant que les variances respectives de chacune des deux populations sont égales (c'est-à-dire $\sigma_1^2 = \sigma_2^2$), construire l'intervalle de confiance à 95% pour estimer la différence réelle entre les moyennes de ces deux populations.

Solution. Voici l'information nécessaire pour résoudre ce problème: $n_1 = 10$, $n_2 = 10$, $\bar{y}_1 = 6{,}71$, $\bar{y}_2 = 4{,}72$, $\Sigma\ (y_1 - \bar{y}_1)^2 = 14{,}5$ et $\Sigma\ (y_2 - \bar{y}_2)^2 = 13{,}8$. Puisque les variances des deux populations sont supposées égales (c'est-à-dire $\sigma_1^2 = \sigma_2^2$), nous obtenons l'estimé de variance commune s^2_{pd} en additionnant les sommes de carrés de chacun des échantillons et en divisant le total par le nombre de degrés de liberté.

$$s^2_{pd} = \frac{\Sigma(y_1 - \bar{y}_1)^2 + \Sigma(y_2 - \bar{y}_2)^2}{n_1 + n_2 - 2} = \frac{14{,}5 + 13{,}8}{10 + 10 - 2} \quad \text{ou } 1{,}572$$

À partir de l'estimé de la variance commune, nous pouvons calculer l'estimé de l'erreur type de $\bar{y}_1 - \bar{y}_2$.

$$s_{\bar{y}_1 - \bar{y}_2} = \sqrt{s^2_{pd}\left(\frac{1}{n_1} + \frac{1}{n_2}\right)} = \sqrt{1{,}572\left(\frac{1}{10} + \frac{1}{10}\right)} \quad \text{ou } 0{,}561$$

L'étape suivante consiste à repérer la valeur t appropriée. Comme le nombre de degrés liberté associé à la valeur t est égal à celui associé à l'estimé de l'erreur type de l'équation, nous obtenons dl $= n_1 + n_2 - 2 = 18$ et $t_{0,025} = 2{,}101$. L'intervalle de confiance se calcule comme suit:

$$(\bar{y}_1 - \bar{y}_2) - t_{0,025}\, s_{\bar{y}_1 - \bar{y}_2} = (6{,}71 - 4{,}72) - (2{,}101)(0{,}561) = 0{,}811$$
$$(\bar{y}_1 - \bar{y}_2) + t_{0,025}\, s_{\bar{y}_1 - \bar{y}_2} = (6{,}71 - 4{,}72) + (2{,}101)(0{,}561) = 3{,}169$$

Nous pouvons donc conclure avec un degré de certitude de 95% que la valeur réelle de la différence entre les longueurs moyennes des coquilles des mollusques des deux populations se situe entre 0,811 mm et 3,169 mm.

2. Des archéologues s'intéressent à la différence de longueur entre des crânes provenant de deux sites différents. Voici les résultats obtenus pour chacun des deux sites.

SITE 1: $n_1 = 17$, $\bar{y}_1 = 17{,}812$ mm, $s_1^2 = 3{,}694$.
SITE 2: $n_2 = 10$, $\bar{y}_2 = 19{,}237$ mm, $s_2^2 = 2{,}486$.

Construire l'intervalle de confiance à 90% pour estimer la différence moyenne entre les longueurs des crânes de ces deux populations.

Solution. À partir des données du problème, nous déterminons que

$$s_{pd}^2 = \frac{(n_1 - 1)s_1^2 + (n_2 - 1)s_2^2}{n_1 + n_2 - 2} = \frac{(16)(3{,}694) + (9)(2{,}486)}{17 + 10 - 2} = 3{,}259$$

et que

$$s_{\bar{y}_1 - \bar{y}_2} = \sqrt{s_{pd}^2\left(\frac{1}{n_1} + \frac{1}{n_2}\right)} = \sqrt{3{,}259\left(\frac{1}{17} + \frac{1}{10}\right)} = 0{,}719$$

De plus, dl $= n_1 + n_2 - 2 = 25$, $t_{0,05} = 1{,}708$ et $\bar{y}_1 - \bar{y}_2 = -1{,}4250$. Donc,

$$(\bar{y}_1 - \bar{y}_2) \pm t_{0,05}\, s_{\bar{y}_1 - \bar{y}_2} = -1{,}4250 \pm 1{,}228 \quad \text{ou} = (-2{,}653\,; -0{,}197)$$

Nous pouvons conclure avec un degré de certitude de 90% que la différence réelle $\mu_1 - \mu_2$ entre les moyennes de ces deux populations se situe entre les valeurs $-2{,}653$ mm et $-0{,}197$ mm.

3. Est-ce que l'intervalle de confiance de l'exemple précédent nous permet de conclure à une différence réelle entre les deux populations? Pourquoi?

Solution. Puisque la valeur 0 n'est pas comprise dans l'intervalle (—2,653; —0,197), nous pouvons donc conclure avec un degré de certitude égal à 90% que les deux populations sont différentes. Comme la différence entre $\bar{y}_1$ et $\bar{y}_2$ est négative, nous sommes donc certains à 90% que la longueur moyenne des crânes provenant du premier site est plus petite que celle des crânes provenant du second site.

4. Si nous avions construit un intervalle de confiance pour estimer la différence $\mu_2 - \mu_1$, aurions-nous abouti aux mêmes conclusions?

Solution. Oui; seules les limites de l'intervalle de confiance auraient été modifiées. Nous aurions obtenu l'intervalle (0,197; 2,653): c'est-à-dire que la différence aurait été positive plutôt que négative.

5. Des enseignants administrent un examen à des élèves de deux écoles qui utilisent une approche pédagogique différente. Ils obtiennent les résultats ci-dessous.
ÉCOLE 1: $n_1 = 50$, $\bar{y}_1 = 72{,}4$, $s_1^2 = 26{,}7$.
ÉCOLE 2: $n_2 = 60$, $\bar{y}_2 = 75{,}3$, $s_2^2 = 20{,}9$.
Construire l'intervalle de confiance à 95% pour estimer la différence entre les moyennes des deux écoles.

Solution. Puisqu'il s'agit de grands échantillons (n_1 et $n_2 > 30$), nous pouvons utiliser la formule suivante:

$$s_{\bar{y}_1-\bar{y}_2} = \sqrt{\frac{s_1^2}{n_1} + \frac{s_2^2}{n_2}} = \sqrt{\frac{26,7}{50} + \frac{20,9}{60}} = 0,94$$

Comme le nombre de degrés de liberté (dl = 50 + 60 — 2 = 108) est plus grand que 30, nous utilisons $t_{0,025} = 1,96$. L'intervalle de confiance à 95% se calcule comme suit:

$$(\bar{y}_1 - \bar{y}_2) \pm t_{0,025}\, s_{\bar{y}_1-\bar{y}_2} = (72,4 - 75,3) \pm 1,96(0,94)$$
$$= (-4,74\,; -1,06)$$

Nous pouvons donc conclure avec un niveau de confiance égal à 0,95 que la valeur de la différence réelle se situe entre —4,74 et —1,06.

EXERCICES Pour chacun des problèmes suivants, calculer la valeur estimée de la variance commune et construire s'il y a lieu l'intervalle de confiance pour estimer la différence entre les moyennes des deux populations.

1. Si $n_1 = 15$, $n_2 = 25$, $\Sigma\,(y_1 - \bar{y}_1)^2 = 986,3$ et $\Sigma\,(y_2 - \bar{y}_2)^2 = 1200,4$, quelle est la valeur de s^2_{pd} ?

2. Si $n_1 = 24$, $n_2 = 36$, $s_1^2 = 143,5$ et s_2^2 : 156,7, quelle est la valeur de s^2_{pd} ?

3. Si $n_1 = 17$, $n_2 = 25$, $s_1^2 = 48,27$, $s_2^2 = 36,96$, quelle est la valeur de $s_{\bar{y}_1-\bar{y}_2}$?

4. Des zoologistes s'interrogent sur la distance moyenne que parcourt un certain type de mammifère à l'extérieur de son terrier. Ils observent les déplacements d'un certain nombre d'individus choisis au hasard à partir de deux populations distinctes de ce type de petit mammifère. Ils obtiennent les résultats suivants (les valeurs sont exprimées en mètres).

POPULATION 1:	59	96	60	75	88	58	87
	87	108	48	69	48	76	48
POPULATION 2:	43	71	71	64	52	47	45
	49	46	56	72	51	29	62

À partir de ces données, ils déterminent que $n_1 = 14$, $\bar{y}_1 = 71,93$ m, $s_1 = 19,31$, $n_2 = 14$, $\bar{y}_2 = 54,14$ m et $s_2 = 12,55$. Construire et interpréter l'intervalle de confiance à 99% pour estimer la différence entre les distances moyennes parcourues par chacune des deux populations de mammifères.

5. Des scientifiques désirent connaître l'effet des vitamines sur le lustre du pelage des rats de laboratoire. Un premier groupe de rats choisis au hasard reçoit une diète équilibrée, tandis qu'un second groupe reçoit une diète pauvre en vitamines. Voici les résultats obtenus (les données sont exprimées en pourcentages de réflexion).

GROUPE 1:	0,42	0,51	0,42	0,49	0,41	
	0,30	0,43	0,36	0,32	0,26	
GROUPE 2:	0,22	0,18	0,34	0,43	0,04	0,26
	0,16	0,28	0,30	0,17	0,21	0,14

À partir de ces données, les chercheurs calculent les indices statistiques suivants: $n_1 = 10$, $\overline{y}_1 = 0{,}3920$, $s_1 = 0{,}0809$, $n_2 = 12$, $\overline{y}_2 = 0{,}2275$ et $s_2 = 0{,}1027$. Construire l'intervalle de confiance à 95% pour estimer la différence entre les moyennes de ces deux populations.

6. À partir de l'analyse du problème précédent, peut-on conclure que les vitamines ont un effet sur le lustre du pelage des rats de laboratoire? Pourquoi? Quel est le niveau de confiance associé à cette affirmation?

7. Des biologistes comparent les longueurs de la nageoire dorsale de deux espèces voisines de poissons d'eau douce. Ils obtiennent les résultats suivants: (groupe 1) $n_1 = 150$, $\overline{y}_1 = 14{,}1415$ mm, $s_1 = 1{,}9679$ mm; (groupe 2) $n_2 = 210$, $\overline{y}_2 = 17{,}1435$ mm et $s_2 = 1{,}5632$ mm. Construire l'intervalle de confiance à 99% pour estimer la différence entre les longueurs moyennes de la nageoire dorsale de chacune des deux espèces de poissons.

8. Un fabricant de croustilles désire savoir si les deux machines qu'il utilise déversent la même quantité d'aliments dans les sacs qu'elles remplissent. Voici les données (en grammes) recueillies pour chacune des deux machines.

MACHINE A:	455,97	453,98	453,69	454,26	457,67
	455,40	457,39	454,55	425,00	
MACHINE B:	423,01	456,53	454,83	454,55	423,86
	425,28	454,55	423,01	454,83	

À partir de ces données, le fabricant détermine que $n_1 = 9$, $\overline{y}_1 = 451{,}99$ g, $s_1 = 10{,}22$ g, $n_2 = 9$, $\overline{y}_2 = 441{,}16$ g et $s_2 = 16{,}50$ g. Construire l'intervalle de confiance à 98% pour estimer la différence entre les quantités moyennes de croustilles déversées par chacune des deux machines.

9. À partir des résultats de l'analyse du problème précédent, peut-on conclure que les deux machines produisent des sacs de poids moyens égaux ? Quel est le niveau de confiance associé à cette conclusion ?

10. Une psychologue observe les comportements agressifs de deux groupes d'enfants soumis à deux conditions expérimentales différentes. Les comportements sont évalués sur une échelle d'agressivité quelconque. En utilisant les résultats ci-dessous, construire l'intervalle de confiance à 95% pour estimer la différence entre les scores moyens de chacun des deux groupes.

$n_1 = 40$, $\overline{y}_1 = 63{,}5$ et $s_1 = 5{,}998$

$n_2 = 35$, $\overline{y}_2 = 70{,}0$ et $s_2 = 3{,}277$.

LEÇON 10 INTERVALLE DE CONFIANCE DE LA DIFFÉRENCE ENTRE DEUX PROPORTIONS

Tâche: pouvoir construire un intervalle de confiance pour la différence entre deux proportions $\pi_1 - \pi_2$.

DÉFINITION

Intervalle de confiance de la différence entre deux proportions: il s'agit de l'estimation d'une étendue de valeurs à l'intérieur de laquelle nous prévoyons que la différence entre deux proportions $\pi_1 - \pi_2$ devrait se situer. L'intervalle de confiance s'obtient par la formule suivante:

$$(p_1 - p_2) \pm z_{\alpha/2} s_{p_1 - p_2}$$

où

$$s_{p_1 - p_2} = \sqrt{\frac{p_1(1 - p_1)}{n_1} + \frac{p_2(1 - p_2)}{n_2}}$$

Dans les formules ci-dessus, p_1 et p_2 représentent les proportions échantillonnales obtenues en tirant de deux populations différentes des échantillons indépendants de grandeur n_1 et n_2. Nous assumons que n_1 et n_2 sont suffisamment grands pour que le théorème central limite puisse s'appliquer, nous permettant ainsi à l'aide de la table de la distribution normale une assez bonne approximation du coefficient de confiance.

DISCUSSION

Supposons que nous voulons estimer la différence entre les proportions d'articles défectueux produits durant deux horaires de travail différents; ou peut-être désirons-nous estimer la différence entre les proportions d'étudiants qui réussissent selon la méthode d'enseignement utilisée; et ainsi de suite. Le paramètre qui nous intéresse dans de telles situations est la différence entre deux proportions $\pi_1 - \pi_2$. Nous allons estimer cette différence à l'aide de la différence entre les proportions échantillonnales $p_1 - p_2$, où p_1 représente la proportion échantillonnale provenant d'une population et p_2 la proportion échantillonnale provenant de l'autre population. Nous estimons $\sigma_{p_1 - p_2}$, c'est-à-dire l'erreur type de $p_1 - p_2$, par le biais de $s_{p_1 - p_2}$, où

$$s_{p_1 - p_2} = \sqrt{\frac{p_1(1 - p_1)}{n_1} + \frac{p_2(1 - p_2)}{n_2}}$$

Rappelons que la formule générale pour calculer un intervalle de confiance avec un coefficient de confiance de $(1-\alpha)$ est $\widehat{\theta} \pm z_{\alpha/2}s_{\widehat{\theta}}$. Nous allons donc calculer comme suit le cas particulier de l'intervalle de confiance de la différence entre deux proportions:

$$(p_1 - p_2) \pm z_{\alpha/2}s_{p_1-p_2}$$

Dans cette formule, nous utilisons $z_{\alpha/2}$ de préférence à $t_{\alpha/2}$ parce que c'est le théorème central limite qui vient justifier notre méthode. Aussi est-il nécessaire d'avoir de grands échantillons ($\geqslant 30$) de façon à obtenir des approximations assez justes.

EXEMPLES Pour chacun des problèmes suivants, construire l'intervalle de confiance pour estimer la différence entre deux proportions.

1. Une compagnie utilise deux machines pour envelopper des pains de savon. Un inspecteur note, pour chaque machine, la proportion de pains de savon qui ne passent pas le test d'inspection. À partir de deux échantillons composés chacun de 200 observations, il calcule une proportion de 0,05 pour la machine 1 et de 0,08 pour la machine 2. Construire l'intervalle de confiance à 95% pour estimer la différence $\pi_2 - \pi_1$, entre les proportions de chaque population.

Solution. La première étape consiste à calculer la valeur estimée de l'erreur type de la différence entre les deux proportions, c'est-à-dire la valeur de $s_{p_2-p_1}$
Donc,

$$s_{p_2-p_1} = \sqrt{\frac{p_1(1-p_1)}{n_1} + \frac{p_2(1-p_2)}{n_2}} = \sqrt{\frac{(0{,}05)(0{,}95)}{200} + \frac{(0{,}08)(0{,}92)}{200}}$$
$$= 0{,}02461$$

Nous savons aussi que $p_2 - p_1 = 0{,}03$ et que $z_{0{,}025} = 1{,}960$. L'intervalle de confiance à 95% se calcule comme suit:

$$(p_2 - p_1) - z_{0{,}025}\, s_{p_2-p_1} = 0{,}03 - 1{,}96(0{,}02461)$$
$$= -0{,}0182$$
$$(p_2 - p_1) + z_{0{,}025}\, s_{p_2-p_1} = 0{,}03 + 1{,}96(0{,}02461)$$
$$= 0{,}0782$$

Donc, nous sommes certains à 95% que la valeur réelle de la différence $\pi_2 - \pi_1$, est comprise dans l'intervalle (—0,0182 ; 0,0782)

2. Le bureau des véhicules automobiles prépare deux épreuves sur la signalisation routière. Il désire connaître la différence entre la proportion de conducteurs qui réussissent l'épreuve A et la proportion de conducteurs qui réussissent l'épreuve B. Voici les résultats obtenus: $n_1 = 250$, $p_1 = 0{,}82$, $n_2 = 300$ et $p_2 = 0{,}77$. Construire l'intervalle à 90% pour estimer la différence réelle entre ces deux proportions.

Solution. Nous calculons d'abord la valeur de $s_{p_1-p_2}$.

$$s_{p_1-p_2} = \sqrt{\frac{p_1(1-p_1)}{n_1} + \frac{p_2(1-p_2)}{n_2}} = \sqrt{\frac{(0{,}82)(0{,}18)}{250} + \frac{(0{,}77)(0{,}23)}{300}}$$
$$= 0{,}03436$$

De plus, nous savons que $p_1 - p_2 = 0{,}05$ et que $z_{0{,}05} = 1{,}645$. L'intervalle de confiance se calcule comme suit:

$$p_1 - p_2 \pm z_{0.05} s_{p_1-p_2} = 0{,}05 \pm 1{,}645(0{,}03436)$$
$$= (-0{,}00653\,;0{,}10653)$$

En d'autres termes, nous pouvons conclure avec une certitude de 90% que la différence réelle entre les deux proportions est comprise dans l'intervalle (—0,00653 ; 0,10653).

3. À partir des résultats de l'exemple précédent, pouvons-nous conclure que les deux épreuves sont comparables?

Solution. Puisque la valeur zéro est comprise dans l'intervalle (—0,00653 ; 0,10653), nous pouvons donc conclure qu'il est raisonnable de croire que $\pi_1 = \pi_2$ (en effet, si $\pi_1 = \pi_2$, alors $\pi_1 - \pi_2 = 0$).

EXERCICES Pour chacun des problèmes suivants, construire l'intervalle de confiance pour estimer la différence entre deux proportions.

1. Une physiologiste administre deux concentrations différentes d'une certaine drogue à deux groupes de cobayes. Elle désire estimer, pour chacune des deux concentrations, la proportion d'animaux qui produisent un certain type de réaction, ainsi que la différence entre ces deux proportions. Elle constate que, sur 30 animaux qui ont reçu la concentration 1, 25 produisent la réaction souhaitée, tandis que 29 des 35 animaux qui ont reçu la concentration 2 produisent la réaction en question. Construire l'intervalle de confiance à 99% pour estimer la différence entre les proportions d'animaux qui réagissent à chacune des deux concentrations.

2. Une directrice d'école désire comparer les QI de deux groupes d'enfants différents. Sur 159 enfants du groupe 1, 78 obtiennent une cote supérieure à 100, tandis que 123 des 250 enfants du groupe 2 obtiennent une cote supérieure à 100. Construire l'intervalle de confiance à 95% pour estimer la différence $\pi_1 - \pi_2$ entre les proportions réelles de chacun des deux groupes.

3. La scierie Beauchêne ltée désire savoir si les planches fabriquées à partir de bois vert sont aussi résistantes que les planches fabriquées à partir de bois sec. Plusieurs planches sont soumises à une pression uniforme et des observateurs notent, pour chaque type de bois, la proportion de pièces qui se brisent. À partir d'échantillons composés de 150 pièces de bois vert et de 100 pièces de bois sec, ils obtiennent des pourcentages respectifs de 26% et 30%. Construire l'intervalle de confiance à 90% pour estimer la différence entre ces deux pourcentages.

4. Dans le cadre d'une étude sur la violence à la télévision, une sociologue désire comparer le contenu des émissions de deux réseaux de télévision. Elle constate que sur 65 émissions produites par le réseau ZYX, 41 contiennent des scènes de violence, tandis que 32 des 55 émissions produites par le réseau WVU contiennent des scènes de violence. Construire l'intervalle de confiance à 98% pour estimer la différence $\pi_1 - \pi_2$ entre ces deux proportions d'émissions comportant des scènes de violence.

LEÇON 11 QUELLE DOIT ÊTRE LA TAILLE DE L'ÉCHANTILLON?

Tâche: étant donné un coefficient de confiance précis et une marge d'erreur tolérée, pouvoir calculer la taille de l'échantillon requis.

DÉFINITION

Erreur tolérée et taille de l'échantillon: la marge d'erreur tolérée d'un intervalle de confiance est un nombre qui correspond à la moitié de l'étendue totale de l'intervalle de confiance. Si nous représentons la marge d'erreur tolérée par le symbole d, la formule sera:

$$d = z_{\alpha/2}\sigma_{\widehat{\theta}}$$

En conséquence, plus petite sera la marge d'erreur tolérée, plus petite sera l'étendue de l'intervalle de confiance.

Puisque l'erreur type de $\widehat{\theta}$ est une fonction directe de la taille échantillonnale, il s'ensuit que, en spécifiant les valeurs de d et de $(1 - \alpha)$ et en connaissant la grandeur relative de l'écart type σ, nous pouvons préciser la taille de l'échantillon requis pour obtenir un intervalle de confiance d'une grandeur donnée, avec un coefficient de confiance de $(1 - \alpha)$. Si notre problème consiste à estimer la moyenne μ, nous utilisons la formulesuivante pour déterminer la taille de l'échantillon.

$$n = \frac{z^2_{\alpha/2}\sigma^2}{d^2}$$

S'il s'agit plutôt d'estimer la proportion π, nous déterminons la taille de l'échantillon comme suit:

$$n = \frac{(z_{\alpha/2})^2\pi_0(1 - \pi_0)}{d^2}$$

où π_0 est un estimé initial de π.

DISCUSSION

Voici quelques-unes des questions prioritaires que vous devez vous poser lorsque vous amorcez une étude qui implique un échantillonnage. Quelle devrait être la taille de l'échantillon? Combien d'unités de la population devrons-nous observer ou mesurer? Pour pouvoir répondre à ces questions, il est essentiel de déterminer au préalable: (1) quel niveau de confiance désirons-nous associer à l'intervalle de confiance que nous allons construire? (2) jusqu'où faut-il le rétrécir pour qu'il soit acceptable (c'est-à-dire quelle doit être la marge d'erreur tolérée)? (3) jusqu'à quel point les mesures varient-elles dans la population où nous allons échantillonner? Lorsque nous avons trouvé des réponses à ces questions, il devient possible, dans la majorité des cas, de déterminer directement la taille de l'échantillon. Nous allons limiter à deux cas seulement ce calcul de la taille de l'échantillon: (1) l'estimation de la moyenne μ et (2) l'estimation de la proportion π. Dans chacun des cas, il faut déterminer au départ la marge d'erreur tolérée d, la variance σ^2 et le niveau de confiance $(1 - \alpha)$. Puisque (par définition) l'erreur tolérée d est égale à la demie de l'étendue de l'intervalle de confiance, nous pouvons conclure, dans le cas de la moyenne μ, que:

$$d = z_{\alpha/2}\sigma_{\hat{\theta}}$$

où $\sigma_{\hat{\theta}} = \sigma_{\bar{y}}$. Donc,

$$d = z_{\alpha/2}\frac{\sigma}{\sqrt{n}}$$

En isolant n, nous obtenons:

$$n = \frac{z^2_{\alpha/2}\sigma^2}{d^2}$$

Étant donné l'équation ci-dessus, nous estimerons la valeur de σ en nous appuyant sur les meilleures informations disponibles; tout estimé raisonnable nous indiquera la taille n requise.

Dans le cas de l'estimation de la proportion π (situation binômiale), la marge d'erreur tolérée devient:

$$d = z_{\alpha/2}\sqrt{\frac{\pi_0(1 - \pi_0)}{n}}$$

En isolant n, on obtient

$$n = \frac{(z_{\alpha/2})^2\pi_0(1 - \pi_0)}{d^2}$$

Dans l'équation ci-dessus, π_0 représente un estimé conservateur de la proportion π, où $\pi_0 = 1/2$ constitue l'estimé le plus conservateur de π. Si nous remplaçons π_0 par 1/2 dans l'équation ci-dessus, nous obtenons:

$$n = \frac{(z_{\alpha/2})^2}{4d^2}$$

L'équation ci-dessus nous donne toujours une taille échantillonnale suffisante, bien que, si $\pi_0 \neq 1/2$, la taille échantillonnale obtenue soit plus grande que nécessaire.

EXEMPLES Pour chacun des problèmes suivants, calculer l'effectif échantillonnal requis.

1. Une fabrique de papier ne peut prédire exactement le nombre moyen de feuilles contenues dans un emballage donné. Elle sait cependant que l'écart type du nombre de feuilles est égal à 5. La responsable de la production désire construire un intervalle de confiance à 95% pour estimer ce nombre moyen. De plus, elle voudrait que l'étendue de cet intervalle ne soit pas supérieure à 5. Quel est l'effectif échantillonnal requis?

Solution. Pour ce problème, $d = 5/2 = 2{,}5$, $\sigma = 5$ et $z_{0{,}025} = 1{,}96$. Donc,

$$n = \frac{(1{,}96)^2(5)^2}{(2{,}5)^2} = (3{,}92)^2 = 15{,}3664 = 16 \text{ (après arrondissement).}$$

En d'autres termes, elle devrait utiliser un échantillon de taille minimale $n = 16$ pour estimer cette moyenne.

2. Supposons que nous désirons estimer à 0,10 unités près (ceci représente l'erreur tolérée) la cote moyenne des étudiants d'une université à une épreuve quelconque. Nous aimerions que la valeur réelle du paramètre se situe à l'intérieur de cet intervalle dans 95% des cas; en d'autres termes, nous désirons un niveau de confiance égal à 0,95. Nous savons qu'à l'université les scores à cette épreuve se situent entre 1,00 et 4,00. Quelle doit être la taille de l'échantillon requis?

Solution. Pour ce problème, $z_{0{,}025} = 1{,}96$. Puisque tous les scores doivent se situer entre 1 et 4, nous pouvons donc supposer que cette étendue (égale à 3) équivaut à 6 fois la valeur de l'écart type et que $\sigma = 0{,}50$ ($6\sigma = 3$, $\sigma = 3/6 = 0{,}50$). De plus $d = 0{,}10$; par conséquent,

$$n = \frac{(1{,}96)^2(0{,}50)^2}{(0{,}1)^2} = 96{,}04 \text{ ou } 97 \text{ (après arrondissement).}$$

Nous devons donc choisir un échantillon composé d'au moins 97 individus pour satisfaire aux contraintes de la procédure d'estimation.

3. Une administration municipale désire connaître la proportion de citoyens qui préfèrent l'instauration d'une taxe à la valeur ajoutée plutôt qu'une augmentation de l'impôt foncier. Cette proportion doit être estimée à partir d'une enquête échantillonnale. Les conseillers municipaux désirent une évaluation avec une précision $d = 5\%$ (c'est-à-dire qu'ils désirent connaître le pourcentage réel à 5% près). Ils désirent aussi un niveau de confiance de 90%. Quel est l'effectif échantillonnal nécessaire pour estimer cette proportion?

Solution. Pour ce problème,

$$n = \frac{(z_{0,05})^2\pi_0(1 - \pi_0)}{d^2} = \frac{(1,645)^2\pi_0(1 - \pi_0)}{(0,05)^2}$$

Comme la valeur du produit $\pi(1 - \pi)$ est maximale lorsque $\pi = 1/2$, nous pouvons donc remplacer π_0 par cette valeur dans l'équation et calculer la valeur de n comme suit:

$$n = \frac{(1,645)^2}{4(0,05)^2} = 270,6$$

Il faut donc utiliser un échantillon composé d'au moins 271 individus pour estimer cette proportion.

EXERCICES

Pour chacun des problèmes suivants, calculer l'effectif échantillonnal requis.

1. Supposons que vous désirez estimer, à 0,5 années près, la durée moyenne des études de doctorat. Vous désirez un niveau de confiance de 95%. En supposant que $\sigma = 1,7$, quelle devrait être la taille minimale de l'échantillon requis?

2. Le gérant d'une équipe de baseball désire connaître, à 2 mètres près, la distance moyenne que parcourt une balle frappée par son joueur étoile. Il désire un degré de certitude de 90%. Quelle doit être la taille de l'échantillon requis?

3. Le vice-président d'une grande compagnie désire connaître, à 2% près, le pourcentage des actionnaires qui appuieraient sa candidature à la présidence de la compagnie. Il désire un niveau de confiance de 99%. Quelle doit être la taille de l'échantillon requis?

4. Un fabricant de graines de semence désire estimer, à 1% près, le pourcentage de germination des graines fabriquées par son principal compétiteur. Quelle devrait être la taille de l'échantillon requis s'il désire un niveau de confiance de 95%?

5. La ferme Prosper inc. désire estimer, à deux jours près et avec un niveau de confiance de 0,95, le temps moyen que mettent les pommes de terre pour

pousser. La fermière sait d'expérience que l'écart type de cette variable est égale à 5 jours. Quel est l'effectif échantillonnal requis pour estimer cette moyenne?

6. Suzanne Hautecote, courtière en valeurs boursières, désire estimer le rendement annuel moyen en dividendes d'un certain titre sur le marché. En supposant que le rendement d'une année n'est pas influencé par le rendement de l'année précédente, quel est l'effectif échantillonnal requis pour estimer, à 5% près, avec un niveau de confiance de 90%, le rendement annuel moyen du titre en question? Des études antérieures ont démontré que l'écart type de cette variable se situe autour de 1%.

7. Le MAIC désire estimer, à 50 $ près, le salaire annuel moyen d'une population amérindienne de l'est du Québec. Il désire un degré de certitude de 95%. Les experts du ministère croient que l'écart type de cette variable se situe autour de 100$. Quel est l'effectif échantillonnal requis pour estimer cette moyenne?

8. Un géologue désire estimer, à 0,2 unités près, la gravité spécifique moyenne d'un gisement de magnétite. Il désire un niveau de confiance de 95%. Il sait d'expérience que l'écart type de cette variable se situe autour de 1,3 unité. De combien d'observations l'échantillon doit-il se composer pour obtenir le niveau de confiance désiré?

9. Dans le problème précédent, si l'écart type était égal à 1,1 unité, quel serait l'effectif échantillonnal requis?

10. Dans le problème 8, si le niveau de confiance désiré était de 99% au lieu de 95%, quel serait l'effectif échantillonnal requis?

UTILITÉ DE CES NOTIONS

DANS LE COURS

Vous allez retrouver le concept d'intervalle de confiance dans le chapitre ONZE qui porte sur la régression linéaire et la corrélation. Nous allons également établir un lien entre les intervalles de confiance et les notions du chapitre HUIT, qui traite des tests d'hypothèses.

AU-DELÀ DU COURS

Les cartomanciennes et autres diseuses de bonne aventure ne sont pas les seules à s'intéresser à la prédiction de l'avenir. Quantité de décisions économiques et commerciales pourront être prises avec plus d'objectivité si les analystes ont la possibilité de prédire les conditions futures, même si ces prédictions et ces estimés demeurent relativement imprécis. Ajoutons que ce besoin de prédire et d'estimer ne se retrouve pas que dans le domaine du commerce ou de l'économie. Il est tout aussi important de pouvoir estimer les productions agricoles, les effets des médicaments, le comportement des militaires face au stress, et ainsi de suite. Contrairement aux personnes qui «lisent» dans les lignes de la main, nous formulons nos prédictions à partir de données échantillonnales, en postulant que les conditions qui ont déterminé nos populations passées ou actuelles ne changeront pas radicalement dans le futur.

Toutefois, un estimé demeure incomplet s'il ne s'accompagne pas d'une mesure de fidélité ou d'erreur, c'est-à-dire d'un intervalle de confiance. Aussi, le concept d'intervalle de confiance constitue-t-il une notion très importante à retenir.

RÉSUMÉ

Dès le chapitre UN, nous avons indiqué qu'un des objectifs de ce texte consistait à répondre à la question suivante: comment faut-il analyser les données de façon à pouvoir formuler des inférences à propos d'une population à partir d'un échantillon tiré de cette population?

On a présenté dans ce chapitre un outil qui permet de répondre à cette question. Les concepts d'estimation et d'intervalle de confiance sont en effet fort utiles puisqu'ils identifient une étendue précise à l'intérieur de laquelle nous prévoyons que le paramètre inconnu devrait se situer.

Les chercheurs qui s'attaquent à un ensemble de données sur une base exploratoire, semblables à des détectives à la poursuite d'indices révélateurs, considèrent que le concept d'intervalle de confiance est un outil statistique des plus précieux. Grâce à lui, ils sont en mesure d'estimer la grandeur approximative de tout paramètre qui les intéresse.

Comme première étape, nous avons présenté deux propriétés d'un bon estimateur: l'absence de biais et l'efficacité. D'autres propriétés se révèlent également désirables, mais leur présentation ne se retrouve habituellement que dans des textes plus spécialisés. L'absence de biais et l'efficacité sont des propriétés associées à un échantillonnage répété, puisque, tout comme dans le cas des prévisions météorologiques, il est impossible de préciser autrement qu'en termes probabilistes le niveau de fiabilité de l'estimateur issu d'un échantillon donné.

Nous avons également introduit le concept d'erreur type, en tant que mesure du degré de variabilité que peuvent manifester les estimateurs. Utilisée pour calculer les intervalles de confiance, l'erreur type sert également à d'autres fins dans ce manuel.

Nous avons également étudié la distribution *t* et ses propriétés; nous avons expliqué comment il fallait utiliser la table de la distribution *t* pour calculer des intervalles de confiance, d'une part dans des situations où l'erreur type est connue et, d'autre part, lorsqu'il faut estimer l'erreur type.

En dernier lieu, nous avons présenté les formules qui permettent de calculer les intervalles de confiance pour les paramètres μ, π, $N\mu$, $\mu_1 - \mu_2$ et $\pi_1 - \pi_2$.

Nous avons examiné une technique qui permet de préciser la taille appropriée de l'échantillon en fonction du niveau de confiance désiré et du degré d'erreur toléré. Nous avons appliqué cette technique à deux situations, soit l'estimation de μ et l'estimation de la proportion π.

TEST PERSONNEL SUR LE CHAPITRE SEPT

(*Questions 1 à 6*) Indiquer à l'aide de la lettre entre parenthèses l'endroit où devrait s'insérer dans le tableau ci-dessous le nom ou le symbole du paramètre ou de l'estimateur mentionné dans la question.

SYMBOLES DES PARAMÈTRES	NOMS DES PARAMÈTRES	SYMBOLES OU FORMULES DES ESTIMATEURS
σ_p	Erreur type de la proportion	$\sqrt{\frac{p(1-p)}{n}}$
(a)	(b)	$s^2_{p_1-p_2}$
(c)	Variance de la proportion estimée	(d)
$\sigma^2_{\bar{y}}$	(e)	(f)
(g)	(h)	$\sqrt{s^2_{pd}\left(\frac{1}{n_1}+\frac{1}{n_2}\right)}$
(i)	(j)	p

_________ 1. $\dfrac{s^2}{n}$

_________ 2. Moyenne de la population des proportions échantillonnales.

_________ 3. $\sigma_{\bar{y}_1-\bar{y}_2}$

_________ 4. Variance de la différence entre deux proportions échantillonnales.

_________ 5. $\dfrac{\pi(1-\pi)}{n}$

_________ 6. Erreur type de la différence entre deux moyennes échantillonnales.

7. L'étendue des intervalles de confiance établis à partir de valeurs fixes pour n, α et σ demeure constante, même si $\bar{y}$ varie à chaque échantillon. Vrai ou faux?

8. En général, lorsque l'effectif échantillonnal croît l'erreur tolérée décroît. Vrai ou faux?

9. Le fait que la variance de la population soit connue ou qu'elle doive être estimée à partir des données constitue le principal critère de choix d'une cote Z ou d'une valeur t. Vrai ou faux?

10. Quelle est la valeur de l'écart type des données suivantes : 6, 4, 2, 6, 2?
(a) 2,0 (b) $\sqrt{2}$ (c) 3,2 (d) $\sqrt{3,2}$ (e) 3,4
(f) $\sqrt{3,4}$ (g) 4,0 (h) 5,0 (i) $\sqrt{5}$ (j) 16,0

11. Un chercheur obtient une valeur $t = 2{,}228$ avec dl = 10. À quelle surface sous l'extrémité droite de la courbe cette valeur est-elle associée?
(a) 0,025 (b) 0,05 (c) 0,95 (d) 0,975

12. Nous désirons repérer dans la table une valeur t telle que la surface comprise entre $-t$ et $+t$ soit égale à 0,95. Avec dl = 15, quelle est la valeur t appropriée?
(a) 1,753 (b) 1,96 (c) 2,131 (d) 2,602 (e) 2,947

13. Soit $\bar{y}_1 = 4$, $\bar{y}_2 = 4$, $n_1 = 5$, $n_2 = 3$, $s_1^2 = 9$ et $s_2^2 = 5$; quelle est la valeur de s_{pd}^2 ?
(a) 4 (b) 46/8 (c) 7 (d) 46/6 (e) 8

(*Questions 14 à 16*) Utiliser les résultats suivants :

$\bar{y} = 15, \quad n = 25, \quad \sigma^2 = 16$

14. Dans le cas d'un intervalle de confiance à 95%, l'erreur tolérée est égale à __________ .
(a) (1,96)(16/25) (b) (1,96)(4/5) (c) (3,92)(16/25)
(d) (3,92)(4/5) (e) (1,96)(16/5) (f) (3,92)(16/5)

15. L'erreur type de la moyenne est égale à __________ .
(a) 4/25 (b) 16/25 (c) 4/5 (d) 16/5 (e) 4 (f) 16

16. Nous désirons estimer μ avec un niveau de confiance de 95% et une erreur tolérée égale à 1,0. Quel est l'effectif échantillonnal requis?
(a) $(1{,}96)^2(16/25)^2$ (b) $(1{,}96)^2(16/25)$ (c) $(1{,}96)^2(16)$
(d) $(3{,}84)(16)^2$

(*Questions 17 à 20*) Indiquer à l'aide de la lettre entre parenthèses la formule appropriée pour construire l'intervalle de confiance demandé.

(a) $\bar{y} \pm z_{\alpha/2}\dfrac{\sigma}{\sqrt{n}}$ (b) $\bar{y} \pm t_{\alpha/2}\dfrac{s}{\sqrt{n}}$

(c) $N\bar{y} \pm z_{\alpha/2}\dfrac{N\sigma}{\sqrt{n}}$ (d) $N\bar{y} \pm t_{\alpha/2}\dfrac{Ns}{\sqrt{n}}$

(e) $p \pm z_{\alpha/2}\sqrt{\dfrac{p(1-p)}{n}}$ (f) $(\bar{y}_1 - \bar{y}_2) \pm z_{\alpha/2}\sqrt{\dfrac{s_1^2}{n_1} + \dfrac{s_2^2}{n_2}}$

(g) $(\bar{y}_1 - \bar{y}_2) \pm t_{\alpha/2}\sqrt{s_{pd}^2\left(\dfrac{1}{n_1} + \dfrac{1}{n_2}\right)}$

(h) $(p_1 - p_2) \pm z_{\alpha/2}\sqrt{\dfrac{p_1(1-p_1)}{n_1} + \dfrac{p_2(1-p_2)}{n_2}}$

_________ 17. Nous désirons estimer la différence entre le salaire moyen des travailleurs du secteur public et ceux du secteur privé. Nous disposons d'un échantillon composé de 25 individus de chacune des deux populations.

_________ 18. Nous désirons estimer la proportion d'étudiants de niveau collégial qui possèdent une automobile. Nous disposons d'un échantillon composé de 85 individus.

_________ 19. Nous désirons estimer la consommation d'essence d'une flotte de 500 camions. Nous disposons d'un échantillon composé de 25 camions.

_________ 20. Nous désirons estimer la différence entre la proportion d'hommes et la proportion de femmes qui se prévalent de leur droit de vote aux élections. Nous disposons d'un échantillon composé de 50 hommes et de 50 femmes.

(Questions 21 à 24) Utiliser les résultats ci-dessous.

Nous croyons que la moyenne d'une certaine population devrait se situer aux environs de 10. À partir d'un échantillon composé de 9 individus choisis au hasard, nous obtenons une moyenne égale à 12 avec une variance égale à 4. Pour estimer la moyenne μ avec un seuil $\alpha = 0,05$, nous construisons l'intervalle de confiance suivant:

(21) $\pm$ (22)(23/24)

[*Note*: les nombres correspondent aux numéros de chacune des questions.]

Pour chacune des questions, inscrire la lettre entre parenthèses qui correspond à la valeur appropriée dans l'intervalle de confiance précédent.

21. _________	(a) 1,96
	(b) 2
22. _________	(c) 2,262
	(d) 2,306
23. _________	(e) $\sqrt{8}$
	(f) 3
24. _________	(g) 4
	(h) 9
	(i) 10
	(j) 12

25. La valeur présumée de la moyenne de la population ($\mu = 10$) devrait se retrouver à l'intérieur de l'intervalle précédent dans 95% des cas. Vrai ou faux?

RÉPONSES AUX EXERCICES (NUMÉROS IMPAIRS)

LEÇON 1

1. La teneur réelle en crème des litres de lait produits par la compagnie = μ.
La moyenne échantillonnale = $\overline{y}$.
3. La résistance moyenne réelle des fils produits par la compagnie Brindacier = μ.
La moyenne échantillonnale = $\overline{y}$.
5. L'écart type réel de la longueur de la tête des hommes adultes qui occupent le rang de fils aîné dans leur famille respective = σ.
L'écart type échantillonnal = s.
7. La proportion réelle de chevreuils qui meurent durant l'hiver = π.
La proportion échantillonnale = p.

LEÇON 2

1. $\sigma_{\overline{y}} = \dfrac{3}{\sqrt{100}} = 0.3$

3. $n = 200$ et $\pi = 0{,}06$; par conséquent

$$\sigma_p = \sqrt{\frac{(0{,}06)(0{,}94)}{200}} = 0{,}0168$$

5. $s_{\overline{y}} = \dfrac{1{,}2}{\sqrt{100}} = 0{,}12$

LEÇON 3

Aucun exercice.

LEÇON 4

1. $\alpha = 0{,}025$
3. $\alpha = 0{,}05$
5. Utiliser dl = inf; $P(-1{,}960 \leqslant t_{\text{inf}} \leqslant 1{,}960) = 0{,}95$; $t_{0{,}05} = 1{,}645$
7. $t_{0{,}10;8} = 1{,}397$

LEÇON 5

1. (a) 95% (b) 90% (c) 99% (d) 80% (e) 95% (f) 98%
3. $t_{0{,}025;22} = 2{,}074$
5. 90%; 95%

LEÇON 6

1. $\overline{y} = \dfrac{996{,}5}{12} = 83{,}0$; $\quad 83{,}0 \pm (1{,}645)\dfrac{6{,}9}{\sqrt{12}} \Rightarrow (79{,}7\ ;\ 86{,}3)$

3. $\sigma^2 = 69{,}5$; $\quad \sigma = \sqrt{69{,}5} = 8{,}3367$;

$$541 \pm (1{,}645)\frac{8{,}3367}{\sqrt{9}} \Rightarrow (536{,}4\ ;\ 545{,}6)$$

5. $76{,}7 \pm (2{,}576)\dfrac{6{,}21}{\sqrt{12}} \Rightarrow (72{,}08\ ;\ 81{,}32)$

7. $60 \pm (1{,}96)\dfrac{9{,}3}{\sqrt{15}} \Rightarrow (55{,}3\ ;\ 64{,}7)$; non.

9. $n = 12$; $t_{0,025;11} = 2{,}201$; $\bar{y} = 54{,}72$; $s = 7{,}1935$

$$IC = 54{,}72 \pm (2{,}201)\frac{7{,}1935}{\sqrt{12}} \Rightarrow (50{,}15\ ;\ 59{,}29)$$

Donc, nous sommes certains à 95% que $(50{,}15 \leqslant \mu \leqslant 59{,}29)$.

11. $n = 25$; $t_{0,025;24} = 2{,}064$; $s = \sqrt{144} = 12$;

$$IC = 111 \pm (2{,}064)\frac{12}{\sqrt{25}} \Rightarrow (106{,}0\ ;\ 116{,}0)$$

Donc, nous sommes certains à 95% que la résistance moyenne du coton est comprise entre les valeurs 106,0 et 116,0.

13. $n = 16$; $t_{0,01;15} = 2{,}602$;

$$IC = 163{,}7 \pm (2{,}602)\frac{9{,}24}{\sqrt{16}} \Rightarrow (157{,}69\ ;\ 169{,}71)$$

Nous sommes donc certains à 98% de trouver la valeur réelle de l'absorption moyenne à l'intérieur de cet intervalle.

15. Environ cinq intervalles.

LEÇON 7

1. $N = 25\ 000$; $n = 600$; $z_{0,025} = 1{,}96$

$$IC = (25\ 000)(3{,}2) \pm (25\ 000)\frac{(1{,}96)(1{,}1)}{\sqrt{600}} \Rightarrow (77\ 799\ ;\ 82\ 200)$$

ou (778 \$; 822 \$)

3. $N = 450$; $n = 36$; $z_{0,025} = 1{,}96$

$$IC = (450)(443{,}42) \pm (450)(1{,}96)\frac{30{,}36}{\sqrt{36}} \quad (195\ 076{,}08 - 204\ 001{,}92)$$

LEÇON 8

1. $z_{0,005} = 2{,}576$; $p = \dfrac{300}{450} = 0{,}67$

$$IC = (0{,}67) \pm (2{,}576)\sqrt{\frac{(0{,}67)(0{,}33)}{450}} \Rightarrow (0{,}613\ ;\ 0{,}727)$$

3. $z_{0,005} = 2{,}576$; $p = \dfrac{246}{500} = 0{,}492$

$$IC = 0{,}492 \pm (2{,}576)\sqrt{\frac{(0{,}492)(0{,}508)}{500}} \Rightarrow (0{,}434\ ;\ 0{,}550)$$

Oui, la valeur 0,50 est incluse dans l'intervalle.

5. $z_{0,05} = 1{,}645\,;\qquad p = \frac{432}{500} = 0{,}864\,;$

$$IC = 0{,}864 \pm (1{,}645)\sqrt{\frac{(0{,}864)(0{,}136)}{500}} \Rightarrow (0{,}839\ ;\ 0{,}889)$$

LEÇON 9

1. $s^2_{pd} = \dfrac{986{,}3 + 1200{,}4}{38} = 57{,}54$

3. $s_{\bar{y}_1-\bar{y}_2} = \sqrt{\dfrac{(16)(48{,}27) + (24)(36{,}96)}{40}\left(\dfrac{1}{17} + \dfrac{1}{25}\right)} = 2{,}025$

5. $s_{\bar{y}_1-\bar{y}_2} = \sqrt{\dfrac{9(0{,}0809)^2 + 11(0{,}1027)^2}{20}\left(\dfrac{1}{10} + \dfrac{1}{12}\right)} = 0{,}04004$

et $\quad t_{0,025;20} = 2{,}086$

$IC = (0{,}392 - 0{,}2275) \pm (2{,}086)(0{,}04004) \Rightarrow (0{,}08097\ ;\ 0{,}24802)$

7. $s_{\bar{y}_1-\bar{y}_2} = \sqrt{\dfrac{(1{,}9679)^2}{150} + \dfrac{(1{,}5632)^2}{210}} = 0{,}1935,$

Puisque n_1 et $n_2 > 30$, et $t_{0,005} = 2{,}576$

$IC = (14{,}1415 - 17{,}1435) \pm (2{,}576)(0{,}1935) \Rightarrow (-3{,}5005\ ;\ -2{,}5035)$

9. Oui, nous sommes certains à 98% que les machines produisent des sacs de masse égale.

LEÇON 10

1. $n_1 = 30;\qquad n_2 = 35;\qquad p_1 = \dfrac{25}{30} = 0{,}833;\qquad p_2 = \dfrac{29}{35} = 0{,}829$

$$s_{p_1-p_2} = \sqrt{\frac{(0{,}833)(0{,}167)}{30} + \frac{(0{,}829)(0{,}171)}{35}} = 0{,}0932$$

$IC = (0{,}833 - 0{,}829) \pm (2{,}576)(0{,}0932) \Rightarrow (-0{,}236\ ;\ 0{,}244)$

3. $n_1 = 100;\qquad n_2 = 150;\qquad p_1 = 0{,}3;\qquad p_2 = 0{,}26$

$$s_{p_1-p_2} = \sqrt{\frac{(0{,}3)(0{,}7)}{100} + \frac{(0{,}26)(0{,}74)}{150}} \Rightarrow 0{,}05816$$

$IC = (0{,}3 - 0{,}26) \pm (1{,}645)(0{,}05816) \Rightarrow (-0{,}0557\ ;\ 0{,}1357)$

LEÇON 11

1. $n = \dfrac{(1{,}96)^2(1{,}7)^2}{0{,}5^2} = 44{,}40$; au moins 45.

3. $n = \dfrac{(2{,}576)^2(0{,}5)^2}{(0{,}02)^2} = 4147{,}4$; au moins 4148.

5. $n = \dfrac{(1{,}96)^2(5)^2}{2^2} = 24{,}01$; au moins 25.

7. $n = \dfrac{(1{,}96)^2(100)^2}{(50)^2} = 15{,}4$; au moins 16.

9. $n = \left[\dfrac{(1{,}96)(1{,}1)}{0{,}2}\right]^2 = 116{,}2$; au moins 117.

CHAPITRE HUIT: TESTS D'HYPOTHÈSES SUR LES MOYENNES DE DISTRIBUTIONS NORMALES

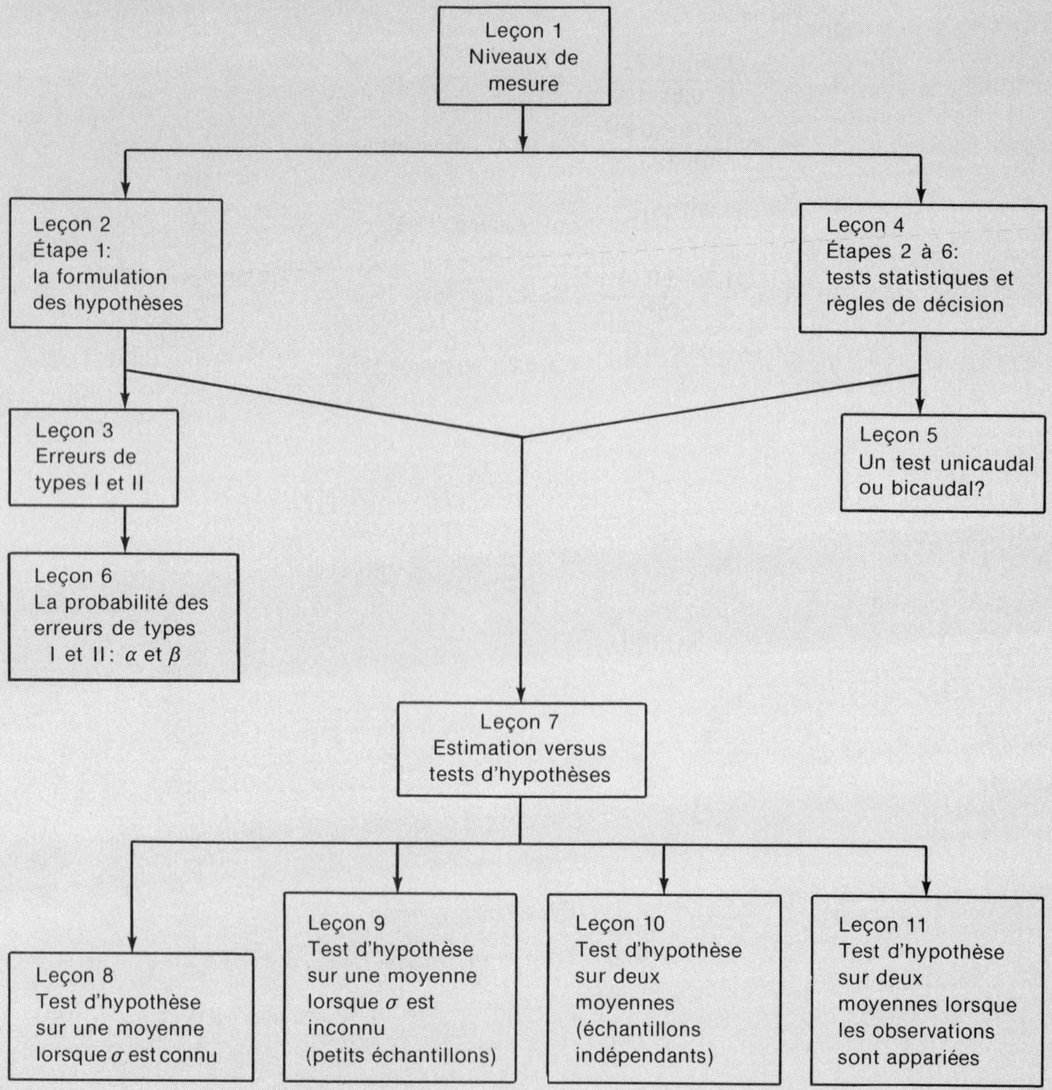

INTRODUCTION En 1954 se tenait la plus vaste étude statistique jamais réalisée auparavant sur un sujet médical. La question était: «le vaccin Salk contre la poliomyélite fournit-il une protection adéquate contre les risques de mort et de paralysie causés par cette maladie?» Dans le but de répondre à cette question, plus d'un million de jeunes enfants furent choisis au hasard et répartis en deux groupes. Le premier groupe reçut une injection du vaccin, tandis que le second, qui servait de groupe de contrôle, reçut une injection d'une solution saline.

Plusieurs contrôles furent établis de façon à réduire au minimum l'influence de facteurs extrinsèques susceptibles de fausser les conclusions formulées à propos de la valeur du vaccin. Comme l'incidence de la maladie était relativement peu élevée (environ 50 cas par année par 100 000 de population), l'échantillon retenu devait être suffisamment grand pour garantir qu'un nombre adéquat de cas de poliomyélite apparaîtrait à l'intérieur de celui-ci. Les données recueillies devaient conduire à l'une des deux conclusions suivantes: le vaccin procure une certaine immunité contre la maladie, ou le vaccin n'a aucun effet sur l'incidence de celle-ci. Un problème de décision binaire comme celui-ci est habituellement appelé un *test d'hypothèse*. Dans le cas présent, l'hypothèse que le vaccin ne procure aucune immunité doit être testée contre celle que le vaccin procure une certaine immunité.

Ces problèmes de décision binaire se présentent fréquemment dans plusieurs domaines. Par exemple, un psychologue en éducation peut émettre l'hypothèse que l'utilisation d'une certaine méthode pédagogique devrait augmenter la performance des étudiants; un sociologue peut émettre l'hypothèse que tel changement environnemental devrait réduire le taux de criminalité d'une ville quelconque; un agronome peut proposer que l'utilisation d'un nouveau type de semence hybride devrait augmenter la production des fermiers; un fabricant d'articles de bureau peut se demander si un certain type d'empaquetage réduit les dommages causés au matériel livré par la poste; etc.

L'une des caractéristiques communes à tous les problèmes ci-dessus est le besoin d'obtenir une preuve claire permettant d'accepter ou de rejeter l'hypothèse proposée. Pour les besoins de ce texte, nous disons plus formellement qu'un test d'hypothèse est une procédure qui conduit à l'acceptation ou au rejet d'un énoncé conjectural sur la valeur d'un paramètre de la population. Les preuves que nous obtenons pour nous aider à prendre cette décision proviennent des données d'un échantillon de la population concernée. Nous devrons donc tenir compte de la variabilité inter-échantillons. Cette procédure peut se résumer en six étapes.

ÉTAPE 1 Formuler l'hypothèse nulle et l'hypothèse alternative; c'est-à-dire formuler l'énoncé conjectural et sa négation, qui constituent les deux membres de l'alternative possible à considérer.

ÉTAPE 2 Choisir un effectif échantillonnal et un *facteur de risque* α, nommé *probabilité d'une erreur de type I*.

ÉTAPE 3 Choisir un test statistique adéquat en fonction des données échantillonnales recueillies.

ÉTAPE 4 Construire une règle de décision, c'est-à-dire déterminer une valeur qui servira de frontière pour accepter ou rejeter l'hypothèse nulle.

ÉTAPE 5 Effectuer l'échantillonnage et appliquer le test statistique.

ÉTAPE 6 Appliquer la règle de décision et prendre la décision.

Dans les leçons de ce chapitre, nous étudierons de façon détaillée chacune de ces six étapes, ainsi que les concepts qui leur sont reliés, dans le but de fournir une approche logique aux tests d'hypothèses. Nous étudierons aussi quelques procédures habituelles qui permettent d'appliquer ces six étapes aux tests hypothèses concernant les moyennes μ d'une ou de deux populations.

VOCABULAIRE

Enquête
Erreur de type I
Erreur de type II
Expérience
Hypothèse
Hypothèse alternative
Hypothèse nulle
Mesure d'intervalles-rapports
Mesure nominale
Mesure ordinale
Niveau de mesure
Niveau de signification
Règle de décision
Test bicaudal
Test d'hypothèse
Test statistique
Test unicaudal
Valeur(s) critique(s)
Zone d'acceptation
Zone de rejet

LEÇON 1 NIVEAUX DE MESURE

Tâche: pouvoir distinguer les trois niveaux de mesure qui peuvent être utilisés pour caractériser une unité d'observation.

DÉFINITIONS

Mesure nominale: procédure qui permet de classifier les observations en deux ou plusieurs catégories mutuellement exclusives et exhaustives. Des valeurs numériques sont attribuées aux données, mais la grandeur des nombres ne sert qu'à permettre la distinction entre les diverses catégories.

Mesure ordinale: procédure qui permet de classifier les données en catégories, mais permet aussi d'ordonner ces données en rangs. La grandeur des nombres attribués permet d'ordonner de façon relative les données, c'est-à-dire qu'une mesure peut être considérée plus grande ou plus petite qu'une autre.

Mesure d'intervalles rapports: en plus de classifier et d'ordonner les données, une mesure d'intervalles-rapports possède une unité de mesure. De cette façon, il est possible de préciser dans quelle mesure une donnée est plus grande ou plus petite qu'une autre.

DISCUSSION

Dans ce chapitre et dans ceux qui suivent, nous allons présenter un certain nombre d'outils statistiques. Ces outils sont construits pour réaliser certaines fonctions. Donc, il arrive que des outils soient tout à fait inappropriés pour certains types de travaux; par exemple, un charpentier n'utilisera pas un tournevis pour enfoncer un clou. Il arrive quelquefois que plusieurs outils puissent être utilisés pour réaliser le même travail. Cependant, certains outils peuvent être plus précis que d'autres ou ne peuvent être utilisés que dans des cas particuliers.

Le choix de l'outil ou de la procédure statistique appropriée est souvent relié au niveau de mesure que nous désirons utiliser. Il est donc important de pouvoir distinguer les différents niveaux de mesure: nominal, ordinal et d'intervalles-rapports (le niveau de mesure d'intervalles-rapports peut être subdivisé en deux niveaux séparés,mesure d'intervalles et mesure de rapports, mais il n'est pas nécessaire pour les besoins de ce cours d'utiliser cette subdivision).

En résumé, la matière de ce chapitre, ainsi que celle des chapitres subséquents, constitue une discussion sur les raisons qui font que les tests statistiques portant sur des moyennes exigent un niveau de mesure d'intervalles-rapports, tandis que ceux qui portent sur des proportions ne nécessitent qu'un niveau de mesure nominal (les tests khi-carré que nous étudierons au chapitre NEUF s'appliquent eux aussi à des mesures nominales).

La majeure partie de la matière présentée dans le chapitre DOUZE (Techniques non paramétriques) s'applique à des données de type ordinal, c'est-à-dire des rangs. Par conséquent, lorsque vous cherchez l'outil statistique approprié pour résoudre un problème, il devient important de pouvoir distinguer les différents niveaux de mesure qui peuvent être utilisés.

Ces différents niveaux de mesure s'identifient comme suit: (1) nominal, (2) ordinal, (3) d'intervalles-rapports. Ces niveaux forment une hiérarchie dont la base est l'échelle nominale (information minimale) et le niveau supérieur est l'échelle d'intervalles-rapports (information maximale). Chaque niveau particulier de la hiérarchie fournit un peu plus d'informations que le niveau qui le précède. Cette hiérarchie est illustrée dans le tableau suivant.

NIVEAUX DE MESURE	**INFORMATION FOURNIE**
nominal	minimale
ordinal	↓
intervalles-rapports	maximale

Soit y_1, y_2, ..., y_n, les mesures effectuées sur des unités d'observation; alors

1. *un niveau de mesure nominal* nous permet seulement de dire que y_1 est différent de y_2 et ainsi de suite.
2. *un niveau de mesure ordinal* nous permet de dire que $y_1 \neq y_2, ..., y_n$, mais aussi que y_1 est plus petit ou plus grand que $y_2, y_3, ..., y_n$. Par exemple, nous pourrions dire que $y_1 < y_2 < y_3, ..., < y_n$ ou *vice versa*.
3. *un niveau de mesure d'intervalles-rapports* nous permet de spécifier de combien d'unités y_2 excède y_1, en plus de nous dire que y_2 est plus grand que y_1 et différent de celui-ci.

Voici quelques exemples de chacun de ces trois types de niveaux de mesure.

NIVEAU DE MESURE NOMINAL

Plusieurs voitures participent à une course automobile. Un numéro est peint sur le côté de chacune des voitures. Ce numéro représente une mesure nominale. La grandeur du nombre ne possède aucun sens particulier; elle n'existe que pour distinguer les voitures entre elles. Si une voiture possède le numéro 7 et une autre le numéro 8, nous ne savons rien d'autre que le fait que la voiture 7 est différente de la voiture 8.

NIVEAU DE MESURE ORDINAL

Supposons maintenant que les résultats de la course (premier, second, troisième, etc.) sont affichés. Ceci constitue une échelle ordinale. Chaque nombre donne une information sur l'ordre (le rang) dans lequel les automobiles ont terminé la course. Lorsque nous disons que telle voiture a terminé première et telle autre voiture seconde, nous savons que (1) la voiture qui a terminé première est différente de celle qui a terminé seconde et (2) que la voiture qui a terminé première est allée plus vite que celle qui a terminé seconde. Nous ne savons toutefois pas de combien la vitesse de la première a excédé celle de la seconde. Elle peut avoir vaincu la seconde voiture par une différence de quelques secondes ou une différence de plusieurs minutes. Les valeurs y_1, y_2, ..., y_n ne font qu'indiquer l'ordre dans lequel les voitures ont terminé la course. Par conséquent, tout ce que nous pouvons dire c'est que $y_1 < y_2 < y_3$, ..., etc.

NIVEAU DE MESURE D'INTERVALLES-RAPPORTS

Supposons maintenant que nous avons enregistré le temps que chaque voiture a mis pour terminer la course. Supposons que le temps le plus court ait été de 40 secondes et le plus long de 60 secondes. Nous pouvons dire maintenant que la voiture la plus lente a mis 20 secondes de plus que la plus rapide pour terminer la course.

Notons qu'avec une échelle d'intervalles-rapports nous pouvons reconstruire toutes les échelles de niveau inférieur. Si les temps réalisés par chacune des voitures sont disponibles, nous pouvons aussi déterminer l'ordre dans lequel les voitures ont terminé la course. Par conséquent, c'est le niveau de mesure d'intervalles-rapports qui fournit le plus d'informations pour nos besoins.

EXEMPLES

Préciser pour chacun des exemples ci-dessous le type d'échelle de mesure utilisé: nominal, ordinal ou intervalles-rapports.

1. Lors d'un sondage, on demande aux répondants d'indiquer leur affiliation politique. Les réponses furent codées comme suit:0 dans le cas d'un conservateur, 1 dans le cas d'un libéral, 2 dans le cas d'un néo-démocrate,3 dans le cas de toute autre affiliation.

Solution. Il s'agit d'une échelle de mesure nominale, puisque les nombres utilisés ne servent qu'à différencier les affiliations politiques. La grandeur des nombres n'a aucune signification particulière.

2. Certains jours choisis au hasard, un météorologue enregistre à midi la température en degrés Celsius.

Solution. Il s'agit d'une échelle de mesure d'intervalles-rapports. Supposons que le météorologue enregistre un certain jour une température de 5° Celsius, et un autre jour, une température de 15° Celsius. Ces chiffres ne nous indiquent pas seulement que le second jour fut plus chaud que le premier, mais également qu'il fut plus chaud de 10°.

3. On évalue l'ossature de diverses personnes. On enregistre 1 si elle est petite, 2 si elle est moyenne, 3 si elle est grosse.

Solution. Il s'agit ici d'une échelle de mesure ordinale associée à la grosseur. Il est clair qu'une cote 3 indique une plus grosse ossature qu'une cote 1. Cependant, on ne peut conclure que la cote 3 correspond à 2 grosseurs de plus que la cote 1. Nous ne pouvons qu'ordonner les grosseurs d'ossature.

4. Un fermier note le nombre d'oeufs pondus par ses poules chaque semaine.

Solution. Il s'agit ici d'une échelle de mesure d'intervalles-rapports, puisque le fermier mesure le nombre d'oeufs pondus. Le chiffre zéro indique qu'aucun oeuf ne fut pondu. De même, si ses poules pondent 40 oeufs la première semaine et 100 oeufs la seconde, nous pourrons conclure qu'elles ont pondu 2½ fois plus d'oeufs, ou soixante oeufs de plus, que la première semaine.

5. Dans le but de mieux tenir à jour leur inventaire, les propriétaires d'un magasin à rayons attribuent un code numérique à chaque item offert à la clientèle.

Solution. Ce type de mesure n'est que nominal. En effet, les codes numériques ne servent qu'à distinguer les divers objets mis en vente. La grandeur des codes numériques n'a aucune signification particulière.

6. Le service des incendies d'une grande ville classe comme suit les incendies: 1 alarme, 2 alarmes, et ainsi de suite.

Solution. Il s'agit d'une échelle de mesure ordinale, puisqu'on ordonne les incendies selon leur gravité, en commençant par le chiffre 1. Toutefois, on ne peut conclure qu'un incendie de 3 alarmes est trois fois plus grave qu'un incendie d'une alarme, non plus qu'il est juste d'affirmer qu'un incendie de 3 alarmes est de deux degrés plus grave qu'un incendie d'une alarme.

EXERCICES

Préciser pour chacun des problèmes ci-dessous le type d'échelle de mesure utilisé: nominal, ordinal ou intervalles-rapports.

1. À l'occasion d'un concours, la mesure choisie consiste à noter si une personne a reçu un premier prix, un deuxième prix, et ainsi de suite.
Nominal ________ Ordinal ________ Intervalles-rapports ________

2. On présente à des dégustatrices quatre marques différentes de crème glacée à la vanille. Elles doivent accorder la note 1 à celle qu'elles préfèrent, la note 2 à celle qu'elles préfèrent en second, et ainsi de suite.

Nominal ________ Ordinal ________ Intervalles-rapports ________

3. Un garde forestier mesure la hauteur d'un chêne âgé d'une année.
Nominal ________ Ordinal ________ Intervalles-rapports ________

4. Au terme d'un examen, chaque étudiant d'une classe doit indiquer le temps pris pour compléter l'examen.
Nominal ________ Ordinal ________ Intervalles-rapports ________

5. Un scientifique mesure le nombre de secondes qu'un son prend pour franchir la distance entre deux points.
Nominal ________ Ordinal ________ Intervalles-rapports ________

6. Lors d'une étude sur l'habitation, les enquêteurs attribuent le chiffre 1 aux propriétaires et le chiffre 2 aux locataires.
Nominal ________ Ordinal ________ Intervalles-rapports ________

7. Une compagnie d'assurances enregistre le numéro de plaque d'immatriculation des voitures appartenant à un échantillon de ses clients.
Nominal ________ Ordinal ________ Intervalles-rapports ________

8. Un fermier note la quantité d'essence achetée pour utilisation sur sa ferme.
Nominal ________ Ordinal ________ Intervalles-rapports ________

9. Voici la position des équipes d'une ligue de ballon-panier à la fin de la saison.

ÉQUIPES	POSITIONS
St-Isidore	1er
Yamaska	2e
Granby	3e
Laval	4e
Châteauguay	5e
Sorel	6e

Nominal ________ Ordinal ________ Intervalles-rapports ________

10. Une coopérative de pomiculteurs enregistre le nombre de boisseaux de pommes cueillies dans un verger.
Nominal ________ Ordinal ________ Intervalles-rapports ________

11. Chaque province a enregistré la surface des terres cultivées en 1979, 1980 et 1981.
Nominal ________ Ordinal ________ Intervalles-rapports ________

LEÇON 2 ÉTAPE 1: LA FORMULATION DES HYPOTHÈSES

Tâche: à partir de l'énoncé d'un problème, pouvoir écrire l'hypothèse nulle et l'hypothèse alternative.

DÉFINITIONS

Hypothèse: énoncé conjectural sur la valeur d'un paramètre de la population. C'est à nous de décider, en nous appuyant sur des faits expérimentaux ou des résultats échantillonnaux, si l'énoncé semble vrai ou faux.

Hypothèse nulle et hypothèse alternative: l'hypothèse nulle, représentée par le symbole H_0, est l'hypothèse que nous désirons habituellement rejeter. Le rejet de H_0 entraîne automatiquement l'acceptation de l'hypothèse alternative, représentée par le symbole H_a. L'hypothèse alternative représente habituellement l'énoncé hypothétique que le chercheur désire démontrer. H_0 devrait toujours être formulée de façon à ce que le rejet erroné de cette hypothèse soit considéré comme une erreur plus grave que l'acceptation erronée de celle-ci.

DISCUSSION

L'une des étapes initiales de toute recherche, quel que soit le domaine (v.g. biologie, médecine, sociologie, administration, etc), consiste à formuler une hypothèse. Cette opération devient donc la première étape de notre procédure en six étapes. Un chercheur peut formuler l'hypothèse qu'un nouveau médicament devrait soulager plus rapidement les maux de tête, qu'un nouveau filtre à cigarette devrait réduire la quantité de nicotine et de goudron aspirés, qu'un programme quotidien d'exercices physiques devrait augmenter l'espérance de vie, qu'une nouvelle méthode comptable devrait réduire les erreurs dans les comptes, etc. Il espère recueillir des informations qui lui permettront de démontrer l'exactitude de ses prévisions. Cependant, dans le but de conserver sa crédibilité, le chercheur en question doit adopter le point de vue que ses affirmations sont fausses et que c'est le *statu quo* qui demeure vrai. Nous appelons cette attitude *l'hypothèse nulle* H_0, où «nulle» signifie «inchangée». Nous exigeons des preuves convaincantes en faveur de l'hypothèse avant de rejeter le *statu quo* H_0. L'hypothèse que le chercheur désire de fait démontrer est nommée *hypothèse alternative* et représentée par le symbole H_a.

Cependant, pour être précis, nous exigeons que l'énoncé de l'hypothèse nulle et de l'hypothèse alternative fasse référence aux valeurs des paramètres. Par exemple, si nous voulons démontrer que les avocats sédentaires ingèrent en moyenne chaque jour plus de 2500 calories, nous devons écrire l'hypothèse nulle et l'hypothèse alternative de la façon suivante:

$$H_0: \mu \leq 2500 \qquad \text{versus} \qquad H_a: \mu > 2500$$

Ici, μ représente le nombre moyen de calories contenues dans les menus quotidiens des avocats. L'hypothèse nulle H_0 représente le point de vue selon lequel notre affirmation est fausse; c'est-à-dire $\mu \leqslant 2500$ calories par jour. L'hypothèse alternative H_a coïncide avec l'hypothèse que nous désirons démontrer, soit $\mu > 2500$ calories par jour.

Il est à noter que les énoncés de l'hypothèse nulle et de l'hypothèse alternative sont mutuellement exclusifs et, dans le cas présent, complémentaires. Il se peut que dans certains cas les deux énoncés ne soient pas complémentaires; cependant, dans ce texte, nous supposerons qu'ils le sont toujours. Notons également que l'énoncé de l'hypothèse nulle utilise les signes $=$, $\leqslant$ ou $\geqslant$, tandis que l'hypothèse alternative utilise un signe d'inégalité stricte ($<$, $>$ ou $\neq$). Cette notation nous permet de formuler une hypothèse nulle libre de toute ambiguïté et facilite le calcul de la probabilité de commettre une erreur en rejetant H_0. Cette caractéristique nous permet de juger, en postulant que H_0 est vraie, si les données s'accordent avec cette hypothèse ou si elles la rejettent de façon convaincante.

Selon la logique de cette approche, la formulation de H_0 et de H_a conduit à ce que nous appelons un *test de signification*. Cependant, nous pouvons aussi formuler la question sous forme d'un problème de prise de décision, où nous nous interrogeons sur la gravité de prendre de mauvaises décisions. Par conséquent, nous conviendrons que H_0 devra toujours être formulée de façon telle que son rejet erroné constitue une erreur plus grave que son acceptation erronée. Par exemple, supposons qu'un fonctionnaire doit décider si une manufacture pollue l'eau suffisamment pour qu'il soit justifié d'intenter une poursuite. Dans cette situation, le test de signification décrit ci-dessus n'apporte aucune aide dans la formulation de H_0 et H_a. Par contre, nous pouvons considérer les deux types d'erreur qui peuvent se produire: intenter une poursuite injustifiée ou ne pas sévir lorsque nécessaire. La décision, à savoir laquelle des deux erreurs est la plus grave, n'est malheureusement pas évidente et ne le sera probablement pas dans la majorité des cas. Cependant, si nous considérons la première erreur comme étant la plus grave, alors nous devons formuler H_0 de la façon suivante: « la manufacture ne pollue pas l'eau de façon excessive». L'hypothèse alternative H_a serait : « la manufacture pollue l'eau de façon excessive».

Ce problème illustre le dilemme que doit toujours affronter celui qui formule H_0 et H_a: deux personnes, placées devant le même problème, peuvent adopter deux points de vue différents et proposer une formulation complètement opposée de l'hypothèse nulle et de l'hypothèse alternative. Par conséquent, nous tenterons, dans ce cours, de définir des conditions qui nous permettent de minimiser cette difficulté. Mais ne confondez pas la position adoptée dans ce cours avec les difficultés que posent, dans le monde réel, la formulation de l'hypothèse nulle et de l'hypothèse alternative; vous pourriez bien ne pas vous en tirer aussi facilement!

EXEMPLES Étant donné l'énoncé d'un problème, formuler l'hypothèse nulle et l'hypothèse alternative appropriées.

1. Des ichtyologistes sont convaincus qu'en raison de la pollution la longueur moyenne des truites du lac Noir est inférieure à 30 centimètres. Si cette crainte s'avère fondée, ils proposeront une loi destinée à contrôler la pollution. Si l'hypothèse n'est pas vérifiée, aucun geste ne sera posé.

Solution

	VALEURS DES PARAMÈTRES	HYPOTHÈSES
Affirmation à prouver	$\mu < 30$	H_a
Affirmation à réfuter	$\mu \geqslant 30$	H_0

2. Des experts comparent deux méthodes de décodage des cryptogrammes. Ils prétendent que le temps moyen de décodage par la méthode A, μ_A, est inférieur à celui de la méthode B, μ_B. Cependant, la méthode A est plus coûteuse. L'Armée désire utiliser la méthode A, mais seulement si les experts démontrent sa plus grande rapidité.

Solution

	VALEURS DES PARAMÈTRES	HYPOTHÈSES
Affirmation à prouver	$\mu_A < \mu_B$ ou $\mu_A - \mu_B < 0$	H_a
Affirmation à réfuter	$\mu_A \geq \mu_B$ ou $\mu_A - \mu_B \geq 0$	H_0

3. Le gérant d'un supermarché est convaincu que durant les périodes d'affluence plus de 52% des clients doivent attendre au moins 5 minutes avant de passer à la caisse. Si tel est le cas, le gérant se croira justifié d'installer une caisse additionnelle.

Solution

	VALEURS DES PARAMÈTRES	HYPOTHÈSES
Affirmation à prouver	$\pi > 0{,}52$	H_a
Affirmation à réfuter	$\pi \leqslant 0{,}52$	H_0

4. Des éducateurs procèdent à l'expérimentation de deux méthodes d'apprentissage de la lecture en première année: une méthode visuelle et une méthode phonétique. Certains affirment que le temps moyen nécessaire pour qu'un enfant apprenne dix mots par la méthode visuelle (μ_v) est inférieur au temps moyen nécessaire par la méthode phonétique (μ_p). Si tel est le cas, les éducateurs choisiront de poursuivre l'expérimentation et la mise au point de la méthode visuelle.

Solution

	VALEURS DES PARAMÈTRES	HYPOTHÈSES
Affirmation à prouver	$\mu_v < \mu_p$ ou $\mu_v - \mu_p < 0$	H_a
Affirmation à réfuter	$\mu_v \geqslant \mu_p$ ou $\mu_v - \mu_p \geqslant 0$	H_0

5. Un métallurgiste soutient que la dureté moyenne d'un aluminium coulé est 13,7. S'il est plus dur ou plus mou que ce nombre, il faudra réévaluer à la baisse la qualité du métal.

Solution

	VALEURS DES PARAMÈTRES	HYPOTHÈSES
Affirmation à prouver	$\mu = 13{,}7$	H_0
Affirmation à réfuter	$\mu \neq 13{,}7$	H_a

EXERCICES

Étant donné l'énoncé d'un problème, formuler l'hypothèse nulle et l'hypothèse alternative appropriées.

1. Monsieur et madame Leblanc formulent l'hypothèse que la masse moyenne des aubergines qui poussent dans leur jardin est supérieure à la moyenne de 1 kg annoncée sur le paquet de graines.

2. Le centre de recherches Poussedru a mis au point une nouvelle variété de fèves qui s'est attirée de nombreux éloges parce qu'elle augmente la récolte moyenne à l'acre. Étant donné que cette nouvelle fève coûte un peu plus cher, le centre Poussedru ne la mettra sur le marché que si sa supériorité est clairement démontrée.

3. À l'occasion d'une conférence devant des publicitaires, le président d'un réseau de télévision soutient que plus de 75% des spectateurs regarderont un certain samedi soir une émission de son réseau.

4. Une fabrique de tuyaux métalliques vérifie le pourcentage de silice dans le fer. Le taux optimal se chiffre à 0,75 grammes de silice par 100 grammes de fer. Le spécialiste en contrôle de qualité désire vérifier l'hypothèse que le fer contient ce taux optimal.

5. Formuler H_0 et H_a de façon à vérifier l'hypothèse que la proportion du revenu familial affectée au logement dans une localité A est égale à la proportion similaire dans la localité B.

6. Supposons que vous êtes agronome à l'emploi du ministère de l'Agriculture. Vous désirez vérifier le rendement moyen de deux variétés hybrides de blé. Formuler H_0 et H_a de façon à vérifier l'hypothèse que le rendement moyen de la variété AZA 006 est supérieur à celui de la variété AXA 012.

7. On estime que la quantité moyenne d'hémoglobine par 100 ml de sang chez la truite brune est d'au moins 5,5 grammes. Formuler l'hypothèse en vue de sa vérification.

LEÇON 3 ERREURS DE TYPES I ET II

Tâche: à partir de l'énoncé du problème et de l'énoncé de l'hypothèse nulle et de l'hypothèse alternative, pouvoir décrire l'erreur de type I et l'erreur de type II qui pourraient être commises suite à une décision en faveur de l'hypothèse nulle H_0 ou de l'hypothèse alternative H_a.

DÉFINITIONS

Erreur de type I: une erreur de type I est commise quand l'hypothèse nulle est rejetée alors qu'elle est vraie.

Erreur de type II: une erreur de type II est commise quand l'hypothèse nulle est acceptée alors qu'elle est fausse.

DISCUSSION

Un test d'hypothèse a pour but de permettre une prise de décision correcte *dans la mesure du possible.* Nous associons à chaque décision une certaine forme d'action (ou d'inaction, car nous pouvons différer notre verdict jusqu'à ce que plus amples informations aient été recueillies). Lorsque nous testons des hypothèses, nous devons prendre la décision d'accepter ou de rejeter H_0; H_0 sert donc de point de référence. Le fait de rejeter H_0 implique celui d'accepter H_a, tandis que le fait d'accepter H_0 implique celui de rejeter H_a. Bien que nous utilisons les mots *accepter* et *rejeter*, nous devons quand même les interpréter avec prudence. Lorsque nous *rejetons* H_0, nous déclarons que nous possédons suffisamment de preuves pour la rejeter et nous concluons que H_a est vraie. Cependant, lorsque nous *acceptons* H_0, nous voulons dire que nous n'avons pas suffisamment de preuves pour la rejeter et que, par conséquent, celle-ci nous apparaît raisonnable.

Lorsque nous prenons une décision en faveur d'une hypothèse en nous appuyant sur les données échantillonnales, nous prenons le risque de faire une erreur. Le tableau suivant représente les deux types d'erreur possibles, à savoir l'erreur de type I et l'erreur de type II.

CONDITION RÉELLE	REJET DE H_0	ACCEPTATION DE H_0
H_0 est vraie	Erreur de type I	Aucune erreur
H_0 est fausse	Aucune erreur	Erreur de type II

Il est facile de constater à la lecture de ce tableau qu'il n'y a que deux possibilités: ou nous commettrons une erreur, ou nous n'en commettrons pas. Si nous commettons une erreur, elle sera de type I ou de type II, mais pas des deux types à la fois.

DISCUSSION SIMPLIFIÉE

De façon à rendre cette discussion plus réaliste, supposons que nous assistons à un procès où un individu est accusé d'avoir commis un crime. Dans notre système juridique, l'hypothèse nulle et l'hypothèse alternative seraient: H_0, l'individu est innocent; H_a, l'individu est coupable. Le tableau suivant illustre les deux types d'erreur possibles.

		DÉCISIONS	
		INNOCENT	**COUPABLE**
Réalité	H_0: L'individu est innocent	Aucune erreur	Erreur de type I
	H_a: L'individu est coupable	Erreur de type II	Aucune erreur

Une erreur de type I consisterait à déclarer l'individu coupable alors qu'il est innocent, tandis qu'une erreur de type II consisterait à le déclarer innocent alors qu'il est coupable.

EXEMPLES

Dans le cas des problèmes ci-dessous, utiliser les hypothèses présentées dans certains problèmes de la leçon 2 pour décrire les erreurs possibles.

1. Des biologistes de la faune aquatique craignent qu'en raison de la pollution la longueur moyenne des truites du lac Noir soit inférieure à 30 cm.

DÉCISIONS	VALEURS DES PARAMÈTRES
Proposer une loi	H_a: $\mu < 30$
Ne poser aucun geste	H_0: $\mu \geqslant 30$

Solution. L'erreur de type I consisterait à proposer une loi inutile. L'erreur de type II consisterait à ne poser aucun geste alors qu'une loi serait nécessaire.

2. Des experts formulent l'hypothèse qu'une méthode A de décodage des cryptogrammes prend moins de temps qu'une méthode B. L'Armée désire utiliser la plus rapide des deux méthodes.

$$H_0\colon \mu_A \geq \mu_B \qquad \text{versus} \qquad H_a\colon \mu_A < \mu_B$$

Solution. L'erreur de type I consisterait à adopter la méthode A alors qu'elle n'est pas plus rapide, tandis que l'erreur de type II consisterait à ne pas adopter la méthode A, bien qu'il s'agisse de la méthode la plus rapide.

EXERCICES

À l'aide des hypothèses présentées dans quelques-uns des exercices de la leçon 2, décrire les erreurs de types I et II.

1. Monsieur et madame Leblanc formulent l'hypothèse que la masse moyenne des aubergines qui poussent dans leur jardin est supérieure à la moyenne de 1 kg annoncée sur le paquet de graines. Ici $H_0\colon \mu \leqslant 1$ kg *et* $H_a\colon \mu > 1$ kg. Interpréter les erreurs de types I et II.

2. Le centre de recherches Poussedru a mis au point une nouvelle variété de fèves qui s'est attirée de nombreux éloges parce qu'elle augmente la récolte moyenne à l'acre. Étant donné que cette nouvelle fève coûte un peu plus cher, le centre Poussedru ne la mettra sur le marché que si sa supériorité est clairement démontrée. Ici $H_0\colon \mu_{\text{nouv}} - \mu_{\text{anc}} \leqslant 0$ et $H_a\colon \mu_{\text{nouv}} - \mu_{\text{anc}} > 0$. Interpréter les erreurs de types I et II.

3. À l'occasion d'une conférence devant des publicitaires, le président d'un réseau de télévision soutient que plus de 75% des spectateurs regarderont, un certain samedi soir, une émission de son réseau. Ici, $H_0\colon \pi \leqslant 0{,}75$ et $H_a\colon \pi > 0{,}75$. Interpréter les erreurs de types I et II.

4. Une fabrique de tuyaux métalliques vérifie le pourcentage de silice dans le fer. Le taux optimal se chiffre à 0,75 grammes de silice par 100 grammes de fer. Le spécialiste en contrôle de qualité désire vérifier l'hypothèse que le fer contient ce taux optimal. Ici, $H_0\colon \mu = 0{,}75$ et $H_a\colon \mu \neq 0{,}75$. Interpréter les erreurs de types I et II.

LEÇON 4 ÉTAPES 2 À 6: TESTS STATISTIQUES ET RÈGLES DE DÉCISION

Tâche: à partir de la description d'un problème, incluant l'énoncé de l'hypothèse nulle et de l'hypothèse alternative, pouvoir suggérer un test statistique approprié ainsi qu'une règle de décision arbitraire mais logique pour tester les hypothèses; pouvoir enfin identifier graphiquement les zones d'acceptation et de rejet.

DÉFINITIONS

Test statistique: valeur calculée à partir des données échantillonnales et utilisée pour décider si l'hypothèse nulle doit être acceptée ou rejetée.

Règle de décision: la règle de décision sert à définir les conditions qui conduisent à l'acceptation ou au rejet de l'hypothèse nulle.

Zones d'acceptation et de rejet: la zone d'acceptation est un intervalle de valeurs; si la valeur du test statistique fait partie de cet intervalle, l'hypothèse nulle est déclarée acceptable. La zone de rejet est un (des) intervalle(s) de valeurs; si la valeur du test statistique fait partie de l'intervalle (ou des intervalles), l'hypothèse nulle est rejetée.

Valeurs critiques: nombres qui définissent les frontières de la zone de rejet.

DISCUSSION

La seconde étape de notre procédure de tests d'hypothèses en six étapes consiste à déterminer l'effectif échantillonnal et à fixer le seuil de probabilité d'une erreur de type I, α. Il existe plusieurs méthodes, semblables à celles présentées à la leçon 11 du chapitre SEPT, pour déterminer l'effectif échantillonnal. Nous ne reparlerons pas ici de ces méthodes. De même, la probabilité d'une erreur de type I sera étudiée de façon détaillée dans la leçon 6. Le chercheur détermine de façon subjective la valeur α ; celle-ci devrait normalement représenter le risque maximal de commettre une erreur de type I que le chercheur accepte de courir. Traditionnellement, α se chiffre à 0,10, 0,05 ou moins. Comme le choix de la valeur α appropriée est purement subjectif, nous indiquerons généralement dans ce texte la valeur α à utiliser.

Voici les quatre dernières étapes de notre procédure. (3) Choisir un test statistique, c'est-à-dire une méthode de réduction des données qui donnera un sens logique au test d'hypothèse. (4) Formuler une règle de décision, c'est-à-dire définir le type d'action à prendre pour chacun des résultats possibles de l'expérience. (5) Recueillir les données au moyen d'une enquête échantillonnale ou d'une expérience et calculer la valeur du test statistique; c'est-à-dire condenser les données de façon à pouvoir les analyser. (6) Appliquer la règle de décision et prendre la décision, soit de rejeter H_0, soit d'accepter H_0 parce que les preuves apportées par les données sont insuffisantes pour la rejeter.

Les principes décrits ci-dessus s'appliquent de façon générale à tout processus logique de prise de décision, mais nous allons apporter ici quelques précisions utiles qui s'appliquent plus spécifiquement au domaine de la statistique. Principalement, dans un contexte statistique, les informations sont recueillies par l'intermédiaire d'un processus d'échantillonnage. Les règles de décision sont établies à l'avance et elles déterminent habituellement deux intervalles de valeurs, la *zone de rejet* et la *zone d'acceptation*. La valeur qui sert de frontière entre les deux zones est appelée *valeur critique*. Le *test statistique* est habituellement un nombre qui représente les données recueillies. Si le résultat du test statistique se situe dans la zone de rejet, le chercheur décidera habituellement de rejeter l'hypothèse nulle. Si la valeur du test statistique se trouve dans la zone d'acceptation, alors il décidera d'accepter l'hypothèse nulle. Cependant, la décision d'accepter l'hypothèse nulle signifie de fait que nous n'avons pas assez de preuves pour la rejeter; *nous n'avons nullement prouvé que l'hypothèse nulle était vraie*.

Appliquons maintenant ces étapes à un exemple spécifique. Supposons que nous désirons déterminer si la moyenne d'une population est plus grande que 25 ou si elle est plus petite ou égale à 25. L'hypothèse nulle et l'hypothèse alternative seront H_0: $\mu \leqslant 25$ et H_a: $\mu > 25$. Pour en arriver à prendre la décision d'accepter ou de rejeter l'hypothèse nulle, nous parcourons les étapes 2 à 6 décrites ci-dessus.

À l'étape 2 nous devons choisir un effectif échantillonnal et une probabilité de commettre une erreur de type I. Supposons que nous avons décidé qu'il nous faut un échantillon de 20 sujets et que nous tenons à ce que la probabilité de commettre une erreur de type I soit très petite (ce concept sera discuté de façon plus détaillée dans les leçons suivantes).

L'étape 3 nous demande de choisir un indice statistique approprié au contexte de notre problème. Nous décidons d'utiliser $\bar{y}$ en tant qu'indice statistique susceptible de nous apporter le plus d'informations sur la valeur de μ.

L'étape 4 nous demande d'établir une règle de décision. Dans le cas présent, la règle devrait définir une zone de rejet et une zone d'acceptation pour la moyenne échantillonnale $\bar{y}$. En d'autres termes, si la moyenne calculée à partir des données échantillonnales se situe dans la zone d'acceptation, nous acceptons l'hypothèse nulle. Si, par contre, celle-ci tombe dans la zone de rejet, nous rejetons l'hypothèse nulle. La règle de décision doit aussi spécifier l'intervalle de valeurs de chacune des zones. Si la valeur de $\bar{y}$ se trouve près de 25, tenant compte de l'effet du hasard (variabilité inter-échantillons), nous n'avons pas de preuves suffisantes pour conclure que la véritable moyenne μ est supérieure à 25. Ce n'est que si $\bar{y}$ est significativement plus grand (disons à

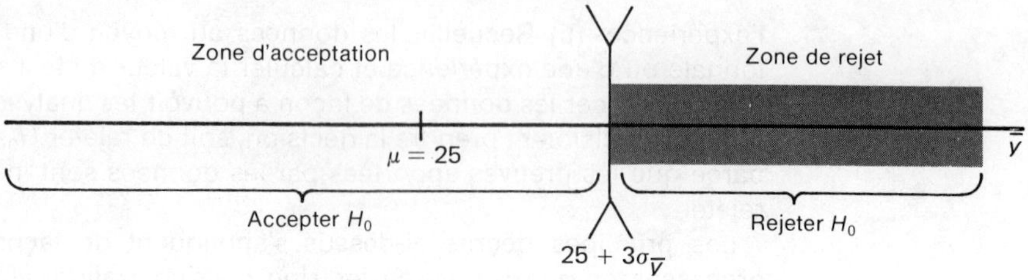

FIGURE 8.1 Axe des $\bar{y}$ partagé en zones d'acceptation et de rejet

plusieurs écarts types au-dessus de 25) que nous pourrons rejeter l'hypothèse nulle. Par conséquent, notre règle de décision devient:

Rejeter H_0 si $\bar{y} \geqslant 25 + 3\sigma_{\bar{y}}$
Accepter H_0 si $\bar{y} < 25 + 3\sigma_{\bar{y}}$

La valeur $25 + 3\sigma_{\bar{y}}$ constitue la valeur critique.

L'étape 5 correspond au choix de l'échantillon et au calcul de sa moyenne $\bar{y}$.

L'étape 6 est l'étape de la prise de décision. Si le résultat du test statistique se situe dans la zone de rejet (si sa valeur est plus grande ou égale à 25 *plus* trois écarts types de la moyenne), alors nous rejetons H_0. Si la valeur du test statistique se trouve dans la zone d'acceptation (si sa valeur est inférieure à 25 plus trois écarts types de la moyenne), nous acceptons H_0. Nous interprétons cette acceptation comme une absence de preuves suffisantes pour conclure que H_0 est fausse. La figure 8.1 illustre de façon graphique ces deux décisions (rappelez-vous que la décision d'accepter H_0 signifie que les preuves recueillies sont insuffisantes pour la rejeter).

Nous identifions l'expression « accepter H_0 » à l'expression « ne pas pouvoir rejeter H_0 ». Par exemple, imaginons que nous désirons vérifier si une pièce de monnaie est équilibrée ou non; nous pouvons émettre l'hypothèse nulle et l'hypothèse alternative suivantes:

H_0: $\pi = 1/2$

versus

H_a: $\pi \neq 1/2$

Ici, π représente la probabilité d'obtenir *face* à un lancer quelconque.

Supposons que nous lançons la pièce de monnaie 100 fois et qu'elle retombe (grâce à Newton) du côté *face* 48 fois. Nous n'avons pas de preuves convaincantes pour rejeter H_0. Cependant, nous n'avons pas démontré non plus que $\pi = 1/2$, car un résultat de 48 *face* sur 100 lancers est aussi fort probable lorsque $\pi = 0{,}49$ ou 0,48, et ainsi de suite. De façon concrète, nous pouvons seulement conclure que la probabilité de l'événement *face* n'est pas très différente de 1/2.

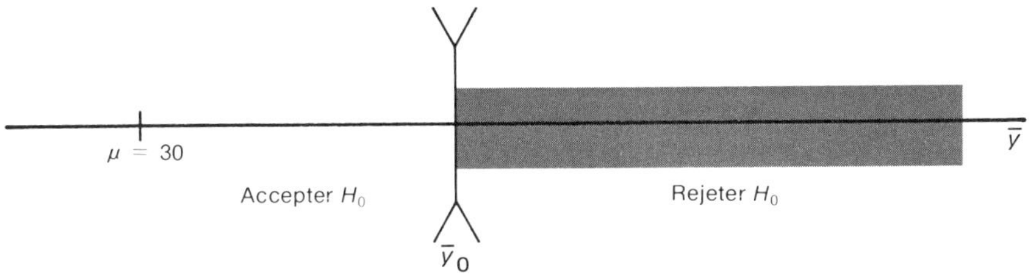

FIGURE 8.2 Zones d'acceptation et de rejet pour l'exemple 1

EXEMPLES

Pour chacun des problèmes ci-dessous, extraits des leçons 2 et 3, proposer un test statistique et une règle de décision appropriés, puis représenter graphiquement les zones d'acceptation et de rejet de l'hypothèse nulle.

1. Des biologistes de la faune aquatique soupçonnent que les truites du lac Noir sont trop petites pour être pêchées. Ils décident que la pêche ne sera permise que si la longueur moyenne de ces truites s'avère supérieure à 30 cm.

Solution. Dans ce problème, H_0 et H_a correspondent respectivement à $\mu \leqslant 30$ cm et $\mu > 30$ cm. Voici une règle de décision appropriée: (a) sélectionner un échantillon de 25 truites; (b) calculer leur longueur moyenne $\bar{y}$; (c) si $\bar{y} \geqslant \bar{y}_0$, rejeter H_0; sinon, accepter H_0. (Ici, $\bar{y}_0$ représente une valeur quelconque plus grande que 30 cm). La figure 8.2 illustre graphiquement cette situation.

2. Un métallurgiste soutient que la dureté moyenne de l'aluminium coulé est 13,7.

Solution. Ici, H_0 et H_a correspondent respectivement à $\mu = 13{,}7$ et $\mu \neq 13{,}7$. Voici une règle de décision appropriée; (a) choisir un échantillon de taille n; (b) calculer la moyenne $\bar{y}$ de l'échantillon; (c) rejeter H_0 si $\bar{y} \geqslant \bar{y}_2$ ou si $y \leqslant \bar{y}_1$; sinon, accepter H_0. (Dans ce cas, $\bar{y}_2$ est un nombre supérieur à 13,7 et $\bar{y}_1$ est un nombre inférieur à 13,7). Cette situation est illustrée à la figure 8.3.

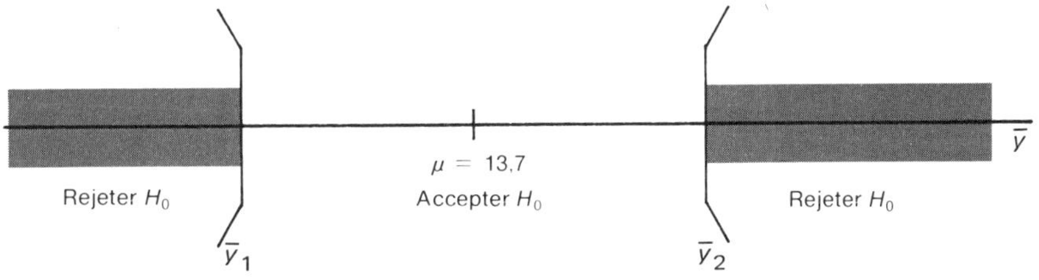

FIGURE 8.3 Zones d'acceptation et de rejet pour l'exemple 2

EXERCICES

Compte tenu des énoncés de problèmes ci-dessous, extraits de la leçon 2, construire une règle de décision appropriée. Ne pas spécifier avec exactitude la taille *n* de l'échantillon. Représenter graphiquement les zones d'acceptation et de rejet.

1. Monsieur et madame Leblanc formulent l'hypothèse que la masse moyenne des aubergines qui poussent dans leur jardin est supérieure à la moyenne de 1 kg annoncée sur le paquet de graines. Donc, H_0: $\mu \leqslant 1$ kg et H_a: $\mu > 1$ kg.

2. Le centre de recherches Poussedru a mis au point une nouvelle variété de fèves qui s'est attirée de nombreux éloges parce qu'elle augmente la récolte moyenne à l'acre. Étant donné que cette nouvelle fève coûte un peu plus cher, le centre Poussedru ne la mettra sur le marché que si sa supériorité est clairement démontrée. Donc, H_0: $\mu_{\text{nouv}} \leqslant \mu_{\text{anc}}$ et H_a: $\mu_{\text{nouv}} > \mu_{\text{anc}}$.

3. À l'occasion d'une conférence devant des publicitaires, le président d'un réseau de télévision soutient que plus de 75% des spectateurs regarderont un certain samedi soir une émission de son réseau. Donc, H_0: $\pi \leqslant 0{,}75$ et H_a: $\pi > 0{,}75$.

4. Une fabrique de tuyaux métalliques vérifie le pourcentage de silice dans le fer. Le taux optimal se chiffre à 0,75 grammes de silice par 100 grammes de fer. Le spécialiste en contrôle de qualité désire vérifier l'hypothèse que le fer contient ce taux optimal. Donc, H_0: $\mu = 0{,}75$ g et H_a: $\mu \neq 0{,}75$ g.

5. Supposons que vous êtes agronome à l'emploi du ministère de l'Agriculture. Vous désirez vérifier le rendement moyen de deux variétés hybrides de blé. En formulant H_0 et H_a de façon à vérifier l'hypothèse que le rendement moyen de la variété AZA 006 est supérieur à celui de la variété AXA 012, vous obtenez H_0: $\mu_z \leqslant \mu_x$ et H_a: $\mu_z > \mu_x$.

6. Des biologistes ont pour tâche de mesurer la longueur des saumons. En formulant l'hypothèse que la longueur moyenne des mâles et des femelles ne diffère pas, on obtient H_0: $\mu_m = \mu_f$ et H_a: $\mu_m \neq \mu_f$.

LEÇON 5 UN TEST UNICAUDAL OU BICAUDAL?

Tâche: connaissant la description d'une expérience et l'hypothèse à vérifier, pouvoir déterminer si le test à effectuer doit être unicaudal ou bicaudal.

DÉFINITION *Tests unicaudaux et bicaudaux:* lorsque la zone de rejet se situe à une extrémité seulement de l'étendue des valeurs sur lesquelles porte le test statistique, il s'agit d'un test *unicaudal*; le test est dit *bicaudal* lorsque la zone de rejet se trouve localisée aux deux extrémités de l'étendue des valeurs.

DISCUSSION Un chercheur peut formuler une hypothèse *directionnelle* ou *non directionnelle*. Ceci signifie qu'il peut prédire un changement dans une direction particulière (par exemple, la récolte sera *plus forte*, le risque de devenir enrhumé va *diminuer*, la moyenne est *plus élevée* que..., la proportion *ne dépassera pas*, etc.). Un chercheur peut également prédire un changement, mais sans spécifier sa direction. Ainsi, il prédira que le stimulus produira une réponse différente de la réponse habituelle, vers le haut ou vers le bas; ou encore, il pourra soutenir que la moyenne de la population 1 différera de celle de la population 2 sans spécifier cependant la direction de cet écart. Les hypothèses directionnelles entraînent des tests *unicaudaux*, en ce sens que la zone de rejet se concentre à une seule extrémité de la distribution, tandis que les hypothèses non directionnelles débouchent sur des tests *bicaudaux*, puisqu'on retrouve une zone de rejet à chaque extrémité de la distribution. La figure 8.4 illustre ces deux possibilités.

La courbe A de la figure 8.4 illustre une zone de rejet située à une seule extrémité de l'étendue des valeurs sur lesquelles porte le test statistique: il

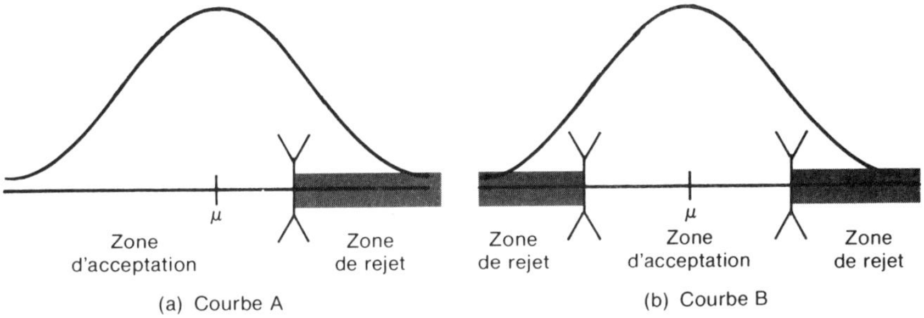

FIGURE 8.4 (a) test unicaudal; (b) test bicaudal

s'agit donc d'un test unicaudal. La courbe B pour sa part fait voir deux zones de rejet situées à chacune des deux extrémités de la distribution: il s'agit donc d'un test bicaudal.

Le critère différenciateur d'un test unicaudal ou bicaudal se trouve dans la formulation de H_a. Si l'hypothèse est directionnelle, H_a contiendra des symboles d'inégalité ($<$ $>$). Par ailleurs, si H_a est formulée comme une non-égalité ($\neq$), alors l'hypothèse est non directionnelle et un test bicaudal s'ensuit.

EXEMPLES

Dans le cas de chacune des règles de décision ci-dessous, préciser s'il s'agit d'un test unicaudal ou bicaudal.

1. Lorsque nous vérifions les hypothèses H_0: $\mu = 13{,}7$ et H_a: $\mu \neq 13{,}7$, la règle de décision se traduit par les zones d'acceptation et de rejet illustrées à la figure 8.5; ces zones s'inspirent de l'hypothèse alternative H_a.

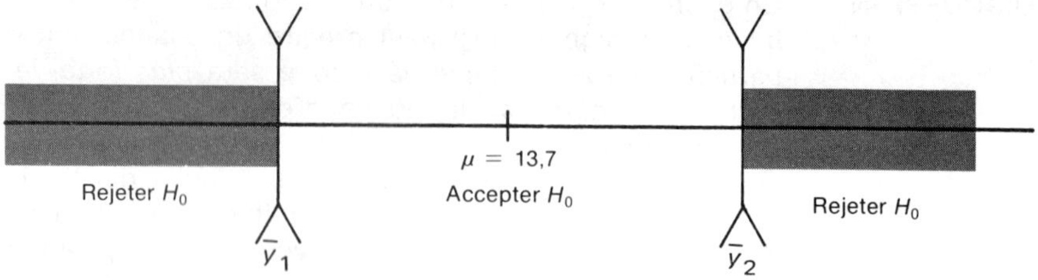

FIGURE 8.5 Test bicaudal

Solution. Il s'agit ici d'un test bicaudal.

2. Supposons que nous désirons vérifier une hypothèse à propos du pourcentage des députés qui appuient un projet de loi donné. Supposons que H_0: $\pi \leqslant 0{,}60$ et H_a: $\pi > 0{,}60$. Les zones d'acceptation et de rejet sont illustrées à la figure 8.6.

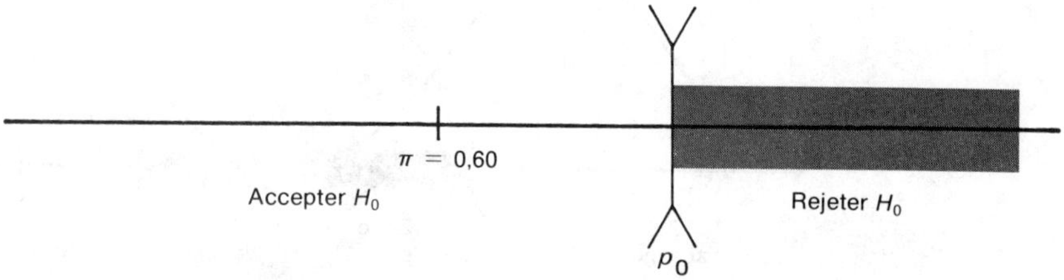

FIGURE 8.6 Test unicaudal

Solution. Il s'agit d'un test unicaudal.

EXERCICES

Dans le cas de chacune des règles de décision ci-dessous, préciser s'il s'agit d'un test unicaudal ou bicaudal.

1. Voici une règle de décision appropriée pour vérifier le couple d'hypothèses H_0: $\mu = 100$ et H_a: $\mu \neq 100$: (a) choisir un échantillon de taille n; (b) calculer la moyenne échantillonnale $\overline{y}$; (c) rejeter H_0 si $\overline{y} \geqslant \overline{y}_2$ ou si $\overline{y} \leqslant \overline{y}_1$, où $\overline{y}_2$ est un nombre supérieur à 100 et $\overline{y}_1$ est un nombre inférieur à 100.

2. Des médecins désirent vérifier une hypothèse quant à la proportion des victimes potentielles d'une crise cardiaque au sein d'une localité. Ils formulent le couple d'hypothèses suivant: H_0: $\pi \leqslant 0{,}20$ et H_a: $\pi > 0{,}20$. Les zones d'acceptation et de rejet sont illustrées à la figure 8.7.

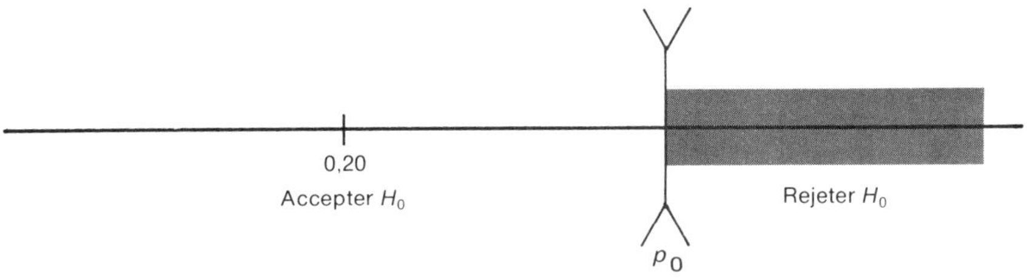

FIGURE 8.7 Exercice 2

3. Lors d'une étude sur les résultats scolaires d'étudiants très motivés, nous formulons les hypothèses H_0: $\mu \geqslant 3{,}0$ et H_a: $\mu < 3{,}0$. Les zones d'acceptation et de rejet sont illustrées à la figure 8.8.

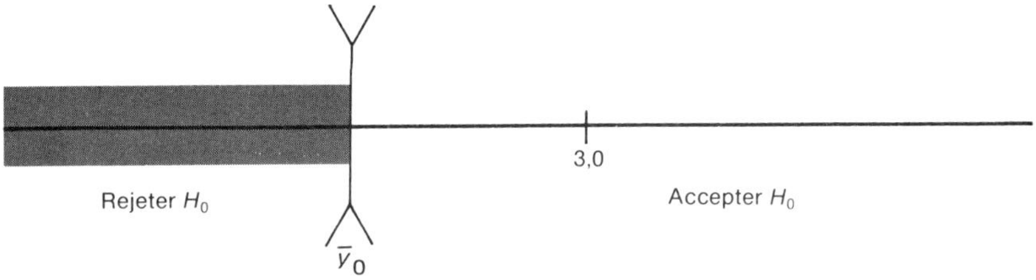

FIGURE 8.8 Exercice 3

LEÇON 6 LA PROBABILITÉ DES ERREURS DE TYPES I et II: α et β

Tâche: pouvoir calculer la valeur de α et de β à partir de la règle de décision adoptée et des valeurs particulières des paramètres.

DÉFINITIONS

Probabilité de commettre des erreurs de types I et II: la probabilité de commettre une erreur de type I est symbolisée par α, tandis que la probabilité d'une erreur de type II est symbolisée par β (minuscule de la lettre grecque bêta). En d'autres mots,

$\alpha = P$(erreur de type I) $= P$ (rejet de H_0 lorsque H_0 est vraie)
$\beta = P$(erreur de type II) $= P$ (acceptation de H_0 lorsque H_0 est fausse)

Seuil de signification: valeur α adoptée pour un test d'hypothèse.

DISCUSSION

Nous avons défini ailleurs les erreurs de types I et II, en notant qu'elles pouvaient fort bien ne pas avoir le même degré de gravité dans une situation donnée. Nous avons également signalé, lors de la description de l'étape 2 de notre procédure en 6 étapes pour la vérification d'hypothèses, que l'usage veut qu'on adopte une valeur appropriée pour α, c'est-à-dire la probabilité d'une erreur de type I. On nomme *seuil de signification* du test cette valeur choisie pour α. Il nous apparaît donc important de consacrer quelques lignes, non seulement à l'examen des divers types d'erreurs susceptibles de se produire, mais surtout à l'étude d'une question plus cruciale: quelle est la probabilité relative de faire une erreur de type I ou de type II?

L'ERREUR DE TYPE I

La probabilité d'effectuer une erreur de type I est symbolisée par la lettre grecque α:

$\alpha = P$(erreur de type I) $= P$ (rejet de H_0 lorsque H_0 est vraie)

Il est bien évident qu'en pratique on rejette H_0 chaque fois que le résultat du test statistique se situe dans la zone de rejet. Par conséquent,

$\alpha = P$(le résultat du test statistique se situe dans la zone de rejet alors que H_0 est vraie)

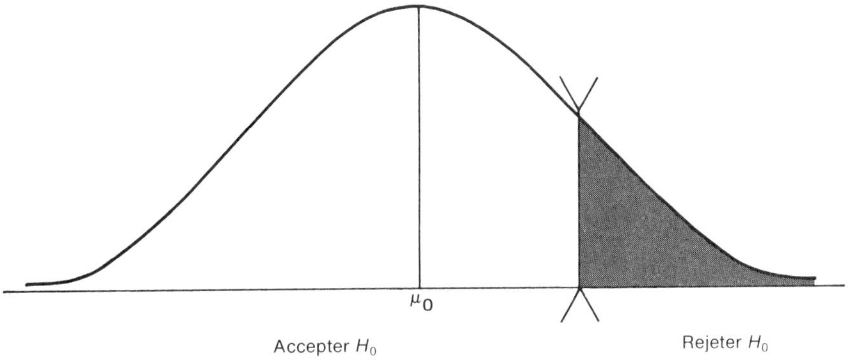

FIGURE 8.9 Probabilité d'une erreur de type I pour un test unicaudal. La portion ombrée représente α.

Les figures 8.9 et 8.10 illustrent respectivement cette probabilité pour des tests unicaudaux et bicaudaux basés sur la distribution normale.

Dans la figure 8.9, la courbe est dessinée en assumant que H_0 est vraie; nous écrirons donc pour le moment H_0: $\mu = \mu_0$ versus H_a: $\mu > \mu_0$. Puisqu'il s'agit d'une distribution normale, il est possible d'identifier dans la table de la distribution normale la surface ombrée. Cette surface ombrée représente α, la probabilité d'une erreur de type I.

Si, pour un test unicaudal, nous rédigeons H_0 comme suit H_0: $\mu \leqslant \mu_0$, il s'ensuit que la valeur de α illustrée dans la figure 8.9 représente une valeur *maximum* de α lorsqu'on effectue le test de H_0: $\mu \leqslant \mu_0$ versus H_a: $\mu > \mu_0$. Ceci tient au fait que pour chaque valeur de μ inférieure à μ_0, H_0 est vraie. Nous obtiendrions donc une valeur α différente pour chacune de ces valeurs particulières de μ. Toutefois, la valeur de α n'excéderait jamais celle que l'on obtient en vérifiant H_0: $\mu = \mu_0$ versus H_a: $\mu > \mu_0$.

La courbe de la figure 8.10 a été tracée en postulant également que H_0 est vraie; donc en vérifiant H_0: $\mu = \mu_0$ versus H_a: $\mu \neq \mu_0$. Puisqu'il s'agit encore là

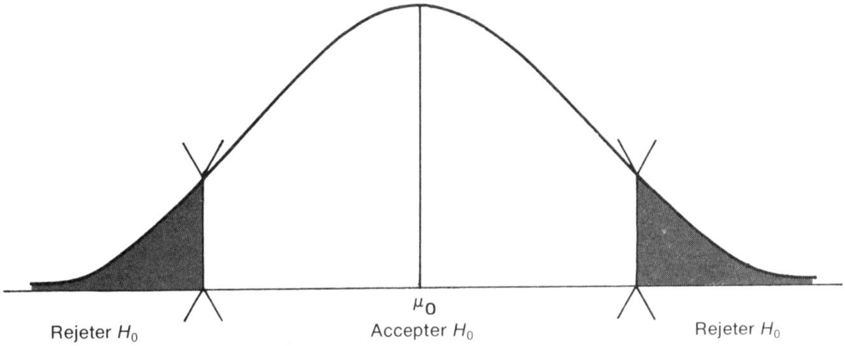

FIGURE 8.10 Probabilité d'une erreur de type I pour un test unicaudal. Les parties ombrées représentent α.

d'une distribution normale, on peut identifier dans la table de la distribution normale les surfaces ombrées qui représententla probabilité d'une erreur de type I.

L'ERREUR DE TYPE II

La probabilité d'une erreur de type II est représentée par la lettre grecque minuscule β (bêta).

$\beta = P$(erreur de type II) $= P$ (acceptation de H_0 lorsque H_0 est fausse)

Dans la pratique, on accepte H_0 chaque fois que le résultat du test statistique se situe à l'intérieur de la zone d'acceptation. Par conséquent,

$\beta = P$(le résultat du test statistique se situe à l'intérieur de la zone d'acceptation alors que H_0 est fausse)

Cependant, si H_0 est fausse, ceci implique que H_a est vraie. Et si nous examinons l'hypothèse H_0: $\mu = \mu_0$ versus H_a: $\mu > \mu_0$, nous reconnaissons que nous obtiendrions une valeur β différente pour chaque valeur de μ située dans la zone $\mu > \mu_0$. La figure 8.11 illustre la courbe d'une distribution normale telle que, si $\mu = \mu_1$, alors $\mu_1 > \mu_0$. Les lignes pointillées tracent la courbe normale obtenue si $\mu = \mu_0$, c'est-à-dire si H_0 est vraie. La partie ombrée représente la valeur de β lorsque $\mu = \mu_1$.

Dans le cas d'un test bicaudal, le concept demeure le même, bien qu'il faille modifier quelque peu la représentation graphique du phénomène. La figure 8.12 illustre une situation où nous désirons vérifier l'hypothèse H_0: $\mu = \mu_0$ versus H_a: $\mu \neq \mu_0$. Les lignes pointillées indiquent la position de la distribution normale lorsqu'on assume que $\mu = \mu_0$, c'est-à-dire que H_0 est vraie. La ligne pleine situe la position de la courbe normale lorsque $\mu = \mu_1$, où $\mu_1 \neq \mu_0$ et $\mu_1 > \mu_0$, c'est-à-dire lorsque H_0 est fausse.

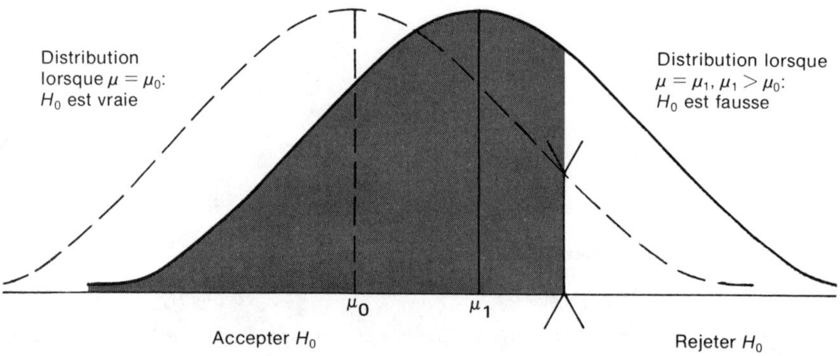

FIGURE 8.11 Probabilité d'une erreur de type II lorsque $\mu = \mu_1 > \mu_0$. Test unicaudal.

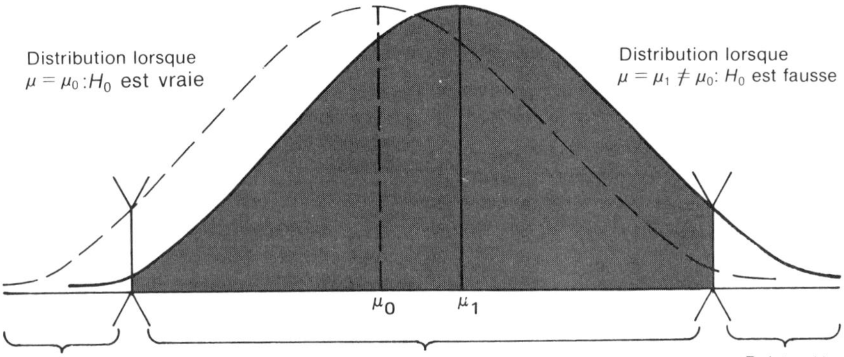

FIGURE 8.12 Probabilité d'une erreur de type II pour un test bicaudal

Puisque nous avons postulé la normalité de la distribution, nous pouvons donc, connaissant la valeur de σ, obtenir la valeur de β pour n'importe quelle valeur spécifique de μ_1. Il est difficile de préciser la probabilité d'une erreur de type II, sinon de façon approximative, puisque la valeur de σ n'est habituellement pas connue, alors que l'identification de cette probabilité β exige que σ soit connu. Toutefois, le problème ci-dessus ne se présente pas dans le cas de distributions binômiales; c'est ce que nous allons d'ailleurs illustrer dans l'exemple qui suit.

DISCUSSION SIMPLIFIÉE

L'ERREUR DE TYPE I

Nous allons tenter d'illustrer à l'aide d'un cas simple comment déterminer la valeur de α, c'est-à-dire la probabilité de faire une erreur de type I.

Supposons que nous désirons vérifier par un test d'hypothèse si une pièce de monnaie tend ou non à favoriser le côté *face*. Nous allons donc vérifier l'hypothèse suivante H_0: $\pi = 1/2$ versus H_a: $\pi > 1/2$. Supposons également que nous adoptons la règle de décision suivante: a) lancer en l'air cinq fois la pièce de monnaie litigieuse; b) observer le nombre de *face* qui apparaissent; c) si 5 *face* apparaissent, rejeter H_0, mais accepter H_0 s'il n'y a que 4 *face* ou moins. Par définition, nous savons que

$$\alpha = P \text{ (rejet de } H_0 \text{ lorsque } H_0 \text{ est vraie)}$$

Par conséquent, dans l'exemple ci-haut,

$$\alpha = P \text{ (d'obtenir 5 } \textit{face} \text{ lorsque } \pi = 1/2)$$

Tenant compte que $n = 5$ et $\pi = 0{,}5$, on peut aisément retracer la probabilité ci-dessus dans la table binômiale. Dans ce cas $\alpha = 0{,}031$.

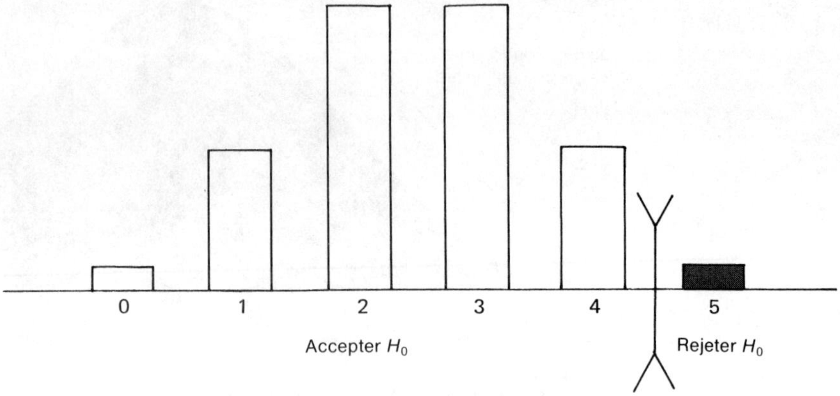

FIGURE 8.13 Probabilité d'une erreur de type I pour un test unicaudal portant sur l'équilibre d'une pièce de monnaie: π = 0,50.

La figure 8.13 représente de façon graphique le calcul ci-haut. La barre ombrée du diagramme tombe dans la zonede rejet, tandis que les barres non ombrées se situent dans la zone d'acceptation. *N'oubliez pas ce qui suit*. Si H_0 correspond à $\mu < 1/2$ plutôt qu'à $\mu = 1/2$, dans ce cas la valeur 0,031 de α représente la limite supérieure de la probabilité d'une erreur de type I. Par exemple, en calculant α lorsque $\pi = 0{,}40$, on obtient une valeur α inférieure à 0,031.

La figure 8.13 indique clairement qu'à l'intérieur d'un ensemble infini de séries de 5 lancers, une pièce de monnaie honnête ne donnera 5 *face* que dans 3,1% des cas. En s'appuyant sur la règle de décision mentionnée plus haut, on saura qu'il n'y a que 3,1 chances sur 100 de conclure *à tort* que la pièce de monnaie favorise le côté *face*.

L'ERREUR DE TYPE II

À l'aide d'un autre exemple simple, nous allons maintenant montrer comment préciser la valeur de β, soit la probabilité de faire une erreur de type II.

Supposons que la pièce de monnaie utilisée dans l'exemple précédent soit de fait biaisée et retombe du côté *face* dans 70% des lancers; donc, $\pi = 0{,}70$. Par conséquent, si par définition,

$$\beta = P(\text{acceptation de } H_0 \text{ lorsque } H_0 \text{ est fausse})$$

nous pouvons affirmer à propos de l'exemple ci-dessus:

$$\beta = P(\text{que le nombre de } \textit{face} \text{ soit 4 ou moins lorsque } \pi = 0{,}70)$$

$$\beta = P(\text{zéro } \textit{face}) + P\ (1\ \textit{face}) + \ldots + P\ (4 \text{ face})$$

En consultant la table binômiale pour $n = 5$ et $\pi = 0{,}70$, on constate que:

$$\beta = 0{,}002 + 0{,}028 + 0{,}132 + 0{,}309 + 0{,}360 = 0{,}831$$

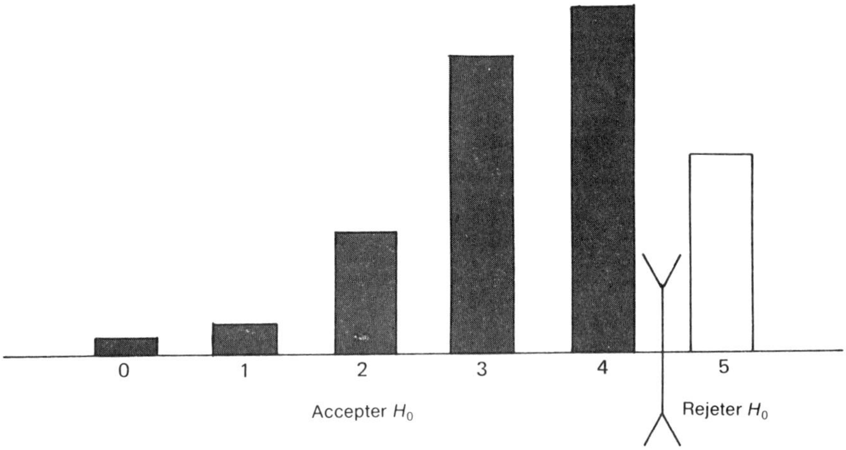

FIGURE 8.14 Probabilité d'une erreur de type II pour un test unicaudal portant sur l'équilibre d'une pièce de monnaie: $\pi = 0{,}70$.

Par conséquent, si une pièce de monnaie favorise injustement le côté *face* dans une proportion $\pi = 0{,}70$, alors on aura une probabilité de 0,831 de conclure à tort que la pièce est honnête. Le raisonnement ci-dessus est illustré dans la figure 8.14.

Pour chaque valeur particulière de π supérieure à 1/2, il est possible d'identifier une valeur β unique en consultant la table binômiale. De cette façon, nous pourrions obtenir une série de valeurs β qui se distribueraient selon une courbe continue. Par exemple, il est aisé de vérifier rapidement à l'aide de la table binômiale que si $\pi = 0{,}80$, alors $\beta = 0{,}672$, tandis que si $\pi = 0{,}90$, alors $\beta = 0{,}409$, et ainsi de suite.

Note: les exemples que nous avons présentés ci-haut avaient pour cadre la distribution binômiale. Toutefois, les concepts et procédures étudiés dans cette discussion simplifiée s'appliquent tout aussi bien à des problèmes qui s'appuient sur le modèle de la distribution normale. Dans de tels cas, α et β représenteront des probabilités associées à des surfaces sous la courbe normale, lesquelles peuvent être extraites de la table de la distribution normale. On trouvera de tels exemples dans la section qui suit. Gardez en mémoire que dans toutes les situations concrètes de vérification d'hypothèses, plusieurs facteurs extrinsèques, dont la question des coûts, influencent la fixation de la taille de l'échantillon. Puis, on spécifie la valeur de α en espérant que la valeur de β ne soit pas trop élevée. Le problème consiste à construire la règle de décision correspondante. Il ne vous sera pas demandé de construire cette règle de décision pour répondre aux problèmes qui complètent cette leçon: elle vous sera donnée. La tâche consiste donc essentiellement à déterminer les valeurs de α et de β. Cependant, étant donné que la grandeur de α dépend de la règle de décision adoptée, de même que des zones d'acceptation et de rejet, il faut reconnaître que si nous établissons d'abord la valeur de α, nous pourrons ensuite préciser la règle de décision correspondante. C'est justement cette séquence que nous respecterons dans les leçons qui suivent, où sont décrits divers tests d'hypothèses spécifiques.

EXEMPLES

Tel que demandé dans les problèmes ci-dessous, préciser les valeurs respectives de α et β en fonction des conditions définies.

1. L'ingénieure responsable du contrôle de la qualité dans une petite compagnie de matériel électronique tente de mettre au point une règle de décision appropriée qui l'aidera à contrôler adéquatement l'efficacité d'une technique de fabrication de pièces d'électronique. Cette technique engendre habituellement 10% de pièces défectueuses. Le pourcentage acceptable maximum est 20%. Au cours de l'élaboration de son système, elle constate que le couple d'hypothèses devant servir à la vérification est H_0: $\pi \leqslant 0{,}10$ et H_a: $\pi > 0{,}10$. Voici la règle de décision prévue (a) sélectionner un échantillon de 10 pièces; (b) noter le nombre de pièces défectueuses au sein de cet échantillon; (c) si ce nombre est égal ou supérieur à 3, rejeter H_0; sinon, accepter H_0. Quelle est la valeur de α? Quelle est la valeur de β lorsque $\pi = 0{,}20$? S'agit-il là d'une bonne règle de décision?

Solution. Pour répondre clairement à toutes ces questions, il faut calculer la probabilité que cette ingénieure commette une erreur de type I, de même que la probabilité qu'elle commette une erreur de type II. Nous allons d'abord calculer l'erreur de type I. Reformulons d'abord H_0 comme suit: H_0: $\pi = 0{,}10$.

$\alpha = P$(rejeter H_0 lorsque H_0 est vraie)

Dans ce cas précis:

$\alpha = P$(stopper le processus de fabrication pour y apporter des correctifs lorsque $\pi = 0{,}10$ est vrai)

L'erreur de type II prend la forme suivante:

$\beta = P$(accepter H_0 lorsque H_0 est fausse)

Dans ce cas précis:

$\beta = P$(poursuivre le processus de fabrication alors que $\pi = \pi_0$, $\pi_0 > 0{,}10$)

À l'aide des tables de la distribution binômiale, où les valeurs sont identifiées par les paramètres $n = 10$ et $\pi = 0{,}10$, nous pouvons calculer comme suit la valeur de α:

$\alpha = P$(rejeter H_0 lorsque H_0 est vraie)
$\quad = P$(le nombre de pièces défectueuses est égal ou supérieur à 3 lorsque $\pi = 0{,}10$)

$= P$(3 défectueuses) + P(4 défectueuses) + ... + P(10 défectueuses)
$= 0{,}057 + 0{,}011 + 0{,}001 + 0{,}000 + \ldots + 0{,}000 = 0{,}069$

Par conséquent, cette ingénieure peut s'attendre à stopper inutilement le processus dans environ 7% des cas.

Supposons maintenant que le processus de fabrication utilisé par cette compagnie d'électronique produit 20% de pièces défectueuses. Quelle est la probabilité, toujours sur la base d'un échantillonnage de 10 pièces, que cette responsable du contrôle de la qualité s'abstienne à tort de stopper la fabrication à cause d'une estimation erronée de la proportion des pièces défectueuses produites? En d'autres termes, quelle est la probabilité d'une erreur de type II? Voici comment calculer cette probabilité.

$\beta = P$(accepter H_0 lorsque $\pi = 0{,}20$)
$= P$(0, 1 ou 2 pièces défectueuses sont produites lorsque $\pi = 0{,}20$; $n = 10$)
$= 0{,}107 + 0{,}268 + 0{,}302 = 0{,}677$

Dans ces conditions, l'ingénieure peut s'attendre à laisser la production se poursuivre sans correctifs dans environ 68% des cas. Puisque β est très élevé, cette règle de décision n'est pas très bonne; il serait nécessaire d'en construire une meilleure.

2. Révisez le premier *exemple* et tentez d'améliorer la règle de décision proposée en augmentant la valeur de α, ce qui se traduira par une diminution correspondante de la valeur β.

Solution. Si cette ingénieure est prête à rejeter H_0 plus souvent, elle peut le faire en augmentant la probabilité d'une erreur de type I. Supposons qu'elle modifie comme suit la règle de décision: (a) extraire un échantillon de 10 pièces; (b) noter le nombre de pièces défectueuses au sein de l'échantillon; (c) rejeter H_0 si le nombre de pièces défectueuses dans l'échantillon est égal ou supérieur à 2; sinon, accepter H_0. (Rappelez-vous que la règle de décision de l'*exemple* 1 prévoyait le rejet de H_0 seulement si 3 pièces défectueuses ou plus étaient découvertes).

Il nous faut maintenant calculer de nouveau α et β, toujours avec l'aide des tables de la distribution binômiale.

$\alpha = P$(le nombre de pièces défectueuses est égal ou supérieur à 2 lorsque $\pi = 0{,}10$; $n = 10$)
$= 0{,}194 + 0{,}057 + 0{,}011 + 0{,}001 = 0{,}263$

Grâce à cette nouvelle règle, l'ingénieure stoppera inutilement le processus de fabrication dans environ 26% des cas. Voici comment calculer la probabilité de β.

$\beta = P$(0 ou 1 pièce défectueuse est produite lorsque $\pi = 0{,}20$; $n = 10$)
$= 0{,}107 + 0{,}268 = 0{,}375$

On a pu réduire sensiblement la probabilité d'une erreur de type II, au dépens cependant d'une augmentation de α. Toutefois, notre ingénieure ne ressentira pas encore beaucoup de sécurité vis-à-vis de la justesse de ses décisions, puisque les probabilités d'erreurs demeurent très grandes.

3. Tentons d'améliorer encore la règle de décision présentée dans l'*exemple* 2, en portant cette fois-ci la taille échantillonnale à 100 pièces.

Solution. Sous ces nouvelles conditions, la règle de décision devient: (a) tirer un échantillon de 100 pièces; (b) noter le nombre de pièces défectueuses; (c) rejeter H_0 si ce nombre est égal ou supérieur à 14; sinon, accepter H_0. Le chiffre 14 peut paraître à première vue arbitraire; mais tel n'est pas le cas. Puisque la taille échantillonnale est suffisante, il est possible d'utiliser l'approximation normale de la distribution binômiale pour calculer α et β. Dans le cas présent:

$$\mu = n\pi = 100\ (0{,}10) \qquad \text{ou } 10$$

et

$$\sigma = \sqrt{n\pi\ (1 - \pi)} = \sqrt{100\ (0{,}10)\ (0{,}90)} \qquad \text{ou } 3$$

Par conséquent,

$$\begin{aligned}\alpha &= P(\text{rejeter } H_0 \text{ lorsque } H_0 \text{ est vraie})\\ &= P(\text{le nombre de pièces défectueuses est égal ou supérieur à 14 lorsque } \pi = 0{,}10;\ n = 100)\\ &= P\left(\frac{x - \mu}{s} \geq \frac{13{,}5 - 10}{3}\right) = P(Z \geq 1{,}17) = 0{,}1210\end{aligned}$$

Il existe donc maintenant une probabilité d'environ 12% que l'ingénieure stoppe inutilement le processus de fabrication. Maintenant, si $\pi = 0{,}20$, alors $\mu = 100\ (0{,}20)$ ou 20; et $\sigma = \sqrt{100\ (0{,}20)\ (0{,}80)}$ ou 4. Par conséquent, nous pouvons calculer β comme suit.

$$\begin{aligned}\beta &= P(\text{accepter } H_0 \text{ lorsque } H_0 \text{ est fausse})\\ &= P(\text{le nombre de pièces défectueuses est égal ou inférieur à 13 lorsque } \pi = 0{,}20;\ n = 100)\\ &= P\left(\frac{x - \mu}{\sigma} \leq \frac{13{,}5 - 20}{4}\right) = P(Z \leq -1{,}625) = 0{,}0521\end{aligned}$$

(*Note:* nous avons introduit dans cet exemple le facteur de correction qui consiste à ajouter ou soustraire ½.) En conséquence, il existe dans ces conditions une probabilité d'environ 5% que l'ingénieure laisse le processus de fabrication se poursuivre alors qu'il ne faudrait pas. Maintenant, la règle de décision peut être considérée fort acceptable: l'erreur de type II est très faible, cependant que la valeur $a = 0{,}1210$ n'apparaît pas déraisonnable.

4. Une machine sert à remplir les boîtes de céréales Flocons Magiques. La population des boîtes remplies par cette machine devrait avoir une masse moyenne de 700 grammes. Un analyste en contrôle de la qualité sait par expérience que l'écart type de la masse de ces boîtes est 15 grammes. Notre

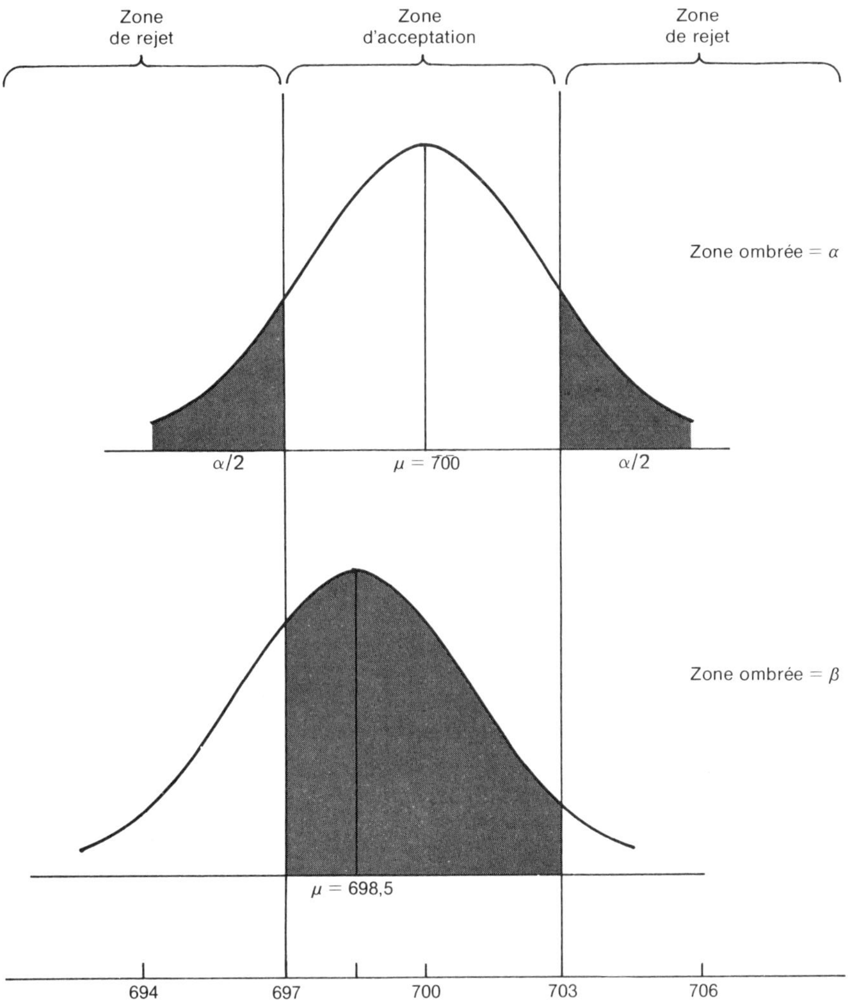

FIGURE 8.15 Probabilité des erreurs de types I et II

analyste désire vérifier le couple d'hypothèses: H_0: μ = 700 g et H_a: $\mu \neq$ 700 g. Calculer la valeur de α. Calculer β lorsque μ = 698,5 g.

Solution. Supposons la règle de décision suivante: (a) extraire un échantillon au hasard de 100 boîtes; (b) calculer la moyenne $\bar{y}$ de l'échantillon; (c) rejeter H_0 si $\bar{y} \geqslant 703$ g ou si $\bar{y} \leqslant 697$ g; sinon, accepter H_0. On calcule β en postulant que μ = 698,5 grammes. Les surfaces ombrées de la figure 8.15 identifient les zones d'acceptation et de rejet appropriées.

Dans le cas de cet exemple, $n = 100$, $\sigma = 15$ et $\sigma_{\bar{y}} = 15/\sqrt{100}$ ou 1,5. Voici comment calculer les valeurs α et β.

$$\begin{aligned}\alpha &= P(\bar{y} \geqslant 703 \text{ ou } \bar{y} \leqslant 697)\\ &= P\left(\frac{\bar{y}-700}{2,5} \geqslant \frac{703-700}{1,5}\right) + P\left(\frac{\bar{y}-700}{1,5} \leqslant \frac{697-700}{1,5}\right)\\ &= P(Z \geqslant 2,00) + P(Z \leqslant -2,00) = 0,0228 + 0,0228 = 0,0456\end{aligned}$$

et

$$\begin{aligned}\beta &= P(697 \leqslant \bar{y} \leqslant 703, \text{ lorsque } \mu = 698,5 \text{ g}; n = 100; \sigma_{\bar{y}} = 1,5)\\ &= P\left(\frac{697-698,5}{1,5} \leqslant \frac{\bar{y}-\mu}{\sigma_{\bar{y}}} \leqslant \frac{703-698,5}{1,5}\right)\\ &= P(-1,0 \leqslant Z \leqslant 3,0) = 0,3413 + 0,4987 = 0,8400\end{aligned}$$

EXERCICES

Identifier pour chacun des problèmes ci-dessous les erreurs de types I et II; puis, lorsque demandé, calculer α et β.

1. Chaque année, le ministère de la Chasse et de la Pêche échantillonne la population des poissons d'un petit lac afin de vérifier la proportion de poissons nuisibles, parce qu'ils entravent le sport de la pêche. Une proportion trop élevée justifierait la destruction de tous les poissons du lac, suivie d'un réensemencement avec des poissons d'intérêt sportif. Dans le passé, la règle générale consistait à détruire la population entière lorsque plus de 60% des poissons étaient nuisibles. Voici donc l'hypothèse à vérifier: H_0: $\pi \leqslant 0,60$ et H_a: $\pi > 0,60$. La règle de décision adoptée est la suivante: (a) extraire un échantillon de 300 poissons; (b) noter le nombre de poissons nuisibles au sein de l'échantillon; (c) rejeter H_0 si ce nombre est égal ou supérieur à 190. Vous devez préciser laquelle des deux erreurs est la plus grave. Calculer α. Calculer β en postulant qu'il y a de fait 70% de poissons nuisibles. En vous appuyant sur la grandeur de α, juger s'il s'agit d'une bonne règle de décision. [Indice: utiliser l'approximation normale de la distribution binômiale.]

2. Une professeure de statistique administre à ses élèves un test composé de dix questions à choix multiples. Chaque question comporte cinq choix. Pour réussir l'examen, l'étudiant doit répondre correctement à 6 des 10 questions. Quelle est la probabilité qu'un étudiant qui répond aux 10 questions strictement au hasard réussisse l'examen? S'agit-il de la probabilité α ou β? [*Indice:* identifier les hypothèses H_0 et H_a qui s'appliquent à ce problème. Utiliser la table des probabilités binômiales.]

3. Les ingénieurs s'entendent sur le fait que la dureté de l'aluminium coulé se distribue normalement avec un écart type de 0,5. Vous désirez vérifier le couple d'hypothèses H_0: $\mu = 13,7$ et H_a: $\mu \neq 13,7$. Voici votre règle de décision: (a) choisir un échantillon de 30 pièces d'aluminium; (b) calculer la moyenne échantillonnale $\bar{y}$; (c) rejeter H_0 si cette moyenne est inférieure à 13,60 ou supérieure à 13,80. Calculer α; puis calculer β en postulant que le véritable

indice moyen de dureté est 13,85. Selon la valeur de β, juger s'il s'agit là d'une règle de décision acceptable.

4. Des éducateurs désirent vérifier si, par comparaison à la méthode traditionnelle, une nouvelle méthode d'enseignement programmé permet d'améliorer le niveau moyen d'habileté en lecture d'élèves de deuxième année (tel que mesuré par un test administré à l'échelle nationale). Ces éducateurs savent que les élèves soumis à la méthode traditionnelle ont une moyenne nationale de 78; l'écart type pour les deux méthodes est 7 (c'est-à-dire $\sigma = 7$). Voici le couple d'hypothèses à vérifier: H_0: $\mu \leqslant 78$ et H_a: $\mu > 78$. La règle de décision s'énonce comme suit: (a) choisir un échantillon de 200 élèves de deuxième année; (b) calculer la moyenne échantillonnale; (c) rejeter H_0 si $\bar{y} \geqslant 79$; sinon, accepter H_0. Vous devez calculer d'abord α, puis calculer β en postulant que $\mu = 78{,}5$. La règle de décision est-elle acceptable? Comment peut-on l'améliorer?

5. Vérifier l'hypothèse suivante à propos de la moyenne d'une population normalement distribuée, en postulant que $\sigma = 1{,}00$: H_0: $\mu \geqslant 10$ et H_a: $\mu < 10$. Voici la règle de décision: (a) choisir un échantillon au hasard de 25; (b) calculer la moyenne échantillonnale $\bar{y}$; (c) rejeter H_0 si $\bar{y} \leqslant 9{,}5$; sinon, accepter H_0. Vous devez calculer d'abord α, puis calculer β en postulant que $\mu = 9{,}25$. S'agit-il d'une bonne règle de décision?

LEÇON 7 ESTIMATION VERSUS TESTS D'HYPOTHÈSES

Tâche: à partir d'une situation donnée, pouvoir suggérer la méthode d'analyse la plus appropriée: un test d'hypothèse ou une procédure d'estimation.

DÉFINITIONS

Test d'hypothèse: procédure de prise de décision constituée de trois parties: (1) la formulation de l'hypothèse à vérifier, (2) la collecte des données pertinentes, (3) l'analyse des données et la prise de décision.

Construction d'un intervalle de confiance: détermination d'une étendue ou d'un intervalle de valeurs à l'intérieur duquel on prévoit que devrait se situer le paramètre à estimer.

DISCUSSION

Cette discussion a pour but de vous aider à décider si un test d'hypothèse s'applique à une situation donnée, ou s'il est préférable d'utiliser une procédure d'estimation, nécessitant le calcul d'un intervalle de confiance.

Si vous devez vérifier un énoncé ou si vous devez prendre une décision de type binaire, utilisez un *test d'hypothèse*; celui-ci vous permettra de déterminer si une hypothèse est valide ou non, ou encore laquelle parmi deux décisions vous devez prendre.

Par contre, s'il s'agit de déterminer ou d'estimer la valeur d'un paramètre, utilisez une *procédure d'estimation*. Cette procédure conduit généralement au calcul d'un intervalle de confiance. Gardez à l'esprit que certains problèmes exigent l'utilisation simultanée des deux méthodes. Par exemple, lorsqu'un test d'hypothèse conduit au rejet de l'hypothèse sur la valeur d'un paramètre, il est possible que nous désirions déterminer l'intervalle de confiance, c'est-à-dire l'intervalle à l'intérieur duquel nous prévoyons trouver le paramètre de la population.

EXEMPLES

Pour chacun des problèmes ci-dessous, il vous faut opter entre une procédure d'estimation et un test d'hypothèse.

1. Des sociologues intéressés aux causes du suicide sont convaincus que certaines attitudes des parents ont un impact direct sur les tendances au suicide.

Solution. Ici, les sociologues entretiennent des idées préconçues qu'ils souhaitent probablement vérifier à l'aide d'un test d'hypothèse.

2. Un organisme de marketing s'intéresse à l'accueil que les consommateurs réserveront à un nouveau produit qui doit être bientôt lancé sur le marché. Une enquête échantillonnale permettra de recueillir les informations pertinentes.

Solution. Dans le cas présent, aucune idée préconçue n'est exprimée à propos de la réaction du public: par conséquent, une procédure d'estimation est de rigueur.

3. Supposons que la compagnie mentionnée dans l'exemple ci-dessus juge que la mise en production du nouveau produit ne sera justifiée que s'il peut s'accaparer plus de 7% du marché.

Solution. Cette modification de l'*exemple* 2 indique que l'organisme de marketing devrait vérifier l'hypothèse de ventes prévues supérieures à 7% par opposition à l'hypothèse de ventes prévues égales ou inférieures à 7%. (Peut-être que cet organisme aurait intérêt à utiliser concurremment un test d'hypothèse et un intervalle de confiance.)

EXERCICES

Pour chacun des problèmes ci-dessous, il vous faut opter entre une procédure d'estimation et un test d'hypothèse.

1. Une physiologiste recueille des données sur la corpulence des personnes d'affaires d'une localité.

2. Cette même physiologiste soutient que les cols blancs ont un plus grand pourcentage de graisse que les cols bleus.

3. Le gouvernement s'interroge sur la quantité totale d'acres de céréales cultivés au cours de l'année.

4. Une équipe de chercheurs universitaires croit que, par suite d'une récente baisse des prix, le nombre d'hectares de céréales cultivés dans une région donnée a diminué.

LEÇON 8 TEST D'HYPOTHÈSE SUR UNE MOYENNE LORSQUE σ EST CONNU

Tâche: à partir de l'énoncé d'un problème, pouvoir appliquer la procédure en six étapes qui permet de vérifier une hypothèse portant sur la moyenne d'une population dont la distribution est normale et dont l'écart type σ est connu; puis, pouvoir prendre la décision qui s'impose.

DÉFINITION *Test d'hypothèse sur une moyenne lorsque σ est connu*: procédure statistique utilisée pour décider si la moyenne d'une population dont la distribution est normale se situe aux environs d'une valeur μ_0. Nous supposons que σ est connu ou que l'effectif échantillonnal est relativement grand ($n \geqslant 30$). Les six étapes de la procédure sont les suivantes.

ÉTAPE 1 Formuler H_0 et H_a. Il n'y a que trois hypothèses possibles sur la moyenne d'une population, lorsque la distribution de celle-ci est normale et lorsque σ est connu. Elles sont respectivement:

(1) H_0: $\mu \leq \mu_0$ versus H_a: $\mu > \mu_0$

(2) H_0: $\mu \geq \mu_0$ versus H_a: $\mu < \mu_0$

(3) H_0: $\mu = \mu_0$ versus H_a: $\mu \neq \mu_0$

ÉTAPE 2 Choisir un effectif échantillonnal n, ainsi qu'une valeur pour α. Généralement, lorsque σ est inconnu, l'effectif échantillonnal n doit être suffisamment grand; on suggère habituellement une valeur $n \geqslant 30$.

ÉTAPE 3 Voici le test statistique approprié:

$$Z = \frac{\bar{y} - \mu_0}{\sigma/\sqrt{n}}$$

ÉTAPE 4 À partir de la valeur de α, déterminer la règle de décision à l'aide du tableau ci-dessous (tableau 8.1).

TABLEAU 8.1 RÈGLES DE DÉCISION POUR UN TEST D'HYPOTHÈSE PORTANT SUR LA MOYENNE D'UNE POPULATION DONT LA DISTRIBUTION EST NORMALE ET DONT L'ÉCART TYPE σ EST CONNU.

HYPOTHÈSES NULLES	HYPOTHÈSES ALTERNATIVES	ZONES DE REJET	ZONES D'ACCEPTATION
H_0: $\mu \leq \mu_0$	H_a: $\mu > \mu_0$	$Z \geq z_\alpha$	$Z < z_\alpha$
H_0: $\mu \geq \mu_0$	H_a: $\mu < \mu_0$	$Z \leq -z_\alpha$	$Z > -z_\alpha$
H_0: $\mu = \mu_0$	H_a: $\mu \neq \mu_0$	$Z \geq z_{\alpha/2}$ or $Z \leq -z_{\alpha/2}$	$-z_{\alpha/2} < Z < z_{\alpha/2}$

ÉTAPE 5 Procéder à l'échantillonnage et calculer la valeur du test statistique.

ÉTAPE 6 Appliquer la règle de décision et prendre la décision.

DISCUSSION Nous utilisons un test d'hypothèse sur une moyenne lorsque nous désirons savoir si la moyenne d'une population dont la distribution est normale est égale à une certaine valeur hypothétique, ou se situe à l'intérieur d'un certain intervalle de valeurs hypothétiques. Dans cette leçon, nous supposons que l'écart type σ est connu ou que l'effectif échantillonnal est relativement grand. Pour décider si nous acceptons ou si nous rejetons l'hypothèse nulle, nous appliquons la procédure en six étapes.

ÉTAPE 1 Formuler H_0 et H_a.

Nous avons déjà discuté, à la leçon 2 de ce chapitre, de la méthode utilisée pour formuler l'hypothèse nulle et l'hypothèse alternative. Lorsqu'il s'agit de la moyenne d'une population dont la distribution est normale et dont l'écart type σ est connu, il n'y a que trois hypothèses possibles:

(1) H_0: $\mu \leq \mu_0$ versus H_a: $\mu > \mu_0$ } (tests unicaudaux)
(2) H_0: $\mu \geq \mu_0$ versus H_a: $\mu < \mu_0$ }
(3) H_0: $\mu = \mu_0$ versus H_a: $\mu \neq \mu_0$ } (test bicaudal)

ÉTAPE 2 Choisir un effectif échantillonnal n ainsi qu'une valeur pour α.

Idéalement, l'effectif échantillonnal n devrait être choisi de façon à minimiser simultanément α et β. Cependant, certaines contraintes financières ou temporelles limitent souvent le choix d'un effectif échantillonnal. Pour les besoins de ce texte, nous déterminerons à l'avance l'effectif échantillonnal utilisé pour les exemples et les exercices.

Lorsque nous effectuons des tests sur des hypothèses réelles, nous déterminons habituellement à l'avance une valeur α. Cette valeur est choisie de façon subjective et est habituellement égale à 0,05 ou moins. Dans ce texte, les valeurs de α seront données, tout comme l'effectif échantillonnal. La valeur de α est appelée *seuil de signification* du test statistique.

ÉTAPE 3 Voici le test statistique approprié:

$$Z = \frac{\bar{y} - \mu_0}{\sigma/\sqrt{n}}$$

Si la valeur de $\bar{y}$, la moyenne échantillonnale, se situe près de la valeur de μ_0, la moyenne hypothétique, alors nous avons toutes les raisons de croire que H_0

est vraie et d'accepter celle-ci. Il est possible de déterminer le degré de similitude entre $\overline{y}$ et μ_0, en calculant le score Z de $\overline{y}$ comme suit:

$$Z = \frac{\overline{y} - \mu_0}{\sigma/\sqrt{n}}$$

Plus le score Z se rapproche de zéro, plus il est probable que H_0 soit vraie. Nous devrions rejeter l'hypothèse nulle lorsque le score Z devient trop grand ou lorsqu'il est trop petit. L'étape 4 définit les conditions spécifiques que nous devrions utiliser pour décider d'accepter ou de rejeter l'hypothèse nulle.

ÉTAPE 4 À partir de la valeur α, choisir une règle de décision, à l'aide du tableau des règles de décision.

La grandeur du score Z est le critère utilisé pour décider si nous acceptons ou si nous rejetons l'hypothèse nulle. Le tableau 8.1 présente (1) les trois hypothèses possibles à propos de la moyenne d'une population dont la distribution est normale et dont l'écart type est connu, et (2) l'alternative de chacune de ces hypothèses, à partir desquelles sont calculées les zones de rejet et d'acceptation, en termes de scores Z.

Si l'hypothèse alternative est H_a: $\mu > \mu_0$, alors la zone de rejet, définie comme l'ensemble des scores Z tels que $Z \geqslant z_\alpha$, est unicaudale et se situe entièrement à droite de la moyenne (figure 8.16).

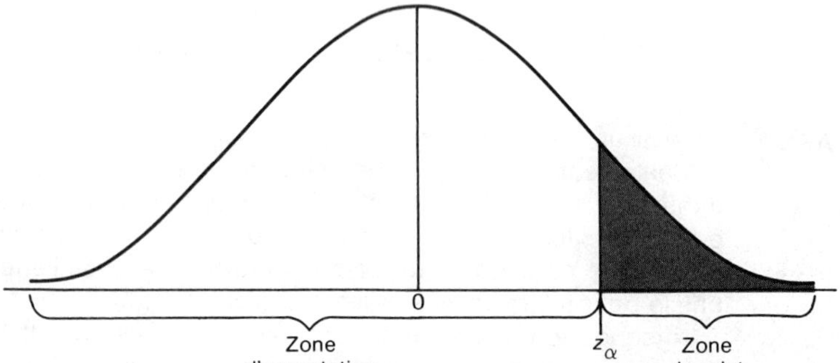

FIGURE 8.16 Zones d'acceptation et de rejet pour les hypothèses H_0: $\mu \leqslant \mu_0$ versus H_a: $\mu > \mu_0$. La partie ombrée représente la probabilité α.

Si l'hypothèse alternative est H_a: $\mu < \mu_0$, alors la zone de rejet, définie comme l'ensemble des scores Z tels que $Z \leq -z_\alpha$, est aussi une unicaudale, mais se situe entièrement à gauche de la moyenne (figure 8.17).

Si l'hypothèse alternative est H_a: $\mu \neq \mu_0$, alors la zone de rejet, définie comme l'ensemble des scores Z tels que $Z \geqslant -z_{\alpha/2}$ ou $Z \leqslant -z_{\alpha/2}$, est bicaudale, c'est-à-dire que la zone de rejet se partage également entre les deux extrémités de la courbe (figure 8.18).

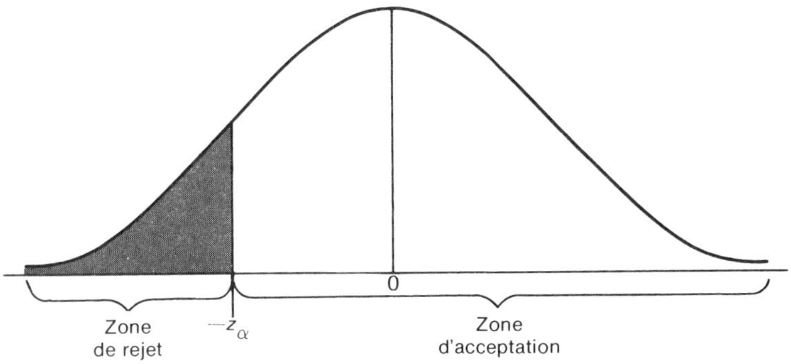

FIGURE 8.17 Zones d'acceptation et de rejet pour les hypothèses H_0: $\mu \geqslant \mu_0$ versus H_a: $\mu < \mu_0$. La partie ombrée représente la probabilité α.

ÉTAPE 5 Procéder à l'échantillonnage et calculer la valeur du test statistique.

Lorsque nous avons déterminé l'hypothèse à vérifier, le test statistique approprié et les limites des zones d'acceptation et de rejet associées au type d'hypothèse à vérifier, alors nous sommes prêts à choisir l'échantillon et à calculer la moyenne échantillonnale $\bar{y}$. Pour obtenir le score Z, nous remplaçons par la moyenne de l'échantillon le symbole $\bar{y}$ de la formule suivante:

$$Z = \frac{\bar{y} - \mu_0}{\sigma/\sqrt{n}}$$

ÉTAPE 6 Appliquer la règle de décision et prendre la décision.

Si le score Z calculé à partir de la moyenne de l'échantillon (voir étape 5) se situe dans la zone de rejet, telle que définie dans le tableau des règles de décision (tableau 8.1), alors nous rejetons l'hypothèse nulle et nous acceptons l'hypothèse alternative. Dans le cas contraire, nous acceptons H_0 en disant

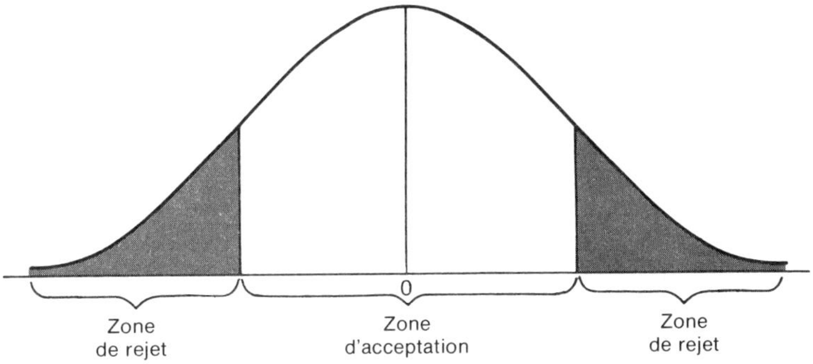

FIGURE 8.18 Zones d'acceptation et de rejet pour les hypothèses H_0: $\mu = \mu_0$ versus H_a: $\mu \neq \mu_0$. Les parties ombrées représentent la probabilité α.

que nous n'avons pas suffisamment de preuves pour la rejeter. Rappelons que «accepter H_0» ne signifie pas que nous avons démontré qu'elle était vraie; nous n'avons tout simplement pas pu démontrer qu'elle était fausse.

DISCUSSION SIMPLIFIÉE

Nous allons utiliser un exemple pour illustrer les six étapes de la procédure qui conduit au rejet ou à l'acceptation d'une hypothèse portant sur la moyenne d'une population dont la distribution est normale et dont l'écart type est connu.

Supposons que la moyenne d'un test standardisé soit égale à 70 et l'écart type égal à 10, c'est-à-dire $\mu = 70$ et $\sigma = 10$. Un professeur, qui croit avoir mis au point une méthode pédagogique susceptible d'augmenter la performance des étudiants à ce test, choisit au hasard 25 étudiants et les soumet à la méthode pédagogique en question. Le problème consiste à déterminer si l'hypothèse du professeur est vraie. Pour la vérifier, nous appliquons la procédure en six étapes.

ÉTAPE 1 Formuler H_0 et H_a.

$$H_0\colon \mu \leq 70 \qquad \text{versus} \qquad H_a\colon \mu > 70$$

ÉTAPE 2 Choisir un effectif échantillonnal n ainsi qu'une valeur pour α.

Soit $n = 25$ et $\alpha = 0{,}05$ (Cette valeur pour α est purement subjective; on l'appelle le *seuil de signification du test.*)

ÉTAPE 3 Soit le test statistique: $Z = \dfrac{\bar{y} - \mu_0}{\sigma/\sqrt{n}}$

Dans ce cas, la formule sera

$$Z = \frac{\bar{y} - 70}{10/\sqrt{25}}$$

ou $\bar{y}$ représente la moyenne des scores de l'échantillon de 25 étudiants.

ÉTAPE 4 À partir de la valeur α, nous pouvons choisir une règle de décision à l'aide du tableau des règles de décision.

Dans le cas présent, l'hypothèse alternative est H_a: $\mu > 70$. Par conséquent, la règle de décision est: «Rejeter H_0 si $Z \geqslant z_{0,05} = 1{,}645$; autrement, accepter H_0.» Les zones d'acceptation et de rejet pour ce problème précis sont représentées graphiquement à la figure 8.19.

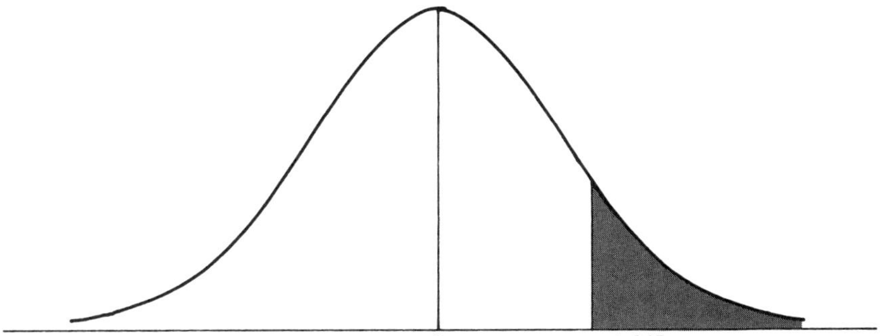

FIGURE 8.19 Zones d'acceptation et de rejet pour les hypothèses H_0: $\mu \leqslant 70$ versus H_a: $\mu > 70$. La partie ombrée représente la probabilité $\alpha = 0,05$.

ÉTAPE 5 Choisir l'échantillon et calculer la valeur du test statistique.

Supposons que la moyenne de l'échantillon de 25 étudiants est égale à 74 ($\bar{y} = 74$). Alors

$$Z = \frac{74 - 70}{10/\sqrt{25}}, \quad = 2, \text{ ou deux fois la valeur de l'écart type.}$$

ÉTAPE 6 Appliquer la règle de décision et prendre la décision.

Comme le score $Z = 2,0$ excède la valeur critique de 1,645, nous rejetons l'hypothèse nulle. Par conséquent, nous pouvons inférer que la nouvelle méthode pédagogique augmente de façon significative la performance des étudiants.

EXEMPLES Utiliser pour chacun des problèmes ci-dessous la procédure en six étapes présentée dans cette leçon, de façon à vérifier les hypothèses portant sur des moyennes de populations normalement distribuées, lorsque σ est connu ou n est élevé.

1. Les données ci-dessous représentent la longueur (en centimètres) de 18 vers de terre sud-américains.

9,00	3,41	6,13	1,99	6,92	3,12
7,86	2,01	5,98	4,15	6,87	1,97
4,01	3,56	8,04	3,24	5,05	7,37

D'après ces données, peut-on conclure que la longueur moyenne de ces vers est supérieure à 4 cm? Considérer que $\alpha = 0,05$ et que $\sigma = 2,30$.

Solution. La réponse à cette question s'obtient en suivant la procédure en six étapes décrite dans la leçon.

ÉTAPE 1 H_0: $\mu \leqslant 4{,}00$ versus H_a: $\mu > 4{,}00$

ÉTAPE 2 $\alpha = 0{,}05$ et $n = 18$

ÉTAPE 3 Voici le test statistique approprié:

$$Z = \frac{\overline{y} - 4{,}00}{2{,}30/\sqrt{18}}$$

ÉTAPE 4 Voici la règle de décision: rejeter H_0 si $Z \geqslant z_{0{,}05} = 1{,}645$; sinon, accepter H_0. Les zones d'acceptation et de rejet pour ce problème sont illustrées à la figure 8.20.

ÉTAPE 5 À l'aide des données ci-haut, nous obtenons $\overline{y} = 5{,}04$. Par conséquent,

$$Z = \frac{5{,}04 - 4{,}00}{2{,}30/\sqrt{18}}, \qquad \text{ou } 1{,}92$$

ÉTAPE 6 Puisque $1{,}92 > 1{,}645$, nous rejetons H_0 et concluons que la longueur moyenne de ces vers de terre sud-américains est supérieure à 4 centimètres.

2. Un manufacturier a noté combien d'heures 36 lampes de radio ont fonctionné avant de brûler. Il constate que $\overline{y} = 460$ et que $s = 42$. Peut-on prétendre à juste titre que la durée de vie moyenne de ces lampes dépasse 450 heures? Fixons $\alpha = 0{,}01$ et postulons que $\sigma = 42$, puisque $n = 36$ est élevé.

Solution. De nouveau, il suffit d'appliquer la procédure en six étapes pour solutionner ce problème.

ÉTAPE 1 H_0: $\mu \leqslant 450$ versus H_a: $\mu > 450$

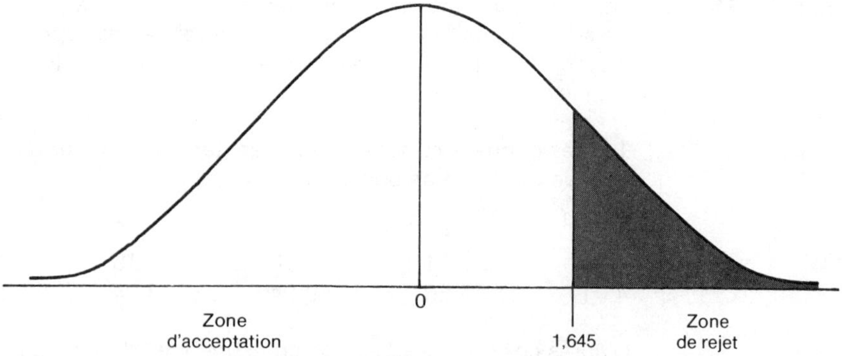

FIGURE 8.20 Zones d'acceptation et de rejet pour l'*exemple* 1

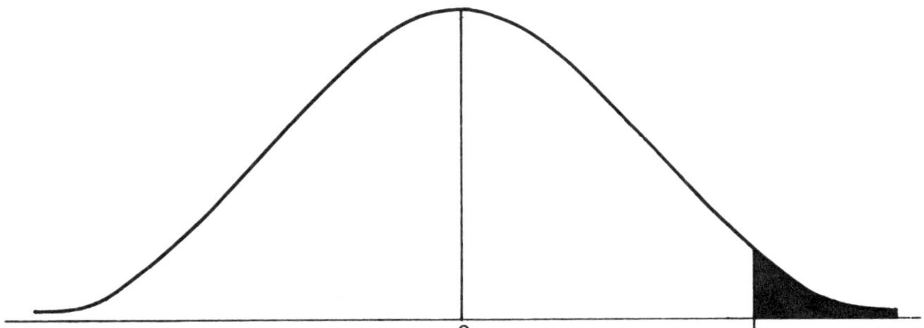

FIGURE 8.21 Zones d'acceptation et de rejet pour l'*exemple* 2

ÉTAPE 2 $\alpha = 0{,}01$ et $n = 36$

ÉTAPE 3 $Z = \dfrac{\bar{y} - 450}{42/\sqrt{36}}$

ÉTAPE 4 Rejeter H_0 si $Z \geqslant z_{0,01} = +2{,}326$; sinon, accepter H_0. Les zones appropriées sont illustrées à la figure 8.21.

ÉTAPE 5 Dans le cas présent $\bar{y} = 460$; par conséquent,

$$Z = \frac{460 - 450}{42/\sqrt{36}} = 1{,}429$$

ÉTAPE 6 Puisque $1{,}429 < 2{,}326$, nous n'avons pas réussi à rejeter H_0 et devons reconnaître qu'il n'y a pas de preuves suffisantes pour conclure au seuil de 0,01 que la durée de vie moyenne de ces lampes dépasse 450 heures.

EXERCICES Utiliser la procédure en six étapes décrite dans cette leçon pour vérifier les hypothèses présentées dans les problèmes ci-dessous à propos de moyennes de populations normalement distribuées.

1. Voici les réactions de 14 singes à un stimulus donné: 194, 202, 335, 515, 184, 369, 142, 552, 200, 344, 421, 590, 301, 439. Dans le cas de ces données, $\Sigma y = 4\,788$. Peut-on conclure que la réaction moyenne est plus grande que 340 ? $\alpha = 0{,}05$ et $\sigma = 140$.

2. Les données ci-dessous ont été recueillies lors du test d'un nouveau détersif à vaisselle; elles représentent le nombre d'assiettes lavées avant que la

mousse n'ait disparu: 27, 28, 30, 31, 29, 30, 26, 26, 30, 21, 34, 31, 33, 35, 24, 25, 28, 32, 34, 30, 34. Postulons que l'écart type de la population est connu et égal à 11 assiettes. Si le manufacturier ne peut soutenir publiquement que ce nouveau produit lave au moins 34 assiettes, il devra améliorer son produit avant de le lancer sur le marché. Compte tenu des résultats échantillonnaux, que devra faire le manufacturier? Fixons le seuil α à 0,01.

3. Une compagnie minière désire exploiter un nouveau gisement de minerai de fer. Cependant, cette exploitation ne peut être rentable que si le pourcentage moyen de fer dans le minerai est supérieur à 37%. Compte tenu des résultats obtenus avec 45 échantillons ($\overline{y} = 45$ et $s = 10$), quelle décision devrait prendre la compagnie? Fixons le seuil α à 0,02.

4. Après les avoir entreposés durant une semaine, on vérifie le taux d'humidité dans des blocs de ciment frais coulés. Si le taux moyen d'humidité est supérieur à 5,0, ces blocs devront poursuivre leur séchage avant d'être utilisés comme matériau de construction. Voici les données recueillies auprès d'un échantillon au hasard de 12 blocs de ciment: 7,3 - 10,0 - 8,3 - 7,1 - 7,6 - 6,4 - 8,4 - 8,1 - 8,3 - 7,1 - 5,4 - 7,4. Dans le cas de ces données, $\Sigma y = 91{,}4$. Faut-il ou non poursuivre le séchage des blocs de ciment d'où provient cet échantillon? Supposons que $\alpha = 0{,}05$ et que $\sigma = 1{,}20$.

5. Des ingénieurs en construction routière analysent 64 échantillons d'un certain type de peinture pour vérifier son pouvoir réfléchissant. Voici les calculs de base: $\overline{y} = 136$ et $s = 66$. Y a-t-il là des preuves suffisantes pour conclure que le pouvoir réfléchissant moyen de cette peinture est supérieur à 115? $\alpha = 0{,}10$.

LEÇON 9 TEST D'HYPOTHÈSE SUR UNE MOYENNE LORSQUE σ EST INCONNU (PETITS ÉCHANTILLONS)

Tâche: à partir de l'énoncé d'un problème, pouvoir appliquer la procédure en six étapes qui permet de vérifier une hypothèse portant sur la moyenne d'une population dont la distribution est normale et dont l'écart type est inconnu; puis, prendre la décision appropriée.

DÉFINITION *Test d'hypothèse sur une moyenne lorsque σ est inconnu et lorsque l'effectif échantillonnal est petit*: procédure statistique permettant de décider si la moyenne d'une population dont la distribution est normale se situe aux environs d'une valeur égale à μ_0. Cette procédure diffère de celle présentée à la leçon précédente dans le sens que le test statistique employé et les règles de décision utilisées sont différents. Dans cette section, s est utilisé pour estimer σ. Les six étapes de la procédure sont les suivantes.

ÉTAPE 1 Formuler H_0 et H_a. Il n'y a que trois hypothèses possibles sur la moyenne d'une population dont la distribution est normale et dont l'écart type est inconnu. Elles sont respectivement:

(1) H_0: $\mu \leq \mu_0$ versus H_a: $\mu > \mu_0$

(2) H_0: $\mu \geq \mu_0$ versus H_a: $\mu < \mu_0$

(3) H_0: $\mu = \mu_0$ versus H_a: $\mu \neq \mu_0$

ÉTAPE 2 Choisir un effectif échantillonnal n ainsi qu'une valeur pour α. On suppose ici que n est inférieur à 30.

ÉTAPE 3 Voici le test statistique approprié:

$$t = \frac{\bar{y} - \mu_0}{s/\sqrt{n}}$$

Cette quantité se distribue comme une variable t avec $n - 1$ degrés de liberté.

ÉTAPE 4 À partir de la valeur de α, déterminer la règle de décision à l'aide du tableau de règles de décision (tableau 8.2). Rappelez-vous que la distribution t possède $n - 1$ degrés de liberté.

ÉTAPE 5 Procéder à l'échantillonnage et calculer la valeur du test statistique.

ÉTAPE 6 Appliquer la règle de décision et prendre la décision.

TABLEAU 8.2 RÈGLES DE DÉCISION POUR UN TEST D'HYPOTHÈSE PORTANT SUR LA MOYENNE D'UNE POPULATION DONT LA DISTRIBUTION EST NORMALE ET DONT L'ÉCART TYPE EST INCONNU.*

HYPOTHÈSES NULLES	HYPOTHÈSES ALTERNATIVES	ZONES DE REJET	ZONES D'ACCEPTATION
H_0: $\mu \leq \mu_0$	H_a: $\mu > \mu_0$	$t \geq t_\alpha$	$t < t_\alpha$
H_0: $\mu \geq \mu_0$	H_a: $\mu < \mu_0$	$t \leq -t_\alpha$	$t > -t_\alpha$
H_0: $\mu = \mu_0$	H_a: $\mu \neq \mu_0$	$t \geq t_{\alpha/2}$ or $t \leq -t_{\alpha/2}$	$-t_{\alpha/2} < t < t_{\alpha/2}$

* Les valeurs dans les colonnes «Zone d'acceptation» et «Zone de rejet» s'obtiennent en consultant la table de la distribution t, avec n — 1 degrés de liberté.

DISCUSSION Nous utilisons un test d'hypothèse sur une moyenne lorsque nous désirons savoir si la moyenne d'une population dont la distribution est normale est égale à une certaine valeur hypothétique, ou se situe à l'intérieur d'un certain intervalle de valeurs hypothétiques. Dans cette leçon, nous supposons que l'écart type σ est inconnu. Par conséquent, nous utiliserons s comme estimateur de σ et les valeurs utilisées seront tirées de la table t (voir *l'annexe*, table IV), avec n — 1 degrés de liberté. Pour décider si nous acceptons ou nous rejetons l'hypothèse nulle, nous appliquons la procédure en six étapes.

ÉTAPE 1 Formuler H_0 et H_a.

Nous avons déjà présenté à la leçon 2 de ce chapitre la méthode utilisée pour formuler l'hypothèse nulle et l'hypothèse alternative. Lorsqu'il s'agit de la moyenne d'une population dont la distribution est normale et dont l'écart type σ est inconnu, il n'y a que trois hypothèses possibles:

(1) H_0: $\mu \leq \mu_0$ versus H_a: $\mu > \mu_0$

(2) H_0: $\mu \geq \mu_0$ versus H_a: $\mu < \mu_0$

(3) H_0: $\mu = \mu_0$ versus H_a: $\mu \neq \mu_0$

ÉTAPE 2 Choisir un effectif échantillonnal n et une valeur pour α.

Le choix de l'effectif échantillonnal dépend généralement de deux contraintes pratiques: les ressources financières et le temps dont on dispose pour effectuer l'échantillonnage. Pour les besoins de ce texte, nous déterminerons à l'avance l'effectif échantillonnal utilisé pour les *exemples* et les *exercices*. Dans cette leçon, l'effectif échantillonnal sera toujours *inférieur* à 30.

Il est habituel de déterminer à l'avance une valeur pour α lorsque nous effectuons des tests portant sur des hypothèses réelles. Les valeurs les plus couramment utilisées sont 0,05, 0,025 et 0,01. Dans ce texte, les valeurs de α seront données, tout comme l'effectif échantillonnal.

ÉTAPE 3 Soit le test statistique $t = \dfrac{\bar{y} - \mu_0}{s/\sqrt{n}}$

Si la valeur de la moyenne échantillonnale $\bar{y}$ se situe près de la valeur de la moyenne hypothétique μ_0, alors nous avons toutes les raisons d'accepter cette hypothèse. Dans le cas présent, comme σ est inconnu, nous devons utiliser s comme estimateur de σ. Nous pouvons déterminer le degré de similitude entre $\bar{y}$ et μ_0 en calculant l'indice t pour $\bar{y}$ comme suit:

$$t = \frac{\bar{y} - \mu_0}{s/\sqrt{n}}$$

ÉTAPE 4 À partir de la valeur de α, choisir une règle de décision à l'aide du tableau des règles de décision. La grandeur de la valeur t constitue le critère pour décider si nous acceptons ou nous rejetons l'hypothèse nulle. Le tableau 8.2 présente (1) les trois hypothèses possibles à propos de la moyenne d'une population dont la distribution est normale, dont l'écart type est inconnu et dont l'effectif échantillonnal est petit et (2) l'alternative de chacune de ces hypothèses, à partir desquelles sont calculées les zones de rejet et d'acceptation en termes de valeurs t.

Si l'hypothèse alternative est H_a: $\mu > \mu_0$, alors la zone de rejet, définie comme l'ensemble des valeurs t telles que $t \geqslant t_\alpha$, est unicaudale et se situe entièrement à droite de la moyenne (figure 8.22).

Si l'hypothèse alternative est H_a: $\mu < \mu_0$, alors la zone de rejet, définie comme l'ensemble des valeurs t telles que $t \leqslant -t_\alpha$, est aussi unicaudale, mais se situe entièrement à gauche de la moyenne (figure 8.23).

Si l'hypothèse alternative est H_a: $\mu \neq \mu_0$, alors la zone de rejet, définie comme l'ensemble des valeurs t telles que $t \geqslant t_{\alpha/2}$ ou $t \leqslant -t_{\alpha/2}$, est bicaudale, c'est-à-dire que la zone de rejet se partage également entre les deux extrémités de la courbe (figure 8.24).

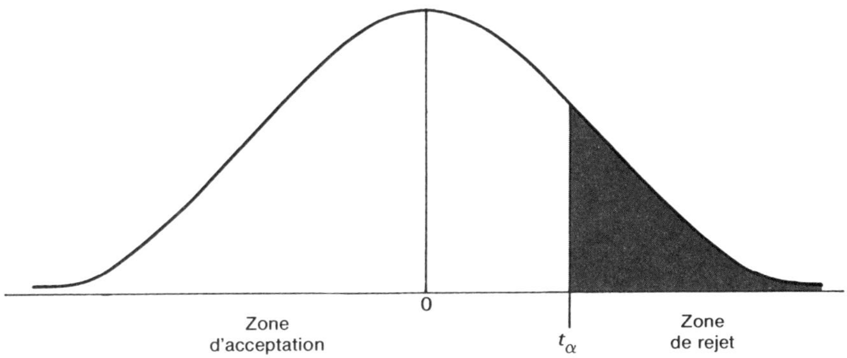

FIGURE 8.22 Zones d'acceptation et de rejet pour les hypothèses H_0: $\mu \leqslant \mu_0$ versus H_a: $\mu > \mu_0$. La partie ombrée représente la probabilité α.

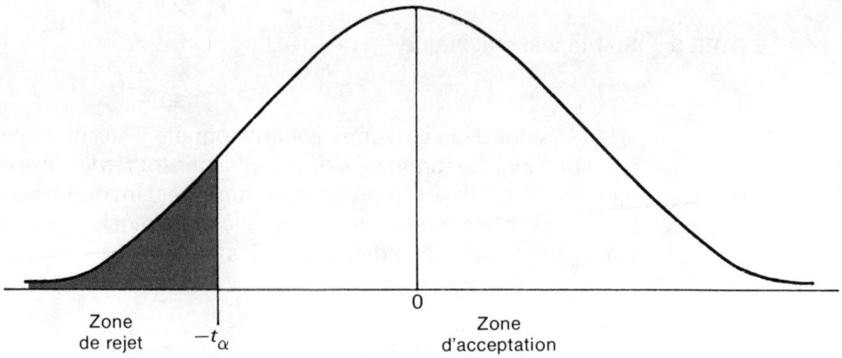

FIGURE 8.23 Zones d'acceptation et de rejet pour les hypothèses H_0: $\mu \geqslant \mu_0$ versus H_a: $\mu < \mu_0$. La partie ombrée représente la probabilité α.

ÉTAPE 5 Procéder à l'échantillonnage et calculer la valeur du test statistique.

Lorsque nous avons déterminé l'hypothèse à vérifier, le test statistique approprié et les limites des zones d'acceptation et de rejet associées au type d'hypothèse à vérifier, nous sommes prêts à choisir l'échantillon et à calculer sa moyenne $\overline{y}$. Pour obtenir une valeur t avec n — 1 degrés de liberté, nous remplaçons par la moyenne de l'échantillon le symbole $\overline{y}$ de la formule suivante:

$$t = \frac{\overline{y} - \mu_0}{s/\sqrt{n}}$$

ÉTAPE 6 Appliquer la règle de décision et prendre la décision.

Si la valeur t calculée à partir de la moyenne de l'échantillon (voir étape 5) se situe dans la zone de rejet telle que définie dans le tableau des règles de

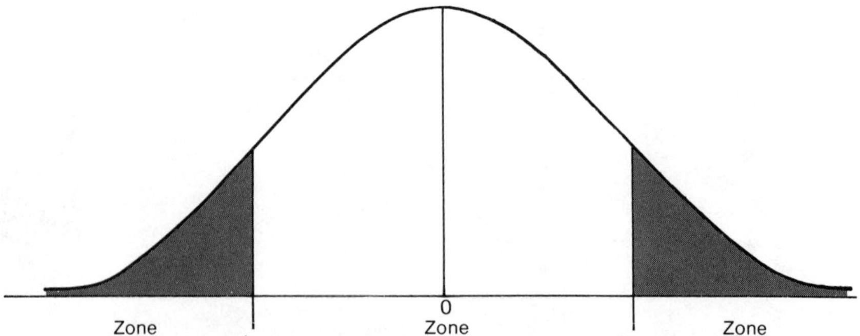

FIGURE 8.24 Zones d'acceptation et de rejet pour les hypothèses H_0: $\mu = \mu_0$ versus H_a: $\mu = \mu_0$. Les parties ombrées représentent la probabilité α.

décision, alors nous rejetons l'hypothèse nulle et nous acceptons l'hypothèse alternative. Dans le cas contraire, nous acceptons l'hypothèse nulle et rejetons l'hypothèse alternative.

DISCUSSION SIMPLIFIÉE

Nous utiliserons un exemple afin d'illustrer les six étapes de la procédure employée pour vérifier une hypothèse portant sur la moyenne d'une population dont la distribution est normale, lorsque σ est inconnu et lorsque l'effectif échantillonnal est petit.

Supposons qu'un nouveau procédé manufacturier permet de produire un panneau d'aggloméré de 2 cm d'épaisseur dont la courbure moyenne est inférieure à 7,5 cm lorsqu'on exerce une pression de 10 kg au centre d'une pièce de 2 m de longueur. On choisit un échantillon de dix planches de 2 m de longueur, auxquelles on applique une force de 10 kg. On mesure pour chaque planche le déplacement de son centre par rapport à l'axe horizontal. Comment vérifier l'hypothèse que la courbure moyenne des planches est inférieure à 7,5 cm?

ÉTAPE 1 Formuler H_0 et H_a.

H_0: $\mu \geqslant$ 7,5 cm versus H_a: $\mu <$ 7,5 cm

ÉTAPE 2 Choisir l'effectif échantillonnal ainsi qu'une valeur pour α.

Soit $n = 10$ et $\alpha = 0{,}01$, le seuil de signification.

ÉTAPE 3 Voici le test statistique approprié: $= \dfrac{\bar{y} - \mu_0}{s/\sqrt{n}}$

Dans le cas présent, la formule est

$$t = \frac{\bar{y} - 7{,}5}{s/\sqrt{10}}$$

avec 9 degrés de liberté. Les valeurs de $\bar{y}$ et de s sont obtenues à partir des données recueillies avec l'échantillon de dix panneaux d'aggloméré.

ÉTAPE 4 À partir de la valeur de α, choisir une règle de décision à l'aide du tableau des règles de décision.

Dans le cas présent, l'hypothèse alternative est H_a: $\mu <$ 7,5 cm. Par conséquent, la règle de décision est: «Rejeter H_0 si $t \leqslant t_\alpha$ avec dl = 9; autrement, accepter H_0.»

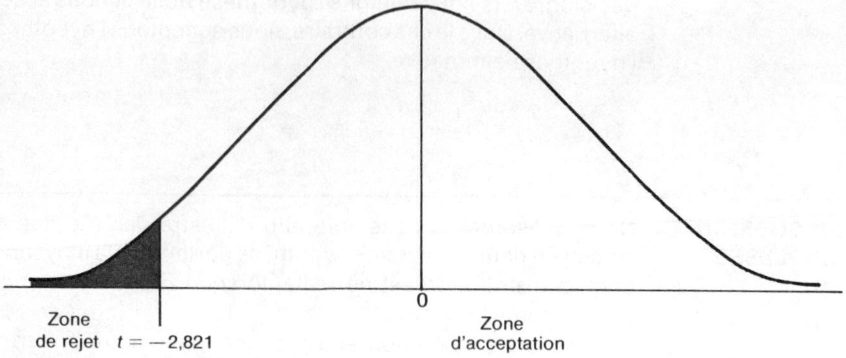

FIGURE 8.25 Zones d'acceptation et de rejet pour les hypothèses H_0: $\mu \geqslant 7{,}5$ cm versus H_a: $\mu < 7{,}5$ cm. La partie ombrée représente la probabilité $\alpha = 0{,}01$.

Dans le cas présent, $t_{0,01} = -2{,}821$. Les zones de rejet et d'acceptation pour ce problème particulier sont illustrées à la figure 8.25.

ÉTAPE 5 Procéder à l'échantillonnage et calculer la valeur du test statistique.

Supposons que la courbure moyenne de l'échantillon de dix panneaux d'aggloméré soit 7,0 cm ($\overline{y} = 7{,}0$) et $s = 0{,}1$ cm.

$$\text{La quantité } t = \frac{7{,}0 - 7{,}5}{0{,}1/\sqrt{10}} = -15{,}81 \quad \text{écarts types}$$

ÉTAPE 6 Appliquer la règle de décision et prendre la décision.

Comme la valeur t (—15,81) est inférieure à la valeur critique —2,821, nous rejetons H_0. Par conséquent, nous pouvons conclure que le degré de courbure des panneaux d'aggloméré est inférieur à 7,5 cm.

EXEMPLES Utiliser pour chacun des problèmes ci-dessous la procédure en six étapes décrite dans la leçon, procédure qui permet de vérifier des hypothèses à propos de moyennes de populations normalement distribuées, lorsque σ n'est pas connu.

1. L'ensemble de mesures ci-dessous représente les diamètres (en centimètres) de micrométéorites extraites d'échantillons du sol lunaire.

0,91	1,72	1,66	1,61	2,02	1,52	1,30	1,82	1,69	1,75
1,32	1,43	1,95	2,07	1,65	1,21	1,59	2,02	2,33	1,46

Si $\alpha = 0,025$, les scientifiques peuvent-ils conclure que le diamètre moyen est inférieur à 1,70 cm? Les calculs appropriés indiquent que $\bar{y} = 1,6515$ et que $s = 0,3346$.

Solution. Pour répondre à cette question, il suffit de suivre la procédure en six étapes décrite dans la leçon.

ÉTAPE 1 H_0: $\mu \geqslant 1,70$ versus H_a: $\mu < 1,70$

ÉTAPE 2 $\alpha = 0,025$ et $n = 20$

ÉTAPE 3 Voici le test statistique approprié:

$$t = \frac{\bar{y} - 1.70}{s/\sqrt{20}}$$

ÉTAPE 4 La règle de décision s'exprime comme suit: rejeter H_0 si $t \leqslant -t_{0,025} = -2,093$; sinon, accepter H_0. Les zones d'acceptation et de rejet sont illustrées à la figure 8.26.

ÉTAPE 5 Les calculs appropriés indiquent que $\bar{y} = 1,6515$ et que

$$s = \sqrt{\frac{\Sigma(y - \bar{y})^2}{19}} \quad \text{ou } 0,3346$$

Par conséquent,

$$t = \frac{1,6515 - 1,70}{0,3346/\sqrt{20}} \quad \text{ou } -0,6482$$

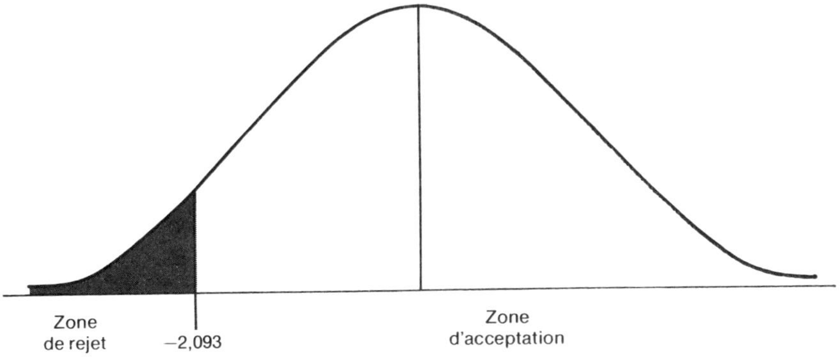

FIGURE 8.26 Exemple 1

ÉTAPE 6 Puisque —0,6482 > —2,093, il nous faut accepter H_0 et conclure que nous n'avons pas de preuves suffisantes pour affirmer que le diamètre moyen de ces micrométéorites est inférieur à 1,70 cm.

2. Un chimiste évalue le point d'opalescence d'un liquide à partir d'un échantillon au hasard et obtient les informations suivantes: $\Sigma y^2 = 0{,}00023124$; $\Sigma y = 0{,}0604$; $n = 17$. Vérifier l'hypothèse que le point d'opalescence moyen est égal à 0,0038 au seuil de signification 0,01 ($\alpha = 0{,}01$).

Solution. Voici les six étapes à suivre pour solutionner ce problème.

ÉTAPE 1 H_0: $\mu = 0{,}0038$ versus H_a: $\mu \neq 0{,}0038$

ÉTAPE 2 $\alpha = 0{,}01$ et $n = 17$ (dl = 17 — 1, ou 16).

ÉTAPE 3 $$t = \frac{\bar{y} - 0{,}0038}{s/\sqrt{17}}$$

ÉTAPE 4 Rejeter H_0 si $t \leqslant -t_{0,005} = -2{,}921$, ou si $t \geqslant t_{0,005} = 2{,}921$; sinon, accepter H_0. Les zones d'acceptation et de rejet sont illustrées à la figure 8.27.

ÉTAPE 5 À partir des données fournies, on obtient

$$s^2 = \frac{\Sigma y^2 - \dfrac{(\Sigma y)^2}{n}}{n - 1} = \frac{0{,}00023124 - \dfrac{(0{,}0604)^2}{17}}{16} = 0{,}00000104$$

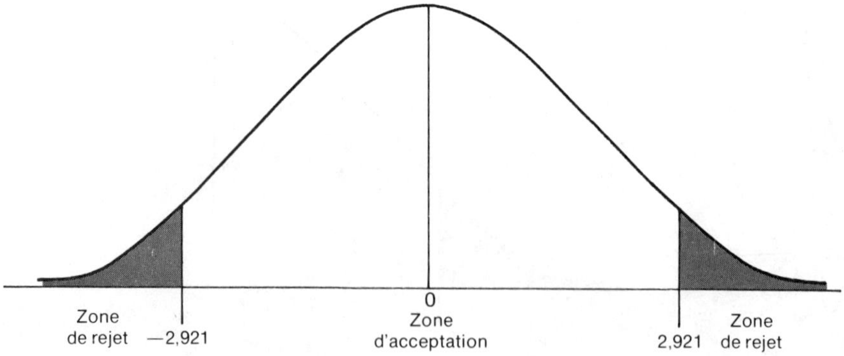

FIGURE 8.27 Exemple 2

et

$$\bar{y} = \frac{0{,}0604}{17} = 0{,}0036$$

et

$$t = \frac{\bar{y} - \mu_0}{s/\sqrt{n}} = \frac{0{,}0036 - 0{,}0038}{0{,}0010/\sqrt{17}} = -0{,}825$$

ÉTAPE 6 Puisque $-2{,}921 \leqslant -0{,}825 \leqslant 2{,}921$, nous devons accepter H_0; en effet, les calculs ne permettent pas de rejeter l'hypothèse $\mu = 0{,}0038$. Par conséquent, nous concluons que le point d'opalescence moyen ne diffère pas significativement de 0,0038.

EXERCICES Utiliser pour chacun des problèmes ci-dessous la procédure en six étapes décrite dans la leçon, procédure qui permet de vérifier des hypothèses à propos de moyennes de populations normalement distribuées, lorsque σ n'est pas connu.

1. Voici des mesures de densité de mélasse (en degrés Brix): 82,0 79,6 78,4 81,8 82,2 79,9 83,2 79,9 82,3 84,1; pour qu'une mélasse soit jugée de haute qualité, son degré Brix doit être égal à 80. Compte tenu d'un seuil $\alpha = 0{,}05$, peut-on conclure que la mélasse dont ces échantillons ont été tirés est de haute qualité? Dans le cas de ces données, $\sum y = 813{,}4$ et $\sum y^2 = 66\,191{,}16$.

2. Dans le but de vérifier la précision de ses densitomètres, un manufacturier tire un échantillon de densitomètres parmi sa récente production et note les mesures suivantes: 7, 8, 8, 9, 8, 7, 6, 4, 5, 4, 4, 6, 7, 4, 6, 3, 6, 4, 4, 3, 2, 3, 3, 4. La mesure moyenne pour la population devrait être 4,5. Compte tenu d'un seuil $\alpha = 0{,}05$, peut-on conclure des mesures enregistrées auprès de l'échantillon que la mesure moyenne est vraiment 4,5? Les calculs indiquent que $\sum y = 125$ et que $\sum y^2 = 741$.

3. Une agronome mesure le pourcentage d'humidité contenu dans un échantillon de 16 boisseaux de blé soumis à un séchage spécial. Voici les chiffres obtenus: 7,2 6,8 7,3 7,0 7,3 7,3 7,5 7,3 7,4 7,2 7,6 7,1 7,4 6,7 7,4 6,9. Si le taux moyen d'humidité excède 7,1, le processus de séchage devra être poursuivi. Doit-on poursuivre le séchage de cette population de blé d'où provient l'échantillon? Les calculs appropriés indiquent que $\bar{y} = 7{,}2$ et que $s = 0{,}25$. Le seuil de signification $\alpha = 0{,}05$.

4. Les données ci-dessous représentent le pourcentage de graisse chez dix hommes: 4,22 3,99, 5,41 4,23 4,29 4,62 4,55 4,13 4,23 4,48. Compte tenu d'un seuil $\alpha = 0{,}05$, vérifier l'hypothèse nulle suivante: le pourcentage

moyen de graisse est inférieur ou égal à 4,464. Dans le cas de ces données, $\overline{y} =$ 4,415 et $s = 0{,}400$.

5. Les données échantillonnales suivantes représentent les rapports entre les coûts finals de construction et les soumissions présentées: 1,50 2,45 2,41 1,80 2,63 2,91 1,99 1,46 3,47 2,95 1,86 1,71 3,25 1,97. Un inspecteur gouvernemental en construction craint que le rapport moyen soit supérieur à 2,00. Si tel est le cas, le gouvernement se propose d'attribuer des amendes à certaines compagnies. Fixons le seuil α à 0,01. Le gouvernement doit-il imposer des amendes à certaines compagnies?

LEÇON 10 TEST D'HYPOTHÈSE SUR DEUX MOYENNES LORSQUE LES ÉCHANTILLONS SONT INDÉPENDANTS

Tâche: à partir de l'énoncé d'un problème, pouvoir appliquer la procédure en six étapes permettant de vérifier une hypothèse portant sur les moyennes de deux populations dont les distributions sont normales, à partir desquelles sont choisis deux échantillons indépendants; puis prendre la décision appropriée.

DÉFINITION *Test d'hypothèse sur deux moyennes lorsque les échantillons sont indépendants*: procédure statistique permettant de vérifier si les moyennes de deux populations dont la distribution est normale sont égales ou si elles diffèrent d'une valeur spécifique. Cette procédure se distingue de celles présentées aux leçons précédentes dans le sens qu'elle utilise deux échantillons indépendants, choisis à partir de chacune des populations concernées. Nous supposons que les variances des échantillons sont inconnues, mais qu'elles sont égales et que seules les moyennes peuvent différer. Les six étapes de la procédure sont les suivantes.

ÉTAPE 1 Formuler H_0 et H_a. Les trois hypothèses possibles sont:

(1) H_0: $\mu_1 - \mu_2 \leq \delta$ versus H_a: $\mu_1 - \mu_2 > \delta$
(2) H_0: $\mu_1 - \mu_2 \geq \delta$ versus H_a: $\mu_1 - \mu_2 < \delta$
(3) H_0: $\mu_1 - \mu_2 = \delta$ versus H_a: $\mu_1 - \mu_2 \neq \delta$

Le symbole δ (minuscule de la lettre grecque *delta*) représente une constante quelconque; généralement δ est égale à zéro.

ÉTAPE 2 Choisir les effectifs échantillonnaux n_1 et n_2 pour chaque population, ainsi qu'une valeur pour α.

ÉTAPE 3 Voici le test statistique approprié: $t = \dfrac{(\bar{y}_1 - \bar{y}_2) - \delta}{s_{\bar{y}_1 - \bar{y}_2}}$

ÉTAPE 4 À partir de la valeur de α, choisir une règle de décision à l'aide du tableau des règles de décision (tableau 8.3) avec dl $= n_1 + n_2 - 2$.

ÉTAPE 5 Procéder à l'échantillonnage et calculer la valeur du test statistique.

ÉTAPE 6 Appliquer la règle de décision et prendre la décision.

TABLEAU 8.3 RÈGLES DE DÉCISION POUR UN TEST D'HYPOTHÈSE PORTANT SUR LES MOYENNES DE DEUX POPULATIONS LORSQUE LES ÉCHANTILLONS SONT INDÉPENDANTS

HYPOTHÈSES NULLES	HYPOTHÈSES ALTERNATIVES	ZONES DE REJET	ZONES D'ACCEPTATION
H_0: $\mu_1 - \mu_2 \leq \delta$	H_a: $\mu_1 - \mu_2 > \delta$	$t \geq t_\alpha$	$t < t_\alpha$
H_0: $\mu_1 - \mu_2 \geq \delta$	H_a: $\mu_1 - \mu_2 < \delta$	$t \leq -t_\alpha$	$t > -t_\alpha$
H_0: $\mu_1 - \mu_2 = \delta$	H_a: $\mu_1 - \mu_2 \neq \delta$	$t \geq t_{\alpha/2}$ ou $t \leq -t_{\alpha/2}$	$-t_{\alpha/2} < t < t_{\alpha/2}$

DISCUSSION Nous employons un test d'hypothèse sur deux moyennes lorsque nous désirons savoir si la différence entre les moyennes de deux populations dont les distributions sont normales est égale à une valeur hypothétique. Dans cette leçon, nous supposons que les échantillons de ces deux populations sont indépendants. Par conséquent, nous utiliserons les symboles μ_1 et μ_2, $\overline{y}_1$ et $\overline{y}_2$ pour représenter respectivement, les moyennes des populations 1 et 2 et les moyennes des échantillons 1 et 2. Nous supposons aussi que les variances des deux populations sont égales, c'est-à-dire que $\sigma_1^2 = \sigma_2^2$. Pour décider si nous acceptons ou nous rejetons l'hypothèse nulle, nous appliquons la procédure en six étapes comme suit.

ÉTAPE 1 Formuler H_0 et H_a.

Nous avons déjà discuté à la leçon 2 de ce chapitre la méthode utilisée pour formuler l'hypothèse nulle et l'hypothèse alternative.

Lorsqu'il s'agit des moyennes de deux populations dont la distribution est normale et à partir desquelles sont choisis deux échantillons indépendants, les trois hypothèses possibles sont les suivantes:

(1) H_0: $\mu_1 - \mu_2 \leq \delta$ versus H_a: $\mu_1 - \mu_2 > \delta$

(2) H_0: $\mu_1 - \mu_2 \geq \delta$ versus H_a: $\mu_1 - \mu_2 < \delta$

(3) H_0: $\mu_1 - \mu_2 = \delta$ versus H_a: $\mu_1 - \mu_2 \neq \delta$

[*Note:* l'hypothèse alternative la plus usuelle est $\mu_1 \neq \mu_2$; dans ce cas, la valeur de δ est égale à zéro.]

ÉTAPE 2 Choisir les effectifs échantillonnaux n_1 et n_2, ainsi qu'une valeur pour α.

Pour les besoins de ce texte, les effectifs échantillonnaux n_1 et n_2 seront fixés à l'avance pour les échantillons des *exemples* et des *exercices*. Il n'est pas nécessaire que les effectifs échantillonnaux soient égaux. Il est habituel de déterminer à l'avance une valeur pour α, lorsque nous effectuons des tests sur des hypothèses réelles. Dans de tels cas, les valeurs choisies pour α seront données tout comme pour les effectifs échantillonnaux.

ÉTAPE 3 Soit le test statistique $t = \dfrac{(\bar{y}_1 - \bar{y}_2) - \delta}{s_{\bar{y}_1-\bar{y}_2}}$

Si la différence entre les deux moyennes échantillonnales ($\bar{y}_1 - \bar{y}_2$) se situe près de la différence hypothétique entre les moyennes des deux populations, alors nous avons toutes les raisons d'accepter l'hypothèse nulle. Dans ce cas, comme l'erreur type $\sigma_{\bar{y}_1-\bar{y}_2}$ est inconnue, nous devons l'estimer à l'aide de la procédure décrite au chapitre SIX. Si nous supposons que $\sigma_1^2 = \sigma_2^2$, nous pouvons calculer un estimé de variance commune comme suit:

$$s_{pd}^2 = \frac{(n_1 - 1)s_1^2 + (n_2 - 1)s_2^2}{n_1 + n_2 - 2} = \frac{\Sigma(y_1 - \bar{y}_1)^2 + \Sigma(y_2 - \bar{y}_2)^2}{n_1 + n_2 - 2}$$

Dans cette formule, s_1^2 et s_2^2 représentent les variances calculées à partir des échantillons des populations 1 et 2. En utilisant la valeur de s_{pd}^2, nous pouvons estimer l'erreur type de $\bar{y}_1 - \bar{y}_2$, à l'aide de la formule suivante:

$$s_{\bar{y}_1-\bar{y}_2} = \sqrt{s_{pd}^2\left(\frac{1}{n_1} + \frac{1}{n_2}\right)}$$

La valeur de $s_{\bar{y}_1-\bar{y}_2}$ est l'estimé de $\sigma_{\bar{y}_1-\bar{y}_2}$. Lorsque cette valeur est obtenue, nous pouvons déterminer le degré de similitude entre ($\bar{y}_1 - \bar{y}_2$) et la différence hypothétique, $\mu_1 - \mu_2$, en calculant la valeur t comme suit:

$$t = \frac{(\bar{y}_1 - \bar{y}_2) - \delta}{s_{\bar{y}_1-\bar{y}_2}}$$

Il y a $n_1 + n_2 - 2$ degrés de liberté associés à cette valeur t. Plus la valeur t est près de zéro, plus $\bar{y}_1 - \bar{y}_2$ semblent s'approcher de la valeur hypothétique, $(\mu_1 - \mu_2) = \delta$. Si la valeur t est très différente de zéro nous devrions rejeter l'hypothèse nulle. Si les deux quantités n_1 et n_2 sont suffisamment grandes (supérieures à 30), nous pourrions alors obtenir une valeur approximative Z, en utilisant la formule:

$$Z = \frac{(\bar{y}_1 - \bar{y}_2) - \delta}{s_{\bar{y}_1-\bar{y}_2}} \qquad \text{où} \qquad s_{\bar{y}_1-\bar{y}_2} = \sqrt{\frac{s_1^2}{n_1} + \frac{s_2^2}{n_2}}.$$

ÉTAPE 4 À partir de la valeur de α, choisir une règle de décision à l'aide du tableau des règles de décision.

La grandeur de la valeur t constitue le critère utilisé pour décider si nous rejetons ou si nous acceptons l'hypothèse nulle. Le tableau 8.3 présente (1) les trois hypothèses possibles portant sur la différence entre les moyennes de

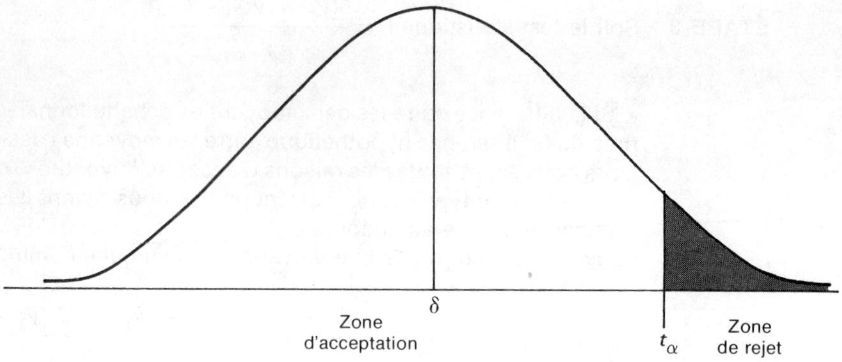

FIGURE 8.28 Zones d'acceptation et de rejet pour les hypothèses H_0: $\mu_1 - \mu_2 \leqslant \delta$ versus H_a: $\mu_1 - \mu_2 > \delta$. La partie ombrée représente la probabilité α.

deux populations dont la distribution est normale, dont les variances sont supposées égales et à partir desquelles sont choisis deux échantillons indépendants et (2) l'alternative de chacune de ces hypothèses à partir desquelles sont déterminées les limites des zones de rejet et d'acceptation, en termes de valeurs t, avec dl $= n_1 + n_2 - 2$. Si l'hypothèse alternative est H_a: $\mu_1 - \mu_2 > \delta$, alors la zone de rejet, définie comme l'ensemble des valeurs t où $t \geqslant t_\alpha$, est unicaudale et se situe entièrement à la droite de la moyenne (figure 8.28).

Si l'hypothèse alternative est H_a: $\mu_1 - \mu_2 < \delta$, alors la zone de rejet, définie comme l'ensemble des valeurs t où $t \leqslant -t_\alpha$, est aussi unicaudale, mais se situe entièrement à la gauche de la moyenne (figure 8.29).

Si l'hypothèse alternative est H_a: $\mu_1 - \mu_2 \neq \delta$, alors la zone de rejet, définie comme l'ensemble des valeurs t où $t \geqslant t_{\alpha/2}$ ou $t \leqslant -t_{\alpha/2}$, est bicaudale, c'est-à-dire que la zone de rejet se partage également entre les deux extrémités de la courbe (figure 8.30).

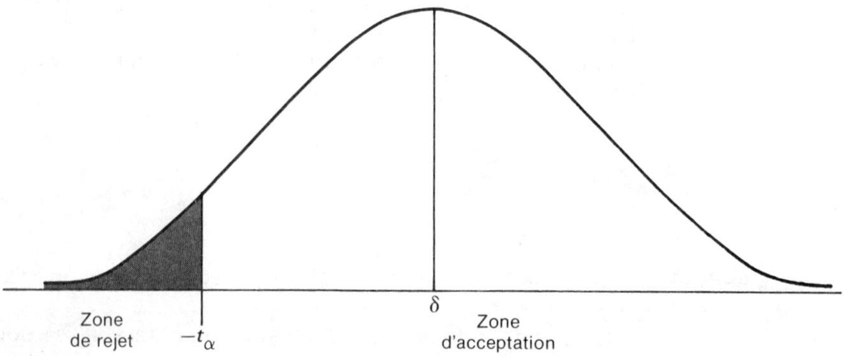

FIGURE 8.29 Zones d'acceptation et de rejet pour les hypothèses H_0: $\mu_1 - \mu_2 \geqslant \delta$ versus H_a: $\mu_1 - \mu_2 < \delta$. La partie ombrée représente la probabilité α.

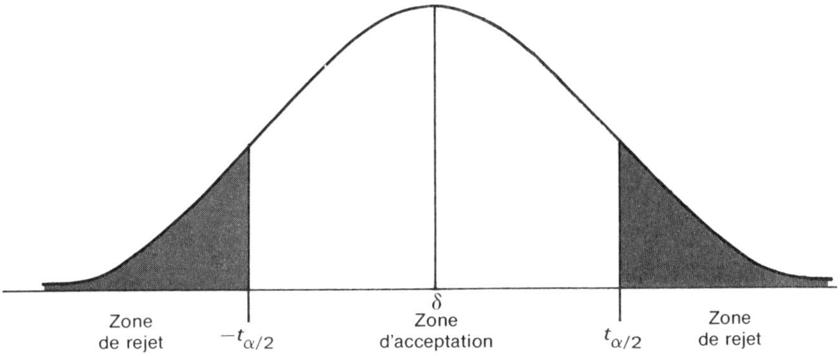

FIGURE 8.30 Zones d'acceptation et de rejet pour les hypothèses H_0: $\mu_1 - \mu_2 = \delta$ versus H_a: $\mu_1 - \mu_2 \neq \delta$. Les parties ombrées représentent la probabilité α.

ÉTAPE 5 Procéder à l'échantillonnage et calculer la valeur du test statistique.

Lorsque nous avons déterminé l'hypothèse à vérifier, le test statistique approprié et les limites des zones de rejet et d'acceptation en fonction de l'hypothèse à vérifier, nous sommes prêts à choisir l'échantillon, à calculer la différence $\bar{y}_1 - \bar{y}_2$ et à calculer les valeurs respectives des variances s_1^2 et s_2^2. Pour obtenir la valeur t, nous devons substituer ces valeurs aux symboles des formules de l'étape 3.

$$t = \frac{(\bar{y}_1 - \bar{y}_2) - \delta}{s_{\bar{y}_1 - \bar{y}_2}}$$

se modèle sur la distribution t avec $n_1 + n_2 - 2$ degrés de liberté.

ÉTAPE 6 Appliquer la règle de décision et prendre la décision.

Si la valeur t calculée à partir des données de l'échantillon (voir étape 5) se situe à l'intérieur de la zone de rejet, telle que définie dans le tableau des règles de décision (tableau 8.3), alors nous rejetons l'hypothèse nulle et nous acceptons l'hypothèse alternative. Dans le cas contraire, nous acceptons l'hypothèse nulle et nous rejetons l'hypothèse alternative.

DISCUSSION SIMPLIFIÉE Nous illustrerons à l'aide d'un exemple les six étapes de la procédure conduisant au rejet ou à l'acceptation d'une hypothèse portant sur les moyennes de deux populations dont les distributions sont normales, lorsque les échantillons sont choisis de façon indépendante.

Supposons que nous désirons comparer l'augmentation de poids de jeunes veaux sevrés, lorsque ceux-ci sont soumis à deux diètes différentes. Quatre veaux sont soumis à la première diète et cinq à la seconde. Nous supposons que les veaux sont affectés au hasard à chacun des deux groupes. Comme l'emploi de la seconde diète entraîne des coûts supplémentaires, nous ne déciderons de l'adopter que si celle-ci produit, en moyenne, une augmentation de poids supérieure à 2 kg par rapport à la première. C'est-à-dire que $\mu_2 - \mu_1$ doit excéder 2 kg. Les six étapes conduisant à la solution du problème sont les suivantes.

ÉTAPE 1 Formuler H_0 et H_a.

$$H_0\colon \mu_2 - \mu_1 \leq 2 \qquad \text{versus} \qquad H_a\colon \mu_2 - \mu_1 > 2.$$

[*Note:* nous aurions pu énoncer l'hypothèse de la façon suivante: «Calculer la différence $\mu_1 - \mu_2$.» Si nous avions adopté cette formulation, les calculs ci-dessous auraient conduit au même résultat, mais celui-ci aurait été de signe opposé. Cependant, la décision ultime resterait la même.]

ÉTAPE 2 Choisir les effectifs échantillonnaux n_1 et n_2, ainsi qu'une valeur pour α.

Soit $n_1 = 4$, $n_2 = 5$ et $\alpha = 0{,}025$ (avec dl $= 4 + 5 - 2 = 7$).

ÉTAPE 3 Voici le test statistique approprié: $t = \dfrac{(\bar{y}_2 - \bar{y}_1) - \delta}{s_{\bar{y}_2 - \bar{y}_1}}$

Dans le cas présent, la formule serait:

$$t = \frac{(\bar{y}_2 - \bar{y}_1) - 2}{s_{\bar{y}_2 - \bar{y}_1}} = \frac{(\bar{y}_2 - \bar{y}_1) - 2}{\sqrt{s_{pd}^2(1/4 + 1/5)}}$$

où les valeurs $\bar{y}_1$, $\bar{y}_2$, s_1^2 et s_2^2 sont obtenues à partir des données des deux échantillons. Nous supposons que $\sigma_1^2 = \sigma_2^2$.

ÉTAPE 4 À partir de la valeur de α, choisir une règle de décision à l'aide du tableau des règles de décision.

Dans le cas présent, l'hypothèse alternative est H_a: $\mu_2 - \mu_1 > 2$ kg. Par conséquent, la règle de décision est: «Rejeter H_0 si $t \geqslant t_{0{,}025} = 2{,}365$ avec 7 degrés de liberté»; autrement, accepter H_0.

Les zones de rejet et d'acceptation pour ce problème particulier sont représentées à la figure 8.31.

ÉTAPE 5 Procéder à l'échantillonnage et calculer la valeur du test statistique. Supposons que les données recueillies sont les suivantes:

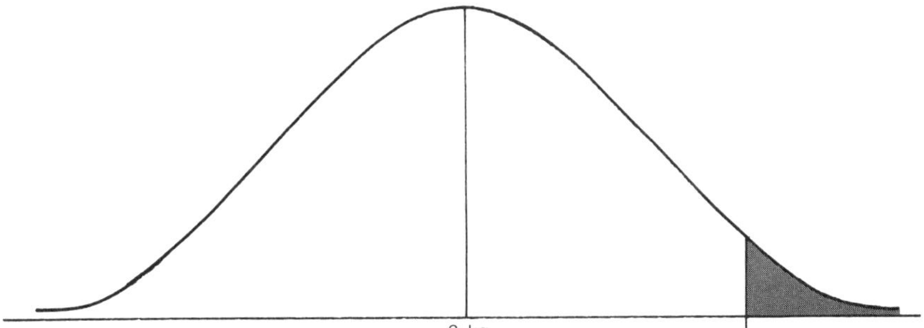

FIGURE 8.31 Zones d'acceptation et de rejet pour les hypothèses H_0: $\mu_2 - \mu_1 \leqslant 2$ kg versus H_a: $\mu_2 - \mu_1 > 2$ kg. La partie ombrée représente $\alpha = 0{,}025$.

DIÈTES	POIDS DES VEAUX				
1	74	79	78	71	
2	82	80	81	84	75

À partir de ces données, nous calculons les indices statistiques suivants: $\overline{y}_1 = 75{,}50$; $s_1^2 = 13{,}6667$; $\overline{y}_2 = 80{,}40$; $s_2^2 = 11{,}3000$. Par conséquent, si nous supposons que $\sigma_1^2 = \sigma_2^2$, alors

$$s_{pd}^2 = \frac{(n_1 - 1)s_1^2 + (n_2 - 1)s_2^2}{n_1 + n_2 - 2}$$

$$= \frac{3\ (13{,}6667)\ +4\ (11{,}3000)}{7} = 13{,}9286$$

et

$$t = \frac{(\overline{y}_2 - \overline{y}_1) - \delta}{\sqrt{s_{pd}^2(1/n_1 + 1/n_2)}}$$

$$= \frac{(80{,}40 - 75{,}50) - 2}{\sqrt{13{,}9286\,(1/4 + 1/5)}} = 1{,}158$$

ÉTAPE 6 Appliquer la règle de décision et prendre la décision.

Comme la valeur 1,158 est inférieure à 2,365, nous n'avons pas suffisamment de preuves pour rejeter l'hypothèse nulle. Par conséquent, nous concluons que, jusqu'à ce que nous ayons une démonstration plus convaincante, la seconde diète ne semble pas suffisamment supérieure pour justifier son emploi.

EXEMPLES

Utiliser pour chacun des problèmes ci-dessous la procédure en six étapes décrite dans cette leçon, procédure qui permet de vérifier des hypothèses de différences entre deux moyennes de populations normalement distribuées lorsque les échantillons sont indépendants. Postuler que $\sigma_1^2 = \sigma_2^2$.

1. Les données ci-dessous représentent les diamètres (en cm) de micrométéorites extraites d'échantillons de sol lunaire recueillis à deux endroits différents sur la surface de la lune.

ÉCHANTILLON 1		ÉCHANTILLON 2	
0,91	1,57	1,03	1,66
1,82	1,61	1,99	1,76
1,46	1,32	1,65	1,28
1,95		2,07	2,01

Vérifier l'hypothèse que les diamètres moyens des deux populations représentées par ces échantillons sont égaux. Le seuil $\alpha = 0{,}10$.

Solution. Il est possible de solutionner ce problème à l'aide de la procédure en six étapes décrite dans cette leçon.

ÉTAPE 1 H_0: $\mu_1 - \mu_2 = 0$ ($\delta = 0$) *versus* H_a: $\mu_1 - \mu_2 \neq 0$

ÉTAPE 2 $\alpha = 0{,}10$, $n_1 = 7$, $n_2 = 8$ et dl $= 7 + 8 - 2$, ou 13

ÉTAPE 3 Voici le test statistique approprié:

$$t = \frac{(\bar{y}_1 - \bar{y}_2) - 0}{s_{\bar{y}_1 - \bar{y}_2}} = \frac{(\bar{y}_1 - \bar{y}_2) - 0}{\sqrt{s_{pd}^2(1/7 + 1/8)}}$$

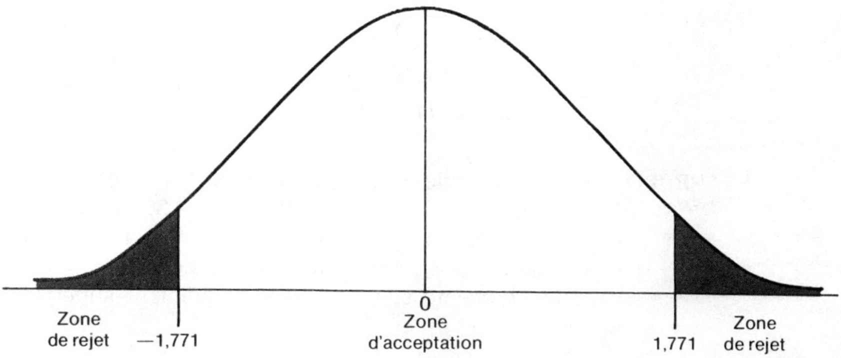

FIGURE 8.32 Exemple 1

ÉTAPE 4 La règle de décision prend la forme suivante: rejeter H_0 si $t \leqslant -t_{0,05} = -1,771$ ou si $t \geqslant t_{0,05} = 1,771$; sinon, accepter H_0. Les zones d'acceptation et de rejet sont illustrées à la figure 8.32.

ÉTAPE 5 Partant des données ci-haut, nous calculons $\overline{y}_1 = 1,52$, $s_1^2 = 0,1169$, $\overline{y}_2 = 1,68$ et $s_2^2 = 0,1353$. Par conséquent,

$$s_{pd}^2 = \frac{6(0,1169) + 7(0,1353)}{13} = 0,1268$$

et

$$t = \frac{-0,16 - 0}{\sqrt{0,1268(1/7 + 1/8)}} = -0,8682$$

ÉTAPE 6 Puisque $-1,771 \leqslant -0,8682 \leqslant 1,771$, il nous faut accepter H_0 et conclure que les diamètres moyens des deux populations de microméteorites représentées par les échantillons ne diffèrent pas.

2. Une compagnie d'huile compare la viscosité de deux marques d'huiles. Des chimistes tirent deux échantillons et mesurent la viscosité. Peut-on conclure que la viscosité de la marque 2 est supérieure d'au moins 0,05 unités de mesure à celle de la marque 1? Supposons que $n_1 = 18$, $n_2 = 16$ et $\alpha = 0,01$. Effectuer le test d'hypothèse à l'aide des informations ci-dessous.

HUILE DE MARQUE 1	HUILE DE MARQUE 2
$\sum y_1 = 7,88$	$\sum y_2 = 7,38$
$\sum y_1^2 = 3,5115$	$\sum y_2^2 = 3,4538$
$\overline{y}_1 = 0,4378$	$\overline{y}_2 = 0,4613$

Solution. Voici les six étapes à suivre pour résoudre ce problème.

ÉTAPE 1 H_0: $\mu_2 - \mu_1 \leqslant 0,05$ versus H_a: $\mu_2 - \mu_1 > 0,05$

ÉTAPE 2 $\alpha = 0,01$, $n_1 = 18$, $n_2 = 16$ et dl $= 16 + 18 - 2$, ou 32

ÉTAPE 3 $$t = \frac{(\overline{y}_2 - \overline{y}_1) - 0,05}{s_{\overline{y}_2 - \overline{y}_1}}$$

ÉTAPE 4 Rejeter H_0 si $t \geqslant t_{0,01} = 2,326$; sinon, accepter H_0. Les zones d'acceptation et de rejet sont illustrées à la figure 8.33.

ÉTAPE 5 Nous calculons d'abord

$$s_{pd}^2 = \frac{[3,5115 - (7,88)^2/18] + [3,4538 - (7,38)^2/16]}{18 + 16 - 2}$$

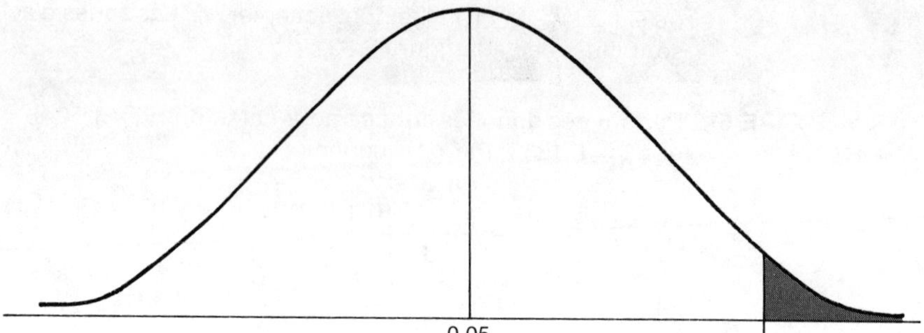

FIGURE 8.33 Exemple 2

$$= \frac{0,0618 + 0,0498}{32} = 0,00349$$

Note: pour calculer s_{pd}^2, nous utilisons les formules suivantes:

$$(n_1 - 1)s_1^2 = \Sigma y_1^2 - \frac{(\Sigma y_1)^2}{n_1}$$

et

$$(n_2 - 1)s_2^2 = \Sigma y_2^2 - \frac{(\Sigma y_2)^2}{n_2}$$

Finalement,

$$t = \frac{(0,4613 - 0,4378) - 0,05}{\sqrt{0,00349(1/18 + 1/16)}}$$
$$= \frac{-0,0265}{0,0203} = -1,305$$

ÉTAPE 6 Puisque $-1,305 < 2,326$, nous ne pouvons pas rejeter l'hypothèse nulle. Nous ne pouvons donc pas conclure que la viscosité de la marque 2 excède celle de la marque 1 de 0,05 unité de mesure.

EXERCICES Utiliser pour chacun des problèmes ci-dessous la procédure en six étapes décrite dans cette leçon, laquelle permet de vérifier des hypothèses de différences entre deux moyennes de populations normalement distribuées lorsque les échantillons sont indépendants. Postuler que $\sigma_1^2 = \sigma_2^2$.

1. Dans le but de vérifier le coefficient de rupture de deux types de matériau en plastique, des ingénieurs ont recueilli les données ci-dessous. Avec un seuil α de 0,05, vérifier l'hypothèse que les deux matériaux ont un même coefficient de rupture.

MATÉRIAU 1		MATÉRIAU 2	
425	389	251	311
375	332	215	321
421	271	364	292
356	294	294	263
382	314	325	364

2. On vérifie la force de friction de moteurs lubrifiés avec deux huiles commerciales différentes. Voici les résultats de l'expérience.

MARQUE A	MARQUE B
$n_1 = 10$	$n_2 = 15$
$\bar{y}_1 = 12{,}4$	$\bar{y}_2 = 15{,}3$
$s_1^2 = 1{,}02$	$s_2^2 = 0{,}92$

Compte tenu d'un seuil de signification de 0,05, concluriez-vous que la marque A a une moins grande force de friction que la marque B?

3. Des agronomes comparent l'effet de deux engrais sur des fraisiers. À la lumière des informations ci-dessous, concluriez-vous que les deux engrais diffèrent de 1 quant à leur productivité moyenne? Fixons le seuil α à 0,05. (Noter que $n\bar{y} = \Sigma y$.)

ENGRAIS 1	ENGRAIS 2
$\Sigma\ y_1^2 = 104{,}15$	$\Sigma\ y_2^2 = 652{,}31$
$\bar{y}_1 = 4{,}52$	$\bar{y}_2 = 5{,}31$
$n_1 = 5$	$n_2 = 23$

4. L'Armée compare deux techniques pour déchiffrer les cryptogrammes. On divise en deux équipes un groupe de dix sous-lieutenants: les membres d'une équipe doivent utiliser la méthode A, tandis que ceux de l'autre équipe devront adopter la méthode B. Tous auront à déchiffrer un même cryptogramme. Compte tenu des données ci-dessous, peut-on conclure que les deux méthodes sont également efficaces? Utiliser un seuil α de 0,05. (Dans le cas de la méthode A, $\bar{y}_1 = 37{,}48$ et $s_1 = 10{,}27$; pour la méthode B, $\bar{y}_2 = 33{,}02$ et $s_2 = 14{,}28$.)

MÉTHODE A	MÉTHODE B
30,4	28,6
45,2	17,5
36,1	53,2
25,4	41,5
50,3	24,3

5. Un échantillon au hasard de représentants de deux grandes compagnies d'assurances se voient administrer un test sur leurs connaissances en assurances. Voici les résultats.

COMPAGNIE A	COMPAGNIE B
$s_1 = 10,2$	$s_2 = 15,4$
$n_1 = 22$	$n_2 = 25$
$\overline{y}_1 = 86,3$	$\overline{y}_2 = 92,4$

Vérifier l'hypothèse que les représentants de ces deux compagnies ont une connaissance égale de leur domaine de travail. Utiliser un seuil $\alpha = 0,05$.

LEÇON 11 TEST D'HYPOTHÈSE SUR DEUX MOYENNES LORSQUE LES OBSERVATIONS SONT APPARIÉES

Tâche: à partir de l'énoncé d'un problème, appliquer la procédure en six étapes permettant de vérifier une hypothèse portant sur les moyennes de deux populations dont la distribution est normale et lorsque les observations sont sélectionnées par paires; puis, prendre la décision appropriée.

DÉFINITION *Test d'hypothèse sur deux moyennes lorsque les observations sont appariées:* procédure statistique qui permet de décider si deux moyennes sont égales ou si la différence entre deux moyennes est égale à une valeur spécifique. Cette procédure se distingue de celles présentées aux leçons antérieures par le fait que chaque observation qui provient d'une population est appariée à une observation qui provient de l'autre population. Les membres de chacune des paires sont mutuellement dépendants, mais les paires sont indépendantes les unes des autres. La différence entre deux membres d'une paire donnée est représentée par le symbole d; nous supposons que la distribution de cette quantité est normale. La moyenne de ces différences est ensuite calculée de façon à obtenir une valeur pour le test statistique, ainsi qu'un estimé de l'erreur type. Les six étapes de la procédure sont les suivantes.

ÉTAPE 1 Formuler H_0 et H_a. Il n'y a que trois hypothèses possibles sur deux moyennes lorsque les observations sont appariées; elles sont respectivement:

(1) H_0: $\mu_1 - \mu_2 \leq \delta$ versus H_a: $\mu_1 - \mu_2 > \delta$
(2) H_0: $\mu_1 - \mu_2 \geq \delta$ versus H_a: $\mu_1 - \mu_2 < \delta$
(3) H_0: $\mu_1 - \mu_2 = \delta$ versus H_a: $\mu_1 - \mu_2 \neq \delta$

Ici δ représente n'importe quelle constante spécifique; habituellement $\delta = 0$.

ÉTAPE 2 Choisir un effectif échantillonnal pour représenter le nombre de paires à sélectionner, ainsi qu'une valeur pour α.

ÉTAPE 3 Voici le test statistique approprié:

$$t = \frac{\bar{d} - \delta}{s_{\bar{d}}}$$

avec dl $= n - 1$, où n représente le nombre de paires observées.

TABLEAU 8.4 RÈGLES DE DÉCISION POUR UN TEST D'HYPOTHÈSE PORTANT SUR LES MOYENNES DE DEUX POPULATIONS DONT LES DISTRIBUTIONS SONT NORMALES ET LORSQUE LES OBSERVATIONS SONT APPARIÉES.

HYPOTHÈSES NULLES	HYPOTHÈSES ALTERNATIVES	ZONES DE REJET	ZONES D'ACCEPTATION
H_0: $\mu_1 - \mu_2 \leq \delta$	H_a: $\mu_1 - \mu_2 > \delta$	$t \geq t_\alpha$	$t < t_\alpha$
H_0: $\mu_1 - \mu_2 \geq \delta$	H_a: $\mu_1 - \mu_2 < \delta$	$t \leq -t_\alpha$	$t > -t_\alpha$
H_0: $\mu_1 - \mu_2 = \delta$	H_a: $\mu_1 - \mu_2 \neq \delta$	$t \geq t_{\alpha/2}$ or $t \leq -t_{\alpha/2}$	$-t_{\alpha/2} < t < t_{\alpha/2}$

ÉTAPE 4 À partir de la valeur de α, choisir une règle de décision à l'aide du tableau de règles de décisions (tableau 8.4); ici, les valeurs t sont calculées avec $\text{dl} = n - 1$.

ÉTAPE 5 Procéder à l'échantillonnage et calculer la valeur du test statistique.

ÉTAPE 6 Appliquer la règle de décision et prendre la décision.

DISCUSSION Nous utilisons un test d'hypothèse pour deux moyennes lorsque nous désirons savoir si la différence moyenne entre des valeurs provenant de deux populations dont la distribution est normale est égale à une valeur spécifique, ou se situe à l'intérieur d'un intervalle de valeurs spécifiques.

Par exemple, supposons que nous désirons comparer l'effet de deux traitements différents, tels une diète 1 et une diète 2, l'insecticide 1 et l'insecticide 2, la méthode pédagogique 1 et la méthode pédagogique 2, la marque X et la marque Y, et ainsi de suite. Pour minimiser l'effet de certaines variables qui pourraient affecter le résultat de la comparaison, nous apparions chaque unité d'observation provenant d'une population à une unité d'observation provenant de l'autre population, de façon à maximiser la similitude entre les deux membres de chaque paire (ce processus d'appariement crée une certaine dépendance entre les mesures effectuées sur les membres d'une paire donnée). Nous attribuons ensuite au hasard l'un des deux traitements au premier membre de la paire, et l'autre traitement au second membre. Si nous mesurons l'effet de chacun des traitements sur un groupe de sujets appariés, nous obtenons un tableau semblable au tableau ci-dessous (nous supposons que la distribution des différences d est normale).

PAIRES	TRAITEMENT 1	TRAITEMENT 2	$d = y_1 - y_2$
1	y_{11}	y_{21}	d_1
2	y_{12}	y_{22}	d_2
3	y_{13}	y_{23}	d_3
$\vdots$	$\vdots$	$\vdots$	$\vdots$
n	y_{1n}	y_{2n}	d_n

Dans ce tableau, chaque paire d'observations est numérotée et rapportée dans la colonne étiquetée PAIRES. Lorsque les traitements ont été appliqués à chaque membre d'une paire et que les mesures ont été effectuées et enregistrées, nous rapportons les mesures (y_1) effectuées sur le membre qui a reçu le traitement 1 dans la colonne étiquetée TRAITEMENT 1. Les mesures (y_2) effectuées sur l'autre membre de la paire sont rapportées dans la colonne étiquetée TRAITEMENT 2. La colonne étiquetée d rapporte les différences entre les valeurs y_1 et y_2. La différence moyenne $\bar{d}$ est égale à d/n et l'écart type des différences se calcule de la façon suivante:

$$s_d = \sqrt{\frac{\Sigma(d - \bar{d})^2}{n - 1}} = \sqrt{\frac{\Sigma d^2 - (\Sigma d)^2/n}{n - 1}}$$

Le test statistique approprié est:

$$t = \frac{\bar{d} - \delta}{s_d/\sqrt{n}}$$

où δ représente la valeur de la différence hypothétique. Une fois les différences obtenues, ce test se résume à une procédure de test d'hypothèse sur une moyenne, lorsque σ est inconnu.

Pour décider si nous acceptons ou si nous rejetons l'hypothèse nulle, nous appliquons les six étapes de la procédure comme suit.

ÉTAPE 1 Formuler H_0 et H_a.

Nous avons déjà discuté, à la leçon 2 de ce chapitre, de la méthode utilisée pour formuler l'hypothèse nulle et l'hypothèse alternative. Dans le cas des moyennes de deux populations dont les distributions sont normales et lorsque les observations sont sélectionnées par paires, les trois hypothèses possibles sont les suivantes:

(1) H_0: $\mu_1 - \mu_2 \leq \delta$ versus H_a: $\mu_1 - \mu_2 > \delta$
(2) H_0: $\mu_1 - \mu_2 \geq \delta$ versus H_a: $\mu_1 - \mu_2 < \delta$
(3) H_0: $\mu_1 - \mu_2 = \delta$ versus H_a: $\mu_1 - \mu_2 \neq \delta$

[*Note:* l'hypothèse la plus fréquente est $\mu_1 = \mu_2$; dans ce cas, la valeur de δ est égale à zéro.]

ÉTAPE 2 Choisir un effectif échantillonnal ainsi qu'une valeur pour α.

Pour les besoins de ce texte, nous désignerons à l'avance l'effectif échantillonnal à utiliser pour les *exemples* et les *exercices*. Lorsque nous effectuons des tests sur des hypothèses réelles, nous choisissons habituellement à l'avance une valeur pour α. Dans notre cas, la valeur de α sera donnée en même temps que celle de l'effectif échantillonnal. L'effectif échantillonnal n représente le nombre de *paires* d'observations.

ÉTAPE 3 Voici le test statistique approprié: $t = \dfrac{\bar{d} - \delta}{s_d/\sqrt{n}}$

Si nous calculons la différence d entre les membres de chaque paire d'observations, ainsi que la différence moyenne $\bar{d}$, où

$$\bar{d} = \frac{\Sigma d}{n}$$

il est normal de croire que la valeur $\bar{d}$ devrait être voisine de la valeur de la différence entre les moyennes de chacune des deux populations. L'erreur type $\sigma_{\bar{d}}$ est estimée à l'aide de la formule suivante:

$$s_{\bar{d}} = \frac{s_d}{\sqrt{n}}$$

où

$$s_d = \sqrt{\frac{\Sigma(d - \bar{d})^2}{n - 1}} = \sqrt{\frac{\Sigma d^2 - (\Sigma d)^2/n}{n - 1}}$$

À partir de la valeur de $s_{\bar{d}}$, nous pouvons calculer la valeur t comme suit:

$$t = \frac{\bar{d} - \delta}{s_{\bar{d}}}$$

Il y a $n - 1$ degrés de liberté associés à cette valeur t. Plus la valeur t est près de zéro, plus il semble probable que $\mu_1 - \mu_2 = \delta$. Si la valeur t est suffisamment différente de zéro, alors nous devrions rejeter l'hypothèse nulle. L'étape 4 définit les conditions spécifiques à utiliser pour décider d'accepter ou de rejeter l'hypothèse nulle.

ÉTAPE 4 À partir de la valeur α, choisir une règle de décision à l'aide du tableau des règles de décision.

La grandeur de la valeur t constitue le critère pour décider si nous rejetons ou si nous acceptons l'hypothèse nulle. Le tableau 8.4 résume (1) les trois hypothèses possibles à propos des moyennes de deux populations dont la distribution est normale et à partir desquelles des observations appariées ont été sélectionnées et (2) l'alternative de chacune de ces hypothèses, à partir desquelles ont été déterminées les zones de rejet et d'acceptation en termes de valeurs t.

Si l'hypothèse alternative est H_a: $\mu_1 - \mu_2 > \delta$, alors la zone de rejet, définie comme l'ensemble des valeurs t où $t \geqslant t_\alpha$, est unicaudale et se situe entièrement à droite de la moyenne (figure 8.34).

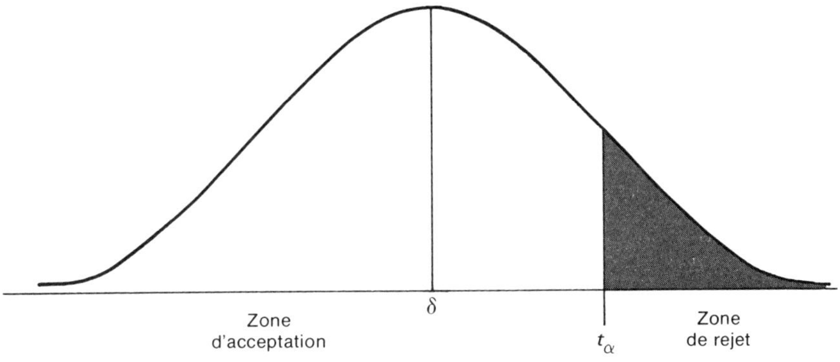

FIGURE 8.34 Zones d'acceptation et de rejet pour les hypothèses H_0: $\mu_1 - \mu_2 \leqslant \delta$ versus H_a: $\mu_1 - \mu_2 > \delta$. La partie ombrée représente la probabilité α.

Si l'hypothèse alternative est H_a: $\mu_1 - \mu_2 < \delta$, alors la zone de rejet, définie comme l'ensemble des valeurs t où $t \leqslant -t_\alpha$, est aussi unicaudale, mais elle se situe entièrement à gauche de la moyenne (figure 8.35).

Si l'hypothèse alternative est H_a: $\mu_1 - \mu_2 \neq \delta$, alors la zone de rejet, définie comme l'ensemble des valeurs t telles que $t \geqslant t_{\alpha/2}$ ou $t \leqslant -t_{\alpha/2}$ est bicaudale, c'est-à-dire que la zone de rejet est partagée entre chacune des extrémités de la courbe (figure 8.36).

ÉTAPE 5 Procéder à l'échantillonnage et calculer la valeur du test statistique.

Lorsque nous avons déterminé l'hypothèse à vérifier, le test statistique approprié et les limites des zones de rejet et d'acceptation correspondant aux hypothèses, nous sommes prêts à effectuer l'échantillonnage et à calculer la différence entre les membres de chaque paire d'observations, de façon à

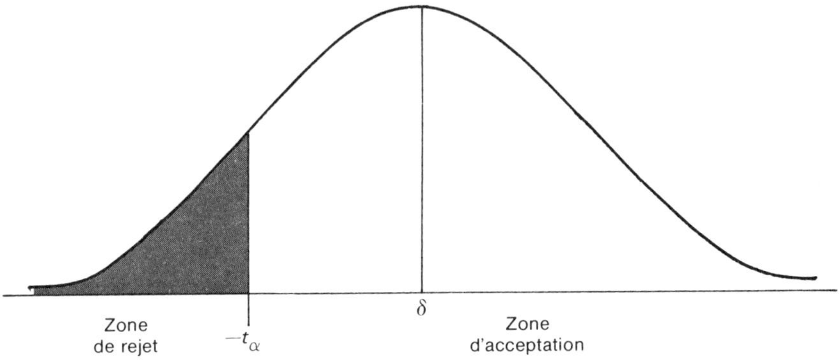

FIGURE 8.35 Zones d'acceptation et de rejet pour les hypothèses H_0: $\mu_1 - \mu_2 \geqslant \delta$ versus H_a: $\mu_1 - \mu_2 < \delta$. La partie ombrée représente la probabilité α.

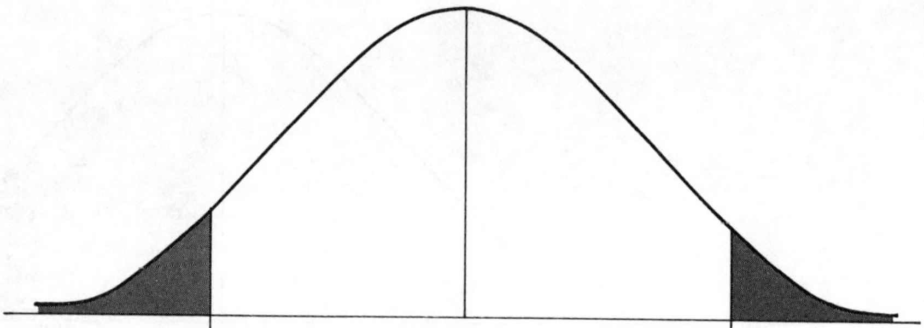

FIGURE 8.36 Zones d'acceptation et de rejet pour les hypothèses H_0: $\mu_1 - \mu_2 = \delta$ versus H_a: $\mu_1 - \mu_2 \neq \delta$. Les parties ombrées représentent la probabilité α.

obtenir une différence $\bar{d}$. Nous calculons l'écart type de ces différences pour obtenir la valeur de s_d et calculer une valeur t à l'aide de la formule suivante:

$$t = \frac{\bar{d} - \delta}{s_d/\sqrt{n}}$$

ÉTAPE 6 Appliquer la règle de décision et prendre la décision.

Si la valeur t calculée à partir des données de l'échantillon (voir étape 5) se situe dans la zone de rejet (tableau 8.4), alors nous rejetons l'hypothèse nulle et nous acceptons l'hypothèse alternative; autrement, nous acceptons l'hypothèse nulle et rejetons l'hypothèse alternative.

DISCUSSION SIMPLIFIÉE Nous utiliserons un exemple pour illustrer les six étapes de la procédure conduisant au rejet ou à l'acceptation d'une hypothèse portant sur les moyennes de deux populations dont la distribution est normale et à partir desquelles deux échantillons ont été sélectionnés et appariés.

Supposons que nous présumons qu'un additif à essence devrait augmenter la performance (litres/100 kilomètres) d'une automobile, lorsque celui-ci est ajouté à l'essence régulière. Cinq automobiles sont choisies pour un test. Nous affectons un conducteur à chaque automobile; celui-ci devra, dans un premier temps, effectuer un test routier avec le plein d'essence régulière seule, puis refaire ensuite le même test routier avec le plein d'essence régulière plus l'additif. Soit $\alpha = 0,05$. Les six étapes conduisant à la solution du problème sont les suivantes.

ÉTAPE 1 Formuler H_0 et H_a.

H_0: $\mu_1 - \mu_2 \leq 0$ versus H_a: $\mu_1 - \mu_2 > 0$.

[*Note:* nous aurions pu formuler l'hypothèse comme suit: «Calculer la différence $\mu_2 - \mu_1$.» Si nous avions adopté cette formulation, les résultats auraient été identiques, mais de signes opposés. Cependant, la décision serait restée la même.]

ÉTAPE 2 Choisir un effectif échantillonnal ainsi qu'une valeur pour α.

Soit $\alpha = 0{,}05$ et $n = 5$.

ÉTAPE 3 Voici le test statistique approprié: $t = \dfrac{\bar{d} - \delta}{s_d/\sqrt{n}}$

Dans le cas présent, la formule serait

$$t = \frac{\bar{d} - 0}{s_d/\sqrt{5}}$$

avec dl $= 4$.

ÉTAPE 4 À partir de la valeur α, choisir une règle de décision à l'aide du tableau de règles de décision.

Dans le cas présent, l'hypothèse alternative est H_a: $\mu_1 - \mu_2 > 0$. Par conséquent, la règle de décision est: «Rejeter H_0 si $t \geqslant t_{0,05} = 2{,}132$; autrement, accepter H_0.»

Les zones de rejet et d'acceptation pour ce problème sont représentées à la figure 8.37.

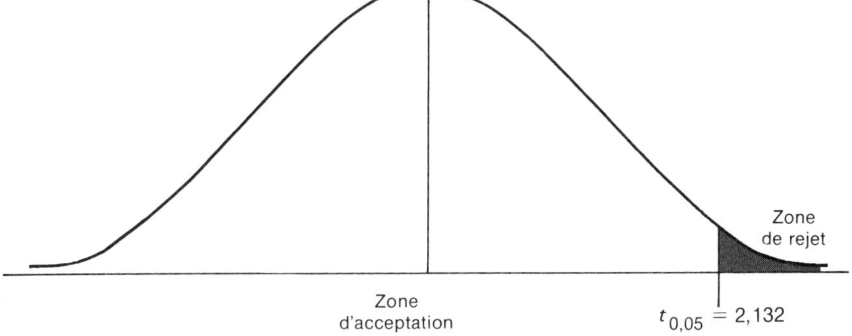

FIGURE 8.37 Zones d'acceptation et de rejet pour les hypothèses H_0: $\mu_1 - \mu_2 \leqslant 0$ versus H_a: $\mu_1 - \mu_2 > 0$. La partie ombrée représente la probabilité $\alpha = 0{,}05$.

TABLEAU 8.5 COMPARISON DU KILOMÉTRAGE EFFECTUÉ PAR LES AUTOMOBILES UTILISANT (1) DE L'ESSENCE RÉGULIÈRE + ADDITIF (2) DE L'ESSENCE RÉGULIÈRE SEULE.

AUTOMOBILE	KILOMÉTRAGE: y_1 ESSENCE + ADDITIF	KILOMÉTRAGE: y_2 ESSENCE SEULE	d DIFFÉRENCE
1	11,5	12,6	1,1
2	13,7	15,3	1,6
3	7,2	9,1	1,9
4	9,4	10,9	1,5
5	10,2	12,5	2,3

ÉTAPE 5 Procéder à l'échantillonnage et calculer la valeur du test statistique.

Supposons que les données soient celles du tableau 8.5. À partir de ces données, nous calculons $\Sigma d = 8{,}4$ et $\Sigma d^2 = 14{,}92$. Par conséquent,

$$\bar{d} = \frac{8{,}4}{5} \text{ ou } 1{,}68 \qquad \text{et} \qquad s_d = \sqrt{\frac{(14{,}92) - (8{,}4)^2/5}{4}} \text{ ou } 0{,}449$$

Nous pouvons calculer la valeur du test statistique comme suit:

$$t = \frac{1{,}68 - 0}{0{,}449/\sqrt{5}} = 8{,}367$$

ÉTAPE 6 Appliquer la règle de décision et prendre la décision.

Comme la valeur 8,367 est supérieure à la valeur 2,132, nous pouvons rejeter H_0 et conclure qu'il y a suffisamment de preuves pour démontrer que l'additif augmente de façon significative la performance litres/100 kilomètres.

EXEMPLES Utiliser pour les exemples ci-dessous la procédure en six étapes décrite dans cette leçon, procédure qui permet de vérifier des hypothèses à propos des moyennes de deux populations normalement distribuées desquelles on a tiré des échantillons appariés.

1. Une chercheuse désire mesurer la quantité moyenne de sucrose dans un concentré donné de jus de betterave à sucre. Il existe deux techniques de mesure; la chercheuse veut vérifier si toutes deux enregistrent le même poids à sec. Dix contenants de jus de betteraves sont échantillonnés au hasard dans dix lots différents. On mesure pour la méthode A la moitié du liquide de chaque contenant, tandis que l'autre moitié est mesurée par la méthode B. Les résultats de cette expérience apparaissent dans le tableau ci-dessous.

Peut-on conclure de ces données que les deux méthodes de mesure donnent des résultats identiques? Fixons le seuil α à 0,05.

LOTS / MÉTHODES	1	2	3	4	5	6	7	8	9	10
MÉTHODE A	11,0	5,0	9,8	5,7	6,5	8,2	5,9	6,0	7,5	5,4
MÉTHODE B	11,1	5,6	9,7	5,3	6,7	8,5	5,6	5,8	7,1	5,5
DIFFÉRENCE	—0,1	—0,6	0,1	0,4	—0,2	—0,3	0,3	0,2	0,4	—0,1

Solution. On peut solutionner ce problème à l'aide de la procédure en six étapes décrite dans cette leçon.

ÉTAPE 1 H_0: $\mu_1 - \mu_2 = 0$ versus H_a: $\mu_1 - \mu_2 \neq 0$

ÉTAPE 2 $\alpha = 0{,}05$ et $n = 10$

ÉTAPE 3 Voici le test statistique approprié:

$$t = \frac{\bar{d} - \delta_d}{s_{\bar{d}}} = \frac{\bar{d} - 0}{s_d/\sqrt{10}}$$

ÉTAPE 4 La règle de décision prend la forme suivante: rejeter H_0 si $t \geqslant t_{\alpha/2} = 2{,}262$ ou si $t \leqslant -2{,}262$; sinon, accepter H_0. Les zones d'acceptation et de rejet pour ce problème sont illustrées à la figure 8.38.

ÉTAPE 5 À l'aide des formules appropriées, nous obtenons $\bar{d} = 0{,}01$ et $s_d^2 = 0{,}1077$. Par conséquent

$$t = \frac{\bar{d} - 0}{s_d/\sqrt{n}} = \frac{0{,}01}{0{,}3281 / \sqrt{10}} = 0{,}0964$$

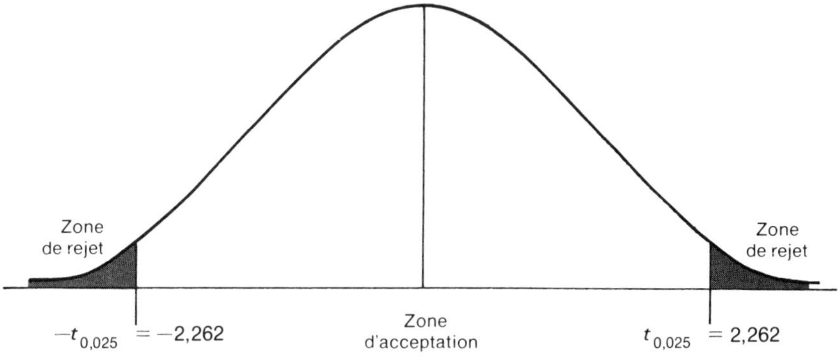

FIGURE 8.38 Exemple 1

ÉTAPE 6 Puisque $-2{,}262 \leqslant 0{,}0964 \leqslant 2{,}262$, nous acceptons H_0 et concluons que les moyennes obtenues ne diffèrent pas significativement d'une méthode à l'autre.

2. Nous désirons comparer deux produits chimiques utilisés pour rendre les tissus résistants au rétrécissement. Huit pièces de tissus sont échantillonnées et coupées en deux. On applique le produit chimique 1 à une moitié de chaque pièce et le produit chimique 2 à l'autre moitié. Puis, les seize pièces sont immergées dans de l'eau chaude durant six heures, après quoi on mesure le rétrécissement. Voici les résultats.

PRODUIT CHIMIQUE 1	PRODUIT CHIMIQUE 2	DIFFÉRENCE
4,2	1,6	—2,6
1,7	1,3	—0,4
1,0	0,5	—0,5
3,7	1,5	—2,2
2,1	1,3	—0,8
1,6	1,7	+0,1
3,1	1,0	—2,1
1,1	1,8	+0,7
		—7,8

Peut-on conclure que le produit chimique 1 rend les tissus plus résistants au rétrécissement que le produit chimique 2? Fixons le seuil α à 0,10.

Solution. Voici les six étapes à suivre pour solutionner ce problème.

ÉTAPE 1 H_0: $\mu_2 \geqslant \mu_1$, *versus* H_a: $\mu_2 < \mu_1$, ou H_0: $\mu_2 - \mu_1 \geqslant 0$ versus H_a: $\mu_2 - \mu_1 < 0$

ÉTAPE 2 $\alpha = 0{,}10$ et $n = 8$

ÉTAPE 3 $$t = \frac{\bar{d} - 0}{s_{\bar{d}}} = \frac{\bar{d} - 0}{s_d/\sqrt{n}}$$

ÉTAPE 4 Rejeter H_0 si $t \leqslant -t_{0,025} = -1{,}415$; sinon, accepter H_0. Cette règle de décision est illustrée à la figure 8.39.

ÉTAPE 5 À l'aide des formules appropriées, nous obtenons $d = -0{,}975$ et $s_d = 1{,}193$. Par conséquent

$$t = \frac{-0{,}975 - 0}{1{,}193/\sqrt{8}} = -2{,}31$$

ÉTAPE 6 Puisque —2,31 est plus petit que — 1,415, nous pouvons conclure que le produit chimique 2 rend effectivement les tissus plus résistants au rétrécissement que le produit chimique 1.

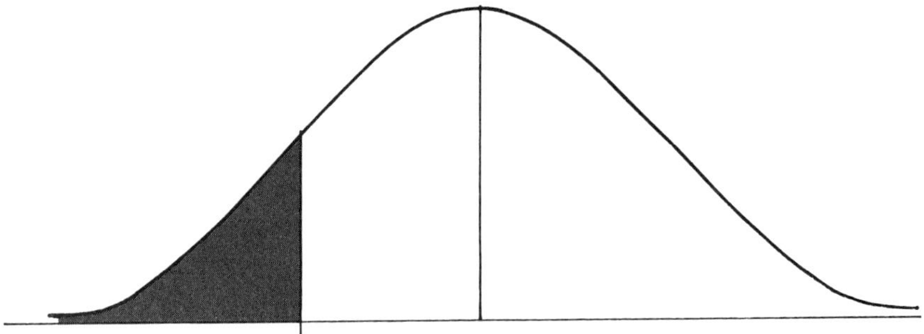

FIGURE 8.39 Exemple 2

EXERCICES

Utiliser pour les problèmes ci-dessous la procédure en six étapes décrite dans cette leçon, procédure qui permet de vérifier des hypothèses à propos des moyennes de deux populations normalement distribuées desquelles on a tiré des échantillons appariés.

1. Dix paires de frères vont passer leur test de conduite automobile et obtiennent les résultats ci-dessous. Ces résultats indiquent-ils que le frère aîné obtient habituellement un meilleur résultat que le cadet ? Choisir votre propre seuil α.

PAIRES / ÂGES	1	2	3	4	5	6	7	8	9	10
AÎNÉ	98	94	87	90	84	91	91	78	84	71
CADET	82	93	92	76	88	75	93	72	76	75

2. Deux types de glaçure à céramique, Brillantine et Aveuglante, sont mises en comparaison. Des chimistes échantillonnent six vases de céramique et tracent autour de chacun une ligne horizontale qui crée deux parties superposées. Pour chaque vase, ils lancent une pièce de monnaie. Si elle retombe sur le côté *face*, ils vernissent la partie supérieure avec Brillantine et la partie inférieure avec Aveuglante. Si la pièce de monnaie retombe sur le côté *pile*, ils procèdent à l'inverse. Cette procédure a pour but de s'assurer que la partie qui sera vernie avec une glaçure particulière n'influencera pas les

VASES / GLAÇURES	1	2	3	4	5	6
BRILLANTINE	24	16	33	47	21	31
AVEUGLANTE	32	13	31	48	19	36

résultats du test. Après la cuisson, les chimistes mesurent la dureté des différentes glaçures. Les résultats sont regroupés dans le tableau ci-dessus. Indiquent-ils que la dureté moyenne diffère d'une glaçure à l'autre? Fixons le seuil α à 0,05.

3. Des techniciennes de laboratoire comparent deux méthodes différentes de mesure de la matière grasse contenue dans le lait. Elles choisissent sept échantillons de lait provenant de diverses races de vache laitière et mesurent le taux de matière grasse contenue dans chaque échantillon à l'aide des deux méthodes. Les résultats sont regroupés dans le tableau ci-dessous. A-t-on raison de croire que les deux méthodes ne donnent pas le même résultat moyen? Fixons le seuil α à 0,10.

ÉCHANTILLONS / MÉTHODES	1	2	3	4	5	6	7
MÉTHODE 1	5,8	12,2	4,6	10,3	7,2	5,1	4,9
MÉTHODE 2	5,6	11,9	4,3	8,1	7,3	5,0	4,6

4. Une importante compagnie a mis au point une nouvelle méthode informatisée pour la formation de son personnel de vente. Dans le but de comparer cette méthode à la méthode de formation traditionnelle, on apparie deux à deux des vendeurs récemment engagés en fonction de leurs intérêts, de leur passé scolaire, de leur Q.I., etc. Un membre de chaque paire reçoit sa formation avec la méthode traditionnelle, tandis que l'autre est formé par la méthode informatisée. Au terme de la période de formation, tous les candidats subissent un même examen et leurs résultats sont comparés. Compte tenu des résultats échantillonnaux présentés ci-dessous, peut-on conclure que la méthode informatisée est au moins aussi efficace que la méthode traditionnelle? Fixons le seuil α à 0,01.

VENDEURS / MÉTHODES	1	2	3	4	5	6	7	8	9
TRADITIONNELLE	168	189	203	179	209	194	182	207	184
INFORMATISÉE	158	175	193	178	192	174	176	186	182

5. Un groupe de dentistes désire vérifier si l'hypnose constitue un meilleur agent anesthésique que la novocaïne. Ils décident d'hypnotiser un patient lors d'une première visite et de lui donner de la novocaïne lors d'une autre visite; la séquence de ces deux traitements est inversée au hasard d'un patient à l'autre. Durant le traitement dentaire, ils fixent des électrodes au patient et enregistrent des indices physiologiques d'anxiété. Compte tenu des données présentées dans le tableau ci-dessous et d'un seuil α de 0,10, peut-on conclure que l'hypnose est plus efficace que la novocaïne en tant qu'agent réducteur de l'anxiété? Considérons que μ_1 représente le niveau moyen d'anxiété associé à

l'hypnose et que μ_2 représente le niveau moyen d'anxiété associé à la novocaïne.

PATIENTS / MÉTHODES	1	2	3	4	5	6	7	8
HYPNOSE	58	36	39	50	49	62	54	41
NOVOCAÏNE	51	40	27	42	45	51	57	48

UTILITÉ DE CES NOTIONS

DANS LE COURS

Le concept de test d'hypothèse est l'un des outils les plus importants de la statistique inférentielle; il constitue donc un objectif approprié dans le cadre d'un texte d'introduction comme celui-ci. Le concept de test d'hypothèse sera utilisé dans tous les chapitres subséquents. Plusieurs autres méthodes de la statistique avancée ne sont que des extensions des concepts et des méthodes étudiés dans ce chapitre.

AU-DELÀ DU COURS

Les exemples et les exercices de ce chapitre devraient vous indiquer comment appliquer les techniques de tests d'hypothèses à des situations réelles. Ces techniques exigent une certaine planification et une certaine prudence si l'on désire obtenir des données qui peuvent être analysées. Plusieurs étudiants universitaires qui préparent leur thèse ressentent le besoin de telles techniques pour analyser les données recueillies dans le cadre de leurs expériences. Les données des expériences de mise en marché, les données de types sociologique et psychologique, les données recueillies dans les laboratoires de physiologie ou d'agronomie, etc., peuvent souvent être analysées à l'aide de ces techniques ou à l'aide de techniques plus complexes.

RÉSUMÉ

Dans ce chapitre, nous avons présenté les concepts de base et la terminologie reliés au test d'hypothèse. Nous avons aussi présenté quatre procédures pour vérifier des hypothèses sur des moyennes de variables aléatoires dont les distributions sont normales.

Nous devons, du point de vue mathématique, supposer que les distributions des variables étudiées sont normales pour pouvoir justifier l'utilisation des tables Z et t. Cependant, si l'effectif échantillonnal est suffisamment grand, nous pouvons appliquer le théorème central limite et utiliser ces procédures en toute quiétude.

Un simple examen des quatre procédures vous révélera qu'une méthode commune est utilisée pour déterminer le test statistique approprié. Par exemple, si nous connaissons l'erreur type de l'estimateur du paramètre ou si l'effectif échantillonnal est suffisamment grand, nous utilisons un score Z comme test statistique; ce score est obtenu en soustrayant la valeur hypothétique du paramètre de l'estimé, puis en divisant cette valeur par l'erreur type. C'est-à-dire,

$$Z = \frac{\widehat{\theta} - \theta_0}{\sigma_{\widehat{\theta}}}$$

Si nous ne connaissons pas l'erreur type de l'estimateur ou si l'effectif échantillonnal est relativement petit, alors nous calculons une valeur t, en utilisant la formule

$$t = \frac{\widehat{\theta} - \theta_0}{s_{\widehat{\theta}}}$$

où $s_{\widehat{\theta}}$ représente l'estimé de $\sigma_{\widehat{\theta}}$, l'erreur type inconnue, et θ_0 représente la valeur hypothétique du paramètre. Les principaux résultats de ce chapitre sont résumés dans les tableaux 8.6 et 8.7.

TABLEAU 8.6 TESTS STATISTIQUES UTILISÉS POUR VÉRIFIER CERTAINES HYPOTHÈSES.

VALEURS HYPOTHÉTIQUES DU PARAMÈTRE	ESTIMATEURS	ERREURS TYPES	TESTS STATISTIQUES
$\mu = \mu_0$	$\bar{y}$	$\sigma/\sqrt{n}$ or $s/\sqrt{n}$	$Z = \frac{\bar{y} - \mu_0}{\sigma/\sqrt{n}}$ $t = \frac{\bar{y} - \mu_0}{s/\sqrt{n}}$
$\mu_1 - \mu_2 = \delta$ (échantillons indépendants)	$\bar{y}_1 - \bar{y}_2$	$s_{\bar{y}_1 - \bar{y}_2}$	$t = \frac{(\bar{y}_1 - \bar{y}_2) - \delta}{s_{\bar{y}_1 - \bar{y}_2}}$
$\mu_1 - \mu_2 = \mu_\delta$ (observations appariées)	$\bar{d}$	$s_d/\sqrt{n}$	$t = \frac{\bar{d} - \delta}{s_d/\sqrt{n}}$

TABLEAU 8.7 RÈGLES DE DÉCISION

DIRECTION DE L'ALTERNATIVE	TESTS STATISTIQUES z REJETER H_0	z ACCEPTER H_0	t REJETER H_0	t ACCEPTER H_0
$>$	$Z \geq z_\alpha$	$Z < z_\alpha$	$t \geq t_\alpha$	$t < t_\alpha$
$<$	$Z \leq -z_\alpha$	$Z > -z_\alpha$	$t \leq -t_\alpha$	$t > -t_\alpha$
$\neq$	$z \geq z_{\alpha/2}$ ou $z \leq -z_{\alpha/2}$	autrement	$t \geq t_{\alpha/2}$ ou $t \leq -t_{\alpha/2}$	autrement

TEST PERSONNEL SUR LE CHAPITRE HUIT

(*Questions 1 à 4*) Choisir l'énoncé approprié dans la liste à droite et inscrire la lettre correspondante.

_______ 1. Zone d'acceptation
_______ 2. Intervalle de confiance
_______ 3. Test d'hypothèse
_______ 4. Erreur de type I

(a) Une déclaration à propos d'une caractéristique d'une population.
(b) Une procédure de prise de décision.
(c) Une étendue de valeurs à l'intérieur de laquelle devrait se situer le paramètre.
(d) Rejet d'une hypothèse nulle lorsqu'elle est fausse.
(e) Un ensemble de valeurs d'un test statistique entraînant l'acceptation de l'hypothèse alternative.
(f) Rejet d'une hypothèse nulle lorsqu'elle est vraie.
(g) Un ensemble de valeurs d'un test statistique entraînant le rejet de l'hypothèse alternative.
(h) Acceptation d'une hypothèse nulle lorsqu'elle est fausse.

(*Questions 5 à 7) Inscrire a* si la situation exige une procédure d'estimation impliquant un intervalle de confiance, et *b* si la situation exige un test d'hypothèse.

_______ 5. Une grande université désire connaître la taille appropriée des salles de cours dans le futur édifice de la faculté de Droit.

_______ 6. Afin de mieux planifier une campagne publicitaire, une spécialiste en marketing désire vérifier si la longévité d'une nouvelle lampe-écran est supérieure à celle de l'ancien modèle.

_______ 7. Des experts en sondages désirent vérifier s'il y a eu modification de l'indice de popularité du Premier ministre du pays depuis son entrée en fonctions.

(Questions 8 à 10) Inscrire la lettre qui correspond au test statistique approprié. Une même réponse peut servir à plus d'une question.

(a) $\dfrac{\bar{y} - \mu_0}{\sigma/\sqrt{n}}$ (b) $\dfrac{\bar{y} - \mu_0}{s/\sqrt{n}}$

(c) $\dfrac{(\bar{y}_1 - \bar{y}_2) - \delta}{\sqrt{s^2_{pd}\left(\dfrac{1}{n_1} + \dfrac{1}{n_2}\right)}}$ (d) $\dfrac{(\bar{y}_1 - \bar{y}_2) - \delta}{\sqrt{\dfrac{s_1^2}{n_1} + \dfrac{s_2^2}{n_2}}}$

(e) $\dfrac{\bar{d} - \delta}{s_d/\sqrt{n}}$ (f) Informations insuffisantes

______ 8. On désire vérifier si les épouses dorment en moyenne plus longtemps que leur mari. Un échantillon au hasard de 28 couples mariés sera utilisé.

______ 9. On désire vérifier si les élèves de niveau secondaire de la région de Québec obtiennent un rendement en mathématiques supérieur à la norme provinciale. (Postulons que les scores de rendement en mathématiques pour l'ensemble de la province ont été transformés en «scores V», lesquels ont une moyenne de 50 et une variance de 100). On échantillonnera un groupe de 25 élèves de la région de Québec.

______ 10. On désire vérifier s'il existe un écart entre le salaire moyen des enseignants du Québec et ceux de l'Ontario. On tirera un échantillon au hasard de 200 enseignants dans chacune des provinces.

(*Questions 11 à 15*) Vous devez effectuer pour l'expérience suivante un test d'hypothèse unicaudal. Supposons qu'un test de rendement a été administré à un échantillon au hasard d'étudiants soumis à une méthode expérimentale, de même qu'à un échantillon au hasard d'étudiants soumis à une méthode traditionnelle. Vérifier, à l'aide des données du tableau ci-dessous, si les étudiants soumis à la méthode E (expérimentale) réussissent mieux que les étudiants soumis à la méthode T (traditionnelle).

	MÉTHODE E	**MÉTHODE T**
Taille échantillonnale	14	14
Moyenne	78	70
Variance	116	108

11. Quelle est la formulation appropriée pour l'hypothèse nulle et l'hypothèse alternative.
(a) H_0: $\mu_e = \mu_t$ versus H_a: $\mu_e \neq \mu_t$
(b) H_0: $\mu_e \leqslant \mu_t$ versus H_a: $\mu_e > \mu_t$
(c) H_0: $\mu_e > \mu_t$ versus H_a: $\mu_e \leqslant \mu_t$
(d) H_0: $\mu_e \geqslant \mu_t$ versus H_a: $\mu_e < \mu_t$
(e) H_0: $\mu_e < \mu_t$ versus H_a: $\mu_e \geqslant \mu_t$

12. En vous référant à la liste des formules présentée pour les problèmes 8 à 10, identifier le test statistique approprié.

13. Compte tenu d'un seuil α de 0,05, préciser la (les) valeur(s) critique(s) pour la zone de rejet.

(a) 1,699 (b) $\pm$1,699 (c) 1,703 (d) $\pm$1,703 (e) 1,706
(f) $\pm$1,706 (g) 1,771 (h) 1,761 (i) 2,056 (j) $\pm$2,056

14. Quel est le résultat du test statistique?

(a) 0,5 (b) 1,0 (c) 1,5 (d) 2,0 (e) 2,5
(f) 2,8 (g) 4,0 (h) 7,0 (i) 8,0 (j) 16,0

15. Quelle devrait être la conclusion statistique?

(a) Accepter H_0 et conclure que la méthode E est significativement supérieure à la méthode T.

(b) Accepter H_0 et conclure que la méthode T est significativement supérieure à la méthode E.

(c) Accepter H_0 et conclure qu'il n'y a pas de différence entre les méthodes E et T.

(d) Rejeter H_0 et conclure que la méthode E est significativement supérieure à la méthode T.

(e) Rejeter H_0 et conclure que la méthode T est significativement supérieure à la méthode E.

(f) Rejeter H_0 et conclure qu'il n'y a pas de différence entre les méthodes E et T.

(*Questions 16 à 18*) On prétend que la procédure *N* permet de réduire le temps de production de 68 minutes actuellement exigé pour compléter un cycle de production. On postule que le σ de la nouvelle procédure est le même, soit $\sigma = 15$, que celui de l'ancienne procédure. Neuf items sont produits à l'aide de la nouvelle procédure, avec un temps moyen de 58 minutes.

16. Quelle est la formulation appropriée pour H_0 et H_a?

(a) H_0: $\mu_N \leq 68$ versus H_a: $\mu_N > 68$
(b) H_0: $\mu_N \geq 68$ versus H_a: $\mu_N < 68$
(c) H_0: $\mu_N = 68$ versus H_a: $\mu_N \neq 68$
(d) H_0: $\mu_N > 68$ versus H_a: $\mu_N \leq 68$
(e) H_0: $\mu_N < 68$ versus H_a: $\mu_N \geq 68$

17. Supposons que la réponse juste au problème 16 est (a) (ce qui peut être ou ne pas être exact). Avec un seuil α de 0,05, la (les) valeur(s) critique(s) de la zone de rejet est (sont):

(a) $\pm$1,645 (b) 1,645 (c) $-1,645$ (d) $-1,860$ (e) 1,860
(f) +1,96 (g) $\pm$1,96 (h) $-1,96$ (i) $\pm$2,306 (j) $\pm$1,860

18. Quel est le résultat du test statistique?

(a) $-1,9$ (b) 1,9 (c) -2 (d) 2 (e) -4
(f) 4 (g) $-5,3$ (h) 5,3 (i) 6 (j) -6

19. Supposons de nouveau que la réponse juste au problème 16 est (a) (ce qui peut être ou ne pas être exact); en quoi consisterait une erreur de type I?
(a) Adopter la procédure N alors qu'elle n'est pas plus lente.
(b) Adopter la procédure N alors qu'elle est plus lente.
(c) Conserver la procédure actuelle alors que N n'est pas plus lente.
(d) Conserver la procédure actuelle alors que N est plus lente.

20. Calculer l'écart type échantillonnal pour l'ensemble de données suivant: 7, 3, 5, 3, 7.
(a) 2,0 (b) $\sqrt{2}$ (c) 3,2 (d) $\sqrt{3,2}$ (e) 3,4
(f) $\sqrt{3,4}$ (g) 4,0 (h) 5,0 (i) $\sqrt{5}$ (j) 16,0

(*Questions 21 à 25*) Inscrire *a* si l'énoncé est vrai et *b* s'il est faux.

______21. Pour une taille *n* donnée, une diminution de α entraîne une augmentation de β.

______22. Ce qui différencie un test *Z* d'un test *t* c'est le fait que la zone de rejet est unicaudale dans un cas et bicaudale dans l'autre.

______23. L'acceptation de H_0 a pour résultat habituel qu'on ne formule aucun jugement ou encore qu'on retient son jugement jusqu'à ce que des preuves plus claires soient obtenues pour rejeter H_0.

______24. Avant même de recueillir des données, il est important de préciser un ensemble de règles qui indiqueront la décision qui s'impose suite à l'analyse des résultats.

______25. Lorsqu'on utilise un test d'hypothèse dans une situation réelle, il est coutume de préétablir une valeur pour β.

RÉPONSES AUX EXERCICES (NUMÉROS IMPAIRS)

LEÇON 1

1. Ordinal
3. Intervalles-rapports
5. Intervalles-rapports
7. Nominal
9. Ordinal
11. Intervalles-rapports

LEÇON 2

1. $H_0 : \mu \leqslant 1$ kg versus $H_a : \mu > 1$ kg
3. $H_0 : \pi \leqslant 0,75$ versus $H_a : \pi > 0,75$
5. $H_0 : \pi_A = \pi_B$ versus $H_a : \pi_A \neq \pi_B$ ou $H_0 : \pi_A - \pi_B \neq 0$ versus $H_a : \pi_A - \pi_B \neq 0$
7. $H_0 : \mu \geqslant 5,5$ versus $H_a : \mu < 5,5$

LEÇON 3

1. Type I: les Leblanc concluent que le poids moyen est supérieur à 1 kg, alors qu'il est de fait plus petit ou égal à 1 kg.

Type II: les Leblanc concluent que le poids moyen est plus petit ou égal à 1 kg alors qu'il est de fait supérieur à 1 kg.

3. Type I: le réseau de télévision conclut que le vrai pourcentage est supérieur à 75%, alors qu'il est de fait plus petit ou égal à 75%.

   Type II: le réseau de télévision conclut que le vrai pourcentage est plus petit ou égal à 75%, alors qu'il est de fait plus grand.

LEÇON 4

1. (a) Choisir un échantillon de taille n.
   (b) Calculer la masse moyenne échantillonnale $\bar{y}$.
   (c) Rejeter H_0 si $\bar{y} \geqslant \bar{y}_0$; sinon, accepter H_0.

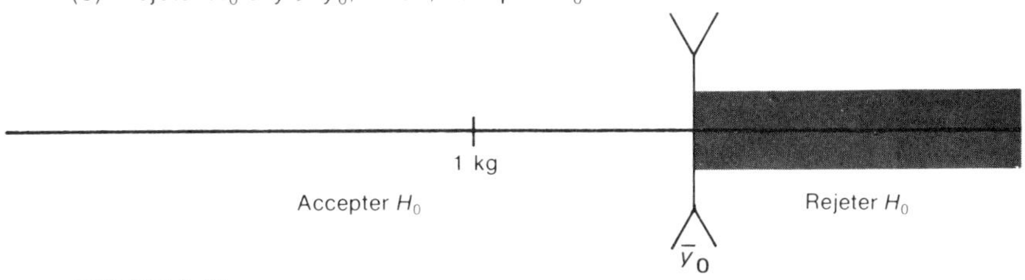

FIGURE 8.40

3. (a) Choisir un échantillon de n ménages qui regardent la télévision.
   (b) Calculer la proportion p de ceux qui regardent une émission du réseau en question.
   (c) Rejeter H_0 si $p \geqslant p_0$; sinon, accepter H_0.

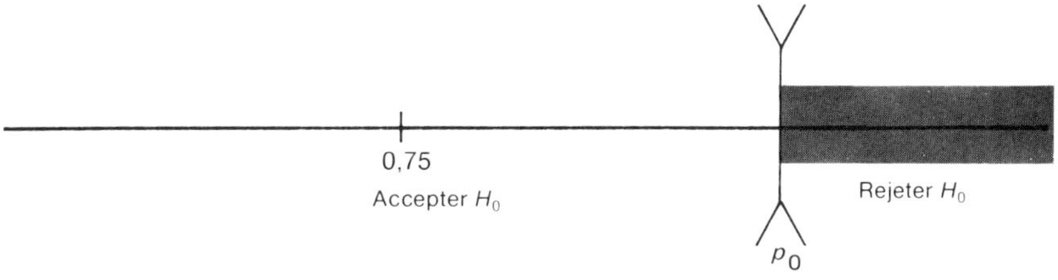

FIGURE 8.41

5. (a) Sélectionner un échantillon de taille n pour chaque variété hybride de blé.
   (b) Calculer la productivité moyenne pour chaque hybride. Soustraire la moyenne de AXA 012 de celle de AZA 006. Nommer cette différence $\bar{d} = (\bar{y}_{/} - \bar{y}_{\backslash})$.
   (c) Rejeter H_0 si $\bar{d} \geqslant \bar{d}_0$; sinon, accepter H_0.

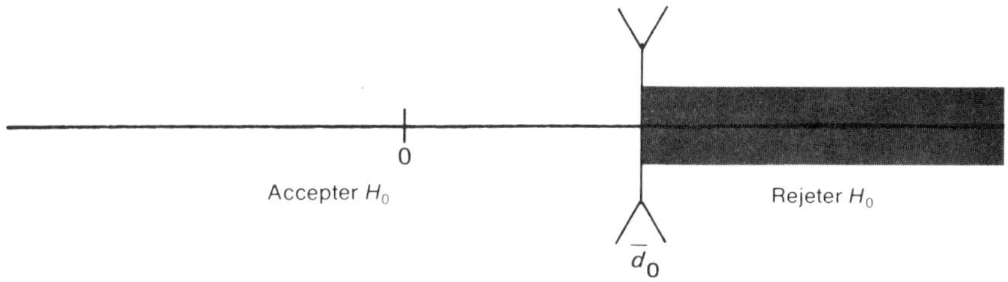

FIGURE 8.42

LEÇON 5

1. *Bicaudal*
3. *Unicaudal*

LEÇON 6

1. L'erreur de type I est la plus grave des deux, puisque le lac serait inutilement empoisonné.

$$\begin{aligned}\alpha &= P(\text{rejeter } H_0 | H_0 \text{ est vraie}) = P(Y \geqslant 190 | \pi = 0{,}6)\\ &= P(Y \geq 189{,}5 \mid \mu = 180) = P\left(Z \geq \frac{189{,}5 - 180}{\sqrt{300(0{,}6)(0{,}4)}}\right)\\ &= P(Z \geq 1{,}12) = 0{,}1314\\ \beta &= P(\text{accepter } H_0 | \pi = 0{,}7) = P(Y < 189{,}5 | \mu = 210)\\ &= P\left(Z < \frac{189{,}5 - 210}{\sqrt{300(0{,}7)(0{,}3)}}\right) = P(Z < -2{,}58) = 0{,}0049\end{aligned}$$

La règle de décision n'est pas très bonne parce que α est trop grand.

3. $$\begin{aligned}\alpha &= P(\text{rejeter } H_0 | H_0 \text{ est vraie})\\ &= P(\bar{y} < 13{,}6 \text{ ou } \bar{y} > 13{,}8 | \mu = 13{,}7)\\ &= P(\bar{y} < 13{,}6 \mid \mu = 13{,}7) + P(\bar{y} > 13{,}8 \mid \mu = 13{,}7)\\ &= P\left(Z < \frac{13{,}6 - 13{,}7}{0{,}5/\sqrt{30}}\right) + P\left(Z > \frac{13{,}8 - 13{,}7}{0{,}5/\sqrt{30}}\right)\\ &= P(Z < -1{,}10) + P(Z > 1{,}10) = 0{,}1357 + 0{,}1357 = 0{,}2714\\ \beta &= P(\text{accepter } H_0 | H_0 \text{ est fausse})\\ &= P(13{,}6 \leq \bar{y} \leq 13{,}8 \mid \mu = 13{,}85)\\ &= P\left(\frac{13{,}6 - 13{,}85}{0{,}5/\sqrt{30}} < Z < \frac{13{,}8 - 13{,}85}{0{,}5/\sqrt{30}}\right) = P(-2{,}74 < Z < -0{,}55)\\ &= 0{,}2881\end{aligned}$$

Cette règle de décision n'est pas acceptable. Pour la rendre acceptable, il faudrait étendre les limites de la zone d'acceptation ou accroître la taille de l'échantillon.

5. $\alpha = P(\bar{y} < 9{,}5 \mid \mu = 10) = P\left(Z < \frac{9{,}5 - 10}{1/\sqrt{25}}\right) = P(Z < -2{,}5) = 0{,}0062$

$$\beta = P(\bar{y} > 9{,}5 \mid \mu = 9{,}25) = P\left(Z > \frac{9{,}5 - 9{,}25}{1/\sqrt{25}}\right) = P(Z > 1{,}25) = 0{,}1056$$

Cette règle de décision est acceptable puisque α est petit et β n'est pas trop grand.

LEÇON 7

1. Estimation
3. Estimation

LEÇON 8

1.

(1) H_0: $\mu \leq 340$ versus H_a: $\mu > 340$

(2) $\alpha = 0{,}05$, $n = 14$

(3) $Z = \dfrac{\bar{y} - 340}{140/\sqrt{14}}$

(4) Rejeter H_0 si $Z \geqslant 1{,}645$; sinon, accepter H_0.

(5) $\bar{y} = \dfrac{4788}{14} = 342$ $Z = 0{,}0535$

(6) Puisque $0{,}0535 < 1{,}645$, accepter H_0. Il n'est pas démontré que la réaction moyenne est supérieure à 340.

3.

(1) H_0: $\mu \leq 37$ H_a: $\mu > 37$

(2) $\alpha = 0{,}02$, $n = 45$

(3) $Z = \dfrac{\bar{y} - 37}{10/\sqrt{45}}$

(4) Rejeter H_0 si $Z \geqslant 2{,}05$; sinon, accepter H_0.

(5) $\bar{y} = 45$, $Z = 5{,}37$

(6) Puisque $5{,}37 > 2{,}05$, rejeter H_0. La compagnie devrait aller de l'avant et exploiter le gisement.

5.

(1) H_0: $\mu \leq 115$ versus H_a: $\mu > 115$

(2) $\alpha = 0{,}1$, $n = 64$

(3) $Z = \dfrac{\bar{y} - 115}{66/\sqrt{64}}$

(4) Rejeter H_0 si $Z \geqslant 1{,}282$; sinon, accepter H_0.

(5) $\bar{y} = 136$ $Z = 2{,}55$

(6) Puisque $2{,}55 > 1{,}282$, rejeter H_0. Les résultats démontrent que le pouvoir réfléchissant est supérieur à 115.

LEÇON 9

1.

(1) H_0: $\mu = 80$ versus H_a: $\mu \neq 80$

(2) $\alpha = 0{,}05$, $n = 10$

(3) $t = \dfrac{\bar{y} - 80}{s/\sqrt{10}}$

(4) Rejeter H_0 si $|t| \geqslant 2{,}262$; sinon, accepter H_0. [*Note*: $|t|$ représente la valeur absolue de t.]

(5) $\bar{y} = 81{,}34$, $t = 2{,}354$

(6) Puisque $2{,}354 > 2{,}262$, rejeter H_0.

3.

(1) H_0: $\mu \leq 7{,}1$ versus H_a: $\mu > 7{,}1$

(2) $\alpha = 0{,}05, \quad n = 16$

(3) $t = \dfrac{\bar{y} - 7{,}1}{s/\sqrt{16}}$

(4) Rejeter H_0 si $t \geqslant 1{,}753$; sinon, accepter H_0.

(5) $\bar{y} = 7{,}2 \quad t = 1{,}60$

(6) Puisque $1{,}60 < 1{,}753$, accepter H_0. Il n'est pas nécessaire de poursuivre le séchage.

5.

(1) H_0: $\mu \leq 2{,}00$ versus H_a: $\mu > 2{,}00$

(2) $\alpha = 0{,}01, \quad n = 14$

(3) $t = \dfrac{\bar{y} - 2{,}0}{s/\sqrt{14}}$

(4) Rejeter H_0 si $t \geqslant 2{,}65$; sinon, accepter H_0.

(5) $\bar{y} = 2{,}31, \quad s = 0{,}6534, \quad t = 1{,}775$

(6) Puisque $1{,}775 < 2{,}65$, accepter H_0.

LEÇON 10

1.

(1) H_0: $\mu_1 - \mu_2 = 0$ versus H_a: $\mu_1 - \mu_2 \neq 0$

(2) $\alpha = 0{,}05, \quad n_1 = n_2 = 10$

(3) $t = \dfrac{\bar{y}_1 - \bar{y}_2 - 0}{s_{\bar{y}_1 - \bar{y}_2}}$

où $\bar{y}_1 = 355{,}9, \quad \bar{y}_2 = 300, \quad s_1 = 52{,}20, \quad s_2 = 47{,}69,$

(4) Rejeter H_0 si $|t| \geqslant 2{,}101$; sinon, accepter H_0.

(5) $\bar{y}_1 - \bar{y}_2 = 55{,}9, \quad s_{\bar{y}_1 - \bar{y}_2} = 22{,}3588, \quad t = 2{,}5$

(6) Puisque $2{,}5 > 2{,}101$, rejeter H_0.

3.

(1) H_0: $\mu_2 - \mu_1 = 1{,}00$ versus H_a: $\mu_2 - \mu_1 \neq 1{,}00$

(2) $\alpha = 0{,}05, \quad n_1 = 5, \quad n_2 = 23, \quad \text{dl} = 26$

(3) $t = \dfrac{\bar{y}_2 - \bar{y}_1 - 1.0}{s_{\bar{y}_2 - \bar{y}_1}}$

(4) Rejeter H_0 si $|t| \geqslant 2{,}056$; sinon, accepter H_0.

(5) $$s_{\bar{y}_1 - \bar{y}_2} = \sqrt{\frac{104{,}15 - 5(4{,}52)^2 + 652{,}31 - 23(5{,}31)^2}{26}\left(\frac{1}{5} + \frac{1}{23}\right)} = 0{,}233$$

$$t = \frac{(5{,}31 - 4{,}52) - 1{,}0}{0{,}233} = -0{,}9013$$

(6) Puisque $-0{,}9013 > -2{,}056$, accepter H_0.

5.

(1) H_0: $\mu_1 = \mu_2$ versus H_a : $\mu_1 \neq \mu_2$

(2) α est fixé à 0,05, avec $n_1 = 22$ et $n_2 = 25$

(3) $t = \dfrac{\bar{y}_1 - \bar{y}_2}{s_{\bar{y}_1 - \bar{y}_2}}$

(4) Rejeter H_0 si $|t| \geqslant t_{0,025} = 1,96$

(5) $s^2_{pd} = 175,0373$, donc

$$t = \frac{6,1}{3,8675} = 1,58$$

(6) Accepter H_0

LEÇON 11

1.

(1) H_0: $\mu_a - \mu_c \leqslant 0$ versus H_a : $\mu_a - \mu_c > 0$

(2) Supposons que $\alpha = 0,05$, $n = 10$, dl = 9

(3) $t = \dfrac{\bar{d} - 0}{s_d / \sqrt{n}}$

(4) Rejeter H_0 si $t \geqslant 1,833$; sinon, accepter H_0.

(5) $\bar{d} = 4,6$ $\dfrac{s_d}{\sqrt{n}} = 2,7047$, $t = (4,6)/(2,7047) = 1,701$

(6) Puisque $1,701 < 1,833$, accepter H_0.

3.

(1) H_0: $\mu_1 - \mu_2 = 0$ versus H_a: $\mu_1 - \mu_2 \neq 0$

(2) $\alpha = 0,10$, $n = 7$, dl = 6

(3) $t = \dfrac{\bar{d} - 0}{s_d / \sqrt{n}}$

(4) Rejeter H_0 si $|t| \geqslant 1,943$; sinon, accepter H_0.

(5) $\bar{d} = 0,47$, $\dfrac{s_d}{\sqrt{n}} = 0,293$, $t = 1,604$

(6) Puisque $|1,604| < 1,943$, accepter H_0.

5.

(1) H_0: $\mu_1 - \mu_2 \geqslant 0$ versus H_a : $\mu_1 - \mu_2 < 0$

(2) $\alpha = 0,10$, $n = 8$, dl = 7

(3) $t = \dfrac{\bar{d} - 0}{s_d / \sqrt{n}}$

(4) Rejeter H_0 si $t \leqslant 1,415$.

(5) $\bar{d} = 3,5$, $\dfrac{s_d}{\sqrt{n}} = 2,57$, $t = 1,362$

(6) Puisque $1,362 > -1,415$, accepter H_0.

CHAPITRE NEUF: TESTS POUR DONNÉES NOMINALES

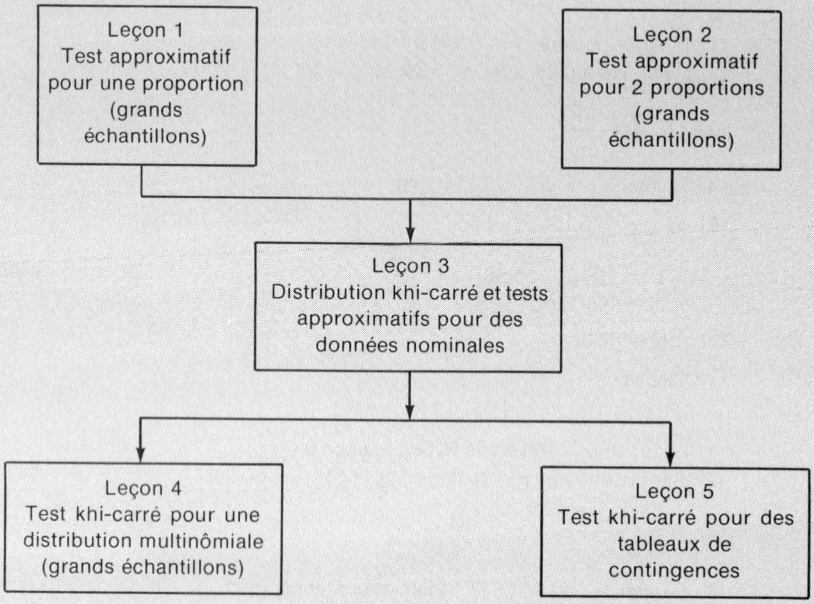

INTRODUCTION Une bonne partie de l'information recueillie dans les études statistiques se présente sous forme de données nominales. Ces données représentent des catégories distinctes, tels homme ou femme; libéral, péquiste ou indépendant; défectueux ou non défectueux; etc. Par conséquent, ces données sont de type discontinu plutôt que continu.

Supposons, par exemple, que nous invitons une personne à compléter un questionnaire dans lequel on lui demande de l'information concernant son sexe, son statut civil, son taux d'imposition, son âge, et ainsi de suite. Chaque réponse représente une catégorie à l'intérieur de laquelle la personne peut être classée. Si nous désirons résumer les données d'un échantillon global, nous pouvons faire le décompte des sujets interrogés qui sont de sexe masculin ou féminin, célibataires, mariés, divorcés, etc. Ici, chaque résultat représente une fréquence à l'intérieur d'une catégorie spécifique. Pour faire ressortir les profils ou les relations possibles, nous pouvons utiliser l'approche présentée au chapitre DEUX et représenter les données sous forme de tableaux de fréquences à double entrée. Voici un exemple d'un tel tableau, calculé en fonction du sexe et du statut civil.

SEXE \ STATUT CIVIL	MARIÉ(E)	CÉLIBATAIRE	VEUF(VE)	DIVORCÉ(E)
Masculin	127	480	19	20
Féminin	101	490	98	33

La fréquence est enregistrée à l'intersection de chaque ligne et de chaque colonne. Nous enregistrons donc le nombre d'individus qui sont de sexe masculin et mariés, de sexe masculin et célibataires, de sexe masculin et veufs, de sexe masculin et divorcés, de même que le nombre de femmes qui sont mariées, célibataires, veuves, divorcées. Un tel tableau de fréquences se nomme *tableau de contingences*. Dans ce chapitre, nous étudierons de façon détaillée les tableaux de contingences.

Il y a plusieurs types d'hypothèses qui s'appliquent à des données de type nominal. Dans ce chapitre, nous étudierons plusieurs techniques pour vérifier de telles hypothèses. Nous présenterons des tests pour une ou plusieurs proportions et des tests portant sur une relation. Pour nous permettre de vérifier une hypothèse quelconque de ce type, nous devrons introduire une nouvelle distribution nommée *distribution khi-carré*. Pour chacune de ces techniques, nous appliquerons de nouveau la procédure en six étapes pour vérifier une hypothèse; cependant, elle sera présentée sous forme abrégée de façon à éviter la répétition.

VOCABULAIRE

Distribution khi-carré (χ^2)
Distribution multinômiale
Données nominales
Tableau de contingences
Test d'homogénéité
Test d'indépendance

LEÇON 1 TEST APPROXIMATIF POUR UNE PROPORTION (GRANDS ÉCHANTILLONS)

Tâche: à partir de l'énoncé d'un problème, pouvoir appliquer la procédure en six étapes pour vérifier une hypothèse concernant une proportion lorsque la distribution est binômiale; puis, prendre la décision appropriée.

DÉFINITIONS *Données nominales:* lorsqu'une mesure effectuée sur des unités d'observation produit des données qui représentent l'appartenance à des catégories distinctes, nous disons que nous avons des données nominales. Ce type de données est habituellement présenté sous forme d'un décompte ou d'un tableau de fréquences.

Test pour une proportion lorsque la distribution est binômiale: un test d'hypothèse pour une proportion lorsque la distribution est binômiale est une procédure statistique utilisée pour décider si la valeur d'une proportion est égale à π_0 ou si elle se situe près de celle-ci. Les six étapes de la procédure sont les suivantes.

ÉTAPE 1 Formuler H_0 et H_a. Dans le cas présent, les trois hypothèses possibles sont:

(1) H_0: $\pi \leq \pi_0$ versus H_a: $\pi > \pi_0$
(2) H_0: $\pi \geq \pi_0$ versus H_a: $\pi < \pi_0$
(3) H_0: $\pi = \pi_0$ versus H_a: $\pi \neq \pi_0$

ÉTAPE 2 Choisir un effectif échantillonnal n ainsi qu'une valeur pour α. Ici, n devrait être suffisamment grand; c'est-à-dire que n devrait être tel que $n\pi_0 \geqslant 5$ et $n(1 - \pi_0) \geqslant 5$.

ÉTAPE 3 Voici le test statistique d'approximation approprié:

$$Z = \frac{p - \pi_0}{\sqrt{\frac{\pi_0(1 - \pi_0)}{n}}}$$

ÉTAPE 4 Choisir une règle de décision à l'aide du tableau des règles de décision (tableau 9.1).

TABLEAU 9.1 RÈGLES DE DÉCISION D'UN TEST D'HYPOTHÈSE POUR UNE PROPORTION LORSQUE LA DISTRIBUTION EST BINÔMIALE.

HYPOTHÈSES NULLES	HYPOTHÈSES ALTERNATIVES	ZONES DE REJET	ZONES D'ACCEPTATION
H_0: $\pi \leq \pi_0$	H_a: $\pi > \pi_0$	$Z \geq z_\alpha$	$Z < z_a$
H_0: $\pi \geq \pi_0$	H_a: $\pi < \pi_0$	$Z \leq -z_\alpha$	$Z > -z_\alpha$
H_0: $\pi = \pi_0$	H_a: $\pi \neq \pi_0$	$Z \geq z_{\alpha/2}$ ou $Z \leq -z_{\alpha/2}$	$-z_{\alpha/2} < Z < z_{\alpha/2}$

ÉTAPE 5 Effectuer l'échantillonnage et calculer la valeur du test statistique.

ÉTAPE 6 Appliquer la règle de décision.

DISCUSSION

Nous avons déjà expliqué, dans la section *Définitions*, la procédure en six étapes permettant de vérifier une hypothèse pour une proportion lorsque la distribution est binômiale. Comme nous avons déjà discuté de façon détaillée, dans le chapitre précédent, de la plupart de ces étapes, nous n'aborderons ici que les points nouveaux et particuliers à ce test.

Dans plusieurs études de populations, le paramètre d'intérêt est la proportion π d'individus possédant une caractéristique donnée. Si nous pouvons émettre une hypothèse quelconque à propos de la valeur de π, alors nous pouvons être intéressés à confirmer cette hypothèse en tirant un échantillon de cette population et en effectuant un test d'hypothèse.

Par exemple, supposons qu'un télédiffuseur croit que sa nouvelle programmation atteint plus de 40% des téléspectateurs. Pour évaluer cette hypothèse, on choisit un échantillon de téléspectateurs à partir duquel on calcule la proportion échantillonnale p. La grandeur de p, par rapport à π, devrait pouvoir conduire à une décision quant à l'acceptation ou au rejet de cette hypothèse.

Le test statistique utilisé est le suivant:

$$Z = \frac{p - \pi_0}{\sqrt{\dfrac{\pi_0(1 - \pi_0)}{n}}}$$

où π_0 représente la valeur hypothétique de π et n l'effectif échantillonnal.

La distribution de ce test statistique n'est qu'approximativement normale; cependant, en vertu du théorème central limite pour une proportion p, cette approximation s'améliore à mesure que l'effectif échantillonnal n augmente.

EXEMPLE Pour le problème suivant, utiliser la procédure en six étapes qui permet de vérifier une hypothèse concernant une proportion dans le cas d'une distribution binômiale.

Vous affirmez que, dans un échantillon de montres choisies au hasard, il y a autant de chances de trouver une montre qui avance que de trouver une montre qui retarde. Pour vérifier cette assertion, vous choisissez au hasard 100 individus qui portent des montres-bracelets et vous leur demandez de vérifier si celle-ci retarde ou avance par rapport à un temps étalon quelconque. Soit $\pi = 1/2$, où π représente la probabilité de constater qu'une montre avance.

Solution. Voici la procédure en six étapes pour vérifier cette hypothèse.

ÉTAPE 1 $H_0 : \pi = 1/2$ *versus* $H_a : \pi \neq 1/2$.

ÉTAPE 2 Soit $\alpha = 0{,}05$ et $n = 100$.

ÉTAPE 3 Voici le test statistique approprié:

$$Z = \frac{p - \pi_0}{\sqrt{\dfrac{\pi_0(1 - \pi_0)}{n}}}$$

ÉTAPE 4 Rejeter H_0 si $Z \geqslant z_{0,025} = 1{,}96$ ou si $Z \leqslant -z_{0,025} = -1{,}96$; sinon, accepter H_0.

ÉTAPE 5 Supposons que sur les 100 montres observées 60 avancent. Donc,

$$Z = \frac{60/100 - \frac{1}{2}}{\sqrt{\dfrac{\frac{1}{2}(1 - \frac{1}{2})}{100}}} = 2$$

ÉTAPE 6 Puisque $2 > 1{,}96$, nous rejetons H_0 et nous concluons qu'il n'y a pas autant de chances de trouver une montre qui avance que de trouver une montre qui retarde.

EXERCICES Pour chacun des problèmes suivants, utiliser la procédure en six étapes qui permet de vérifier une hypothèse concernant une proportion dans le cas d'une distribution binômiale.

1. Un manufacturier de produits domestiques commandite un téléroman diffusé quotidiennement sur les ondes d'une station de télévision locale. Il sait

d'expérience que la cote d'écoute de cette émission se situe aux environs de 60%. Cependant, il désire quand même vérifier périodiquement si cette cote d'écoute varie de façon significative dans un sens ou dans l'autre. Si, à partir d'un échantillon composé de 300 téléspectateurs choisis au hasard, il constate que 150 de ceux-ci regardent l'émission en question, doit-il conclure que la cote d'écoute de l'émission a changé de façon significative? Utiliser un seuil $\alpha = 0{,}05$.

2. La maison Legros inc. se spécialise dans la fabrication et la vente par catalogue de vêtements pour hommes de forte taille. Elle sait d'expérience que sa clientèle retourne environ 20% des habits qu'elle commande. Pour corriger cette situation, la compagnie décide de mettre au point un nouveau formulaire de commande. Sur les 400 premiers items vendus suite à l'introduction du nouveau formulaire, 60 ont été retournés au fabricant. La compagnie a-t-elle raison de croire que le changement de formulaire a entraîné une baisse dans la proportion des objets retournés? Utiliser un seuil $\alpha = 0{,}05$.

3. Une ingénieure responsable du contrôle de la qualité doit maintenir à un niveau inférieur à 5% la proportion d'objets défectueux produits par une chaîne de montage. À partir d'un échantillon composé de 175 objets choisis au hasard elle constate que 11 sont défectueux. Devrait-elle arrêter le processus de fabrication? Utiliser un seuil $\alpha = 0{,}025$.

4. Le député Ronflard est confiant d'obtenir plus de 55% du vote populaire aux prochaines élections dans son comté. Son organisation locale mène une enquête auprès de 500 votants choisis au hasard et constate qu'il obtient la faveur de 235 de ceux-ci. Les présomptions du député sont-elles justes? Utiliser un seuil $\alpha = 0{,}01$.

5. À partir d'un échantillon composé de 250 individus choisis au hasard durant la matinée dans un centre d'achats de la région de Montréal, on constate que 95% de ceux-ci sont des femmes. Cette information est-elle suffisante pour conclure au seuil de 0,10 que la clientèle des centres d'achats durant la matinée se compose de plus de 90% de femmes?

LEÇON 2 TEST APPROXIMATIF POUR DEUX PROPORTIONS (GRANDS ÉCHANTILLONS)

Tâche: à partir de l'énoncé d'un problème, pouvoir appliquer la procédure en six étapes pour vérifier une hypothèse concernant deux proportions et prendre la décision appropriée.

DÉFINITION *Test pour deux proportions:* un test d'hypothèse concernant deux proportions est une procédure statistique pour décider si les proportions de deux populations différentes sont égales ou si la différence entre ces deux proportions est égale à une valeur spécifique. Les six étapes de la procédure sont les suivantes.

ÉTAPE 1 Formuler H_0 et H_a. Dans le cas présent, les trois hypothèses possibles sont:

(1) H_0: $\pi_1 - \pi_2 \leq \pi_0$ versus H_a: $\pi_1 - \pi_2 > \pi_0$
(2) H_0: $\pi_1 - \pi_2 \geq \pi_0$ versus H_a: $\pi_1 - \pi_2 < \pi_0$
(3) H_0: $\pi_1 - \pi_2 = \pi_0$ versus H_a: $\pi_1 - \pi_2 \neq \pi_0$

ÉTAPE 2 Choisir les effectifs échantillonnaux n_1 et n_2 ainsi qu'une valeur pour α; les deux valeurs n_1 et n_2 devraient être suffisamment grandes. Ici, nous suggérons $n_i \geqslant 30$, où $i = 1, 2$.

ÉTAPE 3 Si l'hypothèse nulle est $\pi_1 = \pi_2$ versus une alternative quelconque, alors le test statistique approprié est:

$$Z = \frac{(p_1 - p_2) - 0}{\sqrt{p_0(1 - p_0)\left(\frac{1}{n_1} + \frac{1}{n_2}\right)}}$$

où

$$p_0 = \frac{y_1 + y_2}{n_1 + n_2} = \frac{\text{le nombre total d'individus possédant la caractéristique}}{\text{l'effectif échantillonnal combiné}}$$

Si l'hypothèse nulle est $\pi_1 - \pi_2 = \pi_0$ (où $\pi_0 \neq 0$) versus une alternative quelconque, alors le test statistique devient:

$$Z = \frac{(p_1 - p_2) - \pi_0}{\sqrt{\frac{p_1(1 - p_1)}{n_1} + \frac{p_2(1 - p_2)}{n_2}}}$$

Pour des effectifs échantillonnaux n_1 et n_2 suffisamment grands, la distribution de ces tests statistiques sera approximativement normale.

ÉTAPE 4 Choisir la règle de décision à l'aide du tableau des règles de décision (tableau 9.2).

ÉTAPE 5 Procéder à l'échantillonnage et calculer la valeur du test statistique.

ÉTAPE 6 Appliquer la règle de décision. [*Note:* nous postulons que les échantillons utilisés pour calculer p_1 et p_2 sont indépendants.]

TABLEAU 9.2 RÈGLES DE DÉCISION POUR UN TEST D'HYPOTHÈSE CONCERNANT DEUX PROPORTIONS

HYPOTHÈSES NULLES	HYPOTHÈSES ALTERNATIVES	ZONES DE REJET	ZONES D'ACCEPTATION
H_0: $\pi_1 - \pi_2 \leq \pi_0$	H_a: $\pi_1 - \pi_2 > \pi_0$	$Z \geq z_\alpha$	$Z < z_\alpha$
H_0: $\pi_1 - \pi_2 \geq \pi_0$	H_a: $\pi_1 - \pi_2 < \pi_0$	$Z \leq -z_\alpha$	$Z > -z_\alpha$
H_0: $\pi_1 - \pi_2 = \pi_0$	H_a: $\pi_1 - \pi_2 \neq \pi_0$	$Z \geq z_{\alpha/2}$ ou $Z \leq -z_{\alpha/2}$	$-z_{\alpha/2} < Z < z_{\alpha/2}$

DISCUSSION Nous avons déjà expliqué, dans la section *Définition*, la procédure en six étapes pour vérifier une hypothèse concernant deux proportions π_1 et π_2. Comme nous avons présenté plusieurs de ces étapes à la leçon 1 de ce chapitre, nous n'aborderons ici que les points nouveaux et particuliers au test concernant deux proportions.

Supposons que nous désirons déterminer si la proportion π_1 d'hommes qui meurent suite à un cancer du poumon est la même que la proportion π_2 de femmes qui meurent de cette même maladie. Par conséquent, nous voulons savoir si $\pi_1 = \pi_2$. Pour vérifier cette hypothèse, nous choisissons deux échantillons indépendants de certificats de décès sur lesquels la cause du décès est inscrite, à partir des deux populations d'hommes décédés et de femmes décédées. La différence $p_1 - p_2$ entre les deux proportions échantillonnales devrait nous aider à décider si nous rejetons ou si nous acceptons l'hypothèse nulle (nous représentons l'effectif échantillonnal de la population 1 par le symbole n_1 et celui de la population 2 par le symbole n_2). Dans le cas présent, l'estimé de l'erreur type est

$$s_{p_1-p_2} = \sqrt{p_0(1 - p_0)\left(\frac{1}{n_1} + \frac{1}{n_2}\right)}$$

Comme l'hypothèse veut que les deux proportions soient égales, alors p_0 représente l'estimé combiné de π_1 et π_2. C'est-à-dire,

$$p_0 = \frac{n_1p_1 + n_2p_2}{n_1 + n_2} = \frac{y_1 + y_2}{n_1 + n_2}$$

Ici, y_1 et y_2 représentent le nombre d'individus qui possèdent la caractéristique «décès causé par un cancer du poumon» pour chacun des échantillons, et n_1 et n_2 représentent l'effectif échantillonnal pour chacune des deux populations. Par conséquent, le test statistique approprié est

$$Z = \frac{(p_1 - p_2) - 0}{\sqrt{p_0(1 - p_0)\left(\frac{1}{n_1} + \frac{1}{n_2}\right)}}$$

dont la distribution, pour des effectifs n_1 et n_2 suffisamment grands, devrait être approximativement normale.

Si nous désirons vérifier si $\pi_1 - \pi_2 = \pi_0$, où $\pi_0 \neq 0$, alors l'estimé de l'erreur type sera

$$s_{p_1-p_2} = \sqrt{\frac{p_1(1 - p_1)}{n_1} + \frac{p_2(1 - p_2)}{n_2}}$$

Le test statistique approprié sera

$$Z = \frac{(p_1 - p_2) - \pi_0}{s_{p_1-p_2}}$$

et la distribution de celui-ci sera aussi approximativement normale si les effectifs n_1 et n_2 sont suffisamment grands.

EXEMPLE Pour résoudre le problème suivant, utiliser la procédure en six étapes qui permet de vérifier une hypothèse concernant deux proportions.

1. Des conseillers en urbanisme interrogent des résidents choisis au hasard dans deux complexes immobiliers afin de vérifier si les proportions d'individus qui possèdent une automobile sont les mêmes dans chacun des deux complexes. Ils interrogent 100 personnes du complexe A et 150 personnes du complexe B. Effectuer le test d'hypothèse approprié et tirer les conclusions qui s'imposent.

Solution. Voici la procédure en six étapes pour résoudre ce problème.

ÉTAPE 1 $H_0 : \pi_1 - \pi_2 = 0$ *versus* $H_a : \pi_1 - \pi_2 \neq 0$.

ÉTAPE 2 Soit $n_1 = 100$, $n_2 = 150$ et $\alpha = 0{,}01$

ÉTAPE 3 Voici le test statistique approprié:

$$Z = \frac{(p_1 - p_2) - 0}{\sqrt{p_0(1 - p_0)\left(\frac{1}{100} + \frac{1}{150}\right)}}$$

ÉTAPE 4 Rejeter H_0 si $Z \geqslant z_{0,005} = 2{,}576$ ou si $Z \leqslant -z_{0,005} = -2{,}576$; sinon, accepter H_0.

ÉTAPE 5 Supposons que les conseillers découvrent que 40 individus du complexe A et 50 individus du complexe B possèdent une automobile. Donc,

$$p_0 = \frac{40 + 50}{100 + 150} = \frac{90}{250} = 0{,}36\,,\; p_1 = \frac{40}{100} = 0{,}40\,,\; p_2 = \frac{50}{150} = 0{,}33$$

et

$$Z = \frac{0{,}40 - 0{,}33 - 0}{\sqrt{0{,}36(0{,}64)\left(\frac{1}{100} + \frac{1}{150}\right)}} = 1{,}130$$

ÉTAPE 6 Puisque $1{,}130 < 2{,}576$, nous acceptons H_0 et déclarons que les résultats ne nous permettent pas de conclure, au seuil de 0,01, que la proportion d'individus du complexe A qui possèdent une automobile diffère de celle des individus du complexe B.

EXERCICES Pour chacun des problèmes suivants, utiliser la procédure en six étapes pour vérifier une hypothèse concernant deux proportions.

1. Le bureau des véhicules automobiles prépare deux épreuves de conduite routière pour évaluer la compétence des individus désireux d'obtenir un permis de conduire. Sur 135 individus qui subissent l'épreuve A, 128 la réussissent, tandis que 130 des 142 personnes subissant l'épreuve B la passent avec succès. Ces résultats nous permettent-ils de conclure, au seuil de 0,10, que les niveaux de difficulté des deux épreuves sont comparables?

2. Dans le cadre d'une enquête menée par un journal étudiant, le comité d'édition du journal constate que, sur 250 étudiants résidents interrogés, 52 préfèrent que l'université construise un parc de stationnement plutôt qu'un nouvel édifice pour reloger le département de physique. Sur 247 étudiants non résidents interrogés, 68 émettent la même opinion. Existe-t-il une différence réelle entre l'opinion des résidents et celle des non résidents? Utiliser un seuil $\alpha = 0{,}01$.

3. Une enquête menée auprès des cinéphiles d'une grande ville a révélé que, sur un échantillon composé de 199 hommes choisis au hasard, 59 ont apprécié un certain film; la même enquête révèle que sur 280 femmes choisies au hasard, 73 ont apprécié le film en question. Existe-t-il une différence significative, au seuil de 0,05, entre l'opinion des hommes et celle des femmes sur ce film?

4. Une étude gouvernementale démontre que, sur un échantillon de 150 adolescents choisis au hasard, 16 ont reçu au moins une contravention pour infraction au code de la route durant l'année précédente. La même enquête menée auprès de 200 adultes établit ce nombre à 14. Ces résultats nous permettent-ils de conclure, au seuil de 0,10, qu'en général les adolescents reçoivent plus de contraventions pour infraction au code de la route que les adultes?

LEÇON 3 DISTRIBUTION KHI-CARRÉ ET TEST APPROXIMATIFS POUR DES DONNÉES NOMINALES

Tâche: pouvoir chercher une valeur dans la table de la distribution khi-carré et interpréter cette valeur en termes de probabilités.

DÉFINITIONS

Distribution khi-carré (χ^2): distribution d'une variable aléatoire qui ne peut prendre que des valeurs positives. Elle est biaisée vers la droite et elle est unimodale. La forme de la distribution dépend d'un paramètre nommé *nombre de degrés de liberté*. La figure 9.1 représente un exemple type de la distribution khi-carré.

La table V de l'annexe est une table de la distribution khi-carré. Elle rapporte les valeurs khi-carré correspondant aux différentes surfaces sous l'extrémité de la courbe, en fonction du nombre de degrés de liberté. Ces surfaces sont représentées par la partie ombrée de la courbe de la figure 9.1. Nous pouvons reproduire la distribution khi-carré avec dl = 1, en élevant au carré les observations provenant d'une variable centrée réduite dont la distribution est normale.

Test statistique khi-carré: la variable aléatoire ci-dessous

$$\chi^2 = \sum \frac{(\text{fréquences observées} - \text{fréquences théoriques})^2}{\text{fréquences théoriques}}$$

où la somme est effectuée à partir de toutes les cellules ou catégories, possède une distribution approximativement égale à la distribution χ^2. Ici, le

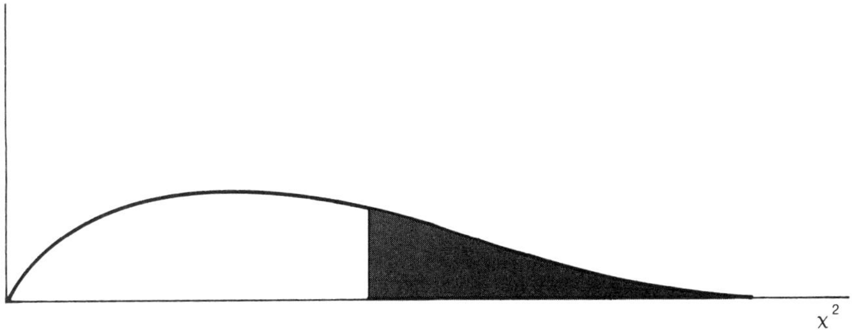

FIGURE 9.1 Distribution χ^2

terme *fréquences observées* représente la fréquence observée à l'intérieur d'une catégorie et le terme *fréquences théoriques* représente la fréquence espérée pour la même catégorie, c'est-à-dire la fréquence calculée sous l'hypothèse nulle. Certains statisticiens suggèrent que la fréquence espérée pour une catégorie donnée devrait toujours être égale ou supérieure à 5, si l'on désire que l'approximation demeure valable.

DISCUSSION Dans cette leçon, nous n'étudierons pas les propriétés théoriques de la distribution khi-carré de façon approfondie. Nous allons plutôt essayer de comprendre de façon intuitive la distribution de ce test statistique et d'expliquer l'utilisation de la table de la distribution χ^2. Considérons l'indice statistique

$$\chi^2 = \sum \frac{(\text{fréquences observées} - \text{fréquences théoriques})^2}{\text{fréquences théoriques}}$$

La valeur χ^2 est toujours positive, car elle est composée de la somme d'une série de quantités élevées au carré. Si nous répétons successivement le processus d'échantillonnage, nous nous apercevrons que la forme de la distribution des valeurs χ^2 tend à être légèrement biaisée vers la droite; ceci est illustré à la figure 9.1. Sous l'hypothèse nulle, les résultats échantillonnaux devraient être semblables aux fréquences théoriques. Donc, la quantité

$$\frac{(\text{fréquences observées} - \text{fréquences théoriques})^2}{\text{fréquences théoriques}}$$

devrait être relativement petite. Cette quantité ne peut être grande que si les fréquences observées diffèrent de beaucoup des fréquences théoriques. À mesure que le nombre d'observations croît, la distribution de

$$\chi^2 = \sum \frac{(\text{fréquences observées} - \text{fréquences théoriques})^2}{\text{fréquences théoriques}}$$

tend vers la distribution khi-carré.

Le tableau 9.3 est un extrait de la table V de la distribution khi-carré qui se trouve dans l'annexe.

Le tableau 9.3 regroupe les valeurs critiques de la distribution χ^2. Lorsque nous effectuons des tests d'hypothèses à l'aide du χ^2 ce sont ces valeurs qui sont comparées au résultat du test statistique χ^2. Les en-têtes des colonnes représentent les diverses surfaces sous l'extrémité droite de la courbe, les en-têtes des lignes représentent le nombre de degrés de liberté; les valeurs critiques correspondantes de la distribution χ^2 se trouvent aux intersections des lignes et des colonnes.

TABLEAU 9.3 VALEURS DE χ^2: PROBABILITÉ UNICAUDALE

dl	0,05	0,025	0,02	0,005
1	3,841	5,024	6,635	7,879
.	.	.	.	.
.	.	.	.	.
.	.	.	.	.
8	15,507	17,535	20,090	21,955
.	.	.	.	.
.	.	.	.	.
.	.	.	.	.

EXEMPLES

Pour chacun des problèmes suivants, repérer dans la table et interpréter la valeur χ^2 associée au niveau α et au nombre de degrés de liberté donnés.

1. Dans le cas d'une distribution khi-carré avec 5 degrés de liberté, quelle est la valeur χ^2 associée à un seuil $\alpha = 0,05$?

Solution. La solution consiste à évaluer la surface correspondant à la partie ombrée sous la courbe de la figure 9.2. À l'aide de la table V de l'annexe, nous repérons à l'intersection de la ligne dl = 5 et de la colonne 0,05 la valeur $\chi^2_{0,05} = 11,070$. Cette valeur signifie que la probabilité d'obtenir une valeur calculée supérieure à 11,070 est égale à 0,05.

2. Si dl = 16 et $\alpha = 0,01$, que vaut $\chi^2_{0,01}$?
Solution. $\chi^2_{0,01} = 32,0$.

3. Si dl = 20 et $\alpha = 0,05$, que vaut $\chi^2_{0,05}$?
Solution. $\chi^2_{0,05} = 31,410$.

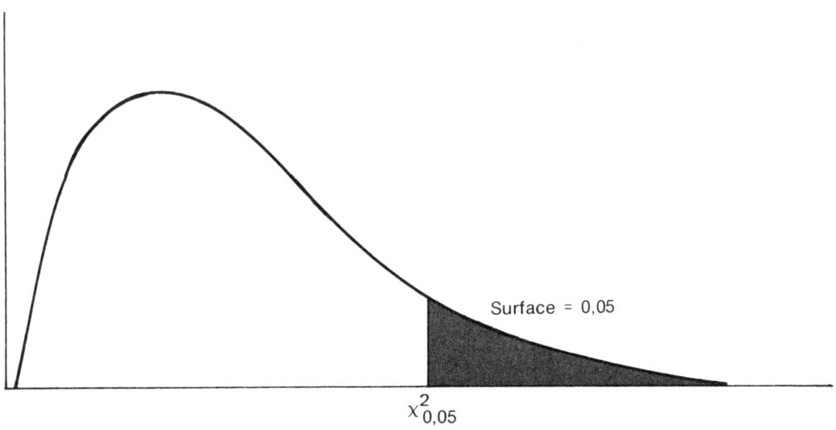

FIGURE 9.2 Exemple 1.

EXERCICES Pour chacun des problèmes suivants, repérer la valeur khi-carré demandée.

1. dl = 1 et $\alpha = 0{,}01$; donc χ^2_α = ______________________
2. dl = 1 et $\alpha = 0{,}025$; donc χ^2_α = ______________________
3. dl = 11 et $\alpha = 0{,}05$; donc χ^2_α = ______________________
4. dl = 22 et $\alpha = 0{,}005$; donc χ^2_α = ______________________

LEÇON 4 TEST KHI-CARRÉ POUR UNE DISTRIBUTION MULTINÔMINALE (GRANDS ÉCHANTILLONS)

Tâche: à partir de l'énoncé d'un problème, pouvoir appliquer la procédure en six étapes pour vérifier une hypothèse lorsque la distribution est multinômiale; puis, prendre la décision appropriée.

DÉFINITIONS *Distribution multinômiale:* cas général de la distribution binômiale. Contrairement à la distribution binômiale, qui s'applique à des expériences ne pouvant produire que deux résultats possibles, la distribution multinômiale permet de représenter des expériences pouvant produire jusqu'à k différents résultats possibles. Nous représentons par le symbole π_i la probabilité qu'un résultat appartient à la $i^{\text{ième}}$ catégorie de résultats; par conséquent,

$$\sum_{i=1}^{k} \pi_i = 1$$

Lorsque $k = 2$, nous avons le cas particulier d'une distribution binômiale. Par conséquent, les méthodes que nous exposerons dans cette leçon s'appliquent aussi aux tests pour distributions binômiales présentés à la leçon 1 de ce chapitre.

Test d'hypothèse pour une distribution multinômiale: un test d'hypothèse pour une distribution multinômiale est une procédure statistique qui permet de vérifier si des valeurs $\pi_1, \pi_2, \pi_3, ..., \pi_k$ sont égales aux valeurs hypothétiques $\pi_{01}, \pi_{02}, \pi_{03}, ..., \pi_{0k}$. Les six étapes de la procédure d'approximation par un test khi-carré sont les suivantes.

ÉTAPE 1 Formuler H_0 et H_a. La procédure d'approximation à l'aide d'un test khi-carré ne permet qu'une seule hypothèse possible:

H_0: $\pi_1 = \pi_{01}, \pi_2 = \pi_{02}, \pi_3 = \pi_{03}, ..., \pi_k = \pi_{0k}$.

versus

H_a: au moins une de ces égalités est fausse. Ici, $\pi_{01}, \pi_{02}, \pi_{03}, ..., \pi_{0k}$ sont des constantes spécifiques.

ÉTAPE 2 Choisir un grand n ainsi qu'une valeur pour α. La valeur de n utilisée devrait être telle que $n\pi_{0i}$ pour $i = 1, 2, 3, ..., k$, soit supérieur ou égal à cinq.

ÉTAPE 3 Voici le test statistique d'approximation approprié:

$$\chi^2 = \sum \frac{(\text{fréquences observées} - \text{fréquences théoriques})^2}{\text{fréquences théoriques}}$$

$$= \sum \frac{(\text{fréquences observées} - n\pi_{0i})^2}{n\pi_{0i}}$$

avec dl = $(k - 1)$; ici, n représente le nombre total d'essais ou d'observations et le terme *fréquences observées* représente le décompte ou la fréquence de chaque catégorie.

ÉTAPE 4 Rejeter H_0 si $\chi^2 \geqslant \chi^2_\alpha$; autrement, accepter H_0.

ÉTAPE 5 Procéder à l'échantillonnage et calculer la valeur du test statistique.

ÉTAPE 6 Appliquer la règle de décision.

DISCUSSION Plusieurs types de données recueillies dans des sondages d'opinions peuvent être décrits en termes de probabilités par une distribution multinômiale. En fait, n'importe quelle enquête échantillonnale qui produit des réponses de type nominal peut être décrite, soit par une distribution multinômiale, soit par une distribution binômiale. Voici trois exemples d'expériences dont les résultats se représentent par une distribution multinômiale.

1. On lance n fois un dé. Comme à chaque essai chacune des six faces peut se présenter, il y a donc six catégories de résultats possibles. Par conséquent, $k = 6$.
2. On demande à des individus qui répondent à un questionnaire d'indiquer, à la question «race», s'ils sont blancs, noirs, orientaux, amérindiens ou autres. Ici $k = 5$, car chaque individu devrait n'indiquer qu'une seule des cinq catégories possibles.
3. Un maître queux effectue des tests sur un échantillon au hasard de pâtisseries; chaque pâtisserie est classée comme étant soit: «trop cuite», «pas assez cuite» ou «juste à point». Dans ce cas, $k = 3$.

Voici deux exemples d'hypothèses concernant des événements dont la distribution est multinômiale:

1. «Ce dé est équilibré»; c'est-à-dire H_0: $\pi_1 = 1/6$, $\pi_2 = 1/6$, etc.
2. «La proportion de pâtisseries trop cuites est de 0,03; la proportion de pâtisseries pas assez cuites est de 0,03 et la proportion de pâtisseries juste à point est de 0,94. En d'autres mots: H_0: $\pi_1 = 0{,}03$, $\pi_2 = 0{,}03$ et $\pi_3 = 0{,}94$.

Nous avons déjà présenté, dans la section *Définitions*, une procédure d'approximation à l'aide d'un test statistique khi-carré, ainsi qu'une règle de décision s'appliquant aux hypothèses ci-dessus. Notons que la fréquence théorique de n'importe quelle catégorie est égale au nombre total d'essais, multiplié par la proportion hypothétique π_0 pour cette catégorie. Nous rejetons l'hypothèse nulle si les fréquences observées diffèrent beaucoup des fréquences théoriques. Dans de tels cas, la valeur (fréquences observées — fréquences théoriques)^2 est grande et, par conséquent, la valeur

$$\chi^2 = \sum \frac{(\text{fréquences observées} - \text{fréquences théoriques})^2}{\text{fréquences théoriques}}$$

est grande également. Nous pouvons donc rejeter H_0 à chaque fois que nous obtenons une valeur χ^2 qui excède la valeur indiquée dans la table pour un seuil α spécifique.

Notons aussi que l'approximation χ^2 augmente en précision lorsque la fréquence théorique, ou $n\pi_{0i}$, pour chacune des catégories possibles est supérieure ou égale à cinq (cette valeur constitue une limite conservatrice). Si la fréquence théorique d'une catégorie est inférieure à cinq, nous pouvons combiner certaines catégories de façon à obtenir de nouvelles fréquences théoriques supérieures ou égales à la limite proposée.

Finalement, nous associons $k - 1$ degrés de liberté à un test multinômial; ici k représente le nombre de classes ou de catégories. (Si nous savons combien de résultats parmi n appartiennent à $k - 1$ classes, nous pouvons en déduire que les résultats restants appartiennent à la classe k. Il n'existe donc que $k - 1$ classes indépendantes. Nous aboutissons aux mêmes conclusions si nous posons $\pi_1 + \pi_2 + \pi_3 + \ldots + \pi_k = 1$. En effet, si nous connaissons $k - 1$ proportions, nous pouvons calculer la valeur de la dernière proportion. Nous concluons donc qu'il n'existe que $k - 1$ catégories indépendantes. Voir la leçon 3 du chapitre SEPT pour la discussion sur les degrés de liberté.)

EXEMPLE Pour le problème suivant, effectuer un test d'hypothèse pour données multinômiales.

Un joueur soupçonneux lance 60 fois un dé pour vérifier si celui-ci est bien équilibré. Utiliser la procédure en six étapes pour vérifier l'hypothèse appropriée.

Solution.

ÉTAPE 1 H_0: $\pi_1 = 1/6$, $\pi_2 = 1/6$, $\pi_3 = 1/6$, $\pi_4 = 1/6$, $\pi_5 = 1/6$, $\pi_6 = 1/6$ *versus* H_a: au moins deux de ces égalités sont fausses.

ÉTAPE 2 Soit $\alpha = 0{,}01$ et $n = 60$.

ÉTAPE 3 Dans le cas présent, $n\pi_i = 60(1/6) = 10$ pour chacune des six possibilités. En conséquence, la distribution χ^2 constitue un modèle approximatif raisonnable pour la distribution du test statistique.

$$\chi^2 = \sum \frac{(\text{fréquences observées} - 10)^2}{10}$$

avec dl $= k - 1$ et $k = 6$

ÉTAPE 4 Rejeter H_0 si $\chi^2 \geqslant \chi^2_{0,01} = 15{,}086$.

ÉTAPE 5 Supposons que nous obtenons les résultats présentés dans le tableau 9.4. Notons que la méthode utilisée pour présenter les résultats nous permet de calculer rapidement et de façon efficace la valeur du test statistique.

TABLEAU 9.4 RÉSULTATS POSSIBLES D'UNE EXPÉRIENCE QUI CONSISTE À LANCER 60 FOIS UN DÉ.

	CATÉGORIES					
	1	2	3	4	5	6
fo	8	14	6	11	12	9
ft	10	10	10	10	10	10
$\frac{(fo-ft)^2}{ft}$	$\frac{2^2}{10}$	$\frac{4^2}{10}$	$\frac{4^2}{10}$	$\frac{1^2}{10}$	$\frac{2^2}{10}$	$\frac{1^2}{10}$

À partir des résultats présentés dans le tableau 9.4 nous obtenons

$$\chi^2 = (0{,}4) + (1{,}6) + (1{,}6) + (0{,}1) + (0{,}4) + (0{,}1) = 4{,}2$$

ÉTAPE 6 Puisque $4{,}2 < 15{,}086$, nous concluons que les résultats ne nous permettent pas de rejeter, à un seuil de 0,01, l'hypothèse que le dé est équilibré.

EXERCICES Pour chacun des problèmes suivants, effectuer un test d'hypothèse pour données multinômiales.

1. Un service municipal interroge 575 résidents choisis au hasard pour connaître leur opinion sur l'intention de l'administration municipale de rendre à sens unique toutes les rues étroites de la ville. Les répondants doivent se situer dans l'une des catégories suivantes : *tout à fait contre, contre, indifférent, pour* et *tout à fait pour*. Voici les résultats obtenus.

CATÉGORIES	TOUT À FAIT CONTRE	CONTRE	INDIFFÉRENT	POUR	TOUT À FAIT POUR
NOMBRE D'OBSERVATIONS	161	117	94	123	80

Vérifier l'hypothèse que les opinions des gens se distribuent également entre chacune des cinq catégories. Utiliser un seuil $\alpha = 0{,}05$.

2. On demande à 200 étudiants d'évaluer sur une échelle en trois points les cours dispensés par un certain professeur. Ils peuvent les qualifier d'*ennuyants*, de *ni ennuyants ni intéressants*, ou d'*intéressants*. Voici les résultats obtenus.

QUALIFICATIFS	ENNUYANTS	NI ENNUYANTS NI INTÉRESSANTS	INTÉRESSANTS
NOMBRE D'OBSERVATIONS	20	24	156

Vérifier l'hypothèse que $\pi_1 = 0{,}125$, $\pi_2 = 0{,}125$ et $\pi_3 = 0{,}75$. Utiliser un seuil $\alpha = 0{,}05$.

3. Une généticienne développe une nouvelle souche hybride d'orchidée. Elle s'attend à ce que cette nouvelle souche produise des fleurs rouges et des fleurs blanches dans une proportion de quatre pour une. Les résultats suivants sont-ils en accord avec l'hypothèse de la généticienne?

COULEURS	NOMBRE DE FLEURS
ROUGE	608
BLANCHE	172

4. Un chercheur à l'emploi d'une compagnie qui fabrique des cosmétiques observe et enregistre la couleur des cheveux de 700 personnes choisies au hasard. Voici les résultats qu'il obtient.

CATÉGORIES	BLONDS	BRUNS	NOIRS	ROUX
FRÉQUENCE DES OBSERVATIONS	120	385	180	15

Vérifier l'hypothèse que les rapports entre les fréquences observées de chaque type de cheveux sont les suivants: pour dix personnes aux cheveux bruns on retrouve quatre personnes aux cheveux blonds, cinq personnes aux cheveux noirs et une personne aux cheveux roux. Utiliser un seuil $\alpha = 0{,}05$.

5. Il y a quelques décennies, la tuberculose faisait 50 victimes chez les 1200 cas atteints de cette maladie. Pourrions-nous conclure, à un seuil de 0,05, que le pourcentage réel de mortalité chez les cas atteints de tuberculose était égal à 5%?

LEÇON 5 TEST KHI-CARRÉ POUR DES TABLEAUX DE CONTINGENCES

Tâche: à partir de la description d'un problème et d'un ensemble de données, pouvoir vérifier, (1) une hypothèse d'indépendance entre deux catégories, ou (2) une hypothèse d'homogénéité de plusieurs distributions de probabilités.

DÉFINITIONS *Tableau de contingences :* tableau de fréquences à double entrée, semblable à ceux que nous avons présentés au chapitre DEUX de ce manuel. On utilise ses lignes et ses colonnes pour présenter l'information recueillie et classée en fonction de deux variables de base. Le tableau 9.5 est un exemple de tableau de contingences.

Test khi-carré d'homogénéité: procédure statistique d'approximation utilisée pour déterminer si les fréquences théoriques d'une ligne d'un tableau de contingences sont proportionnelles aux fréquences théoriques des autres lignes, ou si les fréquences d'une colonne d'un tableau de contingences sont proportionnelles aux fréquences des autres colonnes. La procédure en six étapes pour vérifier cette hypothèse est la suivante.

ÉTAPE 1 Formuler H_0 et H_a comme suit.

H_0: les fréquences d'une ligne (ou colonne) sont proportionnelles aux fréquences de chacune des autres lignes (ou colonnes).

H_a: l'hypothèse précédente est fausse.

ÉTAPE 2 Choisir un effectif échantillonnal ainsi qu'une valeur pour α (n devrait être suffisamment grand de façon à ce que $ft_{ij} \geqslant 5$, où ft_{ij} représente la fréquence théorique de la cellule ij. Cette limite assure une approximation raisonnable).

TABLEAU 9.5 TABLEAU DE CONTINGENCES TYPE

	SECONDE VARIABLE DE BASE: COULEURS DES CHEVEUX				
PREMIÈRE VARIABLE DE BASE: SEXES	CATÉGORIE 1: ROUX	CATÉGORIE 2: BRUN	CATÉGORIE 3: BLOND	CATÉGORIE 4: NOIR	CATÉGORIE 5: AUTRE
CATÉGORIE A: HOMME					
CATÉGORIE B: FEMME					

ÉTAPE 3 Voici le test statistique approximatif approprié:

$$\chi^2 = \sum \frac{(fo_{ij} - ft_{ij})^2}{ft_{ij}}$$

où fo_{ij} représente les *fréquences observées* et ft_{ij} les *fréquences théoriques* de la cellule *ij*. La sommation s'effectue à partir de toutes les cellules du tableau.

ÉTAPE 4 Rejeter H_0 si $\chi^2 \geqslant \chi^2_\alpha$; autrement, accepter H_0.

ÉTAPE 5 Procéder à l'échantillonnage et calculer la valeur du test statistique.

ÉTAPE 6 Appliquer la règle de décision.

Test khi-carré d'indépendance: test statistique approximatif utilisé pour déterminer s'il existe une relation entre les diverses catégories de deux variables de classification différentes ; en d'autres mots, s'il existe une relation entre l'âge et la couleur des cheveux, la taille et le poids, le niveau d'éducation et le taux d'imposition, la date de naissance et la vocation, et ainsi de suite. Les six étapes du test d'hypothèse sont les suivantes.

ÉTAPE 1 Formuler H_0 et H_a comme suit.

H_0: les deux variables de classification sont indépendantes du point de vue des probabilités.

versus

H_a: les deux variables de classification ne sont pas indépendantes du point de vue des probabilités.

ÉTAPE 2 Choisir un effectif échantillonnal ainsi qu'une valeur pour α (*n* devrait être suffisamment grand de façon à ce que $ft_{ij} \geqslant 5$, où ft_{ij} représente la fréquence théorique de la cellule *ij*. Cette limite assure une approximation raisonnable).

ÉTAPE 3 Voici le test statistique approximatif approprié.

$$\chi^2 = \sum \frac{(fo_{ij} - ft_{ij})^2}{ft_{ij}}$$

où fo_{ij} représente les *fréquences observées* et ft_{ij}, les *fréquences théoriques* de la cellule *ij*. La sommation s'effectue à partir de toutes les cellules du tableau.

ÉTAPE 4 Rejeter H_0 si $\chi^2 \geqslant \chi^2_\alpha$; autrement, accepter H_0.

ÉTAPE 5 Procéder à l'échantillonnage et calculer la valeur du test statistique.

ÉTAPE 6 Appliquer la règle de décision.

DISCUSSION

TEST KHI-CARRÉ D'HOMOGÉNÉITÉ

Dans ce chapitre nous avons présenté un test d'hypothèse pour des proportions d'une seule population et un test d'hypothèse pour comparer des proportions recueillies à partir de deux populations différentes. De plus, nous avons développé une procédure d'approximation qui utilise un test khi-carré pour traiter le cas où il y a plus de deux catégories de résultats possibles; cette procédure nous a permis de généraliser le concept binômial à des situations qui génèrent un nombre non spécifié de classes ou de catégories. Il est donc logique d'étendre ces concepts aux cas impliquant plus de deux populations, c'est-à-dire lorsque nous désirons savoir si les proportions observées dans les diverses catégories sont les mêmes pour plusieurs populations.

Par exemple, certaines gens déclarent que les études universitaires ont tendance à rendre les opinions politiques des individus plus libérales. Pour vérifier cette hypothèse, nous pourrions choisir au hasard, dans une université, des individus provenant des populations de première, deuxième, troisième et quatrième année. Nous pourrions ensuite demander à ces individus de répondre à un questionnaire à choix multiples en cinq parties, construit pour mesurer le degré de libéralisme politique *versus* le degré de conservatisme. Nous serions sans doute intéressés à comparer la proportion d'un certain type de réponses chez les étudiants de première année, par rapport à la proportion de ce même type de réponses chez les étudiants de deuxième, troisième et quatrième année. À cet effet, nous pourrions présenter les résultats de l'enquête sous forme d'un tableau de fréquences à double entrée, nommé *tableau de contingences*.

Les nombres à l'intérieur de chacune des cellules du tableau représentent les fréquences observées dans la population concernée pour la catégorie en question. Pour vérifier la similitude des diverses populations par rapport aux

TABLEAU 9.6 NIVEAUX UNIVERSITAIRES ET OPINIONS POLITIQUES

	OPINIONS POLITIQUES					TAILLE DE
NIVEAUX	1	2	3	4	5	L'ÉCHANTILLON
1re année						n_1
2e année						n_2
3e année						n_3
4e année						n_4
	C_1	C_2	C_3	C_4	C_5	Total du tableau

différentes catégories de réponses, nous proposons l'utilisation d'un test khi-carré, nommé *test khi-carré d'homogénéité*. Voici le test statistique approprié pour vérifier l'hypothèse d'homogénéité:

$$\chi^2 = \sum \frac{(fo_{ij} - ft_{ij})^2}{ft_{ij}}$$

Ici, fo_{ij} représente le nombre d'observations enregistrées à l'intersection de la $i^{ième}$ ligne et de la $j^{ième}$ colonne. Cette entrée représente le nombre de réponses observées dans la catégorie j pour la population i.

La fréquence théorique ft_{ij} est le nombre hypothétique d'individus de la $i^{ième}$ population que nous nous attendons de trouver dans la catégorie j. La valeur de ft_{ij} se calcule en multipliant la somme des entrées de la $i^{ième}$ ligne par le rapport entre la somme des entrées de la $j^{ième}$ colonne et le total de toutes les entrées du tableau.

Pour bien comprendre ce concept, retournons au tableau 9.6 et supposons que nous désirons calculer ft_{11}. Sous l'hypothèse que toutes les populations sont semblables, nous utiliserions le rapport (C_1 - total) pour estimer la proportion d'individus dans la catégorie 1. Par conséquent, la proportion d'individus de l'échantillon de grandeur n_1 que nous nous attendons de trouver dans la catégorie 1 s'obtient en multipliant n_1 par (C_1 - total). Et ceci est exactement la formule décrite ci-dessus. Le même raisonnement s'applique à toutes les cellules du tableau. De façon à assurer la validité du test khi-carré, les effectifs échantillonnaux devraient être suffisamment grands pour que ft_{ij} excède la valeur cinq.

Le schéma Z, présenté au tableau 9.7, constitue une méthode utile pour se rappeler comment on calcule les fréquences théoriques ft_{ij}. Pour utiliser le schéma Z, procéder de la façon suivante.

ÉTAPE 1 Identifier la cellule concernée dans le tableau de contingences.

ÉTAPE 2 Parcourir la ligne de la cellule jusqu'à ce qu'on atteigne le total de cette ligne.

ETAPE 3 Descendre en diagonale jusqu'au total de la colonne de la cellule concernée.

ÉTAPE 4 Parcourir cette ligne jusqu'à ce qu'on atteigne le total du tableau.

ÉTAPE 5 Multiplier le total de la ligne par le total de la colonne et diviser ce produit par le total du tableau pour obtenir ft_{ij}.

Supposons que la fréquence à calculer est ft_{12}. Dans le tableau 9.7 le total de la ligne est 6 et celui de la colonne est 9. Le produit de ces deux valeurs est égal à 54 et le total du tableau est 24. Par conséquent $ft_{12} = 54/24 = 2{,}25$.

TABLEAU 9.7 SCHÉMA Z

EN-TÊTES DE LIGNES	EN-TÊTES DE COLONNES C_1	C_2	C_3	C_4	TOTAUX
L_1	1	②	2	1	⑥
L_2	2	4	2	3	11
L_3	1	3	1	2	7
TOTAUX	4	⑨	5	6	㉔

À chaque fois que nous obtenons une valeur pour ft_{ij}, nous remplaçons le symbole ft_{ij} dans la formule par cette valeur et nous calculons le résultat

$$\frac{(fo_{ij} - ft_{ij})^2}{ft_{ij}}$$

En répétant ce processus pour chaque cellule du tableau et en additionnant les résultats, nous obtiendrons une valeur approximative χ^2 avec dl $= (l - 1)(c - 1)$, où $l =$ le nombre de lignes et $c =$ le nombre de colonnes dans le tableau de contingences. Si $\chi^2 \geqslant \chi^2_\alpha$, déterminé à partir de la table *V*, nous rejetons l'hypothèse que les proportions sont les mêmes pour chacune des populations.

TEST KHI-CARRÉ D'INDÉPENDANCE

Il arrive fréquemment que, dans les enquêtes ou les études statistiques, on demande aux individus d'un échantillon au hasard de grandeur n de répondre à une série de questions. Cette méthode est utilisée pour obtenir de l'information sur le niveau d'éducation, le taux d'imposition, la race, le statut civil, etc. À partir de ces données, nous pouvons construire une multitude de tableaux de fréquences à double entrée, qui peuvent nous aider à déterminer s'il existe une relation ou une certaine dépendance entre les diverses variables impliquées. Par exemple, supposons que nous désirons déterminer s'il existe une relation entre l'âge et le taux d'imposition, ou le niveau de scolarité et le taux d'imposition, etc. Pour vérifier de telles hypothèses, nous utilisons le même test statistique approximatif que nous utilisions pour le test d'homogénéité; c'est-à-dire,

$$\chi^2 = \sum \frac{(fo_{ij} - ft_{ij})^2}{ft_{ij}}$$

où fo_{ij} représente le nombre observé d'individus possédant la caractéristique i et la caractéristique j. ft_{ij} représente les fréquences théoriques correspondantes. Nous effectuons la sommation à partir de toutes les cellules du tableau de contingences à double entrée.

La valeur de ft_{ij}, pour une cellule quelconque du tableau 9.7, s'obtient en estimant la probabilité qu'une observation choisie au hasard possède la caractéristique C_1. Cette probabilité correspond au rapport entre le total de la colonne, soit 4, et le total du tableau, soit 24. Donc, $P(C_1) = 4/24$. De la même façon, pour la ligne 1, nous pourrions calculer $P(L_1) = 6/24$. Sous l'hypothèse d'indépendance, nous avons $P(L_1 C_1) = P(L_1)\, P(C_1)$ (voir chapitre QUATRE, leçon 9, sur les événements indépendants). Cette probabilité est estimée par le produit

$$\left(\frac{4}{24}\right)\left(\frac{6}{24}\right)$$

Par conséquent, nous devons donc nous attendre à ce que $\left(\frac{4}{24}\right)\left(\frac{6}{24}\right)$

des 24 observations se trouvent dans la cellule 1, c'est-à-dire,

$$ft_{ij} = 24\left(\frac{4}{24}\right)\left(\frac{6}{24}\right) = \frac{(4)(6)}{24} = 1$$

[*Note:* ces calculs sont les mêmes que ceux effectués pour obtenir les valeurs ft_{ij} d'un test d'homogénéité. Aussi, pour assurer une bonne approximation, nous devrions avoir $ft_{ij} \geqslant 5$.]

Bien que les bases théoriques d'un test khi-carré d'indépendance soient différentes de celles d'un test d'homogénéité, les calculs effectués sont identiques. Lorsque les valeurs ft_{ij} sont obtenues, nous calculons

$$\chi^2 = \sum \frac{(fo_{ij} - ft_{ij})^2}{ft_{ij}}$$

et nous rejetons H_0, si $\chi^2 \geqslant \chi^2_\alpha$ avec dl $= (l - 1)\ (c - 1)$.

Le schéma Z du tableau 9.7 ainsi que tous les autres calculs s'appliquent de la même façon.

Bref, ce qui différencie un test d'homogénéité d'un test d'indépendance, c'est que dans le premier cas nous *prédéterminons* les tailles échantillonnales pour les diverses populations, tandis que dans le second cas nous laissons au hasard le soin de fixer les caractéristiques de l'échantillon.

DISCUSSION SIMPLIFIÉE

EXEMPLE D'UN TABLEAU DE CONTINGENCES

Supposons que nous demandons à 50 femmes et à 100 hommes s'ils préfèrent se lever tôt ou s'ils préfèrent se lever tard.

À partir du tableau 9.8, nous savons que 40 hommes sur 100 préfèrent se lever tôt et que 30 femmes sur 50 préfèrent se lever tôt. Ce tableau pourrait servir à illustrer une enquête conduisant à un test d'homogénéité. Les nombres 40, 60, 30 et 20 représenteraient les fréquences observées fo_{ij}.

TABLEAU 9.8 TABLEAU DE CONTINGENCES DES PRÉFÉRENCES DE LEVER

	LEVER TÔT	LEVER TARD	TOTAUX LIGNES
HOMME	40	60	100
FEMME	30	20	50
TOTAUX COLONNES	70	80	150

EXEMPLE D'UN TEST D'HOMOGÉNÉITÉ

Supposons que nous émettons l'hypothèse que les proportions d'hommes et de femmes qui préfèrent se lever tôt sont égales (ceci constitue un test d'homogénéité). À l'aide du tableau 9.8, nous nous apercevons que 70 individus sur 150 préfèrent se lever tôt (c'est-à-dire, la proportion des «lève tôt» est de 70/150). Nous nous attendons donc à ce que 70/150 des 100 hommes préfèrent se lever tôt. Par conséquent, la fréquence théorique d'hommes qui préfèrent se lever tôt est

$$100\left(\frac{70}{150}\right)$$

Le même raisonnement s'applique aux femmes et nous pouvons calculer la fréquence théorique des femmes qui préfèrent se lever tôt comme suit:

$$\frac{50 \cdot 70}{150}$$

En examinant ces deux expressions, nous remarquons que nous pouvons obtenir les fréquences théoriques d'une cellule donnée en calculant le produit du total de la ligne par le total de la colonne et en divisant ce produit par le total du tableau. Par conséquent, les fréquences théoriques sont:

$$ft_{11} = \frac{100 \cdot 70}{150} \qquad ft_{12} = \frac{100 \cdot 80}{150}$$

$$ft_{21} = \frac{50 \cdot 70}{150} \qquad ft_{22} = \frac{50 \cdot 80}{150}$$

EXEMPLES Pour chacun des problèmes suivants, effectuer un test d'homogénéité ou un test d'indépendance selon le cas.

1. Nous demandons à 100 hommes et 50 femmes s'ils se classent dans la catégorie des *lève-tôt*, des *lève-tard* ou *ni l'un ni l'autre*. Effectuer le test statistique approprié.

Solution. Puisque le nombre d'hommes et de femmes est fixé à l'avance, le test approprié est un test d'homogénéité.

ÉTAPE 1 H_0: les proportions d'hommes et de femmes à l'intérieur de chacune des trois catégories sont égales *versus* H_a: il existe au moins deux catégories pour lesquelles la proportion d'hommes est différente de la proportion de femmes.

ÉTAPE 2 Soit $\alpha = 0{,}05$.

ÉTAPE 3 Voici le test statistique approprié:

$$\chi^2 = \sum \frac{(f_{0\,ij} - f_{t\,ij})^2}{f_{t\,ij}}$$

avec dl = (2 — 1) • (3 — 1) = 2 degrés de liberté.

ÉTAPE 4 Rejeter H_0 si $\chi^2 \geqslant \chi^2_{0.05} = 5{,}99$.

ÉTAPE 5 Supposons que nous obtenons les résultats suivants.

	LÈVE-TÔT	LÈVE-TARD	NI L'UN NI L'AUTRE	TOTAUX
HOMMES	10	50	40	100
FEMMES	10	30	10	50
TOTAUX	20	80	50	150

À l'aide de la règle Z, nous obtenons les fréquences théoriques ci-dessous:

$$ft_{11} = \frac{100 \cdot 20}{150} = 13{,}33 \qquad ft_{21} = \frac{50 \cdot 20}{150} = 6{,}67$$

$$ft_{12} = \frac{100 \cdot 80}{150} = 53{,}33 \qquad ft_{22} = \frac{50 \cdot 80}{150} = 26{,}67$$

$$ft_{13} = \frac{100 \cdot 50}{150} = 33{,}33 \qquad ft_{23} = \frac{50 \cdot 50}{150} = 16{,}67$$

En combinant les fréquences observées et les fréquences théoriques, nous obtenons:

$$\chi^2 = \frac{(10 - 13{,}33)^2}{13{,}33} + \frac{(10 - 6{,}67)^2}{6{,}67} + \frac{(50 - 53{,}33)^2}{53{,}33} + \frac{(30 - 26{,}67)^2}{26{,}67} + \frac{(40 - 33{,}33)^2}{33{,}33} + \frac{(10 - 16{,}67)^2}{16{,}67} = 7{,}12$$

ÉTAPE 6 Puisque $\chi^2 = 7{,}12 > \chi^2_{0,05} = 5{,}99$, nous rejetons l'hypothèse nulle et concluons qu'il existe une différence entre le choix des hommes et celui des femmes quant à l'heure à laquelle ils préfèrent se lever.

2. Nous interrogeons les résidents de deux complexes immobiliers pour savoir s'ils possèdent ou non une automobile. Notre enquête est menée auprès de 100 individus du complexe A et de 150 individus du complexe B. Effectuer le test statistique approprié.

Solution. Puisque le nombre de résidents de chacun des deux complexes est fixé à l'avance, un test d'homogénéité semble approprié.

ÉTAPE 1 H_0: une proportion égale des résidents des complexes A et B possèdent une automobile *versus* H_a: les proportions sont différentes.

ÉTAPE 2 Soit $\alpha = 0{,}01$, $n_1 = 100$ et $n_2 = 150$.

ÉTAPE 3 Voici le test statistique approprié:

$$\chi^2 = \sum \frac{(fo_{ij} - ft_{ij})^2}{ft_{ij}}$$

avec dl $= (2 - 1) \cdot (2 - 1) = 1$

ÉTAPE 4 Rejeter H_0 si $\chi^2 \geqslant \chi^2_{0,01} = 6{,}635$.

ÉTAPE 5 Supposons que nous obtenons les résultats ci-dessous.

	POSSÈDENT UNE AUTOMOBILE	NE POSSÈDENT PAS D'AUTOMOBILE	TOTAUX
COMPLEXE A	40	60	100
COMPLEXE B	50	100	150
TOTAUX	90	160	250

À l'aide de la règle Z, nous obtenons les fréquences théoriques suivantes:

$$ft_{11} = \frac{100 \cdot 90}{250} = 36 \qquad ft_{21} = \frac{150 \cdot 90}{250} = 54$$

$$ft_{12} = \frac{100 \cdot 160}{250} = 64 \qquad ft_{22} = \frac{150 \cdot 160}{250} = 96$$

En combinant les fréquences observées et les fréquences théoriques nous obtenons:

$$\chi^2 = \frac{(40 - 36)^2}{36} + \frac{(50 - 54)^2}{54} + \frac{(60 - 64)^2}{64} + \frac{(100 - 96)^2}{96} = 1{,}157$$

ÉTAPE 6 Puisque $\chi^2 = 1{,}157 < \chi^2_{0.01} = 6{,}635$, nous concluons qu'il n'existe pas de différence entre les proportions d'individus des complexes A et B qui possèdent une automobile. Si nous comparons ces résultats avec ceux de l'exemple 1 de la leçon 2 de ce chapitre, nous remarquons que $1{,}157 = (1{,}075)^2$ et que $6{,}635 = (2{,}576)^2$. Donc, dans le cas d'un test bicaudal, l'utilisation de l'une ou l'autre des deux approches conduit aux mêmes conclusions.

EXERCICES Pour chacun des problèmes suivants, effectuer un test χ^2 d'homogénéité ou d'indépendance selon le cas.

1. Un service de pastorale interroge 1174 couples mariés pour connaître le degré de satisfaction de chacun des conjoints envers leur mariage. Voici les résultats obtenus. Les nombres illustrent les réponses (parfois similaires, parfois divergentes) des 2 membres de chaque couple.

ÉPOUX / ÉPOUSE	SATISFAIT	INSATISFAIT
SATISFAITE	696	257
INSATISFAITE	78	143

Vérifier l'hypothèse que le degré de satisfaction de l'un des deux conjoints est indépendant du degré de satisfaction de l'autre conjoint. Utiliser $\alpha = 0{,}01$.

2. Afin de connaître l'opinion des étudiants sur les nouvelles exigences pour l'obtention d'un certain grade académique, le décanat de la faculté mène une enquête auprès d'un échantillon au hasard composé de 100 étudiants de première année et de 100 finissants. À l'aide des données présentées dans le tableau ci-dessous, vérifier l'hypothèse que les deux groupes d'étudiants se distribuent de façon homogène à l'intérieur des trois catégories (*pour, contre, indifférent*) de réponses possibles. Adopter un seuil $\alpha = 0{,}01$.

TYPES D'ÉTUDIANTS	POUR	CONTRE	INDIFFÉRENTS	TOTAUX
1re année	51	14	35	100
Finissant	46	26	28	100
TOTAUX	97	40	63	200

3. Des médecins s'interrogent sur la relation possible entre le sexe d'un nouveau-né et son aptitude à contracter une certaine maladie respiratoire. Utiliser les résultats du tableau ci-dessous pour vérifier cette hypothèse. Adopter un seuil $\alpha = 0{,}05$.

SEXES	ATTEINTS DE LA MALADIE	NON ATTEINTS DE LA MALADIE	TOTAUX
Masculin	12	4124	4136
Féminin	3	5162	5165
TOTAUX	15	9286	9301

4. Un éleveur soumet trois groupes de dindons à trois diètes différentes. À l'aide des résultats du tableau ci-dessous, vérifier l'hypothèse que les taux de mortalité observés se distribuent de façon homogène à l'intérieur de chacune des catégories de diète. Utiliser un seuil $\alpha = 0,05$.

CATÉGORIES	NOMBRE DE DINDONS VIVANTS	NOMBRE DE DINDONS DÉCÉDÉS	TOTAUX
DIÈTE A	84	16	100
DIÈTE B	97	3	100
DIÈTE C	93	7	100
TOTAUX	274	26	300

5. Les données présentées dans le tableau ci-dessous proviennent d'un échantillon au hasard de plaintes portées pour vol à l'étalage par une chaîne de magasins à rayons de la région de Montréal. Vérifier l'hypothèse que le nombre de vols à l'étalage est indépendant du jour de la semaine. Utiliser un seuil $\alpha = 0,05$.

JOURS DE LA SEMAINE	NOMBRE DE MAGASINS AYANT PORTÉ PLAINTE POUR...			TOTAUX
	MOINS DE 2 VOLS	ENTRE 2 ET 4 VOLS	PLUS DE 4 VOLS	
LUNDI	10	7	11	28
MARDI	14	10	19	43
MERCREDI	23	13	10	46
JEUDI	13	18	9	40
VENDREDI	7	14	21	42
SAMEDI	6	8	5	19
TOTAUX	73	70	75	218

UTILITÉ DE CES NOTIONS

DANS LE COURS

L'un des objectifs principaux de ce cours est de vous aider à comprendre la logique d'un test d'hypothèse. Comme les données recueillies dans plusieurs études statistiques sont de nature qualitative ou de type nominal, il devient nécessaire de posséder des techniques permettant de vérifier des hypothèses concernant ce type de données. Bien que nous n'utiliserons plus, dans les chapitres subséquents, les procédures statistiques présentées dans ce chapitre, nous nous servirons quand même des concepts généraux des tests d'hypothèses.

AU-DELÀ DU COURS

Les procédures statistiques étudiées dans ce chapitre ne sont que quelques exemples d'une famille de techniques généralement nommées *techniques non paramétriques*. Ce type de procédure n'exige pas des données qu'elles proviennent de populations dont la distribution est normale. Les techniques présentées dans ce chapitre pourront s'avérer très utiles dans le cadre de d'autres travaux de niveau universitaire et même dans plusieurs études statistiques réelles.

RÉSUMÉ

Dans ce chapitre, nous avons présenté plusieurs méthodes pour effectuer des tests d'hypothèses sur des données nominales. Nous avons présenté des tests d'hypothèses concernant une proportion, deux proportions, des distributions multinômiales et des données classées dans un tableau de contingences.

Le test statistique khi-carré a été utilisé pour vérifier des hypothèses concernant des distributions multinômiales et des tableaux de contingences. Cet indice statistique constitue un test approximatif. On peut l'utiliser pour vérifier des hypothèses à propos d'une ou deux proportions, bien que, dans de tels cas, on utilise plutôt une approximation normale. Nous avons introduit la

TABLEAU 9.9 RÉSUMÉ DES TESTS STATISTIQUES

VALEUR HYPOTHÉTIQUE DU PARAMÈTRE	$\pi = \pi_0$	$\pi_1 - \pi_2 = \pi_0$
ESTIMATEUR	p	$p_1 - p_2$
ERREUR TYPE	$\sigma_p = \sqrt{\dfrac{\pi_0(1 - \pi_0)}{n}}$	si $\pi_0 = 0$, alors $s_{p_1-p_2} = \sqrt{p_0(1 - p_0)\left(\dfrac{1}{n_1} + \dfrac{1}{n_2}\right)}$ si $\pi_0 \neq 0$, alors $s_{p_1-p_2} = \sqrt{\dfrac{p_1(1 - p_1)}{n_1} + \dfrac{p_2(1 - p_2)}{n_2}}$
TEST STATISTIQUE	$Z = \dfrac{p - \pi_0}{\sigma_p}$	$Z = \dfrac{(p_1 - p_2) - \pi_0}{s_{p_1-p_2}}$
TEST KHI-CARRÉ		$\chi^2 = \sum \dfrac{(fo - ft)^2}{ft}$

table de la distribution khi-carré, généralement utilisée pour déterminer une zone de rejet pour le test statistique khi-carré. Bien que nous ne l'ayons pas présenté ici, il existe un test approximatif khi-carré que l'on peut utiliser pour évaluer le degré d'ajustement d'un ensemble de données à une distribution de probabilités particulière. Cette procédure est connue sous le nom de test khi-carré de « bon ajustement ». Un résumé des tests statistiques et des règles de décision étudiés dans ce chapitre est présenté dans les tableaux 9.9 et 9.10.

TABLEAU 9.10 RÈGLES DE DÉCISION

	TEST STATISTIQUE Z	
DIRECTION DE L'HYPOTHÈSE H_a	**ZONES de rejet**	**ZONES d'acceptation**
$>$	$Z \geq z_\alpha$	tous les autres cas
$<$	$Z \leq -z_\alpha$	
$\neq$	$Z \geq z_{\alpha/2}$ ou $Z \leq -z_{\alpha/2}$	
	TEST STATISTIQUE χ^2	
TEST KHI-CARRÉ	**ZONES de rejet**	**ZONES d'acceptation**
	$\chi^2 \geq \chi^2_\alpha$	tous les autres cas

TEST PERSONNEL SUR LE CHAPITRE NEUF

(*Questions 1 à 3*) Inscrire la lettre entre parenthèses qui correspond au test ou au type de test approprié. [*Note :* une même réponse peut être utilisée pour plus d'une question.]

(a) $\dfrac{p - \pi_0}{\sqrt{\pi_0(1 - \pi_0)/n}}$

(b) $\dfrac{\bar{y} - \mu_0}{s/\sqrt{n}}$

(c) $\dfrac{(p_1 - p_2) - \pi_0}{\sqrt{\dfrac{p_1(1 - p_1)}{n_1} + \dfrac{p_2(1 - p_2)}{n_2}}}$

(d) $\dfrac{p_1 - p_2}{\sqrt{p_0(1 - p_0)\left(\dfrac{1}{n_1} + \dfrac{1}{n_2}\right)}}$

(e) $\dfrac{(\bar{y}_1 - \bar{y}_2) - \delta}{\sqrt{s^2_{pd}\left(\dfrac{1}{n_1} + \dfrac{1}{n_2}\right)}}$

(f) test multinômial

(g) test d'indépendance

(h) test d'homogénéité

(i) information insuffisante

__________ 1. Les mécaniciens de la compagnie Silencieux Atlas déclarent qu'ils peuvent installer un silencieux sur n'importe quelle voiture en moins de 30 minutes. Le service des enquêtes sur la publicité trompeuse de l'Office de protection du consommateur utilise un échantillon composé de 30 automobiles choisies au hasard dans le but d'évaluer le temps (en minutes) requis pour installer un silencieux sur chacun des véhicules.

__________ 2. L'Office des autoroutes entreprend une étude pour se renseigner sur les habitudes des utilisateurs d'une certaine autoroute à quatre voies dans chaque direction. Le but de l'étude consiste à déterminer si les automobilistes préfèrent utiliser une voie en particulier. Les responsables observent la position de 100 véhicules choisis au hasard.

__________ 3. La Sûreté du Québec classe les accidents de la route en deux catégories: *dû à une erreur humaine* et *causé par une défectuosité mécanique*. De plus, chaque véhicule accidenté est classifié selon l'origine de sa fabrication: *véhicule importé* ou *véhicule fabriqué en Amérique*. La Sûreté du Québec prétend que les véhicules importés sont plus souvent impliqués dans des accidents causés par des défectuosités mécaniques que les véhicules de fabrication domestique.

4. Quel est le nombre de degrés de liberté associé au test statistique du problème 2?

(a) 1 (b) 2 (c) 3 (d) 4 (e) 99 (f) 100 (g) 297 (h) 300

5. Déterminer la (les) valeur(s) critique(s) de la zone de rejet de l'hypothèse nulle du problème 2. Supposons que la réponse correcte à la question 4 est (c) et que $\alpha = 0{,}05$.

(a) 1,645 (b) 2,353 (c) $\pm 2{,}353$ (d) $\pm 3{,}182$ (e) 7,815
(f) $\pm 8{,}815$ (g) 0,348 (h) 9,348 (i) 12,838 (j) $\pm 12{,}838$

(*Questions 6 à 8*) Inscrire la lettre entre parenthèses qui correspond à la définition correcte du type de données impliquées.
(a) échelle nominale (b) échelle ordinale (c) échelle d'intervalles-rapports. [*Note:* une même réponse peut être utilisée plus d'une fois.]

6. Le type de données du problème 1: ____________________

7. Le type de données du problème 2: ____________________

8. Le type de données du problème 3: ____________________

(*Questions 9 à 13*) Utiliser l'information suivante pour effectuer le test d'hypothèse unicaudal approprié.

Un chef de police déclare que plus de 50% des infractions criminelles sont commises par des récidivistes. Le ministère de la Justice mène une enquête et constate que, sur 25 rapports d'infractions criminelles choisis au hasard, 20 de ces infractions ont été commises par des récidivistes.

9. Quelle est la formulation appropriée pour l'hypothèse nulle et l'hypothèse alternative?

(a) H_0: $\pi_1 \leqslant \pi_2$ *versus* H_a: $\pi_1 > \pi_2$ (b) H_0: $\mu \leqslant 0{,}5$ *versus* H_a: $\mu > 0{,}5$
(c) H_0: $\pi \leqslant 0{,}5$ *versus* H_a: $\pi > 0{,}5$ (d) H_0: $\mu_1 \leqslant \mu_2$ *versus* H_a: $\mu_1 > \mu_2$
(e) H_0: $\mu \leqslant 0{,}8$ *versus* H_a: $\mu > 0{,}8$ (f) H_0: $\pi \leqslant 0{,}8$ *versus* H_a: $\pi > 0{,}8$
(g) H_0: $\pi \leqslant 0{,}2$ *versus* H_a: $\pi > 0{,}2$ (h) H_0: $\mu \leqslant 0{,}2$ *versus* H_a: $\mu > 0{,}2$
(i) H_0: $\mu \leqslant 20$ *versus* H_a: $\mu > 20$

10. À l'aide des formules utilisées pour les problèmes 1 à 3, identifier le test ou le type de test statistique approprié dans le cas présent. ____________

11. Quelle (quelles) est (sont) la (les) valeur(s) critique(s) de la zone de rejet de l'hypothèse nulle? Supposer que $\alpha = 0{,}01$.

(a) 1,282 (b) 1,318 (c) 2,326 (d) ±2,326
(e) 2,492 (f) ±2,492 (g) 2,576 (h) ±2,576
(i) 2,797 (j) 6,635

12. Quelle est la valeur numérique du test statistique?

(a) $\sqrt{0{,}1}$ (b) $\dfrac{0{,}3}{\sqrt{0{,}1}}$ (c) 0,08 (d) $\dfrac{0{,}3}{\sqrt{0{,}08}}$ (e) 0,3 (f) 2,5
(g) 3,0 (h) 3,75 (i) 30 (j) 31,25

13. Quelle est la conclusion appropriée?

(a) Accepter H_0 et conclure que le pourcentage est significativement supérieur à 50%.

(b) Accepter H_0 et conclure que le pourcentage est significativement inférieur à 80%.

(c) Accepter H_0 et conclure que le pourcentage est significativement inférieur à 50%.

(d) Accepter H_0 et conclure que le pourcentage est significativement inférieur à 80%.

(e) Accepter H_0 et conclure que le pourcentage est approximativement égal à 50%.

(f) Accepter H_0 et conclure que le pourcentage est approximativement égal à 80%.

(g) Rejeter H_0 et conclure que le pourcentage est significativement supérieur à 50%.

(h) Rejeter H_0 et conclure que le pourcentage est significativement supérieur à 80%.

(i) Rejeter H_0 et conclure que le pourcentage est significativement inférieur à 50%.

(j) Rejeter H_0 et conclure que le pourcentage est significativement inférieur à 80%.

(*Questions 14 à 18*) Effectuer un test d'hypothèse à partir de l'information donnée dans la description de l'expérience ci-dessous.

Un fabricant de crème glacée désire déterminer si sa campagne publicitaire pour promouvoir la vente de sa nouvelle essence aux fruits exotiques devrait s'orienter vers un groupe d'âge particulier. Les experts de la compagnie définissent trois groupes d'âge et choisissent 20 personnes au hasard pour constituer chacun des groupes. On demande ensuite à chacune des 60 personnes choisies d'évaluer le goût de l'essence en question à l'aide de trois critères d'appréciation: *excellent, ordinaire, atroce*. Leur intention est de savoir si les cotes d'appréciation se distribuent de façon similaire pour chacun des trois groupes d'âge.

14. À l'aide des formules utilisées pour les problèmes 1 à 3, identifier le test ou le type de test statistique approprié dans le cas présent.__________

15. Laquelle des figures suivantes illustre le mieux la zone de rejet de l'hypothèse nulle?

(a) 

(b) 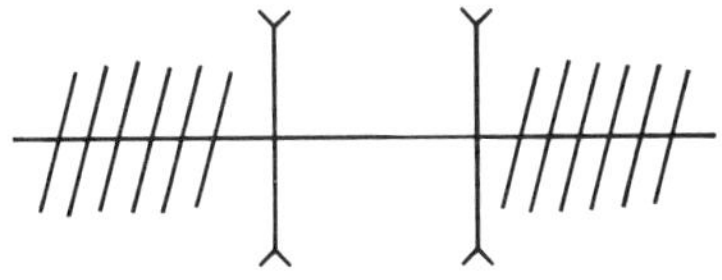

(c) 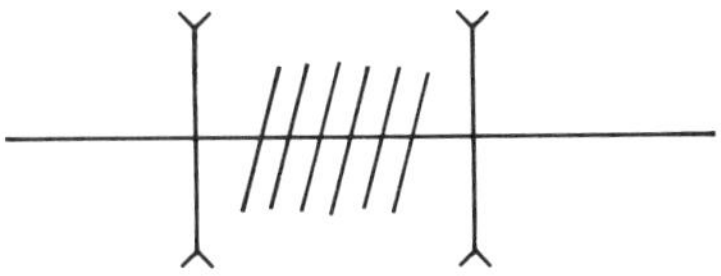

(d) 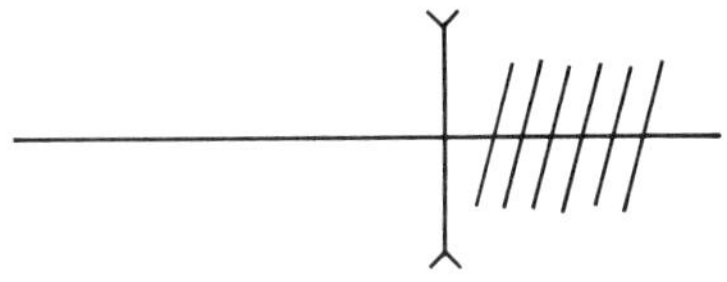

16. Quel est le nombre de degrés de liberté associé à ce test?

(a) 3 (b) 4 (c) 6 (d) 8 (e) 19 (f) 20 (g) 57
(h) 59 (i) 60

17. En supposant que la réponse correcte à la question 16 est (c) et que $\alpha = 0{,}05$, quelle est la valeur critique de la zone de rejet de l'hypothèse nulle?

(a) 1,645 (b) 1,960 (c) 1,943 (d) 2,447 (e) 2,576
(f) 3,707 (g) 12,592 (h) 14,449 (i) 18,548

18. En supposant que la valeur du test statistique est égale à 0,5, quelle est la conclusion appropriée?

(a) Environ 50% des individus interrogés apprécient cette essence nouvelle et celle-ci devrait connaître beaucoup de succès sur le marché.
(b) Les trois groupes d'âge ont des opinions similaires sur le goût de cette nouvelle essence, mais les données recueillies ne nous permettent pas de prédire son taux de succès sur le marché.
(c) En général, les gens n'aiment pas la saveur de cette nouvelle essence et les résultats ne nous permettent pas de prédire son taux de succès sur le marché.
(d) Les résultats démontrent que cette nouvelle essence connaîtra beaucoup de succès sur le marché, mais ceux-ci n'indiquent pas si les préférences iront vers un groupe d'âge particulier.
(e) Peu importe le groupe d'âge considéré, cette nouvelle essence connaîtra un échec sur le marché.

19. Pour les données du tableau ci-dessous, quelle est la valeur de

$$\sum \frac{(fo - ft)^2}{ft} \text{ ?}$$

	CATÉGORIES 1	2	3
Fréquences observées	50	30	20
Fréquences théoriques	40	40	20

(a) 0 (b) 1 (c) 5 (d) 10
(e) 20 (f) 100 (g) 200 (h) 400

20. Quelle est la fréquence théorique de la cellule située à l'intersection de la première ligne et de la première colonne du tableau ci-dessous?

	COLONNE 1	COLONNE 2
LIGNE 1	20	10
LIGNE 2	20	50

(a) 0,67 (b) 1,2 (c) 3,2 (d) 5,3 (e) 12
(f) 20 (g) 30 (h) 40 (i) 100 (j) 120

21. À partir de deux échantillons de 200 essais, nous obtenons 120 succès dans le cas de l'échantillon 1 et 80 succès dans le cas de l'échantillon 2; évaluer la formule suivante:

$$\frac{p_1 - p_2}{\sqrt{p_0(1 - p_0)\left(\frac{1}{n_1} + \frac{1}{n_2}\right)}}$$

(a) 0,05 (b) 0,2 (c) 0,4 (d) 4,0 (e) 8,0
(f) 12,0 (g) 20 (h) 40 (i) 80 (j) 800

22. Dans le cas d'un test d'hypothèse pour données multinômiales, l'erreur de type II n'existe pas. Vrai ou faux?

23. La zone de rejet est toujours déterminée en supposant que l'hypothèse nulle est vraie. Vrai ou faux?

24. On doit toujours examiner les résultats avant de formuler les hypothèses H_0 et H_a. Vrai ou faux?

25. Le terme *données nominales* est synonyme de *mesures de type qualitatif*. Vrai ou faux?

RÉPONSES AUX EXERCICES (NUMÉROS IMPAIRS)

LEÇON 1

1.
(1) H_0: $\pi = 0{,}6$ *versus* H_a: $\pi \neq 0{,}6$
(2) $\alpha = 0{,}05$ et $n = 300$
(3) $$Z = \frac{p - 0{,}6}{\sqrt{\dfrac{(0{,}6)(0{,}4)}{300}}}$$
(4) Rejeter H_0 si $|Z| \geqslant 1{,}96$; sinon, accepter H_0.
(5) $Z = 3{,}54$
(6) Puisque $3{,}54 > 1{,}96$, nous rejetons H_0 et concluons que les résultats démontrent que la cote d'écoute a changé.

3.
(1) H_0: $\pi \geqslant 0{,}05$ *versus* H_a: $\pi < 0{,}05$
(2) $\alpha = 0{,}025$ et $n = 175$
(3) $$Z = \frac{p - 0{,}05}{\sqrt{\dfrac{(0{,}05)(0{,}95)}{175}}}$$
(4) Rejeter H_0 si $Z \geqslant 1{,}96$; sinon, accepter H_0.
(5) $Z = 0{,}78$
(6) Puisque $0{,}78 < 1{,}96$ accepter H_0. Ne pas arrêter la machine.

5.
(1) H_0: $\pi \leqslant 0{,}90$ *versus* H_a: $\pi > 0{,}90$
(2) $\alpha = 0{,}10$ et $n = 250$
(3) $$Z = \frac{p - 0{,}90}{\sqrt{\dfrac{(0{,}9)(0{,}1)}{250}}}$$
(4) Rejeter H_0 si $Z \geqslant 1{,}282$; sinon, accepter H_0.
(5) $Z = 2{,}64$
(6) Puisque $2{,}64 > 1{,}282$, rejeter H_0.

LEÇON 2

1.
(1) H_0: $\pi_A - \pi_B = 0$ *versus* H_a: $\pi_A - \pi_B \neq 0$
(2) $n_A = 135$, $n_B = 142$ et $\alpha = 0{,}10$
(3) $$Z = \frac{p_1 - p_2}{s_{p_1 - p_2}}$$
(4) Rejeter H_0 si $|Z| \geqslant 1{,}645$; sinon, accepter H_0.
(5) $p_1 - p_2 = 0{,}948 - 0{,}915 = 0{,}033$
$$s_{p_1-p_2} = \sqrt{(0{,}93)(0{,}07)\left(\frac{1}{135} + \frac{1}{142}\right)} = 0{,}0307, \qquad Z = 1{,}075$$
(6) Puisque $1{,}075 < 1{,}645$, accepter H_0.

3.
(1) H_0: $\pi_1 - \pi_2 = 0$ *versus* H_a: $\pi_1 - \pi_2 \neq 0$
(2) $n_1 = 199$, $n_2 = 280$ et $\alpha = 0,05$

(3) $$Z = \frac{p_1 - p_2}{s_{p_1-p_2}}$$

(4) Rejeter H_0 si $|Z| \geqslant 1,96$; sinon, accepter H_0.
(5) $p_1 = 0,296$, $p_2 = 0,261$

$$s_{p_1-p_2} = \sqrt{(0,276)(0,724)\left(\frac{1}{199} + \frac{1}{280}\right)} = 0,0414, \qquad Z = 0,844$$

(6) Puisque $0,844 < 1,96$, accepter H_0.

LEÇON 3

1. 6,635
3. 19,675

LEÇON 4

1.
(1) H_0: $\pi_1 = \pi_2 = \pi_3 = \pi_4 = \pi_5 = 0,2$ versus
H_a: au moins deux de ces égalités sont fausses.
(2) $\alpha = 0,05$

(3) $$\chi^2 = \sum \frac{(fo - ft)^2}{ft}$$

(4) Rejeter H_0 si $\chi^2 \geqslant 9,488$; sinon, accepter H_0.
(5)

fo	161	117	94	123	80
ft	115	115	115	115	115
fo — ft	46	2	−21	8	−35

$$\chi^2 = \frac{46^2 + 2^2 + 21^2 + 8^2 + 35^2}{115} = 33,48$$

(6) Puisque $33,48 > 9,488$, rejeter H_0.

3.
(1) H_0: $\pi_1 = 0,8$; $\pi_2 = 0,2$ *versus*
H_a: les proportions sont différentes de ces valeurs.
(2) $\alpha = 0,05$

(3) $$\chi^2 = \sum \frac{(F_{0_i} - F_{t_i})^2}{F_{t_i}}$$

(4) Rejeter H_0 si $\chi^2 \geqslant 3,841$; sinon, accepter H_0.

(5)

fo	608	172
ft	624	156
fo — ft	−16	16

$$\chi^2 = \frac{256}{624} + \frac{256}{156} = 2{,}051$$

(6) Puisque 2,051 < 3,841, accepter H_0.

5.

(1) H_0: $\pi_1 = 0{,}05$; $\pi_2 = 0{,}95$ *versus*
H_a: les proportions sont différentes des valeurs hypothétiques.

(2) $\alpha = 0{,}05$

(3) $\chi^2 = \sum \frac{(fo - ft)^2}{ft}$

(4) Rejeter H_0 si $\chi^2 \geqslant 3{,}841$; sinon, accepter H_0.

(5)

fo	50	1150
ft	60	1140
fo — *ft*	−10	10

$$\chi^2 = \frac{100}{60} + \frac{100}{1140} = 1{,}754$$

(6) Puisque 1,754 < 3,841, accepter H_0.

LEÇON 5

1. $\chi^2 = 114{,}9$ et $\chi^2_{1;0,01} = 6{,}635$. Puisque 114,9 > 6,635, rejeter H_0.
3. $\chi^2 = 7{,}6812$ et $\chi^2_{1;0,05} = 3{,}841$. Puisque 7,6812 > 3,841, rejeter H_0.
5.

fo				*ft*			
	10	7	11		9,4	9,0	9,6
	14	10	19		14,4	13,8	14,8
	23	13	10		15,4	14,8	15,8
	13	18	9		13,4	12,8	13,8
	7	14	21		14,1	13,5	14,4
	6	8	5		6,4	6,1	6,5

$\chi^2 = 20{,}41$, $\chi^2_{10;0,05} = 18{,}307$. Puisque 20,41 > 18,307, rejeter H_0.

CHAPITRE DIX: L'ANALYSE DE LA VARIANCE

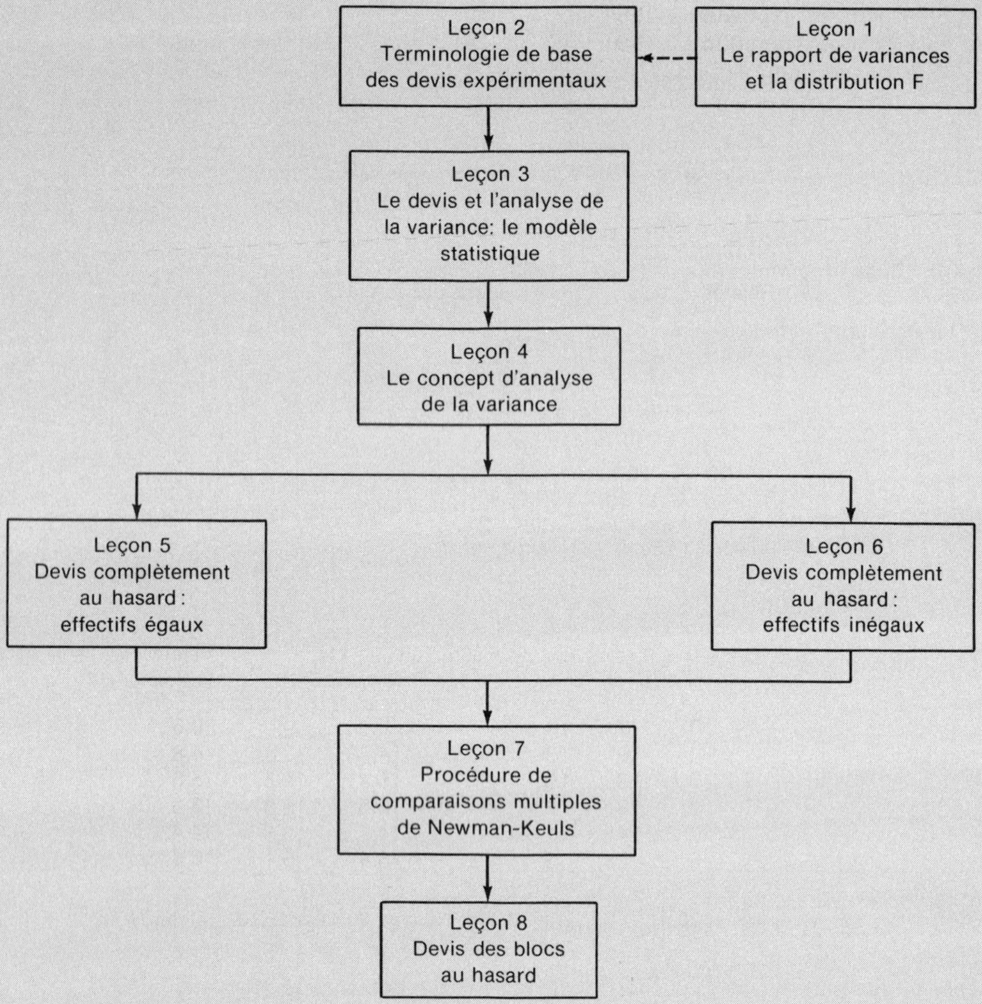

INTRODUCTION Nous avons introduit dans le chapitre HUIT diverses procédures permettant de comparer l'une à l'autre les moyennes de deux populations de façon à pouvoir vérifier si ces deux populations possédaient des moyennes identiques ou différentes. Dans le chapitre HUIT, nous avons appliqué ces procédures de tests d'hypothèses à deux cas particuliers: (1) lorsque les échantillons des deux population sont choisis de façon indépendante (leçon 10) et (2) lorsque la procédure échantillonnage engendre des observations pairées (leçon 11). Toutefois, il arrive souvent en pratique qu'il faille comparer plus de deux populations. Par exemple, on fait appel à un laboratoire privé pour procéder à l'analyse comparative de six marques compétitrices de peinture d'intérieur au latex sur la base des caractéristiques suivantes: la facilité d'application, la facilité de nettoyage, la durabilité et la beauté du fini. Dans le but de vérifier la présence de différences marquées entre ces six marques compétitrices (ou populations), le laboratoire en question recueille diverses mesures et jugements (cotations).

On peut procéder à des comparaisons similaires dans l'analyse de marques de pneus, de méthodes d'apprentissage ou de formation, de quantités variables d'engrais épandu sur des champs, de dosages de médicaments, de procédures d'assemblage d'un produit manufacturé quelconque, et ainsi de suite.

Nous allons présenter dans ce chapitre une procédure de test d'hypothèse applicable à n'importe quel nombre de moyennes de populations. Cette procédure décompose en diverses sources possibles de variation la variabilité totale observée au niveau des mesures échantillonnales. Si l'on note beaucoup de variation *entre* les populations par opposition aux variations *à l'intérieur* des populations, on conclura que les moyennes de ces populations diffèrent les unes des autres. Cette procédure porte le nom d'analyse de la variance (ANOVA). Nous allons présenter dans les leçons qui suivent les principes statistiques sur lesquels s'appuie cette procédure, de même que les techniques de calcul appropriées.

VOCABULAIRE

Analyse de la variance
Carré moyen
Combinaison de traitements
Devis complètement au hasard à facteur unique
Devis des blocs complètement au hasard
Devis expérimental
Distribution *F*
Facteur
Modèle statistique linéaire
Niveau d'un facteur
Procédure de comparaisons multiples
Rapport de variances
Répartition au hasard
Reproduction (d'une expérience)
Somme des carrés
Test des étendues multiples de Newman-Keuls
Traitement
Unité expérimentale
Variable dépendante
Variable indépendante

LEÇON 1 LE RAPPORT DE VARIANCES ET LA DISTRIBUTION *F*

Tâche: pouvoir trouver et interpréter correctement dans la table de la distribution *F* des valeurs *F* qui correspondent à une valeur α donnée et aux degrés de liberté dl_1 et dl_2.

DÉFINITIONS

Rapport de variances et distribution F: rapport entre deux variances échantillonnales s_1^2 et s_2^2, soit s_1^2/s_2^2. Si nous calculons s_1^2 à partir d'un échantillon au hasard de n_1 mesures issues d'une population de mesures qui se distribuent normalement avec une variance σ^2 et si nous calculons de même s_2^2 à partir d'un échantillon au hasard — indépendant du premier — de n_2 mesures qui se distribuent normalement avec la même variance σ^2, alors le rapport de variances s_1^2/s_2^2 aura une distribution nommée distribution *F*.

La distribution *F* présente une asymétrie positive; de plus, dans la mesure où elle représente un rapport entre deux variances indépendantes, ses valeurs seront nécessairement positives. La forme de la distribution *F* varie en fonction de deux paramètres, les valeurs dl_1 et dl_2 qui représentent les degrés de liberté associés respectivement au numérateur (dl_1) et au dénominateur (dl_2) du rapport de variances. En regard du texte qui précède, $dl_1 = n_1 - 1$ et $dl_2 = n_2 - 1$.

Table de la distribution F: cette table regroupe des valeurs provenant de distributions *F* variées (en fonction de dl_1 et dl_2); ces valeurs délimitent une surface de valeur α sous l'extrémité droite de la distribution. Ces valeurs se trouvent dans la table VII en *annexe*. Seules les valeurs $\alpha = 0{,}05$ et $\alpha = 0{,}01$ sont présentées dans la table.

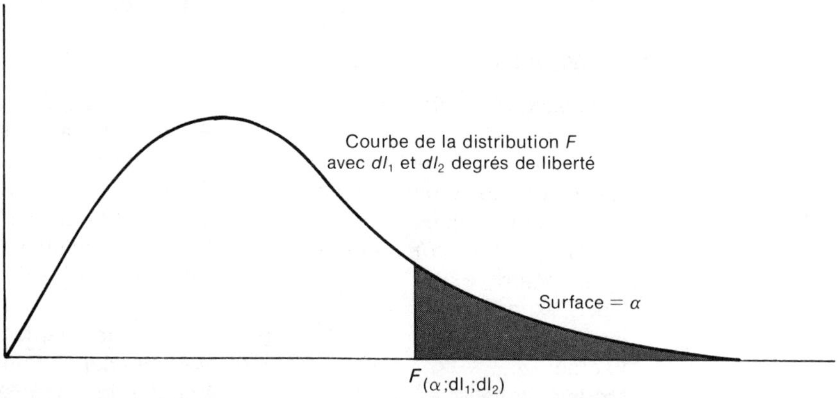

FIGURE 10.1 Courbe de la distribution *F*: la portion ombrée représente une surface égale à α.

La surface ombrée sous la courbe dans la figure 10.1 représente la surface de valeur α. La valeur F marquée sur l'axe horizontal (abscisse) correspond à la valeur qui sera trouvée dans la table en fonction des degrés de liberté appropriés. Il importe de s'assurer que dl_1 représente bien les degrés de liberté associés au numérateur, alors que dl_2 correspond aux degrés de liberté associés au dénominateur du rapport de variances.

Voici une notation usuelle: $F_{(\alpha\,;dl_1;dl_2)}$. Cette expression représente la valeur critique d'une distribution F définie par les degrés de liberté dl_1 et dl_2, qui délimite une surface α sous l'extrémité droite de la courbe. On trouvera illustrée dans la figure 10.1 une courbe F typique.

DISCUSSION

Si nous tirons d'une population normalement distribuée avec une variance σ^2 un échantillon au hasard de n_1 mesures, alors nous pouvons calculer la variance échantillonnale s_1^2 comme suit:

$$s_1^2 = \sum_{i=1}^{n_1} \frac{(y_{1i} - \bar{y}_1)^2}{n_1 - 1}$$

Dans ce cas, $n_1 - 1$ représente le nombre de degrés de liberté associés à s_1^2. Si nous tirons maintenant d'une autre population normalement distribuée, avec cependant une même variance σ^2, un échantillon au hasard de grandeur n_2 indépendant de l'autre échantillon, alors nous pouvons calculer la variance échantillonnale s_2^2 comme suit:

$$s_2^2 = \sum_{i=1}^{n_2} \frac{(y_{2i} - \bar{y}_2)^2}{n_2 - 1}$$

Dans ce cas, $n_2 - 1$ représente le nombre de degrés de liberté associés à s_2^2. Si nous répétons indéfiniment cette procédure d'échantillonnage, l'ensemble des rapports de variances s_1^2/s_2^2 ainsi générés formera une distribution de valeurs nommée distribution F. La forme de cette distribution dépend de deux paramètres, dl_1 et dl_2, qui correspondent respectivement aux degrés de liberté du numérateur et du dénominateur. Dans le cas présent, $dl_1 = n_1 - 1$ degrés de liberté et $dl_2 = n_2 - 1$ degrés de liberté.

Puisqu'un *rapport de variances* est un rapport entre deux quantités positives (valeurs mises au carré), il s'ensuit que les valeurs d'une distribution F seront toujours positives. De plus, cette distribution est unimodale et présente une asymétrie positive; sa forme particulière variera en fonction de dl_1 et de dl_2. On trouvera illustrée dans la figure 10.1 l'allure typique d'une distribution F.

La table de la distribution F (voir la table VII de *l'annexe*) se subdivise en deux parties: la première partie regroupe les valeurs F critiques associées à une surface de 5% sous l'extrémité droite de la courbe, tandis que la seconde présente les valeurs qui délimitent une surface de 1% (on peut trouver dans d'autres volumes des tables plus détaillées). Dans l'une et l'autre partie de cette table, les en-têtes des *colonnes* identifient les degrés de liberté dl_1 associés au numérateur du rapport de variances, tandis que les en-têtes des *lignes* identifient les degrés de liberté dl_2 associés au dénominateur. La valeur F critique appropriée se trouve à l'intersection de la ligne et de la colonne qui correspondent aux valeurs dl_1 et dl_2.

Par exemple, si nous désirons savoir quelle valeur F délimite une surface de 5% à sa droite, lorsque $dl_1 = 10$ et $dl_2 = 15$, on choisit la partie de la table réservée aux valeurs F associées à un $\alpha = 0{,}05$. À l'intersection de la colonne $dl_1 = 10$ et de la ligne $dl_2 = 15$, on trouve la valeur 2,54. Cette valeur sera notée comme suit:

$$F_{(0,05;10;15)} = 2{,}54$$

où 0,05 représente la surface sous l'extrémité droite de la courbe (zone de rejet de l'hypothèse nulle), tandis que les nombres 10 et 15 représentent respectivement les degrés de liberté associés au numérateur et au dénominateur. De façon similaire, la valeur F associée à un $\alpha = 0{,}01$ avec les mêmes degrés de liberté deviendra:

$$F_{(0,01;10;15)} = 3{,}80$$

En d'autres termes, lorsque $dl_1 = 10$ et $dl_2 = 15$, la surface qui se trouve à droite de la valeur $F = 2{,}54$ équivaut à 5%, tandis que la valeur $F = 3{,}80$ délimite à sa droite une surface de 1% sous la courbe de la distribution F. Ces deux exemples se trouvent illustrés dans la figure 10.2.

On peut également interpréter ces résultats comme suit: lorsque $dl_1 = 10$ et $dl_2 = 15$, il existe une probabilité de 0,05 d'obtenir un rapport de variances égal ou supérieur à 2,54; avec le même couple de degrés de liberté, la probabilité d'obtenir un rapport de variances égal ou supérieur à 3,80 n'est que de 0,01.

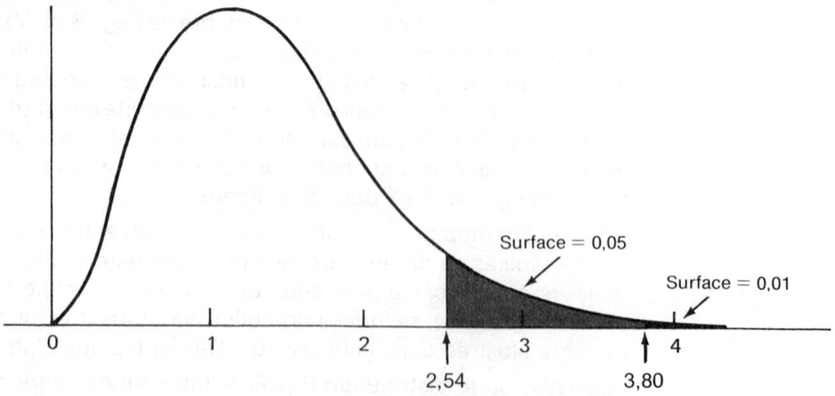

FIGURE 10.2 Courbe de la distribution F avec $dl_1 = 10$ et $dl_2 = 15$

Notez que la table de la distribution F nous permet de tester l'hypothèse $H_0: \sigma_1^2 = \sigma_2^2$, où σ_1^2 et σ_2^2 représentent les variances de deux populations normalement distribuées. Voici le test statistique approprié:

$$F = \frac{s_1^2}{s_2^2}$$

L'argument est le suivant: si $\sigma_1^2 = \sigma_2^2$, alors s_1^2 et s_2^2 représentent les variances de deux échantillons indépendants provenant de populations identiques. Par conséquent, le rapport de variances s_1^2/s_2^2 se modèle selon la distribution F. Par ailleurs, si $\sigma_1^2 \neq \sigma_2^2$, alors le rapport de variances ne se modèle pas selon la distribution F. Si nous respectons la convention qui demande de placer au numérateur la plus grande des deux variances, l'obtention de valeurs élevées pour le rapport de variances nous conduirait à rejeter H_0. En d'autres termes, la règle de décision serait la suivante: si s_1^2 représente la plus grande des deux variances et si $F = s_1^2/s_2^2 \geqslant F_{(\alpha;n_1-1;n_2-1)}$, alors nous rejetons H_0. Sinon, nous devons retenir l'hypothèse d'égalité des deux variances.

Ce concept se situe au coeur de la procédure d'analyse de la variance que nous allons étudier dans les prochaines leçons.

EXEMPLES

Trouver et interpréter les valeurs F critiques en fonction des données présentées dans les problèmes ci-dessous:

1. Supposons les degrés de liberté $dl_1 = 2$ et $dl_2 = 6$ d'un rapport de variances. Trouver et interpréter $F_{(0,05;2;6)}$ et $F_{(0,01;2;6)}$.

Solution. Nous trouvons dans la table VII de *l'annexe* les valeurs $F = 5,14$ et $F_{(0,01;2;6)} = 10,9$. Ces deux valeurs critiques sont illustrées dans la

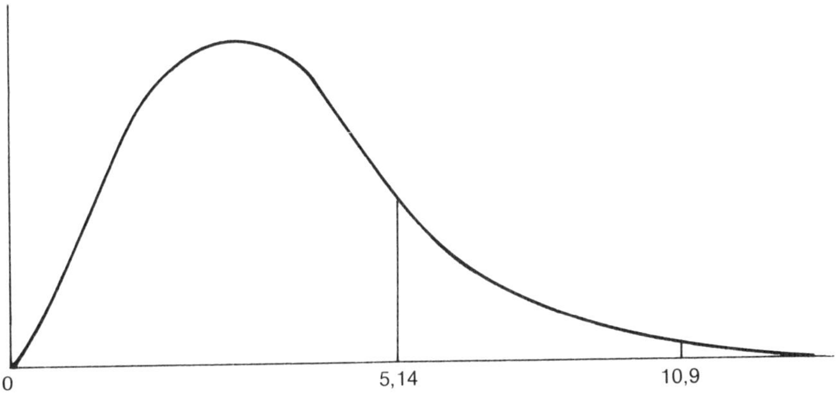

FIGURE 10.3 Distribution F avec $dl_1 = 2$ et $dl_2 = 6$

figure 10.3. Ces valeurs signifient que nous prévoyons que lorsque $dl_1 = 2$ et $dl_2 = 6$, seulement 5% de toutes les valeurs F seront égales ou supérieures à 5,14, alors que seulement 1% de ces mêmes valeurs seront égales ou supérieures à 10,9.

2. Supposons une valeur F critique égale à 4,15 avec $dl_1 = 8$ et $dl_2 = 6$. Quelle est la valeur de α?

Solution. Si nous regardons dans la table VII les valeurs F associées à $dl_1 = 8$ et $dl_2 = 6$, nous constaterons que la valeur 4,15 se trouve dans la partie de la table réservée aux surfaces de 5%. Par conséquent, lorsque $dl_1 = 8$ et $dl_2 = 6$, seulement 5% des valeurs F seront égales ou supérieures à 4,15.

3. Supposons que nous tirons deux échantillons indépendants de grandeur $n_1 = 11$ et $n_2 = 7$ à partir de deux populations distinctes normalement distribuées. Il s'avère que $s_1^2 = 18$ et $s_2^2 = 5$. Est-il justifié de conclure que $\sigma_1^2 = \sigma_2^2$?

Solution. Le rapport de variances serait le suivant:

$$F = \frac{s_1^2}{s_2^2} = \frac{18}{5} = 3,6$$

Pour une valeur $\alpha = 0,05$, la valeur $F_{(0,05;10;6)} = 4,06$. Puisque $3,6 < 4,06$, nous ne sommes pas justifiés de conclure que les variances σ_1^2 et σ_2^2 des deux populations diffèrent significativement l'une de l'autre.

EXERCICES

Tâche: trouver et interpréter les valeurs F critiques en fonction des données présentées dans les problèmes ci-dessous.

1. a) Trouver et interpréter $F_{(0,05;6;10)}$.
   b) Trouver et interpréter $F_{(0,01;3;\infty)}$.
2. Trouver dl_1, sachant que $F_{(0,05;dl_1;7)} = 3,87$.
3. Trouver dl_2, sachant que $F_{(0,01;8;dl_2)} = 8,10$.
4. Trouver α, sachant que $F_{(\alpha;2;4)} = 6,94$.
5. Supposons que les données suivantes sont calculées à partir de deux échantillons indépendants tirés de deux populations normalement distribuées: $s_1^2 = 25$, $s_2^2 = 6$; $n_1 = 10$; $n_2 = 10$. Est-il justifié de croire que $\sigma_1^2 = \sigma_2^2$ avec une valeur $\alpha = 0,05$?

LEÇON 2 TERMINOLOGIE DE BASE DES DEVIS EXPÉRIMENTAUX

Tâche: à la lecture de la description d'un problème, pouvoir identifier correctement l'unité expérimentale, les facteurs et leurs divers niveaux, de même que le recours (ou non) à une procédure de répartition au hasard.

DÉFINITIONS

Variable indépendante versus dépendante: compte tenu de nos objectifs, la variable qui suscite un intérêt primordial dans une recherche est la *variable dépendante*. Toute autre variable qui, selon nous, peut influencer les mesures obtenues pour la variable dépendante sera nommée *variable indépendante*. Dans ce contexte, nous soutenons que la variable indépendante influence ou détermine la variable dépendante.

Facteurs, traitements et unité expérimentale: dans le cadre d'une étude expérimentale ou d'une enquête échantillonnale, nous dénommons *facteur* toute variable indépendante jugée susceptible d'influencer le comportement de la variable dépendante qui nous intéresse. Chaque facteur étudié peut être découpé selon diverses catégories logiques (données nominales) ou niveaux d'intensité (données ordinales ou d'intervalles-rapports). Ces catégories ou niveaux portent le nom de *traitements* ou de *niveaux du facteur*. Dans le cadre d'une même expérience, il est possible d'étudier simultanément l'influence de plusieurs facteurs ou variables indépendantes. Nous nommerons *combinaison de traitements* toute combinaison spécifique de niveaux de facteurs appliqués à une unité quelconque de l'échantillon expérimental. Nous appellerons *unité expérimentale* l'unité de base qui reçoit un traitement ou une combinaison de traitements.

Répartition au hasard: on nomme *répartition au hasard* l'attribution au hasard des unités expérimentales aux divers traitements ou combinaisons de traitements. Le processus de répartition au hasard peut s'effectuer à l'aide de dés, de pièces de monnaie, de tables de nombres aléatoires, et ainsi de suite. Cette procédure vise à valider le postulat d'indépendance, en annulant par le jeu du hasard toutes tendances ou patrons insoupçonnés au sein de l'échantillon expérimental. En d'autres termes, le processus de répartition au hasard a pour but d'éliminer tout biais systématique.

Terme d'erreur et reproduction: lorsque deux unités expérimentales, ayant reçu un même traitement (ou combinaison de traitements), engendrent des mesures ou réponses différentes, la différence entre ces deux réponses porte le nom de *terme d'erreur*. Cette erreur expérimentale a pour sources les multiples variables qui contribuent à faire varier les réponses, mais qui n'ont pas été retenues comme variables indépendantes dans l'étude. Lorsque deux ou plusieurs unités expérimentales sont soumises à un même traitement, l'expérience est dite *reproduite*. Le processus de reproduction constitue une partie intégrante de toute expérience en ce qu'il permet de mesurer le terme d'erreur.

DISCUSSION

La première étape de toute étude scientifique consiste à définir très précisément les objectifs visés. Dès lors, s'il s'avère nécessaire d'effectuer un échantillonnage scientifique ou de procéder à une expérimentation, une seconde étape fort cruciale consistera à définir la population appropriée qui sera objet d'étude et à identifier quelle variable (dépendante) devra être mesurée pour atteindre les objectifs de l'étude. Lorsque cette variable dépendante est précisée, nous pouvons procéder à l'identification d'un certain nombre d'autres variables qui nous permettront de vérifier toute relation particulière qui nous intéresse. Ces variables portent le nom de *variables indépendantes ou de facteurs*. Chaque facteur comporte généralement plusieurs niveaux d'intensité que nous nommons *niveaux du facteur*. Un niveau donné d'un facteur porte également le nom de *traitement*.

On nomme *combinaison de traitements* toute combinaison spécifique de niveaux de facteurs appliqués à une unité quelconque d'une population. Toute unité qui reçoit un traitement donné ou une combinaison de traitements porte le nom d'*unité expérimentale*. Il est possible d'assigner au hasard les unités expérimentales aux diverses combinaisons de traitements; ce faisant, on minimise l'effet de toutes relations insoupçonnées entre les diverses unités expérimentales. Si l'on veut pouvoir mesurer le degré de variabilité inhérent à toute mesure expérimentale, variabilité que nous nommons *terme d'erreur*, il faut nécessairement répéter ou *reproduire* l'expérience. Lorsque nous avons estimé le terme d'erreur, nous pouvons alors le comparer à l'ampleur de la variabilité associée aux divers facteurs et traitements étudiés. Cette comparaison servira de base à des tests d'hypothèses qui déboucheront sur une prise de décision quant à l'impact des divers facteurs étudiés sur les mesures expérimentales recueillies.

Ainsi, avant de mettre sur le marché un nouveau médicament, une compagnie pharmaceutique se doit de tester soigneusement ce médicament afin de préciser quels dosages seront à la fois efficaces et inoffensifs. De plus, cette même compagnie doit également vérifier la compatibilité de ce nouveau produit avec d'autres médicaments que le patient pourrait prendre simultanément, tels que de l'aspirine, des tranquillisants, des produits pour le rhume ou la toux, et ainsi de suite.

Supposons qu'un laboratoire a pour tâche de vérifier les effets d'un nouveau médicament sur des animaux de laboratoire. À titre de variable dépendante, on mesurera la proportion de ce médicament présente dans un échantillon de sang une heure après l'administration du médicament. En premier lieu, nous pourrions nous centrer uniquement sur le médicament lui-même, en faisant varier la dose. Dans ce cas, le facteur serait le médicament lui-même, les niveaux du facteur correspondraient aux diverses doses choisies, tandis qu'une dose donnée constituerait un traitement. Toutefois, d'autres facteurs peuvent intervenir dans cette expérience et influencer les mesures qui seront enregistrées. Ainsi, les divers traitements peuvent être administrés à des portées différentes; la taille et le poids des animaux peuvent varier; les animaux peuvent suivre des diètes alimentaires différentes, etc. Si nous décidons de ne pas isoler et mesurer les effets possibles de ces facteurs, alors nous cumulerons en un même tout leurs effets combinés que nous nommerons *terme d'erreur*.

Par ailleurs, si nous décidions d'administrer simultanément diverses doses de ce médicament en conjonction, par exemple, avec diverses doses d'aspirine, alors toute combinaison d'une dose quelconque du médicament et d'une dose quelconque d'aspirine constituerait une combinaison de traitements. Tout animal expérimental qui recevrait un traitement donné ou une combinaison de traitements serait considéré comme une unité expérimentale.

Si nous désirons mesurer l'ampleur de l'effet produit par l'ensemble des facteurs regroupés sous l'étiquette terme d'erreur, il est nécessaire d'administrer à plusieurs unités expérimentales un même traitement ou combinaison de traitements: c'est ce qui s'appelle *reproduire* l'expérience. De plus, dans le but de minimiser l'effet de toutes sortes de tendances inconnues ou de biais possibles, nous distribuerons au hasard les unités expérimentales entre les divers traitements.

EXEMPLES

Identifier pour chacun des problèmes ci-dessous l'unité expérimentale, les facteurs et les niveaux de chacun des facteurs introduits dans l'expérience. Préciser s'il y a eu recours ou non à une procédure de répartition au hasard.

1. Dans le but de comparer la force des bétons produits par quatre mélanges expérimentaux, un constructeur d'habitations fabrique trois spécimens à partir de chaque mélange. Chacun des douze spécimens est soumis à des charges comprimantes de plus en plus lourdes, et ce jusqu'à ce qu'il se brise.

Solution. Il y a 12 unités expérimentales, soit les spécimens de béton. Les niveaux du facteur correspondent aux quatre différents mélanges de béton; il y a donc 4 niveaux du facteur *béton*. On ne mentionne aucune procédure de répartition au hasard, quoiqu'on puisse supposer que les trois spécimens de chaque mélange constituent un échantillon au hasard de tous les spécimens possibles qu'on pourrait fabriquer avec chaque mélange.

2. On désire vérifier le délai de réchauffement de trois types différents de tubes à rayons cathodiques. Huit mesures sont enregistrées pour chaque type de tube. On a sélectionné au hasard les huit tubes de chaque type parmi tous ceux produits par une chaîne d'assemblage.

Solution. Les 24 tubes à rayons cathodiques constituent les unités expérimentales. Le facteur étudié est le type de tube; ce facteur se subdivise en trois niveaux ou types. La sélection des tubes respecte les règles de la répartition au hasard.

3. Une directrice d'école primaire choisit au hasard trois élèves dans chacune des quatre classes de sixième année; il y a donc au total 12 élèves. Puis, elle distribue au hasard aux trois étudiants de chaque classe l'une ou l'autre de trois versions parallèles d'un examen de compréhension de textes. Le score obtenu à l'examen sert de variable dépendante.

Solution. L'unité expérimentale correspond à un étudiant donné d'une classe donnée qui répond à une version donnée de l'examen de compréhension de textes. Il y a deux facteurs, soit (1) la classe d'où provient l'étudiant et (2) la version de l'examen administrée aux étudiants. Les niveaux des facteurs correspondent respectivement aux quatre (4) classes différentes de sixième année et aux trois types d'examen choisis. On a utilisé une procédure de répartition au hasard, non seulement pour identifier les étudiants, mais également pour leur assigner une version particulière de l'examen.

EXERCICES

Identifier pour chacun des énoncés de problèmes ci-dessous l'unité expérimentale, les facteurs et les niveaux de chacun des facteurs introduits dans l'expérience. Préciser s'il y a reproduction et si on a eu recours ou non à une procédure de répartition au hasard.

1. Des psychologues de l'Armée de l'air doivent évaluer l'efficacité relative de trois méthodes d'entraînement des navigateurs. La première méthode utilise des simulateurs de vol dirigés par un ordinateur; la seconde méthode place les étudiants en situation réelle de travail, tandis que la troisième méthode consiste en cours traditionnels. Les psychologues choisissent au hasard 12 candidats au sein de chacun des quatre pelotons de cadets; chaque groupe de 12 cadets est réparti au hasard entre les trois méthodes d'entraînement, de façon à ce que quatre d'entre eux subissent chacune des méthodes.

2. Une chimiste effectue une expérience destinée à comparer le degré moyen d'absorption de certains spécimens de médicaments par le tissu musculaire. Elle choisit au hasard 20 personnes appartenant à chacun des quatre groupes d'âges suivants: 6 à 20 ans, 21 à 35 ans, 36 à 50 ans et 51 à 65 ans. Puis, elle répartit au hasard chaque groupe de 20 sujets en 5 sous-groupes égaux: chaque sous-groupe recevra un médicament différent, codé A, B, C, D ou E.

3. Dans le but de comparer la résistance à la tension de six fibres synthétiques, des ingénieurs choisissent au hasard 15 échantillons de chaque fibre et mesurent la tension requise pour les briser.

4. Supposons que nous désirons comparer quatre diètes. Nous choisissons 16 personnes obèses, soit 8 hommes et 8 femmes. On assigne au hasard 2 hommes et 2 femmes à chacune des diètes. La variable dépendante mesurée est le nombre de kilogrammes perdus après trente jours.

LEÇON 3 LE DEVIS ET L'ANALYSE DE LA VARIANCE: LE MODÈLE STATISTIQUE

Tâche: pouvoir décrire la relation entre le devis d'une expérience et l'analyse d'un ensemble de données. Pouvoir interpréter un modèle linéaire, de même que les termes qui le composent, incluant le terme d'erreur.

DÉFINITIONS

Devis et analyse d'expériences: l'étape du devis d'une expérience comprend essentiellement les règles qui circonscrivent et restreignent l'assignation des unités expérimentales aux divers traitements. Lorsque le devis est complété, il reste à réaliser l'expérience et à enregistrer les mesures appropriées auprès de chaque unité expérimentale. Puis, on procède à l'analyse des données afin d'extraire les informations nécessaires et prendre les décisions qui découlent des résultats obtenus. Une analyse bien faite doit tenir compte du devis adopté. Le fait d'ignorer le devis lors de l'analyse des données conduit habituellement à des décisions inappropriées.

Modèle statistique: il s'agit ici d'une équation qui exprime le lien entre la mesure d'une variable dépendante, représentée par la notation y, et les principaux facteurs qui, selon nos prévisions, contribuent à la variation des mesures. Un modèle très simple prendrait la forme suivante:

$$y_{ij} = \mu + \tau_j + \epsilon_{ij}$$

où y_{ij} = la mesure obtenue auprès de l'unité expérimentale i soumise au traitement j;

μ = une moyenne d'ensemble, sans égard au traitement administré;

τ_j = la part de la mesure attribuable au traitement j (τ est la lettre grecque *tau*);

ϵ_{ij} = la part de la mesure due au terme d'erreur propre à l'unité expérimentale ij (ϵ est la lettre grecque *epsilon*).

L'équation ci-dessus se lit comme suit: la mesure Y obtenue pour l'unité expérimentale i qui a reçu le traitement j est égale à la *somme* d'une mesure d'ensemble μ, plus une contribution τ_j provenant du traitement j, plus un terme d'erreur ϵ associé à l'unité expérimentale ij.

Afin de rendre valide la démarche présentée dans cette leçon, un postulat nécessaire et important doit être énoncé: l'effet des facteurs qui contribuent au terme d'erreur ϵ_{ij} est indépendant et se distribue normalement avec une moyenne de zéro et une variance σ^2, et ce quelles que soient les valeurs pour i et j.

DISCUSSION Le choix d'un devis efficace pour la réalisation d'une expérience, de même que l'adoption d'une méthode appropriée pour l'analyse des données constituent deux composantes essentielles de toute expérience scientifique. Le devis expérimental a pour fonction essentielle de préciser les règles d'attribution au hasard des traitements aux diverses unités expérimentales. Ces règles déterminent le choix de la méthode appropriée pour l'analyse des données. On peut trouver dans les textes de statistique bon nombre de devis efficaces, accompagnés des techniques d'analyse appropriées. Nous n'allons étudier dans ce chapitre que quelques-uns des devis les plus courants; dans chaque cas, nous décrirons les règles de base qui régissent la répartition au hasard des traitements entre les unités expérimentales, de même que les calculs nécessaires pour l'analyse des données. Si vous désirez une présentation plus détaillée, vous devrez consulter d'autres volumes qui abordent de façon plus approfondie les concepts présentés dans ce chapitre.

La rédaction d'un *modèle mathématique-statistique* permet de synthétiser de façon commode les caractéristiques d'un devis. Ce modèle établit une équation entre, d'une part, une mesure dépendante recueillie auprès d'une unité expérimentale quelconque et, d'autre part, la somme d'une constante, plus les effets associés aux facteurs introduits dans le devis comme sources possibles de variation, plus le terme d'erreur. Dans le cas du modèle le plus simple que nous allons examiner, nous supposons que y_{ij} représente une mesure réelle enregistrée auprès de l'unité expérimentale *i* soumise au traitement *j*. Ce modèle statistique prend la forme suivante:

$$y_{ij} = \mu + \tau_j + \epsilon_{ij}$$

Ici, μ représente une moyenne générale, c'est-à-dire une constante inconnue; τ_j représente l'effet additionnel du traitement *j*; ϵ_{ij} correspond au terme d'erreur associé à l'unité expérimentale *ij*.

Ce chapitre a pour objectif fondamental de vérifier s'il y a égalité ou non entre les moyennes de plusieurs populations; plus précisément, il s'agit de décider si, oui ou non, $\tau_j = 0$ pour tous les traitements. Comme prérequis à cette prise de décision, il faut pouvoir estimer le terme d'erreur ϵ_{ij}. Si la valeur de ϵ_{ij} est grande, elle peut couvrir et masquer les effets dûs aux traitements, de la même façon qu'un excès de statique dans un appareil de radio peut embrouiller complètement le signal sonore. Un devis efficace réduit l'ampleur de cette statique (erreur expérimentale), de telle sorte qu'il devient possible de mesurer la force du signal (traitements).

Dans toutes les leçons qui suivent, nous allons postuler que le terme ϵ_{ij} est indépendant (i.e. non relié aux traitements) et qu'il se distribue normalement avec une moyenne de zéro et une variance constante égale à σ^2. Il s'agit d'un postulat essentiel pour rendre valides les tests d'hypothèses décrits dans chaque leçon. Un second postulat découle implicitement de la rédaction du modèle statistique: il s'agit du postulat de l'*additivité* des effets, en ce sens que les facteurs qui contribuent à la variation des scores s'additionnent les uns aux autres. Dans bien des cas, ce postulat ne pourra être respecté que d'une façon approximative. Toutefois, la robustesse des tests décrits dans ce chapitre ne sera pas diminuée de façon démesurée par des écarts mineurs à ces postulats, tout spécialement en ce qui a trait au postulat de normalité des distributions.

Afin de vous aider à saisir les concepts ci-dessus en référence à un exemple concret, reprenons l'expérience du dosage de médicaments décrite dans la leçon 2. Supposons que nous désirons réaliser une expérience très simple qui consisterait à mesurer les effets de trois doses différentes d'un médicament sur six animaux de laboratoire différents issus d'une même portée. Nous assignons au hasard 2 animaux à chacun des trois niveaux de dosage (traitements). [Vous pourriez tenter d'imaginer une façon concrète pour réaliser cette répartition au hasard.]

La mesure y_{ij} enregistrée correspond à la quantité de médicament présente dans le sang cinq minutes après l'injection. Six mesures sont enregistrées, soit deux pour chacun des trois traitements. Il est possible d'agencer les résultats obtenus sous forme du tableau suivant:

T_1	T_2	T_3
DOSE 1	**DOSE 2**	**DOSE 3**
y_{11}	y_{12}	y_{13}
y_{21}	y_{22}	y_{23}

Nous pourrions écrire le modèle statistique pour la mesure y_{22}, par exemple, comme suit:

$$y_{22} = \mu + \tau_2 + \epsilon_{22}$$

où y_{22} représente la réaction du second animal, auquel fut administrée la dose 2. Donc, y_{22} représente la quantité de médicament présente dans le système sanguin; μ représente un effet moyen inconnu, indépendant du traitement administré; τ_2 correspond à l'effet surajouté du traitement 2 (dose 2); ϵ_{ij} représente le terme d'erreur associé à cet animal particulier.

La formule générale de l'équation s'écrit comme suit:

$$y_{ij} = \mu + \tau_j + \epsilon_{ij}$$

où les divers termes ont la même signification que précédemment.

Afin de justifier les procédures de tests d'hypothèses ainsi que la distribution théorique, il faut postuler que le terme d'erreur ϵ_{ij} est une variable aléatoire qui se distribue normalement avec une moyenne de zéro et une variance σ^2; de plus, les diverses erreurs expérimentales ϵ_{ij} sont indépendantes les unes des autres.

LEÇON 4 LE CONCEPT D'ANALYSE DE LA VARIANCE

Tâche: étant donné divers ensembles de données représentant des échantillons indépendants tirés de populations normalement distribuées, pouvoir calculer le rapport de variances et décider si, oui ou non, ces populations ont des moyennes égales compte tenu de valeurs α fixées à 0,05 et 0,01.

DÉFINITIONS

Somme des carrés: une somme de carrés d'écarts est dénotée par le symbole SC. On obtient cette quantité en élevant au carré chaque membre d'un ensemble d'écarts à la moyenne, puis en additionnant ces carrés. Ces mesures mises au carré représentent l'écart à une moyenne d'un ensemble d'observations échantillonnales. Selon cette définition, le numérateur de la variance échantillonnale, $\Sigma(y - \overline{y})^2$, est une somme de carrés.

Carré moyen: dénoté par le symbole CM, le carré moyen correspond à une somme de carrés (SC) divisée par ses degrés de liberté. Ainsi, la variance échantillonnale, $s^2 = \Sigma(y - \overline{y})^2/n - 1$, est un carré moyen, puisque l'expression $\Sigma(y - \overline{y})^2$ est une somme de carrés divisée par $n - 1$ degrés de liberté. Si nous utilisons le symbole SCI pour représenter la somme des carrés associée à un traitement (inter-groupes) avec $t - 1$ degrés de liberté, alors le terme carré moyen, symbolisé par CMI, sera égal à SCI/t — 1.

Analyse de la variance: méthode de calcul qui permet de tester l'hypothèse que les moyennes de deux ou plusieurs populations sont égales. Cette méthode décompose la somme totale des carrés associée à un ensemble de données en une somme de parties distinctes où chaque composant de la somme correspond à un facteur (variable indépendante) qui pourrait exercer un effet sur la variable dépendante *Y*.

Les résultats des calculs se synthétisent habituellement sous forme d'un tableau, nommé tableau ANOVA, composé de cinq colonnes: (1) les sources de variation identifiées, (2) les degrés de liberté associés à chaque source, (3) la somme des carrés pour chaque source, (4) le carré moyen pour chaque source, (5) les rapports de variances prédéterminés. Voici l'allure d'un tableau ANOVA typique.

SOURCES DE VARIATION	DEGRÉS DE LIBERTÉ (dl)	SOMMES DE CARRÉS (SC)	CARRÉS MOYENS (CM)	RAPPORTS DE VARIANCES F

DISCUSSION

Nous avons signalé plus haut que ce chapitre a pour but de vérifier si les moyennes de plusieurs populations sont identiques, ou encore si *l'une d'elles au moins* diffère des autres de façon significative. Si un nombre t de populations différentes sont impliquées, l'hypothèse nulle prendra la forme suivante: H_0: $\mu_1 = \mu_2 = ... = \mu_t$. Nous allons faire appel à un exemple concret pour illustrer les calculs et les concepts qui interviennent dans la réalisation d'un tel test d'hypothèse.

Supposons que nous avons trois populations normalement distribuées, dont les moyennes sont inconnues, mais qui partagent une même variance σ^2. Nous désirons savoir si les trois moyennes sont égales, c'est-à-dire si $\mu_1 = \mu_2 = \mu_3$. On tire de chaque population un échantillon au hasard, chaque échantillon sera constitué de cinq mesures. Ces observations étant symbolisées par des y, nous calculons pour chacun des trois échantillons la moyenne, la somme des écarts mis au carré (SC) et la variance (CM). Nous utilisons la formule usuelle $s^2 = \Sigma (y - \overline{y})^2/n - 1$ pour calculer la variance de chacun des échantillons. On trouvera dans le tableau 10.1 les données échantillonnales, de même que le résultat des calculs mentionnés ci-haut.

Procédons pour l'instant de façon intuitive. Comme il s'agit de vérifier si les moyennes des trois populations sont égales, il apparait évident qu'il faut comparer les moyennes échantillonnales $\overline{y}_1$, $\overline{y}_2$ et $\overline{y}_3$. Pour procéder à cette comparaison, il nous faut calculer comme suit la variance de ces trois moyennes, symbolisée par $s^2\overline{y}$.

$$s^2_{\overline{y}} = \frac{\Sigma_1^3(\overline{y} - \overline{\overline{y}})^2}{2}$$

Ici, $\overline{\overline{y}}$ représente la moyenne des trois moyennes échantillonnales. Si les trois moyennes échantillonnales sont égales... ou presque, la variance ci-dessus sera voisine de zéro. Si les moyennes diffèrent largement l'une de l'autre, la variance sera très grande. Vous pouvez ainsi comprendre de quelle façon une variance nous sert à mesurer l'égalité de diverses moyennes.

TABLEAU 10.1 ÉCHANTILLONS (n = 5) TIRÉS DE TROIS POPULATIONS DONT LES MOYENNES SONT INCONNUES ET QUI PARTAGENT UNE MÊME VARIANCE

	1	2	3
	9,2	11,6	11,1
	10,4	10,4	11,6
	10,5	8,9	11,9
	8,5	9,3	8,8
	9,0	11,6	9,1
Moyennes:	$\overline{y}_1 = 9,52$,	$\overline{y}_2 = 10,36$,	$\overline{y}_3 = 10,5$
SC:	$\Sigma(y_1 - \overline{y}_1)^2 = 3,148$,	$\Sigma(y_2 - \overline{y}_2)^2 = 6,332$,	$\Sigma(y_3 - \overline{y}_3)^2 = 8,380$
CM:	$s_1^2 = \frac{3,148}{5 - 1} = 0,787$,	$s_2^2 = \frac{6,332}{5 - 1} = 1,583$,	$s_3^2 = \frac{8,380}{5 - 1} = 2,095$

Voici la seconde observation: si, de fait, $\mu_1 = \mu_2 = \mu_3$, alors nous pouvons utiliser $s_{\bar{y}}^2$ pour estimer $\sigma_{\bar{y}}^2$ lorsque $n_1 = n_2 = n_3$, puisque $\bar{y}_1$, $\bar{y}_2$ et $\bar{y}_3$ constituent un échantillon au hasard de moyennes provenant d'une même distribution échantillonnale de moyennes (voir le chapitre SIX), laquelle possède une variance $\sigma_{\bar{y}}^2$. Toutefois, rappelons également que $\sigma_{\bar{y}}^2 = \sigma^2/n$. Donc, par simple transformation algébrique, $n\sigma_{\bar{y}}^2 = \sigma^2$. Par conséquent, $ns_{\bar{y}}^2$ constitue un estimé de σ^2. Résumons-nous comme suit:

$s_{\bar{y}}^2$ sert d'estimateur de $\sigma_{\bar{y}}^2 = \dfrac{\sigma^2}{n}$

Par conséquent,

$ns_{\bar{y}}^2$ sert d'estimateur de $n\sigma_{\bar{y}}^2 = \dfrac{\not{n}\sigma^2}{\not{n}} = \sigma^2$

Toutefois, si les moyennes μ_1, μ_2 et μ_3 ne sont pas égales, alors l'expression

$$s_{\bar{y}}^2 = \frac{\Sigma(\bar{y} - \bar{\bar{y}})^2}{3 - 1}$$

tendra à surestimer $\sigma_{\bar{y}}^2$; de même, $ns_{\bar{y}}^2$ tendra à surestimer σ^2.

En retournant au tableau 10.1, nous pouvons y retracer un autre estimateur possible de σ^2. En effet, chacune des trois variances s_1^2, s_2^2 et s_3^3 peut servir d'estimateur de σ^2. Nous pourrions donc regrouper ces trois composantes en un unique estimateur de σ^2. La technique de fusionnement appropriée est identique à celle que nous avons utilisée dans les chapitres SEPT et HUIT. La voici:

$$s_{pd}^2 = \frac{(n_1 - 1)s_1^2 + (n_2 - 1)s_2^2 + (n_3 - 1)s_3^2}{n_1 + n_2 + n_3 - 3}$$
$$= \frac{\Sigma(y_1 - \bar{y}_1)^2 + \Sigma(y_2 - \bar{y}_2)^2 + \Sigma(y_3 - \bar{y}_3)^2}{n_1 + n_2 + n_3 - 3}$$

Les degrés de liberté associés à s_{pd}^2 correspondent à $n_1 + n_2 + n_3 - 3$; dans le cas de notre exemple, on obtient donc $5 + 5 + 5 - 3 = 12$.

En définitive, s_{pd}^2 constitue un estimateur de σ^2, cependant que $ns_{\bar{y}}^2$ sert également d'estimateur de σ^2 lorsque $\mu_1 = \mu_2 = \mu_3$ et lorsque $n_1 = n_2 = n_3$. En s'appuyant sur le contenu de la leçon 1 et sur l'hypothèse voulant que $\mu_1 = \mu_2 = \mu_3$, il est possible d'affirmer que le rapport de variances $ns_{\bar{y}}^2/s_{pd}^2$ se modèle sur la distribution F avec $\text{dl}_1 = t - 1$ degrés de liberté et $dl_2 = n_1 + n_2 + n_3 - 3$ degrés de liberté. Ici, le symbole t représente le nombre de populations impliquées. Dans le cas de notre exemple, $\text{dl}_1 = 3 - 1 = 2$ degrés de liberté et $\text{dl}_2 = 5 + 5 + 5 - 3 = 12$ degrés de liberté. Voici les calculs qui permettent de réaliser le test de l'hypothèse H_0: $\mu_1 = \mu_2 = \mu_3$:

$$ns_{\bar{y}}^2 = \frac{n[(\bar{y}_1 - \bar{\bar{y}})^2 + (\bar{y}_2 - \bar{\bar{y}})^2 + (\bar{y}_3 - \bar{\bar{y}})^2]}{2}$$

$$= \frac{5[(9{,}52 - 10{,}127)^2 + (10{,}36 - 10{,}127)^2 + (10{,}50 - 10{,}127)^2]}{2}$$

$$= 5[0{,}2809] = 1{,}4045$$

Par ailleurs,

$$s_{pd}^2 = \frac{\Sigma(y_1 - \bar{y}_1)^2 + \Sigma(y_2 - \bar{y}_2)^2 + \Sigma(y_3 - \bar{y}_3)^2}{n_1 + n_2 + n_3 - 3}$$

$$= \frac{3{,}148 + 6{,}332 + 8{,}380}{12} = 1{,}4883$$

Le rapport de variances se calcule comme suit:

$$F = \frac{ns_{\bar{y}}^2}{s_{pd}^2} = \frac{1{,}4045}{1{,}4883} = 0{,}94$$

À ce test F sont associés 2 et 12 degrés de liberté. Si $\alpha = 0{,}05$, la valeur critique identifiée dans la table est égale à 3,89. Puisque $0{,}94 < 3{,}89$, nous ne pouvons pas rejeter H_0: $\mu_1 = \mu_2 = \mu_3$.

Voici maintenant diverses observations. L'expression $ns_{\bar{y}}^2$ mesure la variance *entre* les populations, tandis que l'expression s_{pd}^2 mesure la variance *à l'intérieur* des populations. Ainsi, nous avons à toutes fins pratiques décomposé la variance totale en une composante *inter* qui traduit les différences entre les diverses moyennes de groupes (traitements), ainsi qu'en une composante *intra* qui reflète l'amplitude du terme d'erreur.

Voici une autre remarque qui vous aidera à comprendre la terminologie utilisée dans les prochaines leçons. Dans le cas des expressions ci-dessous:

$$ns_{\bar{y}}^2 = n\left[\frac{\Sigma(\bar{y} - \bar{\bar{y}})^2}{t - 1}\right]$$

et

$$s_{pd}^2 = \frac{\Sigma(y_1 - \bar{y}_1)^2 + \Sigma(y_2 - \bar{y}_2)^2 + \Sigma(y_3 - \bar{y}_3)^2}{n_1 + n_2 + n_3 - 3}$$

les numérateurs correspondent tous deux à des *sommes de carrés d'écarts à une moyenne* (SC écarts). Dans le premier cas, on utilise le symbole SCI (inter) pour signifier qu'il s'agit d'une somme de carrés *inter*-groupes, tandis qu'on utilise dans le second cas le symbole SCR (résiduelle) pour dénoter qu'il s'agit d'une somme de carrés *intra*-groupes. Nous pourrions démontrer que

$$\text{SCI} + \text{SCR} = \text{SC totale}, \qquad \text{où} \qquad \text{SC totale} = \Sigma(y - \bar{\bar{y}})^2$$

Dans ce dernier cas, la sommation s'effectue sur l'effectif N total, c'est-à-dire l'ensemble des échantillons impliqués.

Ensuite, nous divisons chaque somme de carrés par les degrés de liberté qui lui sont associés. Le quotient de cette division porte le nom de *carré moyen* que nous dénotons par le symbole CM. Par conséquent, $ns_{\bar{y}}^2 = \text{CMI}$ et $s_{pd}^2 = \text{CMR}$. Donc,

$$F = \frac{ns_{\bar{y}}^2}{s_{pd}^2} = \frac{\text{CMI}}{\text{CMR}}$$

Tout au long de ce chapitre, c'est à cette terminologie que nous ferons constamment appel pour représenter les sommes de carrés et les carrés moyens.

La procédure en six étapes utilisée dans le chapitre HUIT permet d'appliquer cette approche au test de l'égalité des moyennes de n'importe quel nombre de populations. Ainsi, en supposant que nous ayons échantillonné au sein de t populations, alors la formulation de l'hypothèse nulle (étape 1) deviendra H_0: $\mu_1 = \mu_2 = ... = \mu_t$. Le test statistique (étape 3) se calcule à partir de la variance *inter* CMI et de la variance *résiduelle* CMR; il prendra la forme du rapport de variances CMI/CMR. Les degrés de liberté associés au numérateur seront équivalents à $(t - 1)$, tandis que ceux du dénominateur équivaudront à $t(n - 1)$, où n représente le nombre d'observations enregistrées pour chaque population. Le critère décisionnel s'énoncera comme suit: si le rapport CMI/CMR est égal ou supérieur à la valeur F critique associée à une valeur α prédéterminée, nous rejetterons H_0 et conclurons qu'*au moins une des moyennes diffère significativement d'au moins une autre des moyennes mises en comparaison*. On synthétise habituellement les principaux calculs en un tableau d'analyse de la variance (ANOVA) similaire au tableau 10.2. Les en-têtes de ce tableau n'ont pas besoin d'être explicités. On trouvera directement sous le tableau 10.2 son application concrète à notre exemple. Avec une valeur

TABLEAU 10.2 UN TABLEAU ANOVA TYPIQUE

SOURCES DE VARIATION	dl	SC	CM	RAPPORT DE VARIANCES
Inter	$t - 1$	$n\Sigma(\bar{y}_j - \bar{\bar{y}})^2 = \text{SCI}$	$\frac{\text{SCI}}{t-1} = \text{CMI}$	$\frac{\text{CMI}}{\text{CMR}}$
Résiduelle	$t(n - 1)$	$\Sigma(y_1 - \bar{y}_1)^2 + \cdots$ $\Sigma(y_t - \bar{y}_t)^2 = \text{SCR}$	$\frac{\text{SCR}}{t(n-1)} = \text{CMR}$	
Totale	$tn - 1$	$\Sigma\Sigma(y - \bar{y})^2$		

SOURCES DE VARIATION	dl	SC	CM	RAPPORT DE VARIANCES
Inter	$3 - 1 = 2$	2,809	1,4045	$\frac{1{,}4045}{1{,}4883} = 0{,}94$
Résiduelle	$3(5 - 1) = 12$	17,860	1,488	
	14	20,669		

$\alpha = 0{,}05$, nous ne pouvons pas rejeter H_0: $\mu_1 = \mu_2 = \mu_3$, puisque $0{,}94 < F_{(0{,}05;2;12)} = 3{,}89$.

Quoique peu pratique à calculer sous cette forme, l'approche que nous avons présentée dans cette leçon illustre clairement les principes fondamentaux d'une analyse de la variance utilisée pour tester des hypothèses d'égalité entre moyennes. Lors de l'application concrète de cette technique, il est possible de simplifier considérablement les calculs à effectuer, mais au prix toutefois d'une certaine dissimulation des concepts en interaction. Nous allons présenter dans la leçon 5 un algorithme de calcul simplifié pour le même type de problème que ceux que nous avons décrits dans cette leçon. Il va de soi que la méthode de la leçon 5 donnera des résultats identiques; toutefois, nous vous incitons vivement à conserver à l'esprit les principes fondamentaux de l'analyse de la variance présentés dans cette leçon.

EXEMPLE

En ce qui a trait au problème ci-dessous, où sont présentés des échantillons indépendants provenant de populations normalement distribuées, vous devez calculer un rapport de variances, puis décider si les moyennes sont égales ou non.

1. Un homme d'affaires doit choisir entre trois sites pour construire un poste de distribution d'essence. Durant six journées choisies au hasard pour chaque site, il place un enregistreur de circulation qui compte automatiquement le nombre de voitures qui passent devant le site en question durant la journée. Existe-t-il une différence significative entre les trois sites quant à la moyenne quotidienne de circulation automobile? Utiliser $\alpha = 0{,}05$. Voici les observations enregistrées.

	SITES		
	1	2	3
NOMBRE DE VÉHICULES	159	185	207
	168	177	184
	154	183	222
	189	171	179
	161	202	188
	183	189	194
	1014	1107	1174

Solution. Il nous faut trouver CMI et CMR. On calcule d'abord $\overline{y}$ et $\Sigma(y - \overline{y})^2$ pour chaque site. Voici les résultats:

$$\overline{y}_1 = \frac{1014}{6} = 169, \quad \overline{y}_2 = \frac{1107}{6} = 184{,}5, \quad \overline{y}_3 = \frac{1174}{6} = 195{,}67;$$

Puis, avec la formule suivante:

$$\Sigma(y - \overline{y})^2 = \Sigma y^2 - \frac{(\Sigma y)^2}{6}$$

on obtient:

$$\Sigma(y_1 - \overline{y}_1)^2 = 986; \quad \Sigma(y_2 - \overline{y}_2)^2 = 567{,}5; \quad \Sigma(y_3 - \overline{y}_3)^2 = 1297{,}33.$$

CMR se calcule alors comme suit:

$$\text{CMR} = \frac{986 + 567{,}5 + 1297{,}33}{3(5)} = \frac{2850{,}83}{15} = 190{,}06$$

Pour pouvoir calculer CMI, il nous faut obtenir d'abord $s^2_{\overline{y}}$, c'est-à-dire la variance des moyennes $\overline{y}_1$, $\overline{y}_2$ et $\overline{y}_3$. Voici ce calcul:

$$s^2_{\overline{y}} = \frac{\Sigma\overline{y}^2 - \frac{(\Sigma\overline{y})^2}{3}}{2} = \frac{358{,}7693}{2} = 179{,}385$$

D'où il s'ensuit que CMI $= ns^2_{\overline{y}} = 6(179{,}385) = 1076{,}31$. Cette série de calculs se trouve synthétisée dans le tableau ANOVA ci-dessous.

SOURCES DE VARIATION	**dl**	**SC**	**CM**	**RAPPORT DE VARIANCES**
Site (inter)	2	2152,62	1076,31	$\frac{\text{CMI}}{\text{CMR}} = 5{,}66$
Résiduelle	15	2850,83	190,06	
Totale	17	5003,45		

Sachant que $F_{(0,05;2;15)} = 3{,}68$, on constate que $5{,}66 > 3{,}68$. Par conséquent, nous pouvons rejeter H_0: $\mu_1 = \mu_2 = \mu_3$ et conclure que la moyenne quotidienne de circulation automobile devant ces trois sites n'est pas la même.

EXERCICES

En ce qui a trait aux problèmes ci-dessous, où sont présentés des échantillons indépendants provenant de populations normalement distribuées, vous devez construire le tableau ANOVA, calculer le rapport de variances, puis décider s'il est possible de rejeter l'hypothèse nulle d'égalité des moyennes.

1. Une compagnie de téléphone désire vérifier l'impact de deux modifications apportées aux circuits d'un aiguilleur automatique d'appels sur le nombre d'appels acheminés par l'aiguilleur durant les heures de pointe. On sélectionne au hasard quatre aiguilleurs normaux, ainsi que quatre spécimens de chaque type de modification. On trouvera dans le tableau ci-dessous le nombre d'appels acheminés durant une heure pour chacun des douze aiguilleurs. Ces données indiquent-elles une différence quant au nombre moyen d'appels acheminés par le modèle standard d'aiguilleur par comparaison aux deux types de modification? Utiliser $\alpha = 0{,}05$.

TYPES DE CIRCUIT			
STANDARD	MODIFICATION 1	MODIFICATION 2	
127	124	139	
144	134	127	
134	124	118	
121	101	126	
526	483	510	Grand total = 1519

2. Un manufacturier de pneus songe à construire une nouvelle usine dans l'Ouest du pays. Il hésite entre quatre villes. Or, un critère lui semble particulièrement important pour déterminer l'emplacement de cette nouvelle usine; il s'agit de l'assiduité au travail des ouvriers qui travaillent dans des usines similaires dans ces quatre villes. Ce manufacturier choisit au hasard un échantillon de six usines dans chacune des quatre villes et obtient des administrateurs le taux d'absentéisme par 1000 journées de travail. Les résultats sont regroupés dans le tableau 10.3. L'assiduité des travailleurs est-elle la même dans ces quatre villes? Utiliser $\alpha = 0{,}05$.

TABLEAU 10.3 NOMBRE DE JOURNÉES D'ABSENCES PAR 1000 JOURNÉES TRAVAILLÉES.

USINES	WINNIPEG	RÉGINA	CALGARY	EDMONTON
1	124	126	144	183
2	131	144	141	189
3	157	151	127	145
4	163	129	111	161
5	132	127	104	157
6	105	98	131	136
	812	775	758	971
				Grand total = 3316

LEÇON 5 DEVIS COMPLÈTEMENT AU HASARD: EFFECTIFS ÉGAUX

Tâche: pouvoir construire un tableau ANOVA pour un ensemble de données résultant d'un devis complètement au hasard. Pouvoir calculer le rapport de variances, puis décider s'il faut retenir ou rejeter l'hypothèse nulle d'une absence d'effets dus aux traitements administrés.

DÉFINITIONS *Devis complètement au hasard avec effectifs égaux:* dans un devis complètement au hasard avec effectifs égaux, un ensemble d'unités expérimentales de grandeur N est distribué au hasard entre un nombre t de traitements différents, de telle sorte que chaque traitement est soumis à un même nombre n d'unités.

Le modèle statistique: il s'énonce comme suit:

$$y_{ij} = \mu + \tau_j + \epsilon_{ij}, \qquad j = 1, \ldots, t; \; i = 1, \ldots, n$$

où y_{ij} représente une mesure enregistrée pour l'unité expérimentale i qui a reçu le traitement j; μ représente la moyenne vraie, mais inconnue, de l'effet global du traitement; τ_j représente l'effet surajouté du traitement j; finalement, ϵ_{ij} représente le terme d'erreur associé à l'unité expérimentale ij; cette erreur est indépendante et se distribue normalement. Les données de base apparaissent dans le tableau 10.4, où T_j représente la somme des mesures provenant du traitement j, tandis que $\overline{T}_j$ représente la moyenne correspondante pour le traitement j.

Nous désirons tester l'hypothèse nulle suivante: H_0: $\mu_1 = \mu_2 = \ldots = \mu_t$; ou, de façon équivalente, H_0: $\tau_j = 0$ pour $j = 1 \ldots t$. L'hypothèse alternative soutient que l'effet d'au moins un traitement diffère significativement de zéro.

On peut isoler deux sources de variation: d'une part, la variation *inter*, c'est-à-dire entre les moyennes des colonnes, et d'autre part la variation *résiduelle*,

TABLEAU 10.4 TRAITEMENTS

	1	2	...	t	
	y_{11}	y_{12}		y_{1t}	
	y_{21}	y_{22}		y_{2t}	
	$\vdots$	$\vdots$		$\vdots$	
	y_{n1}	y_{n2}		y_{nt}	
TOTAUX	T_1	T_2	—	T_t	
MOYENNES	$\overline{T}_1$	$\overline{T}_2$		$\overline{T}_t$	ΣT_j = Grand total (GT)

c'est-à-dire entre les observations d'une même colonne (terme d'erreur). Voici les calculs nécessaires pour construire le tableau ANOVA qui sert à tester H_0.

$$\text{AM} = \text{ajustement pour la moyenne} = \frac{(\Sigma\Sigma y_{ij})^2}{nt}$$

$$= \frac{(y_{11} + y_{21} + \cdots + y_{nt})^2}{nt} = \frac{(\text{GT})^2}{nt}$$

$$\text{SC totale} = \text{somme totale des carrés des écarts} = \sum_{i=1}^{n} \sum_{j=1}^{t} y_{ij}^2 - \text{AM}$$

$$= (y_{11}^2 + y_{21}^2 + \cdots + y_{nt}^2) - \text{AM}$$

$$\text{SCI} = \text{somme des carrés due aux traitements (inter)} = \sum_{j=1}^{t} \frac{T_j^2}{n} - \text{AM}$$

$$= \frac{T_1^2 + T_2^2 + \cdots + T_t^2}{n} - \text{AM}$$

SCR = somme des carrés résiduelle = SC totale — SCI.

Voici l'agencement d'un tableau ANOVA typique.

SOURCES DE VARIATION	**dl**	**SC**	**CM**	**RAPPORT DE VARIANCES**
Traitements (inter)	$t - 1$	SCI	$\frac{\text{SCI}}{t-1} = \text{CMI}$	$F = \frac{\text{CMI}}{\text{CMR}}$
Résiduelle	$t(n - 1)$	SCR	$\frac{\text{SCR}}{t(n-1)} = \text{CMR}$	
	$nt - 1$	SC Totale		

Pour tester l'hypothèse H_0: $\tau_j = 0$, $j = 1 \ldots t$, nous utiliserons le rapport de variances F = CMI/CMR. Le critère décisionnel s'obtient en comparant le résultat du test F à la valeur critique trouvée dans la table de la distribution F pour $\text{dl}_1 = t - 1$ et $\text{dl}_2 = t(n - 1)$ degrés de liberté. Si $F \geqslant F_{(\alpha;\text{dl}_1;\text{dl}_2)}$, nous rejetterons H_0 au seuil de signification α prédéterminé et nous conclurons que les moyennes $\mu_1, \mu_2, \ldots, \mu_t$ ne sont pas toutes égales, c'est-à-dire que les traitements τ_j produisent des effets différents.

DISCUSSION

Dans la leçon 4, nous avons décrit les fondements d'une technique destinée à tester l'hypothèse d'une égalité de moyennes en calculant des carrés moyens (ou variances) qui sont ensuite comparés l'un à l'autre sous forme d'un rapport de variances. Ces carrés moyens reflètent l'ampleur de la variation *entre* des populations par opposition à l'ampleur de la variation *à l'intérieur* des diverses populations comparées. De fait, nous pourrions aisément démontrer que l'équation ci-dessous, composée de sommes de carrés, est valable lorsque les échantillons sont de même grandeur.

$$\sum_{i=1}^{n}\sum_{j=1}^{t}(y_{ij}-\bar{\bar{y}})^2 = n\sum_{j=1}^{t}(\bar{y}_j-\bar{\bar{y}})^2 + \sum_{j=1}^{t}\left[\sum_{i=1}^{n}(y_{ij}-\bar{y}_j)^2\right]$$

ou

Somme totale des carrés	=	Somme des carrés due aux traitements (inter)	+	Somme des carrés résiduelle

Cette équation peut nous servir à simplifier les calculs présentés dans la leçon 4. Les nouveaux calculs simplifiés sont décrits en détail dans la section *Définitions* ci-haut.

On retrouve habituellement des problèmes de ce type dans le cadre d'expériences qui ont pour but de vérifier si des traitements différents produisent ou non des effets différents. Afin de respecter les contraintes du devis, on assigne un nombre égal d'unités expérimentales à chacun des traitements mis en comparaison. Au niveau des résultats, on peut imaginer que chaque traitement génère une population de mesures. Nous désirons justement vérifier si les moyennes de ces diverses populations de mesures sont égales ou non. Par conséquent, l'hypothèse nulle pour un nombre t de traitements s'énoncera H_0: $\mu_1 = \mu_2 = ... = \mu_t$. On peut également formuler l'hypothèse nulle en référence au modèle statistique utilisé: $y_{ij} = \mu + \tau_j + \epsilon_{ij}$. Dans ce cas, H_0 devient $\tau_1 = 0$, $\tau_2 = 0$, ... $\tau_t = 0$.

Les différences entre traitements seront reflétées par le carré moyen inter (CMI), tandis que le carré moyen résiduel (CMR) reflètera l'ampleur du terme d'erreur. Supposons, par exemple, que nous désirons comparer le rythme d'usure, tel que mesuré en laboratoire, de cinq marques compétitrices de pneus radiaux ceinturés d'acier. Quatre pneus de chaque manufacturier, choisis au hasard, subiront l'épreuve d'un appareil de mesure de l'usure de la semelle. On numérote les pneus de 1 à 20, puis l'ordre de passation de l'épreuve est fixé au hasard. La mesure enregistrée pour chaque pneu consistera en un indice d'usure; chaque pneu correspond à une unité expérimentale, cependant que les «traitements» correspondent aux cinq marques de pneus.

Les mesures enregistrées apparaissent dans le tableau ci-dessous (les nombres élevés indiquent une moins bonne résistance à l'usure).

MARQUES (TRAITEMENTS)	1	2	3	4	5
	14	13	14	9	10
	12	11	14	8	11
	17	13	11	8	10
	13	10	12	12	9
Totaux (Tj)	56	47	51	37	40
					$GT = \Sigma T_j = 231$

Voici comment s'applique notre procédure en six étapes pour tester l'hypothèse nulle.

ÉTAPE 1 H_0: $\mu_1 = \mu_2 = \ldots = \mu_5$, ou encore $\tau_1 = \tau_2 = \ldots = \tau_5 = 0$. Notre modèle statistique s'énonce comme suit: $y_{ij} = \mu + \tau_j + \epsilon_{ij}$, où τ représente l'effet exercé sur les diverses marques de pneus. L'hypothèse *alternative* prendra la forme suivante: au moins une marque de pneus diffèrera des quatre autres.

ÈTAPE 2 Adoptons $\alpha = 0{,}05$. Nous savons que $n_1 = n_2 = \ldots = n_5 = 4$.

ÉTAPE 3 Voici le test statistique approprié:

$$F = \frac{\text{CMI}}{\text{CMR}} = \frac{\text{carré moyen inter-marques (traitements)}}{\text{carré moyen résiduel}}$$

ÉTAPE 4 Voici le critère décisionnel: rejeter H_0 si $F \geqslant F_{(0{,}05;4;15)}$; autrement, conserver H_0.

ÉTAPE 5 Voici un résumé des calculs requis.

$$\text{AM} = \frac{(\text{GT})^2}{nt} = \frac{(231)^2}{20} = \frac{(14 + 12 + \cdots + 10 + 9)^2}{20} = 2668{,}05$$

$$\begin{aligned}\text{SC totale } &= \Sigma\Sigma Y_{ij}^2 - \text{AM} \\ &= (14^2 + 12^2 + 17^2 + \ldots + 11^2 + 10^2 + 9^2) - 2668{,}05 \\ &= 2769{,}0 - 2668{,}05 = 100{,}95\end{aligned}$$

$$\begin{aligned}\text{SCI} &= \frac{T_1^2 + T_2^2 + T_3^2 + T_4^2 + T_5^2}{4} - \text{AM} \\ &= \frac{56^2 + 47^2 + 51^2 + 37^2 + 40^2}{4} - 2668{,}05 \\ &= \frac{10{,}915}{4} - 2668{,}05 = 60{,}70\end{aligned}$$

$$\text{SCR} = \text{SC totale} - \text{SCI} = 100{,}95 - 60{,}70 = 40{,}25$$

Voici le tableau ANOVA pour cette expérience sur l'usure des pneus.

SOURCES DE VARIATION	dl	SC	CM	RAPPORT DE VARIANCES
Marques (Traitements)	4	60,70	$\frac{60,70}{4} = 15,175$	$\frac{15,175}{2,683} = 5,656$
Résiduelle	15	40,25	$\frac{40,25}{15} = 2,683$	
	19	100,95		

ÉTAPE 6 Dans la table VII de *l'annexe*, on trouve $F_{(0,05;4;16)} = 3,06$. Puisque $5,656 > 3,06$, nous pouvons rejeter H_0 au seuil de 0,05. Ce faisant, nous conclurons qu'il existe une différence statistiquement significative entre le rythme d'usure des diverses marques de pneus.

EXEMPLE Utiliser pour le problème ci-dessous la procédure en six étapes qui permet de construire le tableau ANOVA; calculer le rapport de variances, puis décider s'il faut rejeter ou retenir l'hypothèse nulle de l'égalité des moyennes.

1. On désire vérifier s'il existe une différence significative entre un produit de la compagnie Suprême et ceux de deux compagnies compétitrices. On choisit au hasard cinq exemplaires fabriqués par chacune des trois compagnies, puis on évalue indépendamment leur rendement respectif. Les données ci-dessous indiquent-elles des rendements comparables? Utiliser $\alpha = 0,05$.

SUPRÊME	COMPÉTITEUR X	COMPÉTITEUR Y	
28	34	29	
31	33	33	
32	30	37	
26	31	36	
25	27	37	
142	155	172	$GT = \Sigma T_j = 469$

Solution.

ÉTAPE 1 En s'inspirant du modèle statistique $y_{ij} = \mu + \tau_j + \epsilon_{ij}$, on peut formuler $H_0: \mu_1 = \mu_2 = \mu_3$, ou encore $H_0: \tau_j = 0, j = 1, 2, 3$, versus H_a: au moins une moyenne diffère des deux autres.

ÉTAPE 2 Dans ce cas, $n_1 = n_2 = n_3 = 5$ et $\alpha = 0,05$.

ÉTAPE 3 Voici le test statistique approprié:

$$F = \frac{\text{CMI}}{\text{CMR}} = \frac{\text{carré moyen entre les compagnies}}{\text{carré moyen résiduel}}$$

ÉTAPE 4 Rejeter H_0 si $F \geqslant F_{(0,05;2;12)} = 3{,}89$; autrement, retenir H_0.

ÉTAPE 5 Voici le sommaire des calculs requis:

$$\text{AM} = \frac{(\text{GT})^2}{nt} = \frac{(469)^2}{15} = 14\,664{,}07$$

$$\begin{aligned}\text{SC totale } &= \sum\sum Y_{ij}^2 - \text{AM} \\ &= (28^2 + 31^2 + \cdots + 36^2 + 37^2) - 14\,664{,}07 = 204{,}93\end{aligned}$$

$$\text{SCI} = \sum_{1}^{3} \frac{T_j^2}{n} - \text{AM}$$

$$= \frac{(142)^2}{5} + \frac{(155)^2}{5} + \frac{(172)^2}{5} - 14\,664{,}07$$

$$= 14\,754{,}60 - 14\,664{,}07 = 90{,}53$$

$$\text{SCR} = \text{SC totale} - \text{SCI} = 204{,}93 - 90{,}53 = 114{,}40$$

Voici le tableau ANOVA qui synthétise ces calculs.

SOURCES DE VARIATION	dl	SC	CM	RAPPORT DE VARIANCES
Compagnies	2	90,53	45,265	$\frac{45{,}265}{9{,}533} = 4{,}75$
Résiduelle	12	114,40	9,533	
	14	204,93		

ÉTAPE 6 Puisque $F = 4{,}75 > F_{(0,05;2;12)} = 3{,}89$, nous rejetons H_0 et concluons que les produits des trois compagnies n'ont pas des rendements comparables.

EXERCICES Produire un tableau ANOVA pour chacun des problèmes ci-dessous; calculer un rapport de variances, puis décider s'il faut rejeter ou retenir l'hypothèse nulle d'égalité des moyennes. Comparer vos réponses à celles obtenues dans la leçon 4.

1. Une compagnie de téléphone désire vérifier l'impact de deux modifications apportées aux circuits d'un aiguilleur automatique d'appels sur le nombre d'appels acheminés par l'aiguilleur automatique durant les heures de pointe. On sélectionne au hasard quatre aiguilleurs normaux, ainsi que quatre spécimens de chaque type de modification. On trouvera dans le tableau ci-dessous le nombre d'appels acheminés durant une heure pour chacun des douze aiguilleurs. Ces données indiquent-elles une différence quant au nombre moyen d'appels acheminés par le modèle standard d'aiguilleur par comparaison aux deux types de modification? Utiliser α = 0,05. (Voir l'*exercice* 1 de la leçon 4.)

TYPES DE CIRCUIT		
STANDARD	MODIFICATION 1	MODIFICATION 2
127	124	139
144	134	127
134	124	118
121	101	126
526	483	510
		Grand total = 1519

2. Un manufacturier de pneus songe à construire une nouvelle usine dans l'Ouest du pays. Il hésite entre quatre villes. Or, un critère lui semble particulièrement important pour déterminer l'emplacement de cette nouvelle usine; il s'agit de l'assiduité au travail des ouvriers qui travaillent dans des usines similaires dans ces quatre villes. Ce manufacturier choisit au hasard un échantillon de six usines dans chacune des quatre villes et obtient des administrateurs le taux d'absentéisme par 1000 journées de travail. Les résultats sont regroupés dans le tableau 10.3. L'assiduité des travailleurs est-elle la même dans ces quatre villes ? Utiliser α = 0,05. (Voir l'*exercice* 2 de la leçon 4.)

TABLEAU 10.5 NOMBRE DE JOURNÉES D'ABSENCES PAR 1000 JOURNÉES TRAVAILLÉES.

USINES	WINNIPEG	RÉGINA	CALGARY	EDMONTON
1	124	126	144	183
2	131	144	141	189
3	157	151	127	145
4	163	129	111	161
5	132	127	104	157
6	105	98	131	136
	812	775	758	971
				Grand total = 3316

3. Des enseignants désirent comparer trois manuels différents pour l'enseignement des associations mots-images à des enfants de niveau préscolaire. Ils choisissent au hasard 12 enfants auxquels ils distribuent au hasard l'un des trois volumes (donc, 4 enfants par volume). La somme des périodes d'enseignement est la même pour les trois groupes. On administre au bout de deux mois un test standardisé à chaque enfant. On trouvera leurs scores dans le tableau ci-dessous. En postulant que sont respectées les exigences d'un devis complètement au hasard, ces données indiquent-elles une différence significative entre les scores de ces enfants qui ont utilisé des manuels différents? Utiliser un seuil de signification α de 0,01.

MANUEL 1	MANUEL 2	MANUEL 3
34	36	35
20	26	19
14	17	16
8	17	10
76	96	80

LEÇON 6 DEVIS COMPLÈTEMENT AU HASARD: EFFECTIFS INÉGAUX

Tâche: pouvoir construire un tableau ANOVA pour un ensemble de données résultant d'un devis complètement au hasard. Pouvoir calculer le rapport de variances, puis décider s'il faut retenir ou rejeter l'hypothèse nulle de moyennes égales.

DÉFINITION *Devis complètement au hasard avec effectifs inégaux:* dans ce devis, un nombre total N d'unités expérimentales est réparti au hasard entre un nombre t de traitements différents, de telle sorte que le traitement j compte n_j unités expérimentales; $N = n_1 + n_2 + ... + n_t$. Voici le modèle statistique:

$$y_{ij} = \mu + \tau_j + \epsilon_{ij}, \qquad j = 1, \ldots, t;\ i = 1, \ldots, n_j$$

y_{ij} représente la mesure enregistrée pour l'unité expérimentale i du traitement j, μ représente l'effet général moyen, τ_j représente l'effet surajouté du traitement j et ϵ_{ij} représente le terme d'erreur associé à l'unité expérimentale ij. Les données recueillies sont illustrées dans le tableau 10.6, où T_j représente la somme de toutes les mesures pour le traitement j, tandis que $\overline{T}_j$ représente la moyenne de ces mêmes mesures.

TABLEAU 10.6 TRAITEMENTS

	1	2	. . .	3	
	y_{11}	y_{12}		y_{1t}	
	y_{21}	y_{22}		y_{2t}	
	$\vdots$	$\vdots$		$\vdots$	
	$y_{n_1 1}$	$y_{n_2 2}$		$y_{n_t t}$	
TOTAUX	T_1	T_2		T_t	$\sum_{i=1}^{n} \sum_{j=1}^{t} Y_{ij} =$ Grand total
MOYENNES	$\overline{T}_1$	$\overline{T}_2$		$\overline{T}_t$	

On peut formuler l'hypothèse nulle de deux façons équivalentes:

H_0: $\mu_1 = \mu_2 = ... = \mu_t$

H_0: $\tau_1 = \tau_2 = ... \quad \tau_t = 0$

Versus:

H_a: au moins une de ces égalités est fausse.

Voici les calculs nécessaires pour construire le tableau ANOVA.

$$\text{AM} = \frac{(\Sigma\Sigma y_{ij})^2}{N} = \frac{(\text{GT})^2}{N}$$

où $N = n_1 + n_2 + \cdots + n_t$

SC totale $= \Sigma\Sigma y_{ij}^2 - \text{AM}$

$$\text{SCI} = \sum_{i=1}^{t} \frac{T_j^2}{n_j} - \text{AM} = \frac{T_1^2}{n_1} + \frac{T_2^2}{n_2} + \cdots + \frac{T_t^2}{n_t} - \text{AM}$$

SCR = SC totale — SCI

Voici le tableau ANOVA qui synthétise ces calculs.

SOURCES DE VARIATION	dl	SC	CM	RAPPORT DE VARIANCES
Traitements	$t - 1$	SCI	CMI = SCI/t — 1	F = CMI/CMR
Résiduelle	$N - t$	SCR	CMR = SCR/N - t	
	$N - 1$	SC totale		

On compare la valeur F issue du rapport de variances à une valeur critique identifiée dans la table de la distribution F, ce qui nous permet de décider de rejeter ou de retenir H_0. En effet, si $F \geqslant F_{(\alpha;dl_1;dl_2)}$, alors nous rejetons H_0 au seuil de signification α prédéterminé.

DISCUSSION Il est généralement préférable d'avoir des effectifs égaux d'un traitement à l'autre. En d'autres termes, tel que décrit dans la leçon 5, il faut s'efforcer d'assigner à chaque traitement un même nombre d'unités expérimentales. Toutefois, il peut se produire au cours d'une expérience toutes sortes d'événements qui rendront impossible le maintien de cet équilibre des effectifs: des animaux meurent, des éprouvettes se brisent, un champ voit ses semences emportées par une inondation, des dossiers se perdent, et ainsi de suite. Bref, on se trouve assez souvent confronté avec un déséquilibre des effectifs. Dans le cas du devis complètement au hasard, le problème des effectifs inégaux se solutionne assez aisément. La seule différence de calcul se situe au niveau du terme SCI; en effet, après avoir mis au carré le total de chaque colonne, on le divise immédiatement par le nombre n_t de mesures enregistrées, puis ce sont ces quotients que l'on additionne pour l'ensemble des traitements.

Les principes demeurent strictement les mêmes que dans la leçon 5; l'exemple ci-dessous illustre les calculs requis en suivant la procédure de test en six étapes.

EXEMPLE Construire pour le problème ci-dessous le tableau ANOVA; calculer le rapport de variances, puis décider s'il faut rejeter ou conserver l'hypothèse nulle de l'égalité des moyennes de populations.

TABLEAU 10.7 VENTES MENSUELLES

	GROUPE 1	GROUPE 2	GROUPE 3	GROUPE 4	
	65	75	59	94	
	87	69	78	89	
	73	83	67	80	
	79	81	62	88	
	69	79	76		
	81	90	83		
		72			
Totaux (T_j)	454	549	425	351	$GT = \Sigma T_j = 1779$
Effectifs (n_j)	6	7	6	4	

1. Une importante compagnie pétrolière a réparti au hasard 28 apprentis vendeurs entre quatre groupes de formation en techniques de vente. Un des groupes ne reçut aucun entraînement, cependant que les trois autres groupes recevaient un entraînement de durée variable. Pour diverses raisons, quelques-uns des apprentis vendeurs ne purent compléter la période de formation. Les données présentées dans le tableau 10.7 décrivent le volume des ventes, mesuré par le nombre d'unités vendues par chaque apprenti vendeur durant son premier mois sur la route. Les données de ce tableau indiquent-elles qu'une durée variable d'entraînement influence de quelque façon les ventes ultérieures? Utiliser un seuil de signification α de 0,05.

Solution

ÉTAPE 1 Selon le modèle $y_{ij} = \mu + \tau_j + \epsilon_{ij}$, nous pouvons formuler H_0 comme suit: le nombre moyen d'unités vendues par apprenti vendeur est le même pour les quatre programmes d'entraînement. En d'autres termes, H_0: $\mu_1 = \mu_2 = \mu_3 = \mu_4$, ou encore H_0: $\tau_j = 0$, où $j = 1, 2, 3, 4$, versus H_a: au moins une des quatre moyennes de ventes diffère des trois autres.

ÉTAPE 2 Ici, $\alpha = 0{,}05$, $n_1 = 6$, $n_2 = 7$, $n_3 = 6$ et $n_4 = 4$.

ÉTAPE 3 Voici le test statistique approprié:

$$F = \frac{\text{CMI}}{\text{CMR}}$$

ÉTAPE 4 Voici le critère décisionnel: rejeter H_0 si $F \geqslant F_{(0{,}05;3;19)} = 3{,}13$.

ÉTAPE 5 Voici les calculs requis.

$$AM = \frac{(GT)^2}{N} = \frac{(\Sigma\Sigma y_{ij})^2}{N}$$

$$= \frac{(1779)^2}{6 + 7 + 6 + 4} = \frac{3\,164\,841{,}00}{23} = 137\,601{,}78$$

$$\text{SC totale} = \Sigma\Sigma y_{ij}^2 - AM = (65^2 + 87^2 + \cdots + 88^2) - 137\,601{,}78$$

$$= 139\,511{,}00 - 137\,601{,}78 = 1\,909{,}22$$

$$SCI = \sum_{i=1}^{4} \frac{T_j^2}{n_j} - AM$$

$$= \left[\frac{(454)^2}{6} + \frac{(549)^2}{7} + \frac{(425)^2}{6} + \frac{(351)^2}{4}\right] - 137\,601{,}78$$

$$= 138\,314{,}37 - 137\,601{,}78 = 712{,}59$$

$$SCR = \text{SC totale} - SCI = 1909{,}22 - 712{,}59 = 1196{,}63$$

Voici le tableau ANOVA qui permet de synthétiser ces calculs.

SOURCES DE VARIATION	dl	SC	CM	RAPPORT DE VARIANCES
Programme (traitements)	3	712,59	237,53	$\frac{237{,}53}{62{,}98} = 3{,}772$
Résiduelle	19	1196,63	62,98	
	22	1909,22		

ÉTAPE 6 Puisque $F = 3{,}772 > F_{(0{,}05;3;19)} = 3{,}13$, nous pouvons rejeter H_0 et conclure que le nombre mensuel moyen d'unités vendues par apprenti vendeur n'est pas le même pour les quatre programmes de formation. Par conséquent, certains programmes se révèlent supérieurs aux autres.

EXERCICES Construire pour chacun des problèmes ci-dessous un tableau ANOVA; calculer le rapport de variances, puis décider s'il faut rejeter ou conserver l'hypothèse nulle de l'égalité des moyennes de populations.

1. Une entreprise de construction d'envergure nationale désire comparer trois marques de camions avant de commander une flotte complète d'une de ces marques. On utilise un nombre variable de camions de chaque marque

durant six mois, puis on calcule le coût d'opération de chacun en cents par kilomètre. Les résultats apparaissent dans le tableau ci-dessous. Ces données indiquent-elles que le coût moyen d'opération par kilomètre est le même pour les trois marques? Utiliser $\alpha = 0{,}05$.

	MARQUE A	MARQUE B	MARQUE C	
	7,3	5,5	7,9	
	8,3	7,4	9,5	
	7,6	7,1	8,7	
	6,8		6,8	
	8,0			
Totaux (T_j)	38,0	20,0	32,9	GT = 90,9
Effectifs (n_j)	5	3	4	

2. Un groupe d'hommes d'affaires québécois songe à créer une compagnie qui offrira aux entreprises des services de secrétariat de dépannage. Ils sélectionnent dans quatre grandes villes un échantillon au hasard d'entreprises. Ils calculent pour chaque compagnie le salaire hebdomadaire moyen des secrétaires. Le nombre d'entreprises échantillonnées est fonction de la taille de la ville (cf. tableau ci-dessous). Les données recueillies indiquent-elles que les secrétaires reçoivent des salaires comparables dans ces quatre villes? Utiliser $\alpha = 0{,}05$.

	Hull	Sherbrooke	Trois-Rivières	Québec
	115$	130$	105$	115$
	120	140	100	130
	125	145	110	130
	125	135	110	140
	130	120	125	145
		110	145	140
				160
Totaux (T_j)	615	780	695	960
Effectifs (n_j)	5	6	6	7

LEÇON 7 PROCÉDURE DE COMPARAISONS MULTIPLES DE NEWMAN-KEULS

Tâche: pouvoir appliquer le test des étendues de Newman-Keuls pour comparer des moyennes de traitements, dans le but de déterminer quelles moyennes diffèrent significativement les unes des autres.

DÉFINITIONS

Procédure de comparaisons multiples: technique de calcul qui permet de comparer entre elles un ensemble de moyennes de façon à pouvoir déterminer lesquelles sont équivalentes et lesquelles ne le sont pas. Habituellement, ces techniques ont un seuil global prédéterminé pour l'erreur de type 1. En d'autres termes, l'erreur de type 1 (prétendre à tort qu'il existe des différences significatives entre les moyennes) est fixe quel que soit le nombre de comparaisons à effectuer.

Test des étendues multiples de Newman-Keuls: ce test fait partie des techniques de comparaisons multiples qui permettent de déterminer quelles moyennes ou groupes de moyennes diffèrent les unes des autres, sous réserve qu'on ait préalablement rejeté l'hypothèse nulle H_0: $\tau_1 = \tau_2 = \ldots \; \tau_t = 0$ au terme d'une analyse de la variance. Cette technique, qu'on trouvera décrite dans les quatre étapes ci-dessous, ne peut être utilisée qu'avec une analyse de la variance à un seul facteur avec effectifs égaux (cf. leçon 5), ou encore avec le devis des blocs au hasard que nous étudierons dans la leçon 8. Toutefois, il existe certaines techniques modifiées, applicables à d'autres devis.

ÉTAPE 1 Mettre en ordre, de la plus petite à la plus grande, les moyennes $\overline{T}_j$ des t traitements.

ÉTAPE 2 Calculer comme suit $s_{\overline{y}}$, l'erreur type de la moyenne:

$$s_{\overline{y}} = \sqrt{\frac{\text{CMR}}{n}}$$

où CMR représente le carré moyen résiduel qui se trouve dans le tableau ANOVA et n représente le nombre d'observations par traitement (effectifs égaux).

ÉTAPE 3 Choisir la partie appropriée de la table des étendues de Student (table VIII dans *l'annexe*) en fonction de la valeur α adoptée (0,05 ou 0,01); puis, déterminer la valeur m, de même que l'étendue de valeurs q_i, laquelle correspond aux en-têtes des colonnes marquées p = 2, 3, ..., t. La valeur m correspond aux degrés de liberté associés à CMR. Dans un devis des blocs au hasard, $m = t(n - 1)$. Dans la table VIII, p représente le nombre de moyennes encadrées par une comparaison donnée. Ainsi, lorsque nous comparons la plus grosse moyenne avec la plus petite, toutes les moyennes sont incluses dans l'étendue et $p = t$. On multiplie alors chacune de ces mesures d'étendue par $s_{\bar{y}}$. Ces produits portent le nom *d'étendues minimalement significatives* que nous symbolisons par R'_2, R'_3, ..., R'_t. Donc, $R'_i = q_i \cdot s_{\bar{y}}$.

ÉTAPE 4 Mettre en ordre les t moyennes de la plus petite à la plus grande, en dénotant la plus petite par $\bar{y}'_1$ et la plus grande par $\bar{y}'_t$. Donc, $\bar{y}'_1 \leqslant \bar{y}'_2 \leqslant ... \leqslant \bar{y}'_{t-1} \leqslant \bar{y}'_t$. On calcule alors la différence entre la plus grande moyenne et la plus petite, soit $\bar{y}'_t - \bar{y}'_1$. Si $\bar{y}'_t - \bar{y}'_1 \geqslant R'_t$, cette différence est déclarée significative. Puis, nous calculons l'écart $\bar{y}'_t - \bar{y}'_2$. Si $\bar{y}'_t - \bar{y}'_2 \geqslant R'_{t-1}$, ces deux moyennes seront jugées significativement différentes l'une de l'autre. Si tel est le cas, on poursuit les calculs d'écarts avec $\bar{y}'_t - \bar{y}'_3$ qu'on compare avec R'_{t-2}, et ainsi de suite. Toutefois, si $\bar{y}'_t - \bar{y}'_2 < R'_{t-1}$, on arrête de calculer des différences impliquant $\bar{y}'_t$, puisque toutes les comparaisons subséquentes faites avec $\bar{y}'_t$ seraient également déclarées non significatives. On passe plutôt à la comparaison de $\bar{y}'_{t-1} - \bar{y}'_1$ avec R'_{t-1}, puis à la comparaison de $\bar{y}'_{t-1} - \bar{y}'_2$ avec R'_{t-2}, et ainsi de suite. On poursuit ces comparaisons jusqu'à ce que tous les appariements possibles aient été effectués, ou jusqu'à ce qu'il devienne évident que toutes les paires qui restent donneraient des résultats non significatifs.

Le tableau 10.8 illustre tous les appariements possibles et les valeurs critiques qui servent aux comparaisons (entre parenthèses).

TABLEAU 10.8 LES t MOYENNES DE LA PLUS PETITE À LA PLUS GRANDE

		$\bar{y}'_1$	$\bar{y}'_2$	...	$\bar{y}'_{t-1}$	$\bar{y}'_t$
DE LA PLUS GRANDE	$\bar{y}'_t$	$\bar{y}'_t - \bar{y}'_1$ (R'_t)	$\bar{y}'_t - \bar{y}'_2$ (R'_{t-1})	...	$\bar{y}'_t - \bar{y}'_{t-1}$ (R'_2)	
À LA PLUS PETITE	$\bar{y}'_{t-1}$	$\bar{y}'_{t-1} - \bar{y}'_1$ (R'_{t-1}) ⋮	$\bar{y}'_{t-1} - \bar{y}'_2$ (R'_{t-2}) ⋮	...		
	$\bar{y}'_2$	$\bar{y}'_2 - \bar{y}'_1$ (R'_2)				
	$\bar{y}'_1$					

La valeur α de 0,05 ou de 0,01 utilisée dans ces comparaisons signifie qu'il existe une probabilité égale ou inférieure à α d'effectuer une erreur de type I, c'est-à-dire de déclarer comme significativement différentes un couple quelconque de moyennes alors que de fait elles ne diffèrent pas l'une de l'autre.

DISCUSSION Lorsque nous procédons à la vérification de l'hypothèse nulle d'une ANOVA à un facteur, nous testons de fait si les effets de tous les traitements sont égaux et de valeur zéro, donc si les moyennes des t populations sont égales. En d'autres termes, H_0: $\mu_1 = \mu_2 = ... = \mu_t$, où μ_i représente la moyenne des observations pour la population (ou traitement) i. Lorsque nous avons rejeté l'hypothèse nulle, nous ne savons toujours pas quelle moyenne ou groupe de moyennes diffère des autres, ou encore quel traitement se révèle le meilleur ou le pire, etc. Par conséquent, nous avons de toute évidence besoin d'une technique permettant de comparer entre elles les diverses moyennes individuelles de façon à pouvoir identifier celles qui diffèrent. Ces techniques appartiennent à l'ensemble des *procédures de comparaisons multiples*. Il existe plusieurs techniques de ce type, chacune caractérisée par un profil différent d'avantages et de désavantages. Nous avons choisi de présenter ici le *test des étendues multiples de Newman-Keuls*. Tel que décrit ici, il ne peut s'appliquer qu'à des devis *équilibrés* (effectifs égaux dans les divers traitements) d'ANOVA à un facteur, de même qu'à quelques autres devis équilibrés, tel le devis des blocs au hasard dont nous parlerons plus en détail dans la leçon 8. Signalons quand même qu'il existe des modifications à ce test qui rendent possible son utilisation avec des devis non équilibrés.

Le problème des comparaisons multiples présente une autre caractéristique, à savoir la signification particulière donnée à la valeur α qui représente la probabilité de l'erreur de type I. Par exemple, supposons que nous avons deux populations et que nous comparons μ_1 et μ_2; alors, α indiquera la probabilité que nous déclarions *à tort* ces deux moyennes comme différentes l'une de l'autre.

Mais, imaginons plutôt que nous ayons affaire à trois populations, ce qui nous permet de comparer μ_1 à μ_2 et μ_2 à μ_3. Supposons de plus qu'il soit vrai que $\mu_1 = \mu_2 = \mu_3$; nous adoptons α_1 pour représenter la probabilité de déclarer à tort que μ_1 *et* μ_2 diffèrent, tandis que α_2 représentera la probabilité d'une erreur similaire dans le cas de la comparaison de μ_2 et μ_3. Posons-nous maintenant la question suivante: quelle est la probabilité *combinée* de déclarer comme différentes à la fois μ_1 et μ_2, de même que μ_2 et μ_3, alors que de fait elles sont équivalentes? S'agit-il tout simplement de multiplier α_1 par α_2? Cette question illustre les obstacles conceptuels auxquels on se trouve confronté lorsqu'il s'agit de préciser la probabilité d'une erreur de type I dans une situation de comparaisons multiples. Dans le cas particulier de la technique de Newman-Keuls, la valeur de α est égale à la probabilité *maximum* de juger que n'importe quel sous-ensemble de moyennes sont différentes alors que de fait elles sont égales.

C'est à l'aide d'un exemple concret que nous allons illustrer les quatre étapes de l'application de la technique de Newman-Keuls. Reprenons le problème de comparaison de pneus utilisé dans la section *Discussion* de la leçon 5. Les informations pertinentes se trouvent synthétisées dans les deux tableaux ci-dessous (N.B. Chaque marque était représentée par 4 pneus).

Dans la leçon 5, nous avons rejeté l'hypothèse nulle de l'égalité des résistances moyennes à l'usure, mais la question demeurait ouverte

INDICES D'USURE DE CINQ MARQUES DE PNEUS

	MARQUES DE PNEUS (TRAITEMENT)				
	1	2	3	4	5
Totaux (T_j)	56	47,00	51,00	37,00	40,00
Moyennes ($\bar{T}_j$) $\left(\bar{T}_j = \frac{T_j}{4}\right)$	14	11,75	12,75	9,25	10,00

TABLEAU ANOVA

SOURCES DE VARIATION	dl	SC	CM	RAPPORT DE VARIANCES
Marques	4	60,70	15,175	5,656
Résiduelle	15	40,25	2,683	

d'identifier quelle(s) marque(s) offre(nt) la meilleure résistance. Voici comment appliquer les quatre étapes de la technique de Newman-Keuls (N-K) décrites dans la section *Définitions*.

ÉTAPE 1 Placer les moyennes en ordre croissant.

MARQUE 4	MARQUE 5	MARQUE 2	MARQUE 3	MARQUE 1
9,25 $= \overline{y}'_1$	10 $= \overline{y}'_2$	11,75 $= \overline{y}'_3$	12,75 $= \overline{y}'_4$	14 $= \overline{y}'_5$

Si nous pointons ces moyennes sur une droite numérique réelle, nous obtenons le graphique suivant:

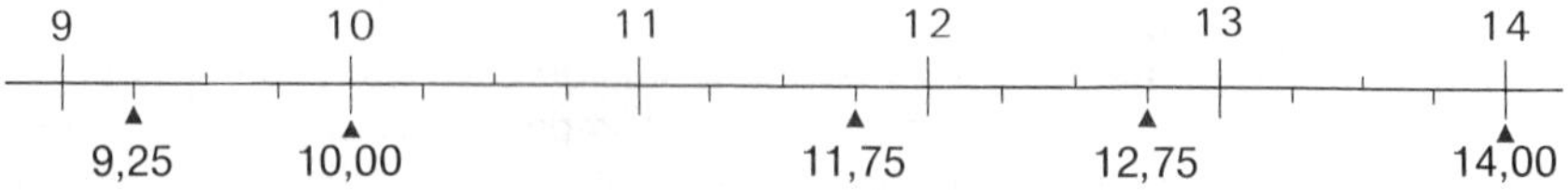

ÉTAPE 2 On calcule l'erreur type de la moyenne:

$$s_{\overline{y}} = \sqrt{\frac{\text{CMR}}{n}} = \sqrt{\frac{2{,}683}{4}} = 0{,}819$$

ÉTAPE 3 Nous entrons dans la table VIII avec les points de repère suivants: $\alpha = 0{,}05$, $m = t(n - 1) = 15$, $p = 2, 3, 4, 5$. À l'intersection de la ligne m et de la colonne p appropriée, nous obtenons l'étendue q_i. Ici $q_2 = 3{,}01$, $q_3 = 3{,}67$, $q_4 = 4{,}08$ et $q_5 = 4{,}37$. On multiplie chaque étendue q_i par $s_{\overline{y}} = 0{,}819$ pour obtenir $R'_2 = 2{,}47$, $R'_3 = 3{,}01$, $R'_4 = 3{,}34$, et $R'_5 = 3{,}58$.

ÉTAPE 4 On calcule alors la différence entre $\overline{y}'_5$ et $\overline{y}'_1$, soit 14,0 — 9,25 = 4,75, dont le résultat est supérieur à $R'_5 = 3{,}58$. Nous pouvons donc conclure que les marques 4($\overline{y}'_1$) et 1($\overline{y}'_1$) diffèrent l'une de l'autre quant au rythme moyen d'usure de la semelle. En poursuivant ces comparaisons selon un ordre décroissant des écarts, on obtient les résultats ci-dessous:

Moyenne la plus grande
$$\begin{cases} 14 - 9{,}25 = 4{,}75 > 3{,}58 = R'_5 \\ 14 - 10 = 4 > 3{,}34 = R'_4 \\ 14 - 11{,}75 = 2{,}25 < 3{,}01 = R'_3 \text{ (stop*)} \end{cases}$$

Moyenne au second rang
$$\begin{cases} 12{,}75 - 9{,}25 = 3{,}5 > 3{,}34 = R'_2 \\ 12{,}75 - 10 = 2{,}75 < 3{,}01 = R'_3 \text{ (stop*)} \end{cases}$$

Moyenne au troisième rang
$$\{ 11{,}75 - 9{,}25 = 2{,}50 < 3{,}01 = R'_3 \text{ (stop*)}$$

(* Il ne sert à rien de poursuivre plus loin les comparaisons, car elles ne peuvent plus être significatives.)

Voici un truc qui permet de synthétiser visuellement le résultat de ces comparaisons : après avoir placé les cinq moyennes sur une droite numérique réelle (cf. plus haut), il suffit de souligner celles que l'on a déclarées non significatives. Au terme de ce travail, seules les lignes non reliées par un souligné seront déclarées significativement différentes.

MARQUES	4	5	2	3	1
MOYENNES	9,25	10	11,75	12,75	14

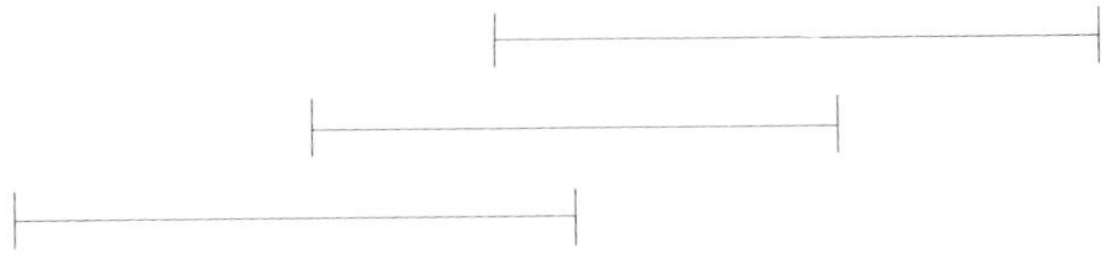

En termes concrets, nous dirions qu'il n'existe pas de différence significative entre les marques 2, 3 et 1 quant au rythme d'usure de la semelle. Mais, en comparant les marques 4 et 1, de même que 5 et 1, il ressort clairement que cette marque 1 n'est pas très compétitrice. La marque 2 demeure en compétition avec les marques 3 et 1, de sorte que des analyses plus poussées seraient nécessaires pour départager ces trois marques.

EXEMPLES Appliquer le test des étendues multiples de Newman-Keuls et départager les moyennes significativement différentes de celles qui ne le sont pas.

1. Supposons qu'on vous remet le tableau de données ci-dessous : il s'agit du temps de réaction, mesuré en dizièmes de secondes, de trois groupes de patients à des médicaments différents contre la fièvre des foins. Utiliser $\alpha = 0{,}05$. Le tableau ANOVA est présenté immédiatement sous les données.

	MÉDICAMENT 1	MÉDICAMENT 2	MÉDICAMENT 3
	12	10	8
	11	9	7
	10	8	6
	9	7	5
	8	6	4
Totaux (T_j)	50	40	30
Moyennes	10	8	6

SOURCES DE VARIATION	dl	SC	CM	RAPPORT DE VARIANCES
Traitements	2	40	20,0	$F_T = 8{,}0$
Résiduelle	12	30	2,5	
Totale	14	70		

Solution

ÉTAPE 1 Placer les moyennes en ordre croissant.

Traitement 3, $\overline{y}'_1 = 6$
Traitement 2, $\overline{y}'_2 = 8$
Traitement 1, $\overline{y}'_3 = 10$

ÉTAPE 2 Calculer l'erreur type de la moyenne, applicable à chaque traitement.

$$s_{\overline{y}} = \sqrt{\frac{\text{CMR}}{\text{nombre d'observations des } \overline{y}_i}} = \sqrt{\frac{2{,}5}{5}} = 0{,}707$$

ÉTAPE 3 Identifier les valeurs q_i dans la table VIII en tenant compte du seuil α désiré, des degrés de liberté m associés à CMR et du nombre p de moyennes impliquées dans les diverses comparaisons. Bien dénoter comme suit les $(t - 1)$ valeurs q_i: $q_2, q_3, \ldots q_t$. Dans le cas de notre exemple, compte tenu d'un $\alpha = 0{,}05$ et d'une valeur $m = 12$, les étendues significatives trouvées dans la table sont les suivantes: $q_2 = 3{,}08$ et $q_3 = 3{,}77$.

On multiplie ces valeurs q_i par $s_{\overline{y}}$ pour constituer un ensemble $t - 1$ d'étendues critiques $R'_2, R'_3 \ldots R'_t$. Dans le cas de notre exemple, si $p = 2, 3$, alors $R'_2 = 2{,}18$ et $R'_3 = 2{,}67$.

ÉTAPE 4 Comparer les étendues observées aux étendues critiques, en commençant par l'écart entre la moyenne la plus élevée et la moyenne la plus faible, soit $\overline{y}'_3 - \overline{y}'_1$, qui se trouve comparé à R'_2, et ainsi de suite. On continue avec la seconde moyenne plus élevée versus la plus petite.

$(\bar{y}'_3 - \bar{y}'_1)$ = Médicament 1 vs 3 = 10 — 6 = 4 > 2,67 = R'_3
$(\bar{y}'_3 - \bar{y}'_2)$ = Médicament 1 vs 2 = 10 — 8 = 2 < 2,18 = R'_2 (Stop)
$(\bar{y}'_2 - \bar{y}'_1)$ = Médicament 2 vs 3 = 8 — 6 = 2 < 2,18 = R'_2 (Stop)

Il existe donc une différence significative entre les traitements 1 et 3, mais non entre les traitements 2 et 3, non plus qu'entre 1 et 2.

2. Le tableau 10.9 présente des données qui montrent l'impact de divers engrais sur les récoltes.

TABLEAU 10.9 DONNÉES POUR L'EXEMPLE 2

	ENGRAIS			
BLOCS	1	2	3	4
1	40	41	46	34
2	28	37	42	22
3	31	40	45	25
4	46	47	52	40
Totaux (T_j)	145	165	185	121
Moyennes (T_i)	36,25	41,25	46,25	30,25

Signalons que CMR = 42,92 avec 9 degrés de liberté. Calculer le test des étendues multiples de Newman-Keuls avec $\alpha = 0,05$. (Il s'agit d'un devis des blocs au hasard; voir la leçon 8.)

Solution

ÉTAPE 1 Placer les quatre moyennes en ordre croissant:
$\bar{y}'_1 = 30,25$; $\bar{y}'_2 = 36,25$; $\bar{y}'_3 = 41,25$; $\bar{y}'_4 = 46,25$.

ÉTAPE 2 Calculer l'erreur type de la moyenne, $s_{\bar{y}}$:

$$s_{\bar{y}} = \sqrt{\frac{\text{CMR}}{\text{nombre d'observations des } y_i}} = \sqrt{\frac{42,92}{4}} = 3,28$$

ÉTAPE 3 Dans la partie de la table VIII réservée aux étendues critiques pour $\alpha = 0,05$, on trouve les étendues significatives associées à $m = 9$ pour $p_i = 2, 3, 4$

et $q_i = 3,20$, 3,95 et 4,42.

En multipliant ces étendues par $s_{\bar{y}}$, on obtient:

$R'_2 = 10,50$; $R'_3 = 12,96$; $R'_4 = 14,50$.

ÉTAPE 4 On teste alors les étendues observées entre moyennes.

$\bar{y}'_4 - \bar{y}'_1$ (engrais 3 vs 4) = 46,25 — 30,25 = 16 > 14,50 (significatif).
$\bar{y}'_4 - \bar{y}'_2$ (engrais 3 vs 1) = 46,25 — 36,25 = 10 < 12,96 (stop)
$\bar{y}'_3 - \bar{y}'_1$ (engrais 2 vs 4) = 41,25 — 30,25 = 11 < 12,96 (stop)

Par conséquent, seul l'écart entre les traitements 3 et 4 se révèle statistiquement significatif.

EXERCICES Appliquer dans le cas des problèmes ci-dessous le test des étendues multiples de Newman-Keuls, puis déterminer quelles moyennes diffèrent significativement des autres.

1. Les données du tableau 10.10 présentent le nombre d'éléments jugés défectueux suite à l'inspection de cinq voitures identifiées au hasard dans chacun de cinq centres d'inspection. L'analyse de la variance a donné une valeur CMR de 4,74 avec 20 degrés de liberté. Utiliser $\alpha = 0{,}05$.

TABLEAU 10.10 DONNÉES DE L'EXERCICE 1

	CENTRE 1	CENTRE 2	CENTRE 3	CENTRE 4	CENTRE 5
	5	1	6	7	4
	7	2	2	8	3
	4	7	4	9	2
	3	3	5	10	1
	2	1	6	3	6
Totaux (T_j)	21	14	23	37	16
Moyennes	4,2	2,8	4,6	7,4	3,2

2. Les données du tableau 10.11 découlent d'une expérience qui utilisait trois traitements à l'intérieur d'un devis des blocs au hasard. L'analyse de la variance a produit un carré moyen résiduel égal à 6,87 avec 8 degrés de liberté. Utiliser $\alpha = 0{,}05$.

TABLEAU 10.11 BLOCS ALÉATOIRES POUR L'EXERCICE 2

BLOCS	TRAITEMENT 1	TRAITEMENT 2	TRAITEMENT 3
1	44	38	46
2	46	40	51
3	34	36	43
4	43	38	45
5	38	42	48
Totaux (T_j)	205	194	233
Moyennes	41,0	38,8	46,6

3. L'*exercice* 2 de la leçon 5 portait sur la comparaison des taux relatifs d'absentéisme des ouvriers dans quatre villes. L'analyse de la variance a révélé la présence d'une différence entre les quatre villes. Le carré moyen résiduel se chiffrait à 372,017 avec dl = 20. Appliquer le test de Newman-Keuls pour identifier la ville (ou les villes) qui a (ont) le taux d'absentéisme le plus faible. Utiliser $\alpha = 0{,}05$.

LEÇON 8 DEVIS DES BLOCS AU HASARD

Tâche: pouvoir construire le tableau ANOVA pour un ensemble de données issues d'un devis des blocs au hasard. Calculer le rapport de variances et décider s'il faut rejeter ou retenir l'hypothèse nulle d'une absence d'effets dus aux traitements.

DÉFINITION *Le devis des blocs au hasard:* pour pouvoir constituer des blocs au hasard dans le cadre d'une expérience destinée à comparer t traitements, il faut pouvoir regrouper un nombre total bt (b fois t) d'unités expérimentales en groupes ou blocs qui contiendront chacun t unités expérimentales homogènes, c'est-à-dire similaires. À l'intérieur de chaque bloc, les t traitements seront assignés au hasard aux t unités expérimentales. Voici la formulation du modèle statistique:

$$y_{ij} = \mu + \beta_i + \tau_j + \epsilon_{ij}$$

où y_{ij} représente la réponse enregistrée pour l'unité du bloc i soumise au traitement j, μ représente l'effet général moyen, τ_j représente le véritable effet du traitement j, β_i représente le véritable effet du bloc i, et ϵ_{ij} est le terme d'erreur associé à l'unité du bloc i soumise au traitement j; on postule l'indépendance de ces erreurs et la normalité de leur distribution.

À titre d'étape préparatoire à l'analyse, il faut placer les données dans un tableau croisé; les totaux pour les lignes (blocs) seront dénotés par B_i, tandis que les totaux pour les colonnes (traitements) seront dénotés par T_j. Le tableau 10.2 illustre la forme générale de ce tableau.

TABLEAU 10.2 AGENCEMENT DES BLOCS ET TRAITEMENTS

		1	2	. . .	t	**TOTAUX (B_i)**
	1	y_{11}	y_{12}	. . .	y_{1t}	B_1
Blocs	2	y_{21}	y_{22}	. . .	y_{2t}	B_2
	⋮	⋮	⋮		⋮	⋮
	b	y_{b1}	y_{b2}	. . .	y_{bt}	B_b
Totaux (T_j)		T_1	T_2		T_t	$\Sigma\Sigma Y_{ij}$ = Grand total

Nous désirons tester l'hypothèse H_0: $\tau_1 = \tau_2 = ... = \tau_j = 0$ par opposition à l'alternative qu'au moins une des moyennes diffère des autres. Les calculs s'effectuent comme suit:

$$AM = \frac{(\Sigma\Sigma y_{ij})^2}{bt} = \frac{(GT)^2}{bt}$$

$$SC\ totale = \Sigma\Sigma y_{ij}^2 - AM$$

$$SCI = \sum_{j=1}^{t} \frac{T_j^2}{b} - AM = \frac{T_1^2 + \cdots + T_t^2}{b} - AM$$

$$\text{Somme des carrés des blocs} = SCB = \Sigma \frac{B_i^2}{t} - AM$$

$$= \frac{B_1^2 + \cdots + B_b^2}{t} - AM$$

$$SCR = SC\ totale - SCI - SCB$$

Le tableau 10.13 synthétise ces calculs.

TABLEAU 10.13 TABLEAU ANOVA POUR UN DEVIS DES BLOCS AU HASARD

SOURCES DE VARIATION	dl	SC	CM	RAPPORT DE VARIANCES
Traitements	$t - 1$	SCI	SCI/t — 1 = CMI	F = CMI/CMR
Blocs	$b - 1$	SCB	SCB/b — 1 = CMB	
Résiduelle	$(t - 1)(b - 1)$	SCR	SCR/(t — 1) (b — 1) = CMR	
Totale	$bt - 1$	SC totale		

Pour prendre la décision de rejeter ou de retenir H_0: $\tau_1 = \tau_2 = ... = \tau_j = 0$, il suffit de comparer le rapport de variances CMI/CMR obtenu avec une valeur F critique extraite de la table de la distribution F pour une valeur α prédéterminée. Si la valeur F observée est égale ou supérieure à la valeur F critique, on pourra rejeter H_0 et conclure qu'il existe une différence entre les traitements. [On pourra subséquemment appliquer le test de Newman-Keuls, qui utilise les indices statistiques suivants: $\overline{T}_j$, $s_{\overline{y}} = \sqrt{CMR/b}$, $m = (t - 1)(b - 1)$.]

DISCUSSION Il arrive fréquemment en recherche que les unités expérimentales sélectionnées se regroupent tout naturellement en ensembles homogènes. Ainsi, dans les recherches en laboratoire, les animaux appartiennent à des lots ou des portées. Il va de soi que les animaux d'une même portée se ressemblent plus que ceux de portées différentes. Il en va de même de matériaux provenant d'une même livraison, de champs adjacents, etc.

Le devis des blocs au hasard profite de cette homogénéité inhérente pour réduire l'erreur expérimentale. Ce devis se concrétise comme suit. On identifie un ensemble d'unités homogènes, qu'on nomme *bloc*, puis on assigne au hasard le nombre t de traitements à un nombre t équivalent d'unités expérimentales dans le bloc. Il y aura en tout un nombre b de blocs, chacun comptant un nombre t d'unités expérimentales. On reprend pour chaque bloc cette répartition au hasard des unités entre les divers traitements, de telle sorte qu'il y aura un nombre b d'unités expérimentales par traitement. Le modèle statistique de ce devis s'énonce comme suit:

$$y_{ij} = \mu + \beta_i + \tau_j + \epsilon_{ij}$$

où y_{ij} représente la réponse enregistrée pour l'unité expérimentale du bloc i soumise au traitement j, μ représente l'effet moyen général, β_1 représente l'effet additionnel dû au bloc i, τ_j représente l'effet additionnel du traitement j, ϵ_{ij} représente le terme d'erreur.

La réduction de l'erreur expérimentale que permet ce devis s'explique comme suit: lorsque nous regroupons en blocs des unités expérimentales homogènes pour ensuite répartir les traitements au sein de chaque bloc, nous comparons entre eux les traitements *à l'intérieur* d'un même bloc. De cette façon, les variations attribuables aux différences entre les blocs (portées, chaînes d'assemblage, etc.) ne peuvent pas obscurcir l'effet τ_j dû aux traitements. Sans ce blocage, ces variations introduiraient de la «statique» dans un signal par ailleurs clair.

Imaginons par exemple qu'il faille administrer diverses doses d'un médicament à des animaux de laboratoire. Nous avons accès à plusieurs animaux provenant de diverses portées. Si nous assignons les diverses doses à des animaux échantillonnés au hasard, sans tenir compte de la portée à laquelle ils appartiennent, nous devrons considérer la possibilité que les différences de réaction observées proviennent non seulement des différentes doses utilisées, mais également de différences attribuables au bagage héréditaire des diverses portées. Malheureusement, il ne serait pas possible de départager l'influence relative de ces facteurs. Toutefois, en regroupant les animaux par portée (bloc), puis en attribuant au hasard les diverses doses aux animaux d'une même portée, nous pouvons isoler au moins partiellement l'influence des différences héréditaires.

Le problème qui suit permet d'illustrer les calculs requis pour ce type d'analyse. On effectue une étude visant à identifier la meilleure méthode d'assemblage d'un mécanisme simple. Trois méthodes d'assemblage seront comparées. On fournit un entraînement approprié pour chacune des trois méthodes d'assemblage à quatre techniciens possédant des habiletés différentes. Puis, on détermine au hasard pour chacun des quatre techniciens la séquence d'application des trois méthodes. Ainsi, les trois méthodes d'assemblage différentes constituent les traitements et les techniciens forment les quatre blocs (chaque technicien devrait donner des résultats homogènes d'une méthode à l'autre). On trouvera dans le tableau 10.4 le nombre de mécanismes assemblés en une heure.

Étant donné $\alpha = 0{,}01$, peut-on conclure à une différence entre les méthodes?

TABLEAU 10.4 NOMBRE DE MÉCANISMES ASSEMBLÉS EN UNE HEURE

BLOCS (TECHNICIENS)	MÉTHODES (TRAITEMENTS)			TOTAUX (B_i)
1	3	4	6	13
2	5	7	8	20
3	7	9	11	27
4	6	5	9	20
Totaux (T_j)	21	25	34	GT = 80

ÉTAPE 1 Étant donné le modèle statistique $y_{ij} = \mu + \beta_i + \tau_j + \epsilon_{ij}$, on teste H_0: $\tau_1 = \tau_2 = \tau_3 = 0$ versus H_a: au moins une méthode d'assemblage diffère des deux autres.

ÉTAPE 2 On choisit $\alpha = 0{,}01$; nous avons quatre blocs et trois traitements, pour un total de 12 observations échantillonnales.

ÉTAPE 3 Le test statistique approprié est: $F = \text{CMI/CMR}$.

ÉTAPE 4 Nous rejetons H_0 si $F \geqslant F_{(0{,}01;2;6)} = 10{,}92$; autrement, nous retenons H_0.

ÉTAPE 5 Voici les calculs à effectuer.

$$\text{AM} = \frac{(80)^2}{12} = 533{,}33$$

$$\text{SC totale} = (3^2 + 5^2 + \cdots + 11^2 + 9^2) - 533{,}33 = 58{,}67$$

$$\text{SCI} = \frac{(21^2 + 25^2 + 34^2)}{4} - 533{,}33 = 22{,}17$$

$$\text{SCB} = \frac{(13^2 + 20^2 + 27^2 + 20^2)}{3} - 533{,}33 = 32{,}67$$

$$\text{SCR} = \text{SC totale} - \text{SCI} - \text{SCB} = 58{,}67 - 22{,}17 - 32{,}67 = 3{,}87$$

Le tableau 10.15 présente le tableau ANOVA.

TABLEAU 10.15 TABLEAU ANOVA POUR LES MÉTHODES D'ASSEMBLAGE

SOURCES DE VARIATION	dl	SC	CM	RAPPORT DE VARIANCES
Méthodes (traitements)	2	22,17	11,08	11,08/0,64 = 17,31
Techniciens (blocs)	3	32,67	10,89	
Résiduelle	6	3,83	0,64	
	11	58,67		

ÉTAPE 6 Puisque $F = 17{,}31 > 10{,}92$, nous pouvons conclure que les méthodes d'assemblage diffèrent. Étant donné que les moyennes obtenues pour les méthodes 1, 2 et 3 sont respectivement 5,25, 6,25 et 8,50, nous pourrions conclure d'un point de vue strictement subjectif que la méthode 3 est supérieure aux deux autres. En appliquant la procédure de comparaisons de moyennes de Newman-Keuls aux trois moyennes placées en ordre croissant ($s_{\bar{y}} = \sqrt{0{,}64/4} = 0{,}40$; $m = 6$; $\alpha = 0{,}01$; $R'_2 = 2{,}096$ et $R'_3 = 2{,}532$), nous pouvons conclure que la méthode 3 diffère significativement des deux autres méthodes, mais que ces deux dernières ne se distinguent pas l'une de l'autre. Par conséquent, à coûts égaux, la méthode 3 apparaît un choix clair.

EXEMPLE Construire le tableau ANOVA pour le devis des blocs au hasard ci-dessous. Utiliser le rapport de variances pour vérifier si les traitements diffèrent les uns des autres.

1. Les données du tableau 10.16 illustrent la production de quatre appareils fabriquant un même produit. Ces données furent recueillies durant cinq journées consécutives. Ces données indiquent-elles une différence significative entre les quatre appareils? Utiliser $\alpha = 0{,}05$ comme seuil de signification.

ÉTAPE 1 Voici les hypothèses:
H_0: $\tau_1 = \tau_2 = \tau_3 = \tau_4 = 0$
H_a: au moins une machine diffère des autres en termes de sa production moyenne.

ÉTAPE 2 On choisit $\alpha = 0{,}05$; $b = 5$ et $t = 4$.

ÉTAPE 3 Voici le test statistique approprié: F = CMI/CMR.

ÉTAPE 4 On rejette H_0 si $F \geqslant F_{(0{,}05;3;12)} = 3{,}49$; autrement, il faut retenir H_0.

TABLEAU 10.16 DONNÉES DE L'EXEMPLE 1

	MACHINES				
JOURS (BLOCS)					TOTAUX (B_i)
1	293	308	323	333	1257
2	298	353	343	363	1357
3	281	323	350	368	1322
4	288	358	365	345	1356
5	260	343	340	330	1273
Totaux (T_j)	1420	1685	1721	1739	GT = 6565

ÉTAPE 5 Voici les calculs requis:

$$AM = \frac{(6565)^2}{20} = 2\,154\,961,2$$

$$SC\ totale = (293^2 + 298^2 + \cdots + 330^2) - 2\,154\,961,2 = 18\,121,8$$

$$SCB = \frac{(1257)^2 + (1357)^2 + (1322)^2 + (1356)^2 + (1273)^2}{4} - 2\,154\,961,2 = 2150,5$$

$$SCI = \frac{(1420)^2 + (1685)^2 + (1721)^2 + (1739)^2}{5} - 2\,154\,961,2$$

$$= 13\,356,2$$

$$SCR = SC\ totale - SCB - SCI = 18\,121,8 - 2150,5 - 13\,356,2 = 2615,1$$

SOURCES DE VARIATION	dl	SC	CM	RAPPORT DE VARIANCES
Machines	3	13 356,2	4 452,07	20,43
Blocs (jours)	4	2 150,5	537,63	
Résiduelle	12	2 615,1	217,93	
	19	18 121,8		

ÉTAPE 6 Puisque $F = 20{,}43 > F_{(0,05;3;12)} = 3{,}49$, nous pouvons rejeter H_0 et conclure que la production moyenne d'au moins une des machines diffère de celles des autres machines. [*N.B.* Ce rapport de variances est également significatif au seuil $\alpha = 0{,}01$.]

EXERCICES Construire le tableau ANOVA pour chacun des devis de blocs au hasard présentés ci-dessous. Utiliser le rapport de variances pour déterminer si les traitements diffèrent les uns des autres.

10.17 DONNÉES DE L'EXERCICE 1

	COMPAGNIES				
SEMESTRES	1	2	3	4	TOTAUX (B_i)
1	2,50	2,65	1,99	2,24	9,38
2	2,14	1,98	1,94	2,20	8,26
3	2,31	2,32	2,15	2,35	9,13
4	2,27	2,60	2,40	2,41	9,68
TOTAUX (T_j)	9,22	9,55	8,48	9,20	GT = 36,45

1. Dans un bulletin de la Bourse, on rapporte les dividendes semestriels (par part) versés par quatre compagnies pétrolières qui affichent des volumes de ventes comparables. Les données reproduites dans le tableau 10.17 indiquent-elles une différence dans les dividendes moyens par part des quatre compagnies? Utiliser $\alpha = 0,05$.

2. Une équipe de recherche du Service des impôts a mis au point trois nouvelles méthodes de vérification des rapports d'impôts. Le Service des impôts se propose d'adopter la méthode de vérification la plus rapide. Le tableau 10.18 illustre le nombre de rapports vérifiés durant une période de 3 jours. Ces données démontrent-elles la plus grande rapidité de l'une des trois méthodes? Utiliser $\alpha = 0,05$.

TABLEAU 10.18 NOMBRE DE RAPPORTS VÉRIFIÉS

	MÉTHODES DE VÉRIFICATION			
JOURS (BLOCS)	I	II	III	**TOTAUX (B_i)**
1	128	116	131	375
2	114	129	121	364
3	143	111	119	373
TOTAUX (T_j)	385	356	371	GT = 1112

3. Les données ci-dessous présentent les taux de chômage durant cinq années consécutives pour divers pays. Le contenu de ce tableau indique-t-il que tous ces pays ont connu des taux de chômage comparables? Utiliser $\alpha =$ 0,05.

TABLEAU 10.19

PAYS	1968	1969	1970	1971	1972	**TOTAUX**
Autriche	2,9	2,8	2,4	2,1	1,9	12,1
Belgique	4,5	3,6	2,9	2,9	3,5	17,4
Danemark	5,0	3,9	2,9	3,7	3,7	19,2
Finlande	4,0	2,8	1,9	2,2	2,6	13,5
Allemagne	1,5	0,8	0,7	0,8	1,1	4,9
Italie	3,5	3,4	3,1	3,1	3,6	16,7
Suède	2,0	1,7	1,4	2,0	2,0	9,1
Royaume-Uni	2,6	2,6	2,7	3,6	4,1	15,6
États-Unis	3,6	3,5	4,9	5,8	5,6	23,4
TOTAUX	29,6	25,1	22,9	26,2	28,1	GT = 131,9

UTILITÉ DE CES NOTIONS

DANS LE COURS

L'analyse de la variance se révèle un outil d'analyse de données et d'inférence statistique très puissant. Il nous permet de comparer les moyennes échantillonnales de deux ou plusieurs populations et de formuler des inférences à propos des moyennes de populations correspondantes. Cette technique offre des possibilités d'applications bien supérieures aux autres techniques étudiées dans les chapitres précédents, car elle ne limite pas le nombre de populations mises en comparaison. De plus, nous allons retrouver dans le chapitre ONZE, qui traite de la régression linéaire, le concept du découpage d'une somme de carrés en diverses sources de variation bien identifiées.

AU-DELÀ DU COURS

De nos jours, on peut considérer l'analyse de la variance comme la technique statistique la plus connue et la plus fréquemment employée. Dans la plupart des périodiques scientifiques, en administration, en agriculture, en sociologie, en psychologie, en médecine, etc., c'est à cette technique d'analyse des données qu'on a surtout recours pour tester des hypothèses portant sur des données recueillies dans le cadre d'expériences ou d'enquêtes échantillonnales. Par conséquent, le contenu de ce chapitre devrait vous aider à mieux comprendre ces rapports de recherches.

RÉSUMÉ

Nous avons présenté dans ce chapitre une technique qui porte le nom d'analyse de la variance. Elle permet de tester des hypothèses d'égalité de moyennes entre deux ou plusieurs populations. Le principe fondamental de cette technique consiste à découper une variance totale, ou carré moyen, en diverses parties telles que chacune d'entre elles corresponde à une source de variation précise. Chaque partie est elle-même un carré moyen ou variance. La part de variance qui demeure présente au terme de la répartition de la variance totale entre les sources identifiées porte le nom de terme d'erreur.

Les divers carrés moyens (variances) permettent de calculer des rapports de variances (tests F) dont la distribution épouse la forme de la distribution F conformément à nos postulats. Plus précisément, nous postulons que les mesures enregistrées auprès de chaque unité expérimentale se distribuent normalement, avec une moyenne inconnue, mais avec une variance commune, et ce quels que soient les traitements subis par les unités expérimentales.

Si, au terme de l'analyse de la variance, on peut conclure que les moyennes diffèrent, il faut alors recourir à d'autres techniques pour identifier quelles moyennes particulières diffèrent des autres. Nous avons présenté ici l'une de ces techniques, le test des étendues multiples de Newman-Keuls.

Nous n'avons qu'effleuré dans ce chapitre le domaine de l'analyse de la variance. Il existe de nombreux volumes entièrement consacrés à ce sujet très important. Si sommaire soit-il, le contenu de ce chapitre devrait constituer une base solide lorsque vous déciderez de poursuivre votre étude de cette technique dans des manuels plus spécialisés.

TEST PERSONNEL POUR LE CHAPITRE DIX

(*Questions 1 à 6*) Une équipe de recherche en éducation sélectionne au hasard neuf étudiants universitaires et les répartit au hasard en trois groupes. On accorde respectivement 10, 30 et 60 minutes aux groupes 1, 2 et 3 pour étudier un court texte. Les données ci-dessous présentent le nombre de réponses correctes obtenues par chaque étudiant à un test de 10 questions.

GROUPES		
1	2	3
3	5	7
5	6	9
4	4	8
12	15	24

1. Quelle est la valeur de AM, la correction pour la moyenne?
a) 105 b) 245 c) 321 d) 289 e) 315
2. Combien de degrés de liberté sont associés au terme d'erreur?
a) 9 b) 3 c) 2 d) 8 e) 6
3. Si nous postulons que la réponse correcte est b) au problème 1, quelle est la somme des carrés associée aux groupes?
a) 70 b) 28 c) 51 d) 26 e) 76
4. Si nous appliquions à ces données le test de Newman-Keuls, avec SCR = 12 et dl = 3, quelle serait la valeur de $s_{\bar{y}}$?
a) $\sqrt{3}$ b) $\sqrt{3/4}$ c) 3 d) $\sqrt{4/3}$ e) $\sqrt{2}$
5. Dans le cas du test de Newman-Keuls, quelles valeurs p utiliserions-nous pour consulter la table des étendues critiques?
a) $p = 2$ b) $p = 2, 3$ c) $p = 2, 3, 4$ d) $p = 2, 3, 4, 5$
6. Afin de tester l'hypothèse nulle avec un seuil de signification $\alpha = 0{,}05$, quelle valeur F critique chercherions-nous dans la table?
a) $F_{(0,05;3;6)}$ b) $F_{(0,05;3;2)}$ c) $F_{(0,5;3;8)}$ d) $F_{(0,05;2;6)}$ e) $F_{(0,05;2;9)}$
7. Parmi les caractéristiques ci-dessous, lesquelles s'appliquent à la distribution F?
1) Unimodale
2) Moyenne de zéro
3) Dépendante de dl_1 et dl_2
4) Asymétrique
5) Distribution du rapport entre deux variables indépendantes normalement distribuées, divisées par leurs degrés de liberté respectifs.
a) 1, 2, 3, 4 b) 1, 2, 3, 5 c) 1, 2, 5 d) 1, 3, 4 e) 1, 3, 4, 5

(*Questions 8 à 11*) Répondre par Vrai ou Faux.

8. Le terme d'erreur peut être associé à des variables qui contribuent à la variation sans cependant faire partie du modèle statistique.

9. Dans une expérience, le processus de reproduction est essentiel pour obtenir une mesure du terme d'erreur.

10. Dans le cas du test des étendues de Newman-Keuls, on teste des paires d'observations individuelles pour vérifier si les deux membres diffèrent l'un de l'autre.

11. En maintenant constants dl_1 et dl_2, le fait d'accroître α diminuera la valeur F.

(*Questions 12 à 18*) Utiliser le tableau ANOVA ci-dessous.

SOURCES DE VARIATION	dl	SC	CM	RAPPORT DE VARIANCES
Traitements		36		$F = 2$
Blocs	2		24	
Résiduelle	___	___	6	
Totale	11	120		

12. Quelle est la valeur de la somme des carrés associée aux blocs?
a) 22 b) 24 c) 26 d) 12 e) 48

13. Combien de degrés de liberté sont associés aux traitements?
a) 3 b) 6 c) 2 d) 9 e) 8

14. Combien de degrés de liberté sont associés au terme d'erreur?
a) 3 b) 6 c) 2 d) 9 e) 8

15. Quelle est la valeur de la somme des carrés associée au terme d'erreur?
a) 84 b) 36 c) 48 d) 24 e) 12

16. Quelle est la valeur du carré moyen associé aux traitements?
a) 30 b) 36 c) 18 d) 12 e) 72

17. Quelle est la valeur du dénominateur du rapport de variances utilisé pour tester les différences entre traitements?
a) 3 b) 12 c) 6 d) 2 e) 4

18. En supposant que $F_{(0,05;dl_1;dl_2)} = 3{,}59$, quelle conclusion formulerions-nous à propos des moyennes des traitements?
a) Elles ne diffèrent pas significativement
b) Elles diffèrent significativement
c) Informations insuffisantes pour se prononcer

(*Questions 19 à 22*) Cinq portées comptant chacune trois souris se voient assigner au hasard trois diètes, de façon telle que les trois souris d'une même portée reçoivent une diète différente. Au bout de 2 mois, on enregistre le temps pris par chaque souris pour s'échapper d'un labyrinthe.

19. Quelle serait la description la plus juste de cette expérience?
a) Devis au hasard avec effectifs égaux
b) Devis des blocs au hasard
c) Devis au hasard avec effectifs inégaux
d) Devis de Newman-Keuls
e) Aucun de ces devis

20. Combien y a-t-il de traitements?
a) 15 b) 3 c) 2 d) 8 e) 5

21. Y a-t-il reproduction dans cette expérience?
a) Oui b) Non c) Informations insuffisantes

22. Combien de degrés de liberté sont associés au terme d'erreur?
a) 15 b) 5 c) 3 d) 8 e) 14

(*Questions 23 à 25*) Une personne d'affaires (expression non sexiste!) désire construire une station de service à St-Aléatoire, P.Q. Quatre sites sont envisagés. Elle engage trois autres personnes pour l'aider à compter le nombre de voitures qui, durant 4 jours choisis au hasard, passent devant chaque site. Postulons que leurs décomptes se distribuent à peu près normalement.

23. Il s'agit là d'un exemple de quel type de devis?
a) Devis au hasard avec effectifs égaux
b) Devis au hasard avec effectifs inégaux
c) Devis de Newman-Keuls
d) Devis des blocs au hasard
e) Aucun de ces devis

24. Quelle hypothèse s'agit-il de tester?
a) H_0: le nombre moyen de voitures par jour est le même;
H_a: le nombre moyen de voitures par jour n'est pas le même.
b) H_0: le nombre moyen de voitures par intersection est le même;
H_a: le nombre moyen de voitures par intersection n'est pas le même.
c) H_0: le nombre moyen de voitures qui traversent chaque jour l'intersection est le même;
H_a: le nombre moyen de voitures qui traversent chaque jour l'intersection n'est pas le même.

25. Supposons que le rapport de variances obtenu pour cette expérience est inférieur à la valeur critique identifiée dans la table pour une valeur $\alpha = 0{,}05$. Que conclurons-nous?
a) Le nombre moyen de voitures par jour est le même. Nous recommandons d'utiliser le test de Newman-Keuls.
b) Le nombre moyen de voitures par jour est le même. Nous ne recommandons pas d'utiliser le test de Newman-Keuls.
c) Le nombre moyen de voitures par jour n'est pas le même. Nous recommandons d'utiliser le test de Newman-Keuls.

d) Le nombre moyen de voitures par jour n'est pas le même. Nous ne recommandons pas d'utiliser le test de Newman-Keuls.

RÉPONSES AUX EXERCICES (NUMÉROS IMPAIRS)

LEÇON 1

1. (a) $F_{(0,05;06;10)} = 3,22$. Lorsque $dl_1 = 6$ et $dl_2 = 10$, pas plus de 5% de toutes les valeurs F seront supérieures à 3,22. (b) $F_{(0,01;3;00)} = 3,78$. Lorsque $dl_1 = 3$ et $dl_2 = \infty$, pas plus de 1% de toutes les valeurs F seront supérieures à 3,78.
3. Si $F_{(0,01;8;dl_2)} = 8,10$, alors $dl_2 = 6$.
5. $F = 25/6 = 4,17$ et $F_{(0,05;9;9)} = 3,18$. Il faut par conséquent conclure que $\sigma_1^2 \neq \sigma_2^2$.

LEÇON 2

1. L'unité expérimentale: un navigateur (on en compte en tout 48). Facteurs (a) la méthode d'entraînement que reçoit un candidat; (b) le peloton auquel appartient le candidat.
   Niveaux des facteurs: (a) trois niveaux pour les méthodes d'entraînement; (b) quatre pelotons différents.
   Répartition au hasard: on a fait appel à une procédure au hasard, à la fois pour choisir les candidats dans chaque peloton et pour les distributions entre les trois méthodes.
3. L'unité expérimentale: une fibre incluse dans l'échantillon (on en compte en tout 90).
   Facteurs: le type de fibre synthétique.
   Niveaux des facteurs: les six types de fibres synthétiques.
   Répartition au hasard: on a adopté une procédure au hasard pour échantillonner les fibres synthétiques.

LEÇON 3

Aucun exercice.

LEÇON 4

1.

SOURCES DE VARIATION	dl	SC	CM	RAPPORT DE VARIANCES
Circuits	2	236,167	118,083	0,962
Résiduelle	9	1 104,750	122,75	
	11	1 340,927		

Voici la règle de décision: rejeter H_0 au seuil $\alpha = 0,05$ si $F \geqslant F_{(0,05;2;9)} = 4,26$; sinon, accepter H_0. Puisque $F = 0,962 < F_{(0,05;2;9)} = 4,26$, nous rejetons H_0 et concluons qu'il n'y a pas de différence significative entre les nombres moyens d'appels acheminés par les trois types d'aiguilleurs automatiques.

LEÇON 5

1. (Voir la leçon 4 ci-haut pour conclusion.)

SOURCES DE VARIATION	dl	SC	CM	RAPPORT DE VARIANCES
Circuits	2	236,167	118,083	0,962
Résiduelle	9	1 104,750	122,75	
	11	1 340,927		

3.

SOURCES DE VARIATION	dl	SC	CM	RAPPORT DE VARIANCES
Livres	2	56,0	28,00	0,2625
Résiduelle	9	960,0	106,67	
	11	1016,0		

Avec un seuil $\alpha = 0{,}05$, $F_{(0{,}05;2;9)} = 4{,}26$; il s'agit là d'une valeur bien supérieure à 0,2625. Un rapport de variances aussi faible devrait nous amener à nous interroger sur les postulats de normalité, sur l'égalité des variances, et ainsi de suite.

LEÇON 6

1.

SOURCES DE VARIATION	dl	SC	CM	RAPPORT DE VARIANCES
Marques (traitements)	2	4,17	2,09	2,09/0,83 = 2,52
Résiduelle	9	7,45	0,83	
	11	11,62		

Avec un seuil $\alpha = 0{,}05$, si $F \geqslant F_{(0{,}05;2;9)} = 4{,}26$, nous rejetons H_0; sinon, nous retenons H_0. Puisque $F = 2{,}52 < 4{,}26$, il nous faut retenir H_0 et conclure que les diverses marques de camions ne diffèrent pas quant à leur coût moyen d'opération.

LEÇON 7

1. Nous obtenons $s_{\bar{x}} = 0{,}97$, $R'_2 = 2{,}86$, $R'_3 = 3{,}47$, $R'_4 = 3{,}84$ et $R'_5 = 4{,}11$. Par conséquent;

Plus grande *versus* plus petite: traitement 4 *versus* traitement 2:
$7{,}4 - 2{,}8 = 4{,}6 > 4{,}11$ (significatif)

Plus grande *versus* deuxième plus petite: traitement 4 *versus* traitement 5:
$7{,}4 - 3{,}2 = 4{,}2 > 3{,}84$ (significatif)

Plus grande *versus* troisième plus petite: traitement 4 *versus* traitement 1:
$7{,}4 - 4{,}2 = 3{,}2 < 3{,}47$ (stop)

Deuxième plus grande *versus* plus petite: traitement 3 *versus* traitement 2:
$4{,}6 - 2{,}8 = 1{,}8 < 3{,}84$ (stop)

On constate donc que les deux seules paires significatives correspondent au traitement 4 *versus* 2 et au traitement 4 *versus* traitement 5.

3. Voici les données obtenues.

	WINNIPEG	RÉGINA	CALGARY	EDMONTON
$\bar{y}$	126,33	129,17	135,33	161,83

$$s_{\bar{y}} = \sqrt{\frac{372,07}{6}} = 7,87$$

$$q_2 = 2,95$$
$$q_3 = 3,58$$
$$q_4 = 3,96$$

Donc, $R'_2 = 23,22$; $R'_3 = 28,17$; $R'_4 = 31,17$.

Edmonton *versus* Winnipeg: 161,83 — 126,33 = 35,5 > 31,17

Edmonton *versus* Régina: 161,83 — 129,17 = 32,66 > 28,17

Edmonton *versus* Calgary: 161,83 — 135,33 = 26,5 > 26,50

Calgary *versus* Winnipeg: 135,33 — 126,33 = 9,0 < 28,17 (stop)

Conclusion: Edmonton doit de toute évidence être mise de côté. Cependant, aucune différence n'émerge entre les trois autres villes.

LEÇON 8

1.

SOURCES DE VARIATION	dl	SC	CM	RAPPORT DE VARIANCES
Blocs	3	0,28	0,093	
Compagnies	3	0,15	0,050	0,050/0,026 = 1,92
Résiduelle	9	0,23	0,026	

Au seuil $\alpha = 0,05$, nous rejetons H_0 si $F \geqslant F_{(0,05;3;9)} = 3,86$. Puisque $F = 1,92 < 3,86$, il nous faut retenir H_0 et conclure qu'il n'existe pas de différence significative entre les dividendes semestriels (par part) des quatre compagnies pétrolières.

3.

SOURCES DE VARIATION	dl	SC	CM	RAPPORT DE VARIANCES
Blocs	2	3,02	0,76	
Pays	8	48,73	6,09	16,46
Résiduelle	32	11,87	0,37	

Puisque $F = 16{,}46$ $F_{(0,05;8;32)} = 2{,}25$, nous pouvons rejeter H_0 et conclure que ces neuf pays n'ont pas des taux de chômage équivalents. De fait, même au seuil $\alpha =$ 0,01, nous formulerions une conclusion identique.

CHAPITRE ONZE: RÉGRESSION LINÉAIRE ET CORRÉLATION

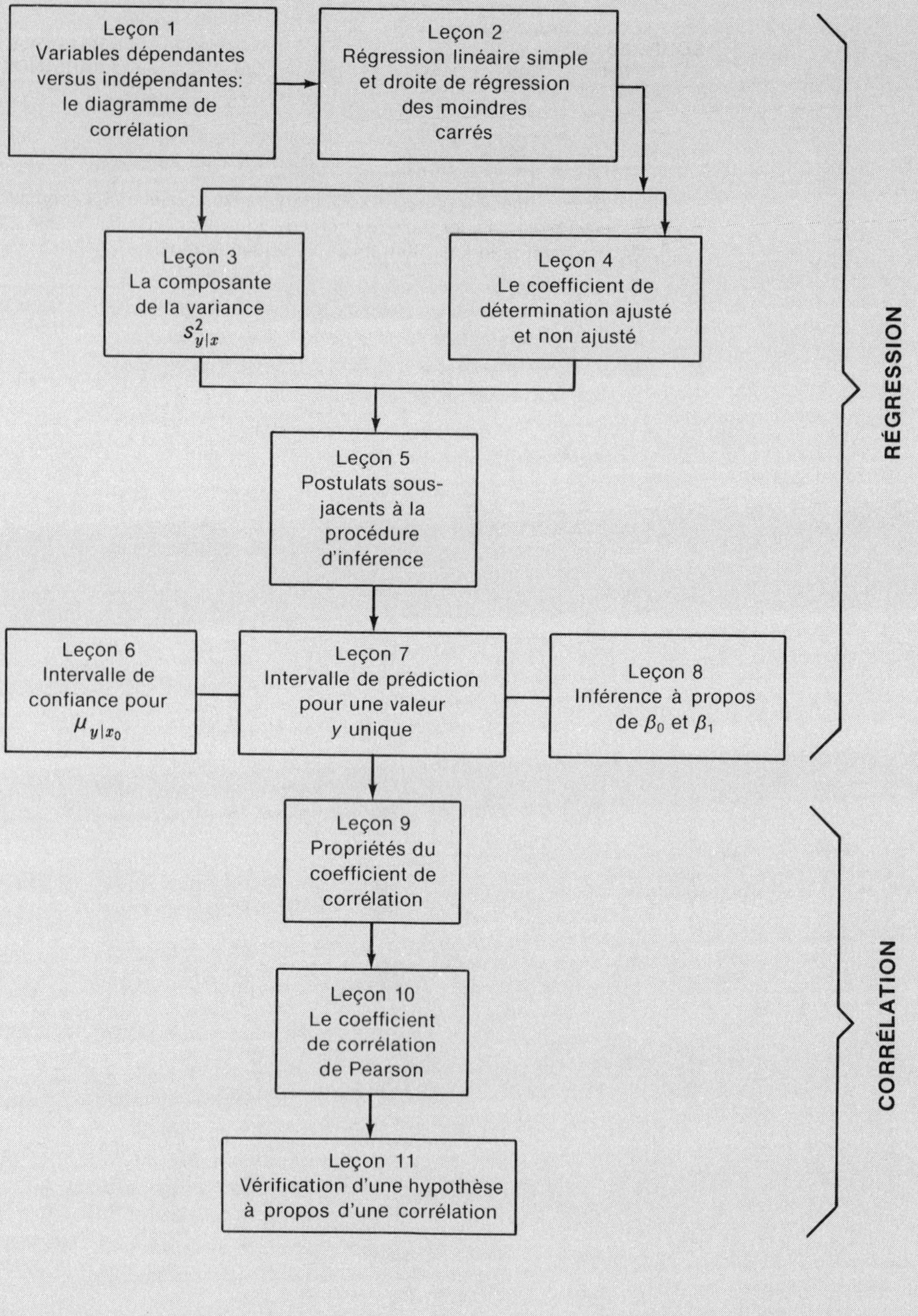

INTRODUCTION Dans beaucoup de domaines appliqués, une grande partie des recherches effectuées tentent de découvrir des liens entre des variables ou des ensembles de variables. Par exemple, un criminologue peut vouloir identifier les variables les plus fortement reliées au taux d'actes criminels. Des physiologistes peuvent étudier le lien entre le taux d'alcool dans le sang et la rapidité des réflexes d'une personne. L'économiste ou l'homme d'affaires peuvent être à la recherche des facteurs les plus étroitement reliés aux hausses et aux baisses du marché boursier ou de l'économie. Ce type d'information permet au chercheur de formuler des hypothèses quant aux liens de cause à effet pouvant exister au sein d'un groupe de variables.

Afin de permettre à ces études de déboucher sur des conclusions objectives, les chercheurs recueillent habituellement des données pertinentes et les analysent d'une façon spéciale. La méthode la plus usuelle porte le nom d'analyse de régression et de corrélation.

L'analyse de régression s'intéresse au problème de la construction de modèles mathématiques appropriés pour décrire les relations entre les variables étudiées. *L'analyse de corrélation* tente seulement de mesurer la force ou l'intensité du lien. Toutefois, on utilise dans bien des cas ces deux méthodes de façon complémentaire afin d'extraire le maximum d'information utile des données recueillies.

Dans le cadre de ce manuel, nous allons limiter notre étude de l'analyse de la régression et de la corrélation à un cas particulier: la vérification de la présence d'une tendance linéaire ou rectiligne entre deux variables. On représente mathématiquement cette relation linéaire par l'équation $y = \beta_0 + \beta_1 x$, où y et x correspondent aux deux variables étudiées. De telles analyses portent le nom de *régression linéaire simple* ou *corrélation*. Nous aurons pour objectifs plus spécifiques (1) de décrire les techniques qui permettent d'ajuster une ligne droite à un ensemble de mesures, (2) d'évaluer dans quelle mesure l'équation linéaire en question représente bien les données et (3) de situer sur une échelle variant entre — 1 et + 1 l'intensité de la corrélation entre les deux variables.

VOCABULAIRE

Coefficient de corrélation
Coefficient de corrélation de Pearson
Coefficient de détermination
Corrélation
Diagramme de corrélation
Données bivariées
Données univariées
Moindres carrés
Ordonnée à l'origine
Pente
Régression linéaire
Somme des carrés attribuée à l'erreur
Somme des carrés de la régression
Somme totale des carrés
Variable dépendante
Variable indépendante

LEÇON 1 VARIABLES DÉPENDANTES VERSUS INDÉPENDANTES: LE DIAGRAMME DE CORRÉLATION

Tâche: étant donné la description d'une expérience, pouvoir identifier les variables dépendante et indépendante. Après la cueillette des données, pouvoir construire le diagramme de corrélation des données obtenues et dessiner une courbe à main levée à travers les points inscrits dans le diagramme.

DÉFINITIONS

Données bivariées versus univariées: un ensemble de données bivariées consiste en paires de nombres provenant de la mesure de *deux* caractéristiques au niveau de chaque unité d'observation, tandis que la mesure d'une seule caractéristique engendre des données univariées (voir la leçon 5 du chapitre DEUX).

Variables dépendantes et indépendantes: nous allons nous assurer dans ce chapitre que la variable étudiée Y est fonction d'une seconde variable, dénommée X. On représente mathématiquement cette relation par l'équation $y = f(x)$. Dans cette formule, y représente la variable dite dépendante et x la variable indépendante. Nous allons limiter notre étude aux seules relations linéaires, c'est-à-dire $y = f(x) = \beta_0 + \beta_1 x$.

Diagramme de corrélation: il s'agit d'une représentation graphique des données dans un espace à deux dimensions. Chaque point représente une seule unité d'observation, pour laquelle deux mesures (x et y) ont été recueillies. Chaque point est situé dans l'espace bidimensionnel à l'intersection des valeurs x et y qui lui sont associées (voir la leçon 6 du chapitre DEUX).

DISCUSSION

Lorsque nous décidons de vérifier s'il existe un lien entre deux caractéristiques ou variables, notre première étape consistera tout naturellement à obtenir un ensemble de mesures pour chacune des variables et à les transposer dans un graphique. Il s'agit de *données bivariées*, en ce sens qu'elles sont appariées au niveau de chaque unité d'observation. Chaque paire de nombres origine d'une mesure des deux caractéristiques étudiées pour chaque unité d'observation. La variable qui nous intéresse tout spécialement, dite *variable dépendante*, est symbolisée par Y, cependant qu'on représente par la lettre X la *variable indépendante ou auxiliaire*.

On transcrit chaque paire de mesures (x, y) sous forme d'un point unique dans un graphique bidimensionnel. Lorsque tous les points sont marqués, on

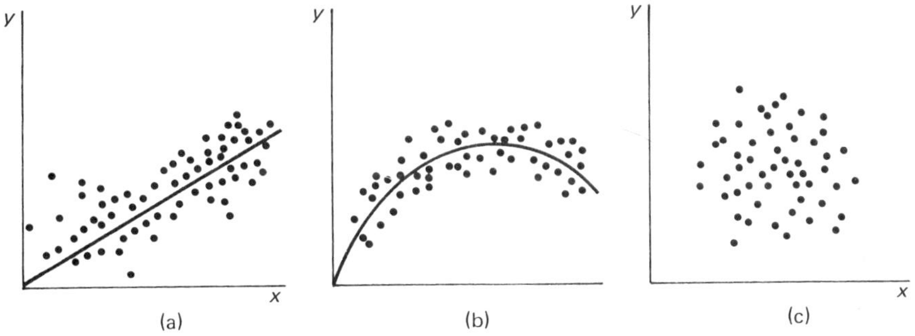

FIGURE 11.1 Diagrammes de corrélation. Le diagramme A indique une relation linéaire entre *X* et *Y*; B indique une relation curvilinéaire; C n'indique aucune relation.

verra d'un coup d'oeil toute tendance linéaire ou curvilinéaire dans les données. On pourra dès lors prendre une décision subjective concernant la présence ou l'absence d'une relation entre les deux variables. La figure 11.1 illustre quelques-uns des diagrammes de corrélation les plus courants. On vous invite à revoir, pour de plus amples détails, les leçons 5 et 6 du chapitre DEUX.

Voici un exemple concret. Supposons que, dans le cadre d'une étude sur la productivité de quatre champs cultivés, un chercheur en agronomie enregistre la quantité d'eau d'irrigation reçue par chacun des champs. Ici, la variable dépendante *Y* sera la récolte obtenue en kilogrammes; la quantité d'eau d'irrigation, mesurée en centimètres, correspondra à la variable indépendante *X*. On retrouve les données recueillies dans le tableau-synthèse ci-dessous:

CHAMPS	EAU D'IRRIGATION (cm)	RÉCOLTES (kg)
1	10	12
2	12	16
3	14	13
4	16	20

Ces données apparaissent sous forme graphique dans le diagramme de corrélation de la figure 11.2. Vous constaterez que les données témoignent d'une relation linéaire assez forte: plus il y a d'irrigation, meilleure est la récolte. On pourrait représenter mathématiquement cette tendance linéaire par l'équation suivante:

$$y = \beta_0 + \beta_1 x$$

où β_0 et β_1 représentent des paramètres inconnus, qu'on nomme respectivement *l'ordonnée à l'origine* et la *pente*. Cette équation implique que la variable dépendante *Y* est une fonction linéaire de la variable indépendante *X*. Pour chaque augmentation unitaire de *x*, *y* augmentera ou diminuera de la quantité β_1. De plus, lorsque $x = 0$, $y = \beta_0$. Toutefois, dans un problème réel, il

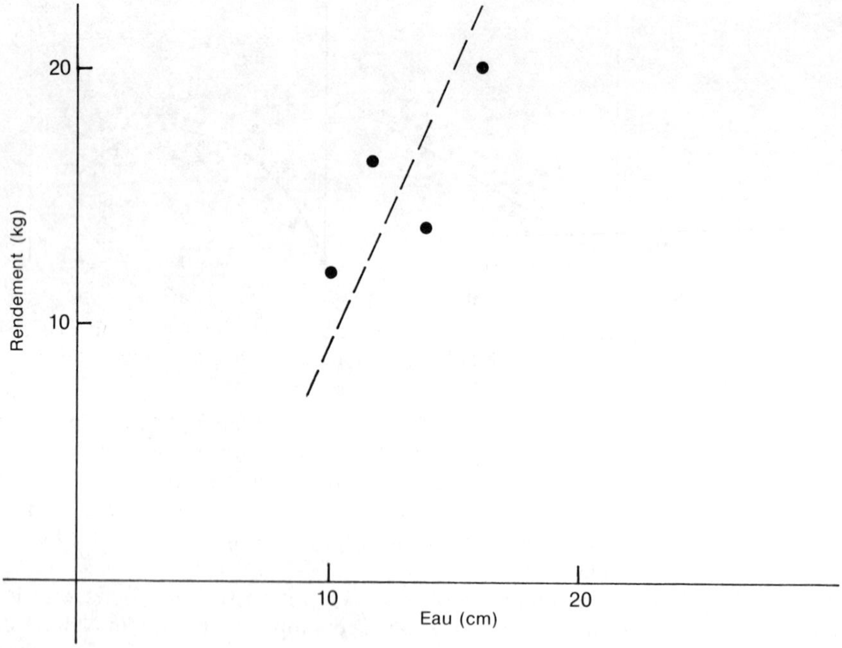

FIGURE 11.2

peut s'avérer peu logique de parler du cas où $x = 0$, par exemple lorsque $x =$ le poids et $y =$ la taille. En conséquence, l'interprétation de β_0 offre peu d'intérêt concret.

DISCUSSION SIMPLIFIÉE

La boîte noire illustrée dans la figure 11.3 est un dispositif auquel nous ferons régulièrement appel comme outil d'illustration dans ce chapitre. Le bouton de contrôle (à gauche) s'apparente à la variable indépendante d'une expérience,

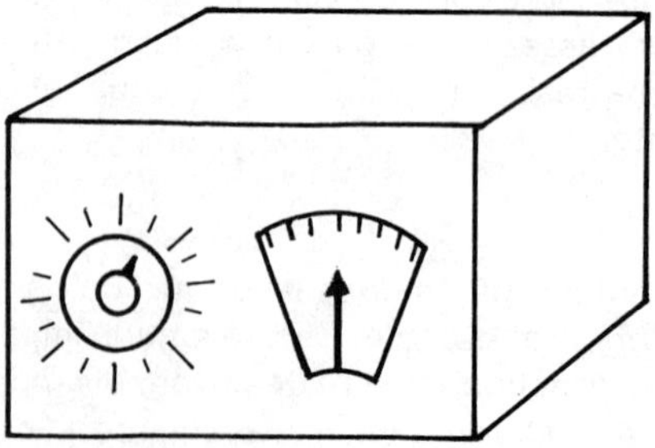

FIGURE 11.3 Boîte noire

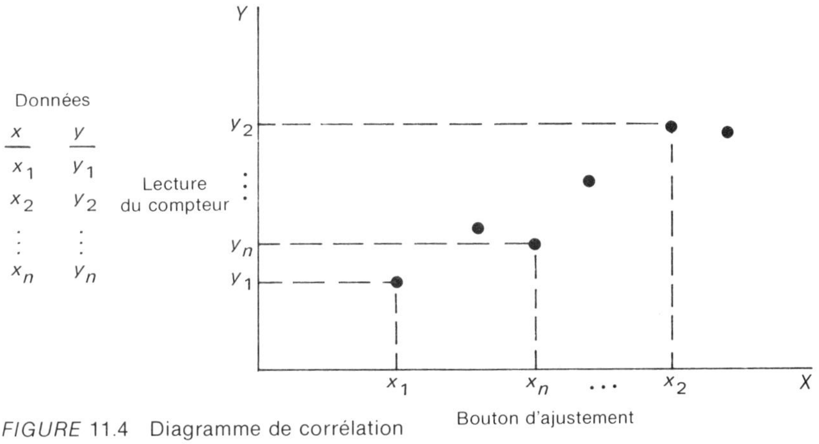

FIGURE 11.4 Diagramme de corrélation

car on peut le déplacer à son gré, soit en le faisant varier systématiquement entre des positions soigneusement choisies, soit en le faisant varier au hasard. En d'autres termes, l'expérimentateur a tout pouvoir pour déterminer la position du bouton de contrôle.

D'autre part, nous n'avons pas de contrôle direct sur le compteur situé à droite de la boîte noire. La valeur qu'il indiquera semble dépendre dans une certaine mesure de la position du bouton de contrôle. En manipulant le bouton de contrôle, on constate que le compteur réagit. Toutefois, en raison de fluctuations du voltage, de l'accumulation de chaleur, etc., le compteur ne donne jamais exactement les mêmes lectures suite à des ajustements identiques du bouton de contrôle. Il réagit comme s'il était sous l'effet d'une variable aléatoire.

Si l'on recueillait une série de lectures du compteur associées à diverses positions du bouton de contrôle, on obtiendrait un ensemble de données bivariées, composées de paires (x, y). On pourrait construire le diagramme de corrélation de ces données, chaque point étant situé à l'intersection d'une ligne horizontale passant par la valeur y sur l'échelle verticale (nommée ordonnée) et d'une ligne verticale passant par la valeur x sur l'échelle horizontale (nommée *abscisse*). Ce diagramme est illustré dans la figure 11.4.

Même s'il existe des techniques pour mesurer des relations de forme très complexe, nous n'étudierons dans ce manuel que les relations linéaires. De telles relations rectilignes se définissent par l'équation suivante:

$$y = \beta_0 + \beta_1 x$$

Dans l'exemple de la boîte noire, β_1 représente l'ampleur du changement observé sur l'aiguille du compteur lorsque x augmente d'une unité. Si la valeur β_1 est positive, ceci signifie que le compteur y augmentera d'une quantité β_1 pour tout accroissement de 1 de la quantité x. Si la valeur β_1 est négative, alors le compteur y diminuera d'une quantité β_1 pour tout accroissement de 1 de la quantité *x*. La valeur β_0 devrait correspondre à la valeur affichée par le compteur *y* lorsque *x* est fixé à zéro.

EXEMPLES

À partir de la description d'une situation et des données qui accompagnent cette description, (1) identifier les variables dépendante et indépendante (2) construire le diagramme de corrélation, (3) tracer à main levée la courbe illustrant le type de relation présumée entre les deux variables.

1. Un fournisseur d'articles de bureau enregistre le coût annuel d'entretien de plusieurs photocopieuses. Il désire mesurer la relation qui existe entre le coût d'entretien et l'âge des machines. Voici les résultats qu'il obtient.

ÂGE DE LA MACHINE	1	1,7	2	2,5
COÛT D'ENTRETIEN (en centaines de dollars)	0,50	0,60	1,2	2,0

Solution. La variable dépendante est le coût; c'est la variable que nous désirons prédire. La variable indépendante est l'âge de la machine. Le diagramme de corrélation ainsi que les courbes illustrant le type de relation sont présentés à la figure 11.5. La ligne brisée illustre une relation curvilinéaire possible, tandis que la ligne pleine décrit une relation de type linéaire. Le nombre de données est insuffisant pour préciser la nature exacte de la relation.

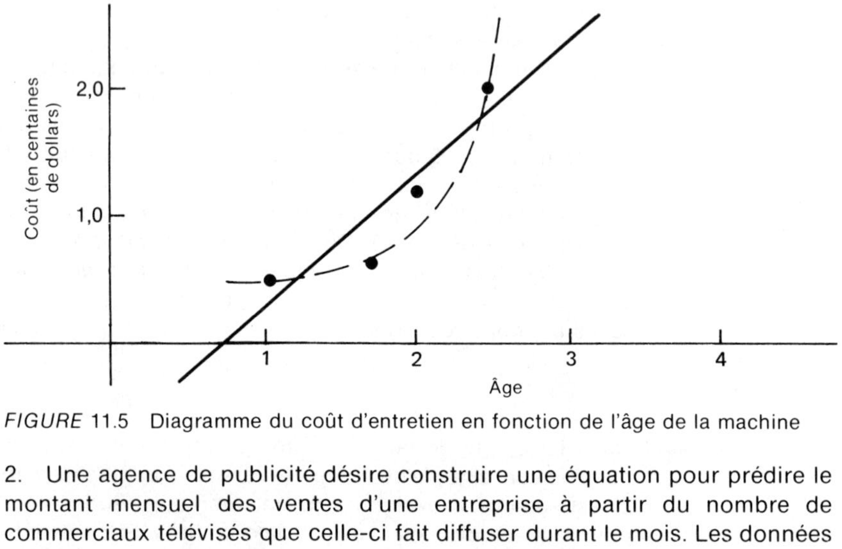

FIGURE 11.5 Diagramme du coût d'entretien en fonction de l'âge de la machine

2. Une agence de publicité désire construire une équation pour prédire le montant mensuel des ventes d'une entreprise à partir du nombre de commerciaux télévisés que celle-ci fait diffuser durant le mois. Les données recueillies sont présentées dans le tableau ci-dessous.

VOLUME MENSUEL DES VENTES (en milliers de dollars)	1,1	2,2	2,3	3,0	3,1
NOMBRE DE COMMERCIAUX	10	31	18	50	42

Solution. La variable dépendante est le volume mensuel des ventes et la variable indépendante le nombre de commerciaux télévisés par mois. Donc Y = volume des ventes et X = nombre de commerciaux télévisés. Le diagramme de corrélation ainsi que les courbes illustrant les types de relation possibles sont présentés à la figure 11.6. Le nombre de données est insuffisant pour préciser la nature exacte de la relation. Cependant, la représentation à l'aide d'une droite semble adéquate, même si la vraie relation est de type curvilinéaire.

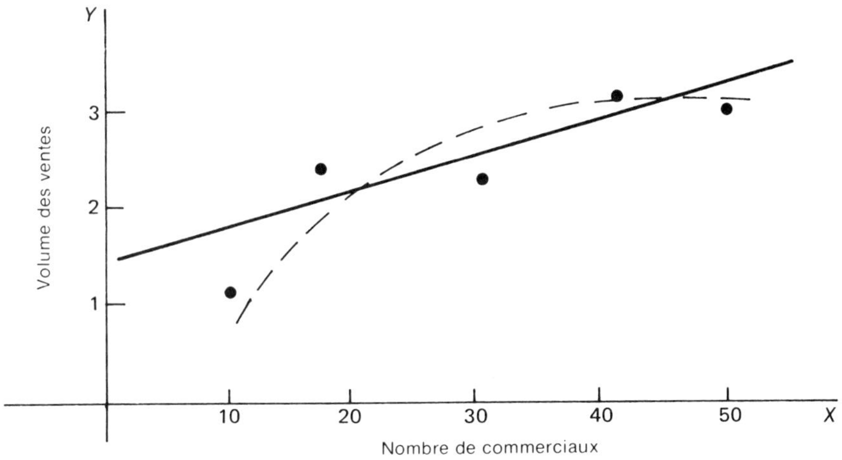

FIGURE 11.6 Diagramme du volume des ventes en fonction du nombre de messages publicitaires

EXERCICES

À partir de la description d'une situation et des données qui accompagnent cette description, (1) identifier les variables dépendante et indépendante, (2) construire le diagramme de corrélation, (3) tracer à main levée la courbe illustrant le type de relation présumée entre les deux variables.

1. Des analystes désirent mettre en relation la consommation mensuelle d'eau et l'indice de production mensuelle d'une usine de produits chimiques. Voici les résultats disponibles.

CONSOMMATION MENSUELLE D'EAU	10	19	20	29
INDICE DE PRODUCTION	7,5	9	14	16

2. Un tailleur désire exprimer la résistance d'une fibre synthétique en fonction de son diamètre. Il obtient les résultats suivants.

RÉSISTANCE (en grammes)	49	80	140	125	199
DIAMÈTRE (en centimètres)	0,02	0,025	0,028	0,030	0,035

3. En général, la quantité de lait produit par une vache laitière décroît dans les jours qui suivent la naissance de son veau. Une fermière désire exprimer cette relation à l'aide d'une équation. Elle dispose des résultats ci-dessous.

QUANTITÉ DE LAIT (en litres)	12	11	8	9	8	7
NOMBRE DE JOURS APRÈS LA MISE BAS	10	30	40	50	55	65

LEÇON 2 RÉGRESSION LINÉAIRE SIMPLE ET DROITE DE RÉGRESSION DES MOINDRES CARRÉS

Tâche: étant donné un ensemble de données bivariées, pouvoir construire le diagramme de corrélation, utiliser les formules appropriées pour calculer la droite de régression des moindres carrés, et finalement tracer cette droite sur le diagramme de corrélation.

DÉFINITIONS

Régression linéaire simple: ce terme désigne une technique mathématique qui permet d'ajuster une droite à un ensemble de données bivariées représentées par un diagramme de corrélation. Dénommée *droite de régression linéaire simple*, cette ligne droite est produite par l'équation suivante:

$$\widehat{y} = b_0 + b_1 x$$

où b_0 est une valeur constante qu'on nomme *ordonnée à l'origine* et qui est égale à y lorsque $x = 0$; b_1 est une constante appelée *pente de la droite de régression*; elle indique le degré de changement au niveau de y associé à un changement unitaire de x; x représente la variable indépendante et $\hat{y}$ est la valeur prédite pour la variable dépendante.

Équations normales et droite de régression des moindres carrés: les équations normales sont un groupe d'équations dont l'application à un ensemble particulier de données bivariées engendre une valeur unique pour la pente b_1 et pour l'ordonnée à l'origine b_0. Ces équations sont obtenues en appliquant le principe des *moindres carrés*; des valeurs b_1 et b_0 sont alors choisies de façon à minimiser l'expression $\text{SCR} = \sum [y - (b_0 + b_1 x)]^2$, qui porte le nom de *somme des carrés résiduelle*.

Voici les équations normales auxquelles aboutit ce processus de recherche d'une solution minimale:

$$nb_0 + b_1 \Sigma x = \Sigma y \qquad \text{et} \qquad b_0 \Sigma x + b_1 \Sigma x^2 = \Sigma xy$$

En solutionnant ces équations pour b_0 et b_1, on obtient:

$$b_1 = \frac{\Sigma(x - \overline{x})(y - \overline{y})}{\Sigma(x - \overline{x})^2} = \frac{n\Sigma xy - (\Sigma x)(\Sigma y)}{n\Sigma x^2 - (\Sigma x)^2} \qquad \text{et} \qquad b_0 = \overline{y} - b_1 \overline{x}$$

où $\overline{x}$ et $\overline{y}$ représentent les moyennes des ensembles de valeurs x et y.

On transpose ensuite les valeurs b_1 et b_0 ainsi obtenues dans la formule $\widehat{y} = b_0 + b_1 x$, qui représente la *droite de régression des moindres carrés*.

DISCUSSION Supposons un ensemble de données bivariées que nous avons transposées graphiquement sous forme d'un diagramme de corrélation. Nous avons comme objectif de découvrir des tendances au sein de ces données. Nous avons en outre convenu de limiter le contenu de ce chapitre aux tendances linéaires. S'il s'avère que le diagramme de corrélation met en évidence une nette tendance curvilinéaire, cette restriction pourra paraître exagérément stricte. Toutefois, il est souvent judicieux et pratique dans de tels cas de tenter d'ajuster une ligne droite sur la section approximativement linéaire de l'ensemble de données à tendance curvilinéaire. Une telle approche donnera souvent des résultats fort utiles.

La figure 11.7 illustre un tel cas. Les frontières *a* et *b* délimitent la section susceptible d'être représentée par une ligne droite.

Voici les questions qu'il nous faut maintenant nous poser. Dans quelle mesure notre ligne droite s'ajuste-t-elle aux données? Existe-t-il une meilleure technique pour tracer cette droite que la technique à main levée?

Pour obtenir une mesure du degré d'ajustement de cette droite à l'ensemble des points, on mesure la distance verticale entre chaque point du diagramme et la droite. La ligne droite que nous avons tracée est représentée par $\widehat{y} = b_0 + b_1x$, équation qui est un estimé de $y = \beta_0 + \beta_1 x$. Les lignes pointillées dans la figure 11.8 représentent ces distances.

Nous pouvons symboliser mathématiquement ces distances par l'expression $d = (y - \widehat{y})$, où *d* désigne la distance entre le point *y* et le point $\widehat{y}$ sur la ligne droite qui représente le lien avec *x*.

Supposons maintenant que nous mettons ces distances ou écarts au carré, puis que nous en calculons la somme de façon à obtenir SCR = $\Sigma (y - \widehat{y})^2$, où SCR désigne la somme des carrés des écarts à la droite, communément appelée *somme des carrés résiduelle*. Cette somme de carrés constitue une mesure très intéressante du degré d'ajustement de notre droite à l'ensemble des points du diagramme de corrélation. Si SCR est égal à zéro, c'est que les

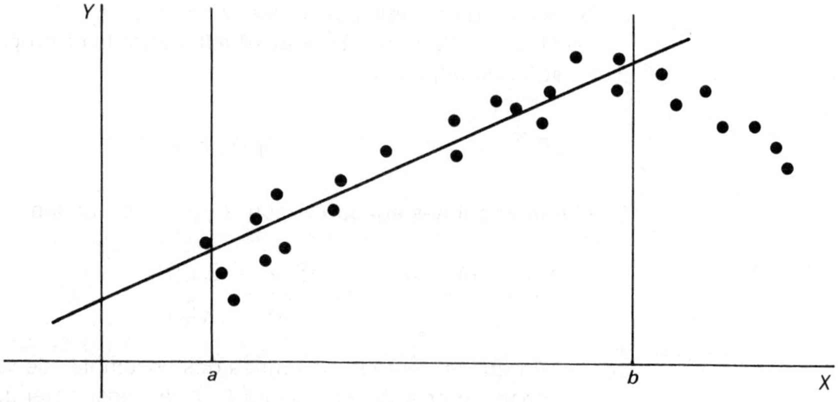

FIGURE 11.7 Droite ajustée à des données représentant une relation curvilinéaire

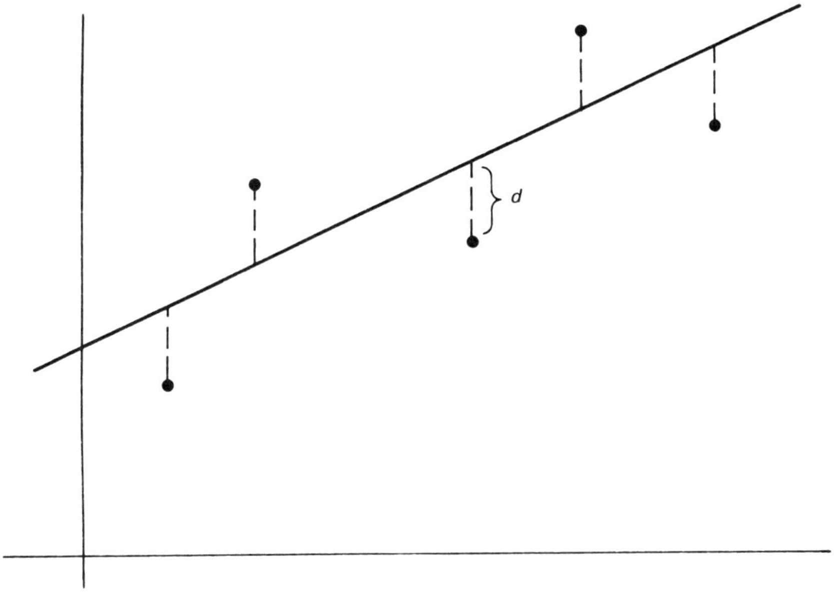

FIGURE 11.8

points se situent tous sur la droite de régression linéaire. À l'inverse, plus grande sera la valeur SCR, pire sera l'ajustement.

Dès lors, nous pouvons nous poser la question suivante: existe-t-il une ligne droite qui, pour un ensemble donné de points, engendrera une somme de carrés plus petite que n'importe quelle autre ligne droite? Bien sûr qu'il en existe une, et une seule; on la nomme à juste titre la *droite de régression des moindres carrés*.

Pour identifier cette droite particulière, nous n'avons besoin que de sa pente b_1 et de son ordonnée à l'origine b_0. Pour trouver ces deux valeurs, nous réécrivons la somme des carrés résiduelle en remplaçant $\widehat{y}$ par $b_0 + b_1x$ dans l'expression $\Sigma(y - \widehat{y})^2$, ce qui donne:

$$\text{SCR} = \Sigma[y - (b_0 + b_1x)]^2$$

Les valeurs b_0 et b_1 qui donnent à cette somme de carrés une valeur minimum définissent la droite de régression des moindres carrés. (Il existe des techniques mathématiques pour effectuer cette opération de recherche d'une valeur minimum, mais nous n'en discuterons pas dans ce manuel.)

Cette technique a pour résultat de nous donner deux équations qui contiennent deux valeurs inconnues. Ce sont ces équations qui portent le nom d'*équations normales* (elles n'ont aucun lien avec la distribution normale). Voici ces équations:

$$nb_0 + b_1\Sigma x = \Sigma y \qquad \text{et} \qquad b_0\Sigma x + b_1\Sigma x^2 = \Sigma xy$$

En les solutionnant pour b_0 et b_1, on obtient:

$$b_1 = \frac{\Sigma(x - \bar{x})(y - \bar{y})}{\Sigma(x - \bar{x})^2} = \frac{\Sigma xy - \dfrac{(\Sigma x)(\Sigma y)}{n}}{\Sigma x^2 - \dfrac{(\Sigma x)^2}{n}} = \frac{n\Sigma xy - (\Sigma x)(\Sigma y)}{n\Sigma x^2 - (\Sigma x)^2}$$

TABLEAU 11.1

x	y	x^2	y^2	xy
x_1	y_1	x_1^2	y_1^2	x_1y_1
x_2	y_2	x_2^2	y_2^2	x_1y_2
.	.	.	.	.
.	.	.	.	.
.	.	.	.	.
x_n	y_n	x_n^2	y_n^2	x_ny_n
Σx	Σy	Σx^2	Σy^2	Σxy

et

$$b_0 = \bar{y} - b_1\bar{x}$$

Ces valeurs b_0 et b_1 définissent la meilleure ligne droite unique (en termes d'ajustement par les moindres carrés) traversant un ensemble de données bivariées.

Le tableau 11.1 illustre l'agencement des données qui permet de structurer la séquence des calculs nécessaires. Les sommes qui apparaissent au bas des colonnes correspondent aux quantités qui doivent être introduites dans les formules servant à calculer b_0 et b_1 pour déboucher finalement sur l'équation $\hat{y} = b_0 + b_1x$. [*Note:* la valeur Σy^2 doit être calculée même si on ne l'utilise

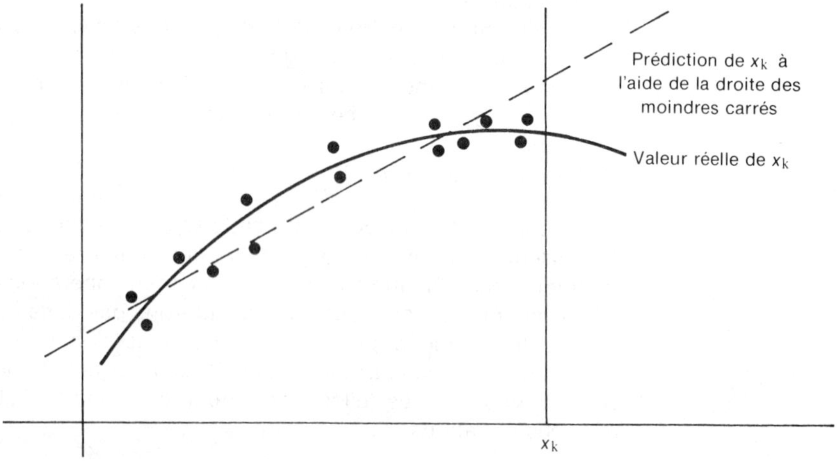

FIGURE 11.9 Droite de régression ajustée à la portion linéaire d'un ensemble de données de fait curvilinéaire

pas pour déterminer b_0 et b_1. Nous en aurons besoin dans les prochaines leçons. Aussi est-il plus commode de calculer $\sum y^2$ de la façon indiquée ci-haut: elle sera disponible lorsque nous en aurons besoin.]

Lorsque les valeurs calculées de b_0 et b_1 ont été insérées dans l'équation de régression, il devient possible d'utiliser cette équation pour prédire les valeurs de la variable dépendante Y associées aux valeurs de la variable indépendante X. Pour obtenir les valeurs prédites $\hat{y}$, il suffit de substituer les valeurs choisies pour x dans l'équation $\hat{y} = b_0 + b_1x$.

Il peut parfois s'avérer nécessaire d'étendre la droite de régression des moindres carrés au-delà des limites d'un ensemble particulier de données. Toutefois, une telle extrapolation exige beaucoup de précautions. En effet, la droite de régression s'ajuste à un ensemble de données à l'intérieur d'une étendue précise de valeurs. Aucune information ne nous permet de savoir si la tendance observée se poursuit sans modification au-delà des limites de l'ensemble qui a servi aux calculs. En conséquence, en prédisant des valeurs y à l'extérieur des limites de l'ensemble initial de données, on risque fort de faire des prédictions erronées.

La figure 11.9 illustre une telle situation. Ici, les valeurs estimées de y_k, obtenues par l'équation $\hat{y} = b_0 + b_1x_k$, sont comparées aux valeurs réelles de y_k (on assume que les valeurs réelles changent de direction lorsqu'elles s'étendent au-delà des limites des données recueillies). La ligne pleine représente la «vraie» direction de la tendance dans ces données, tandis que la ligne pointillée représente la droite de régression des moindres carrés.

EXEMPLE Pour calibrer un appareil électronique destiné à mesurer le degré d'humidité renfermée dans certains produits alimentaires, des chercheurs effectuent des mesures à partir d'aliments dont le degré d'humidité est connu à l'avance. À

DEGRÉS D'HUMIDITÉ (x)	LECTURES SUR LE COMPTEUR (y)	x^2	y^2	xy
1	4,25	1	18,0625	4,25
1	4,31	1	18,5671	4,31
1	4,33	1	18,7489	4,33
2	4,61	4	21,2521	9,22
2	4,58	4	20,9764	9,16
3	4,86	9	23,6196	14,58
3	4,97	9	24,7009	14,91
4	5,19	16	26,9361	20,76
4	5,21	16	27,1441	20,84
5	5,59	25	31,2481	17,95
5	5,49	25	30,1401	27,45
5	5,52	25	30,4704	27,60
36	58,91	136	291,8753	185,36

l'aide des données du tableau ci-dessus, calculer les estimés b_0 et b_1, puis construire le diagramme de corrélation et tracer la droite de régression à travers les points inscrits dans le diagramme. Quelle serait la valeur prédite $\hat{y}$ pour la variable dépendante si le degré d'humidité était égal à 3,5?

Solution. Des données du problème, nous retenons l'information suivante: $n = 12$

$\Sigma x = 36$ $\quad \Sigma xy = 185{,}36$ $\quad \Sigma y = 58{,}91$

$\Sigma x^2 = 136$ $\quad \Sigma y^2 = 291{,}8753$

$$\bar{x} = \frac{36}{12} = 3 \qquad \bar{y} = \frac{58{,}91}{12} = 4{,}91$$

Donc,

$$b_1 = \frac{n\Sigma xy - (\Sigma x)(\Sigma y)}{n\Sigma x^2 - (\Sigma x)^2} = \frac{12(185{,}36) - (36)(58{,}91)}{12(136) - (36)^2} = 0{,}31$$

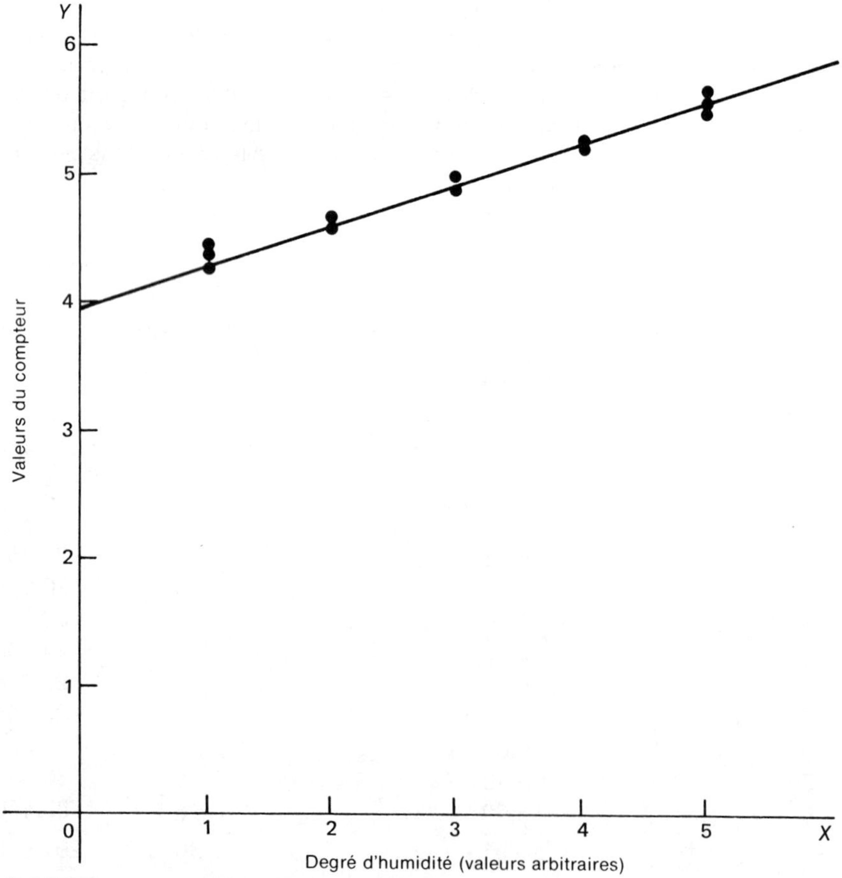

FIGURE 11.10 Degré d'humidité, exemple 1

et

$$b_0 = \bar{y} - b_1\bar{x} = 4{,}91 - (0{,}31)(3) = 3{,}98$$

Voici l'équation de la droite de régression des moindres carrés:

$$\hat{y} = 3{,}98 + 0{,}31x$$

Le diagramme de corrélation ainsi que la droite de régression sont présentés à la figure 11.10.

L'équation de régression nous informe que lorsque le degré d'humidité (x) croît d'une unité, la valeur inscrite au compteur de l'appareil (y) croît de 0,31 unité. Donc, si $x = 3{,}5$, alors

$$\hat{y} = 3{,}98 + 0{,}31(3{,}5) = 5{,}07$$

EXERCICES

Pour chacun des problèmes suivants, calculer les estimés b_0 et b_1, puis construire le diagramme de corrélation et tracer la droite de régression à travers les points inscrits dans le diagramme.

1. Un manufacturier désire quantifier la relation qui existe entre l'épaisseur d'une fibre synthétique et sa résistance à la tension. Il demande à des spécialistes de mesurer la résistance de certaines fibres choisies en fonction de leur épaisseur. Voici les résultats obtenus.

Épaisseur de la fibre (x):	40	31	34	44	49	36	41	50	39	45
Résistance à la tension (y):	83	74	72	70	75	73	70	76	79	72

Quelle serait la résistance prédite pour une fibre dont l'épaisseur est égale à 45?

2. Les techniciens d'une usine de fabrication de machines agricoles soupçonnent l'existence d'une relation entre la résistance d'une certaine pièce métallique et le temps alloué pour son refroidissement après sa fabrication. Ils mesurent la résistance d'un certain nombre de pièces soumises à des temps de refroidissement différents et obtiennent les résultats présentés dans le tableau ci-dessous.

TEMPS DE REFROIDISSEMENT (en minutes) (x)	**RÉSISTANCE DE LA PIÈCE (en centaines de kilogrammes) (y)**
6,1	4,0
6,2	5,9
6,6	4,7
6,9	8,1
7,0	11,4
7,2	12,4

Quelle serait la résistance prédite pour une pièce dont le temps de refroidissement a été de 6,5 minutes ?... de 7,5 minutes ? Quel est le danger d'utiliser la dernière prédiction pour évaluer la résistance des pièces?

3. Une compagnie de téléphone souhaiterait établir une équation permettant de prédire le coût d'entretien de ses camionnettes à partir de l'âge de celles-ci. Pour estimer les paramètres de cette équation, les experts disposent des données ci-dessous.

ÂGE DU VÉHICULE (en années) (x)	**FRAIS D'ENTRETIEN (en dollars) (y)**
6	130
2	52
7	181
5	65
3	113
1	22
6	94
2	65

Pour ces données,

$\Sigma x = 32$ $\Sigma xy = 3531$ $\Sigma y = 722$

$\Sigma x^2 = 164$ $\Sigma y^2 = 82\,904$

4. Le département de publicité d'un fabricant de lave-vaisselle désire savoir s'il existe une relation entre le niveau mensuel des ventes de la compagnie et le nombre de commerciaux télévisés que celle-ci fait diffuser quotidiennement. Les données du tableau ci-dessous proviennent d'un échantillon composé de sept villes choisies au hasard.

VENTES MENSUELLES (en centaines d'appareils)	**NOMBRE DE COMMERCIAUX PAR JOUR**
8,4	11
5,2	6
7,1	8
10,0	9
12,9	12
11,5	15
14,4	14

Pour ces données,

$\Sigma y = 69{,}5$ $\Sigma xy = 799{,}3$ $\Sigma x = 75$

$\Sigma y^2 = 754{,}03$ $\Sigma x^2 = 867$

5. Afin d'aider le gouvernement à définir sa politique de contrôle des prix des produits laitiers, des économistes étudient les données sur la production laitière à l'échelle nationale entre les années 1967 (année 1) et 1976 (année 10). [*Note:* utiliser les nombres de 1 à 10 pour représenter chacune des années.] Quelle serait la production prédite pour l'année 1978 ($x = 12$)?

ANNÉE (x)	**PRODUCTION LAITIÈRE (en millions de litres) (y)**
1967 (1)	12,9
1968 (2)	12,2
1969 (3)	11,0
1970 (4)	10,5
1971 (5)	10,4
1972 (6)	9,9
1973 (7)	9,8
1974 (8)	9,9
1975 (9)	10,0
1976 (10)	10,1

Pour ces données,

$\Sigma x = 55$ $\Sigma xy = 562{,}5$ $\Sigma y = 106{,}7$
$\Sigma x^2 = 385$ $\Sigma y^2 = 1\,148{,}73$

6. Le décanat d'une université du Québec désire savoir s'il existe une relation entre le rendement scolaire des étudiants et le score que ceux-ci obtiennent au TAU (test d'admission à l'université). Les responsables du projet choisissent un certain nombre de dossiers au hasard et obtiennent les résultats suivants.

SCORE AU TAU	**RENDEMENT SCOLAIRE (moyenne cumulative)**
77	3,95
25	1,96
41	2,17
39	1,45
43	2,90
69	3,58
67	2,36
79	2,27

Pour ces données,

$\Sigma x = 440$ $\Sigma xy = 1207{,}84$ $\Sigma y = 20{,}64$
$\Sigma x^2 = 27\,096$ $\Sigma y^2 = 58{,}2044$

Quel serait le rendement scolaire prédit pour un étudiant dont le score au TAU est égal à 80?

LEÇON 3 LA COMPOSANTE DE LA VARIANCE $s^2_{y|x}$

Tâche: étant donné un ensemble de données bivariées, pouvoir calculer $s^2_{y|x}$, c'est-à-dire la variance des observations autour de la droite de régression.

DÉFINITION

La composante de la variance dans la régression linéaire simple: il s'agit d'un nombre qui traduit la dispersion ou l'éparpillement des valeurs y individuelles autour des valeurs prédites $\hat{y}$. Cet indice statistique a pour symbole $s^2_{y|x}$ et se définit comme suit:

$$s^2_{y|x} = \frac{\Sigma(y - \hat{y})^2}{n - 2} = \frac{\text{SCR}}{n - 2}$$

On le calcule à l'aide de la formule équivalente suivante:

$$s^2_{y|x} = \frac{\Sigma(y - \bar{y})^2 - b_1[\Sigma(x - \bar{x})(y - \bar{y})]}{n - 2}$$

où x et y représentent les valeurs de l'ensemble; $\bar{x}$ et $\bar{y}$ représentent les moyennes; b_1 est la pente de la droite de régression. Voici la formule utilisée pour calculer cette expression:

$$s^2_{y|x} = \frac{\left[\Sigma y^2 - \frac{(\Sigma y)^2}{n}\right] - b_1\left[\Sigma xy - \frac{(\Sigma x)(\Sigma y)}{n}\right]}{n - 2}$$

Nous allons utiliser le symbole SCY pour désigner l'expression $\Sigma (y - \bar{y})^2$, que nous nommons *somme totale des carrés.*

DISCUSSION

Comme il est très important de connaître le degré de variabilité dans tout ensemble de données que nous désirons analyser, il nous faut une mesure de la variance. Nous allons désigner cette mesure de la variance par le symbole $s^2_{y|x}$. La racine carrée de cette mesure, soit $s_{y|x}$, porte le nom *d'erreur type d'estimation.* La variance $s^2_{y|x}$ se définit comme suit:

$$\frac{\Sigma(y - \hat{y})^2}{n - 2} = \frac{\text{SCR}}{n - 2}$$

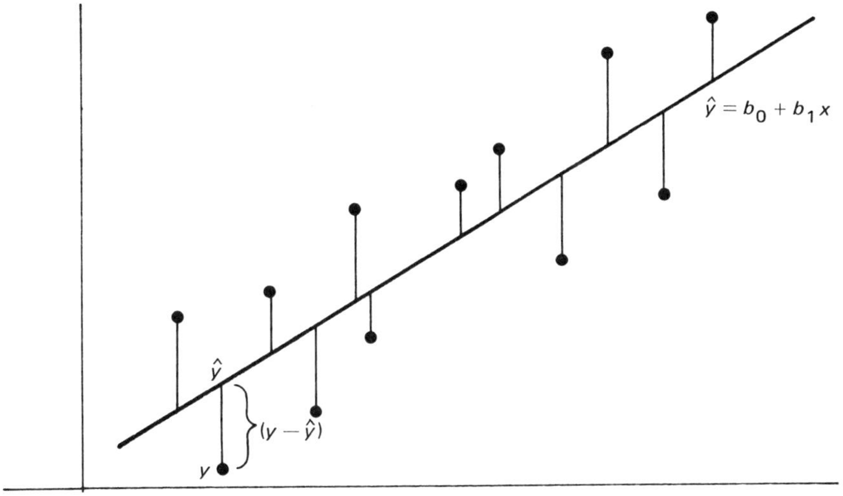

FIGURE 11.11

Elle décrit la dispersion des valeurs individuelles y autour de la droite de régression $\widehat{y}$. Les écarts en question sont représentés dans la figure 11.11 par les lignes verticales qui vont de chaque point à la droite $\widehat{y} = b_0 + b_1x$. La formule

$$s^2_{y|x} = \frac{\Sigma(y - \widehat{y})^2}{n - 2}$$

utilise comme diviseur le nombre de degrés de libertés, soit $n - 2$. [*Note:* le nombre de degrés de liberté est égal à $n - 2$, puisque pour calculer $\widehat{y} = b_0 + b_1x$ nous devons estimer deux paramètres, soit la pente et l'ordonnée à l'origine de la droite de régression inconnue (population); donc, dl $= n -$ le nombre de paramètres estimés, ou $n - 2$.]

Notons qu'il est plus facile de calculer $s^2_{y|x}$ à l'aide de la formule suivante:

$$s^2_{y|x} = \frac{\left[\Sigma y^2 - \frac{(\Sigma y)^2}{n}\right] - b_1\left[\Sigma xy - \frac{(\Sigma x)(\Sigma y)}{n}\right]}{n - 2}$$

Vous pouvez retracer toutes les composantes de la formule ci-dessus dans les calculs que vous avez faits antérieurement pour obtenir b_0 et b_1. Afin de simplifier la terminologie, nous nommons *somme totale des carrés* l'expression $\Sigma\ (y - \overline{y})^2$.

DISCUSSION SIMPLIFIÉE

Reprenons l'exemple de la boîte noire avec son bouton de contrôle pour les valeurs x et son compteur qui fournit les valeurs y. Supposons que nous désirons mesurer la variabilité des positions de l'aiguille du compteur pour une position x donnée du bouton de contrôle. Cette mesure de variance est symbolisée par $s^2_{y|x}$. On mesure de la façon suivante la variance des valeurs y correspondant à une valeur x donnée.

$$s^2_{y|x} = \frac{\Sigma(y - \widehat{y})^2}{n - 2} = \frac{\text{SCR}}{n - 2}$$

Cette formule prend les écarts entre les valeurs y et la droite de régression $(y - \widehat{y})$, les élève au carré, puis divise la somme des carrés par le nombre de degrés de liberté $(n - 2)$ (nous avons donné dans la section *Définition* une méthode de calcul plus directe et plus facile à appliquer avec une calculatrice). Cette approche nous procure une composante variance, en ce sens que nous calculons la moyenne de carrés d'écarts à une mesure de tendance centrale $\widehat{y}$, tout comme dans la formule

$$s^2 = \frac{\Sigma(y - \overline{y})^2}{n - 1}$$

nous calculions la moyenne de carrés d'écarts à une mesure de tendance centrale $\overline{y}$. Les écarts $y - \widehat{y}$ correspondent aux distances verticales illustrées dans la figure 11.11 (voir la *Discussion*).

EXEMPLES

Pour chacun des problèmes ci-dessous, calculer la valeur de $s^2_{y|x}$ et de $s_{y|x}$

1. Dans le cas du problème sur la calibration de l'appareil destiné à mesurer le degré d'humidité renfermée dans certains produits alimentaires (voir l'*exemple* de la leçon 2), calculer la variance ($s^2_{y|x}$) et l'écart type ($s_{y|x}$) des valeurs y par rapport à la droite de régression.

Solution. Grâce aux calculs effectués à la leçon 2 de ce chapitre, nous savons que

$\Sigma x = 36$	$\Sigma xy = 185{,}36$	$\Sigma y = 58{,}91$
$\Sigma x^2 = 136$	$n = 12$	$\Sigma y^2 = 291{,}8753$

De plus, l'équation de régression

$$\widehat{y}_i = 3{,}98 + 0{,}31\,x_i$$

nous informe que $b_0 = 3{,}98$ et $b_1 = 0{,}31$.

Pour calculer la valeur de $s^2_{y|x}$, nous utilisons la formule ci-dessous.

$$s^2_{y|x} = \frac{\left[\Sigma y^2 - \frac{(\Sigma y)^2}{n}\right] - b_1\left[\Sigma xy - \frac{(\Sigma x)(\Sigma y)}{n}\right]}{n-2}$$

$$= \frac{\left[291{,}8753 - \frac{(58{,}91)^2}{12}\right] - 0{,}31\left[185{,}36 - \frac{(36)(58{,}91)}{12}\right]}{12-2}$$

$$= \frac{2{,}6763 - (0{,}31)(8{,}63)}{10} = 0{,}0001$$

La valeur de l'écart type étant égale à la racine carrée de la variance, $s_{y|x} = \sqrt{0{,}0001} = 0{,}01$.

2. Dans le but de construire une équation permettant de prédire la hauteur d'une épinette à partir de son âge, une scierie utilise un échantillon composé de cinq arbres choisis au hasard. Les données recueillies sont présentées dans le tableau ci-dessous. Calculer la valeur des estimés b_0 et b_1 des paramètres de l'équation de régression, ainsi que les valeurs de $s^2_{y|x}$ et $s_{y|x}$.

ÂGES (en années)	HAUTEURS (en mètres)
3	1,2
2	0,6
2	0,9
6	2,1
4	1,5

Solution. Les calculs nécessaires sont résumés ci-dessous.

$\Sigma x = 17$ $\quad \Sigma xy = 25{,}2$ $\quad \Sigma y = 6{,}3$

$\Sigma x^2 = 69$ $\quad \Sigma y^2 = 9{,}27$

$\bar{x} = \frac{17}{5} = 3{,}4$ $\quad \bar{y} = \frac{6{,}3}{5} = 1{,}26$

$$b_1 = \frac{25{,}2 - \frac{(17)(6{,}3)}{5}}{69 - \frac{(17)^2}{5}} = \frac{3{,}78}{11{,}2} = 0{,}337$$

$b_0 = 1{,}26 - (0{,}337)(3{,}4) = 0{,}114$

L'équation de régression se formule comme suit:

$\hat{y} = 0{,}114 + 0{,}337x$

Les valeurs de $s^2_{y|x}$ et de $s_{y|x}$ s'obtiennent comme suit:

$$s^2_{y|x} = \frac{\left[9,27 - \frac{(6,3)^2}{5}\right] - 0,337\left[25,2 - \frac{(17)(6,3)}{5}\right]}{5 - 2}$$

$$= \frac{1,332 - 0,337(3,78)}{3} = 0,019$$

et

$$s_{y|x} = \sqrt{0,019} = 0,139$$

EXERCICES

Pour chacun des problèmes de la leçon 2 de ce chapitre, calculer les valeurs de $s^2_{y|x}$ et $s_{y|x}$. Plusieurs résultats partiels sont fournis avec la description du problème.

1. Les résultats de l'étude sur la résistance d'une fibre synthétique en fonction de son épaisseur se résument comme suit:

$\Sigma x = 409$ $\Sigma xy = 30\,436$ $\Sigma y = 744$

$\Sigma x^2 = 17\,077$ $n = 10$ $\Sigma y^2 = 55\,504$

$\hat{y} = 73,65 + 0,018x$

2. Voici les résultats obtenus dans le cadre de l'étude sur la relation entre la résistance d'une certaine pièce métallique et son temps de refroidissement.

$\Sigma x = 40$ $\Sigma xy = 316,97$ $\Sigma y = 46,5$

$\Sigma x^2 = 267,66$ $n = 6$ $\Sigma y^2 = 422,23$

$\hat{y} = -39,029 + 7,017x$

3. Voici les résultats obtenus par la compagnie de téléphone dans son étude sur la relation entre le coût d'entretien et l'âge de ses camionnettes.

$\Sigma x = 32$ $\Sigma xy = 3531$ $\Sigma y = 722$

$\Sigma x^2 = 164$ $n = 8$ $\Sigma y^2 = 82\,904$

$\hat{y} = 18,806 + 17,861x$

4. Voici les résultats obtenus par le département de publicité dans son étude sur la relation entre le niveau mensuel des ventes d'une compagnie et le nombre de commerciaux télévisés que celle-ci fait diffuser quotidiennement.

$\Sigma x = 75$	$\Sigma xy = 799{,}3$	$\Sigma y = 69{,}5$
$\Sigma x^2 = 867$	$n = 7$	$\Sigma y^2 = 754{,}03$
$\widehat{y} = 0{,}696 + 0{,}8617x$		

5. Dans le cadre de l'étude sur la production de lait entre les années 1967 et 1976, les économistes ont obtenu les résultats suivants:

$\Sigma x = 55$	$\Sigma xy = 562{,}5$	$\Sigma y = 106{,}7$
$\Sigma x^2 = 385$	$n = 10$	$\Sigma y^2 = 1148{,}73$
$\widehat{y} = 12{,}293 - 0{,}295x$		

6. Dans le cadre de l'étude sur la relation entre la performance scolaire des étudiants et leur score au TAU, le décanat a obtenu les résultats suivants:

$\Sigma x = 440$	$\Sigma xy = 1207{,}84$	$\Sigma y = 20{,}64$
$\Sigma x^2 = 27\,096$	$n = 8$	$\Sigma y^2 = 58{,}2044$
$\widehat{y} = 1{,}200 + 0{,}025x$		

LEÇON 4 LE COEFFICIENT DE DÉTERMINATION AJUSTÉ ET NON AJUSTÉ

Tâche: pouvoir calculer un coefficient de détermination pour un ensemble de données synthétisées par une droite de régression.

DÉFINITION *Coefficient de détermination:* il s'agit d'un nombre qui varie entre 0 et 1; il représente la proportion de la variation totale des valeurs y qui se trouve extraite ou expliquée par l'équation de régression. Lorsque le coefficient de détermination est égal à zéro, on en déduit que l'équation de régression ne rend aucunement compte de la variation des valeurs y de la variable dépendante. Lorsqu'il est égal à 1, on en conclut alors que l'équation de régression «explique» toute la variation des valeurs y.

Le symbole r^2 désigne le coefficient de détermination non ajusté. Il se définit comme suit:

$$r^2 = \frac{\Sigma(\hat{y} - \bar{y})^2}{\Sigma(y - \bar{y})^2} = \frac{\text{SCReg}}{\text{SCY}}$$

où SCReg désigne la somme des carrés de la régression. Il se calcule plus aisément par la formule équivalente suivante:

$$r^2 = \frac{b_1\Sigma(x - \bar{x})(y - \bar{y})}{\Sigma(y - \bar{y})^2} = \frac{b_1[n\Sigma xy - (\Sigma x)(\Sigma y)]}{n\Sigma y^2 - (\Sigma y)^2}$$

Le coefficient r^2 ajusté, symbolisé par $r^2{}_{\text{aj}}$, se définit comme suit:

$$r^2{}_{\text{aj}} = 1 - \frac{s^2_{y|x}}{s^2_y} = 1 - \frac{\text{SCR}}{\text{SCY}} \times \frac{n-1}{n-2}$$

DISCUSSION Après avoir calculé une droite de régression des moindres carrés pour un ensemble de données, on pourrait se poser les questions suivantes. Dans quelle mesure l'introduction de la variable X a-t-elle contribué à améliorer notre pouvoir de prédiction? Quelle proportion de la variabilité des valeurs y se trouve «expliquée» par l'introduction de la variable indépendante X? À titre de réponse préliminaire à ces questions, nous pourrions envisager de comparer tout simplement $s^2_{y|x}$ et s^2_y .

Rappelons que s_y^2 est une mesure de la variabilité des valeurs y considérées isolément, tandis que $s_{y|x}^2$ est une mesure de la variabilité des valeurs y consécutive à l'introduction dans le problème de la variable indépendante X. La différence $s_y^2 - s_{y|x}^2$ nous indique la quantité de réduction résultant de l'introduction de X. Plus grande est cette différence, plus grande est la réduction issue de l'introduction de la variable X.

On peut exprimer cette réduction sous une forme relative, en divisant la différence $s_y^2 - s_{y|x}^2$ par s_y^2. Ainsi, nous calculons:

$$\frac{s_y^2 - s_{y|x}^2}{s_y^2} = 1 - \frac{s_{y|x}^2}{s_y^2} = \frac{\text{réduction de variance}}{\text{variance totale}}$$

Cette expression peut s'interpréter comme la proportion de la variance totale qui se trouve enlevée par l'introduction de la variable indépendante.

La mesure relative ci-dessus constitue un indice du degré d'ajustement de la droite de régression que nous nommons *coefficient de détermination ajusté*. Il est symbolisé par $r^2{}_{\text{aj}}$. En d'autres termes.

$$r^2{}_{\text{aj}} = 1 - \frac{s_{y|x}^2}{s_y^2}$$

Voici une façon équivalente d'exprimer cette quantité:

$$r^2{}_{\text{aj}} = 1 - \frac{\text{SCR}}{\text{SCY}} \times \frac{n - 1}{n - 2}$$

Cette formule porte le nom de *coefficient de détermination ajusté*, car elle tient compte de la différence entre les degrés de liberté. Lorsque nous ne tenons compte que des valeurs y, nous avons $n - 1$ degrés de liberté dans l'expression suivante:

$$s_y^2 = \frac{\Sigma(y - \bar{y})^2}{n - 1}$$

Avec l'introduction des valeurs x dans le problème, nous avons l'expression:

$$s_{y|x}^2 = \frac{\Sigma(y - \hat{y})^2}{n - 2}$$

qui a $n - 2$ degrés de liberté. Dans quelques cas exceptionnels, il pourrait arriver que $s_{y|x}^2 > s_y^2$, en raison de la perte de degrés de liberté. En d'autres termes, les avantages obtenus par l'introduction de la variable X ne compenseraient pas dans ce cas les pertes sous forme de degrés de liberté.

Dans de tels cas, r^2_{aj} reflète clairement cette situation, tandis que le coefficient r^2 non ajusté y est insensible.

On rencontre aussi fréquemment dans les textes un *coefficient de détermination non ajusté*, symbolisé par r^2 et défini comme suit:

$$r^2 = \frac{\Sigma(\hat{y} - \bar{y})^2}{\Sigma(y - \bar{y})^2} = \frac{\text{SCReg}}{\text{SCY}}$$

où SCReg représente la somme des carrés de la régression, soit $\Sigma(\hat{y} - \bar{y})^2$. Le coefficient r^2 s'interprète de la même façon que r^2_{aj}. Il représente la proportion de la somme totale des carrés «expliquée» par l'introduction de la variable indépendante X.

Toutefois, le coefficient r^2 ne tient pas compte des changements dans les degrés de liberté. Ce coefficient de détermination a pour origine une opération mathématique appelée répartition de la somme des carrés.

$$\Sigma(y - \bar{y})^2 = \Sigma(\hat{y} - \bar{y})^2 + \Sigma(y - \hat{y})^2$$

$$\begin{bmatrix}\text{Somme totale}\\ \text{des carrés}\end{bmatrix} = \begin{bmatrix}\text{Somme des carrés}\\ \text{expliquée par}\\ \text{la régression}\end{bmatrix} + \begin{bmatrix}\text{Somme des carrés}\\ \text{non expliquée par}\\ \text{la régression}\end{bmatrix}$$

ou:

$$\text{SCY} = \text{SCReg} + \text{SCR}$$

La figure 11.12 décrit les diverses quantités y, $\bar{y}$ et $\hat{y}$, tout en illustrant une droite de régression typique. La ligne horizontale représente la droite $\bar{y}$ dans un graphique bidimensionnel. Grâce à la figure 11.12, on peut constater que

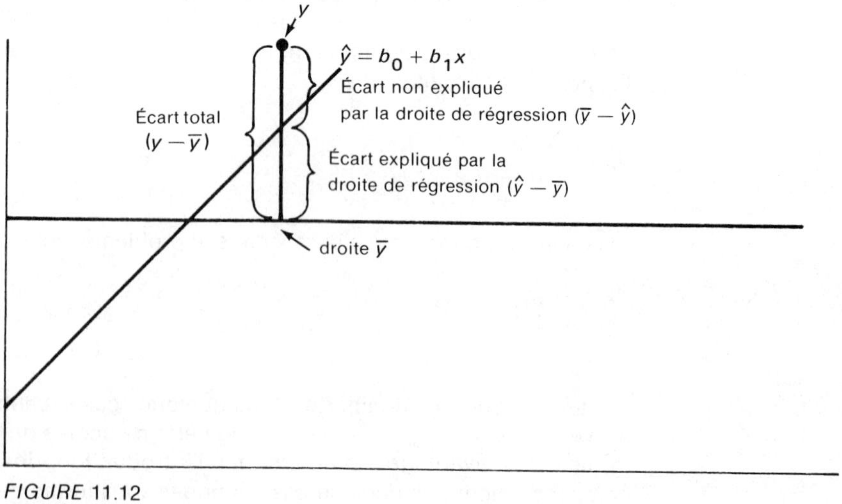

FIGURE 11.12

$(y - \bar{y}) = (\hat{y} - \bar{y}) + (y - \hat{y})$. En d'autres mots, on peut voir que l'écart total est égal à l'écart expliqué par la régression plus l'écart non expliqué par la régression.

Si nous mettons au carré l'équation ci-dessus, puis additionnons toutes les valeurs y, nous obtenons (exception faite de quelques opérations algébriques intermédiaires):

$$\Sigma(y - \bar{y})^2 = \Sigma(\hat{y} - \bar{y})^2 + \Sigma(y - \hat{y})^2$$

que nous nommons *somme des carrés répartie*. Elle peut se lire comme suit: la somme totale des carrés des écarts (SCY) est égale à la somme des carrés expliquée par la régression (SCReg) plus la somme des carrés non expliquée par la régression (SCR).

Remarquez que r^2 est une proportion basée sur des sommes de carrés, tandis que

$$r^2_{\text{aj}} = 1 - \frac{s^2_{y|x}}{s^2_y}$$

est une proportion basée sur des variances. Toutefois, l'expression

$$\frac{n-2}{n-1}$$

sera presque égale à 1, sauf pour de très petites valeurs de n, de sorte que:

$$r^2 = 1 - \frac{n-2}{n-1} \times \frac{s^2_{y|x}}{s^2_y} \doteq 1 - \frac{s^2_{y|x}}{s^2_y}$$

où le symbole $\doteq$ signifie «est approximativement égal à».

Si le lien entre X et Y est parfait, c'est-à-dire si tous les points représentant les données s'alignent sur une même ligne droite, alors $s^2_{y|x}$ est égal à zéro et $r^2 = 1$. Cette situation est illustrée dans la figure 11.13.

À l'autre extrême, lorsqu'il n'existe aucune relation apparente entre X et Y, alors $s^2_{y|x}$ est à toutes fins pratiques égal à s^2_y et $r^2 = 0$ (voir la figure 11.14). Toutefois, r^2 se situe généralement entre ces deux extrêmes.

Il est probable que nous souhaitions éventuellement utiliser l'équation de régression pour des fins de prédiction. Cependant, nous ne pouvons pas interpréter une valeur r^2 élevée en tant qu'indice certain de prédictions valables et utiles. En effet, il est possible que l'équation de régression entraîne une réduction substantielle de la variance en termes relatifs, mais que les intervalles de confiance associés aux prédictions demeurent à ce point étendus qu'ils perdent toute valeur. Le principe de la prédiction et des intervalles de confiance sera abordé dans la leçon 6.

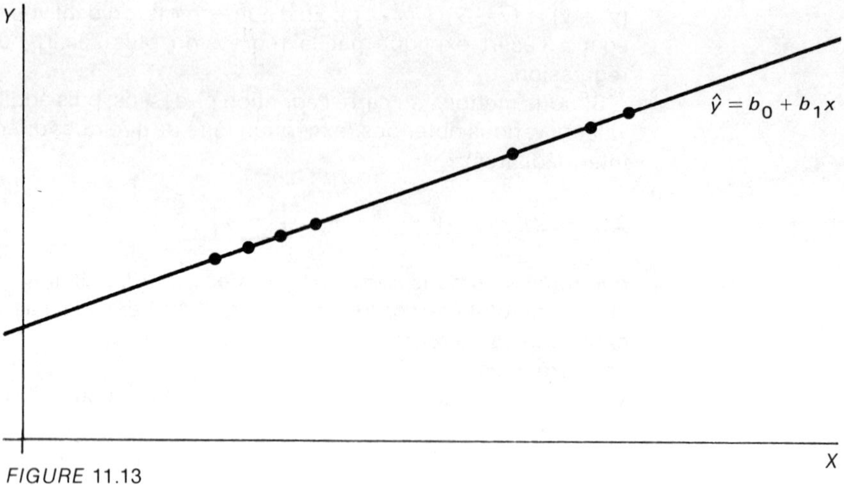

FIGURE 11.13

Il peut être utile de savoir que lorsque nous mesurons des variables reliées au comportement humain, les valeurs r^2 se situent habituellement aux environs de 0,30 à 0,40, ou en deçà. Dans le cas de variables économiques, r^2 grimpera facilement à 0,70 et même un peu plus. Enfin, il est possible d'obtenir des valeurs r^2 de l'ordre de 0,95 ou plus dans le cas d'expériences de laboratoire soigneusement contrôlées.

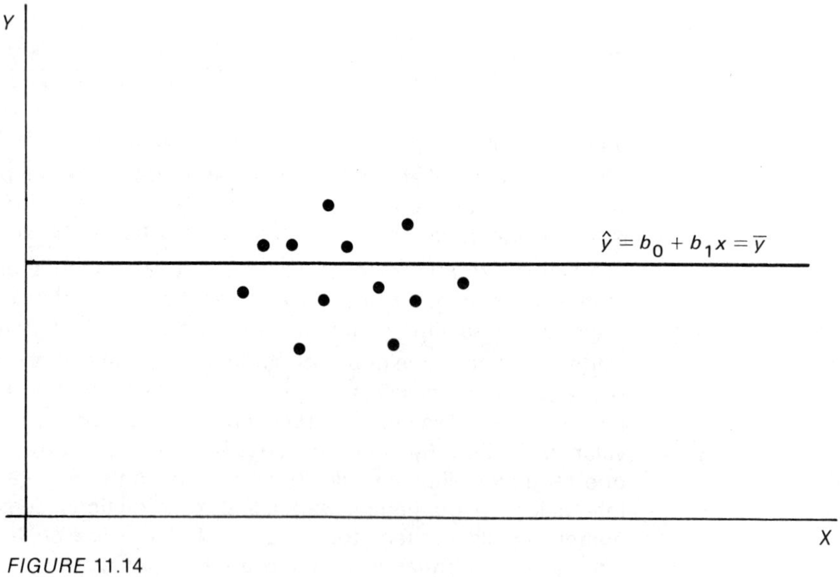

FIGURE 11.14

Notons en terminant qu'une des façons de hausser le coefficient de détermination r^2 consiste à faire appel à des modèles d'analyse de données comportant plusieurs variables indépendantes. Cette approche a pour nom *régression linéaire multiple*; on l'étudie dans des manuels de statistique plus avancés.

EXEMPLES

Pour chacun des problèmes suivants, utiliser les données de la section *Exemples* de la leçon 3 de ce chapitre pour calculer les coefficients de détermination r^2 et r^2_{aj}.

1. Calculer les coefficients de détermination r^2 et r^2_{aj} pour le problème sur la calibration de l'appareil destiné à mesurer le degré d'humidité renfermée dans certains produits alimentaires.

Solution.

$$r^2 = \frac{b_1\Sigma(x - \bar{x})(y - \bar{y})}{\Sigma(y - \bar{y})^2} = \frac{b_1[n\Sigma xy - (\Sigma x)(\Sigma y)]}{n\Sigma y^2 - (\Sigma y)^2}$$

À l'aide des résultats obtenus précédemment nous savons que $b_1 = 0{,}31$, que $n\Sigma xy - (\Sigma x)(\Sigma y) = 103{,}56$ et que $n\Sigma y^2 - (\Sigma y)^2 = 32{,}1155$. En conséquence,

$$r^2 = \frac{(0{,}31)(103{,}56)}{32{,}1155} = 0{,}9996$$

Ce résultat signifie que 99,96% de la variance de la variable dépendante (la valeur inscrite au compteur de l'appareil) peut être expliquée par sa relation avec la variable indépendante (le degré d'humidité). Donc, nous concluons que l'équation de régression constitue un excellent modèle pour rendre compte des données observées. [*Note*:

$$r^2_{\text{aj}} = 1 - \frac{s^2_{y|x}}{s^2_y} = 1 - 0{,}0004 = 0{,}9996 = r^2.]$$

2. Dans le cas du problème concernant la relation entre l'âge et la hauteur des épinettes, calculer et interpréter la valeur de r^2.

Solution. Pour ce problème $n = 5$, $\Sigma xy = 25{,}2$, $\Sigma x = 17$, $\Sigma y = 6{,}3$, $\Sigma y^2 = 9{,}27$ et $b_1 = 1{,}125$.

$$r^2 = \frac{0{,}337\,[(5)(25{,}2) - (17)(6{,}3)]}{(5)(9{,}27) - (6{,}3)^2} = 0{,}9564$$

Nous concluons que 95,64% de la variation de la hauteur des épinettes peut être expliquée par l'équation de régression. Donc, l'âge de l'arbre constitue un excellent prédicteur de sa hauteur, à tout le moins pour des données se situant dans l'intervalle considéré. [*Note*:

$$r^2_{\text{aj}} = 1 - \frac{s^2_{y|x}}{s^2_y} = 1 - 0{,}057 = 0{,}943$$

ce qui est pratiquement égal à la valeur de r^2.]

EXERCICES Pour chacun des problèmes de la leçon 2, utiliser les résultats obtenus précédemment pour calculer et interpréter la valeur des coefficients de détermination r^2 et r^2_{aj}.

1. Dans le cas du problème sur la relation entre la résistance d'une fibre (y) et son épaisseur (x), utiliser les résultats suivants:
$b_1 = 0{,}018$, $n = 10$, $\Sigma xy = 30\,436$, $\Sigma x = 409$, $\Sigma y = 744$ et $\Sigma y^2 = 55\,504$.

2. Dans le cas du problème sur la relation entre la résistance d'une certaine pièce métallique (y) et son temps de refroidissement (x), utiliser les résultats suivants:
$b_1 = 7{,}017$, $n = 6$, $\Sigma xy = 316{,}97$, $\Sigma x = 40$, $\Sigma y = 46{,}5$ et $\Sigma y^2 = 422{,}23$.

3. Dans le cas du problème sur la relation entre le coût d'entretien (y) et l'âge (x) des camionnettes de la compagnie de téléphone, utiliser les résultats suivants:
$b_1 = 17{,}861$, $n = 8$, $\Sigma xy = 3531$, $\Sigma x = 32$, $\Sigma y = 722$ et $\Sigma y^2 = 82\,904$.

4. Dans le cas du problème sur la relation entre les ventes d'une compagnie (y) et le nombre de commerciaux télévisés (x) que celle-ci fait diffuser quotidiennement, utiliser les résultats suivants:
$b_1 = 0{,}8617$, $n = 7$, $\Sigma xy = 799{,}3$, $\Sigma x = 75$, $\Sigma y = 69{,}5$ et $\Sigma y^2 = 754{,}03$.

5. Dans le cas du problème sur la production de lait (y) en fonction de l'année (x) considérée, utiliser les résultats suivants:
$b_1 = -0{,}295$, $n = 10$, $\Sigma xy = 562{,}5$, $\Sigma x = 55$, $\Sigma y = 106{,}7$ et $\Sigma y^2 = 1148{,}73$.

6. Dans le cas du problème sur la relation entre le rendement scolaire (y) et le score au TAU, utiliser les résultats suivants:
$b_1 = 0{,}025$, $n = 8$, $\Sigma xy = 1207{,}84$, $\Sigma x = 440$, $\Sigma y = 20{,}64$ et $\Sigma y^2 = 58{,}2044$.

LEÇON 5 POSTULATS SOUS-JACENTS À LA PROCÉDURE D'INFÉRENCE

Tâche: pouvoir identifier et discuter les postulats sous-jacents à l'inférence statistique dans le cas d'une analyse de régression par la technique des moindres carrés.

DÉFINITION

Inférence statistique reliée à la régression linéaire simple: dans le contexte de la régression linéaire simple, l'inférence statistique consiste à attribuer à la population les propriétés observées au niveau de l'échantillon. Concrètement, cette procédure nécessite la construction d'intervalles de confiance ou la vérification de tests d'hypothèses portant sur des paramètres de la population, en utilisant l'équation de régression linéaire simple calculée sur l'échantillon. Dans le cas de données bivariées (x_1, y_1), (x_2, y_2), ..., (x_n, y_n), les valeurs x représentent des valeurs fixes, tandis que les y sont des variables aléatoires. L'équation $\hat{y} = b_0 + b_1x$ est une estimation de l'équation suivante pour la population.

$$\mu_{y|x} = \beta_0 + \beta_1 x$$

Les trois postulats ci-dessous permettent de justifier la construction d'intervalles de confiance ou la vérification de tests d'hypothèses.

1. Pour toute valeur donnée de la variable indépendante X, nous postulons l'existence d'une population de valeurs y, définie par une moyenne $\mu_{y|x}$ et une variance $\sigma^2_{y|x}$. Nous assumons que ces valeurs se distribuent normalement.
2. Toutes les moyennes $\mu_{y|x}$ se situent sur la droite $y = \beta_0 + \beta_1x$, où β_0 représente l'ordonnée à l'origine pour la population et où β_1 représente la pente pour la population.
3. Quelle que soit la valeur de x, la variance des valeurs y sera la même. Donc, $\sigma^2_{y|x}$ est une constante pour toutes les valeurs de x.

DISCUSSION

Nous avons traité dans la leçon 4 du problème général de l'ajustement d'une droite à un ensemble de données bivariées. Cependant, si les données proviennent d'un échantillon tiré d'une population plus grande, le processus de régression linéaire a pour objectif de formuler des inférences à propos de la population dont on a extrait un échantillon. Dans ce contexte, l'équation des moindres carrés $\hat{y} = b_0 + b_1x$ est une estimation échantillonnale de la vraie droite de régression pour la population, désignée par l'expression $\mu_{y|x} = \beta_0 + \beta_1x$. Donc, b_0, b_1 et $\hat{y}$ servent respectivement d'estimation pour les paramètres β_0, β_1 et $\mu_{y|x}$.

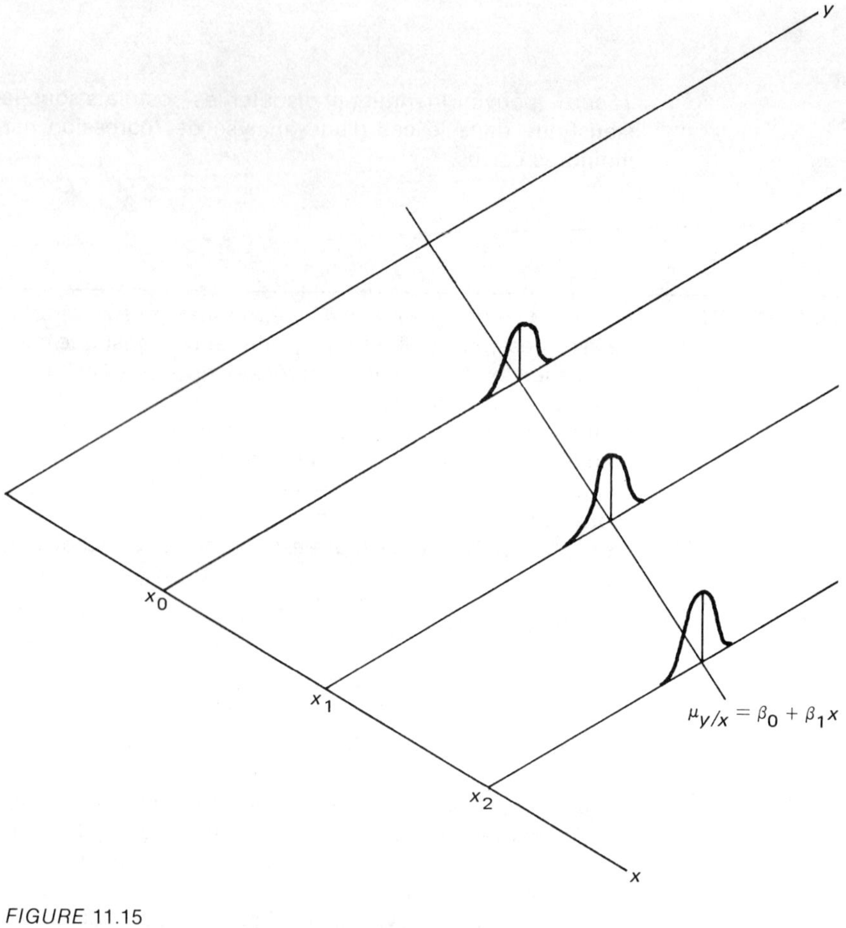

FIGURE 11.15

La droite de régression pour la population, $\mu_{y|x} = \beta_0 + \beta_1 x$, implique l'existence pour chaque valeur de x d'une population associée de valeurs y, lesquelles ont une moyenne symbolisée par $\mu_{y|x}$. Nous postulons que ces moyennes s'échelonnent sur une même ligne droite, définie par l'équation $\mu_{y|x} = \beta_0 + \beta_1 x$. Afin de justifier l'utilisation de tests d'hypothèses et d'intervalles de confiance, il nous faut postuler également que les valeurs y associées à une valeur x donnée se distribuent normalement et qu'elles possèdent une même variance quelle que soit la valeur de x. La figure 11.15 illustre ces postulats.

En conjonction avec ces postulats fondamentaux, nous supposons également que, pour une valeur donnée de x, nous avons tiré de la population des valeurs y un échantillon de grandeur $n = 1$. (La valeur y particulière que nous obtenons peut s'écarter de la vraie droite de régression en raison de l'effet de la variabilité échantillonnale ou d'autres influences dues au hasard.) En conséquence, lorsque nous calculons l'équation $\widehat{y} = b_0 + b_1x$ pour un ensemble quelconque de données bivariées, nous pouvons la considérer comme une estimation de l'équation générale $\mu_{y|x} = \beta_0 + \beta_1 x$.

DISCUSSION SIMPLIFIÉE

Revenons à notre exemple de la boîte noire, avec son bouton de contrôle x et son compteur y (voir la figure 11.16). Supposons que la boîte noire comporte un commutateur qui peut bloquer l'aiguille du compteur y dans la position occupée à n'importe quel moment. Mais, pour une position donnée du bouton de contrôle, l'aiguille fluctue quelque peu d'une fois à l'autre en raison de variations de voltage dues au hasard (par exemple, de la statique ou du «bruit»).

Imaginons maintenant que nous fixons le bouton de contrôle à une position x_1. Nous bloquons l'aiguille du compteur et notons sa position y_1. Puis nous débloquons le compteur de façon à permettre à l'aiguille de fluctuer de nouveau. Nous rebloquons le compteur pour enregistrer une nouvelle valeur y_1 correspondant à la même position x_1 du bouton de contrôle. Nous répétons cette opération un nombre infini de fois, de sorte que nous obtenons une population illimitée de valeurs y pour cette même valeur x_1 du bouton de contrôle. Nous désignons la moyenne de ces valeurs par $\mu_{y|x_1}$ et leur variance par $\sigma^2_{y|x_1}$.

Puis, nous déplaçons la position du bouton de contrôle vers une nouvelle valeur x_2 et répétons la procédure ci-haut de façon à obtenir une nouvelle population de valeurs y. Nous représenterons la moyenne et la variance de cette population par $\mu_{y|x_2}$ et par $\sigma^2_{y|x_2}$. Nous pouvons poursuivre cette opération pour d'autres positions du bouton de contrôle.

Nous postulons que pour chaque position x du bouton de contrôle, les lectures y du compteur se distribueront normalement. Nous postulons également que la variance de l'aiguille du compteur sera la même pour n'importe quelle position x du bouton de contrôle. Nous postulons enfin que

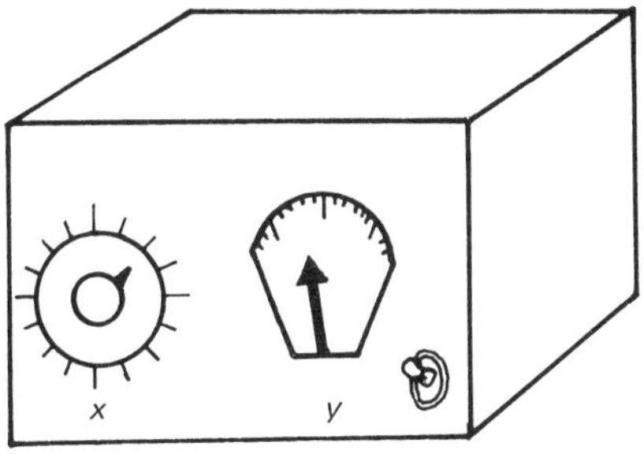

FIGURE 11.16 Boîte noire munie d'un dispositif de blocage sur la droite

les moyennes $\mu_{y|x}$ associées aux diverses valeurs x s'échelonneront sur une même ligne droite, définie par l'équation $\mu_{y|x} = \beta_0 + \beta_1 x$, où β_0 et β_1 représentent respectivement la vraie ordonnée à l'origine et la vraie pente de la population.

Nous faisons face à un problème d'inférence, parce que nous ne connaissons pas les valeurs β_0 et β_1, et aussi parce que nous ne pouvons pas examiner les «entrailles» de la boîte noire non plus qu'enregistrer toutes les valeurs y possibles associées à toutes les valeurs possibles de x. Nous devons donc nous limiter à choisir quelques positions du bouton de contrôle et à noter pour chacune d'elles une ou deux valeurs de y. Cette opération réduite engendre un ensemble de données bivariées à partir desquelles nous obtenons l'équation des moindres carrés $\widehat{y} = b_0 + b_1 x$, où b_0 et b_1 servent respectivement d'estimations pour β_0 et β_1, tandis que l'équation $\widehat{y} = b_0 + b_1 x$ constitue une estimation de la droite de régression $\mu_{y|x} = \beta_0 + \beta_1 x$.

LEÇON 6 INTERVALLE DE CONFIANCE POUR $\mu_{y|x_0}$

Tâche: étant donné un seuil de confiance particulier, pouvoir construire un intervalle de confiance pour $\mu_{y|x_0}$.

DÉFINITION *Intervalle de confiance pour* $\mu_{y|x_0}$: pour construire un intervalle de confiance pour $\mu_{y|x_0}$, avec un seuil de confiance de $(1 - \alpha)$, on remplace x dans l'équation $\hat{y} = b_0 + b_1x$ par la valeur de x_0, de façon à obtenir $\hat{y}_0$. La formule ci-dessous nous donne l'intervalle de confiance désiré, compte tenu des postulats présentés dans la leçon 5:

$$\hat{y}_0 \pm t_{\alpha/2}s_{\hat{y}_0}$$

Dans cette expression, $t_{\alpha/2}$ est une valeur t extraite de la table de la distribution t en fonction d'un seuil de confiance approprié et d'un nombre de degrés de liberté égal à $n - 2$. Quant à $s_{\hat{y}_0}$, il représente l'erreur type estimée de $\hat{y}_0$ et se calcule comme suit:

$$s_{\hat{y}_0} = s_{y|x}\sqrt{\frac{1}{n} + \frac{(x_0 - \bar{x})^2}{\Sigma(x - \bar{x})^2}}$$

où

$$s_{y|x} = \sqrt{\frac{\Sigma(y - \hat{y})^2}{n - 2}}$$

et où x_0 est la valeur particulière de x insérée dans l'équation $\hat{y} = b_0 + b_1x$.

DISCUSSION Supposons que nous désirons utiliser l'équation $\hat{y} = b_0 + b_1x$ à des fins de prédiction; nous nous intéressons alors à la moyenne de toutes les valeurs y associées à une valeur donnée x_0. En d'autres termes, nous voulons estimer $\mu_{y|x}$ lorsque $x = x_0$; cette moyenne sera dès lors symbolisée par $\mu_{y|x_0}$.

Nous allons estimer $\mu_{y|x_0}$ en insérant x_0 dans l'équation de régression de façon à obtenir $\hat{y}_0 = b_0 + b_1x_0$. Toutefois, afin de tenir compte des effets de la variabilité inter-échantillons, nous allons construire un intervalle de valeurs plausibles à l'intérieur duquel devrait se situer $\mu_{y|x_0}$.

Selon la notation utilisée dans le chapitre SEPT, la formule générale de l'intervalle de confiance est:

$$\widehat{\theta} \pm t_{\alpha/2} s_{\widehat{\theta}}$$

Dans le cas présent, cette formule devient:

$$\widehat{y}_0 \pm t_{\alpha/2} s_{\widehat{y}_0}$$

Le symbole $s_{\widehat{y}_0}$ désigne l'erreur type estimée de $\widehat{y}_0$ et se calcule comme suit:

$$s_{\widehat{y}_0} = s_{y|x}\sqrt{\frac{1}{n} + \frac{(x_0 - \overline{x})^2}{\Sigma(x - \overline{x})^2}}$$

Dans l'expression ci-dessus, nous obtenons la valeur de $s_{y|x}$ à l'aide de la formule présentée dans la leçon 3; x_0 est la valeur de X qui nous intéresse, tandis que $\overline{x}$ est la moyenne des valeurs x de cet ensemble de données; enfin,

$$\Sigma(x - \overline{x})^2 = \Sigma x^2 - \frac{(\Sigma x)^2}{n}$$

correspond au dénominateur de la formule servant à calculer b_1, qui est la pente de la droite de régression.

Reprenant de nouveau l'analogie de la boîte noire, notre objectif consisterait à délimiter l'étendue à l'intérieur de laquelle se situerait la moyenne des lectures y du compteur lorsque le bouton de contrôle est placé à un point particulier x_0.

Prenons un exemple concret. Supposons que nous avons construit une équation de régression qui relie le rythme cardiaque (y) au temps passé à sauter sur un pied (x). Supposons également que nous désirons déterminer un intervalle de confiance pour le rythme cardiaque moyen des personnes qui sautent sur un pied durant une minute. On utiliserait alors la formule ci-dessus en spécifiant que $x_0 = 1$.

EXEMPLES Pour chacun des problèmes ci-dessous, construire l'intervalle de confiance demandé.

1. Dans le cas de l'exemple sur la calibration de l'appareil destiné à mesurer le degré d'humidité renfermée dans certains produits alimentaires, si le degré d'humidité d'un aliment en particulier était égal à 1, quel serait l'intervalle de confiance à 95% pour estimer la valeur moyenne qu'indiquerait le compteur?

[Note: les degrés d'humidité sont mesurés sur une échelle arbitraire; voir les leçons 2, 3 et 4 pour l'information nécessaire à la solution de ce problème.]

Solution. Grâce aux calculs effectués précédemment nous savons que $n = 12$, $s_{y|x} = 0{,}01$, $\bar{x} = 3$, $\Sigma\, x = 36$, $\Sigma\, x^2 = 136$ et $\widehat{y} = 3{,}98 + 0{,}31x$. Puisque nous désirons un intervalle pour une valeur de x égale à 1, donc $x_0 = 1$ et $\widehat{y}_0 = 3{,}98 + 0{,}31(1) = 4{,}29$.

De plus,

$$\Sigma(x - \bar{x})^2 = \Sigma x^2 - \frac{(\Sigma x)^2}{n} = 136 - \frac{(36)^2}{12} = 28$$

La valeur de $s_{\widehat{y}_0}$ s'obtient à l'aide de la formule suivante:

$$s_{\widehat{y}_0} = s_{y|x}\sqrt{\frac{1}{n} + \frac{(x_0 - \bar{x})^2}{\Sigma(x - \bar{x})^2}}$$

$$= 0{,}01\sqrt{\frac{1}{12} + \frac{(1 - 3)^2}{28}} = 0{,}0048$$

À l'aide de la table de la distribution t nous obtenons, pour dl = 10, $t_{\alpha/2} = 2{,}228$.

Donc,

$\widehat{y}_0 \pm t_{\alpha/2}s_{\widehat{y}_0}$ ou $4{,}29 \pm 2{,}228(0{,}0048) = \text{IC} = (4{,}279\,; 4{,}301)$.

En conséquence, nous pouvons conclure avec un degré de certitude de 95% que lorsque $x_0 = 1$, la valeur moyenne indiquée par le compteur devrait se situer entre 4,279 et 4,301.

2. Dans le cas de l'exemple sur la hauteur des épinettes en fonction de leur âge, quel serait l'intervalle de confiance à 90% pour estimer la hauteur moyenne d'un arbre dont l'âge est égal à 5 ans?

Solution. À partir des calculs effectués précédemment, nous savons que $n = 5$, $s_{y|x} = 0{,}139$, $\bar{x} = 3{,}4$, $\Sigma\,(x - \bar{x})^2 = 11{,}2$ et $\widehat{y} = 0{,}114 + 0{,}337x$.

Lorsque $x_0 = 5$ alors

$$\widehat{y}_0 = 0{,}114 + 0{,}337(5) = 1{,}799$$

et

$$s_{\widehat{y}_0} = s_{y|x}\sqrt{\frac{1}{n} + \frac{(x_0 - \bar{x})^2}{\Sigma(x - \bar{x})^2}}$$

$$= 0{,}139\sqrt{\frac{1}{5} + \frac{(5 - 3{,}4)^2}{11{,}2}}$$

$$= 0{,}139\sqrt{0{,}42857}, \quad \text{ou} \quad 0{,}091$$

À l'aide de la distribution t nous obtenons, avec dl $= 5 - 2 = 3$, $t_{0,05} = 2{,}353$. L'intervalle de confiance se calcule comme suit: $1{,}799 \pm 2{,}353(0{,}091)$ ou (1,58 ; 2,01). Donc, nous sommes certains à 90% que la hauteur moyenne d'une épinette de 5 ans devrait se situer entre 1,58 m et 2,01 m.

EXERCICES Pour chacun des problèmes ci-dessous, utiliser les résultats des calculs effectués précédemment pour construire l'intervalle de confiance demandé.

1. Dans le cas du problème sur la relation entre la résistance et l'épaisseur d'une certaine fibre synthétique, utiliser les résultats suivants: $n = 10$, $s_{y|x} = 4{,}334$, $\Sigma x = 409$, $\Sigma x^2 = 17{,}077$ et $\widehat{y} = 73{,}650 + 0{,}018x$. Construire l'intervalle de confiance à 98% pour estimer la résistance moyenne d'une fibre dont l'épaisseur est égale à 43.

2. Dans le cas du problème sur la relation entre la résistance et le temps de refroidissement d'une certaine pièce métallique, utiliser les résultats suivants: $n = 6$, $s_{y|x} = 1{,}799$, $\Sigma x = 40$, $\Sigma x^2 = 267{,}66$ et $\widehat{y} = -39{,}029 + 7{,}017x$. Construire l'intervalle de confiance à 90% pour estimer la résistance moyenne d'une pièce dont le temps de refroidissement a été de 10 minutes. Quel est le danger d'utiliser un tel intervalle pour prédire la résistance des pièces?

3. Dans le cas du problème sur la relation entre le coût d'entretien et l'âge des camionnettes de la compagnie de téléphone, utiliser les résultats suivants: $n = 8$, $s_{y|x} = 32{,}30$, $\Sigma x = 32$, $\Sigma x^2 = 164$ et $\widehat{y} = 18{,}806 + 17{,}861x$. Construire l'intervalle de confiance à 95% pour estimer le coût d'entretien moyen des véhicules âgés de 4 ans.

4. Dans le cas du problème sur la relation entre les ventes d'une compagnie et le nombre quotidien de commerciaux télévisés que celle-ci fait diffuser, utiliser les résultats suivants: $n = 7$, $s_{y|x} = 1{,}838$, $\Sigma x = 75$, $\Sigma x^2 = 867$ et $\widehat{y} = 0{,}696 + 0{,}8617x$. Construire l'intervalle de confiance à 90% pour estimer le niveau mensuel moyen des ventes d'une compagnie, sachant que celle-ci fait diffuser 15 commerciaux à tous les jours.

[*Note:* les données du problème sur la production annuelle de lait (problème 5, leçon 2) constituent ce que l'on nomme habituellement une *série chronologique*. En général, ce type de données ne satisfait pas aux postulats sous-jacents à l'application des principes statistiques discutés dans ce chapitre. Il existe d'autres méthodes plus avancées pour construire des intervalles de confiance adaptés à ce type de données.]

LEÇON 7 INTERVALLE DE PRÉDICTION POUR UNE VALEUR *y* UNIQUE

Tâche: étant donné un seuil de confiance prédéterminé, pouvoir construire un intervalle de prédiction pour une valeur y unique, désignée par y_s.

DÉFINITION

Intervalle de prédiction pour une valeur y unique : estimation d'un intervalle de valeurs à l'intérieur duquel devrait se situer la valeur y. On obtient la valeur prédite $\widehat{y}_s$ en substituant x_0 pour x dans l'équation $\widehat{y} = b_0 + b_1x$. L'intervalle s'obtient par la formule

$$\widehat{y}_s \pm t_{\alpha/2}s_{\widehat{y}_s}$$

où $\widehat{y}_s = b_0 + b_1x_0$, tandis que $t_{\alpha/2}$ représente une valeur t extraite de la table en fonction du seuil de confiance choisi et du nombre de degrés de liberté, soit $n - 2$. De plus,

$$s_{\widehat{y}_s} = s_{y|x}\sqrt{1 + \frac{1}{n} + \frac{(x_0 - \overline{x})^2}{\Sigma(x - \overline{x})^2}}$$

DISCUSSION

Supposons que nous désirons prédire le rendement scolaire moyen d'un étudiant en nous appuyant sur une équation de régression linéaire entre une variable dépendante Y, le rendement scolaire moyen, et une variable indépendante X, le score à un test d'aptitudes. Dans cet exemple, nous voulons estimer une valeur précise pour une unité particulière de la population, par opposition à la tâche de la leçon 6 où l'estimation portait sur la moyenne d'un groupe d'unités. Nous pouvons construire un intervalle de confiance pour cette estimation à l'aide des techniques présentées dans le chapitre SEPT à propos des intervalles de confiance.

DISCUSSION SIMPLIFIÉE

Reprenons de nouveau l'exemple de la boîte noire, avec son bouton de contrôle x et son compteur y. Supposons que nous fixons le bouton de contrôle à la position x_0 dans le but de prédire l'étendue probable que balayera l'aiguille du compteur lors de ses oscillations de gauche à droite produites par la statique et le «bruit» de ses composants électroniques.

Comparez cet objectif avec celui que nous poursuivions dans la leçon 6, alors que nous nous intéressions à la position moyenne de y lorsque $x = x_0$. Ici, nous avons pour point de départ $\widehat{y}_s = b_0 + b_1 x_0$, pour ensuite utiliser la formule:

$$\widehat{y}_s \pm t_{\alpha/2} s_{\widehat{y}_s}$$

où $s_{\widehat{y}_s}$ représente l'erreur type estimée de $\widehat{y}_s$ et se définit comme suit:

$$s_{\widehat{y}_s} = s_{y|x}\sqrt{1 + \frac{1}{n} + \frac{(x_0 - \overline{x})^2}{\Sigma(x - \overline{x})^2}}$$

Pour comparer l'erreur type de $\widehat{y}_s$ à celle de $\widehat{y}_0$, c'est-à-dire la moyenne estimée de la population de valeurs où $x = x_0$, rappelons la formule présentée dans la leçon 6:

$$s_{\widehat{y}_0} = s_{y|x}\sqrt{\frac{1}{n} + \frac{(x_0 - \overline{x})^2}{\Sigma(x - \overline{x})^2}}$$

L'unique différence entre ces deux formules est l'addition du chiffre 1 dans la formule de $s_{\widehat{y}_s}$ et non dans celle de $s_{\widehat{y}_0}$.

En raison de cette différence, si nous adoptons un même seuil de confiance et une même valeur x_0 dans les deux cas, l'intervalle obtenu pour la valeur y unique sera plus grand que l'intervalle obtenu pour $\mu_{y|x_0}$. Ce résultat est tout à fait prévisible si l'on considère qu'il devrait être plus facile d'estimer la localisation de la moyenne d'un ensemble de valeurs que l'étendue de la variation d'une valeur unique.

EXEMPLES Les calculs qui suivent proviennent des résultats obtenus dans les exemples des leçons précédentes. Voir les leçons 2, 3, 4 et 6 pour la description des problèmes.

1. Une certaine marque de céréales possède un indice d'humidité de 1 (en valeurs arbitraires). Il s'agit de vérifier l'indice d'humidité donné par un nouvel appareil électronique. Avec un niveau de confiance de 95%, à l'intérieur de quel intervalle devrait-on s'attendre à trouver la valeur inscrite au compteur de l'appareil?

Solution. Pour ce problème, nous désirons prédire une valeur particulière du compteur, lorsque $x = 1$, plutôt qu'une valeur moyenne. Grâce aux calculs effectués précédemment, nous savons que $n = 12$, $s_{y|x} = 0{,}01$, $\overline{x} = 3$,

$\sum(x - \bar{x})^2 = 28{,}0$ et que $\hat{y}_s = 3{,}98 + 0{,}31(1) = 4{,}29$. De plus, dl = 10, $t_{0,025} = 2{,}228$ et

$$s_{\hat{y}_s} = s_{y|x}\sqrt{1 + \frac{1}{n} + \frac{(x_0 - \bar{x})^2}{\sum(x - \bar{x})^2}}$$
$$= (0{,}01)\sqrt{1 + \frac{1}{12} + \frac{(1 - 3)^2}{28}} = 0{,}0111$$

Donc, $\hat{y}_s \pm t_{0,025}\,\hat{s}_{y_s} = 4{,}29 \pm 2{,}228\ (0{,}0111)$ ou (4,265 ; 4,315).

2. Supposons que nous désirons prédire la hauteur d'une épinette âgée de cinq ans. Avec un niveau de confiance de 90%, à l'intérieur de quel intervalle la hauteur de l'épinette devrait-elle se situer?

Solution. Pour ce problème, nous désirons prédire la hauteur d'une épinette en particulier et non la hauteur moyenne de toutes les épinettes âgées de cinq ans. À partir des calculs effectués précédemment nous savons que $n = 5$, $s_{y|x} = 0{,}139$, $\bar{x} = 3{,}4$ $\sum(x - \bar{x})^2 = 11{,}2$ et que $\hat{y}_s = 0{,}114 + 0{,}337\ (5) = 1{,}799$. Donc,

$$s_{\hat{y}_s} = (0{,}139)\sqrt{1 + \frac{1}{5} + \frac{(5 - 3{,}4)^2}{11{,}2}} = 0{,}166$$

À l'aide de la table de la distribution t nous obtenons, avec dl = 3, $t_{0,05} = 2{,}353$. L'intervalle de confiance se calcule comme suit: $1{,}799 \pm 2{,}353\ (0{,}166)$ ou (1,41 m ; 2,19 m).

EXERCICES

Les problèmes suivants réfèrent aux situations décrites dans les exercices des leçons précédentes. Pour chacun de ces problèmes, construire l'intervalle de confiance demandé.

1. Un tissu particulier est fabriqué à partir de fibres synthétiques dont l'épaisseur est égale à 43. À l'aide de l'équation de régression: $\hat{y} = 73{,}650 + 0{,}018x$, construire l'intervalle de confiance à 90% pour estimer la résistance d'une fibre en particulier. Pour ce problème, rappelons que $n = 10$, $s_{y|x} = 4{,}334$, $\sum x = 409$ et $\sum x^2 = 17\,077$.

2. On laisse refroidir une certaine pièce métallique durant dix minutes. À l'aide de l'équation de régression $\hat{y} = -39{,}029 + 7{,}017x$, construire l'intervalle de confiance à 90% pour estimer la résistance de cette pièce en particulier. Pour ce problème, rappelons que $n = 6$, $s_{y|x} = 1{,}799$, $\sum x = 40$ et $\sum x^2 = 267{,}66$.

3. Supposons qu'une certaine camionnette de la compagnie de téléphone doit être mise en service pour quatre ans. À l'aide de l'équation de régression $\hat{y} = 18{,}806 + 17{,}86x$, construire l'intervalle de confiance à 95% pour estimer le coût d'entretien de ce véhicule en particulier. Pour ce problème, rappelons que $n = 8$, $s_{y|x} = 32{,}30$, $\Sigma x = 32$ et $\Sigma x^2 = 164$.

LEÇON 8 INFÉRENCE À PROPOS DE β_0 et β_1

Tâche: pouvoir vérifier une hypothèse ou construire un intervalle de confiance à propos de β_0 et β_1.

DÉFINITIONS *Tests d'hypothèses à propos de β_0 et β_1:* grâce aux postulats présentés dans la leçon 5, nous pouvons utiliser telle quelle la procédure de test d'hypothèse en six étapes décrite dans le chapitre HUIT pour vérifier des hypothèses à propos de β_0 et de β_1. Voici la forme générale de ce test statistique:

$$t = \frac{\hat{\theta} - \theta}{s_{\hat{\theta}}}$$

il épouse la distribution t avec $n - 2$ degrés de liberté. Si $\theta = \beta_0$, alors $\hat{\theta} = b_0$ et

$$s_{\hat{\theta}} = s_{b_0} = s_{y|x}\sqrt{\frac{1}{n} + \frac{\bar{x}^2}{\Sigma(x - \bar{x})^2}}$$

Si $\theta = \beta_1$, alors $\hat{\theta} = b_1$ et

$$s_{\hat{\theta}} = s_{b_1} = \frac{s_{y|x}}{\sqrt{\Sigma(x - \bar{x})^2}}$$

On trouvera dans le tableau 11.2 la table des critères de décision.

Intervalles de confiance pour β_0 et β_1: conformément aux postulats présentés dans la leçon 5, un intervalle de confiance de 100 $(1-\alpha)$% pour β_0 et β_1 prendra la forme suivante:

$$\hat{\theta} \pm t_{\alpha/2} \cdot s_{\hat{\theta}}$$

TABLEAU 11.2 RÈGLES DE DÉCISION POUR UN TEST D'HYPOTHÈSE À PROPOS DE β_0 ET β_1

HYPOTHÈSES NULLES	HYPOTHÈSES ALTERNATIVES	ZONES DE REJET	ZONES D'ACCEPTATION
$\theta \leq \theta_0$	$\theta > \theta_0$	$t \geq t_\alpha$	$t < t_\alpha$
$\theta \geq \theta_0$	$\theta < \theta_0$	$t \leq -t_\alpha$	$t > t_\alpha$
$\theta = \theta_0$	$\theta \neq \theta_0$	$t \geq t_{\alpha/2}$ ou $t \leq -t_{\alpha/2}$	$-t_{\alpha/2} < t < t_{\alpha/2}$

Si nous appliquons cette formule à un intervalle de confiance à propos de β_0, alors $\hat{\theta} = b_0$ et $s_{\hat{\theta}} = s_{b_0}$ (tel que défini ci-haut). S'il s'agit d'un intervalle à propos de β_1, alors $\hat{\theta} = b_1$ et $s_{\hat{\theta}} = s_{b_1}$ (tel que ci-haut). La valeur $t_{\alpha/2}$ est extraite de la table de la distribution t avec $n - 2$ degrés de liberté.

DISCUSSION

L'un des tests d'hypothèses les plus courants dans le cas du calcul d'une régression linéaire consiste à vérifier si la pente β_1 est égale à zéro, c'est-à-dire H_0: $\beta_1 = 0$. Si, de fait, cette hypothèse est vraie, alors la vraie droite de régression serait parallèle à l'axe horizontal et croiserait l'axe vertical au niveau de la valeur β_0. L'équation de régression pour la population deviendrait:

$$\mu_{y|x} = \beta_0 + 0x = \beta_0$$

Cette situation implique qu'il n'existe aucune relation utile entre les variables X et Y, en ce sens que X n'a aucune valeur en tant que prédicteur de Y. La figure 11.17 illustre une telle situation.

Pour clarifier le concept H_0: $\beta_1 = 0$, reprenons l'exemple de la boîte noire, avec son bouton de contrôle x et son compteur y. Si la situation décrite dans la figure 11.17 était vraie pour la boîte noire, ceci voudrait dire que les déplacements du bouton de contrôle n'influencent aucunement les mouvements de l'aiguille du compteur. En d'autres termes, le compteur fluctuerait de la même façon quelle que soit la position du bouton de contrôle. Il semblerait donc n'y avoir aucun lien entre x et y. C'est ce que prétend l'hypothèse H_0: $\beta_1 = 0$.

D'autres tests sont également possibles, mais ils dérivent d'une connaissance spécifique des liens théoriques entre X et Y.

Les six étapes du test d'hypothèse pour la pente β_1 s'appliquent tel qu'indiqué dans le chapitre HUIT et débouchent sur un test t. Nous avons présenté la formule appropriée dans la section *Définitions* et nous illustrerons

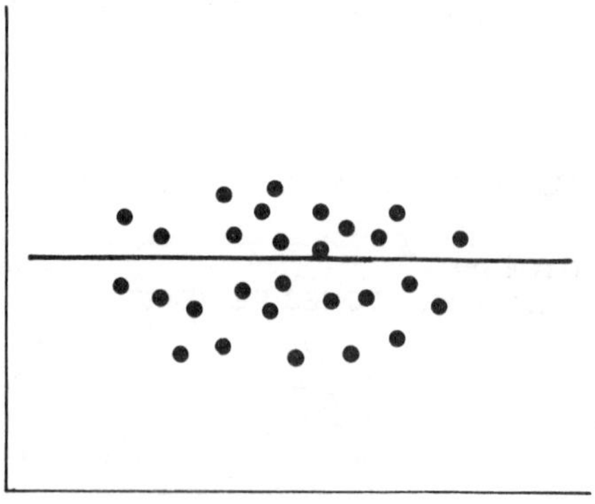

FIGURE 11.17

la procédure du test dans la section *Exemples* ci-dessous. Cette procédure ne peut être utilisée que si les postulats présentés dans la leçon 5 sont respectés.

Il peut arriver également dans certains cas que nous voulions construire un intervalle de confiance pour β_1; on le calculerait alors comme suit:

$$b_1 \pm t_{\alpha/2} s_{b_1}$$

La vérification d'hypothèses ou la construction d'intervalles de confiance à propos de l'ordonnée à l'origine β_0 est beaucoup plus rare. Aucune technique nouvelle n'est nécessaire; les composants principaux de ces calculs sont présentés dans la section *Définitions*.

EXEMPLES

Pour chacun des problèmes suivants, il s'agit, selon le cas, de vérifier une hypothèse ou de construire un intervalle de confiance.

1. Un fabricant de céréales désire savoir s'il existe une relation significative entre le degré d'humidité mesuré par un appareil électronique et le degré réel d'humidité renfermée dans chaque boîte de céréales. Donc, vérifier l'hypothèse H_0: $\beta_1 \leqslant 0$ *versus* H_a: $\beta_1 > 0$. Utiliser un seuil $\alpha = 0{,}05$.

Solution. Grâce aux calculs effectués précédemment nous savons que $b_1 = 0{,}31$, $s_{y|x} = 0{,}01$, $\Sigma(x - \bar{x})^2 = 25$ et $n = 12$. La règle de décision s'énonce comme suit: rejeter H_0 si, avec dl $= 10$, $t \geqslant t_{0{,}05} = 1{,}812$. À l'aide de la formule suivante nous évaluons l'erreur type de b_1, c'est-à-dire s_{b_1}.

$$s_{b_1} = \frac{s_{y|x}}{\sqrt{\Sigma(x - \bar{x})^2}} = \frac{0{,}01}{\sqrt{25}} \quad \text{ou } 0{,}0020$$

Donc,

$$t = \frac{b_1 - 0}{s_{b_1}} = \frac{0{,}31 - 0}{0{,}0020} \quad \text{ou } 155{,}0$$

En conséquence, nous rejetons H_0 à un seuil $\alpha = 0{,}05$ et concluons qu'il existe une forte relation linéaire entre ces deux variables.

L'intervalle de confiance à 95% pour estimer la valeur de β_1 se calcule comme suit:

$$0{,}31 \pm (2{,}28)(0{,}0020) \quad \text{ou } (0{,}305\ ;\ 0{,}315)$$

2. Dans le cadre de l'étude sur la relation entre la hauteur et l'âge des épinettes, des chercheurs ont émis l'hypothèse que le taux de croissance annuel de ces arbres était supérieur à 0,3 mètre. Vérifier cette hypothèse en utilisant un seuil $\alpha = 0{,}01$.

Solution. Grâce aux calculs effectués précédemment nous savons que $n = 5$, $b_1 = 0{,}337$, $s_{y|x} = 0{,}139$ et que $\Sigma(x - \bar{x})^2 = 11{,}2$. L'hypothèse nulle et l'hypothèse alternative se formulent comme suit: H_0: $\beta_1 \leqslant 0{,}3$ *versus* H_a: $\beta_1 > 0{,}3$. Voici la règle de décision: rejeter H_0 si, avec dl $= 3$, $t \geqslant t_{0{,}01} = 4{,}541$. Pour ce problème,

$$s_{b_1} = \frac{s_{y|x}}{\sqrt{\Sigma(x - \bar{x})^2}} = \frac{0{,}139}{\sqrt{11{,}2}} \quad \text{ou } 0{,}415$$

Donc,

$$t = \frac{0{,}337 - 0{,}3}{0{,}415} = 0{,}891$$

Puisque $0{,}891 < 4{,}541$, nous ne pouvons rejeter H_0 et conclure que le taux de croissance annuel des arbres est supérieur à 0,3 et ce, même si $b_1 = 0{,}337$.

3. Dans le cas du problème précédent, nous pourrions soutenir que la droite de régression doit nécessairement passer par l'origine. Vérifier l'hypothèse H_0: $\beta_0 = 0$ *versus* H_a: $\beta_0 \neq 0$; utiliser un seuil $\alpha = 0{,}05$.

Solution. À partir de l'équation de régression $\hat{y} = 0{,}114 + 0{,}337x$ nous savons que $b_0 = 0{,}114$; de plus, $n = 5$, $s_{y|x} = 0{,}139$, $\bar{x} = 3{,}4$ et $\Sigma(x - \bar{x})^2 = 11{,}2$. Nous calculons s_{b_0} à l'aide de la formule

$$s_{b_0} = s_{y|x}\sqrt{\frac{1}{n} + \frac{\bar{x}^2}{\Sigma(x - \bar{x})^2}}$$

$$= 0{,}139\sqrt{\frac{1}{5} + \frac{(3{,}4)^2}{11{,}2}} = 0{,}154$$

La règle de décision s'énonce comme suit: rejeter H_0 si $t \geqslant t_{0{,}025}$ ou $t \leqslant -t_{0{,}025}$, où $t_{0{,}025} = 3{,}182$ avec dl $= 3$. Pour calculer la valeur t, nous appliquons la formule

$$t = \frac{0{,}114 - 0}{0{,}154} = 0{,}740$$

Donc, nous ne pouvons rejeter H_0 et devons conclure qu'il est possible que $\beta_0 = 0$.

EXERCICES Pour chacun des problèmes suivants, utiliser les résultats des calculs effectués dans les leçons précédentes pour vérifier une hypothèse ou construire un intervalle de confiance selon le cas.

1. Dans le cas du problème sur la relation entre la résistance et l'épaisseur des fibres synthétiques, vérifier l'hypothèse $H_0: \beta_1 = 0$ *versus* $H_a: \beta_1 \neq 0$. Utiliser un seuil $\alpha = 0{,}05$, ainsi que les résultats suivants: $b_1 = 0{,}018$, $n = 10$, $s_{y|x} = 4{,}334$, $\Sigma x = 409$ et $\Sigma x^2 = 17\,077$.

2. Dans le cas de l'étude sur la relation entre la résistance et le temps de refroidissement d'une certaine pièce métallique, peut-on affirmer que la relation entre ces deux variables s'exprime par une droite dont la pente est positive? Utiliser un seuil $\alpha = 0{,}025$, ainsi que les résultats suivants: $b_1 = 7{,}017$, $n = 6$, $s_{y|x} = 1{,}7991$, $\Sigma x = 40$ et $\Sigma x^2 = 267{,}66$. Construire l'intervalle de confiance à 95% pour estimer la valeur de β_1.

3. Dans le cas de l'étude du département de publicité, peut-on affirmer qu'il existe une relation linéaire significative entre le nombre d'appareils vendus et le nombre de commerciaux télévisés? Utiliser un seuil $\alpha = 0{,}05$, ainsi que les résultats suivants: $b_1 = 0{,}8617$, $n = 7$, $s_{y|x} = 1{,}838$, $\Sigma x = 75$ et $\Sigma x^2 = 867$. Construire l'intervalle de confiance à 90% pour estimer la valeur de β_1.

4. Avec un seuil $\alpha = 0{,}05$, peut-on conclure qu'il existe une relation linéaire significative entre le score au TAU et le rendement scolaire des étudiants? Utiliser les résultats suivants: $b_1 = 0{,}025$, $n = 8$, $s_{y|x} = 0{,}722$, $\Sigma x = 440$ et $\Sigma x^2 = 27\,096$.

LEÇON 9 PROPRIÉTÉS DU COEFFICIENT DE CORRÉLATION

Tâche: pouvoir énumérer et discuter les propriétés du coefficient de corrélation linéaire.

DÉFINITION

Propriétés du coefficient de corrélation: le coefficient de corrélation ρ est un nombre qui indique l'intensité du lien entre deux variables. Il peut prendre n'importe quelle valeur variant entre -1 et $+1$. Lorsque $\rho = -1$ ou $+1$, il existe une relation linéaire parfaite entre X et Y. Lorsque $\rho = 0$, il n'existe aucune relation linéaire entre X et Y. Lorsque la valeur de ρ est de signe positif, on dira qu'il existe une corrélation positive, en ce sens qu'un accroissement au niveau d'une variable s'accompagne d'un accroissement au niveau de l'autre. Lorsque la valeur de ρ est de signe négatif, on dira qu'il existe une corrélation négative, en ce sens qu'un accroissement au niveau d'une variable s'accompagne d'une diminution au niveau de l'autre.

DISCUSSION

Dans la leçon 2 du présent chapitre, nous avions pour objectif d'exprimer sous forme d'une équation une relation linéaire possible entre deux variables X et Y. Dans cette leçon et les deux qui suivront, nous aurons comme préoccupation la vérification de la présence ou non d'un lien entre X et Y. S'il existe un lien, il s'agira d'en mesurer la force ou l'intensité.

Plutôt que de considérer la variable X comme indépendante (donc contrôlée) et la variable Y comme aléatoire, nous postulons que X et Y sont toutes deux des variables aléatoires qui possèdent une quelconque distribution commune bivariée. Nous allons désigner par la lettre grecque ρ (rho) la mesure vraie, ou paramètre de population, de la relation linéaire entre les variables X et Y, que nous nommerons *coefficient de corrélation*.

Dans cette leçon, nous étudierons le coefficient de corrélation de Pearson, qui sert à mesurer la corrélation linéaire entre X et Y lorsque les deux variables sont mesurées à l'aide d'échelles d'intervalles ou de rapports.

Un mot d'avertissement: il est fort tentant d'interpréter une forte corrélation entre deux variables X et Y comme la preuve qu'un changement au niveau d'une variable est *cause* du changement observé au niveau de l'autre. Le contenu de cette leçon ne permet aucunement de formuler pareille conclusion; il importe également de surveiller la présence de telles conclusions erronées chez d'autres auteurs ou chercheurs. Par exemple, une troisième variable Z pourrait être la cause d'un changement concomitant au niveau des deux variables X et Y, ce qui donnerait un coefficient de corrélation élevée entre X et Y.

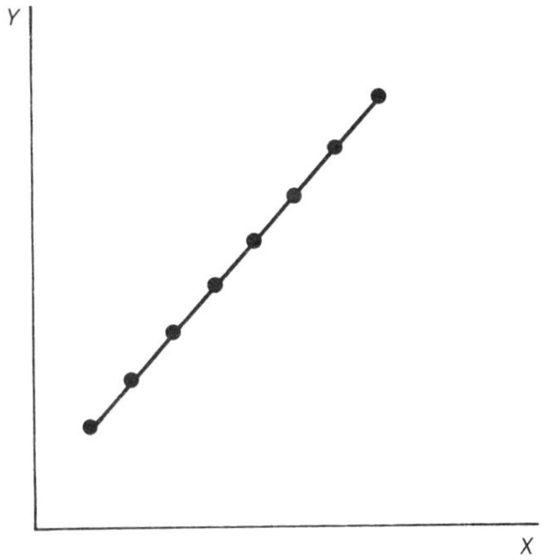

FIGURE 11.18 $\rho = 1$

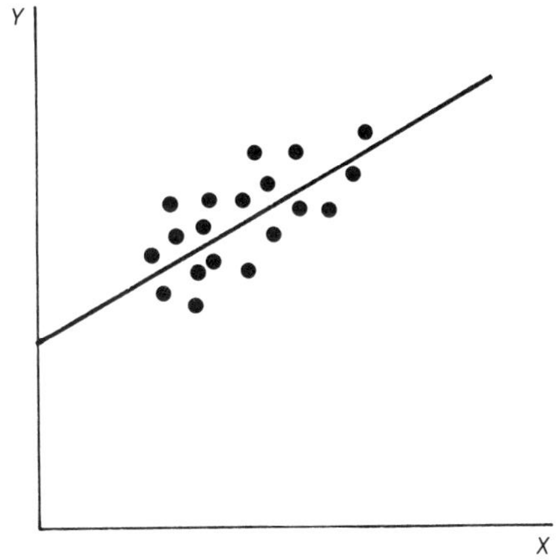

FIGURE 11.19 $\rho > 0$

Le coefficient de corrélation ρ pour une population mesure le degré de corrélation entre les variables X et Y. Lorsque $\rho = 0$, on dira qu'il n'existe *aucune* relation linéaire entre X et Y. Lorsque $\rho = 1$, c'est l'indice d'une corrélation linéaire positive parfaite. Le signe positif indique qu'à mesure qu'une variable augmente de valeur, l'autre variable croît également. Lorsque $\rho = -1$, il s'agit d'une corrélation négative parfaite. Le signe négatif signifie que l'augmentation au niveau d'une variable s'accompagne d'une diminution au niveau de l'autre variable. On s'attend normalement à ce que ρ soit positif dans le cas du lien entre la taille (x) et le poids (y), tandis qu'il serait plutôt de signe négatif si X correspondait au nombre d'heures par semaine de fréquentations et Y au rendement scolaire moyen. Les figures 11.18 à 11.23 illustrent ces diverses possibilités.

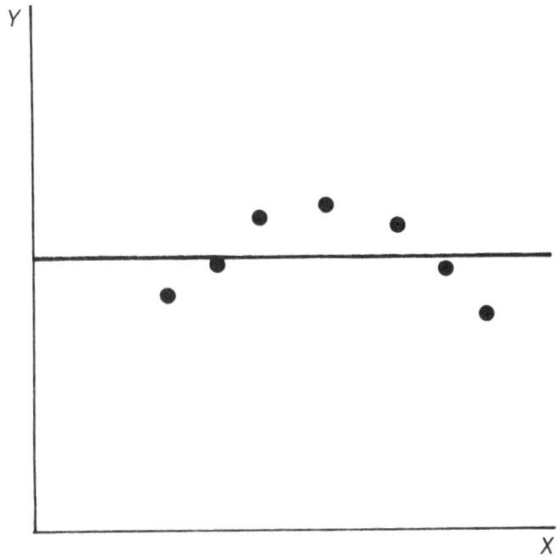

FIGURE 11.20 $\rho = 0$

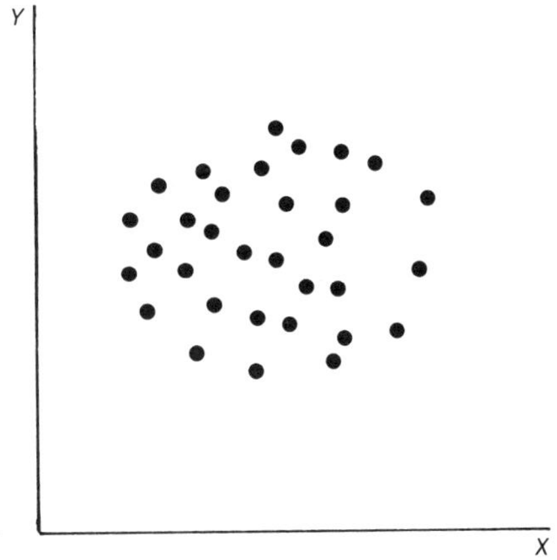

FIGURE 11.21 $\rho = 0$

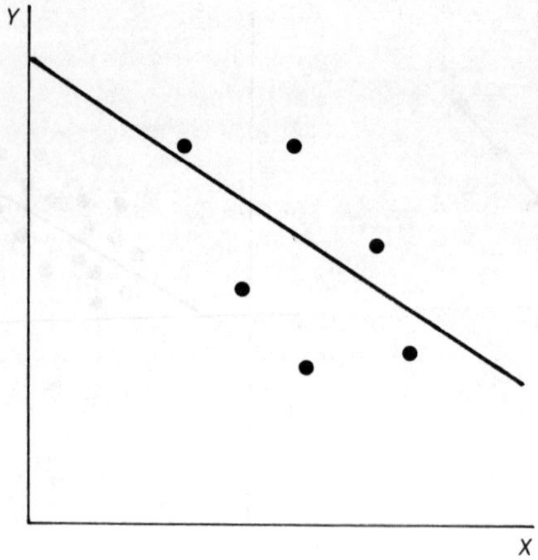

FIGURE 11.22 $\rho < 0$

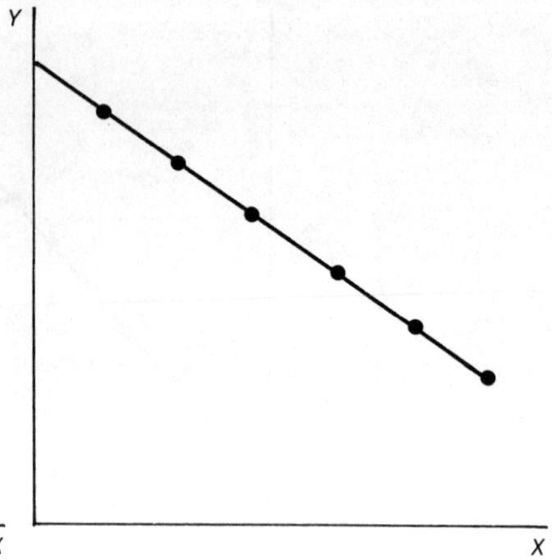

FIGURE 11.23 $\rho = -1$

Remarquez par exemple dans la figure 11.20 que $\rho = 0$, mais qu'il semble y avoir une relation curvilinéaire entre *X* et *Y*. Ceci confirme le fait que ρ mesure une relation linéaire entre *X* et *Y* mais qu'il ne nous apprend rien sur d'autres formes de relations.

DISCUSSION SIMPLIFIÉE

Supposons que nous sommes en possession d'une nouvelle boîte noire. Celle-ci possède deux compteurs, ainsi qu'un commutateur qui permet de bloquer les aiguilles chaque fois que nous désirons effectuer une lecture. Laissées libres, les aiguilles oscillent de gauche à droite dès que le courant passe (voir la figure 11.24).

Notre problème consiste à vérifier s'il existe une relation linéaire entre les lectures des deux compteurs. (En d'autres termes, si un compteur indique une valeur élevée, en sera-t-il de même pour l'autre compteur? Ou encore, si le premier compteur donne une valeur élevée, obtiendra-t-on systématiquement

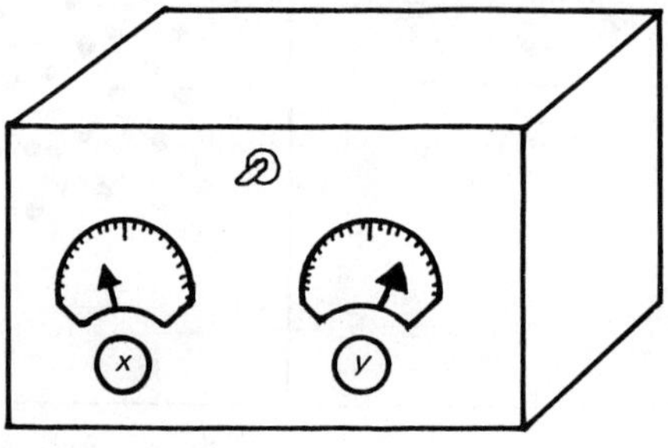

FIGURE 11.24

une valeur basse pour l'autre?) Nous n'avons aucune raison de croire que l'un des compteurs est dépendant de l'autre; il ne nous est pas non plus possible d'en bloquer un indépendamment de l'autre. Nous pouvons donc considérer ces deux compteurs comme des variables aléatoires.

Nous allons désigner par ρ la mesure du degré de relation linéaire entre les deux compteurs. Si les deux compteurs se déplacent parallèlement, tout comme des essuie-glaces, alors nous aurons une corrélation parfaite entre eux et $\rho = \pm 1$. Lorsque $\rho = +1$, cela signifie que lorsqu'un compteur donne une valeur élevée, l'autre donnera aussi une valeur élevée. Si $\rho = -1$, alors une lecture élevée sur l'un des compteurs correspondra à une lecture basse sur l'autre, et vice-versa. Si les deux aiguilles se meuvent indépendamment l'une de l'autre, alors $\rho = 0$.

Gardez à l'esprit que ρ ne mesure que des relations *linéaires*. Ainsi, ρ pourrait être égal à zéro alors même qu'il existerait une relation curvilinéaire parfaite entre les variables X et Y.

LEÇON 10 LE COEFFICIENT DE CORRÉLATION DE PEARSON

Tâche: étant donné un ensemble de mesures continues, pouvoir calculer le coefficient de corrélation r de Pearson.

DÉFINITION *Le coefficient de corrélation r de Pearson*: nombre que l'on calcule à partir d'un ensemble de données bivariées; il est une estimation de la corrélation ρ entre les variables X et Y. Dans le cas de mesures utilisant des échelles d'intervalles ou de rapports, la valeur r s'obtient par la formule suivante:

$$r = \frac{\Sigma(x - \bar{x})(y - \bar{y})}{\sqrt{\Sigma(x - \bar{x})^2 \Sigma(y - \bar{y})^2}} = \frac{n\Sigma xy - (\Sigma x)(\Sigma y)}{\sqrt{[n\Sigma x^2 - (\Sigma x)^2][n\Sigma y^2 - (\Sigma y)^2]}}$$

DISCUSSION Nous désirons fréquemment savoir s'il existe une relation linéaire entre deux variables X et Y, et, si tel est le cas, quelle est la force ou l'intensité de ce lien. C'est justement ce que mesure le coefficient de corrélation ρ. Cependant, nous ne disposons habituellement que de données échantillonnales pour estimer la valeur de ρ. S'il s'agit de mesures provenant d'échelles d'intervalles ou de rapports, il est alors possible de calculer comme suit une estimation de ρ, désignée par r:

$$r = \frac{\Sigma(x - \bar{x})(y - \bar{y})}{\sqrt{\Sigma(x - \bar{x})^2 \cdot \Sigma(y - \bar{y})^2}}$$

Voici l'équivalent pour calculatrices de la formule ci-dessus:

$$r = \frac{n\Sigma xy - (\Sigma x)(\Sigma y)}{\sqrt{[n\Sigma x^2 - (\Sigma x)^2][n\Sigma y^2 - (\Sigma y)^2]}}$$

Nous pourrions démontrer assez facilement que r est égal à la racine carrée du coefficient de détermination et que la plupart des calculs utilisés dans l'analyse de corrélation ressemblent aux calculs servant à l'analyse de régression. On trouvera donc ci-dessous un modèle de systématisation des données similaires à celui que nous avons présenté dans la leçon 2; ce tableau de fréquences fournit tous les composants importants de la formule du coefficient de corrélation r (en n'oubliant pas que la formule pour calculatrices est beaucoup plus facile à utiliser).

x	y	x^2	y^2	xy
x_1	y_1	x_1^2	y_1^2	x_1y_1
x_2	y_2	x_2^2	y_2^2	x_2y_2
x_3	y_3	x_3^2	y_3^2	x_3y_3
$\vdots$	$\vdots$	$\vdots$	$\vdots$	$\vdots$
x_n	y_n	x_n^2	y_n^2	x_ny_n
Σx	Σy	Σx^2	Σy^2	Σxy

$$r = \frac{n\Sigma xy - (\Sigma x)(\Sigma y)}{\sqrt{[n\Sigma x^2 - (\Sigma x)^2][n\Sigma y^2 - (\Sigma y)^2]}}$$

EXEMPLES

Pour chacun des problèmes ci-dessous, calculer et interpréter le coefficient de corrélation de Pearson.

1. Les données qui suivent représentent la taille et le poids de six hommes choisis au hasard. Calculer le coefficient de corrélation r.

PERSONNE	TAILLE (centimètres)	POIDS (kilogrammes)
1	170	65
2	175	63
3	182	84
4	177	93
5	165	63
6	180	88

Pour ces données, $\Sigma x = 1049$, $\Sigma x^2 = 183\,603$, $\Sigma xy = 80\,059$, $\Sigma y = 456$, $\Sigma y^2 = 35\,612$ et $n = 6$.

Solution.

$$r = \frac{n\Sigma xy - (\Sigma x)(\Sigma y)}{\sqrt{[n\Sigma x^2 - (\Sigma x)^2][n\Sigma y^2 - (\Sigma y)^2]}}$$

$$= \frac{6(80\,059) - (1049)(456)}{\sqrt{[6(183\,603) - (1049)^2]\,[6(35\,612) - (456)^2]}}$$

$$= \frac{2010}{\sqrt{(1217)(5736)}} = 0{,}76$$

Il s'agit d'une corrélation positive relativement forte.

2. Le tableau ci-dessous représente les résultats à deux examens, l'un en mathématiques et l'autre en histoire, de cinq étudiants choisis au hasard. Calculer la valeur de *r*. Pour ces données $\Sigma x = 407$, $\Sigma x^2 = 33\,679$, $\Sigma xy = 30\,686$, $\Sigma y = 375$, $\Sigma y^2 = 29\,405$ et $n = 5$.

ÉTUDIANTS	MATHS (x)	HISTOIRE (y)
1	91	82
2	70	84
3	68	53
4	85	96
5	93	60
	407	375

Solution.

$$r = \frac{5(30\,686) - (407)(375)}{\sqrt{[5(33\,679) - (407)^2][5(29\,405) - (375)^2]}}$$

$$= \frac{805}{\sqrt{(2746)(6400)}} \qquad = 0{,}192$$

Cette faible corrélation indique qu'il y a peu ou pas de relation linéaire entre le résultat d'un individu à un examen de mathématiques et son résultat à un examen d'histoire.

EXERCICES Pour chacun des problèmes ci-dessous, calculer et interpréter le coefficient de corrélation de Pearson.

1. Les données qui suivent représentent les scores à un test de sélection et les scores à un test de rendement de dix ouvriers choisis au hasard.

SCORES \ OUVRIERS	1	2	3	4	5	6	7	8	9	10
Test de sélection (*x*)	36	51	55	48	62	40	63	35	45	56
Test de rendement (*y*)	72	99	95	81	83	57	82	78	75	92

Pour ces données, $\Sigma x = 491$, $\Sigma x^2 = 25\,025$, $\Sigma xy = 40\,603$, $\Sigma y = 814$, et $\Sigma y^2 = 67\,606$.

2. Les données du tableau ci-dessous représentent le contenu en azote et le rendement de sept lopins de terre choisis au hasard.

ANALYSES \ LOPINS	1	2	3	4	5	6	7
Azote (x)	8,3	9,2	7,6	8,0	8,7	10,3	9,0
Rendement (y)	13,6	15,2	12,9	12,4	15,3	15,8	15,0

Pour ces données, $\Sigma x = 61{,}1$, $\Sigma x^2 = 538{,}07$, $\Sigma xy = 880{,}81$, $\Sigma y = 100{,}2$ et $\Sigma y^2 = 1\,444{,}90$.

3. Voici le poids et la pression systolique de cinq individus choisis au hasard.

MESURES \ PERSONNES	1	2	3	4	5
Poids (x)	85	107	78	86	111
Pression (y)	140	160	135	130	180

Pour ces données, $\Sigma x = 467$, $\Sigma x_2 = 44\,475$, $\Sigma xy = 70\,710$, $\Sigma y = 745$ et $\Sigma y^2 = 112\,725$.

4. Les données du tableau ci-dessous représentent le montant annuel des impôts, ainsi que le montant consacré chaque semaine à l'achat de produits alimentaires pour cinq familles choisies au hasard.

MONTANTS \ FAMILLES	1	2	3	4	5
Alimentation (x)	47	53	57	34	72
Impôt (y) (centaines de dollars)	49	45	48	37	62

Pour ces données, $\Sigma x = 263$, $\Sigma x^2 = 14\,607$, $\Sigma xy = 13\,146$, $\Sigma y = 241$ et $\Sigma y^2 = 11\,943$.

5. Un mathématicien choisit au hasard dix nombres de quatre chiffres et utilise les deux premiers chiffres de chaque nombre comme valeurs x et les deux derniers chiffres comme valeurs y. Voici les résultats qu'il obtient.

x	13	97	16	45	20	44	21	96	77	53
y	89	12	64	59	15	22	91	57	84	75

Pour ces données, $\Sigma x = 482$, $\Sigma x^2 = 32\,590$, $\Sigma xy = 25\,094$, $\Sigma y = 568$ et $\Sigma y^2 = 40\,562$.

LEÇON 11 VÉRIFICATION D'UNE HYPOTHÈSE À PROPOS D'UNE CORRÉLATION

Tâche: pouvoir vérifier l'hypothèse d'une corrélation à l'aide d'un ensemble de données bivariées, puis prendre la décision appropriée.

DÉFINITION *Vérification d'une hypothèse à propos d'une corrélation:* lorsque deux variables X et Y se trouvent associées dans une distribution normale bivariée, il est possible de vérifier la présence ou non d'une relation linéaire entre elles. Habituellement, le test implique le rejet ou l'acceptation de H_0: $\rho = 0$. Si nous acceptons H_0, nous conclurons qu'il n'existe pas de corrélation linéaire significative. Si nous rejetons H_0, nous conclurons qu'il existe une corrélation linéaire significative.

Dans cette technique, l'indice statistique r est un estimé échantillonnal de ρ. Si la valeur de r est supérieure à la valeur inscrite dans la table VI de l'annexe, pour $n - 2$ degrés de liberté, alors nous rejetterons l'hypothèse nulle et conclurons qu'il existe une corrélation linéaire significative. Voici les six étapes de cette procédure.

ÉTAPE 1 Formuler H_0 et H_a. Il existe trois hypothèses possibles concernant la corrélation. Toutefois, l'hypothèse (c) est la plus couramment utilisée.

(a) H_0: $\rho \leqslant 0$ *versus* H_a: $\rho > 0$
(b) H_0: $\rho \geqslant 0$ *versus* H_a: $\rho < 0$
(c) H_0: $\rho = 0$ *versus* H_a: $\rho \neq 0$

ÉTAPE 2 Identifier n, ainsi qu'une valeur pour α.

ÉTAPE 3 Le test statistique est le coefficient de corrélation échantillonnal r.

ÉTAPE 4 Utiliser la table de critères de décision (voir le tableau 11.3) pour déterminer les zones d'acceptation et de rejet.

TABLEAU 11.3 RÈGLES DE DÉCISION POUR VÉRIFIER L'HYPOTHÈSE D'UNE CORRÉLATION

HYPOTHÈSES NULLES	HYPOTHÈSES ALTERNATIVES	ZONES DE REJET	ZONES D'ACCEPTATION
H_0: $\rho \leq 0$	H_a: $\rho > 0$	$r \geq r_\alpha$	$r < r_\alpha$
H_0: $\rho \geq 0$	H_a: $\rho < 0$	$r \leq -r_\alpha$	$r > -r_\alpha$
H_0: $\rho = 0$	H_a: $\rho \neq 0$	$r \geq r_{\alpha/2}$ ou $r \leq -r_{\alpha/2}$	$-r_{\alpha/2} < r < r_{\alpha/2}$

ÉTAPE 5 Extraire l'échantillon, enregistrer les mesures et calculer l'indice statistique.

ÉTAPE 6 Prendre la décision appropriée.

DISCUSSION Nous avons mentionné plus haut qu'il n'y a pas de corrélation linéaire lorsque $\rho = 0$; il s'ensuit donc qu'il existera une corrélation linéaire entre les variables lorsque $\rho \neq 0$. Ceci nous suggère que le test d'hypothèse le plus utile serait H_0: $\rho = 0$ *versus* H_a: $\rho \neq 0$. (Nous pourrions également tester H_0: $\rho \leqslant 0$ *versus* H_a: $\rho > 0$ pour identifier une corrélation positive, ou encore H_0: $\rho \geqslant 0$ *versus* H_a: $\rho < 0$ pour identifier une corrélation négative.) N'importe lequel de ces tests est facile à appliquer, avec l'aide de la table VI de l'*annexe*.

L'indice statistique est le coefficient de corrélation échantillonnal r. Nous avons résumé dans la section *Définitions* les six étapes de ces tests d'hypothèses; ce sont les mêmes étapes que celles que nous avons présentées en détail dans le chapitre HUIT. Nous allons également les illustrer dans les exemples ci-dessous.

EXEMPLES Pour chacun des problèmes suivants, utiliser les résultats obtenus à la leçon 10 de ce chapitre pour vérifier une hypothèse à propos du coefficient de corrélation.

1. Dans le cas du problème sur la relation entre la taille et le poids des hommes, nous avions obtenu un coefficient de corrélation $r = 0{,}76$. Vérifier l'hypothèse H_0: $\rho \leqslant 0$ *versus* H_a: $\rho > 0$. Utiliser un seuil $\alpha = 0{,}05$.

Solution.

ÉTAPE 1 H_0: $\rho \leqslant 0$ *versus* H_a: $\rho > 0$.

ÉTAPE 2 Soit $\alpha = 0{,}05$, $n = 6$ et dl = 4.

ÉTAPE 3 Utiliser le test statistique r.

ÉTAPE 4 Rejeter H_0 si $r \geqslant r_{0,05} = 0{,}7293$
(voir la table VI de l'*annexe*; dl = 4)

ÉTAPE 5 À partir des calculs effectués précédemment nous savons que $r = 0{,}76$.

ÉTAPE 6 Donc, nous rejetons H_0 car $0{,}76 > 0{,}7293$, et nous concluons qu'il existe une corrélation positive significative entre le poids et la taille.

2. Dans le cas du problème sur la relation entre le résultat à un examen de mathématiques et le résultat à un examen d'histoire, vérifier l'hypothèse H_0: $\rho = 0$ *versus* H_a: $\rho \neq 0$. Utiliser un seuil $\alpha = 0{,}05$ et se rappeler que $r = 0{,}192$.

Solution.

ÉTAPE 1 H_0: $\rho = 0$ *versus* H_a: $\rho \neq 0$.

ÉTAPE 2 Soit $\alpha = 0{,}05$, $n = 5$ et dl = 3.

ÉTAPE 3 Utiliser le test statistique r.

ÉTAPE 4 Rejeter H_0 si $r \geqslant 0{,}8783$ ou $r \leqslant -0{,}8783$.

ÉTAPE 5 À partir des calculs effectués précédemment nous savons que $r = 0{,}192$.

ÉTAPE 6 Donc, nous ne rejetons pas H_0 et nous concluons qu'il ne semble pas exister de corrélation significative entre le résultat à un examen de mathématiques et le résultat à un examen d'histoire.

EXERCICES

Pour chacun des problèmes de la leçon 10, vérifier l'hypothèse H_0: $\rho = 0$ *versus* H_a: $\rho \neq 0$ et interpréter les résultats. Utiliser un seuil $\alpha = 0{,}05$.

1. Test de sélection et test de rendement: $r = 0{,}572$; $n = 10$.
2. Contenu en azote et produit de la récolte: $r = 0{,}874$; $n = 7$.
3. Poids et pression systolique: $r = 0{,}928$; $n = 5$.
4. Montant consacré à l'alimentation et montant d'impôt sur le revenu: $r = 0{,}934$; $n = 5$.
5. Paires de nombres au hasard: $r = -0{,}259$; $n = 10$.

UTILITÉ DE CES NOTIONS

DANS LE COURS

La régression simple et l'analyse de corrélation constituent des objectifs prioritaires de ce manuel d'introduction à la statistique. On retrouve très fréquemment ces techniques et procédures lorsqu'il s'agit d'exprimer le lien entre deux variables. Toutefois, nous sommes loins d'avoir épuisé dans ce premier cours de statistique l'éventail des applications de ces techniques. On trouvera plusieurs autres applications et techniques dans des manuels de statistique plus spécialisés.

AU-DELÀ DU COURS

Le concept de régression linéaire est l'une des techniques statistiques les plus utiles (et l'une de celles qu'on emploie de plus en plus couramment). De plus, parce qu'on peut l'étendre au-delà des données bivariées en l'appliquant à une situation multivariée, la régression linéaire se révèle un outil très utile de la mesure statistique.

La régression linéaire est un outil de base que les économistes utilisent pour prédire les tendances économiques. On applique également ce modèle dans plusieurs domaines des sciences sociales, médicales, physiques, et autres.

La plupart des gens sont familiers avec le concept de corrélation. La corrélation entre la cigarette et le cancer du poumon est un sujet de discussion fréquent. Vous pouvez être préoccupé par la corrélation entre votre taille et celle de vos enfants. Quiconque doit présenter des informations recueillies dans diverses études trouvera important de préciser les relations entre ses variables et de mesurer l'intensité de ces liens. Nous avons présenté dans ce chapitre quelques techniques qui permettent de mesurer objectivement la force de ces relations linéaires.

RÉSUMÉ

Dans ce chapitre, nous avons présenté le concept fondamental de l'équation de régression linéaire simple, en tant que droite ajustée à un ensemble de données à l'intérieur d'un diagramme de corrélation. Nous avons également présenté les équations des moindres carrés qui servent à calculer la pente b_1 et l'ordonnée à l'origine b_0, pour aboutir finalement à l'équation de régression $\hat{y} = b_0 + b_1x$. Nous avons montré que le terme $s^2_{y|x}$ nous donnait une estimation de la variance, c'est-à-dire de la dispersion des points autour de la droite. Nous avons comparé cette valeur à s^2_y, de façon à obtenir une mesure relative de la part de la variance totale s^2_y qui est expliquée par la variable indépendante X. Cette mesure s'appelle le *coefficient de détermination* r^2. Ces techniques nous permettent de sélectionner plusieurs variables indépendantes et de les comparer pour vérifier laquelle rend compte d'une plus grande part de la variable Y.

Nous avons de plus présenté des techniques servant à construire des intervalles de confiance et à tester des hypothèses, de même que les postulats sous-jacents qui servent à justifier l'emploi de ces techniques.

Il est facile dans les deux cas de mettre en évidence les parallèles qui existent entre les techniques présentées dans ce chapitre et l'approche générale que nous avons décrite dans les chapitres précédents concernant les intervalles de confiance et les tests d'hypothèses.

Ces notions forment la base de l'inférence statistique et nous retrouverons ces concepts généraux dans l'application de plusieurs méthodes statistiques à d'autres domaines.

Finalement, nous avons étudié une mesure de corrélation nommée *coefficient de corrélation de Pearson*. Ce coefficient permet d'évaluer la force de la relation *linéaire* entre deux variables aléatoires X et Y.

Nous tenons à réitérer une mise en garde concernant l'interprétation du coefficient r. Premièrement, il ne mesure que des relations linéaires. Aussi, d'autres types de relations pourront ne pas être décelées par cet indice. Deuxièmement, si vous notez un haut degré de corrélation entre X et Y, nous vous recommandons fortement de ne pas conclure automatiquement qu'il existe un lien de cause à effet entre X et Y. La valeur indique simplement dans quelle mesure un ensemble de nombres appariés varient l'un en fonction de l'autre. Une forte corrélation ne prouve pas qu'une variable en «cause» une autre à se comporter d'une quelconque façon prévisible. Ce type de conclusion doit être fondé sur d'autres considérations.

TEST PERSONNEL SUR LE CHAPITRE ONZE

(*Questions 1 à 3*) Inscrire la lettre entre parenthèses qui correspond à la formule décrite par la question. [*Note:* une même réponse peut être utilisée plus d'une fois.]

(a) $\dfrac{\Sigma(x-\bar{x})(y-\bar{y})}{\Sigma(x-\bar{x})^2}$ (b) $\dfrac{\Sigma(x-\bar{x})\Sigma(y-\bar{y})}{\sqrt{\Sigma(x-\bar{x})^2\Sigma(y-\bar{y})^2}}$

(c) $\dfrac{b_1\Sigma(x-\bar{x})(y-\bar{y})}{\Sigma(y-\bar{y})^2}$ (d) $\dfrac{s_{y|x}}{\sqrt{\Sigma(x-\bar{x})^2}}$

(e) $\dfrac{\Sigma(y-\hat{y})^2}{n-2}$ (f) $b_0 + b_1x_0$

(g) $\bar{y} - b_1\bar{x}$ (h) $s_{y|x}\sqrt{\dfrac{1}{n}+\dfrac{\bar{x}^2}{\Sigma(x-\bar{x})^2}}$

(i) aucun de ces choix

1. L'estimateur du coefficient de détermination.
2. La formule pour calculer l'ordonnée à l'origine b_0.
3. L'estimation de l'erreur type de la pente estimée de la droite de régression.

(*Questions 4 à 7*) Pour chacune des situations présentées, identifier par la lettre correspondante la méthode d'analyse la plus appropriée. [*Note:* une même réponse peut être utilisée plus d'une fois].

(a) Analyse de régression simple.
(b) Analyse de corrélation.

(c) Analyse d'un tableau de contingences à l'aide d'un test khi-carré.

(d) Aucune de ces analyses.

4. Un manufacturier désire utiliser un certain type de transistor dans la fabrication d'appareils électroniques conçus pour opérer sous diverses températures. Il voudrait connaître l'effet de la température sur la longévité de ce type de transistor. Il décide donc de soumettre plusieurs transistors à dix niveaux de température différents.

5. Un analyste en études de marché désire savoir s'il existe une relation entre le niveau socio-économique des individus et leurs préférences quant au type d'emballage (boîte de carton, papier d'aluminium, papier ciré, cellophane, etc.) utilisé pour envelopper les croustilles.

6. Tous les programmes d'études collégiales comprennent des cours de français, ainsi que des cours d'éducation physique. Pour éclairer le problème bien connu de la relation entre le cerveau et la musculature, un groupe d'études décide de comparer le score des étudiants à un test de connaissance du français avec leur performance dans le cours d'éducation physique.

7. Une agence de publicité choisit 50 femmes au hasard dans le but de vérifier s'il existe une relation entre l'âge de celles-ci et le montant annuel qu'elles consacrent à l'achat de cosmétiques.

8. Dans le problème 4, de quel type de données s'agit-il?

(a) Échelle nominale.

(b) Échelle ordinale.

(c) Échelle d'intervalles-rapports.

9. Dans le problème 5, de quel type de données s'agit-il?

(a) Échelle nominale.

(b) Échelle ordinale.

(c) Échelle d'intervalles-rapports.

(*Questions 10 à 12*) Utiliser le diagramme de corrélation suivant:

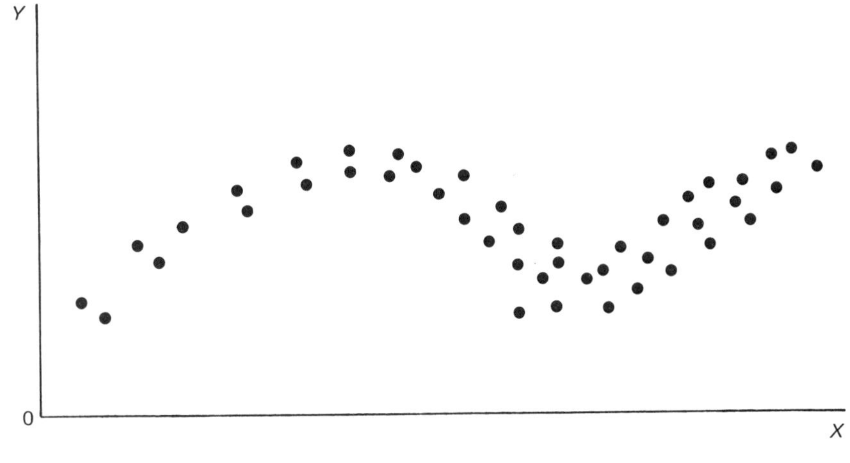

10. Lequel des énoncés ci-dessous s'accorde le mieux avec les données présentées?
(a) Il existe une forte corrélation linéaire.
(b) Il semble exister une certaine relation autre que linéaire.
(c) Il ne semble exister aucune relation.

11. Si une droite de régression des moindres carrés, de type $y = b_0 + b_1x$, était ajustée aux données du diagramme (cette méthode peut être ou ne pas être appropriée), quelle serait la valeur de b_1?
(a) Près de −1 (b) Près de 0 (c) Près de 1
(d) Impossible à prédire.

12. Si une droite de régression des moindres carrés était ajustée aux données du diagramme, quelle serait la valeur de b_0?
(a) Positive (b) Approximativement égale à 0 (c) Négative
(d) Impossible à prédire.

(*Questions 13 et 14*) Utiliser les données ci-dessous.

x	y
1	6
4	3
6	5
9	2

13. Quelle est la variance échantillonnale de y?
(a) 2,0 (b) 2,5 (c) 3,3 (d) 8,5 (e) 10,3
(f) 16,0 (g) 20 (h) 58 (i) 74 (j) 134

14. Quelle est la valeur de $\Sigma(x - \bar{x})(y - \bar{y})$?
(a) −18 (b) −14 (c) 0 (d) 4 (e) 6
(f) 10 (g) 14 (h) 18 (i) 66 (j) 80

(*Questions 15 à 17*) Utiliser l'information ci-dessous.
Un chercheur désire connaître la relation entre la fréquence cardiaque au repos et l'endurance d'une personne qui court sur un tapis roulant dont l'inclinaison et la vitesse sont déterminées à l'avance. L'endurance est définie comme étant le temps qui s'écoule entre le moment de départ et le moment où la fréquence cardiaque atteint 180 battements par minute. Le chercheur désire construire une équation de régression pour prédire le temps passé à courir à l'aide de la fréquence cardiaque au repos. Donc, celui-ci désire démontrer que

$$\hat{T} = b_0 + b_1F$$

où T représente le temps passé à courir et F la fréquence cardiaque au repos. Voici les résultats qu'il obtient.

$\Sigma F = 786$	$n = 10$	$\Sigma T = 783$
$\Sigma F^2 = 66\,404$	$\Sigma FT = 57\,238$	$\Sigma T^2 = 67\,937$
$\Sigma (F - \bar{F})^2 = 4\,624,4$	$\Sigma (F - \bar{F})(T - \bar{T}) = -4\,305,8$	$\Sigma (T - \bar{T})^2 = 6\,628,1$

15. Quelle est l'estimation de la pente β_1?
(a) 57 238/67 937 (b) 57 238/66 404 (c) −4305,8/6628,1
(d) −4305,8/4624,4 (e) aucun de ces choix.

16. Quelle est l'estimation de l'ordonnée à l'origine β_0?
(a) $\frac{786}{10} + b_1\frac{783}{10}$ (b) $\frac{786}{10} - b_1\frac{783}{10}$ (c) $\frac{783}{10} + b_1\frac{786}{10}$
(d) $\frac{783}{10} - b_1\frac{786}{10}$ (e) aucun de ces choix.

17. Si le chercheur désire construire un intervalle de confiance à 95% pour estimer la pente de la droite de régression, quelle est (sont) la (les) valeur(s) appropriée(s) dans la table?
(a) 1,645 (b) 1,812 (c) 1,833 (d) 1,860 (e) $\pm$1,960
(f) $\pm$2,228 (g) $\pm$2,262 (h) $\pm$2,306 (i) aucun de ces choix.

18. À partir d'un échantillon de 12 personnes choisies au hasard, nous calculons le coefficient de corrélation de Pearson entre deux variables X et Y et nous obtenons une valeur $r = -0,675$. Nous désirons vérifier l'hypothèse H_0: $\rho = 0$ *versus* H_a: $\rho \neq 0$. Avec un seuil $\alpha = 0,01$, devrions-nous:
(a) Accepter H_0 et conclure qu'il existe une corrélation significative.
(b) Accepter H_0 et conclure qu'il n'existe pas de corrélation significative.
(c) Rejeter H_0 et conclure qu'il existe une corrélation significative.
(d) Rejeter H_0 et conclure qu'il n'existe pas de corrélation significative.
(e) Conclure qu'il y a une erreur de calcul, car il est impossible d'obtenir une valeur négative pour un coefficient de corrélation de Pearson.

(*Questions 19 et 20*) Utiliser les données ci-dessous.

$n = 12$ $\Sigma x = 60$
$b_0 = 4$ $\Sigma x^2 = 700$
$b_1 = 2,8$ $s^2_{y|x} = 16$

Il s'agit de vérifier l'hypothèse H_0: $\beta_1 = 0$.

19. Quelle est l'estimation de la variance de la pente? (a) 0,01 (b) 0,04
(c) 0,16 (d) 0,2 (e) 0,8 (f) $\frac{16}{700}$ (g) $\frac{4}{700}$ (h) $\frac{4}{\sqrt{700}}$
(i) aucun de ces choix.

20. En supposant que la réponse correcte à la question 19 est (c), quelle est la valeur du test statistique approprié?
(a) 7 (b) 10 (c) 17,5 (d) 25 (e) 70 (f) 100
(g) aucun de ces choix.

(Questions 21 et 22) Deux facultés de chirurgie dentaire étudient cinq différentes marques de pâte dentifrice avec fluorure. Chaque faculté évalue l'efficacité de chacun des dentifrices sur une échelle de 0 à 100. Voici les résultats obtenus.

MARQUES	FACULTÉ 1	FACULTÉ 2
1	70	90
2	95	80
3	80	75
4	90	95
5	85	85

Pour ces données, $\Sigma(x-\bar{x})(y-\bar{y}) = -25$, $\Sigma(x-\bar{x})^2 = 370$, $\Sigma(y-\bar{y})^2 = 250$ et $\sqrt{92\,500} = 304$. Il s'agit de vérifier l'hypothèse H_0: $\rho = 0$.

21. Quelle est la valeur du test statistique approprié?
(a) -1 (b) $-0{,}6$ (c) $-0{,}4$ (d) $-0{,}08$ (e) 0,4
(f) 0,6 (g) 0,08 (h) 1 (i) 1,2 (j) aucun de ces choix.

22. En supposant que la réponse correcte à la question 21 est (i), avec un seuil $\alpha = 0{,}10$, devrions-nous:
(a) Rejeter H_0 et conclure qu'il existe une corrélation significative.
(b) Rejeter H_0 et conclure qu'il n'existe pas de corrélation significative.
(c) Accepter H_0 et conclure qu'il existe une corrélation significative.
(d) Accepter H_0 et conclure qu'il n'existe pas de corrélation significative.
(e) Conclure qu'il y a eu une erreur de calcul.

23. Vous êtes informé de l'existence d'une étude sur la relation entre le coût d'entretien et l'âge des automobiles de marque Volkswagen. Vous possédez une Volkswagen âgée de sept ans et vous désirez estimer son coût d'entretien avec un niveau de confiance de 98%. Quel est le type d'intervalle de confiance approprié?
(a) Un intervalle de confiance pour estimer la moyenne de Y étant donné x.
(b) Un intervalle de confiance pour estimer une valeur de Y en particulier étant donné x.
(c) Un intervalle de confiance pour estimer la pente de la droite de régression.
(d) Un intervalle de confiance pour estimer l'ordonnée à l'origine de la droite de régression.
(e) Aucun de ces choix.

24. La valeur de b_1 est un bon indice de la force d'une relation entre X et Y. Vrai ou faux?

25. La droite de régression des moindres carrés est calculée de façon à minimiser la somme des carrés des écarts des points à la droite. Vrai ou faux?

RÉPONSES AUX EXERCICES (NUMÉROS IMPAIRS)

LEÇON 1

1. Variable dépendante: consommation d'eau.
   Variable indépendante: production mensuelle.

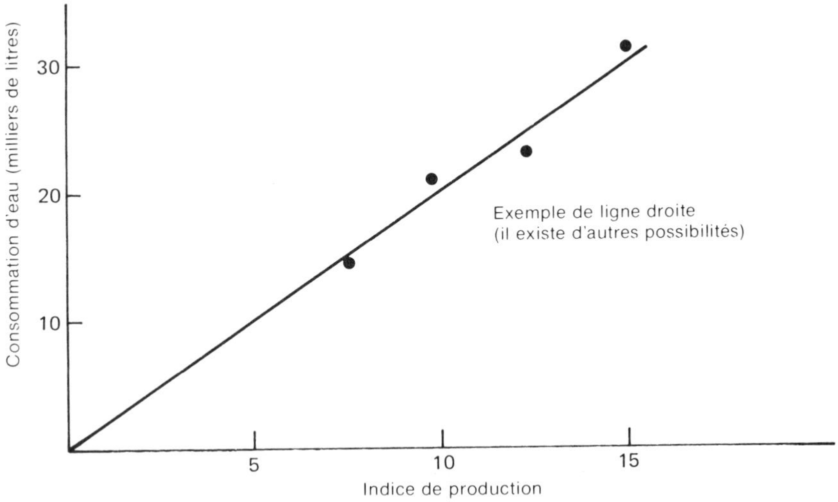

3. Variable dépendante: production quotidienne de lait.
   Variable indépendante: nombre de jours après la mise bas.

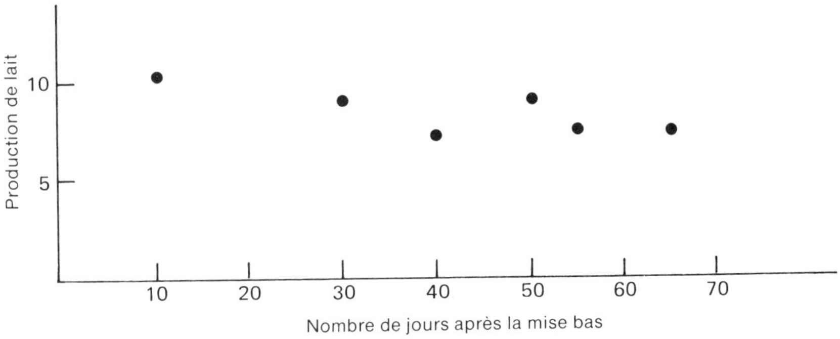

LEÇON 2

1.

$\Sigma x = 409$	$\Sigma xy = 30\ 436$	$\bar{x} = 40{,}9$
$\Sigma x^2 = 17\ 077$	$n = 10$	$\bar{y} = 74{,}4$
$\Sigma y = 744$	$\hat{y} = 73{,}65 + 0{,}01834x$	Lorsque $x = 45$, $\hat{y} = 74{,}475$
$\Sigma y^2 = 55\ 504$		

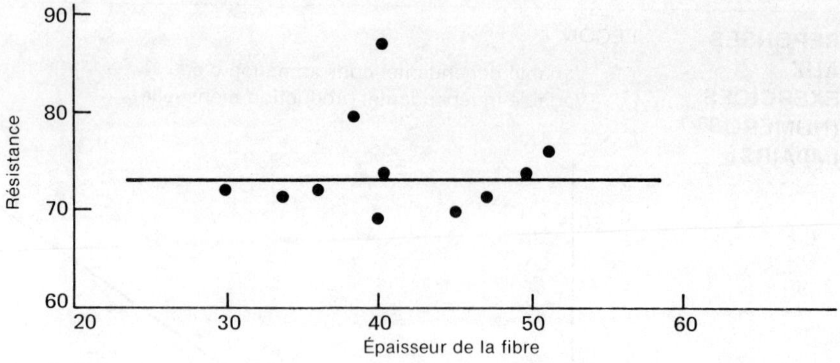

3. $\bar{x} = 4$, $\bar{y} = 90{,}25$, $\hat{y} = 18{,}8056 + 17{,}8611x$

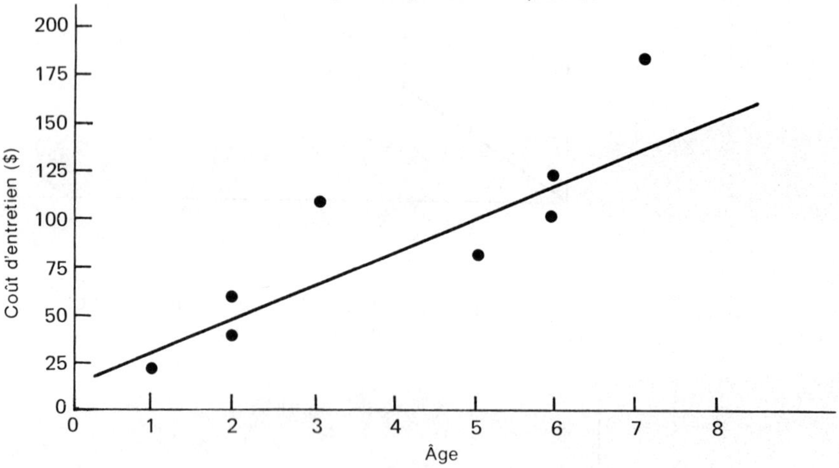

5. $\bar{x} = 5{,}5$, $\bar{y} = 10{,}67$, $\hat{y} = 12{,}2933 - 0{,}2952x$.
Pour l'année 1978, $x = 12$ et $\hat{y} = 8{,}75$.

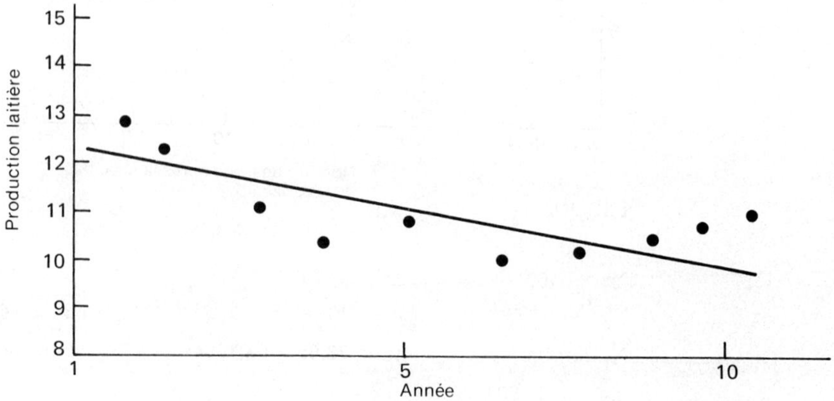

LEÇON 3

1. $s^2_{y|x} = 18{,}785$, $s_{y|x} = 4{,}334$
3. $s^2_{y|x} = 1043{,}15$, $s_{y|x} = 32{,}2978$
5. $s^2_{y|x} = 0{,}3822$, $s_{y|x} = 0{,}6182$

LEÇON 4

1. $r^2 = 0{,}00078$ ou 0,078%: équation de régression inutile; $r^2_{aj} = -0{,}124$.
3. $r^2 = 0{,}647$ ou 64,7%: équation de régression utile; $r^2_{aj} = 0{,}588$.
5. $r^2 = 0{,}7014$ ou 70,14%: équation de régression utile; $R^2_{aj} = 0{,}664$.

LEÇON 5

Aucun exercice.

LEÇON 6

1. $t_{8;0,01} = 2{,}896$, $\hat{y} = 74{,}424$

$$IC = 74{,}424 \pm (2{,}896)(4{,}334)\sqrt{\frac{1}{10} + \frac{(43 - 40{,}9)^2}{348{,}90}} \text{ ou } (70{,}212 \; ; \; 78{,}636)$$

3. $t_{6;0,025} = 2{,}447$, $\hat{y} = 90{,}25$

$$IC = 90{,}25 \pm (2{,}447)(32{,}2975)\sqrt{\frac{1}{8} + \frac{(4 - 4)^2}{36}} \text{ ou } (62{,}308 \; ; \; 118{,}192)$$

LEÇON 7

1. $t_{8;0,05} = 1{,}86$, $\hat{y} = 74{,}424$

$$IC = 74{,}424 \pm (1{,}86)(4{,}334)\sqrt{1 + \frac{1}{10} + \frac{(43{,}0 - 40{,}9)^2}{348{,}9}} \text{ ou } (65{,}921 \; ; \; 82{,}927)$$

3. $t_{6;0,025} = 2{,}447$, $\hat{y} = 90{,}25$

$$IC = 90{,}25 \pm (2{,}447)(32{,}2975)\sqrt{1 + \frac{1}{8} + \frac{(4 - 4)^2}{36}} \text{ ou } (6{,}424 \; ; \; 174{,}076)$$

LEÇON 8

1. $t = \dfrac{0,018}{0,232} = 0,0776, \qquad t_{8;0,025} = 2,306$

Ne pas rejeter H_0.

3. H_0: $\beta_1 = 0$ versus H_a: $\beta_1 \neq 0$, $\quad t_{5;0,025} = 2,571, \quad t = \dfrac{0,8617}{0,231} = 3,73$

   Rejeter H_0 et conclure qu'il existe une relation linéaire significative entre ces deux variables. L'intervalle de confiance à 90% se calcule comme suit:

   IC = 0,8617 ± (2,015)(0,231) ou (0,3962 ; 1,3271)

LEÇON 9

Aucun exercice.

LEÇON 10

1. r = 0,572 Il s'agit d'une forte corrélation positive.
3. r = 0,928 Il s'agit d'une très forte corrélation positive.
5. r = —0,259 Il s'agit d'une faible corrélation négative.

LEÇON 11

1. 0,572 < 0,6319; donc accepter H_0: $\rho = 0$.
   Corrélation non significative.
3. 0,928 > 0,8783; donc rejeter H_0: $\rho = 0$.
   Corrélation positive significative.
5. —0,259 > —0,6319; donc accepter H_0: $\rho = 0$.
   Corrélation non significative.

CHAPITRE DOUZE: MÉTHODES NON PARAMÉTRIQUES

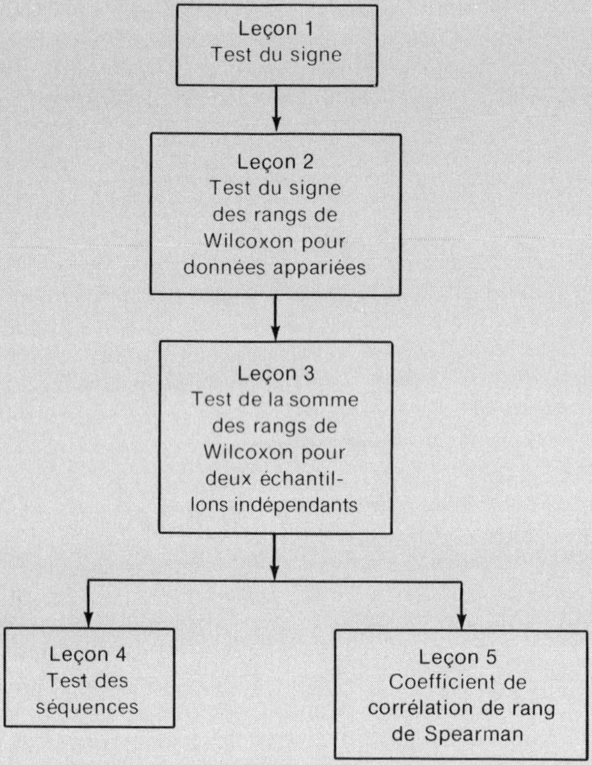

INTRODUCTION Dans les chapitres précédents, nous avons présenté des procédures permettant de vérifier des hypothèses lorsque la distribution dans la population était normale ou lorsque l'effectif échantillonnal était suffisamment grand pour nous permettre d'appliquer le théorème central limite. Cependant, peut-on supposer que toute variable aléatoire se distribue normalement, même de façon approximative? La réponse à cette question est malheureusement: non! De plus en plus, on tente de mettre au point des méthodes statistiques permettant, avec de petits échantillons, de vérifier des hypothèses sans nécessairement postuler l'existence d'un modèle probabiliste particulier comme, par exemple, la distribution normale. Ces procédures sont généralement appelées *procédures non paramétriques* ou *procédures indépendantes de la distribution.*

Un autre facteur rend nécessaire la mise au point de telles procédures: dans plusieurs cas, les variables ne sont pas mesurées sur une échelle d'intervalles-rapports. Les résultats sont plutôt ordonnés (échelle ordinale) ou simplement classés dans diverses catégories (échelle nominale). Avec un tel niveau de mesure, même si nous pouvons postuler que la variable se distribue normalement dans la population, nous ne pouvons pas utiliser des procédures pour petits échantillons, tel le test t présenté dans les chapitres précédents.

Nous nommons *non paramétriques* ces procédures indépendantes de la distribution parce qu'avec ce type de méthode il n'est pas nécessaire de formuler les hypothèses en termes de paramètres de la population. Elles sont plutôt formulées de façon générale comme, par exemple, *les deux échantillons proviennent de la même population ou de deux populations similaires*; ou encore, *il n'existe pas de différence, en termes de localisation, entre les deux populations*, et ainsi de suite. L'étiquette *indépendantes de la distribution* signifie que l'application de ces procédures ne nécessite pas de postulats particuliers quant à la distribution de la variable dans la population. Dans ce chapitre, nous utiliserons le terme *non paramétrique* pour désigner l'ensemble de ces procédures et nous ne nous attarderons pas à tenter de distinguer laquelle de ces deux étiquettes s'applique le mieux à un type de procédure en particulier.

Nous étudierons d'abord quatre types de tests d'hypothèses et nous terminerons avec une mesure de corrélation. Il n'est pas nécessaire que les données se distribuent normalement pour que ces procédures s'appliquent. Dans certains cas, il faudra cependant que la variable aléatoire soit de type continu. De plus, certaines de ces procédures ont été conçues spécifiquement pour s'appliquer à des données nominales ou ordinales. Contrairement au test d'approximation khi-carré et aux méthodes pour grands échantillons présentées dans le chapitre NEUF, ces procédures produisent des tests statistiques exacts, c'est-à-dire que la probabilité d'une erreur de type I, α, est exacte et non approximative.

Nous étudierons d'abord plusieurs tests pour deux échantillons, soit le test du signe, le test du signe des rangs de Wilcoxon pour données appariées et le test de la somme des rangs de Wilcoxon pour échantillons indépendants.

Nous verrons ensuite le test des séquences et nous terminerons par une mesure de corrélation adaptée à des données ordinales, nommée *coefficient de corrélation de rang de Spearman.*

VOCABULAIRE

Coefficient de corrélation de rang de Spearman
Séquence
Test des séquences
Test de Wilcoxon pour deux échantillons indépendants
Test de Wilcoxon pour données appariées
Test du signe

LEÇON 1 TEST DU SIGNE

Tâche: à partir d'un ensemble de données appariées, effectuer un test du signe avec un seuil de signification α approprié.

DÉFINITION *Test du signe:* procédure utilisée pour vérifier si deux traitements sont différents, à partir de deux échantillons appariés. Le membre de gauche de chaque paire est considéré comme ayant reçu le traitement 1, et le membre de droite le traitement 2. Si le membre de gauche est *supérieur* au membre de droite, nous attribuons un signe positif (+) à la paire; sinon, nous lui attribuons un signe négatif (—). S'il n'existe pas de différence entre les deux traitements, alors le nombre de signes positifs parmi les n paires est une variable binômiale dont les paramètres sont respectivement, n et $\pi = 1/2$. La procédure en six étapes pour vérifier cette hypothèse se résume comme suit:

ÉTAPE 1 Formuler l'hypothèse nulle et l'hypothèse alternative. L'hypothèse nulle maintient qu'il n'existe pas de différence entre les traitements. Donc, H_0: $\pi = 1/2$, où π représente la probabilité d'obtenir un signe positif (+) pour une paire donnée. L'hypothèse alternative peut se formuler de deux façons. Dans le cas d'un test unicaudal: H_a: $\pi > 1/2$ (le traitement 1 est supérieur au traitement 2) ou H_a: $\pi < 1/2$ (le traitement 2 est supérieur au traitement 1). Dans le cas d'un test bicaudal: H_a: $\pi \neq 1/2$ (les traitements 1 et 2 sont différents).

ÉTAPE 2 Choisir un seuil de signification α, ainsi qu'un effectif échantillonnal n.

ÉTAPE 3 Voici le test statistique approprié: y = le nombre de signes positifs (+) observés parmi les n paires; c'est-à-dire le nombre de fois que le traitement 1 est jugé supérieur au traitement 2.

ÉTAPE 4 La règle de décision se formule comme suit:
(a) si H_a correspond à $\pi > 1/2$ alors rejeter H_0 si $y \geqslant C_\alpha$; sinon, accepter H_0. La constante C_α représente une valeur de la table de la distribution binômiale telle que $P(y \geqslant C_\alpha) \leqslant \alpha$.
(b) si H_a correspond à $\pi < 1/2$, alors rejeter H_0 si $y \leqslant n - C_\alpha$; sinon, accepter H_0.
(c) si H_a correspond à $\pi \neq 1/2$, alors rejeter H_0 si $y \leqslant n - C_{\alpha/2}$ ou $y \geqslant C_{\alpha/2}$; sinon, accepter H_0. Comme dans le cas précédent, la constante $C_{\alpha/2}$ représente une valeur de la table de la distribution binômiale telle que $P(y \geqslant C_{\alpha/2}) \leqslant \alpha/2$.

ÉTAPE 5 Choisir l'échantillon, appliquer les traitements et évaluer la valeur de y, soit le nombre de signes positifs (+) parmi les n paires.

ÉTAPE 6 Appliquer la règle de décision et prendre la décision.

DISCUSSION

Dans plusieurs situations expérimentales, la mesure est réalisée de façon telle que tout ce qu'il est possible de dire sur la différence entre deux objets est que l'un est supérieur à l'autre. Par exemple, un observateur peut comparer deux marques de peinture différentes et indiquer laquelle offre, selon lui, le meilleur fini. Puisque les résultats s'obtiennent à partir d'un jugement subjectif de la part de l'observateur, le niveau ordinal constitue le niveau de mesure le plus élevé qu'il est possible d'atteindre dans de telles situations. De plus, ce type de mesure se retrouve fréquemment dans diverses situations expérimentales. Les expériences qui consistent à comparer la saveur de deux produits alimentaires constituent un excellent exemple d'application de ce type de mesure. Tel est le cas aussi de plusieurs expériences en psychologie et en sociologie, de même que plusieurs expériences de type pré-post. Ce type de mesure s'applique généralement à toute situation où l'on ne dispose pas d'une échelle absolue pour effectuer les comparaisons. Dans de tels cas, la vérification d'une hypothèse rend nécessaire l'utilisation de techniques spécifiquement adaptées à ce type de données.

Dans cette leçon nous étudierons un type d'expérience particulier où les données proviennent de deux échantillons appariés, plutôt que de deux échantillons indépendants. Supposons que les résultats d'une expérience quelconque proviennent de deux échantillons appariés; le premier membre de chaque paire a reçu le traitement 1 et le second membre a reçu le traitement 2. Notre but est de vérifier si les traitements produisent des effets similaires ou différents. Le seul type de mesure possible consiste à déterminer lequel des deux membres est supérieur à l'autre (s'il était possible d'obtenir une échelle de mesure plus raffinée, nous utiliserions un test plus efficace que le test du signe). Pour chacune des n paires, nous attribuons arbitrairement le signe positif (+) à la paire si le membre qui a reçu le traitement 1 semble *supérieur* au membre qui a reçu le traitement 2. De même, nous attribuons arbitrairement le signe négatif (—) à la paire si le membre qui a reçu le traitement 2 semble *supérieur* au membre qui a reçu le traitement 1. Lorsque les signes ont été attribués à chacune des n paires, nous calculons le nombre de signes positifs (+) obtenus.

Si l'hypothèse nulle (les deux traitements sont équivalents) est vraie, alors le modèle approprié pour le nombre de signes positifs (+) obtenus est la distribution binômiale avec comme paramètres n et $\pi = 1/2$. Il est facile de constater que s'il n'existe aucune différence entre les deux traitements, le nombre de signes positifs (+) et négatifs (—) se compare aisément au nombre de *pile* et de *face* obtenus dans le cadre d'une expérience qui consiste à lancer une pièce de monnaie équilibrée.

L'obtention d'un nombre suffisamment grand ou suffisamment petit de signes positifs devrait nous inciter à rejeter l'hypothèse nulle que les traitements sont équivalents et à conclure qu'il existe une différence entre les deux traitements. De plus, ce type de test s'applique aussi dans le cas d'hypothèses unidirectionnelles. Toutefois, il se peut que la valeur de la probabilité d'une erreur de type I, α, ne puisse être déterminée de façon précise. Ceci est dû au fait que la distribution binômiale ne s'applique qu'à des variables discrètes. Nous allons clarifier ce point à l'aide d'un exemple.

Supposons que nous désirons comparer deux marques de ketchup. Nous demandons à dix participants de déguster deux hamburgers; le premier a été assaisonné avec le ketchup de marque 1 et le second avec le ketchup de marque 2. L'ordre de présentation des hamburgers est effectué au hasard et nous demandons à chaque participant d'indiquer lequel des deux hamburgers il préfère. Les hamburgers sont préparés de façon similaire et seule la différence entre les marques de ketchup peut rendre compte de la différence de saveur entre ceux-ci. Pour chacun des dix essais nous enregistrons un signe positif si l'individu préfère la marque 1 et un signe négatif s'il préfère la marque 2.

Nous désirons utiliser un seuil de signification approximativement égal à 0,05. Puisque l'hypothèse est non directionnelle, nous utilisons un test bicaudal et nous consultons la table de la distribution binômiale avec $n = 10$ et $\pi = 1/2$. La zone de rejet de l'hypothèse nulle devrait être établie de façon telle qu'un nombre trop grand ou trop petit de signes positifs entraîne le rejet de l'hypothèse nulle. Supposons que nous décidons de rejeter H_0 si nous obtenons 0 ou 10 signes positifs. Nous déterminons à l'aide de la table que la probabilité d'obtenir un tel résultat est égale à $0{,}001 + 0{,}001 = 0{,}002$ ce qui est inférieur à 0,05. Supposons que nous étendons la zone de rejet aux valeurs 0, 1, 9 et 10. Cette fois, la probabilité est égale à $0{,}001 + 0{,}010 + 0{,}010 + 0{,}001 = 0{,}022$ ce qui est toujours inférieur à 0,05. Si nous étendons la zone de rejet de façon à inclure les valeurs 2 et 8 avec les valeurs 0, 1, 9 et 10, nous obtenons un seuil $\alpha = 0{,}110$, ce qui est supérieur à 0,05. Donc, si nous désirons un seuil de signification qui n'excède pas la valeur 0,05, nous ne devons rejeter H_0 que si nous obtenons 0, 1, 9 ou 10 signes positifs, ce qui correspond à un seuil réel de 0,022.

Dans la situation présente, supposons que nous obtenons les résultats suivants: $+ + + - + - + - - -$. Le nombre de signes positifs étant égal à 5, la valeur du test statistique se situe bien à l'intérieur de la zone d'acceptation. Donc, avec un tel effectif échantillonnal, nous ne pouvons pas rejeter H_0. En conséquence, nous concluons que rien ne semble indiquer l'existence d'une différence importante entre les deux marques de ketchup.

Il arrive parfois que l'application du test du signe pose un problème particulier. Il s'agit du problème des membres égaux, c'est-à-dire lorsque nous sommes incapables de déterminer lequel des deux membres d'une paire est supérieur à l'autre. Lorsque ce problème se produit, nous recommandons de retirer la paire de l'échantillon et de procéder avec les $n - 1$ paires restantes.

Puisque le test du signe est très simple à effectuer et comme il s'appuie sur les principes de la distribution binômiale que nous avons amplement étudiée dans les chapitres précédents, nous terminerons en concluant que, dans le cas d'échantillons de taille suffisamment grande, nous pouvons utiliser l'approximation normale de la distribution binômiale pour obtenir un test d'approximation. Le test statistique approprié dans le cas de grands échantillons se formule comme suit:

$$Z = \frac{y - n/2}{\sqrt{n/4}}$$

Nous rejetons H_0 si $Z \geqslant z_\alpha$ dans le cas d'un test unicaudal et si $|Z| \geqslant z_{\alpha/2}$ dans le cas d'un test bicaudal. Ce test d'approximation donne habituellement d'excellents résultats, car la distribution binômiale est parfaitement symétrique lorsque $\pi = 1/2$. De plus, l'approximation est assez juste même pour un effectif échantillonnal n aussi petit que dix (voir la leçon 8 du chapitre CINQ pour une discussion de l'approximation normale de la distribution binômiale).

EXEMPLE À partir d'un ensemble de données appariées, effectuer un test du signe dont le seuil de signification n'excède pas la valeur α donnée.

1. Supposons que nous désirons comparer le lustre d'un nouveau produit de finition pour le bois avec celui d'un vernis ordinaire. Les deux produits sont comparables quant à leurs autres caractéristiques tels leur coût, leur résistance, etc. Pour comparer leur lustre, nous appliquons une couche de chacun des deux produits sur 15 paires de planches choisies parmi différents types de bois. Pour chaque paire, nous appliquons le nouveau fini sur une planche choisie au hasard et le vernis sur l'autre planche. Nous demandons ensuite à un observateur d'indiquer pour chaque paire la planche qui, selon lui, offre le plus beau lustre. Avec un seuil de signification égal à 0,05, pouvons-nous conclure que le nouveau produit offre un plus beau lustre que le vernis ordinaire?

Solution. Voici la procédure en six étapes pour vérifier cette hypothèse.

ÉTAPE 1 H_0: $\pi = 1/2$ *versus* H_a: $\pi > 1/2$.

ÉTAPE 2 Soit $\alpha = 0{,}05$ et $n = 15$.

ÉTAPE 3 Voici le test statistique approprié:
y = le nombre de fois que le nouveau fini est préféré au vernis ordinaire.

ÉTAPE 4 À l'aide de la table de la distribution binômiale avec $n = 15$ et $\pi = 1/2$, nous obtenons la règle de décision suivante: rejeter H_0 si $y \geqslant 12$; sinon, accepter H_0. [*Note:* $P(y \geqslant 12) = 0{,}017 < 0{,}05$. Cependant, si nous utilisons une valeur critique égale à 11, alors $P(y \geqslant 11) = 0{,}059$, ce qui excède le seuil $\alpha = 0{,}05$ choisi auparavant.]

ÉTAPE 5 Supposons que le nouveau fini ait été préféré dans 13 cas sur 15.

ÉTAPE 6 Nous rejetons H_0 et concluons que le nouveau produit offre un meilleur fini que le vernis ordinaire. Le seuil réel de signification de ce test est égal à 0,017.

EXERCICES

À partir d'un ensemble de données appariées, effectuer un test du signe dont le seuil de signification n'excède pas la valeur α donnée.

1. On demande à 25 personnes choisies au hasard d'indiquer lequel de deux types d'emballage elles préfèrent. En utilisant un seuil α maximal de 0,025, vérifier l'hypothèse nulle qu'il n'existe aucune préférence pour l'un ou l'autre des deux types d'emballage. Dans le cadre de cette étude, 19 personnes sur 25 ont préféré le second type d'emballage au premier.

2. Un magasin à rayons mène une enquête pour déterminer lequel de deux types de parfum les clients préfèrent. On choisit 15 clients au hasard, auxquels on demande d'essayer les deux types de parfum et d'indiquer lequel des deux ceux-ci préfèrent. Cependant, les deux bouteilles ont été remplies avec le même parfum et seul le contenant est différent. Le magasin croit que les clients préfèreront le parfum offert dans la bouteille la plus attrayante. Les résultats montrent que dix clients ont préféré le parfum de la bouteille la plus attrayante. Utiliser un seuil $\alpha = 0{,}05$ pour vérifier cette hypothèse.

3. Vous effectuez un test du signe à partir d'un échantillon composé de 20 paires de données. Vous devez vérifier une hypothèse unidirectionnelle; donc, vous vous attendez, si H_a est vraie, à un grand nombre de signes positifs. Avec un seuil α maximal de 0,10, quelle est la valeur critique de la zone de rejet et quel est le seuil réel du test statistique? Dans le cas d'un test bicaudal avec un seuil maximal de 0,05, quels seraient la valeur critique de la zone de rejet et le seuil α réel?

4. Vous effectuez un test du signe à partir d'un échantillon composé de 40 paires. Dans le cas d'un test bicaudal avec un seuil $\alpha = 0{,}05$, quel est le test statistique approprié et quelle est la valeur critique approximative de la zone de rejet? [*Indice:* utiliser l'approximation normale de la distribution binômiale avec $\pi = 1/2$.]

LEÇON 2 TEST DU SIGNE DES RANGS DE WILCOXON POUR DONNÉES APPARIÉES

Tâche: à partir d'un ensemble de données appariées où il est possible de mesurer la différence entre les membres de chaque paire, effectuer, au seuil de signification demandé, un test du signe des rangs de Wilcoxon pour données appariées.

DÉFINITION *Test du signe des rangs de Wilcoxon pour données appariées:* procédure utilisée pour vérifier si deux traitements sont différents à partir de deux échantillons appariés. Pour chaque paire de données, le premier membre de la paire est considéré comme ayant reçu le traitement 1 et le second membre comme ayant reçu le traitement 2. Nous supposons que, pour chaque paire, la différence entre les deux membres peut être mesurée, ainsi que le signe de la différence (+ ou —). Voici la procédure en six étapes pour vérifier cette hypothèse.

ÉTAPE 1 Formuler l'hypothèse nulle et l'hypothèse alternative. H_0: les deux traitements sont similaires *versus* H_a: les deux traitements sont différents (dans le cas d'un test bicaudal) ou le traitement 1 est supérieur (ou inférieur) au traitement 2 (dans le cas d'un test unicaudal).

ÉTAPE 2 Choisir un seuil de signification α ainsi qu'un effectif échantillonnal n.

ÉTAPE 3 Le test statistique se calcule comme suit: (1) calculer la différence (en valeur absolue) entre les membres de chacune des n paires, puis ordonner ces différences en accordant le rang 1 à la plus petite, et ce jusqu'au rang n; (2) attribuer à chaque rang le signe de la différence concernée et calculer la somme des rangs positifs ainsi que la somme des rangs négatifs; (3) la valeur T correspond à la *plus petite* des deux sommes ainsi obtenues.

ÉTAPE 4 La règle de décision se formule comme suit: rejeter H_0 si $T \leqslant T_\alpha$, où T_α représente une valeur obtenue dans la table IX de l'*annexe*, à partir des valeurs données de α et de n. Cette procédure s'applique aussi bien à un test unicaudal qu'à un test bicaudal (la colonne à utiliser pour chaque type de test est indiquée dans la table).

ÉTAPE 5 Choisir les échantillons, appliquer les traitements appropriés et calculer la valeur du test statistique.

ÉTAPE 6 Appliquer la règle de décision et prendre la décision.

DISCUSSION

Supposons que nous nous trouvons dans une situation expérimentale semblable à celles que nous avons étudiées dans le cadre de la leçon sur le test du signe. Cette fois-ci cependant, en plus de pouvoir indiquer lequel des deux membres d'une paire est supérieur à l'autre, nous pouvons aussi mesurer le degré de supériorité de l'un des deux membres de la paire sur l'autre. Dans de tels cas, nous aimerions utiliser cette information supplémentaire pour produire un test statistique plus efficace que le test du signe. C'est précisément ce que fait le *test du signe des rangs de Wilcoxon pour données appariées* ou, plus brièvement, le *test du signe des rangs.*

Ce test permet de vérifier l'hypothèse qu'il n'existe pas de différence entre les deux traitements concernés. Pour effectuer ce test, nous calculons d'abord les différences d entre les deux membres de chacune des n paires; c'est-à-dire $d = y_1 - y_2$. Certaines valeurs de d seront positives et d'autres seront négatives; toutefois, la valeur absolue de chaque d représente toujours la grandeur de la différence entre les membres de la paire concernée. La deuxième étape consiste à ignorer le signe de chacun des d et à les placer en rangs de 1 à n en fonction de leur valeur absolue. Ensuite, nous attribuons à chaque rang le signe de la différence à laquelle il est associé; puis nous calculons la somme des rangs positifs et la somme des rangs négatifs.

S'il n'existe pas de différence entre les deux traitements, alors la somme des rangs positifs devrait être égale à la somme des rangs négatifs. Tout écart important entre ces deux sommes devrait être une indication que les traitements diffèrent et devrait, de ce fait, nous inciter à rejeter l'hypothèse nulle.

Le problème des membres égaux se pose aussi dans le cas de ce test. Les deux membres d'une même paire peuvent être à ce point semblables que la différence entre les deux est pratiquement égale à zéro. Lorsque ceci se produit, nous recommandons de retirer la paire de l'échantillon. Il se peut aussi que deux différences d soient égales; dans ce cas, nous attribuons à chacune des différences la moyenne des rangs que celles-ci devraient normalement recevoir. Supposons, par exemple, que nous obtenons les d: 1,3, 3,8, auxquels nous devons attribuer les rangs: 1,2,3,4. Ici, les deux valeurs 3 devraient normalement occuper les rangs 2 et 3. Nous attribuons donc le rang 2,5 à chacune de ces deux valeurs et nous obtenons ainsi les rangs suivants: 1, 2,5, 2,5, 4.

Avant de résumer brièvement les diverses étapes de cette procédure, nous nous devons de considérer un autre point important de cette discussion. Supposons que nous disposons de données mesurées sur une échelle d'intervalles-rapports. Nous pouvons donc utiliser le test t pour données appariées, que nous avons présenté dans le chapitre HUIT. Nous pouvons aussi appliquer le test du signe des rangs. De fait, certains pourraient considérer que les deux procédures sont à peu près semblables. En effet, dans les deux cas nous évaluons la différence d entre les deux membres de chacune des n paires. Dans le cas du test t, nous calculons ensuite la moyenne et l'écart type de ces différences d de façon à obtenir l'indice statistique t. Dans le cas du test du signe des rangs, nous ignorons le signe des différences d et nous l'attribuons plutôt aux rangs qu'elles occupent.

Dans le cas d'une échelle d'intervalles-rapports, où s'appliquent les méthodes présentées dans le chapitre HUIT, devons-nous quand même considérer l'utilisation du test du signe des rangs? En général, nous devrions quand même considérer l'utilisation de ce test. En effet, le test t pour données appariées s'appuie sur le postulat que la distribution doit être normale, ce qui peut ne pas correspondre à la réalité de plusieurs situations expérimentales. Dans de tels cas, le test t ne constitue qu'un test d'approximation. Par contre, le test du signe des rangs ne s'appuie sur aucun postulat quand à la distribution de la variable dans la population; de plus, il a été démontré qu'il est très robuste, et même plus robuste que le test t dans certaines situations. Donc, nous devrions utiliser le test du signe des rangs chaque fois que nous ne pouvons pas postuler que la variable se distribue normalement dans la population (dans le cas de petits écarts à la distribution normale, il demeure toutefois préférable d'utiliser le test t).

Voici, en résumé, les différentes étapes pour effectuer un test du signe des rangs.

ÉTAPE 1 Pour chaque paire de données, calculer la différence d, où $d = y_1 - y_2$.

ÉTAPE 2 En ignorant les signes, attribuer les rangs de 1 à n à chacune des différences d (de la plus petite à la plus grande). Si deux ou plusieurs différences sont égales, attribuer la moyenne des rangs concernés à chacune des différences.

ÉTAPE 3 Attribuer à chaque rang le signe de la différence à laquelle il est associé, puis faire la somme des rangs positifs et des rangs négatifs. La valeur de T correspond à la plus petite des deux sommes.

ÉTAPE 4 À l'aide de la table IX, repérer la valeur T associée au seuil α et à l'effectif n utilisés. Rejeter H_0 si la valeur T calculée est inférieure à la valeur T de la table.

Dans le cas de grands échantillons, utiliser le test statistique d'approximation suivant:

$$Z = \frac{T - \dfrac{n(n+1)}{4}}{\sqrt{\dfrac{n(n+1)(2n+1)}{24}}}$$

En appliquant le théorème central limite, nous pouvons utiliser la table de la distribution normale pour identifier les valeurs critiques de ce test statistique.

Dans le cas d'un test bicaudal avec un seuil égal à $\alpha/2$, rejeter H_0 si $|Z| \geqslant z_{\alpha/2}$. Dans le cas d'un test unicaudal et d'une hypothèse du type: *le traitement 1 est meilleur, supérieur, etc. au traitement 2*, nous attribuons toujours la somme des rangs positifs à la variable T et nous rejetons H_0 si $Z \geqslant z_\alpha$

EXEMPLE À partir d'un ensemble de données appariées, effectuer un test du signe des rangs de Wilcoxon en utilisant le seuil de signification indiqué.

1. Un groupe de psychologues utilise un échantillon composé de dix couples de jumeaux d'âge préscolaire pour évaluer l'effet d'un certain traitement sur les capacités d'apprentissage de ceux-ci. Pour chaque couple, le traitement expérimental est administré à l'un des deux jumeaux, tandis que l'autre sert de témoin. Après dix semaines de traitement, les psychologues administrent un test approprié à chacun des jumeaux. Les résultats obtenus sont présentés dans le tableau ci-dessous. Avec un seuil de signification de 0,025, peut-on conclure que le traitement améliore le score des individus?

COUPLES	TÉMOINS y_1	EXPÉRIMENTAUX y_2	$d = y_1 - y_2$	RANGS AFFECTÉ DE LEUR SIGNE
1	62	83	−21	− 9
2	43	75	−32	−10
3	75	90	−15	− 7,5
4	38	36	2	1
5	50	65	−15	− 7,5
6	42	36	6	3
7	36	46	−10	− 5
8	65	72	− 7	− 4
9	79	75	4	2
10	35	47	−12	− 6

Solution.

ÉTAPE 1 H_0: il n'existe aucune différence entre les sujets expérimentaux et les sujets témoins *versus* H_a: les sujets du groupe expérimental sont supérieurs aux sujets du groupe témoin. Donc, il s'agit d'un test unicaudal.

ÉTAPE 2 Soit $\alpha = 0{,}025$ et $n = 10$.

ÉTAPE 3 La somme des rangs positifs devrait être la plus petite des deux sommes. L'indice T constitue le test statistique approprié.

ÉTAPE 4 À l'aide de la table IX nous déterminons que, pour un test unicaudal avec $n = 10$, la valeur critique de $T_{0{,}025}$ est égale à 8. Donc, rejeter H_0 si $T \leqslant 8$; sinon, accepter H_0.

ÉTAPE 5 Le test statistique s'obtient en effectuant la somme des rangs positifs. Donc, $T = 1 + 2 + 3 = 6$.

ÉTAPE 6 Puisque $T = 6 < T_{0{,}025} = 8$, nous rejetons H_0 et concluons que le traitement améliore la performance des individus.

EXERCICES À partir d'un ensemble de données appariées, effectuer un test du signe des rangs de Wilcoxon en utilisant le seuil de signification indiqué.

1. La Commission des accidents de travail souhaite impliquer plusieurs industries dans une campagne contre les accidents de travail. La commission utilise à cette fin des données qu'elle a recueillies auprès de huit entreprises différentes durant l'année qui a précédé et celle qui a suivi l'implantation d'un certain programme de prévention des accidents de travail. À partir des données du tableau ci-dessous, peut-on conclure que l'implantation du programme a entraîné une diminution du nombre d'accidents de travail? Utiliser un seuil $\alpha = 0{,}025$.

	INDUSTRIES							
	1	2	3	4	5	6	7	8
Nombre d'accidents avant l'implantation du programme	75	92	57	63	72	47	81	87
Nombre d'accidents après l'implantation du programme	63	86	58	51	53	50	60	80

2. Un restaurant désire comparer le rendement de deux attendrisseurs de viande. Le chef cuisinier choisit six coupes de viande différentes, qu'il taille en deux pièces et sur lesquelles il applique chacun des deux attendrisseurs. Pour chaque coupe, les attendrisseurs sont attribués au hasard à chacune des deux pièces. On demande ensuite à un autre chef cuisinier d'évaluer la délicatesse de chacun des morceaux de viande à l'aide d'une échelle allant de 1 à 20. Avec un seuil $\alpha = 0{,}05$, peut-on conclure qu'il n'existe pas de différence entre les deux attendrisseurs? Utiliser les résultats ci-dessous.

	COUPES DE VIANDE					
	1	2	3	4	5	6
Attendrisseur 1	10	13	8	9	16	11
Attendrisseur 2	12	17	3	8	10	10

3. Dix étudiants d'une classe d'éducation physique sont choisis au hasard pour entreprendre un programme d'exercices spéciaux, conçus pour améliorer la fonction cardio-vasculaire. Les dix sujets du groupe expérimental sont appariés à dix autres individus de condition physique similaire, auxquels on demande de poursuivre le programme régulier d'éducation physique. On mesure le pouls de chaque étudiant au début et à la fin du programme d'exercices et on enregistre la diminution de pouls des sujets de chacune des dix paires. Avec un seuil $\alpha = 0{,}025$, pouvons-nous conclure que le nouveau programme est supérieur au programme régulier quant à l'amélioration de la fonction cardio-vasculaire? Utiliser les données du tableau ci-dessous.

	PAIRES									
	1	2	3	4	5	6	7	8	9	10
Programme régulier	30	10	5	8	20	29	15	12	6	17
Programme spécial	35	16	4	12	22	26	24	22	3	25

4. L'Office de protection du consommateur désire comparer deux marques d'essence quant à leur rendement en termes de kilomètres parcourus par litre d'essence. Chaque marque est utilisée une seule fois dans 15 automobiles différentes. Supposons que la valeur T obtenue est égale à 35 pour la marque 1. Avec un seuil $a = 0{,}05$, que peut-on conclure à propos du rendement des deux marques d'essence? [*Indice:* utiliser la méthode d'approximation pour de grands échantillons.]

LEÇON 3 TEST DE LA SOMME DES RANGS DE WILCOXON POUR DEUX ÉCHANTILLONS INDÉPENDANTS

Tâche: à partir de deux échantillons indépendants, effectuer le test de la somme des rangs de Wilcoxon pour vérifier l'hypothèse nulle de l'identité des deux populations *versus* l'hypothèse alternative que les deux populations ne diffèrent qu'en termes de localisation.

DÉFINITION *Test de la somme des rangs de Wilcoxon pour deux échantillons indépendants* ou *test de la somme des rangs*: procédure pour vérifier si deux échantillons indépendants proviennent de la même population (distribution) ou s'ils proviennent de deux populations (distributions) de forme identique, mais dont les moyennes ou les médianes sont différentes. La procédure en six étapes pour vérifier cette hypothèse se résume comme suit.

ÉTAPE 1 *Soit* θ_1 et θ_2, les médianes de chacune des deux populations; alors

$$H_0\text{: } \theta_1 = \theta_2 \text{ versus } \begin{cases} H_a\text{: } \theta_1 > \theta_2 \\ H_a\text{: } \theta_1 < \theta_2 \\ H_a\text{: } \theta_1 \neq \theta_2 \end{cases}$$

ÉTAPE 2 Soit n_1, la taille de l'échantillon extrait de la population 1, et n_2, la taille de l'échantillon extrait de la population 2. Les deux populations doivent être définies de façon à ce que $n_1 \leqslant n_2$; en d'autres termes, si les deux échantillons sont de tailles différentes, alors n_1 représente toujours la taille de l'échantillon le plus petit. Choisir un seuil de signification α.

ÉTAPE 3 Voici comment calculer le test statistique approprié. Nous attribuons à chacun des membres des deux échantillons réunis des rangs de 1 à n, où $n = n_1 + n_2$. Nous calculons ensuite la valeur de T', où T' correspond à la somme des rangs des données de l'échantillon extrait de la population 1 (cette somme s'effectue à partir de n_1 éléments).

ÉTAPE 4 Dans le cas d'un test bicaudal, utiliser la règle de décision suivante: rejeter H_0 si $T' \leqslant T'_{\alpha/2}$ ou si $T' \geqslant T'_{1-\alpha/2}$; sinon, accepter H_0. Les valeurs de $T'_{\alpha/2}$ et $T'_{1-\alpha/2}$ sont obtenues, pour des valeurs $n_1 \leqslant n_2 \leqslant 10$, à l'aide de la table X de l'*annexe*. Dans le cas d'un test unicaudal, comparer la valeur de T' à T'_α ou $T'_{1-\alpha/2}$ selon la direction de l'hypothèse alternative.

ÉTAPE 5 Choisir les échantillons et calculer la valeur du test statistique.

ÉTAPE 6 Appliquer la règle de décision et prendre la décision.

DISCUSSION

Le *test de la somme des rangs de Wilcoxon* constitue sans doute l'un des tests les plus efficaces parmi les tests non paramétriques. En effet, lorsqu'il est impossible de postuler que la variable se distribue normalement et lorsque les données sont mesurées sur une échelle d'intervalles-rapports, ce test devient un excellent compétiteur du test t pour échantillons indépendants présenté dans le chapitre HUIT de ce volume. Toutefois, le test de la somme des rangs ne requiert qu'un niveau de mesure ordinal pour s'appliquer.

Supposons que nous disposons de deux échantillons indépendants auxquels nous appliquons deux traitements différents. Nous désirons savoir s'il est raisonnable de croire que les deux échantillons proviennent d'une population commune (ceci revient à s'interroger sur l'équivalence des deux traitements). Si la formulation de l'hypothèse alternative correspond à l'énoncé *les deux populations sont identiques, sauf en termes de localisation* (moyennes ou médianes), alors nous recommandons l'utilisation du test statistique décrit ci-dessous.

D'abord, nous réunissons les deux échantillons pour n'en former qu'un seul, de taille $n = n_1 + n_2$, où n_1 représente la taille du plus petit des deux échantillons et n_2 la taille de l'autre échantillon. Ensuite, nous plaçons les n résultats en ordre croissant et nous leur attribuons des rangs de 1 à n. Finalement, nous calculons la valeur de T', où T' correspond à la somme des rangs associés aux données du plus petit des deux échantillons, c'est-à-dire l'échantillon 1. Si l'hypothèse que les deux échantillons proviennent de deux populations identiques, mais dont les moyennes ou les médianes sont différentes, est vraie, alors la valeur de T' sera soit très grande, soit très petite. Dans ce cas, nous devrions rejeter l'hypothèse nulle que les deux échantillons proviennent d'une population commune et conclure que ceux-ci proviennent de deux populations dont les moyennes ou les médianes diffèrent. Pour établir une règle de décision correspondant au seuil de signification désiré, nous comparons la valeur T' calculée à une valeur T'_α extraite de la table X de l'*annexe*, à l'aide des valeurs n_1 et n_2. Les valeurs T'_α et $T'_{1-\alpha}$ s'interprètent comme suit: $P(T' \leqslant T'_\alpha) = \alpha$ et $P(T' \geqslant T'_{1-\alpha}) = \alpha$. Donc, dans le cas d'un test unicaudal avec un seuil de signification égal à α, nous rejetons H_0 si $T' \leqslant T'_\alpha$. Dans le cas d'un test bicaudal, si nous rejetons H_0 lorsque $T' \leqslant T'_\alpha$ ou lorsque $T' \geqslant T'_{1-\alpha}$, alors la probabilité de rejeter H_0 lorsqu'elle est vraie est égale à $(\alpha + \alpha) = 2\alpha$. Donc, pour un test bicaudal avec un seuil global égal à α, nous rejetons H_0 si $T' \leqslant T'_{\alpha/2}$ ou si $T' \geqslant T'_{1-\alpha/2}$.

Pour résoudre le problème des scores égaux, nous attribuons à chacune des données la moyenne des rangs concernés.

[*Note:* il faut être prudent en utilisant la table X si les échantillons comportent beaucoup de données égales, car la forme de la distribution des valeurs T' se modifie en fonction du nombre de scores égaux que comportent les données. Pour tenir compte de cette modification, nous utilisons habituellement des tables différentes établies en fonction de l'agencement des scores égaux. Nous continuerons ici d'utiliser la table X, à moins que les données comportent un nombre *excessif* de scores égaux.]

Lorsqu'il s'agit de grands échantillons, nous pouvons utiliser l'approximation normale ci-dessous:

$$Z = \frac{T' - \dfrac{n_1(n_1 + n_2 + 1)}{2}}{\sqrt{\dfrac{n_1 n_2(n_1 + n_2 + 1)}{12}}}$$

Ici, T' représente la somme des rangs associés aux données du plus petit des deux échantillons. Dans le cas présent, il s'agit de l'échantillon 1, puisque les deux populations sont définies de façon à ce que $n_1 \leqslant n_2$.

Nous rejetons H_0 si $|Z| \geqslant z_{\alpha/2}$ pour un test bicaudal et si $|Z| \geqslant z_\alpha$ pour un test unicaudal.

EXEMPLE À partir des données de deux échantillons indépendants, effectuer un test de la somme des rangs de Wilcoxon pour vérifier si les deux échantillons proviennent d'une même population.

1. Dans le but de vérifier l'efficacité de deux méthodes différentes de lecture rapide, un professeur choisit neuf individus au hasard dans un groupe de 17 personnes et leur enseigne la méthode 1. Les huit individus restants reçoivent la méthode 2. Après six semaines de cours, le professeur fait passer un test de compréhension à chacun des 17 individus. Avec un seuil $\alpha = 0{,}05$, peut-on conclure que les deux méthodes produisent des résultats différents? Utiliser les données du tableau ci-dessous.

	SCORES								
Méthode 2	80	76	92	89	68	94	86	96	78
Méthode 1	82	84	68	66	76	88	62	81	

Solution.

ÉTAPE 1 H_0: les médianes de chacune des deux populations sont égales *versus* H_a: les médianes sont différentes.

ÉTAPE 2 Soit $n_1 = 8$, $n_2 = 9$ et $\alpha = 0{,}05$.

ÉTAPE 3 Le test statistique T' consiste à calculer la somme des rangs des huit individus qui ont reçu la méthode 1.

ÉTAPE 4 La règle de décision se formule comme suit: rejeter H_0 si $T' \leqslant T'_{0,025}$ ou si $T' \geqslant T'_{0,975}$. À l'aide de la table nous déterminons que les valeurs se rapprochant le plus de $T'_{0,025}$ et $T'_{0,975}$ sont respectivement $T'_{0,023} = 51$ et $T'_{1-0,023} = 93$. Donc, $\alpha = 2(0{,}023) = 0{,}046$.

ÉTAPE 5 Voici les rangs des individus des deux groupes combinés. Le groupe d'appartenance de l'individu apparaît sur la troisième ligne, son score sur la deuxième ligne et son rang sur la première ligne (remarquer la façon de traiter les scores égaux).

1	2	3,5	3,5	5,5	5,5	7	8	9	10	11	12	13	14	15	16	17
62	**66**	**68**	**68**	**76**	**76**	**78**	**80**	**81**	**82**	**84**	**86**	**88**	**89**	**92**	**94**	**96**
1	1	1	2	1	2	2	2	1	1	1	2	1	2	2	2	2

La somme T' des rangs des individus du groupe 1 est égale à $1 + 2 + 3{,}5 + 5{,}5 + 9 + 10 + 11 + 13 = 55$.

ÉTAPE 6 Puisque $T' = 55$ se situe hors de la zone de rejet, nous ne rejetons pas H_0. Nous concluons que les données ne nous permettent pas de déclarer que les deux méthodes produisent des effets différents sur le niveau de compréhension des textes.

EXERCICES À partir des données de deux échantillons indépendants, effectuer un test de la somme des rangs de Wilcoxon pour vérifier si les deux échantillons proviennent d'une population commune.

1. Des chercheurs en médecine comparent l'efficacité de deux types de médicament pour soulager les maux de tête en se basant sur le temps d'absorption du médicament par le sang. Ils administrent chacun des deux médicaments à deux groupes composés chacun de dix volontaires choisis au hasard. Ils enregistrent pour chacun des deux groupes le temps (en minutes) nécessaire pour absorber le médicament ingéré. Avec un seuil $\alpha = 0{,}10$, peut-on conclure que les deux médicaments ont des temps d'absorption différents? Utiliser les données du tableau ci-dessous.

	TEMPS D'ABSORPTION (en minutes)									
Médicament 1	20	25	22	23	22	26	30	19	25	28
Médicament 2	27	30	31	29	32	33	25	24	27	29

2. À la fin d'un cours d'éducation physique, on demande à des étudiants qui participent à une expérience qui a pour but de comparer deux programmes d'exercices différents d'effectuer un tour de piste en courant le plus rapidement possible. On mesure ensuite le pouls de chacun des étudiants. Le groupe 1 se compose de 15 étudiants et le groupe 2 se compose de 20 étudiants. On obtient une valeur T' égale à 220. Avec un seuil $\alpha = 0{,}05$, pouvons-nous conclure que les deux groupes diffèrent? [*Indice:* utiliser un test d'approximation pour grands échantillons.]

LEÇON 4 TEST DES SÉQUENCES

Tâche: à partir d'un ensemble de données, effectuer un test des séquences pour déterminer si les événements d'une série se produisent dans un ordre précis ou au hasard.

DÉFINITIONS *Séquence:* série ininterrompue de symboles ou d'événements identiques, précédée et suivie, soit par des symboles ou des événements différents, soit pour aucun symbole ou aucun événement.

Test des séquences: procédure permettant de déterminer si les événements d'une série se produisent dans un ordre non déterminé ou au hasard. Le test s'obtient en comptant le nombre de séquences r dans une suite d'événements donnée. Si ce nombre est très grand ou très petit, alors nous rejetons l'hypothèse que les événements se distribuent selon un ordre non déterminé ou au hasard. Voici la procédure en six étapes pour vérifier cette hypothèse.

ÉTAPE 1 Formuler H_0 et H_a. H_0: les événements se distribuent selon un ordre non déterminé ou au hasard *versus* H_a: les événements se distribuent selon un ordre particulier.

ÉTAPE 2 Soit $\alpha = 0,05$ (la table XI de l'*annexe* rapporte les valeurs critiques associées à ce seul seuil de signification). Soit n, le nombre d'événements dans une suite donnée.

ÉTAPE 3 Le nombre total r de séquences observées dans la suite des n événements constitue le test statistique approprié.

ÉTAPE 4 Supposons que nous pouvons classer chaque événement d'une série donnée dans l'une de deux catégories: succès ou échec, défectueux ou non défectueux, plus petit ou plus grand que la médiane, etc. Supposons aussi que n_1 représente le nombre d'événements de la catégorie 1, et n_2 le nombre d'événements de la catégorie 2; donc, $n_1 + n_2 = n$. Nous rejetons H_0 si le nombre de séquences r est inférieur ou égal à une certaine valeur obtenue dans la table XI(a), ou égal ou supérieur à une certaine valeur obtenue dans la table XI(b) de l'*annexe*, à l'aide des valeurs de n_1 et n_2. Sinon, nous acceptons H_0.

ÉTAPE 5 Choisir l'échantillon et calculer la valeur du test statistique r.

ÉTAPE 6 Appliquer la règle de décision et prendre la décision.

DISCUSSION

L'un des principes fondamentaux de tout processus d'échantillonnage est que celui-ci doit s'effectuer au hasard. Cependant, dans plusieurs situations les données sont recueillies au fur et à mesure qu'elles se présentent et le processus d'échantillonnage ne peut être placé sous un contrôle rigoureux. Avant d'appliquer une technique statistique à des résultats, nous devons d'abord nous assurer que les données se présentent dans un ordre non déterminé.

Il existe aussi d'autres raisons pour lesquelles nous pouvons désirer vérifier si des événements d'une série se produisent dans un ordre au hasard. Par exemple, supposons que nous devons classer les objets produits par une certaine machine en deux catégories: défectueux et non défectueux. La découverte de l'existence de certains cycles dans la production d'objets défectueux et non défectueux pourrait signifier que la machine doit être ajustée. Par exemple, il serait vraiment suspect de découvrir que la machine produit un objet défectueux à tous les dix objets. Si la machine opère à partir de dix fentes placées sur un touret, nous pourrions ainsi découvrir que l'une de ces fentes est mal ajustée. Un simple dénombrement des objets défectueux ne nous permettrait pas d'identifier ce problème. Cependant, l'examen des séquences d'objets défectueux et non défectueux ferait ressortir clairement cette composante périodique. Donc, il devient important d'examiner non seulement la fréquence de certains événements, mais aussi l'ordre dans lequel ceux-ci se produisent. Dans le cadre d'un processus d'inférence statistique, nous devrions souvent nous interroger sur l'ordre de présentation des résultats afin de pouvoir détecter toute tendance périodique pouvant résulter du processus d'échantillonnage.

Le *test des séquences* est une méthode statistique qui permet de vérifier si les événements d'une série donnée se distribuent selon un ordre au hasard. En effet, nous trouverions suspect le fait qu'une série d'une longueur donnée ne comporte qu'un très petit nombre de séquences ou qu'elle en contienne un très grand nombre. Par exemple, si sur dix lancers d'une pièce de monnaie nous obtenions l'une des deux séries présentées ci-dessous, nous mettrions immédiatement en doute le caractère « au hasard » du processus d'échantillonnage!

SÉRIE 1: $\underline{FFFFF}$ $\underline{PPPPP}$ SÉRIE 2: $\underline{F}$ $\underline{P}$ $\underline{F}$ $\underline{P}$ $\underline{F}$ $\underline{P}$ $\underline{F}$ $\underline{P}$ $\underline{F}$ $\underline{P}$

Dans les deux cas, la proportion de *face* est égale à 0,5, ce qui semble raisonnable pour une expérience qui comporte dix lancers. Cependant, la première série ne comporte que deux séquences (chaque séquence est identifiée par un trait et sa longueur correspond au nombre de symboles qu'elle contient). Quant à la seconde série, elle se compose de dix séquences, comprenant chacune un seul résultat. Si les résultats se présentaient selon un ordre au hasard, nous devrions nous attendre à cinq *pile* et cinq *face* regroupés en séquences dont le nombre devrait se situer quelque part entre ces deux valeurs extrêmes.

À l'aide des concepts de la théorie des probabilités, nous pouvons calculer pour une série d'une longueur donnée, la probabilité d'obtenir un certain nombre de séquences lorsque les événements se produisent au hasard. Ceci nous permet de définir des valeurs critiques pour différentes valeurs de n_1 et n_2 et de les regrouper dans une table comme la table XI de l'*annexe*. À l'intérieur de cette table, n_1 représente le nombre d'événements du premier type: défectueux, pile, positif, etc.; n_2 représente le nombre d'événements du second type: non défectueux, face, négatif, etc. Rappelons que l'effectif échantillonnal n est égal à $n_1 + n_2$ et que r représente le nombre total de séquences dans la série. Voici quelques exemples (chaque séquence est soulignée).

SÉQUENCES	n_1	+	n_2	=	n	r
F PP FFFF P	5		3		8	4
1 2 3 4						
— — — ++ — — + — — +++	7		6		13	6
1 2 3 4 5 6						
B D B D BBB D B DDDD B	7		7		14	9
1 2 3 4 5 6 7 8 9						

Pour effectuer un test des séquences, nous devons d'abord identifier les valeurs n_1, n_2 et r afin de pouvoir repérer dans la table la valeur critique à partir de laquelle nous déciderons d'accepter ou de rejeter l'hypothèse nulle d'un effet du hasard. Si, pour des valeurs données de n_1 et n_2, r est inférieur ou égal à la valeur repérée dans la table XI (a) ou égal ou supérieur à la valeur repérée dans la table XI (b), nous rejetons l'hypothèse nulle d'un effet du hasard et nous concluons que les résultats se distribuent selon un ordre particulier.

Dans le cas d'échantillons dont la taille excède les limites de la table XI, nous utilisons le test d'approximation normale ci-dessous.

$$Z = \frac{r - \left(\dfrac{2n_1n_2}{n_1 + n_2} + 1\right)}{\sqrt{\dfrac{2n_1n_2(2n_1n_2 - n_1 - n_2)}{(n_1 + n_2)^2(n_1 + n_2 - 1)}}}$$

Nous rejetons H_0 à un seuil de 0,05 si $|Z| \geqslant 1{,}96$.

EXEMPLE

À partir d'un ensemble de données, effectuer un test des séquences pour vérifier si les résultats se présentent dans un ordre au hasard.

À partir d'une série composée de 16 nombres au hasard, nous représentons par (+) l'occurrence d'un nombre égal ou supérieur à 5 et par (—) l'occurrence d'un nombre inférieur ou égal à 4. Avec un seuil $\alpha = 0{,}05$, pouvons-nous conclure que les résultats se présentent dans un ordre particulier? Utiliser les données ci-dessous (les traits servent à identifier les séquences).

NOMBRES AU HASARD															
1	7	0	1	5	0	1	9	1	3	6	7	1	4	0	7
−	+	−	−	+	−	−	+	−	−	+	+	−	−	−	+

Solution.

ÉTAPE 1 H_0: les nombres se présentent dans un ordre au hasard *versus* H_a: les nombres se présentent dans un ordre particulier.

ÉTAPE 2 Soit $\alpha = 0{,}05$ et $n = 16$.

ÉTAPE 3 La valeur de r constitue le test statistique approprié.

ÉTAPE 4 Puisque $n_1 = 10$ et $n_2 = 6$, nous obtenons à l'aide de la table la règle de décision suivante: rejeter H_0 si $r \leqslant 4$ ou $r \geqslant 13$; sinon, accepter H_0.

ÉTAPE 5 À partir des données, nous déterminons que $r = 10$.

ÉTAPE 6 Puisque $4 \leqslant r = 10 \leqslant 16$, nous ne rejetons pas H_0. Nous concluons que rien ne semble indiquer que les résultats se distribuent selon un ordre particulier.

EXERCICES

À partir d'un ensemble de données, effectuer un test des séquences pour vérifier si les résultats se présentent dans un ordre au hasard.

1. Dans le cadre d'un examen d'histoire composé de dix questions vrai ou faux, un professeur obtient la série de réponses correctes suivante: V V F V V F V F F V. Avec un seuil $\alpha = 0{,}05$, pouvons-nous conclure que la suite de réponses correctes se distribue au hasard?

2. Un manufacturier utilise une machine pour remplir des boîtes de céréales. Chaque boîte doit contenir au moins 500 g de céréales. Pour éviter que le contenu de certaines boîtes soit inférieur à 500 g, le manufacturier ajuste sa machine de façon à ce que celle-ci dépose 515 g dans chaque boîte. Pour vérifier le fonctionnement de la machine, un inspecteur choisit une série de 15 boîtes produites par celle-ci et enregistre un (+) chaque fois que le contenu de la boîte excède 515 g et un (—) chaque fois qu'il est inférieur ou égal à cette valeur. À l'aide des résultats ci-dessous, peut-on conclure, au seuil de 0,05, que l'ordre dans lequel se présentent les symboles (+) ou (—) résulte d'un effet du hasard?

+ + + — — + — + — — — + — — +

3. Une analyste du contrôle de la qualité choisit 20 roulements à billes fabriqués en succession par une chaîne de production et vérifie le diamètre de ceux-ci. Elle enregistre la valeur S chaque fois que le diamètre de l'objet excède la norme et la valeur I chaque fois qu'il est inférieur ou égal à celle-ci. À l'aide des résultats ci-dessous, peut-on conclure, à un seuil de 0,05, qu'il existe des irrégularités dans le processus de fabrication?

S S S I S S S S S S I I I S S S S I S S S S I

4. Choisir 30 nombres dans une table de nombres aléatoires et enregistrer la valeur (I) pour chaque nombre impair et la valeur (P) pour chaque nombre pair. Vérifier, à un seuil de 0,05, l'hypothèse que l'ordre dans lequel se présentent les nombres pairs et impairs résulte d'un effet du hasard (utiliser le test d'approximation pour grands échantillons avec, comme valeur critique, $z = \pm 1{,}96$).

LEÇON 5 COEFFICIENT DE CORRÉLATION DE RANG DE SPEARMAN

Tâche: à partir d'un ensemble de données bivariées de niveau ordinal, calculer la valeur du coefficient de corrélation de rang et vérifier l'hypothèse que la corrélation est égale à zéro.

DÉFINITIONS *Coefficient de corrélation de rang de Spearman:* mesure qui reflète la corrélation entre les rangs des individus par rapport à deux variables. Ce coefficient de corrélation s'obtient à l'aide de la méthode décrite ci-dessous. Les résultats de chaque individu, pour chacune des deux variables, sont placés en ordre croissant ou décroissant; puis, on attribue à chaque individu un rang u pour la variable X et un rang v pour la variable Y. Le coefficient de corrélation de rang r_s s'obtient à l'aide de la formule suivante:

$$r_S = 1 - \frac{6\Sigma d^2}{n(n^2 - 1)}$$

où $d = u - v$, c'est-à-dire la différence entre le rang d'un individu pour la variable X et son rang pour la variable Y.

Test d'hypothèse à propos du coefficient de corrélation de rang: procédure permettant de déterminer s'il existe une corrélation véritable entre les rangs des individus par rapport à deux variables. Les étapes 1, 3 et 4 de la procédure en six étapes sont présentées ci-dessous. [*Note:* la table des valeurs critiques du coefficient de corrélation de rang de Spearman n'a été établie que pour les seuils de signification $\alpha = 0{,}05$ et $\alpha = 0{,}01$ (voir la table XII de l'*annexe*).]

ÉTAPE 1 Formuler H_0 et H_a. Voici les trois types d'hypothèses possibles:

(a) H_0: $\rho_S \leq 0$ versus H_a: $\rho_S > 0$
(b) H_0: $\rho_S \geq 0$ versus H_a: $\rho_S < 0$
(c) H_0: $\rho_S = 0$ versus H_a: $\rho_S \neq 0$

ÉTAPE 3 Voici le test statistique approprié:

$$r_S = 1 - \frac{6\Sigma d^2}{n(n^2 - 1)}$$

ÉTAPE 4 Utiliser le tableau des règles de décision (tableau 12.1) pour déterminer les zones d'acceptation et de rejet.

TABLEAU 12.1 RÈGLES DE DÉCISION POUR UN TEST D'HYPOTHÈSES À PROPOS DU COEFFICIENT DE CORRÉLATION DE RANG

HYPOTHÈSES NULLES	HYPOTHÈSES ALTERNATIVES	ZONES DE REJET	ZONES D'ACCEPTATION
H_o: $\rho_S \leq 0$	H_a: $\rho_S > 0$	$r_S \geq r_\alpha$	$r_S < r_\alpha$
H_o: $\rho_S \geq 0$	H_a: $\rho_S < 0$	$r_S \leq -r_\alpha$	$r_S > -r_\alpha$
H_o: $\rho_S = 0$	H_a: $\rho_S \neq 0$	$r_S \geq r_{\alpha/2}$ or $r_S \leq -r_{\alpha/2}$	$-r_{\alpha/2} < r < -r_{\alpha/2}$

DISCUSSION

COEFFICIENT DE CORRÉLATION DE RANG DE SPEARMAN

Dans le chapitre onze, nous avons déjà discuté des applications et de la signification des mesures de corrélation. Maintenant, supposons que nous disposons d'un échantillon composé de n observations bivariées et que nous ne pouvons pas présumer que ces variables se distribuent normalement dans la population. Dans ce cas, nous plaçons les résultats en ordre croissant ou décroissant pour chacune des deux variables et nous remplaçons les valeurs x et y par les rangs u et v de chacun des individus. Si nous désirons savoir s'il existe une corrélation entre le rang u qu'un individu obtient pour la variable X et le rang v qu'il obtient pour la variable Y, nous pouvons utiliser la formule suivante pour calculer le coefficient de corrélation de rang de Spearman:

$$r_S = \frac{\Sigma(u - \bar{u})(v - \bar{v})}{\sqrt{\Sigma(u - \bar{u})^2 \Sigma(v - \bar{v})^2}}$$

Cependant, comme les valeurs u et v représentent toutes les deux des entiers allant de 1 jusqu'à n (les rangs), la formule se simplifie et peut s'écrire comme suit:

$$r_S = 1 - \frac{6\Sigma d^2}{n(n^2 - 1)}$$

Considérons les deux cas ci-dessous.

CAS 1				CAS 2			
u	v	$d = u - v$	d^2	u	v	$d = u - v$	d^2
1	1	0	0	1	5	−4	16
2	2	0	0	2	4	−2	4
3	3	0	0	3	3	0	0
4	4	0	0	4	2	2	4
5	5	0	0	5	1	4	16
			0				40

Pour chacun des deux cas respectivement,

$$r_S = 1 - \frac{6(0)}{5(25-1)} = 1$$

et

$$r_S = 1 - \frac{6(40)}{5(25-1)} = -1$$

Ces deux cas illustrent une corrélation parfaitement positive et une corrélation parfaitement négative entre les rangs. Comme nous pouvons le constater, la valeur de r_s se situe toujours dans l'intervalle -1 à $+1$ et la valeur zéro indique qu'il n'existe aucune corrélation entre les rangs.

La valeur r_s se calcule comme suit: pour chaque observation, (1) enregistrer les valeurs de chacune des deux variables; (2) calculer les rangs u et v de chacune des mesures; (3) calculer la différence $d = u - v$; (4) élever au carré cette différence, puis calculer la somme des d^2. Le tableau 12.2 illustre une méthode pratique pour obtenir aisément la valeur de r_s.

TABLEAU 12.2

OBSERVATIONS	MESURES		RANGS		DIFFÉRENCES	CARRÉS DES DIFFÉRENCES
	x	y	u	v	$d = u - v$	d^2
1	x_1	y_1	u_1	v_1	$d_1 = u_1 - v_1$	d_1^2
2	x_2	y_2	u_2	v_2	$d_2 = u_2 - v_2$	d_2^2
.	.	.	.	.	.	.
.	.	.	.	.	.	.
.	.	.	.	.	.	.
n	x_n	y_n	u_n	v_n	$d_n = u_n - v_n$	d_n^2
						Σd^2

$$r_S = 1 - \frac{6\Sigma d^2}{n(n^2-1)}$$

TEST D'HYPOTHÈSE À PROPOS DU COEFFICIENT DE CORRÉLATION DE RANG

Pour vérifier s'il existe, au niveau des rangs des individus, une relation entre les deux variables, le coefficient de corrélation de rang de Spearman constitue un test statistique approprié. La table XII de l'*annexe* présente les valeurs critiques de r_s pour des seuils de 0,05 et 0,01, tel qu'indiqué par l'en-tête des colonnes. Ces valeurs représentent la probabilité qu'une valeur r_s calculée excède la valeur de la table. Notons que les valeurs $r_{0,05}$ et $r_{0,01}$ sont données en fonction de l'effectif échantillonnal n et non en fonction du nombre de degrés de liberté.

Nous avons déjà présenté les principales étapes pour vérifier une hypothèse à propos du coefficient de corrélation de rang de Spearman dans la section *Définitions* de cette leçon. Ces étapes sont les mêmes que celles des procédures présentées dans le chapitre HUIT de ce manuel. Nous illustrerons à l'aide d'un exemple (exemple 4 ci-dessous) les détails propres à cette procédure.

EXEMPLES

Pour chacun des problèmes suivants, calculer la valeur de r_s et vérifier s'il y a lieu l'hypothèse appropriée.

1. Supposons que la taille et le poids des individus ne se distribuent pas normalement et que nous désirons mesurer la corrélation entre ces deux variables, à partir des rangs des individus. Nous attribuons le rang 1 à la plus petite valeur et le rang 6, à la plus grande. Quelle est la valeur de r_s?

MESURES		RANGS			
TAILLES (en centimètres) x	POIDS (en kilogrammes) y	u	v	d = u — v	d²
170	65	2	3	—1	1
175	63	3	2	1	3
182	84	6	4	2	4
177	93	4	6	—2	4
165	62	1	1	0	0
180	88	5	5	0	0
					10

Solution.

$$r_S = 1 - \frac{6(10)}{6(36 - 1)} = 0{,}714$$

2. Nous nous intéressons à la corrélation entre les rangs obtenus à des examens de mathématiques et d'histoire par cinq individus choisis au hasard. Quelle est la valeur de r_s? (*Note:* le rang 1 correspond au score le plus faible et le rang 5 au score le plus fort).

SCORES		RANGS			
MATHÉMATIQUES x	HISTOIRE y	u	v	d = u — v	d^2
91	82	4	3	1	1
70	84	2	4	—2	4
68	53	1	1	0	0
85	96	3	5	—2	4
93	60	5	2	3	9
					18

Solution.

$$r_s = 1 - \frac{6(18)}{5(25 - 1)} = 0{,}10$$

3. Deux juges attribuent des rangs à cinq concurrents d'un concours de beauté. Quelle est la corrélation entre les rangs attribués par chacun des deux juges?

CONCURRENTS	JUGE 1 (u)	JUGE 2 (v)	d = u — v	d^2
1	4	4	0	0
2	5	3	2	4
3	3	5	—2	4
4	1	1	0	0
5	2	2	0	0
				8

Solution.

$$r_s = 1 - \frac{6(8)}{5(25 - 1)} = 0{,}6$$

4. Dans le cas de l'exemple 1, peut-on conclure que la corrélation entre la taille et le poids des individus est significative au seuil de 0,02?

Solution.

ÉTAPE 1 H_0: $\rho_s = 0$ *versus* H_a: $\rho_s \neq 0$.

ÉTAPE 2 Soit $a = 0{,}02$ et $n = 6$.

ÉTAPE 3 La valeur de r_s constitue le test statistique approprié.

ÉTAPE 4 Voici la règle de décision: rejeter H_0 si $r_s \geqslant 0{,}943$ ou si $r_s \leqslant -0{,}943$; sinon, accepter H_0.

ÉTAPE 5 $r_s = 0{,}714$.

ÉTAPE 6 Donc, nous ne pouvons pas rejeter H_0 et devons conclure qu'il n'existe pas de corrélation significative entre ces deux variables.

5. Vérifier la même hypothèse pour les données de l'exemple 2. Utiliser un seuil $\alpha = 0{,}10$.

Solution. Ici, $\alpha = 0{,}10$, $r_s = 0{,}10$ et la valeur critique de la table est égale à 0,90. Donc, nous concluons que la corrélation entre ces variables n'est pas significative.

6. Dans le cas de l'exemple 3, devrions-nous conclure qu'il existe une corrélation significative entre les rangs des deux juges ou qu'un tel coefficient de corrélation peut s'expliquer par un effet du hasard? Utiliser un seuil $\alpha = 0{,}10$.

Solution. Dans le cas de l'hypothèse H_0: $\rho_s = 0$ *versus* H_a: $\rho_s \neq 0$; la valeur critique de la table est égale à 0,90. Or, $r_s = 0{,}6$. Donc, nous devons conclure que cette valeur de r_s peut résulter d'un effet du hasard.

EXERCICES

Pour chacun des problèmes suivants, calculer la valeur de r_s et vérifier l'hypothèse H_0: $\rho_s = 0$ *versus* H_a: $\rho_s \neq 0$. Utiliser un seuil $\alpha = 0{,}02$.

1. Voici les résultats de dix ouvriers à un test d'aptitudes et à un test de rendement.

SCORES \ OUVRIERS	1	2	3	4	5	6	7	8	9	10
Test d'aptitudes (x)	36	51	55	48	62	40	63	35	45	56
Test de rendement (y)	72	99	95	81	83	57	82	78	75	92

2. Les données du tableau ci-dessous représentent le contenu en azote et le rendement de sept lopins de terre choisis au hasard.

ANALYSES \ LOPINS	1	2	3	4	5	6	7
Azote (x)	8,3	9,2	7,6	8,0	8,7	10,3	9,0
Rendement (y)	13,6	15,2	12,9	12,4	15,3	15,8	15,0

3. Voici le poids et la pression systolique de cinq individus choisis au hasard.

MESURES \ PERSONNES	1	2	3	4	5
Poids (x)	85	107	78	86	111
Pression (y)	140	160	135	130	180

4. Les données du tableau ci-dessous représentent le montant annuel des impôts, ainsi que le montant consacré chaque semaine à l'achat de produits alimentaires pour cinq familles choisies au hasard.

MONTANTS \ FAMILLES	1	2	3	4	5
Alimentation (x)	47	53	57	34	72
Impôt (y) (centaines de dollars)	49	45	48	37	62

5. Un mathématicien choisit au hasard dix nombres de quatre chiffres et utilise les deux premiers chiffres de chaque nombre comme valeurs x et les deux derniers chiffres comme valeurs y. Voici les résultats qu'il obtient.

x	13	97	16	45	20	44	21	96	77	53
y	89	12	64	59	15	22	91	57	84	75

6. Deux services de recherche sur les produits de consommation attribuent des rangs au six marques de tondeuse à gazon les plus populaires. Le critère utilisé pour ordonner les différentes marques est la sécurité de l'appareil.

SERVICES DE RECHERCHE \ MARQUES DE TONDEUSE	1	2	3	4	5	6
1	2	3	1	6	5	4
2	3	2	1	5	4	6

UTILITÉ DE CES NOTIONS

DANS LE COURS

Les concepts présentés dans ce chapitre constituent des outils de base pour l'inférence statistique et l'analyse des données. En ce sens, ils représentent les objectifs finaux de ce manuel, même si ce chapitre ne constitue qu'une brève introduction aux méthodes non paramétriques étudiées dans les cours et les volumes de statistique avancée.

AU-DELÀ DU COURS

La plupart des analyses de données dans les domaines de la psychologie et de la sociologie s'effectuent à l'aide de méthodes non paramétriques. Cet état de fait est dû à la difficulté qu'ont les analystes à justifier le postulat de normalité sous-jacent à l'application de techniques tels le test t et l'analyse de la variance. Vous risquez de retrouver ces méthodes plus fréquemment en recherche psychologique et sociologique que dans tout autre domaine.

Cependant, l'utilisation de ces procédures non paramétriques tend à se répandre dans plusieurs autres domaines, de sorte que nous devrions probablement les rencontrer de plus en plus fréquemment.

RÉSUMÉ

Les procédures non paramétriques présentées dans ce chapitre ne représentent qu'une fraction des méthodes mises au point au cours des dernières années. Plusieurs volumes ont répertorié, sous forme bibliographique, les diverses techniques non paramétriques disponibles. L'un de ces volumes, publié en 1962, fait état d'environ 3000 techniques, et ce nombre s'est accru depuis cette date. Les procédures que nous avons présentées dans ce chapitre ne sont que quelques exemples parmi les méthodes les plus couramment utilisées pour vérifier l'équivalence de deux populations, la régularité d'une série d'observations, ou encore pour obtenir une mesure de corrélation.

Nous avons déjà dit que nous devrions considérer l'utilisation de telles techniques lorsqu'il n'est pas possible de présumer que la population se distribue normalement. Cette situation peut se produire non seulement lorsque nous savons à l'avance que la distribution n'est pas normale, mais aussi lorsque nous obtenons une distribution très asymétrique dans un sens ou dans l'autre. De plus, il se peut que des erreurs de transcription ou de codification viennent altérer la forme de la distribution des données. Par exemple, nous pouvons enregistrer la valeur 16 au lieu de 61. De telles erreurs affectent beaucoup plus sévèrement les procédures paramétriques présentées dans les chapitres précédents que les procédures basées sur des rangs, comme par exemple le test de Wilcoxon.

De plus, lorsque le niveau de mesure se situe en deçà d'une échelle d'intervalles-rapports, nous n'avons plus le choix et devons utiliser les méthodes non paramétriques.

Le fait que les tests non paramétriques se calculent facilement et rapidement constitue l'un de leurs principaux avantages. Somme toute, certains de ces tests sont presque aussi efficaces que leur pendant du côté paramétrique, même lorsque s'appliquent les postulats sous-jacents à l'utilisation de ces derniers. Finalement, lorsque le postulat de normalité ne s'applique pas, ceux-ci peuvent s'avérer plus efficaces que les tests paramétriques. Toutes ces considérations constituent d'excellents motifs pour utiliser les tests non paramétriques.

TEST PERSONNEL SUR LE CHAPITRE DOUZE

(*Questions 1 à 5*) Identifier, à l'aide de la lettre entre parenthèses, la procédure qui s'applique le mieux à la situation proposée. Une même réponse peut être utilisée plus d'une fois.

(a) Test du signe
(b) Test du signe des rangs
(c) Test de la somme des rangs
(d) Test des séquences
(e) Coefficient de corrélation de rang de Spearman

__________ 1. Dans le cas d'un examen composé de 20 questions vrai ou faux, un professeur désire savoir si la suite des réponses correctes se distribue selon un ordre particulier.

__________ 2. Dix tableaux originaux sont appariés à dix copies bien exécutées. On présente les dix paires à un expert à qui l'on demande s'il peut reconnaître les originaux.

__________ 3. Nous demandons à deux juges d'attribuer des rangs à cinq marques différentes de crème glacée à la vanille. Nous désirons connaître le degré de fidélité inter-juges.

__________ 4. Nous choisissons dix personnes au hasard parmi un groupe de 20 personnes et nous les soumettons à un certain programme d'exercices. Les dix personnes restantes sont soumises à un programme d'exercices différent. Un observateur enregistre la diminution de la fréquence cardiaque au repos de chacun des sujets.

__________ 5. On administre à huit étudiants un test destiné à mesurer, chez ceux-ci, la force d'un certain préjugé. On leur présente ensuite un film qui dépeint, à un niveau subliminal, une situation représentant le préjugé en question. Finalement, on leur administre un second test semblable au premier et on compare leurs résultats.

6. Le test du signe s'applique à des mesures de niveau:
(a) ordinal (b) nominal (c) d'intervalles-rapports
(d) à chacun des trois niveaux (e) à aucun de ceux-ci.

7. Pour appliquer le test de la somme des rangs ou le test du signe des rangs de Wilcoxon, nous devons disposer d'un niveau de mesure:
(a) au moins nominal (b) ordinal ou d'intervalles-rapports
(c) au moins d'intervalles-rapports (d) le niveau de mesure n'est pas important.

8. Le test des séquences ne peut pas s'appliquer à une échelle d'intervalles-rapports. Vrai ou faux?

9. Il est toujours préférable d'utiliser un test de la somme des rangs de Wilcoxon plutôt qu'un test d'hypothèse à propos de deux moyennes pour échantillons indépendants. Vrai ou faux?

10. Supposons que nous effectuons un test du signe avec $n = 15$. Nous désirons un test bicaudal. Si la limite supérieure pour α est fixée à 0,05, quel est le seuil réel maximum que nous pouvons atteindre?
(a) 0,05 (b) 0,042 (c) 0,034 (d) 0,03 (e) 0,017

11. Quelle est la valeur du test statistique dans le cas d'un test du signe des rangs de Wilcoxon, effectué à partir des résultats suivants?

$d = y_1 - y_2$	-13	11	12	17	-14	15	16

(a) 7 (b) -7 (c) -27 (d) 27 (e) 4

12. Supposons que la réponse correcte à la question 11 est (e). Dans le cas d'un test bicaudal au seuil $\alpha = 0{,}05$, quelle est la décision appropriée si

l'hypothèse nulle est qu'il n'existe pas de différence entre les traitements?
(a) Accepter H_0 et conclure que les deux traitements sont identiques.
(b) Accepter H_0 et conclure que les deux traitements sont différents.
(c) Rejeter H_0 et conclure que les deux traitements sont identiques.
(d) Rejeter H_0 et conclure que les deux traitements sont différents.

13. Deux chroniqueurs sportifs de deux journaux différents attribuent des rangs à huit équipes en fonction de leur performance pré-saison. Voici les résultats obtenus?

ÉQUIPES	JOURNAL 1	JOURNAL 2
1	1	2
2	3	1
3	2	3
4	5	6
5	6	5
6	7	7
7	8	8
8	4	4

Quel est le coefficient de corrélation (arrondi) entre ces rangs?
(a) 0,095 (b) 0,15 (c) 0,905 (d) 0,85

14. Supposons que la réponse correcte à la question 13 est (d). Quelle est la décision appropriée si H_0: $\rho_s = 0$ *versus* H_a: $\rho_s \neq 0$ et si $\alpha = 0{,}10$?
(a) Accepter H_0 et conclure qu'il existe une corrélation significative entre les rangs.
(b) Accepter H_0 et conclure qu'il n'existe aucune corrélation entre les rangs.
(c) Rejeter H_0 et conclure qu'il existe une corrélation significative entre les rangs.
(d) Rejeter H_0 et conclure qu'il n'existe aucune corrélation entre les rangs.

15. Pour le problème 14, quelle serait la valeur critique d'un test unicaudal au seuil 0,05?
(a) 0,714 (b) 0,893 (c) 0,643 (d) 0,833 (e) 0,905

RÉPONSES AUX EXERCICES (NUMÉROS IMPAIRS)

LEÇON 1

1. À l'aide de la table de la distribution binômiale nous déterminons, pour un seuil $\alpha =$ 0,025, les valeurs critiques de la zone de rejet. Rejeter H_0 si le nombre de préférences pour l'emballage 1 est inférieur ou égal à 6, ou égal ou supérieur à 19. La valeur réelle de α est égale à 0,014. Nous rejetons H_0 et nous concluons que les gens préfèrent l'emballage 2.
3. Au seuil de 0,10, rejeter H_0 si le nombre de signes positifs est égal ou supérieur à 14. La valeur réelle de α est égale à 0,058. Au seuil de 0,05, rejeter H_0 si le nombre de

signes positifs est égal ou supérieur à 15, ou inférieur ou égal à 4. La valeur réelle de α est égale à 0,041.

LEÇON 2

1. Voici les rangs affectés de leur signe:
   5,5, 3, −1, 5,5, 7, −2, 8, 4.
   La valeur de T est égale à 3 et le test statistique est significatif. Donc, nous concluons que le programme a contribué à réduire le nombre d'accidents de travail.
3. Voici les rangs affectés de leur signe:
   6, 7, −1, 5, 2, −3,5, 9, 10, −3,5, 8.
   La valeur T est égale à 8 et le test est significatif. Donc, nous concluons que le programme d'exercices spéciaux a permis de réduire le pouls des participants.

LEÇON 3

1. $T' = 70{,}5$. Donc, avec $n_1 = n_2 = 10$, nous rejetons H_0 au seuil de 0,10.

LEÇON 4

1. $n_1 = 6$, $n_2 = 4$, $r = 7$.
   Puisque la valeur 7 se situe entre les valeurs 2 et 9, nous ne rejetons pas H_0.
3. $n_1 = 14$, $n_2 = 6$, $r = 8$.
   Donc, nous ne rejetons pas H_0.

LEÇON 5

1. $r_s = 0{,}673$; accepter H_0.
3. $r_s = 1 - \dfrac{6(6)}{5(25 - 1)} = 0{,}70$; accepter H_0.
5. $r_s = 1 - \dfrac{6(228)}{10(99)} = -0{,}382$; accepter H_0.

RÉPONSES AUX TESTS PERSONNELS

PROBLÈMES \ CHAPITRES	1	2	3	4	5	6	7	8	9	10	11	12
1.	e	V	d	e	V	c	f	g	b	d	c	d
2.	a	F	a	i	V	j	j	c	f	e	g	a
3.	c	F	d	c	F	d	g	b	g	a	d	e
4.	b	V	b	f	b	f	b	f	c	d	a	c
5.	F	c	a	d	f	i	c	a	e	b	c	b
6.	b	a	a	d	b	f	h	b	c	d	b	d
7.	V	a	c	F	b	e	V	b	a	d	a	b
8.	V	b	b	c	b	b	V	e	a	V	c	F
9.	a	d	a	d	b	a	V	a	c	V	a	F
10.	b	b	c	c	b	b	a	d	a	F	b	c
11.	a		d	b	h	a	a	b	c	V	b	a
12.	b		a	a	a	F	c	c	g	e	a	a
13.	a		d	a	i		d	e	g	a	c	c
14.	F		c	b	f		b	d	h	b	b	c
15.			d	c	c		c	d	d	b	d	c
16.							c	b	b	d	d	
17.							g	b	g	c	h	
18.							e	c	b	a	b	
19.							d	c	c	b	b	
20.							h	a	e	b	a	
21.							j	a	d	a	d	
22.							d	b	F	d	e	
23.							b	a	V	d	b	
24.							f	a	F	b	b	
25.							F	b	V	b	a	

ANNEXE

TABLE I
Table de nombres aléatoires

TABLE II
Probabilités binômiales

TABLE III
Distribution normale centrée réduite (distribution z)

TABLE IV
Distribution t

TABLE V
Distribution χ^2

TABLE VI
Valeurs critiques du coefficient de corrélation de Pearson

TABLE VII
Valeurs critiques (seuils 5% et 1%) de la distribution F

TABLE VIII
Étendues q (seuils 5% et 1%) pour le test de comparaisons multiples de Newman-Keuls

TABLE IX
Valeurs T critiques pour le test du signe des rangs de Wilcoxon

TABLE X
Distribution de la somme des rangs T'

TABLE XI
Valeurs critiques de r pour le test des séquences

TABLE XII
Valeurs critiques pour le coefficient de corrélation de rang de Spearman

TABLE XIII
Racines carrées

TABLE I TABLE DE NOMBRES ALÉATOIRES

53 74 23 99 67	61 32 28 69 84	94 62 67 86 24	98 33 41 19 95	47 53 53 38 09
63 38 06 86 54	99 00 65 26 94	02 82 90 23 07	79 62 67 80 60	75 91 12 81 19
35 30 58 21 46	06 72 17 10 94	25 21 31 75 96	49 28 24 00 49	55 65 79 78 07
63 43 36 82 69	65 51 18 37 88	61 38 44 12 45	32 92 85 88 65	54 34 81 85 35
98 25 37 55 26	01 91 82 81 46	74 71 12 94 97	24 02 71 37 07	03 92 18 66 75
02 63 21 17 69	71 50 80 89 56	38 15 70 11 48	43 40 45 86 98	00 83 26 91 03
64 55 22 21 82	48 22 28 06 00	61 54 13 43 91	82 78 12 23 29	06 66 24 12 27
85 07 26 13 89	01 10 07 82 04	59 63 69 36 03	69 11 15 83 80	13 29 54 19 28
58 54 16 24 15	51 54 44 82 00	62 61 65 04 69	38 18 65 18 97	85 72 13 49 21
34 85 27 84 87	61 48 64 56 26	90 18 48 13 26	37 70 15 24 57	65 65 80 39 07
03 92 18 27 46	57 99 16 96 56	30 33 72 85 22	84 64 38 56 98	99 01 30 98 64
62 95 30 27 59	37 75 41 66 48	86 97 80 61 45	23 53 04 01 63	45 76 08 64 27
08 45 93 15 22	60 21 75 46 91	98 77 27 85 42	28 88 61 08 84	69 62 03 42 73
07 08 55 18 40	45 44 75 13 90	24 94 96 61 02	57 55 66 83 15	73 42 37 11 61
01 85 89 95 66	51 10 19 34 88	15 84 97 19 75	12 76 39 43 78	65 63 91 08 25
72 84 71 14 35	19 11 58 49 26	50 11 17 17 76	86 31 57 20 18	95 60 78 46 75
88 78 28 16 84	13 52 53 94 53	75 45 69 30 96	73 89 65 70 31	99 17 43 48 76
45 17 75 65 57	28 43 19 72 12	25 12 74 75 67	60 40 60 81 19	24 62 01 61 16
96 76 28 12 54	22 01 11 94 25	71 96 16 16 88	68 64 36 74 45	19 59 50 88 92
43 31 67 72 30	24 02 94 08 63	38 32 36 66 02	69 36 38 25 39	48 03 45 15 22
50 44 66 44 21	66 06 58 05 62	68 15 54 35 02	42 35 48 96 32	14 52 41 52 48
22 66 22 15 86	26 63 74 41 99	58 42 36 72 24	48 37 52 18 51	03 37 18 39 11
96 24 40 14 51	23 22 30 88 57	95 67 47 29 83	94 69 40 06 07	18 16 36 78 86
31 73 91 61 19	60 20 72 93 48	98 57 07 34 69	65 95 39 69 58	56 80 30 19 44
78 60 73 99 84	43 89 94 36 45	56 69 47 07 41	90 22 91 07 12	78 35 34 08 72
84 37 90 61 56	70 10 23 98 05	85 11 34 76 60	76 48 45 34 60	01 64 18 39 96
36 67 10 08 23	98 93 35 08 86	99 29 76 29 81	33 34 91 58 93	63 14 52 32 52
07 28 59 07 48	89 64 58 89 75	83 85 62 27 89	30 14 78 56 27	86 63 59 80 02
10 15 83 87 60	79 24 31 66 56	21 48 24 06 93	91 98 94 05 49	01 47 59 38 00
55 19 68 97 65	03 73 52 16 56	00 53 55 90 27	33 42 29 38 87	22 13 88 83 34
53 81 29 13 39	35 01 20 71 34	62 33 74 82 14	43 73 19 09 03	56 54 29 56 93
51 86 32 68 92	33 98 74 66 99	40 14 71 94 58	45 94 19 38 81	14 44 99 81 07
35 91 70 29 13	80 03 54 07 27	96 94 78 32 66	50 95 52 74 33	13 80 55 62 54
37 71 67 95 13	20 02 44 95 94	64 85 04 05 72	01 32 90 76 14	53 89 74 60 41
93 66 13 83 27	92 79 64 64 72	28 54 96 53 84	48 14 52 98 94	56 07 93 89 30
02 96 08 45 65	13 05 00 41 84	93 07 54 72 59	21 45 57 09 77	19 48 56 27 44
49 83 43 48 35	82 88 33 69 96	72 36 04 19 76	47 45 15 18 60	82 11 08 95 97
84 60 71 62 46	40 80 81 30 37	34 39 23 05 38	25 15 35 71 30	88 12 57 21 77
18 17 30 88 71	44 91 14 88 47	89 23 30 63 15	56 34 20 47 89	99 82 93 24 98
79 69 10 61 78	71 32 76 95 62	87 00 22 58 40	92 54 01 74 25	43 11 71 99 31
75 93 36 57 83	56 20 14 82 11	74 21 97 90 65	96 42 68 63 86	74 54 13 26 94
38 30 92 29 03	06 28 81 39 38	62 25 06 84 63	61 29 08 93 67	04 32 92 08 09
51 29 50 10 34	31 57 75 95 80	51 97 02 74 77	76 15 48 49 44	18 55 63 77 09
21 31 38 86 24	37 79 81 53 74	73 24 16 10 33	52 83 90 94 76	70 47 14 54 36
29 01 23 87 88	58 02 39 37 67	42 10 14 20 92	16 55 23 42 45	54 96 09 11 06
95 33 95 22 00	18 74 72 00 18	38 79 58 69 32	81 76 80 26 92	82 80 84 25 39
90 84 60 79 80	24 36 59 87 38	82 07 53 89 35	96 35 23 79 18	05 98 90 07 35
46 40 62 98 82	54 97 20 56 95	15 74 80 08 32	16 46 70 50 80	67 72 16 42 79
20 31 89 03 43	38 46 82 68 72	32 14 82 99 70	80 60 47 18 97	63 49 30 21 30
71 59 73 05 50	08 22 23 71 77	91 01 93 20 49	82 96 59 26 94	66 39 67 98 60

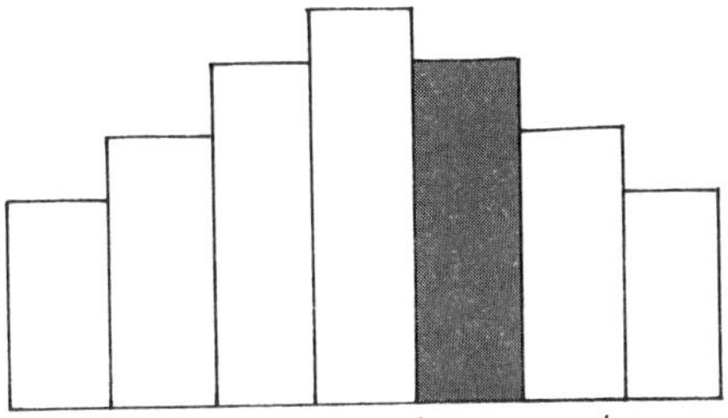

$$P(y = k) = \binom{n}{k} \pi^k (1 - \pi)^{n-k}$$

TABLE II PROBABILITÉS BINÔMIALES

$n = 5$

k \ π	0,05	0,10	0,20	0,30	0,40	0,50	
0	0,774	0,590	0,328	0,168	0,078	0,031	5
1	0,204	0,328	0,410	0,360	0,259	0,156	4
2	0,021	0,073	0,205	0,309	0,346	0,313	3
3	0,001	0,008	0,051	0,132	0,230	0,313	2
4	0,000	0,000	0,006	0,028	0,077	0,156	1
5	0,000	0,000	0,000	0,002	0,010	0,031	0
	0,95	0,90	0,80	0,70	0,60	0,50	k / π

$n = 10$

k \ π	0,05	0,10	0,20	0,30	0,40	0,50	
0	0,599	0,349	0,107	0,028	0,006	0,001	10
1	0,315	0,387	0,268	0,121	0,040	0,010	9
2	0,075	0,194	0,302	0,233	0,121	0,044	8
3	0,010	0,057	0,201	0,267	0,215	0,117	7
4	0,001	0,011	0,088	0,200	0,251	0,205	6
5	0,000	0,001	0,026	0,103	0,201	0,246	5
6	0,000	0,000	0,006	0,037	0,111	0,205	4
7	0,000	0,000	0,001	0,009	0,042	0,117	3
8	0,000	0,000	0,000	0,001	0,011	0,044	2
9	0,000	0,000	0,000	0,000	0,002	0,010	1
10	0,000	0,000	0,000	0,000	0,000	0,001	0
	0,95	0,90	0,80	0,70	0,60	0,50	k / π

$n = 15$

k \ π	0,05	0,10	0,20	0,30	0,40	0,50	
0	0,463	0,206	0,035	0,005	0,000	0,000	15
1	0,366	0,343	0,132	0,031	0,005	0,000	14
2	0,135	0,267	0,231	0,092	0,022	0,003	13
3	0,031	0,129	0,250	0,170	0,063	0,014	12
4	0,005	0,043	0,188	0,219	0,127	0,042	11
5	0,001	0,010	0,103	0,206	0,186	0,092	10
6	0,000	0,002	0,043	0,147	0,207	0,153	9
7	0,000	0,000	0,014	0,081	0,177	0,196	8
8	0,000	0,000	0,003	0,035	0,118	0,196	7
9	0,000	0,000	0,001	0,012	0,061	0,153	6
10	0,000	0,000	0,000	0,003	0,024	0,092	5
11	0,000	0,000	0,000	0,001	0,007	0,042	4
12	0,000	0,000	0,000	0,000	0,002	0,014	3
13	0,000	0,000	0,000	0,000	0,000	0,003	2
14	0,000	0,000	0,000	0,000	0,000	0,000	1
15	0,000	0,000	0,000	0,000	0,000	0,000	0
	0,95	0,90	0,80	0,70	0,60	0,50	k / π

$n = 20$

k \ π	0,05	0,10	0,20	0,30	0,40	0,50	
0	0,358	0,122	0,012	0,001	0,000	0,000	20
1	0,377	0,270	0,058	0,007	0,000	0,000	19
2	0,189	0,285	0,137	0,028	0,003	0,000	18
3	0,060	0,190	0,205	0,072	0,012	0,001	17
4	0,013	0,090	0,218	0,130	0,035	0,005	16
5	0,002	0,032	0,175	0,179	0,075	0,015	15
6	0,000	0,009	0,109	0,192	0,124	0,037	14
7	0,000	0,002	0,055	0,164	0,166	0,074	13
8	0,000	0,000	0,022	0,114	0,180	0,120	12
9	0,000	0,000	0,007	0,065	0,160	0,160	11
10	0,000	0,000	0,002	0,031	0,117	0,176	10
11	0,000	0,000	0,000	0,012	0,071	0,160	9
12	0,000	0,000	0,000	0,004	0,035	0,120	8
13	0,000	0,000	0,000	0,001	0,015	0,074	7
14	0,000	0,000	0,000	0,000	0,005	0,037	6
15	0,000	0,000	0,000	0,000	0,001	0,015	5
16	0,000	0,000	0,000	0,000	0,000	0,005	4
17	0,000	0,000	0,000	0,000	0,000	0,001	3
18	0,000	0,000	0,000	0,000	0,000	0,000	2
19	0,000	0,000	0,000	0,000	0,000	0,000	1
20	0,000	0,000	0,000	0,000	0,000	0,000	0
	0,95	0,90	0,80	0,70	0,60	0,50	π \ k

$n = 25$

k \ π	0,05	0,10	0,20	0,30	0,40	0,50	
0	0,277	0,072	0,004	0,000	0,000	0,000	25
1	0,365	0,199	0,024	0,001	0,000	0,000	24
2	0,231	0,266	0,071	0,007	0,000	0,000	23
3	0,093	0,226	0,136	0,024	0,002	0,000	22
4	0,027	0,138	0,187	0,057	0,077	0,000	21
5	0,006	0,065	0,196	0,103	0,020	0,002	20
6	0,001	0,024	0,163	0,147	0,044	0,005	19
7	0,000	0,007	0,111	0,171	0,080	0,014	18
8	0,000	0,002	0,062	0,165	0,120	0,032	17
9	0,000	0,000	0,029	0,134	0,151	0,061	16
10	0,000	0,000	0,012	0,092	0,161	0,097	15
11	0,000	0,000	0,004	0,054	0,147	0,133	14
12	0,000	0,000	0,001	0,027	0,114	0,155	13
13	0,000	0,000	0,000	0,011	0,076	0,155	12
14	0,000	0,000	0,000	0,004	0,043	0,133	11
15	0,000	0,000	0,000	0,001	0,021	0,097	10
16	0,000	0,000	0,000	0,000	0,009	0,061	9
17	0,000	0,000	0,000	0,000	0,003	0,032	8
18	0,000	0,000	0,000	0,000	0,001	0,014	7
19	0,000	0,000	0,000	0,000	0,000	0,005	6
20	0,000	0,000	0,000	0,000	0,000	0,002	5
21	0,000	0,000	0,000	0,000	0,000	0,000	4
22	0,000	0,000	0,000	0,000	0,000	0,000	3
23	0,000	0,000	0,000	0,000	0,000	0,000	2
24	0,000	0,000	0,000	0,000	0,000	0,000	1
25	0,000	0,000	0,000	0,000	0,000	0,000	0
	0,95	0,90	0,80	0,70	0,60	0,50	π \ k

TABLE III DISTRIBUTION NORMALE CENTRÉE RÉDUITE (DISTRIBUTION z)

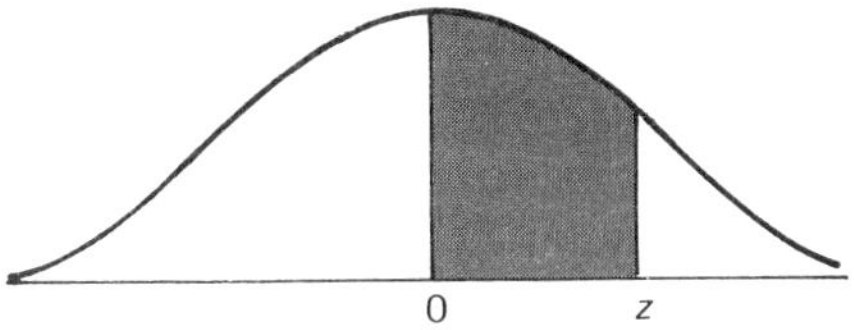

z	0,00	0,01	0,02	0,03	0,04	0,05	0,06	0,07	0,08	0,09
0,0	0,0000	0,0040	0,0080	0,0120	0,0160	0,0199	0,0239	0,0279	0,0319	0,0359
0,1	0,0398	0,0438	0,0478	0,0517	0,0557	0,0596	0,0636	0,0675	0,0714	0,0753
0,2	0,0793	0,0832	0,0871	0,0910	0,0948	0,0987	0,1026	0,1064	0,1103	0,1141
0,3	0,1179	0,1217	0,1255	0,1293	0,1331	0,1368	0,1406	0,1443	0,1480	0,1517
0,4	0,1554	0,1591	0,1628	0,1664	0,1700	0,1736	0,1772	0,1808	0,1844	0,1879
0,5	0,1915	0,1950	0,1985	0,2019	0,2054	0,2088	0,2123	0,2157	0,2190	0,2224
0,6	0,2257	0,2291	0,2324	0,2356	0,2389	0,2422	0,2454	0,2486	0,2517	0,2549
0,7	0,2580	0,2611	0,2642	0,2673	0,2704	0,2734	0,2764	0,2794	0,2823	0,2852
0,8	0,2881	0,2910	0,2939	0,2967	0,2995	0,3023	0,3051	0,3078	0,3106	0,3133
0,9	0,3159	0,3186	0,3212	0,3238	0,3264	0,3289	0,3315	0,3340	0,3365	0,3389
1,0	0,3413	0,3438	0,3461	0,3485	0,3508	0,3531	0,3554	0,3577	0,3599	0,3621
1,1	0,3643	0,3665	0,3686	0,3708	0,3729	0,3749	0,3770	0,3790	0,3810	0,3830
1,2	0,3849	0,3869	0,3888	0,3907	0,3925	0,3944	0,3962	0,3980	0,3997	0,4015
1,3	0,4032	0,4049	0,4066	0,4082	0,4099	0,4115	0,4131	0,4147	0,4162	0,4177
1,4	0,4192	0,4207	0,4222	0,4236	0,4251	0,4265	0,4279	0,4292	0,4306	0,4319
1,5	0,4332	0,4345	0,4357	0,4370	0,4382	0,4394	0,4406	0,4418	0,4429	0,4441
1,6	0,4452	0,4463	0,4474	0,4484	0,4495	0,4505	0,4515	0,4525	0,4535	0,4545
1,7	0,4554	0,4564	0,4573	0,4582	0,4591	0,4599	0,4608	0,4616	0,4625	0,4633
1,8	0,4641	0,4649	0,4656	0,4664	0,4671	0,4678	0,4686	0,4693	0,4699	0,4706
1,9	0,4713	0,4719	0,4726	0,4732	0,4738	0,4744	0,4750	0,4756	0,4761	0,4767
2,0	0,4772	0,4778	0,4783	0,4788	0,4793	0,4798	0,4803	0,4808	0,4812	0,4817
2,1	0,4821	0,4826	0,4830	0,4834	0,4838	0,4842	0,4846	0,4850	0,4854	0,4857
2,2	0,4861	0,4864	0,4868	0,4871	0,4875	0,4878	0,4881	0,4884	0,4887	0,4890
2,3	0,4893	0,4896	0,4898	0,4901	0,4904	0,4906	0,4909	0,4911	0,4913	0,4916
2,4	0,4918	0,4920	0,4922	0,4925	0,4927	0,4929	0,4931	0,4932	0,4934	0,4936
2,5	0,4938	0,4940	0,4941	0,4943	0,4945	0,4946	0,4948	0,4949	0,4951	0,4952
2,6	0,4953	0,4955	0,4956	0,4957	0,4959	0,4960	0,4961	0,4962	0,4963	0,4946
2,7	0,4965	0,4966	0,4967	0,4968	0,4969	0,4970	0,4971	0,4972	0,4973	0,4974
2,8	0,4974	0,4975	0,4976	0,4977	0,4977	0,4978	0,4979	0,4979	0,4980	0,4981
2,9	0,4981	0,4982	0,4982	0,4983	0,4984	0,4984	0,4985	0,4985	0,4986	0,4986
3,0	0,4987	0,4987	0,4987	0,4988	0,4988	0,4989	0,4989	0,4989	0,4990	0,4990

TABLE IV DISTRIBUTION t

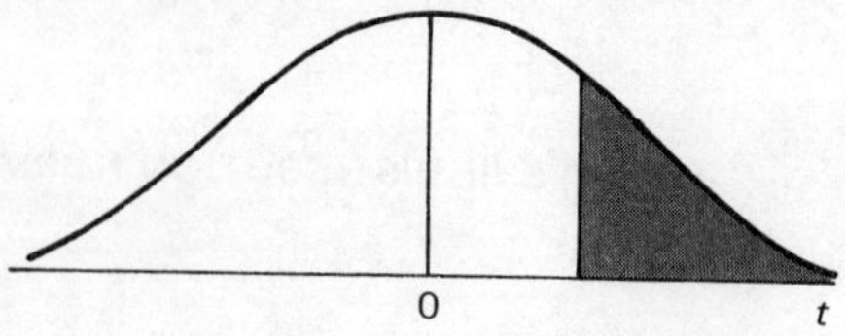

dl	0,10	0,05	0,025	0,01	0,005	df
1	3,078	6,314	12,706	31,821	63,657	1
2	1,886	2,920	4,303	6,965	9,925	2
3	1,638	2,353	3,182	4,541	5,841	3
4	1,533	2,132	2,776	3,747	4,604	4
5	1,476	2,015	2,571	3,365	4,032	5
6	1,440	1,943	2,447	3,143	3,707	6
7	1,415	1,895	2,365	2,998	3,499	7
8	1,397	1,860	2,306	2,896	3,355	8
9	1,383	1,833	2,262	2,821	3,250	9
10	1,372	1,812	2,228	2,764	3,169	10
11	1,363	1,796	2,201	2,718	3,106	11
12	1,356	1,782	2,179	2,681	3,055	12
13	1,350	1,771	2,160	2,650	3,012	13
14	1,345	1,761	2,145	2,624	2,977	14
15	1,341	1,753	2,131	2,602	2,947	15
16	1,337	1,746	2,120	2,583	2,921	16
17	1,333	1,740	2,110	2,567	2,898	17
18	1,330	1,734	2,101	2,552	2,878	18
19	1,328	1,729	2,093	2,539	2,861	19
20	1,325	1,725	2,086	2,528	2,845	20
21	1,323	1,721	2,080	2,518	2,831	21
22	1,321	1,717	2,074	2,508	2,819	22
23	1,319	1,714	2,069	2,500	2,807	23
24	1,318	1,711	2,064	2,492	2,797	24
25	1,316	1,708	2,060	2,485	2,787	25
26	1,315	1,706	2,056	2,479	2,779	26
27	1,314	1,703	2,052	2,473	2,771	27
28	1,313	1,701	2,048	2,467	2,763	28
29	1,311	1,699	2,045	2,462	2,756	29
inf.	1,282	1,645	1,960	2,326	2,576	inf.

TABLE V DISTRIBUTION χ^2

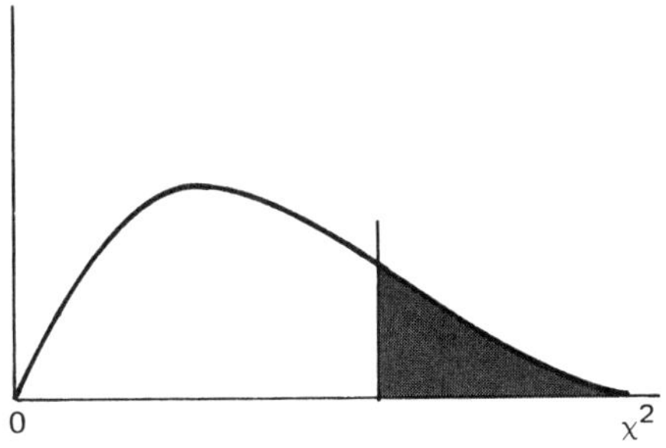

dl	0,05	0,025	0,01	0,005	*dl*
1	3,841	5,024	6,635	7,879	1
2	5,991	7,378	9,210	10,597	2
3	7,815	9,348	11,345	12,838	3
4	9,488	11,143	13,277	14,860	4
5	11,070	12,832	15,086	16,750	5
6	12,592	14,449	16,812	18,548	6
7	14,067	16,013	18,475	20,278	7
8	15,507	17,535	20,090	21,955	8
9	16,919	19,023	21,666	23,589	9
10	18,307	20,483	23,209	25,188	10
11	19,675	21,920	24,725	26,757	11
12	21,026	23,337	26,217	28,300	12
13	22,362	24,736	27,688	29,819	13
14	23,685	26,119	29,141	31,319	14
15	24,996	27,488	30,578	32,801	15
16	26,296	28,845	32,000	34,267	16
17	27,587	30,191	33,409	35,718	17
18	28,869	31,526	34,805	37,156	18
19	30,144	32,852	36,191	38,582	19
20	31,410	34,170	37,566	39,997	20
21	32,671	35,479	38,932	41,401	21
22	33,924	36,781	40,289	42,796	22
23	35,172	38,076	41,638	44,181	23
24	36,415	39,364	42,980	45,558	24
25	37,652	40,646	44,314	46,928	25
26	38,885	41,923	45,642	48,290	26
27	40,113	43,194	46,963	49,645	27
28	41,337	44,461	48,278	50,993	28
29	42,557	45,722	49,588	52,336	29
30	43,773	46,979	50,892	53,672	30

TABLE VI VALEURS CRITIQUES DU COEFFICIENT DE CORRÉLATION DE PEARSON

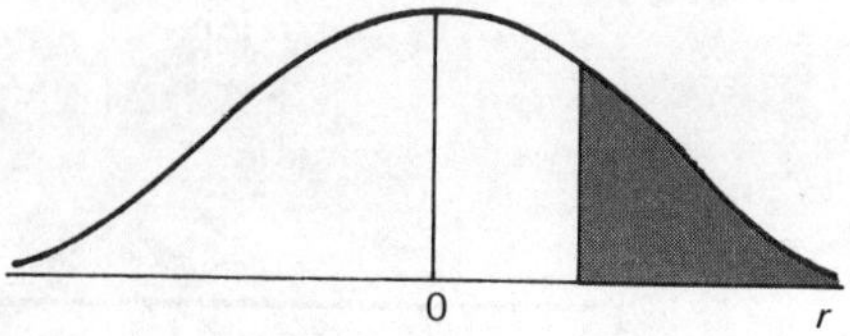

dl	0,05	0,025	0,01	0,005
1	0,98769	0,99692	0,999507	0,999877
2	0,90000	0,95000	0,98000	0,990000
3	0,8054	0,8783	0,93433	0,95873
4	0,7293	0,8111	0,8822	0,91720
5	0,6694	0,7545	0,8329	0,8745
6	0,6215	0,7067	0,7887	0,8343
7	0,5822	0,6664	0,7498	0,7977
8	0,5494	0,6319	0,7155	0,7646
9	0,5214	0,6021	0,6851	0,7348
10	0,4973	0,5760	0,6581	0,7079
11	0,4762	0,5529	0,6339	0,6835
12	0,4575	0,5324	0,6120	0,6614
13	0,4409	0,5139	0,5923	0,6411
14	0,4259	0,4973	0,5742	0,6226
15	0,4124	0,4821	0,5577	0,6055
16	0,4000	0,4683	0,5425	0,5897
17	0,3887	0,4555	0,5285	0,5751
18	0,3783	0,4438	0,5155	0,5614
19	0,3687	0,4329	0,5034	0,5487
20	0,3598	0,4227	0,4921	0,5368
25	0,3233	0,3809	0,4451	0,4869
30	0,2960	0,3494	0,4093	0,4487
35	0,2746	0,3246	0,3810	0,4182
40	0,2573	0,3044	0,3578	0,3932
45	0,2428	0,2875	0,3384	0,3721
50	0,2306	0,2732	0,3218	0,3541
60	0,2108	0,2500	0,2948	0,3248
70	0,1954	0,2319	0,2737	0,3017
80	0,1829	0,2172	0,2565	0,2830
90	0,1726	0,2050	0,2422	0,2673
100	0,1638	0,1946	0,2301	0,2540

TABLE VII VALEURS CRITIQUES DE LA DISTRIBUTION F*
SEUIL DE PROBABILITÉ DE 5%.

dl_2 \ dl_1	1	2	3	4	5	6	7	8	9	10	12	15	20	24	30	40	60	120	∞
1	161,4	199,5	215,7	224,6	230,2	234,0	236,8	238,9	240,5	241,9	243,9	245,9	248,0	249,1	250,1	251,1	252,2	253,3	243,3
2	18,51	19,00	19,16	19,25	19,30	19,33	19,35	19,37	19,38	19,40	19,41	19,43	19,45	19,45	19,46	19,47	19,48	19,49	19,50
3	10,13	9,55	9,28	9,12	9,01	8,94	8,89	8,85	8,81	8,79	8,74	8,70	8,66	8,64	8,62	8,59	8,57	8,55	8,53
4	7,71	6,94	6,59	6,39	6,26	6,16	6,09	6,04	6,00	5,96	5,91	5,86	5,80	5,77	5,75	5,72	5,69	5,66	5,63
5	6,61	5,79	5,41	5,19	5,05	4,95	4,88	4,82	4,77	4,74	4,68	4,62	4,56	4,53	4,50	4,46	4,43	4,40	4,36
6	5,99	5,14	4,76	4,53	4,39	4,28	4,21	4,15	4,10	4,06	4,00	3,94	3,87	3,84	3,81	3,77	3,74	3,70	3,67
7	5,59	4,74	4,35	4,12	3,97	3,87	3,79	3,73	3,68	3,64	3,57	3,51	3,44	3,41	3,38	3,34	3,30	3,27	3,23
8	5,32	4,46	4,07	3,84	3,69	3,58	3,50	3,44	3,39	3,35	3,28	3,22	3,15	3,12	3,08	3,04	3,01	2,97	2,93
9	5,12	4,26	3,86	3,63	3,48	3,37	3,29	3,23	3,18	3,14	3,07	3,01	2,94	2,90	2,86	2,83	2,79	2,75	2,71
10	4,96	4,10	3,71	3,48	3,33	3,22	3,14	3,07	3,02	2,98	2,91	2,85	2,77	2,74	2,70	2,66	2,62	2,58	2,54
11	4,84	3,98	3,59	3,36	3,20	3,09	3,01	2,95	2,90	2,85	2,79	2,72	2,65	2,61	2,57	2,53	2,49	2,45	2,40
12	4,75	3,89	3,49	3,26	3,11	3,00	2,91	2,85	2,80	2,75	2,69	2,62	2,54	2,51	2,47	2,43	2,38	2,34	2,30
13	4,67	3,81	3,41	3,18	3,03	2,92	2,83	2,77	2,71	2,67	2,60	2,53	2,46	2,42	2,38	2,34	2,30	2,25	2,21
14	4,60	3,74	3,34	3,11	2,96	2,85	2,76	2,70	2,65	2,60	2,53	2,46	2,39	2,35	2,31	2,27	2,22	2,18	2,13
15	4,54	3,68	3,29	3,06	2,90	2,79	2,71	2,64	2,59	2,54	2,48	2,40	2,33	2,29	2,25	2,20	2,16	2,11	2,07
16	4,49	3,63	3,24	3,01	2,85	2,74	2,66	2,59	2,54	2,49	2,42	2,35	2,28	2,24	2,19	2,15	2,11	2,06	2,01
17	4,45	3,59	3,20	2,96	2,81	2,70	2,61	2,55	2,49	2,45	2,38	2,31	2,23	2,19	2,15	2,10	2,06	2,01	1,96
18	4,41	3,55	3,16	2,93	2,77	2,66	2,58	2,51	2,46	2,41	2,34	2,27	2,19	2,15	2,11	2,06	2,02	1,97	1,92
19	4,38	3,52	3,13	2,90	2,74	2,63	2,54	2,48	2,42	2,38	2,31	2,23	2,16	2,11	2,07	2,03	1,98	1,93	1,88
20	4,35	3,49	3,10	2,87	2,71	2,60	2,51	2,45	2,39	2,35	2,28	2,20	2,12	2,08	2,04	1,99	1,95	1,90	1,84
21	4,32	3,47	3,07	2,84	2,68	2,57	2,49	2,42	2,37	2,32	2,25	2,18	2,10	2,05	2,01	1,96	1,92	1,87	1,81
22	4,30	3,44	3,05	2,82	2,66	2,55	2,46	2,40	2,34	2,30	2,23	2,15	2,07	2,03	1,98	1,94	1,89	1,84	1,78
23	4,28	3,42	3,03	2,80	2,64	2,53	2,44	2,37	2,32	2,27	2,20	2,13	2,05	2,01	1,96	1,91	1,86	1,81	1,76
24	4,26	3,40	3,01	2,78	2,62	2,51	2,42	2,36	2,30	2,25	2,18	2,11	2,03	1,98	1,94	1,89	1,84	1,79	1,73
25	4,24	3,39	2,99	2,76	2,60	2,49	2,40	2,34	2,28	2,24	2,16	2,09	2,01	1,96	1,92	1,87	1,82	1,77	1,71
26	4,23	3,37	2,98	2,74	2,59	2,47	2,39	2,32	2,27	2,22	2,15	2,07	1,99	1,95	1,90	1,85	1,80	1,75	1,69
27	4,21	3,35	2,96	2,73	2,57	2,46	2,37	2,31	2,25	2,20	2,13	2,06	1,97	1,93	1,88	1,84	1,79	1,73	1,67
28	4,20	3,34	2,95	2,71	2,56	2,45	2,36	2,29	2,24	2,19	2,12	2,04	1,96	1,91	1,87	1,82	1,77	1,71	1,65
29	4,18	3,33	2,93	2,70	2,55	2,43	2,35	2,28	2,22	2,18	2,10	2,03	1,94	1,90	1,85	1,81	1,75	1,70	1,64
30	4,17	3,32	2,92	2,69	2,53	2,42	2,33	2,27	2,21	2,16	2,09	2,01	1,93	1,89	1,84	1,79	1,74	1,68	1,62
40	4,08	3,23	2,84	2,61	2,45	2,34	2,25	2,18	2,12	2,08	2,00	1,92	1,84	1,79	1,74	1,69	1,64	1,58	1,51
60	4,00	3,15	2,76	2,53	2,37	2,25	2,17	2,10	2,04	1,99	1,92	1,84	1,75	1,70	1,65	1,59	1,53	1,47	1,39
120	3,92	3,07	2,68	2,45	2,29	2,17	2,09	2,02	1,96	1,91	1,83	1,75	1,66	1,61	1,55	1,50	1,43	1,35	1,25
∞	3,84	3,00	2,60	2,37	2,21	2,10	2,01	1,94	1,88	1,83	1,75	1,67	1,57	1,52	1,46	1,39	1,32	1,22	1,00

* Cette table est une version abrégée de la table 18 de *Biometrika Tables for Statisticians*, vol. 1 (1re éd.), édité par E.S. Pearson et H.O. Hartley. Reproduite avec l'aimable autorisation de E.S. Pearson et des administrateurs de *Biometrika*.

TABLE VII (suite) SEUIL DE PROBABILITÉ DE 1%

dl_2 \ dl_1	1	2	3	4	5	6	7	8	9	10	12	15	20	24	30	40	60	120	∞
1	4052	4999,5	5403	5625	5764	5859	5928	5982	6022	6056	6106	6157	6209	6235	6261	6287	6313	6339	6366
2	98,50	99,00	99,17	99,25	99,30	99,33	99,36	99,37	99,39	99,40	99,42	99,43	99,45	99,46	99,47	99,47	99,48	99,49	99,50
3	34,12	30,82	29,46	28,71	28,24	27,91	27,67	27,49	27,35	27,23	27,05	26,87	26,69	26,60	26,50	26,41	26,32	26,22	26,13
4	21,20	18,00	16,69	15,98	15,52	15,21	14,98	14,80	14,66	14,55	14,37	14,20	14,02	13,93	13,84	13,75	13,65	13,56	13,46
5	16,26	13,27	12,06	11,39	10,97	10,67	10,46	10,29	10,16	10,05	9,89	9,72	9,05	9,47	9,38	9,29	9,20	9,11	9,06
6	13,75	10,92	9,78	9,15	8,75	8,47	8,26	8,10	7,98	7,87	7,72	7,56	7,40	7,31	7,23	7,14	7,06	6,97	6,88
7	12,25	9,55	8,45	7,85	7,46	7,19	6,99	6,84	6,72	6,62	6,47	6,31	6,16	6,07	5,99	5,91	5,82	5,74	5,65
8	11,26	8,65	7,59	7,01	6,63	6,37	6,18	6,03	5,91	5,81	5,67	5,52	5,36	5,28	5,20	5,12	5,03	4,95	4,86
9	10,56	8,02	6,99	6,42	6,06	5,80	5,61	5,47	5,35	5,26	5,11	4,96	4,81	4,73	4,65	4,57	4,48	4,40	4,31
10	10,04	7,56	6,55	5,99	5,64	5,39	5,20	5,06	4,94	4,85	4,71	4,56	4,41	4,33	4,25	4,17	4,08	4,00	3,91
11	9,65	7,21	6,22	5,67	5,32	5,07	4,89	4,74	4,63	4,54	4,40	4,25	4,10	4,02	3,94	3,86	3,78	3,69	3,60
12	9,33	6,93	5,95	5,41	5,06	4,82	4,64	4,50	4,39	4,30	4,16	4,01	3,86	3,78	3,70	3,62	3,54	3,45	3,36
13	9,07	6,70	5,74	5,21	4,86	4,62	4,44	4,30	4,19	4,10	3,96	3,82	3,66	3,59	3,51	3,43	3,34	3,25	3,17
14	8,86	6,51	5,56	5,04	4,69	4,46	4,28	4,14	4,03	3,94	3,80	3,66	3,51	3,43	3,35	3,27	3,18	3,09	3,00
15	8,68	6,36	5,42	4,89	4,56	4,32	4,14	4,00	3,89	3,80	3,67	3,52	3,37	3,29	3,21	3,13	3,05	2,96	2,87
16	8,53	6,23	5,29	4,77	4,44	4,20	4,03	3,89	3,78	3,69	3,55	3,41	3,26	3,18	3,10	3,02	2,93	2,84	2,75
17	8,40	6,11	5,18	4,67	4,34	4,10	3,93	3,79	3,68	3,59	3,46	3,31	3,16	3,08	3,00	2,92	2,83	2,75	2,65
18	8,29	6,01	5,09	4,58	4,25	4,01	3,84	3,71	3,60	3,51	3,37	3,23	3,08	3,00	2,92	2,84	2,75	2,66	2,57
19	8,18	5,93	5,01	4,50	4,17	3,94	3,77	3,63	3,52	3,43	3,30	3,15	3,00	2,92	2,84	2,76	2,67	2,58	2,49
20	8,10	5,85	4,94	4,43	4,10	3,87	3,70	3,56	3,46	3,37	3,23	3,09	2,94	2,86	2,78	2,69	2,61	2,52	2,42
21	8,02	5,78	4,87	4,37	4,04	3,81	3,64	3,51	3,40	3,31	3,17	3,03	2,88	2,80	2,72	2,64	2,55	2,46	2,36
22	7,95	5,72	4,82	4,31	3,99	3,76	3,59	3,45	3,35	3,26	3,12	2,98	2,83	2,75	2,67	2,58	2,50	2,40	2,31
23	7,88	5,66	4,76	4,26	3,94	3,71	3,54	3,41	3,30	3,21	3,07	2,93	2,78	2,70	2,62	2,54	2,45	2,35	2,26
24	7,82	5,61	4,72	4,22	3,90	3,67	3,50	3,36	3,26	3,17	3,03	2,89	2,74	2,66	2,58	2,49	2,40	2,31	2,21
25	7,77	5,57	4,68	4,18	3,85	3,63	3,46	3,32	3,22	3,13	2,99	2,85	2,70	2,62	2,54	2,45	2,36	2,27	2,17
26	7,72	5,53	4,64	4,14	3,82	3,59	3,42	3,29	3,18	3,09	2,96	2,81	2,66	2,58	2,50	2,42	2,33	2,23	2,13
27	7,68	5,49	4,60	4,11	3,78	3,56	3,39	3,26	3,15	3,06	2,93	2,78	2,63	2,55	2,47	2,38	2,29	2,20	2,10
28	7,64	5,45	4,57	4,07	3,75	3,53	3,36	3,23	3,12	3,03	2,90	2,75	2,60	2,52	2,44	2,35	2,26	2,17	2,06
29	7,60	5,42	4,54	4,04	3,73	3,50	3,33	3,20	3,09	3,00	2,87	2,73	2,57	2,49	2,41	2,33	2,23	2,14	2,03
30	7,56	5,39	4,51	4,02	3,70	3,47	3,30	3,17	3,07	2,98	2,84	2,70	2,55	2,47	2,39	2,30	2,21	2,11	2,01
40	7,31	5,18	4,31	3,83	3,51	3,29	3,12	2,99	2,89	2,80	2,66	2,52	2,37	2,29	2,20	2,11	2,02	1,92	1,80
60	7,08	4,98	4,13	3,65	3,34	3,12	2,95	2,82	2,72	2,63	2,50	2,35	2,20	2,12	2,03	1,94	1,84	1,73	1,60
120	6,85	4,79	3,95	3,48	3,17	2,96	2,79	2,66	2,56	2,47	2,34	2,19	2,03	1,95	1,86	1,76	1,66	1,53	1,38
∞	6,63	4,61	3,78	3,32	3,02	2,80	2,64	2,51	2,41	2,32	2,18	2,04	1,88	1,79	1,70	1,59	1,47	1,32	1,00

TABLE VIII ÉTENDUES q (SEUIL DE 5%) POUR LE TEST DES COMPARAISONS MULTIPLES DE NEWMAN-KEULS*

m \ p	2	3	4	5	6	7	8	9	10	11	12	13	14	15	16	17	18	19	20
1	18,0	26,7	32,8	37,2	40,5	43,1	45,4	47,3	49,1	50,6	51,9	53,2	54,3	55,4	56,3	57,2	58,0	58,8	59,6
2	6,09	8,28	9,80	10,89	11,73	12,43	13,03	13,54	13,99	14,39	14,75	15,08	15,38	15,65	15,91	16,14	16,36	16,57	16,77
3	4,50	5,88	6,83	7,51	8,04	8,47	8,85	9,18	9,46	9,72	9,95	10,16	10,35	10,52	10,69	10,84	10,98	11,12	11,24
4	3,93	5,00	5,76	6,31	6,73	7,06	7,35	7,60	7,83	8,03	8,21	8,37	8,52	8,67	8,80	8,92	9,03	9,14	9,24
5	3,61	4,54	5,18	5,64	5,99	6,28	6,52	6,74	6,93	7,10	7,25	7,39	7,52	7,64	7,75	7,86	7,95	8,04	8,13
6	3,46	4,34	4,90	5,31	5,63	5,89	6,12	6,32	6,49	6,65	6,79	6,92	7,04	7,14	7,24	7,34	7,43	7,51	7,59
7	3,34	4,16	4,68	5,06	5,35	5,59	5,80	5,99	6,15	6,29	6,42	6,54	6,65	6,75	6,84	6,93	7,01	7,08	7,16
8	3,26	4,04	4,53	4,89	5,17	5,40	5,60	5,77	5,92	6,05	6,18	6,29	6,39	6,48	6,57	6,65	6,73	6,80	6,87
9	3,20	3,95	4,42	4,76	5,02	5,24	5,43	5,60	5,74	5,87	5,98	6,09	6,19	6,28	6,36	6,44	6,51	6,58	6,65
10	3,15	3,88	4,33	4,66	4,91	5,12	5,30	5,46	5,60	5,72	5,83	5,93	6,03	6,12	6,20	6,27	6,34	6,41	6,47
11	3,11	3,82	4,26	4,58	4,82	5,03	5,20	5,35	5,49	5,61	5,71	5,81	5,90	5,98	6,06	6,14	6,20	6,27	6,33
12	3,08	3,77	4,20	4,51	4,75	4,95	5,12	5,27	5,40	5,51	5,61	5,71	5,80	5,88	5,95	6,02	6,09	6,15	6,21
13	3,06	3,73	4,15	4,46	4,69	4,88	5,05	5,19	5,32	5,43	5,53	5,63	5,71	5,79	5,86	5,93	6,00	6,06	6,11
14	3,03	3,70	4,11	4,41	4,64	4,83	4,99	5,13	5,25	5,36	5,46	5,56	5,64	5,72	5,79	5,86	5,92	5,98	6,03
15	3,01	3,67	4,08	4,37	4,59	4,78	4,94	5,08	5,20	5,31	5,40	5,49	5,57	5,65	5,72	5,79	5,85	5,91	5,96
16	3,00	3,65	4,05	4,34	4,56	4,74	4,90	5,03	5,15	5,26	5,35	5,44	5,52	5,59	5,66	5,73	5,79	5,84	5,90
17	2,98	3,62	4,02	4,31	4,52	4,70	4,86	4,99	5,11	5,21	5,31	5,39	5,47	5,55	5,61	5,68	5,74	5,79	5,84
18	2,97	3,61	4,00	4,28	4,49	4,67	4,83	4,96	5,07	5,17	5,27	5,35	5,43	5,50	5,57	5,63	5,69	5,74	5,79
19	2,96	3,59	3,98	4,26	4,47	4,64	4,79	4,92	5,04	5,14	5,23	5,32	5,39	5,46	5,53	5,59	5,65	5,70	5,75
20	2,95	3,58	3,96	4,24	4,45	4,62	4,77	4,90	5,01	5,11	5,20	5,28	5,36	5,43	5,50	5,56	5,61	5,66	5,71
24	2,92	3,53	3,90	4,17	4,37	4,54	4,68	4,81	4,92	5,01	5,10	5,18	5,25	5,32	5,38	5,44	5,50	5,55	5,59
30	2,89	3,48	3,84	4,11	4,30	4,46	4,60	4,72	4,83	4,92	5,00	5,08	5,15	5,21	5,27	5,33	5,38	5,43	5,48
40	2,86	3,44	3,79	4,04	4,23	4,39	4,52	4,63	4,74	4,82	4,90	4,98	5,05	5,11	5,17	5,22	5,27	5,32	5,36
60	2,83	3,40	3,74	3,98	4,16	4,31	4,44	4,55	4,65	4,73	4,81	4,88	4,94	5,00	5,06	5,11	5,15	5,20	5,24
120	2,80	3,36	3,69	3,92	4,10	4,24	4,36	4,47	4,56	4,64	4,71	4,78	4,84	4,90	4,95	5,00	5,04	5,09	5,13
∞	2,77	3,32	3,63	3,86	4,03	4,17	4,29	4,39	4,47	4,55	4,62	4,68	4,74	4,80	4,84	4,89	4,93	4,97	5,01

* Cette table est une version abrégée de la table 29 de *Biometrika Tables for Statisticians*, vol. 1, 1970 (3e éd.), édité par E.S. Pearson et H.O. Hartley.

p: le nombre de mesures (ex. moyennes) qui définissent l'étendue considérée.
m: les degrés de liberté associés au carré moyen résiduel.

ÉTENDUES q (SEUIL DE 1%) POUR LE TEST DES COMPARAISONS MULTIPLES DE NEWMAN-KEULS.

	p																		
m	2	3	4	5	6	7	8	9	10	11	12	13	14	15	16	17	18	19	20
1	90,0	135	164	186	202	216	227	237	246	253	260	266	272	227	282	286	290	294	298
2	14,0	19,0	22,3	24,7	26,6	28,2	29,5	30,7	31,7	32,6	33,4	34,1	34,8	35,4	36,0	36,5	37,0	37,5	37,9
3	8,26	10,6	12,2	13,3	14,2	15,0	15,6	16,2	16,7	17,1	17,5	17,9	18,2	18,5	18,8	19,1	19,3	19,5	19,8
4	6,51	8,12	9,17	9,96	10,6	11,1	11,5	11,9	12,3	12,6	12,8	13,1	13,3	13,5	13,7	13,9	14,1	14,2	14,4
5	5,70	6,97	7,80	8,42	8,91	9,32	9,67	9,97	10,24	10,48	10,70	10,89	11,08	11,24	11,40	11,55	11,68	11,81	11,93
6	5,24	6,33	7,03	7,56	7,97	8,32	8,61	8,87	9,10	9,30	9,49	9,65	9,81	9,95	10,08	10,21	10,32	10,43	10,54
7	4,95	5,92	6,54	7,01	7,37	7,68	7,94	8,17	8,37	8,55	8,71	8,86	9,00	9,12	9,24	9,35	9,46	9,55	9,65
8	4,74	5,63	6,20	6,63	6,96	7,24	7,47	7,68	7,87	8,03	8,18	8,31	8,44	8,55	8,66	8,76	8,85	8,94	9,03
9	4,60	5,43	5,96	6,35	6,66	6,91	7,13	7,32	7,49	7,65	7,78	7,91	8,03	8,13	8,23	9,32	8,41	8,49	8,57
10	4,48	5,27	5,77	6,14	6,43	6,67	6,87	7,05	7,21	7,36	7,48	7,60	7,71	7,81	7,91	7,99	8,07	8,15	8,22
11	4,39	5,14	5,62	5,97	6,25	6,48	6,67	6,84	6,99	7,13	7,25	7,36	7,46	7,56	7,65	7,73	7,81	7,88	7,95
12	4,32	5,04	5,50	5,84	6,10	6,32	6,51	6,67	6,81	6,94	7,06	7,17	7,26	7,36	7,44	7,52	7,59	7,66	7,73
13	4,26	4,96	5,40	5,73	5,98	6,19	6,37	6,53	6,67	6,79	6,90	7,01	7,10	7,19	7,27	7,34	7,42	7,48	7,55
14	4,21	4,89	5,32	5,63	5,88	6,08	6,26	6,41	6,54	6,66	6,77	6,87	6,96	7,05	7,12	7,20	7,27	7,33	7,39
15	4,17	4,83	5,25	5,56	5,80	5,99	6,16	6,31	6,44	6,55	6,66	6,76	6,84	6,93	7,00	7,07	7,14	7,20	7,26
16	4,13	4,78	5,19	5,49	5,72	5,92	6,08	6,22	6,35	6,46	6,56	6,66	6,74	6,82	6,90	6,97	7,03	7,09	7,15
17	4,10	4,74	5,14	5,43	5,66	5,85	6,01	6,15	6,27	6,38	6,48	6,57	6,66	6,73	6,80	6,87	6,94	7,00	7,05
18	4,07	4,70	5,09	5,38	5,60	5,79	5,94	6,08	6,20	6,31	6,41	6,50	6,58	6,65	6,72	6,79	6,85	6,91	6,96
19	4,05	4,67	5,05	5,33	5,55	5,73	5,89	6,02	6,14	6,25	6,34	6,43	6,51	6,58	6,65	6,72	6,78	6,84	6,89
20	4,02	4,64	5,02	5,29	5,51	5,69	5,84	5,97	6,09	6,19	6,29	6,37	6,45	6,52	6,59	6,65	6,71	6,76	6,82
24	3,96	4,54	4,91	5,17	5,37	5,54	5,69	5,81	5,92	6,02	6,11	6,19	6,26	6,33	6,39	6,45	6,51	6,56	6,61
30	3,89	4,45	4,80	5,05	5,24	5,40	5,54	5,65	5,76	5,85	5,93	6,01	6,08	6,14	6,20	6,26	6,31	6,36	6,41
40	3,82	4,37	4,70	4,93	5,11	5,27	5,39	5,50	5,60	5,69	5,77	5,84	5,90	5,96	6,02	6,07	6,12	6,17	6,21
60	3,76	4,28	4,60	4,82	4,99	5,13	5,25	5,36	5,45	5,53	5,60	5,67	5,73	5,79	5,84	5,89	5,93	5,98	6,02
120	3,70	4,20	4,50	4,71	4,87	5,01	5,12	5,21	5,30	5,38	5,44	5,51	5,56	5,61	5,66	5,71	5,75	5,79	5,83
∞	3,64	4,12	4,40	4,60	4,76	4,88	4,99	5,08	5,16	5,23	5,29	5,35	5,40	5,45	5,49	5,54	5,57	5,61	5,65

p: le nombre de mesures (ex. moyennes) qui définissent l'étendue considérée.

m: les degrés de liberté associés au carré moyen résiduel.

TABLE IX VALEURS *T* CRITIQUES POUR LE TEST DU SIGNE DES RANGS DE WILCOXON*

	SEUILS DE SIGNIFICATION D'UN TEST UNICAUDAL		
	0,025	0,01	0,005
	SEUILS DE SIGNIFICATION D'UN TEST BICAUDAL		
n	0,05	0,02	0,01
6	1	—	—
7	2	0	—
8	4	2	0
9	6	3	2
10	8	5	3
11	11	7	5
12	14	10	7
13	17	13	10
14	21	16	13
15	25	20	16
16	30	24	19
17	35	28	23
18	40	33	28
19	46	38	32
20	52	43	37
21	59	49	43
22	66	56	49
23	73	62	55
24	81	69	61
25	90	77	68

* Adaptation de la table 2 dans Wilcoxon, F., et Wilcox, R., 1964, *Some Rapid Approximate Statistical Procedures*. New York: American Cyanamid Company, page 28. Reproduite avec l'aimable autorisation de l'auteur et de la compagnie.

TABLE X DISTRIBUTION DE LA SOMME DES RANGS T'

Voici la signification des valeurs T'_{α} , $T'_{1-\alpha}$ et α. Si les n_1 et n_2 observations sont tirées au hasard d'une même population, il existe une probabilité égale à α: (a) que la somme des rangs T' des n_1 observations du plus petit échantillon soit égale ou *inférieure* à T'_{α} , et (b) que cette même somme T' soit égale ou supérieure à $T'_{1-\alpha}$. Les tailles des échantillons apparaissent entre parenthèses (n_1, n_2).

T'_{α}	$T'_{1-\alpha}$	α
	(1,9)	
1	10	0,100
	(1,10)	
1	11	0,091
	(2,3)	
3	9	0,100
	(2,4)	
3	11	0,067
	(2,5)	
3	13	0,047
4	12	0,095
	(2,6)	
3	15	0,036
4	14	0,071
	(2,7)	
3	17	0,028
4	16	0,056
	(2,8)	
3	19	0,022
4	18	0,044
5	17	0,089
	(2,9)	
3	21	0,018
4	20	0,036
5	19	0,073
	(2,10)	
3	23	0,015
4	22	0,030
5	21	0,061
6	20	0,091
	(3,3)	
6	15	0,050
7	14	0,100
	(3,4)	
6	18	0,028
7	17	0,057
	(3,5)	
6	21	0,018
7	20	0,036
8	19	0,071
	(3,6)	
6	24	0,012
7	23	0,024
8	22	0,048
9	21	0,083
	(3,7)	
6	27	0,008
7	26	0,017
8	25	0,033
9	24	0,058
10	23	0,092

T'_{α}	$T'_{1-\alpha}$	α
	(3,8)	
6	30	0,006
7	29	0,012
8	28	0,024
9	27	0,042
10	26	0,067
11	25	0,097
	(3,9)	
6	33	0,005
7	32	0,009
8	31	0,018
9	30	0,032
10	29	0,050
11	28	0,073
	(3,10)	
6	36	0,003
7	35	0,007
8	34	0,014
9	33	0,024
10	32	0,038
11	31	0,056
12	30	0,080
	(4,4)	
10	26	0,014
11	25	0,029
12	24	0,057
13	23	0,100
	(4,5)	
10	30	0,008
11	29	0,016
12	28	0,032
13	27	0,056
14	26	0,095
	(4,6)	
10	34	0,005
11	33	0,010
12	32	0,019
13	31	0,033
14	30	0,057
15	29	0,086
	(4,7)	
10	38	0,003
11	37	0,006
12	36	0,012
13	35	0,021
14	34	0,036
15	33	0,055
16	32	0,082
	(4,8)	
10	42	0,002
11	41	0,004

T'_{α}	$T'_{1-\alpha}$	α
	(4,8) (*suite*)	
12	40	0,008
13	39	0,014
14	38	0,024
15	37	0,036
16	36	0,055
17	35	0,077
	(4,9)	
10	46	0,001
11	45	0,003
12	44	0,006
13	43	0,010
14	42	0,017
15	41	0,025
16	40	0,038
17	39	0,053
18	38	0,074
19	37	0,099
	(4,10)	
10	50	0,001
11	49	0,002
12	48	0,004
13	47	0,007
14	46	0,012
15	45	0,018
16	44	0,026
17	43	0,038
18	42	0,053
19	41	0,071
20	40	0,094
	(5,5)	
15	40	0,004
16	39	0,008
17	38	0,016
18	37	0,028
19	36	0,048
20	35	0,075
	(5,6)	
15	45	0,002
16	44	0,004
17	43	0,009
18	42	0,015
19	41	0,026
20	40	0,041
21	39	0,063
22	38	0,089
	(5,7)	
15	50	0,001
16	49	0,003
17	48	0,005
18	47	0,009

T'_{α}	$T'_{1-\alpha}$	α
	(5,7) (*suite*)	
19	46	0,015
20	45	0,024
21	44	0,037
22	43	0,053
23	42	0,074
	(5,8)	
15	55	0,001
16	54	0,002
17	53	0,003
18	52	0,005
19	51	0,009
20	50	0,015
21	49	0,023
22	48	0,033
23	47	0,047
24	46	0,064
25	45	0,085
	(5,9)	
15	60	0,000
16	59	0,001
17	58	0,002
18	57	0,003
19	56	0,006
20	55	0,009
21	54	0,014
22	53	0,021
23	52	0,030
24	51	0,041
25	50	0,056
26	49	0,073
27	48	0,095
	(5,10)	
15	65	0,000
16	64	0,001
17	63	0,001
18	62	0,002
19	61	0,004
20	60	0,006
21	59	0,010
22	58	0,014
23	57	0,020
24	56	0,028
25	55	0,038
26	54	0,050
27	53	0,065
28	52	0,082
	(6,6)	
21	57	0,001
22	56	0,002
23	55	0,004

TABLE X DISTRIBUTION DE LA SOMME DES RANGS T' (suite)

T'_α	$T'_{1-\alpha}$	α
(6,6) (*suite*)		
24	54	0,008
25	53	0,013
26	52	0,021
27	51	0,032
28	50	0,047
29	49	0,066
30	48	0,090
(6,7)		
21	63	0,001
22	62	0,001
23	61	0,002
24	60	0,004
25	59	0,007
26	58	0,011
27	57	0,017
28	56	0,026
29	55	0,037
30	54	0,051
31	53	0,069
32	52	0,090
(6,8)		
21	69	0,000
22	68	0,001
23	67	0,001
24	66	0,002
25	65	0,004
26	64	0,006
27	63	0,010
28	62	0,015
29	61	0,021
30	60	0,030
31	59	0,041
32	58	0,054
33	57	0,071
34	56	0,091
(6,9)		
21	75	0,000
22	74	0,000
23	73	0,001
24	72	0,001
25	71	0,002
26	70	0,004
27	69	0,006
28	68	0,009
29	67	0,013
30	66	0,018
31	65	0,025
32	64	0,033
33	63	0,044
34	62	0,057
(6,9) (*suite*)		
35	61	0,072
36	60	0,091
(6,10)		
21	81	0,000
22	80	0,000
23	79	0,000
24	78	0,001
25	77	0,001
26	76	0,002
27	75	0,004
28	74	0,005
29	73	0,008
30	72	0,011
31	71	0,016
32	70	0,021
33	69	0,028
34	68	0,036
35	67	0,047
36	66	0,059
37	65	0,074
38	64	0,090
(7,7)		
28	77	0,000
29	76	0,001
30	75	0,001
31	74	0,002
32	73	0,003
33	72	0,006
34	71	0,009
35	70	0,013
36	69	0,019
37	68	0,027
38	67	0,036
39	66	0,049
40	65	0,064
41	64	0,082
(7,8)		
28	84	0,000
29	83	0,000
30	82	0,001
31	81	0,001
32	80	0,002
33	79	0,003
34	78	0,005
35	77	0,007
36	76	0,010
37	75	0,014
38	74	0,020
39	73	0,027
40	72	0,036
(7,8) (*suite*)		
41	71	0,047
42	70	0,060
43	69	0,076
44	68	0,095
45	67	0,116
(7,9)		
28	91	0,000
29	90	0,000
30	89	0,000
31	88	0,001
32	87	0,001
33	86	0,002
34	85	0,003
35	84	0,004
36	83	0,006
37	82	0,008
38	81	0,011
39	80	0,016
40	79	0,021
41	78	0,027
42	77	0,036
43	76	0,045
44	75	0,057
45	74	0,071
46	73	0,087
(7,10)		
28	98	0,000
29	97	0,000
30	96	0,000
31	95	0,000
32	94	0,001
33	93	0,001
34	92	0,001
35	91	0,002
36	90	0,003
37	89	0,005
38	88	0,007
39	87	0,009
40	86	0,012
41	85	0,017
42	84	0,022
43	83	0,028
44	82	0,035
45	81	0,044
46	80	0,054
47	79	0,067
48	78	0,081
49	77	0,097
(8,8)		
36	100	0,000
(8,8) (*suite*)		
37	99	0,000
38	98	0,000
39	97	0,001
40	96	0,001
41	95	0,001
42	94	0,002
43	93	0,003
44	92	0,005
45	91	0,007
46	90	0,010
47	89	0,014
48	88	0,019
49	87	0,025
50	86	0,032
51	85	0,041
52	84	0,052
53	83	0,065
54	82	0,080
55	81	0,097
(8,9)		
36	108	0,000
40	104	0,000
41	103	0,001
42	102	0,001
43	101	0,002
44	100	0,003
45	99	0,004
46	98	0,006
47	97	0,008
48	96	0,010
49	95	0,014
50	94	0,018
51	93	0,023
52	92	0,030
53	91	0,037
54	90	0,046
55	89	0,057
56	88	0,069
57	87	0,084
(8,10)		
36	116	0,000
41	111	0,000
42	110	0,001
43	109	0,001
44	108	0,002
45	107	0,002
46	106	0,003
47	105	0,004
48	104	0,006
49	103	0,008

TABLE X DISTRIBUTION DE LA SOMME DES RANGS T' (suite et fin)

T'_{α}	$T'_{1-\alpha}$	α	T'_{α}	$T'_{1-\alpha}$	α	T'_{α}	$T'_{1-\alpha}$	α	T'_{α}	$T'_{1-\alpha}$	α
(8,10) (*suite*)			(9,9) (*suite*)			(9,10) (*suite*)			(10,10) (*suite*)		
50	102	0,010	58	113	0,007	58	122	0,004	69	141	0,003
51	101	0,013	59	112	0,009	59	121	0,005	70	140	0,003
52	100	0,017	60	111	0,012	60	120	0,007	71	139	0,004
53	99	0,022	61	110	0,016	61	119	0,009	72	138	0,006
54	98	0,027	62	109	0,020	62	118	0,011	73	137	0,007
55	97	0,034	63	108	0,025	63	117	0,014	74	136	0,009
56	96	0,042	64	107	0,031	64	116	0,017	75	135	0,012
57	95	0,051	65	106	0,039	65	115	0,022	76	134	0,014
58	94	0,061	66	105	0,047	66	114	0,027	77	133	0,018
59	93	0,073	67	104	0,057	67	113	0,033	78	132	0,022
60	92	0,086	68	103	0,068	68	112	0,039	79	131	0,026
(9,9)			69	102	0,081	69	111	0,047	80	130	0,032
45	126	0,000	70	101	0,095	70	110	0,056	81	129	0,038
50	121	0,000	(9,10)			71	109	0,067	82	128	0,045
51	120	0,001	45	135	0,000	72	108	0,078	83	127	0,053
52	119	0,001	52	128	0,000	73	107	0,091	84	126	0,062
53	118	0,001	53	127	0,001	(10,10)			85	125	0,072
54	117	0,002	54	126	0,001	65	145	0,001	86	124	0,083
55	116	0,003	55	125	0,001	66	144	0,001	87	123	0,095
56	115	0,004	56	124	0,002	67	143	0,001			
57	114	0,005	57	123	0,003	68	142	0,002			

TABLE XI VALEURS CRITIQUES DE r POUR LE TEST DES SÉQUENCES *

Les diverses valeurs critiques de r pour différentes valeurs de n_1 et n_2 forment le corps des tables XI (a) et XI (b). Dans le cas d'un test des séquences portant sur un seul échantillon, toute valeur de r égale ou inférieure à la valeur inscrite dans la table XI (a), ou égale ou supérieure à la valeur inscrite dans la table XI (b), est statistiquement significative au seuil $\alpha = 0{,}05$.

TABLE XI(a)

n_1 \ n_2	2	3	4	5	6	7	8	9	10	11	12	13	14	15	16	17	18	19	20
2											2	2	2	2	2	2	2	2	2
3					2	2	2	2	2	2	2	2	2	3	3	3	3	3	3
4				2	2	2	3	3	3	3	3	3	3	3	4	4	4	4	4
5			2	2	3	3	3	3	3	4	4	4	4	4	4	4	5	5	5
6		2	2	3	3	3	3	4	4	4	4	5	5	5	5	5	5	6	6
7		2	2	3	3	3	4	4	5	5	5	5	5	6	6	6	6	6	6
8		2	3	3	3	4	4	5	5	5	6	6	6	6	6	7	7	7	7
9		2	3	3	4	4	5	5	5	6	6	6	7	7	7	7	8	8	8
10		2	3	3	4	5	5	5	6	6	7	7	7	7	8	8	8	8	9
11		2	3	4	4	5	5	6	6	7	7	7	8	8	8	9	9	9	9
12	2	2	3	4	4	5	6	6	7	7	7	8	8	8	9	9	9	10	10
13	2	2	3	4	5	5	6	6	7	7	8	8	9	9	9	10	10	10	10
14	2	2	3	4	5	5	6	7	7	8	8	9	9	9	10	10	10	11	11
15	2	3	3	4	5	6	6	7	7	8	8	9	9	10	10	11	11	11	12
16	2	3	4	4	5	6	6	7	8	8	9	9	10	10	11	11	11	12	12
17	2	3	4	4	5	6	7	7	8	9	9	10	10	11	11	11	12	12	13
18	2	3	4	5	5	6	7	8	8	9	9	10	10	11	11	12	12	13	13
19	2	3	4	5	6	6	7	8	8	9	10	10	11	11	12	12	13	13	13
20	2	3	4	5	6	6	7	8	9	9	10	10	11	12	12	13	13	13	14

* Adapté de Frieda S. Swed et C. Eisenhart, « Tables for testing randomness of grouping in a sequence of alternatives. » *Ann. Math. Stat.*, vol. 14, 1943, pages 83-86. Reproduit avec l'aimable autorisation des auteurs et du Institute of Mathematical Statistics.

TABLE XI(b)

n_1 \ n_2	2	3	4	5	6	7	8	9	10	11	12	13	14	15	16	17	18	19	20
2																			
3																			
4				9	9														
5			9	10	10	11	11												
6			9	10	11	12	12	13	13	13	13								
7				11	12	13	13	14	14	14	14	15	15	15					
8				11	12	13	14	14	15	15	16	16	16	16	17	17	17	17	17
9					13	14	14	15	16	16	16	17	17	18	18	18	18	18	18
10					13	14	15	16	16	17	17	18	18	18	19	19	19	20	20
11					13	14	15	16	17	17	18	19	19	19	20	20	20	21	21
12					13	14	16	16	17	18	19	19	20	20	21	21	21	22	22
13						15	16	17	18	19	19	20	20	21	21	22	22	23	23
14						15	16	17	18	19	20	20	21	22	22	23	23	23	24
15						15	16	18	18	19	20	21	22	22	23	23	24	24	25
16							17	18	19	20	21	21	22	23	23	24	25	25	25
17							17	18	19	20	21	22	23	23	24	25	25	26	26
18							17	18	19	20	21	22	23	24	25	25	26	26	27
19							17	18	20	21	22	23	23	24	25	26	26	27	27
20							17	18	20	21	22	23	24	25	25	26	27	27	28

TABLE XII VALEURS CRITIQUES POUR LE COEFFICIENT DE CORRÉLATION DE RANG DE SPEARMAN *

n	Seuils de signification (test unicaudal)	
	0,05	0,01
4	1,000	
5	0,900	1,000
6	0,829	0,943
7	0,714	0,893
8	0,643	0,833
9	0,600	0,783
10	0,564	0,746
12	0,506	0,712
14	0,456	0,645
16	0,425	0,601
18	0,399	0,564
20	0,377	0,534
22	0,359	0,508
24	0,343	0,485
26	0,329	0,465
28	0,317	0,448
30	0,306	0,432

* Adapté de E.G. Olds. «Critical values of r_S». *Ann. Math. Stat.*, vol. 20. 1949. pages 117-118. Reproduit avec l'aimable autorisation du Institute of Mathematical Statistics.

TABLE XIII RACINES CARRÉES

n	$\sqrt{n}$	$\sqrt{10n}$	n	$\sqrt{n}$	$\sqrt{10n}$
0,0	0,00000	0,00000	5,0	2,23606	7,07106
0,1	0,31622	1,00000	5,1	2,25831	7,14142
0,2	0,44721	1,41421	5,2	2,28035	7,21110
0,3	0,54772	1,73205	5,3	2,30217	7,28010
0,4	0,63245	2,00000	5,4	2,32379	7,34846
0,5	0,70710	2,23606	5,5	2,34520	7,41619
0,6	0,77459	2,44948	5,6	2,36643	7,48331
0,7	0,83666	2,64575	5,7	2,38746	7,54983
0,8	0,89442	2,82842	5,8	2,40831	7,61577
0,9	0,94868	3,00000	5,9	2,42899	7,68114
1,0	1,00000	3,16227	6,0	2,44948	7,74596
1,1	1,04880	3,31662	6,1	2,46981	7,81024
1,2	1,09544	3,46410	6,2	2,48997	7,87400
1,3	1,14017	3,60555	6,3	2,50998	7,93725
1,4	1,18321	3,74165	6,4	2,52982	8,00000
1,5	1,22474	3,87298	6,5	2,54950	8,06225
1,6	1,26491	4,00000	6,6	2,56904	8,12403
1,7	1,30384	4,12310	6,7	2,58843	8,18535
1,8	1,34164	4,24264	6,8	2,60768	8,24621
1,9	1,37840	4,35889	6,9	2,62678	8,30662
2,0	1,41421	4,47213	7,0	2,64575	8,36660
2,1	1,44913	4,58257	7,1	2,66458	8,42614
2,2	1,48323	4,69041	7,2	2,68328	8,48528
2,3	1,51657	4,79583	7,3	2,70185	8,54400
2,4	1,54919	4,89897	7,4	2,72029	8,60232
2,5	1,58113	5,00000	7,5	2,73861	8,66025
2,6	1,61245	5,09901	7,6	2,75680	8,71779
2,7	1,64316	5,19615	7,7	2,77488	8,77496
2,8	1,67332	5,29150	7,8	2,79284	8,83176
2,9	1,70293	5,38516	7,9	2,81069	8,88819
3,0	1,73205	5,47722	8,0	2,82842	8,94427
3,1	1,76068	5,56776	8,1	2,84604	9,00000
3,2	1,78885	5,65685	8,2	2,86356	9,05538
3,3	1,81659	5,74456	8,3	2,88097	9,11043
3,4	1,84390	5,83095	8,4	2,89827	9,16515
3,5	1,87082	5,91607	8,5	2,91547	9,21954
3,6	1,89736	6,00000	8,6	2,93257	9,27361
3,7	1,92353	6,08276	8,7	2,94957	9,32737
3,8	1,94935	6,16441	8,8	2,96647	9,38083
3,9	1,97484	6,24499	8,9	2,98328	9,43398
4,0	2,00000	6,32455	9,0	3,00000	9,48683
4,1	2,02484	6,40312	9,1	3,01662	9,53939
4,2	2,04939	6,48074	9,2	3,03315	9,59166
4,3	2,07364	6,55743	9,3	3,04959	9,64365
4,4	2,09761	6,63324	9,4	3,06594	9,69535
4,5	2,12132	6,70820	9,5	3,08220	9,74679
4,6	2,14476	6,78232	9,6	2,09838	9,79795
4,7	2,16794	6,85565	9,7	3,11448	9,84885
4,8	2,19089	6,92820	9,8	3,13049	9,89949
4,9	2,21359	7,00000	9,9	3,14642	9,94987

INDEX